ENGENHARIA DAS REAÇÕES QUÍMICAS

Blucher

OCTAVE LEVENSPIEL
Departamento de Engenharia Química
Oregon State University

ENGENHARIA DAS REAÇÕES QUÍMICAS

Tradução da 3.ª edição americana

Tradução:
VERÔNICA M. A. CALADO
Doutora em Engenharia Química
Professor Adjunto da Escola de Química / UFRJ

Revisão Técnica:
FREDERICO W. TAVARES
Doutor em Engenharia Química
Professor Adjunto da Escola de Química / UFRJ

Título original
CHEMICAL REACTION ENGINEERING
A edição em língua inglesa foi publicada
pela JOHN WILEY & SONS INC., EUA
© 1999 by John Wiley & Sons, Inc.

Engenharia das reações químicas
© 2000 Editora Edgard Blücher Ltda.
6ª reimpressão - 2017

Blucher

Rua Pedroso Alvarenga, 1245, 4º andar
04531-934 - São Paulo - SP - Brasil
Tel.: 55 11 3078-5366
contato@blucher.com.br
www.blucher.com.br

É proibida a reprodução total ou parcial por quaisquer
meios, sem autorização escrita da Editora.

Todos os direitos reservados pela Editora
Edgard Blücher Ltda.

FICHA CATALOGRÁFICA

Levenspiel, Octave
    Engenharia das reações químicas / Octave
Levenspiel; tradução Verônica M. A. Calado;
revisão técnica Frederico W. Tavares – São Paulo:
Blucher, 2000.

    Título original: Chemical reaction engineering.

    Bibliografia.
    ISBN 978-85-212-0275-2

    1. Reações químicas 2. Reatores químicos
I. Título

05-4289   CDD-660.299

Índices para catálogo sistemático:
1. Reações químicas: Engenharia química   660.299

Prefácio

A engenharia das reações químicas é aquela atividade de engenharia ligada à exploração de reações químicas em escala comercial. Seu objetivo é projetar e operar com sucesso reatores químicos e, provavelmente mais do que outra atividade, ela coloca a engenharia química como um ramo distinto da profissão de engenharia.

Em uma situação típica, o engenheiro se defronta com um grande número de questões: quais informações são necessárias para atacar um problema, qual a melhor forma de obtê-las e, depois como selecionar um projeto razoável a partir das muitas alternativas disponíveis? A finalidade deste livro é ensinar como responder a estas perguntas de forma confiável e com habilidade. Para fazer isto, enfatizo argumentos qualitativos, métodos simples de projeto, procedimentos gráficos e freqüentes comparações das capacidades da maioria dos tipos de reatores. Esta abordagem deve ajudar a desenvolver um forte senso intuitivo para um bom projeto, que pode então guiar e reforçar os métodos formais.

Este é um livro didático; assim, simples idéias são tratadas primeiro, sendo então estendidas para idéias mais complexas. Além disto, sempre se dá ênfase ao desenvolvimento de uma estratégia comum de projeto para todos os sistemas, homogêneos e heterogêneos.

É um livro introdutório. O ritmo é lento e, onde necessário, gasta-se tempo para considerar por que certas suposições são feitas, para discutir por que uma abordagem alternativa não é usada e para indicar as limitações do tratamento quando aplicado a situações reais. Embora o nível matemático não seja particularmente difícil (cálculo elementar e equação diferencial linear de primeira ordem é tudo o que é necessário), isto não significa que as idéias e os conceitos ensinados sejam particularmente simples. Desenvolver novas maneiras de pensar e novas intuições não é fácil.

Em relação a esta nova edição: antes de mais nada, eu deveria dizer que, em espírito, ela segue as anteriores e tento manter as coisas simples. De fato, eu removi daqui e dali material, que senti que seria mais apropriado em livros mais avançados. Mas adicionei um certo número de tópicos novos – sistemas bioquímicos, reatores com sólidos fluidizados, reatores gás/líquido e mais sobre escoamento não ideal. A razão para isto é que meu sentimento diz que os estudantes deveriam, no mínimo, ser apresentados a estes assuntos, de modo que tenham uma idéia de como abordar problemas nestas importantes áreas.

Sinto que a solução de problemas — o processo de aplicar conceitos a situações novas — é essencial para o aprendizado. Conseqüentemente, esta edição inclui mais de 80 exemplos ilustrativos e mais de 400 problemas (75% novos), de modo a ajudar o estudante a aprender e a entender os conceitos que estão sendo ensinados.

Essa nova edição é dividida em cinco partes. Para o primeiro curso de graduação, eu sugeriria cobrir a Parte I (aprenda rapidamente os Capítulos 1 e 2 – não perca tempo lá) e, se for disponível um tempo extra, vá para os capítulos das Partes 2 a 5 que sejam de interesse. Para mim, estes capítulos seriam os de sistemas catalíticos (somente o Capítulo 18) e um pouco sobre escoamento não ideal (Capítulos 11 e 12).

Para um curso de pós-graduação ou um curso de segundo ano, o material nas Partes 2 a 5 deve ser adequado.

Finalmente, eu gostaria de agradecer aos professores Keith Levien, Julio Ottino, Richard Turton e o Dr. Amos Avidan, que fizeram úteis e proveitosos comentários. Também, meu profundo agradecimento a Pam Wegner e Peggy Blair, que digitaram e redigitaram – provavelmente, pareceu um número infinito de vezes – de modo a conseguir este original pronto para a editora.

E para você, leitor, se encontrar erros – ou melhor, quando você encontrar erros – ou seções deste livro que não estejam claras, por favor, avise-me.

Octave Levenspiel
Departamento de Engenharia Química
Oregon State University
Corvallis, OR, 97331
Fax: (541) 737-4600

Conteúdo

Notação XIII

Capítulo 1
Uma Visão Geral de Engenharia das Reações Químicas 1

Parte I
Reações Homogêneas em Reatores Ideais 9

Capítulo 2
Cinética das Reações Homogêneas 10
    2.1 Termo Dependente da Concentração em uma Equação de Taxa 11
    2.2 Termo Dependente da Temperatura em uma Equação de Taxa 21
    2.3 Busca de um Mecanismo 24
    2.4 Estimação da Taxa de Reação a Partir da Teoria 26

Capítulo 3
Interpretação dos Dados de Reatores Descontínuos 31
    3.1 Reator em Batelada com Volume Constante 32
    3.2 Reator em Batelada com Volume Variável 55
    3.3 Temperatura e Taxa de Reação 58
    3.4 Em Busca de uma Equação de Taxa 61

Capítulo 4
Introdução a Projeto de Reatores 67
    4.1 Discussão Geral 67

Capítulo 5
Reatores Ideais para Reações Simples 74
    5.1 Reatores Ideais Descontínuos 75
    5.2 Reator de Mistura Perfeita em Estado Estacionário 77
    5.3 Reator Pistonado em Estado Estacionário 83

VIII

Capítulo 6

Projeto para Reações Simples...99

    6.1 Comparação de Capacidades de Reatores Simples...100

    6.2 Sistemas de Reatores Múltiplos...103

    6.3 Reator com Reciclo..112

    6.4 Reações Autocatalíticas...116

Capítulo 7

Projeto para Reações Paralelas...126

Capítulo 8

Miscelânea de Reações Múltiplas..142

    8.1 Reações Irreversíveis de Primeira Ordem, em Série...142

    8.2 Reação de Primeira Ordem Seguida por Reação de Ordem Zero.........................149

    8.3 Reação de Ordem Zero Seguida por Reação de Primeira Ordem.........................150

    8.4 Reações Irreversíveis Sucessivas de Diferentes Ordens.......................................151

    8.5 Reações Reversíveis...151

    8.6 Reações Irreversíveis em Série-Paralelo...151

    8.7 As Reações de Denbigh e Seus Casos Especiais..161

Capítulo 9

Efeitos de Temperatura e Pressão...173

    9.1 Reações Simples...173

    9.2 Reações Múltiplas..197

Capítulo 10

Escolhendo o Tipo Certo de Reator..201

Parte II

Modelos de Escoamento, Contatos e Escoamentos Não Ideais...213

Capítulo 11

Fundamentos do Escoamento Não-Ideal...214

    11.1 E, A Distribuição de Idade do Fluido, a RTD..216

    11.2 Conversão em Reatores com Escoamento Não Ideal...228

Capítulo 12

Modelos Compartimentados..237

Capítulo 13
O Modelo de Dispersão 246

    13.1 Dispersão Axial 246

    13.2 Correlações para Dispersão Axial 260

    13.3 Reação Química e Dispersão 262

Capítulo 14
O Modelo de Tanques-em-Série 271

    14.1 Experimentos de Resposta ao Pulso e a Função RTD 271

    14.2 Conversão Química 277

Capítulo 15
O Modelo de Convecção para Escoamento Laminar 286

    15.1 O Modelo de Convecção e sua RTD 286

    15.2 Conversão Química em Reatores com Escoamento Laminar 291

Capítulo 16
Antecipação de Mistura, Segregação e RTD 296

    16.1 Automistura de um Único Fluido 296

    16.2 Mistura de Dois Fluidos Miscíveis 306

Parte III
Reações Catalisadas por Sólidos 311

Capítulo 17
Reações Heterogêneas – Introdução 312

Capítulo 18
Reações Catalisadas por Sólidos 318

    18.1 A Equação de Taxa para Cinética na Superfície 321

    18.2 Resistência à Difusão no Poro, Combinada com a Cinética de Superfície 323

    18.3 Partículas Porosas de Catalisador 326

    18.4 Efeitos Térmicos Durante a Reação 331

    18.5 Equações de Desempenho para Reatores Contendo Partículas
    Porosas de Catalisador 333

    18.6 Métodos Experimentais para a Determinação de Taxas 335

    18.7 Distribuição de Produtos em Reações Múltiplas 341

Capítulo 19
O Reator Catalítico de Leito Recheado 362

X

Capítulo 20

Reatores com Catalisadores Sólidos Suspensos, Reatores Fluidizados de Vários Tipos .. 380

    20.1 Informações Básicas sobre os Reatores com Sólidos Suspensos 380

    20.2 O Leito Fluidizado Borbulhante – BFB 383

    20.3 O Modelo K-L para BFB 387

    20.4 O Leito Fluidizado Recirculante – CFB 396

    20.5 O Reator com Jato de Impacto 400

Capítulo 21

Desativação de Catalisadores 403

    21.1 Mecanismos de Desativação de Catalisadores 404

    21.2 As Equações de Taxa e de Desempenho 405

    21.3 Projeto 416

Capítulo 22

Reações L/G em Catalisadores Sólidos: Leitos com Gotejamento, Reatores de Fase Semifluida e Leitos Fluidizados Trifásicos 425

    22.1 A Equação Geral de Taxa 425

    22.2 Equações de Desempenho para um Excesso de B 428

    22.3 Equações de Desempenho para um Excesso de A 432

    22.4 Qual Tipo de Dispositivo de Contato Utilizar 433

    22.5 Aplicações 433

Parte IV

Sistemas Não Catalíticos 441

Capítulo 23

Reações Fluido-Fluido: Cinética 442

    23.1 A Equação de Taxa 443

Capítulo 24

Reatores Fluido-Fluido: Projeto 456

    24.1 Transferência de Massa sem Reação Química 459

    24.2 Transferência de Massa e Reação Não Muito Lenta 461

Capítulo 25

Reações Fluido-Partícula: Cinética 477

    25.1 Seleção de um Modelo 479

    25.2 Modelo do Núcleo não Reagido, para Partículas Esféricas

        de Tamanho Constante 480

    25.3 Taxa de Reação para Partículas Esféricas em Contração 486

    25.4 Extensões 488

    25.5 Determinação da Etapa Controladora da Taxa 490

Capítulo 26
Reatores Fluido-Partícula: Projeto 496

Parte V
Sistemas de Reações Bioquímicas 513

Capítulo 27
Processo Enzimático 514
    27.1 Cinética de Michaelis-Menten (Cinética M-M) 515
    27.2 Inibição por uma Substância Externa – Inibição Competitiva
        e Não Competitiva 518

Capítulo 28
Fermentação Microbiana – Introdução e Visão Geral 524

Capítulo 29
Fermentação Microbiana – Fator Limitante: Substrato 530
    29.1 Fermentadores em Batelada (ou Pistonados) 530
    29.2 Fermentadores de Mistura Perfeita 533
    29.3 Operação Ótima de Fermentadores 535

Capítulo 30
Fermentação Microbiana – Fator Limitante: Produto 543
    30.1 Fermentadores em Batelada ou Pistonado para n = 1 544
    30.2 Fermentadores de Mistura Perfeita para n = 1 544

Apêndice I — Miscelânea 552

Índice de Nomes 558

Índice Alfabético 560

Notação

Símbolos e constantes que são definidos e usados localmente não são incluídos aqui. As unidades no SI são dadas para mostrar as dimensões dos símbolos.

a	área interfacial por unidade de volume de torre (m^2/m^3), ver Capítulo 23
$\mathbf{a}$	atividade de um catalisador, ver Eq. 21.4
$a, b, \ldots, r, s, \ldots$	coeficientes estequiométricos para as substâncias reagentes A, B, ..., R, S, ...
A	área da seção transversal de um reator (m^2), ver Capítulo 20
A, B, ...	reagentes
$\mathbf{A, B, C, D}$,	classificação de Geldart para partículas, ver Capítulo 20
C	concentração (mol/m^3)
C_M	constante de Monod (mol/m^3), ver Capítulos 28—30; ou constante de Michaelis (mol/m^3), ver Capítulo 27
C_p	capacidade calorífica ($J/mol \cdot K$)
$\mathbf{C'_{pA}, C''_{pA}}$	calor específico médio da alimentação e da corrente do produto completamente convertido, por mol de reagente-chave que entra ($J/(mol$ de A + tudo diferente de A$) \cdot K$)
d	diâmetro (m)
d	ordem de desativação, ver Capítulo 22
d^*	diâmetro adimensional da partícula, ver Eq. 20.1
$\mathbf{D}$	coeficiente de dispersão axial para o fluido que escoa (m^2/s), ver Capítulo 13
$\mathscr{D}$	coeficiente de difusão molecular (m^2/s)
$\mathscr{D}_e$	coeficiente efetivo de difusão em estruturas porosas (m^3/m de sólido $\cdot$ s)
$ei(x)$	uma integral de exponencial, ver Tabela 16.1
E	fator de aumento de absorção para a transferência de massa com reação, ver Eq. 23.6
E	concentração de enzima (mol ou g/m^3), ver Capítulo 27
$\mathbf{E}$	saída adimensional para uma alimentação em pulso, a função distribuição de idade de saída (s^{-1}), ver Capítulo 11
$\mathbf{E, E^*, E^{**}}$	a função RTD para o escoamento convectivo, ver Capítulo 15
$\mathbf{E}_{oo}, \mathbf{E}_{oc}, \mathbf{E}_{co}, \mathbf{E}_{cc}$	a função RTD para o modelo de dispersão, ver Capítulo 13

$Ei(x)$	uma integral de exponencial, ver Tabela 16.1
$\mathscr{E}$	fator efetividade (–), ver Capítulo 18
f	fração de sólidos (m^3 de sólido/m^3 de vaso), ver Capítulo 20
f_i	fração volumétrica da fase i (–), ver Capítulo 22
F	taxa de alimentação (mol/s ou kg/s)
$\mathbf{F}$	saída adimensional para uma alimentação em degrau (–), ver Fig. 11.12
G_A	energia livre (J/mol de A)
h	coeficiente de transferência de calor (W/$m^2 \cdot$ K), ver Capítulo 18
h	altura da coluna de absorção (m), ver Capítulo 24
H	altura do reator fluidizado (m), ver Capítulo 20
H	coeficiente de distribuição de fase ou constante da Lei de Henry; para sistemas gasosos $H = p/C$ (Pa $\cdot$ m^3/mol), ver Capítulo 23
$\mathbf{H}_A$	entalpia média da corrente em escoamento por mol de A que escoa (J/mol de A + tudo diferente de A), ver Capítulo 9
$\mathbf{H}'_A, \mathbf{H}''_A$	entalpia da corrente da alimentação que não reagiu e da corrente do produto completamente convertido, por mol de A (J/mol de A + tudo diferente de A), ver Capítulo 19
ΔH_r	calor de reação à temperatura T para a estequiometria escrita (J)
$\Delta H_r, \Delta H_f, \Delta H_c$	calor ou variação de entalpia de reação, de formação e de combustão (J ou J/mol)
k	constante de taxa de reação $(mol/m^3)^{1-n}\,s^{-1}$, ver Eq. 2.2
k, k', k'', k''', k''''	constantes de taxa de reação, baseadas em r, r', r'', r''', r'''', ver Eqs. 18.14 a 18.18
k_d	constante de taxa para a desativação do catalisador, ver Capítulo 21
k_{ef}	condutividade térmica efetiva (W/m $\cdot$ K), ver Capítulo 18
k_g	coeficiente de transferência de massa do filme gasoso (mol/$m^2 \cdot$ Pa $\cdot$ s), ver Eq. 23.2
k_l	coeficiente de transferência de massa do filme líquido (m^3 de líquido/m^2 da superfície $\cdot$ s), ver Eq. 23.3
K	constante de equilíbrio de uma reação, para a estequiometria escrita (–), ver Capítulo 9
K_{bc}	coeficiente de troca nuvem-bolha em leitos fluidizados (s^{-1}), ver Eq. 20.13
K_{ce}	coeficiente de troca nuvem-emulsão em leitos fluidizados (s^{-1}), ver Eq. 20.14
L	tamanho característico de uma partícula porosa de catalisador (m), ver Eq. 18.13
L	metade da espessura de uma partícula em forma de um placa plana (m), ver Tabela 25.1
$\dot{m}$	taxa mássica de escoamento (kg/s), ver Eq. 11.6
M	massa (kg), ver Capítulo 11
n	ordem de reação, ver Eq. 2.2
N	número de reatores de mistura perfeita em série, com iguais capacidades, ver Capítulo 6
N_A	mols do componente A
p_A	pressão parcial do componente A (Pa)

p_A^*	pressão parcial de A no gás que estaria em equilíbrio com C_A no líquido; logo, $= H_A\,C_A$ (Pa)
Q	taxa de calor (J/s = W)
r, r', r'', r''', r''''	taxa de reação, uma grandeza intensiva, ver Eqs. 1.2 a 1.6
r_c	raio do núcleo não reagido (m), ver Capítulo 25
R	raio da partícula (m), ver Capítulo 25
R, S, ...	produtos de reação
R	constante da lei de gás ideal,
	$= 8{,}314$ J/mol $\cdot$ K
	$= 1{,}987$ cal/mol $\cdot$ K
	$= 0{,}08206$ ℓ $\cdot$ atm/mol $\cdot$ K
R	razão de reciclo, ver Eq. 6.15
s	velocidade espacial (s^{-1}), ver Eqs. 5.7 e 5.8
S	superfície (m^2)
t	tempo (s)
$\bar{t}$	= V/v, tempo de permanência no reator ou tempo médio de residência do fluido em um reator contínuo (s), ver Eq. 5.24
T	temperatura (K ou °C)
u^*	velocidade adimensional, ver Eq. 20.2
U	componente transportador ou inerte em uma fase, ver Capítulo 24
v	taxa volumétrica de escoamento (m^3/s)
V	volume (m^3)
W	massa de sólidos no reator (kg)
X_A	fração convertida do componente A, a conversão (–)
$\mathbf{X}_A$	mols de A/mols de inerte no líquido (–), ver Capítulo 24
$\mathbf{Y}_A$	mols de A/mols de inerte no gás (–), ver Capítulo 24

Símbolos Gregos

α	m^3 de rastro/m^3 de bolha, ver Eq. 20.9
δ	fração volumétrica de bolhas em um BFB
δ	função delta de Dirac, um pulso ideal ocorrendo no tempo $t = 0$ (s^{-1}), ver Eq. 11.14
$\delta(t - t_0)$	função delta de Dirac ocorrendo no tempo t_0 (s^{-1})
ε_A	fator de expansão, fração de variação do volume na conversão completa de A, ver Eq. 3.64
$\boldsymbol{\epsilon}$	fração de vazios no sistema sólido-gás, ver Capítulo 20
$\mathcal{E}$	fator efetividade, ver Eq. 18.11
$\theta = t/\bar{t}$	unidades adimensionais de tempo (–), ver Eq. 11.5
K'''	constante global de taxa de reação em BFB (m^3 de sólido/m^3 de gás $\cdot$ s), ver Capítulo 20
μ	viscosidade de fluido (kg/m $\cdot$ s)
μ	média de uma curva de resposta do traçador (s), ver Capítulo 15

XVI

π pressão total (Pa)

ρ densidade ou densidade molar (kg/m^3 ou mol/m^3)

σ^2 variância de uma curva do traçador ou função distribuição (σ^2), ver Eq. 13.2

τ $V/v = C_{A0}V/F_{A0}$, tempo espacial (s), ver Eqs. 5.6 e 5.8

$\bar{\tau}$ tempo para conversão completa de uma partícula reagente para produto (s)

τ' $= C_{A0}W/F_{A0}$, tempo-peso ($kg \cdot s/m^3$), ver Eq. 15.23

$\tau', \tau'', \tau''', \tau''''$ várias medições de desempenho de reator, ver Eqs. 18.42 e 18.43

Φ rendimento fracionário global, ver Eq. 7.8

ϕ esfericidade, ver Eq. 20.6

φ rendimento fracionário instantâneo, ver Eq. 7.7

$\varphi(M/N) = \boxed{M/N}$ rendimento fracionário instantâneo de M com relação a N ou mols de M formado/ mol de N formado ou reagido, ver Capítulo 7

Símbolos e Abreviações

BFB   leito fluidizado borbulhante, ver Capítulo 20

BR   reator em batelada, ver Capítulos 3 e 5

CFB   leito fluidizado recirculante, ver Capítulo 20

FF   leito fluidizado rápido, ver Capítulo 20

LFR   reator com escoamento laminar, ver Capítulo 15

MFR   reator de mistura perfeita, ver Capítulo 5

M–M   Michaelis-Menten, ver Capítulo 27

$\boxed{M/N} = \varphi(M/N)$ ver Eqs. 28.1 a 28.4

mw   peso molecular (kg/mol)

PC   transporte pneumático, ver Capítulo 20

PCM   modelo de conversão progressiva, ver Capítulo 25

PFR   reator pistonado, ver Capítulo 5

RTD   distribuição de tempo de residência, ver Capítulo 11

SCM   modelo de núcleo não reagido, ver Capítulo 25

TB   leito fluidizado turbulento, ver Capítulo 20

Subscritos

b   batelada

b   fase bolha de um leito fluidizado

c   de combustão

c   fase nuvem de um leito fluidizado

c   no núcleo não reagido

d   desativação

d   água parada ou fluido estagnante

e   fase emulsão de um leito fluidizado

e   condições de equilíbrio

f   saída ou final

XVII

f	de formação
g	gás
i	entrada
l	líquido
m	escoamento com mistura perfeita
mf	nas condições de mínima fluidização
p	escoamento pistonado
r	reator ou de reação
s	sólido ou catalisador ou condições na superfície
0	entrada ou referência
θ	usando unidades adimensionais de tempo, ver Capítulo 11

Sobrescritos

a, b, ...	ordem de reação, ver Equação 2.2
n	ordem de reação
o	refere-se ao estado padrão

Grupos Adimensionais

$\dfrac{D}{uL}$ número de dispersão do vaso, ver Capítulo 13

$\dfrac{D}{ud}$ intensidade do número de dispersão, ver Capítulo 13

M_H módulo de Hatta, ver Eq. 23.8 e/ou Fig. 23.4

M_T módulo de Thiele, ver Eq. 18.23 ou Eq. 18.26

M_W módulo de Wagner-Weisz-Wheeler, ver Eq. 18.24 ou Eq. 18.34

$\text{Re} = \dfrac{dup}{\mu}$ número de Reynolds

$\text{Sc} = \dfrac{u}{\rho \mathcal{D}}$ número de Schmidt

CAPÍTULO 1

Uma Visão Geral de Engenharia das Reações Químicas

Cada processo químico industrial é projetado para produzir economicamente um produto desejado, a partir de uma variedade de matérias-primas, através de uma sucessão de etapas de tratamento. A Fig. 1.1 mostra uma situação típica. As matérias-primas são submetidas a um determinado número de etapas de tratamento físico de modo a torná-las aptas a reagir quimicamente no interior do reator. Os produtos da reação devem então ser submetidos a tratamentos físicos subseqüentes — separações, purificações, etc. — de modo a se obter o produto final desejado.

O projeto dos equipamentos para as etapas de tratamento físico é estudado em operações unitárias. Neste livro, estamos interessados na etapa de tratamento químico de um processo. Economicamente, esta pode ser uma operação irrelevante, talvez um simples tanque de mistura. Freqüentemente, no entanto, a etapa de tratamento químico é o coração de um processo, sendo responsável pelo seu sucesso ou fracasso econômico.

O projeto de um reator não é uma questão rotineira e muitas alternativas podem ser propostas para um processo. Na procura de um processo ótimo, não é só o custo do reator que deve ser minimizado. Mesmo que um projeto resulte em um reator de baixo custo, os materiais produzidos podem necessitar de tratamentos que requeiram um custo muito maior do que projetos alternativos. Conseqüentemente, a análise econômica do processo global deve ser considerada.

Um projeto de reator usa informação, conhecimento e experiência de uma variedade de áreas — termodinâmica, cinética química, mecânica dos fluidos, transferência de calor, transferência de massa e análise econômica. A engenharia das reações químicas é a síntese de todos estes fatores com o objetivo de projetar apropriadamente um reator químico.

Para saber o que um reator é capaz de fazer, necessitamos conhecer a cinética, o modo de contato e a equação de desempenho. Nós mostramos isto esquematicamente na Fig. 1.2.

Figura 1.1 — Processo químico típico

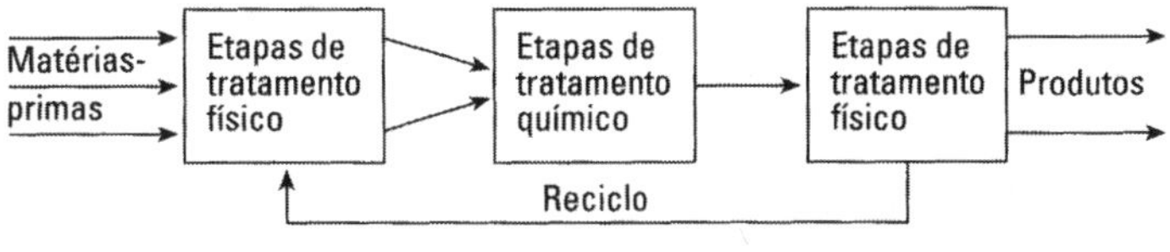

2 *Capítulo 1 — Uma Visão Geral de Engenharia das Reações Químicas*

Figura 1.2 — Informações necessárias para prever o que o reator pode fazer

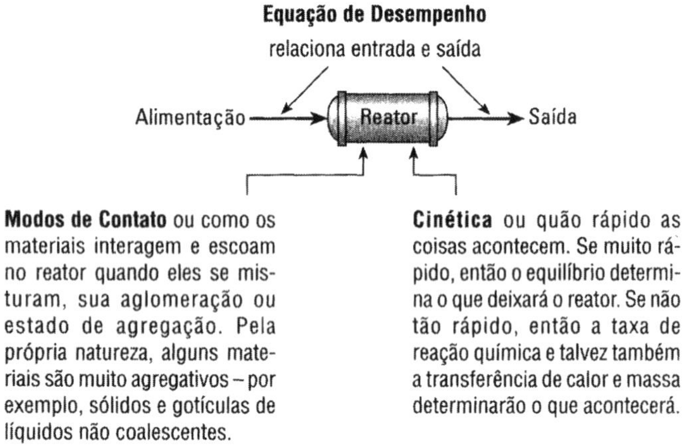

Equação de Desempenho
relaciona entrada e saída

Alimentação → Reator → Saída

Modos de Contato ou como os materiais interagem e escoam no reator quando eles se misturam, sua aglomeração ou estado de agregação. Pela própria natureza, alguns materiais são muito agregativos – por exemplo, sólidos e gotículas de líquidos não coalescentes.

Cinética ou quão rápido as coisas acontecem. Se muito rápido, então o equilíbrio determina o que deixará o reator. Se não tão rápido, então a taxa de reação química e talvez também a transferência de calor e massa determinarão o que acontecerá.

A maior parte deste livro é dedicada a encontrar a expressão que relaciona entrada e saída para várias cinéticas e vários modos de contato; ou seja:

$$\text{saída} = f\,[\text{entrada, cinética, contato}] \tag{1}$$

Esta equação é chamada de *equação de desempenho*. Por que ela é importante? Porque, com esta expressão, podemos comparar diferentes projetos e condições, encontrar o que é melhor e então aumentar a escala (*scale up*) para unidades maiores.

Classificação das Reações

Há muitas maneiras de classificar as reações químicas. Na engenharia das reações químicas, provavelmente o esquema mais útil é classificá-las de acordo com o número e tipos de fases envolvidas, tendo-se uma grande divisão: *sistemas homogêneos* e *sistemas heterogêneos*. Uma reação é homogênea se ela ocorre em uma única fase e é heterogênea se requer a presença de no mínimo duas fases para ocorrer a uma certa taxa. Não importa se a reação ocorre em uma, duas ou mais fases, na interface ou se os reagentes e produtos estão distribuídos entre as fases ou estão todos contidos em uma mesma fase. O que realmente importa é que no mínimo duas fases são necessárias para que a reação ocorra.

Algumas vezes essa classificação não é tão clara como no caso da grande classe de reações biológicas, como reações enzima-substrato. Neste caso, a enzima atua como um catalisador na produção de proteínas e outros produtos. Uma vez que as enzimas são proteínas altamente complexas, com alto peso molecular e de tamanho coloidal, 10—100 nm, as soluções contendo enzimas representam uma região indefinida entre sistemas homogêneos e heterogêneos. As reações químicas muito rápidas, tais como a queima de um gás, são também exemplos em que a distinção entre sistemas homogêneos e heterogêneos não é bem definida. Existe aqui uma grande heterogeneidade na composição e temperatura. Estritamente falando, nós não temos uma fase simples, visto que uma fase implica em uniformidade na temperatura, pressão e composição. A resposta à questão de como classificar estes casos limites é simples. Ela depende de como escolhemos a forma de tratá-los e esta, por sua vez, depende da descrição que pensamos ser a mais útil. Assim, o tratamento destes casos limites depende de uma dada situação.

Além dessa classificação, existem reações catalíticas, cuja taxa é alterada por materiais que não

Capítulo 1 — Uma Visão Geral de Engenharia das Reações Químicas **3**

são reagentes e nem produtos. Tais materiais, chamados catalisadores, não necessitam estar presentes em grandes quantidades. Os catalisadores atuam retardando ou acelerando a reação, sem que sejam modificados de forma expressiva.

A Tab. 1.1 mostra a classificação das reações químicas de acordo com nosso esquema e alguns exemplos de reações típicas para cada tipo.

Tabela 1.1 — Classificação das Reações Químicas Usuais em Projeto de Reatores		
	Não Catalíticas	Catalíticas
Homogêneas	Maioria das reações em fase gasosa	Maioria das reações em fase líquida
	Reações rápidas, tais como a queima de gás	Reações em sistemas coloidais
		Reações enzimáticas e microbiológicas
Heterogêneas	Queima de carvão Ustulação de minérios Ataque de sólidos por ácidos Absorção gás-líquido com reação Redução de minério de ferro a ferro e aço	Síntese de amônia Craqueamento de óleo cru Oxidação de SO_2 a SO_3 Oxidação de amônia para produzir ácido nítrico

Variáveis que Afetam a Taxa de Reação

Muitas variáveis podem afetar a taxa de uma reação química. Em sistemas homogêneos, a temperatura, a pressão e a composição são variáveis óbvias. Em sistemas heterogêneos, mais de uma fase está envolvida, tornando o problema conseqüentemente mais complexo. Materiais podem se deslocar de uma fase para outra durante a reação, podendo assim a taxa de transferência de massa ser importante. Por exemplo, na queima de carvão, a taxa de reação pode ser limitada pela difusão de oxigênio através do filme de gás que circunda a partícula e através da camada de cinzas na superfície da partícula. Outro fator que pode afetar é a taxa de transferência de calor. Considere, por exemplo, uma reação exotérmica, ocorrendo nas superfícies internas de um catalisador poroso. Se o calor liberado pela reação não for removido rapidamente, uma distribuição não uniforme de temperatura pode ocorrer no interior do catalisador, resultando na existência de pontos com diferentes taxas de reação. Estes efeitos de transferência de calor e massa vão se tornando mais importantes quanto mais rápida for a taxa de reação. Desta forma, as transferências de calor e massa são importantes na determinação das taxas das reações heterogêneas.

Definição de Taxa de Reação

Perguntamos agora como definir a taxa de reação de forma útil e significativa. Para responder isto, vamos adotar algumas definições de taxa de reação em função de grandezas intensivas. Primeiro, devemos selecionar um componente da reação e definir a taxa em termos deste componente i. Se, devido à reação, a taxa de variação no número de mols deste componente for dN_i/dt, então a taxa de reação em suas várias formas é definida a seguir.

4 Capítulo 1 — Uma Visão Geral de Engenharia das Reações Químicas

a) Baseada na unidade de volume de fluido reagente:

$$r_i = \frac{1}{V}\frac{dN_i}{dt} = \frac{\text{mols formados de } i}{(\text{volume de fluido}) \,(\text{tempo})} \tag{2}$$

b) Baseada na unidade de massa de sólido em sistemas sólido-fluido:

$$r_i' = \frac{1}{W}\frac{dN_i}{dt} = \frac{\text{mols formados de } i}{(\text{massa de sólido}) \,(\text{tempo})} \tag{3}$$

c) Baseada na unidade de área interfacial em sistemas fluido-fluido ou baseada na unidade de área de sólido em sistemas gás-sólido:

$$r_i'' = \frac{1}{S}\frac{dN_i}{dt} = \frac{\text{mols formados de } i}{(\text{área}) \,(\text{tempo})} \tag{4}$$

d) Baseada na unidade de volume de sólido em sistemas gás-sólido:

$$r_i''' = \frac{1}{V}\frac{dN_i}{dt} = \frac{\text{mols formados de } i}{(\text{volume de sólido}) \,(\text{tempo})} \tag{5}$$

e) Baseada na unidade de volume do reator, se diferente da unidade de volume de fluido:

$$r_i'''' = \frac{1}{V_r}\frac{dN_i}{dt} = \frac{\text{mols formados de } i}{(\text{volume do reator}) \,(\text{tempo})} \tag{6}$$

Em sistemas homogêneos, o volume de fluido no reator é freqüentemente idêntico ao volume do reator. Assim, V e V_r são idênticos e as Eqs. (2) e (6) são usadas indistintamente. Em sistemas heterogêneos, todas as definições dadas são aplicáveis; a escolha de qual delas adotar depende da situação em particular, sendo uma questão apenas de conveniência.

As Eqs. (2) a (6) estão relacionadas por:

$$\left(\begin{matrix}\text{volume} \\ \text{de fluido}\end{matrix}\right) r_i = \left(\begin{matrix}\text{massa de} \\ \text{sólido}\end{matrix}\right) r_i' = \left(\begin{matrix}\text{área de} \\ \text{sólido}\end{matrix}\right) r_i'' = \left(\begin{matrix}\text{volume} \\ \text{de sólido}\end{matrix}\right) r_i''' = \left(\begin{matrix}\text{volume} \\ \text{do reator}\end{matrix}\right) r''''$$

ou

$$V r_i = W r_i' = S r_i'' = V_s r_i''' = V_r r_i'''' \tag{7}$$

Velocidade de Reações Químicas

Algumas reações ocorrem muito rapidamente, enquanto outras ocorrem de forma extremamente lenta. Por exemplo, na produção de polietileno, um de nossos mais importantes plásticos, ou na produção de gasolina a partir de petróleo cru, nós queremos que a reação se complete em menos de um segundo. Já no tratamento de água, a reação pode levar vários dias para ocorrer.

A Fig. 1.3 indica as taxas relativas nas quais as reações ocorrem. Se compararmos as taxas relativas das plantas de tratamento de esgoto e os motores de foguete chegaremos à expressiva relação de

1 segundo para 3 anos.

Com uma relação tão grande como essa, o projeto de reatores será, naturalmente, bem diferente em cada caso.

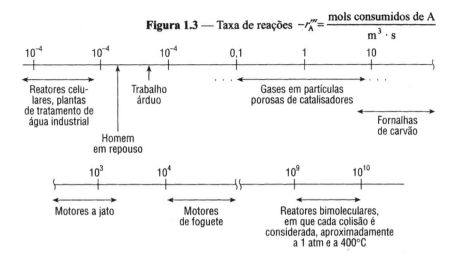

Figura 1.3 — Taxa de reações $-r_A''' = \dfrac{\text{mols consumidos de A}}{m^3 \cdot s}$

Planejamento Global

Reatores existem nas mais variadas cores, formas e tamanhos, sendo usados para todos os tipos de reações. Para efeito de ilustração, nós temos os reatores gigantes de craqueamento catalítico para refino de petróleo, as fornalhas enormes para produzir ferro, os lodos ativados para tratamento de esgoto, os expressivos tanques de polimerização para plásticos, tintas e fibras, os vasos farmacêuticos extremamente importantes para produzir aspirina, penicilina e pílula anticoncepcional, dornas de fermentação para produzir bebidas alcóolicas e, naturalmente, o terrível cigarro.

Tais reações são tão diferentes com relação aos tipos e às taxas, que seria inconveniente tentar tratá-las de uma mesma maneira. Desta forma, vamos aqui tratá-las por tipo, uma vez que cada tipo requer o desenvolvimento de uma série apropriada de equações de desempenho.

EXEMPLO 1.1 — MOTOR DE FOGUETE

Um motor de foguete, Fig. E1.1, queima uma mistura estequiométrica de combustível (hidrogênio líquido) em oxidante (oxigênio líquido). A câmara de combustão é cilíndrica, com 75 cm de comprimento e 60 cm de diâmetro. O processo de combustão produz 108 kg/s de gases de exaustão. Se a combustão for completa, encontre as taxas de reação do hidrogênio e do oxigênio.

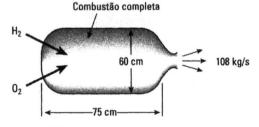

Figura E1.1

SOLUÇÃO

Nós queremos calcular:

$$-r_{H_2} = \frac{1}{V}\frac{dN_{H_2}}{dt} \quad \text{e} \quad -r_{O_2} = \frac{1}{V}\frac{dN_{O_2}}{dt}$$

6 Capítulo 1 — Uma Visão Geral de Engenharia das Reações Químicas

Vamos calcular cada termo. O volume do reator e o volume no qual a reação ocorre são idênticos. Logo:

$$V = \frac{\pi}{4}(0,6)^2(0,75) = 0,2121 \text{ m}^3$$

Vamos agora analisar a reação que está ocorrendo.

$$H_2 + \frac{1}{2}O_2 \rightarrow H_2O \qquad \text{(i)}$$

peso molecular (em g)   2   16   18

Conseqüentemente: H_2O produzida / s $= 108 \text{kg} / \text{s} \left(\dfrac{1 \text{ kmol}}{18 \text{ kg}}\right) = 6 \text{ kmol} / \text{s}$

Assim, da Eq. (i): H_2 usado $= 6$ kmol/s

O_2 usado $= 3$ kmol/s

e a taxa de reação é:

$$-r_{H_2} = -\frac{1}{0,2121 \text{ m}^3} \cdot \frac{6 \text{ kmol}}{\text{s}} = 2,829 \times 10^4 \frac{\text{mols usados}}{\text{m}^3 \text{ do foguete} \cdot \text{s}}$$

$$-r_{O_2} = -\frac{1}{0,2121 \text{m}^3} \cdot 3 \frac{\text{kmol}}{\text{s}} = 1,415 \times 10^4 \frac{\text{mols}}{\text{m}^3 \cdot \text{s}}$$

Nota: Compare estas taxas com os valores dados na Fig. 1.3.

EXEMPLO 1.2 — O SER HUMANO

Um ser humano (75 kg) consome cerca de 6.000 kJ de alimento por dia. Considere que o alimento contenha somente glicose e que a reação global seja:

$$C_6H_{12}O_6 + 6O_2 \rightarrow 6CO_2 + 6H_2O, \quad -\Delta H_r = 2.816 \text{ kJ}$$

do ar — da expiração

Encontre a taxa metabólica do homem (a taxa de viver, amar e rir) em termos de mols consumidos de oxigênio por m^3 da pessoa por segundo.

SOLUÇÃO

Nós queremos encontrar:

$$-r_{O_2}''' = -\frac{1}{V_{\text{pessoa}}} \frac{dN_{O_2}}{dt} = \frac{\text{mol de } O_2 \text{ consumido}}{(\text{m}^3 \text{ da pessoa}) \cdot \text{s}} \qquad \text{(i)}$$

Vamos calcular os dois termos desta equação. Primeiro, da nossa experiência de vida, nós estimamos a densidade do homem igual a:

$$\rho = 1.000 \frac{\text{kg}}{\text{m}^3}$$

Conseqüentemente, para a pessoa em questão:

$$V_{pessoa} = \frac{75 \text{ kg}}{1.000 \text{ kg/m}^3} = 0,075 \text{ m}^3$$

Note que cada mol de glicose consumida usa 6 mols de oxigênio, liberando 2.816 kJ de energia. Deste modo, nós necessitamos:

$$\frac{dN_{O_2}}{dt} = \left(\frac{6.000 \text{ kJ/dia}}{2.816 \text{ kJ/mol de glicose}}\right)\left(\frac{6 \text{ mols de } O_2}{1 \text{ mol de glicose}}\right) = 12,8 \frac{\text{mols de } O_2}{\text{dia}}$$

Inserindo na Eq. (i):

$$-r'''_{O_2} = \frac{1}{0,075 \text{ m}^3} \cdot \frac{12,8 \text{ mols de } O_2 \text{ consumido}}{\text{dia}} \cdot \frac{1 \text{ dia}}{24 \times 3.600 \text{ s}} = 0,002 \frac{\text{mol de } O_2 \text{ consumido}}{\text{m}^3 \cdot \text{s}}$$

Nota: Compare este valor com aqueles listados na Fig. 1.3.

PROBLEMAS

1.1. *Planta de tratamento de água residual de um município* — Considere uma planta de tratamento de água para uma pequena comunidade (Fig. P1.1). A água residual escoa a uma vazão volumétrica de 32.000 m³/dia, através de uma planta de tratamento, com um tempo médio de residência de 8 horas; ar é borbulhado no interior dos tanques, que contêm microrganismos que atacam e decompõem o material orgânico.

$$(\text{Lixo orgânico}) + O_2 \xrightarrow{\text{microrganismos}} CO_2 + H_2O$$

Uma alimentação típica tem uma DBO (demanda biológica de oxigênio) de 200 mg de O_2/ℓ, enquanto um efluente tem uma DBO desprezível. Encontre a taxa de reação, ou seja, o decréscimo de DBO nos tanques de tratamento.

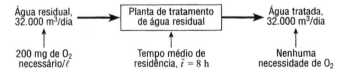

Figura P1.1

1.2. *Usina termoelétrica para queima de carvão* — Grandes usinas termoelétricas (cerca de 1.000 MW de potência), usando combustores de leito fluidizado, poderão ser construídas algum dia (ver Fig. P1.2). Estas usinas gigantes seriam alimentadas por 240 toneladas de carvão/h (90% de C, 10% de H₂), dos quais 50% queimariam no interior de uma série de leitos fluidizados principais e os outros 50% queimariam em algum outro ponto do sistema. Um projeto sugerido poderia usar uma bateria de 10 leitos fluidizados, cada um com 20 m de comprimento e 4 m de largura, contendo sólidos até uma profundidade de 1 m. Encontre a taxa de reação no interior dos leitos, baseando-se no oxigênio consumido.

8 *Capítulo 1 — Uma Visão Geral de Engenharia das Reações Químicas*

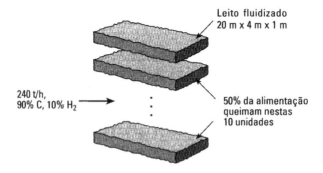

Figura P1.2

1.3. *Craqueadores catalíticos de leitos fluidizados (FCC)* — Os reatores de FCC estão entre as maiores unidades de processamento usadas na indústria de petróleo. Um exemplo da tal unidade é mostrado na Fig. P1.3. Uma unidade típica tem de 4 m a 10 m de diâmetro interno e de 10 m a 20 m de altura, contendo cerca de 50 toneladas de um catalisador poroso, cuja densidade (ρ) é igual a 800 kg/m^3. Esta unidade é alimentada com aproximadamente 38.000 barris de petróleo cru por dia (6.000 m^3/dia, com $\rho \cong 900$ kg/m^3), quebrando cadeias longas de hidrocarbonetos em cadeias menores.

De modo a ter uma idéia da taxa de reação nestas unidades gigantes, vamos simplificar e supor que a alimentação consista apenas de hidrocarboneto C_{20}; ou seja:

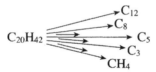

Se 60% da alimentação vaporizada forem craqueadas na unidade, qual deve ser a taxa de reação, expressa como $-r'$ (mols reagidos/kg de catalisador $\cdot$s) e como r''' (mols reagidos/m^3 de catalisador $\cdot$ s)?

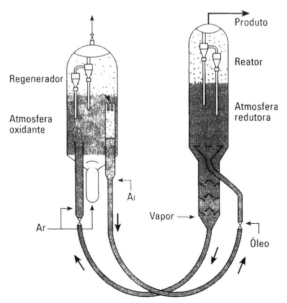

Figura P1.3 — A unidade de FCC da Exxon – Modelo IV.

PARTE I
REAÇÕES HOMOGÊNEAS EM REATORES IDEAIS

Capítulo 2	Cinética das Reações Homogêneas	10
Capítulo 3	Interpretação dos Dados de Reatores Descontínuos	31
Capítulo 4	Introdução a Projeto de Reatores	67
Capítulo 5	Reatores Ideais para Reações Simples	74
Capítulo 6	Projeto para Reações Simples	99
Capítulo 7	Projeto para Reações Paralelas	126
Capítulo 8	Miscelânea de Reações Múltiplas	142
Capítulo 9	Efeitos de Temperatura e Pressão	173
Capítulo 10	Escolhendo o Tipo Certo de Reator	201

Cinética das Reações Homogêneas

Tipos de Reatores Simples

Os reatores ideais têm três modos de contato ou de escoamento ideal, conforme mostrado na Fig. 2.1, e nós freqüentemente tentamos fazer com que os reatores reais se aproximem o máximo possível dos reatores ideais.

Particularmente, gostamos desses três modos de reação ou escoamento, porque eles são fáceis de tratar (é simples encontrar as suas equações de desempenho) e porque um deles é freqüentemente o melhor modo possível (dará o máximo daquilo que queiramos). Mais adiante, consideraremos reatores com reciclo, reatores com estágios e outras combinações de modos de escoamento, assim como reatores reais que são desvios dos ideais.

A Equação de Taxa

Suponha uma reação em uma única fase $aA + bB \rightarrow rR + sS$. A maneira mais útil para medir a taxa de reação em relação ao reagente A é dada por:

$$-r_A = \frac{1}{V}\frac{dN_A}{dt} = \frac{\text{(quantidade consumida de A)}}{\text{(volume) (tempo)}}, \quad \left[\frac{\text{mol}}{\text{m}^3 \cdot \text{s}}\right] \quad (1)$$

Taxa de consumo de A

note que esta é uma grandeza intensiva

o sinal negativo significa consumo

As taxas de reação de todos os materiais estão relacionadas por:

$$\frac{-r_A}{a} = \frac{-r_B}{b} = \frac{r_R}{r} = \frac{r_R}{s}$$

A experiência mostra que a taxa de reação é influenciada pela composição e pela energia do material. Por energia, nós entendemos a temperatura (energia cinética das moléculas), a intensidade de luz no interior do sistema (isto pode afetar a energia de ligação entre os átomos), a intensidade do

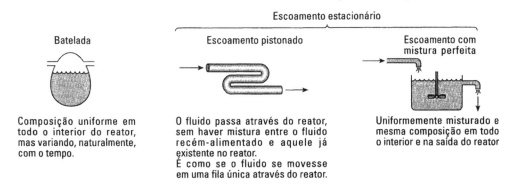

Figura 2.1 — Tipos de reatores ideais

campo magnético, etc. Geralmente, necessitamos considerar apenas a temperatura; assim, vamos concentrar nossa atenção neste fator. Logo, podemos escrever:

$$-r_A = f\left[\text{termos dependentes da temperatura}, \text{termos dependentes de concentração}\right] \underset{\text{exemplo}}{\overset{\text{como um}}{=}} k\, C_A^a = k_0 e^{-E/RT} C_A^a \quad (2)$$

com $-r_A$ em $\frac{\text{mol}}{\text{m}^3 \cdot \text{s}}$, k em $\left(\frac{\text{mol}}{\text{m}^3}\right)^{1-a} \text{s}^{-1}$, energia de ativação, ordem de reação, termo dependente de temperatura.

Aqui estão umas poucas palavras a respeito dos termos da taxa de reação que são dependentes da concentração e da temperatura.

2.1 — TERMO DEPENDENTE DA CONCENTRAÇÃO EM UMA EQUAÇÃO DE TAXA

Antes de encontrar a forma do termo dependente da concentração na expressão de taxa, nós devemos distinguir os diferentes tipos de reações. Esta distinção se baseia na forma e no número de equações cinéticas usadas para descrever o progresso de uma reação. Uma vez que estamos interessados no termo dependente da concentração em uma equação de taxa, mantemos a temperatura do sistema constante.

Reações Simples e Múltiplas

Quando materiais reagem para formar produtos, é geralmente fácil decidir, após uma análise da estequiometria, preferencialmente em mais de uma temperatura, se devemos considerar a ocorrência de apenas uma reação ou de muitas.

Quando uma única equação estequiométrica e uma única equação de taxa são escolhidas para representar o progresso da reação, nós temos uma reação simples. Quando mais de uma reação estequiométrica é escolhida para representar as mudanças observadas, então mais de uma expressão cinética é necessária para seguir a mudança na composição de todos os componentes da reação, tendo-se desta forma as reações múltiplas.

As reações múltiplas podem ser classificadas em:

12   *Capítulo 2 — Cinética das Reações Homogêneas*

reações em série, $A \rightarrow R \rightarrow S$

reações em paralelo, que são de dois tipos:

$$A \begin{array}{c} \nearrow R \\ \searrow S \end{array} \quad e \quad \left. \begin{array}{c} A \rightarrow R \\ B \rightarrow S \end{array} \right\}$$
$$\text{competitiva} \qquad\qquad \text{lateral}$$

e esquemas mais complicados, como por exemplo:

$$A + B \rightarrow R$$
$$R + B \rightarrow S$$

Neste caso, a reação ocorre em paralelo em relação a B, mas em série em relação a A, R e S.

Reações Elementares e Não Elementares

Considere uma reação simples, tendo a seguinte equação estequiométrica:

$$A + B \rightarrow R$$

Se nós postularmos que o mecanismo controlador da taxa envolve a colisão ou interação de uma única molécula de A com uma única molécula de B, então o número de colisões das moléculas de A com as de B será proporcional à taxa de reação. Como a uma dada temperatura, o número de colisões é proporcional à concentração de reagentes na mistura, a taxa de consumo de A é dada por:

$$-r_A = kC_A C_B$$

Reações em que a equação de taxa corresponde à equação estequiométrica são chamadas de *reações elementares.*

Quando não há uma correspondência direta entre a estequiometria e a taxa, então temos as *reações não elementares.* O exemplo clássico de uma reação não elementar é o da reação entre o hidrogênio e o bromo,

$$H_2 + Br_2 \rightarrow 2HBr$$

que tem a seguinte expressão de taxa*

$$r_{HBr} = \frac{k_1[H_2][Br_2]^{1/2}}{k_2 + [HBr]/[Br_2]} \tag{3}$$

As reações não elementares são explicadas assumindo que aquilo que observamos como sendo uma reação única, é na realidade o efeito global de uma seqüência de reações elementares. A razão para se observar somente uma reação, e não duas ou mais reações elementares, é que a quantidade de intermediários formados é muito pequena, não sendo detectada. Estas explicações serão analisadas posteriormente.

Molecularidade e Ordem de Reação

A *molecularidade* de uma reação elementar é definida como o número de moléculas envolvidas na reação. Este número pode ser igual a um, dois ou, ocasionalmente, três. A molecularidade se refere somente à reação elementar.

---

* De modo a simplificar, nós usamos neste capítulo colchetes para indicar concentrações. Logo: $C_{HBr} = [HBr]$.

2.1 — Termo Dependente da Concentração em uma Equação de Taxa **13**

Para materiais como A, B, ..., D, nós podemos, freqüentemente, aproximar a taxa de progresso de uma reação através de uma expressão do tipo:

$$-r_A = kC_A^a C_B^b \ldots C_D^d, \qquad a + b + \cdots + d = n \tag{4}$$

em que as potências a, b, ..., d não estão necessariamente relacionadas aos coeficientes estequiométricos. Estas potências são chamadas de *ordem da reação*. Assim, a reação é:

de ordem a em relação a A
de ordem b em relação a B
de ordem n em relação ao global

Uma vez que a ordem se refere à expressão de taxa encontrada empiricamente, ela pode ser um número fracionário, não necessitando ser um número inteiro. No entanto, a molecularidade de uma reação tem de ser um número inteiro, porque ela se refere ao mecanismo da reação, sendo aplicada apenas à reação elementar.

Para expressões de taxa diferentes da forma apresentada na Eq. (4), como por exemplo a Eq. (3), não faz sentido usar a expressão ordem de reação.

Constante de Taxa k

Quando uma expressão de taxa para uma reação química homogênea é escrita na forma da Eq. (4), as dimensões da constante de taxa k para uma reação de ordem n são:

$$(\text{tempo})^{-1}(\text{concentração})^{1-n} \tag{5}$$

No caso de uma reação de primeira ordem, a Eq. (5) torna-se simplesmente:

$$(\text{tempo})^{-1} \tag{6}$$

Representação de uma Reação Elementar

Na expressão de taxa, podemos usar qualquer grandeza equivalente à concentração (por exemplo, pressão parcial), ficando-se com:

$$r_A = kp_A^a p_B^b \ldots p_D^d$$

A ordem da reação não é função da grandeza utilizada, permanecendo inalterada; no entanto, a constante de taxa será afetada.

Por concisão, as reações elementares são freqüentemente representadas por uma equação mostrando tanto a molecularidade quanto a constante de taxa. Por exemplo:

$$2A \xrightarrow{k_1} 2R \tag{7}$$

representa uma reação bimolecular irreversível, com constante de taka k_1 de segunda ordem, implicando que a taxa de reação é:

$$-r_A = r_R = k_1 C_A^2$$

Não seria apropriado escrever a Eq. (7) como:

$$A \xrightarrow{k_1} R$$

pois isto implicaria que a expressão de taxa de reação seria:

14   *Capítulo 2 — Cinética das Reações Homogêneas*

$$-r_A = r_R = k_1 C_A$$

Assim, temos de ter cuidado em distinguir entre uma equação particular que representa a reação elementar e as muitas representações possíveis da estequiometria.

Devemos notar que escrever a reação elementar com a constante de taxa, como mostrado na Eq. (7), pode não ser suficiente para evitar ambigüidade. Às vezes, pode ser necessário especificar o componente na reação para o qual a constante de taxa se refere. Por exemplo, considere a reação:

$$B + 2D \rightarrow 3T \tag{8}$$

Se a taxa for medida em termos de B, a equação de taxa será:

$$-r_B = k_B C_B C_D^2$$

Se a taxa for medida em termos de D, a equação de taxa será:

$$-r_D = k_D C_B C_D^2$$

ou se ela se referir ao produto T, então: $r_T = k_T C_B C_D^2$

Porém, da estequiometria: $-r_B = -\dfrac{1}{2} r_D = \dfrac{1}{3} r_T$

Conseqüentemente: $k_B = \dfrac{1}{2} k_D = \dfrac{1}{3} k_T$ \tag{9}

Na Eq. (8), a qual dos três valores de k estamos nos referindo? Não podemos dizer. Logo, para evitar ambigüidade quando a estequiometria envolve diferentes números de moléculas dos vários componentes, temos de especificar o componente que está sendo considerado.

Resumindo, a forma condensada de expressar a taxa pode ser ambígua. De modo a eliminar qualquer confusão possível, escreva a equação estequiométrica, seguida da expressão completa da taxa, juntamente com as unidades da constante de taxa.

Representação de uma Reação Não Elementar

Reação não elementar é aquela cuja estequiometria não coincide com sua cinética. Por exemplo:

Estequiometria: $N_2 + 3H_2 \rightleftarrows 2NH_3$

Taxa: $r_{NH_3} = k_1 \dfrac{[N_2][H_2]^{3/2}}{[NH_3]^2} - k_2 \dfrac{[NH_3]}{[H_2]^{3/2}}$

Esta não coincidência mostra que temos de desenvolver um modelo de reação multiestágio de modo a explicar a cinética.

Modelos Cinéticos para Reações Não Elementares

Com o objetivo de explicar a cinética de reações não elementares, admitimos que uma seqüência de reações elementares está realmente ocorrendo, mas que não podemos medir ou observar os intermediários formados, uma vez que eles estão presentes somente em quantidades muito pequenas. Assim, nós observamos somente os reagentes iniciais e os produtos finais, ou o que parece ser uma reação simples. Por exemplo, se a cinética da reação

$$A_2 + B_2 \rightarrow 2AB$$

indicar que a reação é não elementar, poderemos supor uma série de etapas elementares para explicar a cinética, tais como:

$$A_2 \rightleftarrows 2A*$$
$$A* + B_2 \rightleftarrows AB + B*$$
$$A* + B* \rightleftarrows AB$$

em que os asteriscos se referem aos intermediários não observados. Para testar nosso esquema proposto, temos de ver se a sua expressão cinética teórica corresponde àquela experimental.

Os tipos de intermediários que podemos postular são sugeridos pela química dos materiais, podendo ser agrupados como segue.

Radicais Livres. Átomos livres ou grandes fragmentos de moléculas estáveis que contêm um ou mais elétrons desemparelhados são chamados de radicais livres. O elétron desemparelhado é designado por um ponto no símbolo químico da substância. Alguns radicais livres são relativamente estáveis, como o trifenilmetil,

porém, como regra, eles são instáveis e altamente reativos, como:

$$CH_3\cdot, \quad C_2H_5\cdot, \quad I\cdot, \quad H\cdot, \quad CCl_3\cdot$$

Íons e Substâncias Polares. Átomos, moléculas ou fragmentos de moléculas carregados eletricamente, tais como:

$$N_3^-, \quad Na^+, \quad OH^-, \quad H_3O^+, \quad NH_4^+, \quad CH_3OH_2^+, \quad I^-$$

são chamados íons. Eles podem atuar como intermediários ativos nas reações.

Moléculas. Considere as reações consecutivas:

$$A \rightarrow R \rightarrow S$$

Usualmente, elas são tratadas como reações múltiplas. No entanto, se o intermediário R for altamente reativo, seu tempo de meia-vida será muito pequeno e sua concentração na mistura reagente pode se tornar muito pequena para ser medida. Em tal situação, R não pode ser observado e pode ser considerado como um intermediário reativo.

Complexos de Transição. As numerosas colisões entre as moléculas reagentes resultam em uma ampla distribuição de energias entre as moléculas individuais. Isto pode resultar em ligações tensionadas, formas instáveis de moléculas ou associação instável de moléculas, que podem então se decompor para dar produtos ou, através de mais colisões, podem retornar às moléculas no estado normal. Tais formas instáveis são chamadas de complexos de transição.

16 *Capítulo 2 — Cinética das Reações Homogêneas*

Os esquemas reacionais postulados, envolvendo esses quatro tipos de intermediários, podem ser de dois tipos.

Reações Individuais. Na reação individual, o intermediário é formado na primeira reação, desaparecendo em seguida para formar o produto. Assim:

$$\text{Reagentes} \rightarrow (\text{Intermediários})^*$$
$$(\text{Intermediários})^* \rightarrow \text{Produtos}$$

Reações em Cadeia. Nas reações em cadeia, o intermediário é formado na primeira reação, chamada de *etapa de iniciação da cadeia*. Ele então se combina com o reagente para formar o produto e mais um intermediário na etapa de propagação da cadeia. Ocasionalmente, o intermediário é destruído na etapa de término da cadeia. Assim:

$$\text{Reagente} \rightarrow (\text{Intermediário})^* \qquad \text{Início}$$
$$(\text{Intermediário})^* + \text{Reagente} \rightarrow (\text{Intermediário})^* + \text{Produto} \qquad \text{Propagação}$$
$$(\text{Intermediário})^* \rightarrow \text{Produto} \qquad \text{Término}$$

A característica essencial da reação em cadeia é a etapa de propagação. Nesta etapa, o intermediário não é consumido, mas atua simplesmente como um catalisador para a conversão do material. Desta maneira, cada molécula de intermediário pode catalisar uma longa cadeia de reações, mesmo milhares delas, antes de ser destruída.

A seguir, são apresentados alguns exemplos de mecanismos de vários tipos.

1. *Radicais livres, mecanismo de reação em cadeia*. A reação

$$H_2 + Br_2 \rightarrow 2\,HBr$$

com taxa experimental

$$r_{HBr} = \frac{k_1 [H_2][Br_2]^{1/2}}{k_2 + [HBr]/[Br_2]}$$

pode ser explicada pelo esquema a seguir, envolvendo os intermediários $H \cdot$ e $Br \cdot$:

$$Br_2 \rightleftarrows 2Br\cdot \qquad \text{Início e Término}$$
$$Br\cdot + H_2 \rightleftarrows HBr + H\cdot \qquad \text{Propagação}$$
$$H\cdot + Br_2 \rightarrow HBr + Br\cdot \qquad \text{Propagação}$$

2. *Intermediários moleculares, sem formação de cadeia*. A classe geral das reações de fermentação catalisadas por enzimas

$$A \xrightarrow{\text{com enzima}} R$$

com taxa experimental

$$r_R = \frac{k[A][E_0]}{[M] + [A]}$$
$$\underset{\text{constante}}{\big\uparrow}$$

ocorre com o intermediário $(A\cdot \text{enzima})^*$, como segue:

$$A + \text{enzima} \rightleftarrows (A\cdot \text{enzima})^*$$
$$(A\cdot \text{enzima})^* \rightarrow R + \text{enzima}$$

Em tais reações, a concentração do intermediário pode se tornar apreciável, necessitando neste caso uma análise especial, proposta inicialmente por Michaelis e Menten (1913).

2.1 — Termo Dependente da Concentração em uma Equação de Taxa **17**

3. Complexo de transição, sem formação de cadeias. A decomposição espontânea do azometano

$$(CH_3)_2 N_2 \rightarrow C_2H_6 + N_2 \quad ou \quad A \rightarrow R + S$$

apresenta, sob várias condições, cinética de primeira ordem, segunda ordem ou intermediária. Este tipo de comportamento pode ser explicado através da hipótese da existência de uma forma energizada e instável do reagente A*. Assim,

$$A + A \rightarrow A^* + A \quad \text{Formação da molécula energizada}$$
$$A^* + A \rightarrow A + A \quad \text{Retorno à forma estável pela colisão}$$
$$A^* \rightarrow R + S \quad \text{Decomposição espontânea em produtos}$$

Lindemann (1922) foi o primeiro a sugerir este tipo de intermediário.

Testando Modelos Cinéticos

Dois problemas dificultam a busca do mecanismo correto de reação. Primeiro, a reação pode apresentar mais de um mecanismo; isto é, radical livre ou intermediário iônico, com taxas relativas que mudam com as condições. Segundo, mais de um mecanismo pode ser consistente com os dados cinéticos. A solução destes problemas é difícil e requer um grande conhecimento da química das substâncias envolvidas. Deixando estes problemas de lado, vamos ver como testar a correspondência entre experimento e o mecanismo proposto, que envolve uma seqüência de reações elementares.

Nessas reações elementares, nós supomos a existência de dois tipos de intermediários.

Tipo 1. Um intermediário não visto e não medido, X, geralmente presente em concentração tão baixa, que sua taxa de variação na mistura pode ser considerada zero. Deste modo, nós admitimos que:

$$[X] \text{ é pequena} \quad e \quad \frac{d[X]}{dt} \cong 0$$

Chama-se isto de *aproximação de estado estacionário*. Os mecanismos tipos 1 e 2, vistos anteriormente, adotam este tipo de intermediário e o Exemplo 2.1 mostra como fazer isto.

Tipo 2. Onde um catalisador homogêneo de concentração inicial C_0 está presente sob duas formas: como um catalisador livre C ou combinado em um grau apreciável para formar o intermediário X; uma consideração para o catalisador fornece:

$$[C_0] = [C] + [X]$$

Também consideramos que:

$$\frac{d[X]}{dt} = 0$$

ou que o intermediário está em equilíbrio com seus reagentes; assim,

$$\begin{pmatrix} \text{reagente} \\ A \end{pmatrix} + \begin{pmatrix} \text{catalisador} \\ C \end{pmatrix} \underset{2}{\overset{1}{\rightleftarrows}} \begin{pmatrix} \text{intermediário} \\ X \end{pmatrix}$$

sendo

$$K = \frac{k_1}{k_2} = \frac{[X]}{[A][C]}$$

O Exemplo 2.2 e o Problema 2.23 lidam com este tipo de intermediário.

Os dois exemplos apresentados a seguir ilustram o procedimento de tentativa e erro envolvido na busca do mecanismo correto de reação.

18 Capítulo 2 — Cinética das Reações Homogêneas

EXEMPLO 2.1 BUSCA DO MECANISMO DE REAÇÃO

A reação irreversível

$$A + B = AB \tag{10}$$

tem sido estudada do ponto de vista cinético, sendo a taxa de formação de produto bem correlacionada pela seguinte equação de taxa:

$$r_{AB} = kC_B^2 \ldots \text{independente de } C_A \tag{11}$$

Qual mecanismo de reação é sugerido por esta expressão de taxa, se a química da reação sugere que o intermediário consiste em uma associação de moléculas reagentes e que a reação em cadeia não ocorre?

SOLUÇÃO

Se a reação representada na Eq. (10) fosse elementar, a taxa seria dada por:

$$r_{AB} = kC_A C_B = k[A][B] \tag{12}$$

Uma vez que as Eqs. (11) e (12) não são de mesmo tipo, a reação é evidentemente não elementar. Conseqüentemente, vamos tentar vários mecanismos e ver qual deles dará uma expressão de taxa similar àquela encontrada experimentalmente. Nós começamos com modelos simples de duas etapas e se eles não forem eficientes, tentaremos modelos mais complicados, de três, quatro ou cinco etapas.

Modelo 1. Admita um esquema reversível de duas etapas, envolvendo a formação de uma substância intermediária A_2^*, que não foi realmente vista, mas que se imagina estar presente somente em pequenas quantidades. Logo:

$$2A \underset{k_2}{\overset{k_1}{\rightleftarrows}} A_2^*$$

$$A_2^* + B \underset{k_4}{\overset{k_3}{\rightleftarrows}} A + AB \tag{13}$$

que realmente envolve 4 reações elementares

$$2A \xrightarrow{k_1} A_2^* \tag{14}$$

$$A_2^* \xrightarrow{k_2} 2A \tag{15}$$

$$A_2^* + B \xrightarrow{k_3} A + AB \tag{16}$$

$$A + AB \xrightarrow{k_4} A_2^* + B \tag{17}$$

Os valores de k se referem aos componentes que desaparecem; desta forma, k_1 se refere ao componente A, k_2 se refere ao componente A_2^*, etc.

Agora, escreva a expressão para a taxa de formação de AB. Visto que este componente está envolvido nas Eqs. (16) e (17), sua taxa global de variação é a soma das taxas individuais. Logo:

$$r_{AB} = k_3[A_2^*][B] - k_4[A][AB] \tag{18}$$

Como a concentração do intermediário A_2^* é tão pequena e não mensurável, a expressão de taxa, Eq. (18), não pode ser testada na presente forma. Deste modo, $[A_2^*]$ deve ser substituída por concentrações que possam ser medidas, tais como [A], [B] ou [AB]. Isto é feito a partir das quatro equações elementares que envolvem A_2^*:

$$r_{A_2^*} = \frac{1}{2} k_1 [A]^2 - k_2 [A_2^*] - k_3 [A_2^*][B] + k_4 [A][AB] \tag{19}$$

Devido ao fato de a concentração de A_2^* ser sempre extremamente pequena, podemos admitir que sua taxa de variação é zero; ou seja:

$$r_{A_2^*} = 0 \tag{20}$$

Esta é a aproximação de estado estacionário. Combinando as Eqs. (19) e (20), então encontramos:

$$[A_2^*] = \frac{\dfrac{1}{2} k_1 [A]^2 + k_4 [A][AB]}{k_2 + k_3 [B]} \tag{21}$$

que, quando substituída na Eq. (18), simplificando e cancelando dois termos (dois termos sempre serão cancelados se você estiver fazendo corretamente), dará a taxa de formação de AB, em termos de quantidades mensuráveis. Por conseguinte,

$$r_{AB} = \frac{\dfrac{1}{2} k_1 k_3 [A]^2 [B] - k_2 k_4 [A][AB]}{k_2 + k_3 [B]} \tag{22}$$

Na procura por um modelo consistente com a cinética observada, nós podemos, se desejarmos, restringir-nos a um modelo mais geral, selecionando arbitrariamente a magnitude das várias constantes de taxas. Uma vez que a Eq. (22) não coincide com a Eq. (11), vamos ver se alguma de suas formas simplicadas coincide. Assim, se k2 tiver valor muito pequeno, esta expressão se reduzirá a:

$$r_{AB} = \frac{1}{2} k_1 [A]^2 \tag{23}$$

Se k_4 tiver valor muito pequeno, r_{AB} se reduzirá a:

$$r_{AB} = \frac{(k_1 k_3 / 2k_2)[A]^2 [B]}{1 + (k_3 / k_2)[B]} \tag{24}$$

Nenhuma destas formas especiais, Eqs. (23) e (24), coincide com a taxa encontrada experimentalmente, Eq. (11). Pode-se concluir então que o mecanismo admitido, Eq. (13), está incorreto, necessitando-se tentar um outro mecanismo.

Modelo 2. Primeiro, note que a estequiometria da Eq. (10) é simétrica em A e B; assim, só há a necessidade de trocar A com B e vice-versa no Modelo 1 e fazer $k_2 = 0$, obtendo então $r_{AB} = k[B]^2$, que é aquilo que queremos. Logo, o mecanismo que coincidirá com a equação de taxa de segunda ordem é:

$$\left. \begin{array}{c} B + B \xrightarrow{1} B_2^* \\[2mm] A + B_2^* \underset{4}{\overset{3}{\rightleftarrows}} AB + B \end{array} \right\} \tag{25}$$

20 *Capítulo 2 — Cinética das Reações Homogêneas*

Felizmente, os dados experimentais desse exemplo puderam ser representados por uma forma de equação que coincidiu exatamente com aquela obtida pelo mecanismo teórico. Freqüentemente, tipos diferentes de equações ajustarão igualmente bem uma série de dados experimentais, especialmente dados um tanto dispersos. Conseqüentemente, para evitar a rejeição do mecanismo correto, é aconselhável testar o ajuste das várias equações teóricas aos dados obtidos, usando critérios estatísticos quando possível, em vez de somente fazer coincidir as formas de equação.

EXEMPLO 2.2 BUSCA POR UM MECANISMO PARA A REAÇÃO ENZIMA-SUBSTRATO

Aqui, um reagente, chamado *substrato*, é convertido a produto pela ação de uma enzima, uma substância como proteína, de alto peso molecular (PM > 10.000). As enzimas são altamente específicas, catalisando reações particulares ou um grupo de reações. Assim:

$$A \xrightarrow{\text{enzima}} R$$

Muitas destas reações exibem o seguinte comportamento:

1) Uma taxa proporcional à concentração de enzima introduzida na mistura $[E_0]$.

2) Em baixas concentrações de reagente, a taxa é proporcional à concentração do reagente $[A]$.

3) Em altas concentrações de reagente, a taxa se estabiliza e se torna independente da concentração do reagente.

Proponha um mecanismo que considere este comportamento.

SOLUÇÃO

Michaelis e Menten (1913) foram os primeiros a resolver este problema. (A propósito, Michaelis recebeu o prêmio Nobel de Química.) Eles imaginaram que a reação ocorria da seguinte forma:

$$\left.\begin{array}{c} A + E \underset{2}{\overset{1}{\rightleftarrows}} X \\[2mm] X \overset{3}{\to} R + E \end{array}\right\} \tag{26}$$

com as duas suposições

$$[E_0] = [E] + [X] \tag{27}$$

e

$$\frac{d[X]}{dt} \cong 0 \tag{28}$$

Primeiro, escreva as taxas para os componentes pertinentes da reação da Eq. (26), obtendo:

$$\frac{d[R]}{dt} = k_3[X] \tag{29}$$

e

$$\frac{d[X]}{dt} = k_1[A][E] - k_2[X] - k_3[X] = 0 \tag{30}$$

Eliminando $[E]$ das Equações (27) e (30), ficamos com:

$$[X] = \frac{k_1[A][E_0]}{(k_2 + k_3) + k_1[A]} \tag{31}$$

2.2 — Termo Dependente da Temperatura em uma Equação de Taxa **21**

e quando a Eq. (31) é substituída na Eq. (29), nós encontramos:

$$\frac{d[R]}{dt} = \frac{k_1 k_3 [A][E_0]}{(k_2 + k_3) + k_1[A]} = \frac{k_3[A][E_0]}{[M] + [A]} \tag{32}$$

$[M] = \left(\dfrac{k_2 + k_3}{k_1} \right)$ é chamada de constante de Michaelis

Comparando com o comportamento dado anteriormente, vemos que esta equação satisfaz os três fatos reportados:

$$\frac{-d[A]}{dt} = \frac{d[R]}{dt} \begin{cases} \propto [E_0] \\ \propto [A] \text{ quando } [A] << [M] \\ \text{é independente de } [A] \text{ quando } [A] >> [M] \end{cases}$$

Ver Problema 2.23 para mais discussão a respeito desta reação.

2.2 TERMO DEPENDENTE DA TEMPERATURA EM UMA EQUAÇÃO DE TAXA

Dependência para com a Temperatura Segundo a Lei de Arrhenius

Para muitas reações, e particularmente reações elementares, a expressão de taxa pode ser escrita como um produto entre o termo dependente da temperatura e o termo dependente da composição; ou seja:

$$r_i = f_1 \text{ (temperatura)} \cdot f_2 \text{ (composição)}$$
$$= k \cdot f_2 \text{ (composição)} \tag{33}$$

Para tais reações, o termo dependente da temperatura, que é a constante de taxa, é bem representado, em praticamente todos os casos, pela lei de Arrhenius:

$$\boxed{k = k_0 e^{-E/RT}} \tag{34}$$

em que k_0 é chamado de fator de freqüência ou fator pré-exponencial e **E** é chamado de energia de ativação da reação.* Esta expressão ajusta bem os dados experimentais, em uma larga faixa de temperatura e é fortemente recomendada, sob vários pontos de vista, como sendo uma boa aproximação da verdadeira dependência para com a temperatura.

À mesma concentração, porém a duas temperaturas diferentes, a lei de Arrhenius indica que:

$$\ln \frac{r_2}{r_1} = \ln \frac{k_2}{k_1} = \frac{E}{R} \left(\frac{1}{T_1} - \frac{1}{T_2} \right) \tag{35}$$

de modo que **E** permanece constante.

---

* Parece haver uma discordância nas dimensões usadas para reportar a energia de ativação; alguns autores usam joules e outros usam joules por mol. No entanto, joules por mol são claramente indicados na Eq. (34). Porém, a quais mols estamos nos referindo nas unidades de **E**? Isto não está claro. No entanto, este problema é superado uma vez que **E** e **R** sempre aparecem juntos e se referem ao mesmo número de mols. Toda polêmica pode ser evitada se sempre usarmos **E/R**.

22 Capítulo 2 — Cinética das Reações Homogêneas

Comparação de Teorias com a Lei de Arrhenius

A expressão
$$k = k_0' T^m e^{-E/RT}, \quad 0 \le m \le 1 \tag{36}$$

resume as previsões de versões mais simples das teorias da colisão e estado de transição para a dependência da constante de taxa com a temperatura. Para versões mais complicadas, m pode ser tão grande quanto 3 ou 4. O termo exponencial é bem mais sensível à temperatura do que o termo pré-exponencial, mascarando efetivamente a variação deste último com a temperatura, tendo-se de fato:

$$k = k_0 e^{-E/RT} \tag{34}$$

Isto mostra que a dependência para com a temperatura dada pelas teorias da colisão e do estado de transição pode ser bem aproximada pela lei de Arrhenius.

Energia de Ativação e a Dependência com a Temperatura

A influência da temperatura nas reações é determinada pela energia de ativação e pelo nível de temperatura da reação, como ilustrado na Fig. 2.2 e na Tabela 2.1. Estas evidências são resumidas a seguir:

1. A partir da lei de Arrhenius, um gráfico de ln k *versus* 1/T fornece uma linha reta, com uma grande inclinação para valores altos de **E** e uma pequena inclinação para valores baixos de **E**.

2. Reações com valores altos de energia de ativação são muito dependentes da temperatura; reações com baixos valores de energia de ativação são relativamente independentes da temperatura.

Tabela 2.1 — Elevação necessária da temperatura para dobrar a taxa de reação nas energias de ativação e temperaturas médias apresentadas[a]

Temperatura média	Energia de ativação **E**			
	40 kJ/mol	160 kJ/mol	280 kJ/mol	400 kJ/mol
0°C	11°C	2,7°C	1,5°C	1,1°C
400°C	65	16	9,3	6,5
1.000°C	233	58	33	23
2.000°C	744	185	106	74

[a]Mostra a sensibilidade das reações para com a temperatura.

3. Qualquer reação é muito mais dependente da temperatura para valores baixos de temperatura do que para valores altos de temperatura.

4. A partir da lei de Arrhenius, o valor do fator de freqüência k_0 não afeta a dependência da temperatura.

2.2 — Termo Dependente da Temperatura em uma Equação de Taxa **23**

Figura 2.2 — Esquema mostrando a influência da temperatura na taxa de reação

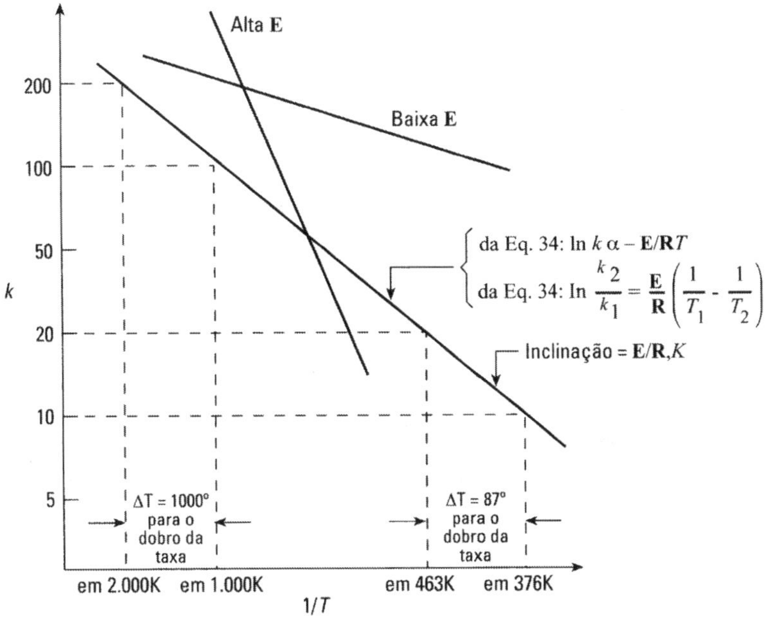

da Eq. 34: $\ln k \propto -E/RT$

da Eq. 34: $\ln \dfrac{k_2}{k_1} = \dfrac{E}{R}\left(\dfrac{1}{T_1} - \dfrac{1}{T_2}\right)$

Inclinação = $E/R, K$

$\Delta T = 1000°$ para o dobro da taxa

$\Delta T = 87°$ para o dobro da taxa

em 2.000K   em 1.000K   em 463K   em 376K

$1/T$

Alta E

Baixa E

EXEMPLO 2.3   DETERMINAÇÃO DA ENERGIA DE ATIVAÇÃO DE UM PROCESSO DE PASTEURIZAÇÃO

Quando aquecido à temperatura de 63°C por 30 minutos, o leite é considerado pasteurizado. Porém, se o leite for aquecido a 74°C, serão necessários apenas 15 segundos para se obter o mesmo resultado. Encontre a energia de ativação deste processo de esterilização.

SOLUÇÃO

A determinação da energia de ativação de um processo implica em supor a lei de Arrhenius para o processo. No caso em questão:

$$t_1 = 30 \text{ min} \quad \text{para} \quad T_1 = 336 \text{ K}$$
$$t_2 = 15 \text{ s} \quad \text{para} \quad T_2 = 347 \text{ K}$$

A taxa é inversamente proporcional ao tempo de reação; ou seja, a taxa $\propto 1/\text{tempo}$; assim, a Eq. (35) torna-se:

$$\ln \frac{r_2}{r_1} = \ln \frac{t_1}{t_2} = \frac{E}{R}\left(\frac{1}{T_1} - \frac{1}{T_2}\right)$$

ou

$$\ln \frac{30}{0,25} = \frac{E}{8,314}\left(\frac{1}{336} - \frac{1}{347}\right)$$

concluindo então que a energia de ativação é:

$$\underline{E = 422.000 \text{ J / mol}}$$

24 *Capítulo 2 — Cinética das Reações Homogêneas*

2.3 BUSCA DE UM MECANISMO

Quanto mais sabemos acerca do que está ocorrendo durante uma reação, quais são os materiais reagentes e como eles reagem, mais segurança nós temos para fazer projetos apropriados. Isto incentiva a descobrir o máximo que pudermos a respeito dos fatores que influenciam a reação dentro de limitações de tempo e esforço estabelecidos pela otimização econômica do processo.

Há três áreas de investigação de uma reação: a *estequiometria*, a *cinética* e o *mecanismo*. Em geral, a estequiometria é estudada primeiro de forma exaustiva, seguida da investigação da cinética. Tendo-se disponíveis as expressões empíricas de taxa, o mecanismo é então analisado. Em qualquer programa de investigação, necessitamos saber informações em várias áreas. Por exemplo, nossas idéias sobre a estequiometria da reação podem mudar com base nos dados cinéticos obtidos e a forma das equações cinéticas pode ser sugerida pelos estudos de mecanismo. Sem uma relação entre os muitos fatores, nenhum programa experimental direto pode ser formulado para o estudo de reações. Desta maneira, temos um trabalho de detetive científico astuto, com procedimentos experimentais planejados cuidadosamente, especialmente projetados para distinguir entre diferentes hipóteses, que por sua vez foram sugeridas e formuladas com base em todas as informações pertinentes disponíveis.

Embora não possamos nos aprofundar em muitos aspectos desse problema, muitas "dicas" freqüentemente utilizadas em tais experiências podem ser mencionadas.

1. A estequiometria pode dizer se temos uma reação simples ou não. Assim uma estequiometria complicada

$$A \rightarrow 1,45R + 0,85S$$

ou uma que mude com as condições da reação ou extensão da reação é uma clara evidência de reações múltiplas.

2. A estequiometria pode sugerir se uma reação simples é elementar ou não, porque nenhuma reação elementar com molecularidade maior que três foi observada até hoje. Como um exemplo, a reação

$$N_2 + 3H_2 \rightarrow 2NH_3$$

não é elementar.

3. Uma comparação da equação estequiométrica com a expressão cinética experimental pode sugerir se estamos lidando ou não com uma reação elementar.

4. Uma grande diferença na ordem de grandeza entre o fator de freqüência da reação, obtido experimentalmente, e aquele calculado a partir da teoria da colisão ou da teoria do estado de transição, pode sugerir uma reação não elementar; no entanto, isto não é necessariamente verdade. Por exemplo, certas isomerizações têm fatores de freqüência muito baixos e ainda assim são elementares.

5. Considere dois caminhos alternativos para uma reação reversível. Se um destes caminhos for preferido para a reação direta, o mesmo caminho deve ser também preferido para a reação inversa. Isto é chamado de *princípio de reversibilidade microscópica*. Considere, por exemplo, a reação direta

$$2NH_3 \rightleftarrows N_2 + 3H_2$$

À primeira vista, esta poderia ser muito bem uma reação bimolecular elementar, com duas moléculas de amônia combinando-se para dar, de forma direta, as quatro moléculas do produto. Partindo-se deste princípio, a reação inversa teria então também de ser uma reação elementar, envolvendo a combinação direta de três moléculas de hidrogênio com uma de nitrogênio. Uma vez que tal processo é rejeitado por ser improvável, o mecanismo bimolecular da reação direta também tem de ser rejeitado.

6. O princípio da microrreversibilidade também indica que é provável que ocorram, de uma única vez, variações envolvendo ruptura de ligação, síntese molecular ou cisão de uma única vez, cada uma sendo uma etapa elementar no mecanismo. Deste ponto de vista, a cisão simultânea do complexo em quatro moléculas de produto na reação

$$2NH_3 \rightarrow (NH_3)_2^* \rightarrow N_2 + 3H_2$$

é muito improvável. Esta regra não se aplica a variações que envolvem uma modificação na densidade de elétrons ao longo da molécula, modificação esta que pode ocorrer como uma cascata. Por exemplo, a transformação

$$CH_2\!=\!CH\!-\!CH_2\!-\!O\!-\!CH\!=\!CH_2 \rightarrow CH_2\!=\!CH\!-\!CH_2\!-\!CH_2\!-\!CHO$$

éter alil vinílico → 4-pentenal

pode ser expressa em termos das seguintes modificações na densidade de elétrons:

ou

7. Para reações múltiplas, uma variação observada na energia de ativação, E_{obs}, com a temperatura indica uma modificação no mecanismo controlador da reação. Desta maneira, para um aumento na temperatura, E_{obs} aumenta para reações ou etapas em paralelo e E_{obs} diminui para reações ou etapas em série. Contrariamente, para uma diminuição na temperatura, E_{obs} diminui para reações ou etapas em paralelo e E_{obs} aumenta para reações ou etapas em série. A Fig. 2.3 apresenta estas evidências.

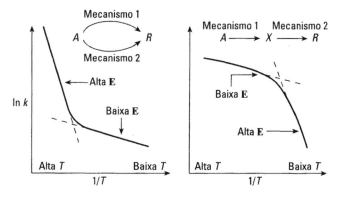

Figura 2.3 — Uma modificação na energia de ativação indica uma mudança no mecanismo controlador da reação

26 *Capítulo 2 — Cinética das Reações Homogêneas*

2.4 ESTIMAÇÃO DA TAXA DE REAÇÃO A PARTIR DA TEORIA

Termo Dependente da Concentração

Se uma reação tiver disponível muitos caminhos competitivos (por exemplo, reações catalíticas e não catalíticas), ela de fato ocorrerá através de todos estes caminhos, embora ela siga principalmente aquele de menor resistência, caminho que geralmente domina. Somente o conhecimento das energias de todos os compostos intermediários possíveis permitirá estimar o caminho dominante e sua correspondente expressão de taxa. Como tal informação não pode ser obtida com o presente nível de conhecimento, não é possível prever *a priori* a forma do termo de concentração. Na verdade, a forma da expressão de taxa encontrada experimentalmente é freqüentemente a indicação usada para se investigar as energias dos intermediários de uma reação.

Termo Dependente da Temperatura

Supondo que já conhecemos o mecanismo de reação e que já sabemos se a reação é ou não elementar, podemos então estimar os termos da constante de taxa, que são o fator de freqüência e a energia de ativação.

Se tivermos sorte, as estimativas dos fatores de freqüência a partir das teorias da colisão ou do estado de transição podem ser 100 vezes diferentes do valor correto; no entanto, em casos específicos, as estimativas podem estar muito mais longe do valor correto.

Embora as energias de ativação possam ser estimadas pela teoria do estado de transição, a confiabilidade é pobre e provavelmente é melhor estimá-las a partir de evidências experimentais para reações de componentes similares. Por exemplo, as energias de ativação da seguinte série homóloga de reações

$$RI + C_6H_5ONa \xrightarrow{\text{etanol}} C_6H_5OR + NaI$$

onde R é:

$$
\begin{array}{llll}
CH_3 & C_7H_{15} & iso\text{-}C_3H_7 & sec\text{-}C_4H_9 \\
C_2H_5 & C_8H_{17} & iso\text{-}C_4H_9 & sec\text{-}C_6H_{13} \\
C_3H_7 & C_{16}H_{33} & iso\text{-}C_5H_{11} & sec\text{-}C_8H_{17} \\
C_4H_9 & & &
\end{array}
$$

estão todas entre 90 e 98 kJ/mol.

Uso de Valores Estimados em Projeto

As estimativas da ordem de grandeza, a partir da teoria, tendem a confirmar a qualidade de suas representações, ajudando a encontrar a forma e as energias de vários intermediários e nos dando um melhor entendimento da estrutura química. Contudo, as previsões teóricas raramente coincidem com os valores experimentais por um fator de 2. Além disto, nunca podemos dizer de antemão se a taxa estimada será da ordem de grandeza do valor experimental ou se será diferente dela por um fator de 10^6. Conseqüentemente, para projeto de engenharia, este tipo de informação não deveria ser utilizada e as taxas experimentais deveriam ser consideradas em todos os casos. Assim, estudos teóricos podem ser usados como uma ajuda suplementar de modo a sugerir a sensibilidade à temperatura de uma dada reação a partir de um tipo similar de reação, a sugerir os limites superiores de taxa de reação, etc. Invariavelmente, projetos utilizam taxas determinadas experimentalmente.

LEITURAS COMPLEMENTARES

Jungers, J. C., *et al.*, *Cinétique chimique appliquée*, Technip, Paris, 1958.

Laidler, K. J., *Chemical Kinetics*, 2nd ed., Harper and Row, Nova York, 1987.

Moore, W. J., *Basic Physical Chemistry*, Prentice-Hall, Upper Saddle River, NJ, 1983.

REFERÊNCIAS

Lindemann, F. A., *Trans. Faraday Soc.*, **17**, 598 (1922).

Michaelis, L., and Menten, M. L., *Biochem. Z.*, **49**, 333 (1913). Este tratamento é discutido por Laidler (1987); ver Leituras Complementares.

PROBLEMAS

2.1 Uma reação tem a equação estequiométrica dada por A + B = 2R. Qual é a ordem da reação?

2.2 Dada a reação $2NO_2 + \frac{1}{2}O_2 = N_2O_5$, qual é a relação entre as taxas de formação e desaparecimento dos três componentes da reação?

2.3 Uma reação com equação estequiométrica dada por $\frac{1}{2}$A + B = R + $\frac{1}{2}$S tem a seguinte expressão de taxa de reação:

$$-r_A = 2C_A^{0,5}C_B$$

Qual é a expressão de taxa para esta reação, se a equação estequiométrica for escrita como A + 2B = 2R + S?

2.4 Para a reação enzima-substrato do Exemplo 2, a taxa de consumo do susbtrato é dada por:

$$-r_A = \frac{1.760[A][E_0]}{6+C_A}, \quad mol / m^3 \cdot s$$

Quais são as unidades das duas constantes?

2.5 Para a reação complexa com estequiometria A + 3B → 2R + S e com a expressão de segunda ordem para a taxa

$$-r_A = k_1[A][B]$$

pode-se dizer que as taxas de reação estão relacionadas por $r_A = r_B = r_R$? Se as taxas não forem assim relacionadas, então como elas seriam? Atenção, considere os sinais + ou –.

2.6 Uma certa reação tem uma taxa dada por:

$$-r_A = 0,005C_A^2, \quad mol / cm^3 \cdot min$$

Se a concentração fosse expressa em mol/l e o tempo em horas, qual seria o valor e as unidades da constante de taxa?

2.7 Para uma reação de um gás à temperatura de 400 K, a taxa é dada por:

$$-\frac{dp_A}{dt} = 3,66p_A^2, \quad atm / h$$

(a) Quais são as unidades da constante de taxa?

(b) Qual é o valor da constante de taxa para esta reação, se a equação de taxa é expressa como:

$$-r_A = -\frac{1}{V}\frac{dN_A}{dt} = kC_A^2, \quad mol / m^3 \cdot s$$

28 *Capítulo 2 — Cinética das Reações Homogêneas*

2.8 A decomposição do óxido nitroso ocorre da seguinte forma:

$$N_2O \rightarrow N_2 + \frac{1}{2}O_2, \quad -r_{N_2O} = \frac{k_1[N_2O]^2}{1+k_2[N_2O]}$$

Qual é a ordem desta reação com relação ao N_2O? Qual é a ordem global desta reação?

2.9 A pirólise do etano ocorre com uma energia de ativação de cerca de 300 kJ/mol. Quão mais rápida é a decomposição à temperatura de 650°C, quando comparada à temperatura de 500°C?

2.10 À temperatura de 1.100 K, n-nonano sofre craqueamento térmico (quebra-se em moléculas menores) 20 vezes mais rápido do que à temperatura de 1.000 K. Encontre a energia de ativação para esta decomposição.

2.11 Em meados do século XIX, o entomologista Henri Fabre notou que formigas francesas (variedade de jardim) trabalhavam de forma apressada, frenética, em dias quentes e de forma muito lenta em dias frios. Comparando seus resultados com os das formigas de Oregon, eu encontrei:

Velocidade de corrida, m/h	150	160	230	295	370
Temperatura, °C	13	16	22	24	28

Qual a energia de ativação que representa esta mudança no comportamento das formigas?

2.12 A temperatura máxima permitida em um reator é 800 K. Atualmente, nosso valor de referência (set point) é 780 K, sendo 20 K a margem de segurança utilizada para levar em conta uma flutuação na alimentação, controladores lentos, etc. Hoje em dia, com sistemas de controle mais sofisticados, seríamos capazes de elevar nosso valor de referência para 792 K, com a mesma margem de segurança que temos hoje. De quanto a taxa de reação, conseqüentemente a taxa de produção, pode ser elevada por esta mudança, se a reação que ocorre no reator tiver uma energia de ativação de 175 kJ/mol?

2.13 Todo dia 22 de maio, eu planto uma semente de melancia. Eu a águo, eu luto com as lagartas, eu rezo, vejo minha planta crescer e finalmente chega o dia em que a melancia amadurece. Eu então colho e festejo. Naturalmente, alguns anos não são bons, como 1980, quando um gaio (um tipo de pássaro) carregou a semente. Seis verões foram de pura alegria e, para estes, eu anotei o número de dias necessários para o crescimento *versus* a temperatura média diurna durante o período de crescimento. A temperatura afeta a taxa de crescimento? Se afirmativo, represente isto através da energia de ativação.

Ano	1976	1977	1982	1984	1985	1988
Dias de Crescimento	87	85	74	78	90	84
Temperatura Média, °C	22,0	23,4	26,3	24,3	21,1	22,7

2.14 Em dias típicos de verão, grilos do campo beliscam, pulam e cricrilam intermitentemente. Porém, durante a noite, quando um grande número deles se junta, o cricrilar se torna um sério problema e tende a ser uníssono. Em 1897, A. E. Dolbear (*Am. Naturalist*, **31**, 970) reportou que a taxa deste cricrilar social dependia da temperatura, sendo dada por:

(número de cricrilados em 15 segundos) + 40 = (temperatura, °F)

Considerando que a taxa de cricrilados é uma medida direta da taxa metabólica, encontre a energia de ativação em kJ/mol destes grilos, na faixa de temperatura de 60 a 80°F.

2.15 A taxa de reação é triplicada quando a concentração de reagente é dobrada. Encontre a ordem de reação.

Nos problemas **2.16** e **2.17**, encontre as ordens de reação com relação a A e B, para a estequiometria A + B (produtos).

$$\textbf{2.16} \quad \begin{array}{c|ccc} C_A & 4 & 1 & 1 \\ C_B & 1 & 1 & 8 \\ -r_A & 2 & 1 & 4 \end{array} \qquad \textbf{2.17} \quad \begin{array}{c|ccc} C_A & 2 & 2 & 3 \\ C_B & 125 & 64 & 64 \\ -r_A & 50 & 32 & 48 \end{array}$$

2.18 Mostre que o seguinte esquema

$$N_2O_5 \underset{k_2}{\overset{k_1}{\rightleftarrows}} NO_2 + NO_3^*$$

$$NO_3^* \xrightarrow{k_3} NO^* + O_2$$

$$NO^* + NO_3^* \xrightarrow{k_4} 2\,NO_2$$

proposto por R. Ogg, *J. Chem. Phys.*, **15**, 337 (1947), é consistente com (e pode ser explicado) a decomposição de primeira ordem do N_2O_5.

2.19 A decomposição do reagente A a 400°C, para pressões entre 1 e 10 atm, tem taxa de primeira ordem.

(a) Mostre que um mecanismo similar à decomposição do azometano,

$$A + A \rightleftarrows A^* + A$$
$$A^* \rightarrow R + S$$

é consistente com a cinética observada.

Diferentes mecanismos podem ser propostos para explicar a cinética de primeira ordem. Para afirmar que este mecanismo está correto face aos alternativos, necessita-se de evidência adicional.

(b) Com essa finalidade, que outras experiências você sugeriria fazer e que resultados você esperaria encontrar?

2.20 A experiência mostra que a decomposição homogênea de ozônio ocorre com a seguinte taxa:

$$-r_{O_3} = k[O_3]^2[O_2]^{-1}$$

(a) Qual é a ordem global da reação?

(b) Sugira um mecanismo com duas etapas para explicar essa taxa e estabeleça como você testaria esse mecanismo.

2.21 Sob a influência de agentes oxidantes, o ácido hipofosforoso é transformado em ácido fosforoso:

$$H_3PO_2 \xrightarrow{\text{agente oxidante}} H_3PO_3$$

A cinética desta transformação apresenta as seguintes características, a baixas concentrações do agente oxidante:

$$r_{H_3PO_3} = k[\text{agente oxidante}][H_3PO_2]$$

A altas concentrações do agente oxidante, temos:

$$r_{H_3PO_3} = k'[H^+][H_3PO_2]$$

Para explicar a cinética observada, tem sido postulado que, com íons de hidrogênio atuando como catalisadores, H_3PO_2 não reativo é transformado reversivelmente na forma ativa, cuja natureza é desconhecida. Este intermediário reage então com o agente oxidante para dar H_3PO_3. Mostre que este esquema explica a cinética observada.

2.22 Descubra (adivinhe e então verifique) um mecanismo que seja consistente com a equação de taxa encontrada experimentalmente para a seguinte reação:

$$2A + B \rightarrow A_2B \quad \text{com} \quad +r_{A_2B} = k[A][B]$$

30 *Capítulo 2 — Cinética das Reações Homogêneas*

2.23 *Mecanismo para reações catalíticas enzimáticas.* Para explicar a cinética de reações enzima-substrato, Michaelis e Menten (1913) descobriram o seguinte mecanismo, que usa uma suposição de equilíbrio:

$$\left.\begin{array}{c} A + E \underset{k_2}{\overset{k_1}{\rightleftharpoons}} X \\[2mm] X \xrightarrow{k_3} R + E \end{array}\right\} \quad \text{com } K = \frac{[X]}{[A][E]}, \text{ e com } [E_0] = [E] + [X]$$

onde $[E_0]$ representa a enzima total e $[E]$ representa a enzima livre não ligada.

G. E. Briggs e J. B. S. Haldane, *Biochem. J.*, **19**, 338 (1925), por outro lado, empregaram uma suposição de estado estacionário em vez de supor equilíbrio.

$$\left.\begin{array}{c} A + E \underset{k_2}{\overset{k_1}{\rightleftharpoons}} X \\[2mm] X \xrightarrow{k_3} R + E \end{array}\right\} \quad \text{com } \frac{d[X]}{dt} = 0, \text{ e } [E_0] + [E] + [X]$$

Qual a forma final de taxa, $-r_A$, em termos de $[A]$, $[E_0]$, k_1, k_2 e k_3,

(a) considerando o mecanismo de Michaelis-Menten?

(b) considerando o mecanismo de Briggs-Haldane?

CAPÍTULO 3
Interpretação dos Dados de Reatores Descontínuos

Uma equação de taxa caracteriza a taxa de reação e sua forma pode ser sugerida por considerações teóricas ou simplesmente pelo resultado de um procedimento empírico de ajuste de curva. Em qualquer caso, os valores das constantes da equação somente podem ser encontrados por experimentos; métodos preditivos são atualmente inadequados.

A determinação da taxa de reação é geralmente feita em duas etapas; primeiro, a dependência para com a concentração é determinada em uma temperatura fixa e então a dependência das constantes de taxa com a temperatura é encontrada, resultando assim na equação completa de taxa.

O equipamento no qual as informações empíricas são obtidas pode ser dividido em dois tipos: os *reatores descontínuos* (*batelada*) e os *reatores contínuos*. O reator em batelada é simplesmente um tanque que contém os reagentes enquanto eles reagem. Tudo que precisa ser determinado é a extensão (ou o grau de avanço) da reação em vários tempos, podendo isto ser feito de diferentes maneiras, como por exemplo:

1. Seguindo a concentração de um dado componente.
2. Seguindo a variação de alguma propriedade física do fluido, tal como a condutividade elétrica ou o índice de refração.
3. Seguindo a variação na pressão total do sistema a volume constante.
4. Seguindo a variação no volume de um sistema a pressão constante.

O reator em batelada experimental geralmente é operado isotermicamente e a volume constante, devido à facilidade de interpretação dos resultados de tais corridas. Esse reator é um equipamento relativamente simples, adaptável à escala de laboratório, necessitando poucos equipamentos auxiliares ou pouca instrumentação. Assim, ele é usado sempre que possível para obter dados de cinética homogênea. Este capítulo trata do reator em batelada.

O reator contínuo é usado principalmente no estudo de cinética de reações heterogêneas. O planejamento de experimentos e a interpretação de dados obtidos em reatores contínuos serão considerados em capítulos posteriores.

Há dois procedimentos para analisar dados cinéticos: o *método integral* e o *método diferencial*. No método integral de análise, nós supomos uma forma particular de equação de taxa e, depois de integração apropriada e manipulação matemática, devemos obter uma linha reta em um gráfico que

32 Capítulo 3 — Interpretação dos Dados de Reatores Descontínuos

expresse uma determinada concentração *versus* tempo. Os dados são colocados em forma gráfica e se uma reta for razoavelmente obtida, então a taxa de reação ajusta os dados de forma satisfatória.

No método diferencial de análise, o ajuste da expressão de taxa aos dados é feito de forma direta, sem qualquer integração. No entanto, uma vez que a expressão de taxa é uma equação diferencial, primeiro temos de calcular $(1/V)(dN/dt)$ a partir dos dados, antes de tentar o ajuste.

Há vantagens e desvantagens em cada método. O método integral é fácil de usar, sendo recomendado para testar mecanismos específicos ou para testar expressões de taxa relativamente simples ou quando os dados são tão dispersos que não podemos encontrar, de forma confiável, as derivadas necessárias ao método diferencial. O método diferencial é útil em situações mais complicadas, porém requer dados mais acurados ou uma maior quantidade de dados. O método integral só pode testar este ou aquele mecanismo particular ou forma de taxa; o método diferencial pode ser usado para desenvolver ou construir uma equação de taxa para ajustar os dados.

Em geral, sugere-se que seja tentada primeiro uma análise integral e, se não houver sucesso, deve ser tentado o método diferencial .

3.1 REATOR EM BATELADA COM VOLUME CONSTANTE

Por reator em batelada com volume constante, queremos na verdade nos referir ao volume de mistura reacional e não ao volume do reator. Assim, este termo significa um *sistema reacional de densidade constante*. A maioria das reações em fase líquida, assim como todas as reações em fase gasosa que ocorrem em uma bomba com volume constante, situa-se nesta classe.

Em um sistema com volume constante, a medida de taxa de reação do componente *i* torna-se:

$$r_i = \frac{1}{V}\frac{dN_i}{dt} = \frac{d(N_i/V)}{dt} = \frac{dC_i}{dt} \qquad (1)$$

ou para gases ideais, onde $C = p/\mathbf{R}T$,

$$r_i = \frac{1}{\mathbf{R}T}\frac{dp_i}{dt} \qquad (2)$$

Por conseguinte, a taxa de reação de qualquer componente é dada pela taxa de variação de sua concentração ou pressão parcial; assim, independente da maneira escolhida de acompanhar o progresso da reação, temos de relacionar esta medida com a concentração ou pressão parcial, se quisermos acompanhar a taxa de reação.

Para reações gasosas com número de mols variando, uma maneira simples de determinar a taxa de reação é seguir a variação na pressão total π do sistema. Vamos ver como isto é feito.

Análise de Dados de Pressão Total, Obtidos em um Sistema com Volume Constante. Para reações gasosas isotérmicas, onde o número de mols do material varia durante a reação, vamos desenvolver a expressão geral, que relaciona a variação da pressão total do sistema, π, com a variação da concentração ou pressão parcial de qualquer um dos componentes reacionais.

Escreva a equação estequiométrica geral e sob cada termo indique o número de mols daquele componente:

	aA	+	bB	+ ⋯ =	rR	+	sS	+	⋯
No tempo 0:	N_{A0}		N_{B0}		N_{R0}		N_{S0}		N_{inerte}
No tempo *t*:	$N_A = N_{A0} - ax$		$N_B = N_{B0} - bx$		$N_R = N_{R0} + rx$		$N_S = N_{S0} + sx$		N_{inerte}

3.1 — Reator em Batelada com Volume Constante **33**

Inicialmente, o número total de mols presente no sistema é:

$$N_0 = N_{A0} + N_{B0} + \cdots + N_{R0} + N_{S0} + \cdots + N_{inerte}$$

Mas no tempo t, ele é:

$$N = N_0 + x(r + s + \cdots - a - b \cdots) = N_0 + x\Delta n \tag{3}$$

onde

$$\Delta n = r + s + \cdots - a - b - \cdots$$

Considerando a lei dos gases ideais, nós podemos escrever para qualquer reagente, por exemplo A, no sistema de volume V:

$$C_A = \frac{p_A}{\mathbf{R}T} = \frac{N_A}{V} = \frac{N_{A0} - ax}{V} \tag{4}$$

Combinando as Eqs. (3) e (4), obtemos

$$C_A = \frac{N_{A0}}{V} - \frac{a}{\Delta n} \frac{N - N_0}{V}$$

ou

$$p_A = C_A \mathbf{R}T = p_{A0} - \frac{a}{\Delta n}(\pi - \pi_0) \tag{5}$$

Da Eq. (5), determina-se a concentração ou pressão parcial do reagente A, como uma função da pressão total π no tempo t, da pressão parcial inicial de A, p_{A0}, e da pressão total inicial do sistema, π_0.

De modo similar, para qualquer produto R, nós podemos achar:

$$p_R = C_R \mathbf{R}T = p_{R0} + \frac{r}{\Delta n}(\pi - \pi_0) \tag{6}$$

As Eqs. (5) e (6) fornecem a relação desejada entre a pressão total do sistema e a pressão parcial dos materiais reagentes.

Deve ser enfatizado que se a estequiometria não for conhecida com precisão, ou se for necessária mais de uma equação estequiométrica para representar a reação, então o procedimento da "pressão total" não pode ser utilizado.

A Conversão. Vamos introduzir um outro termo útil: a fração de conversão, que é a fração de qualquer reagente, por exemplo A, convertida em alguma outra coisa; ou seja, a fração consumida de A. Chamamos isto simplesmente de conversão de A, cujo símbolo é X_A.

Suponha que N_{A0} seja a quantidade inicial de A no reator, no tempo $t = 0$, e que N_A seja a quantidade presente no tempo t. Então, a conversão de A no sistema com volume constante é dada por:

$$X_A = \frac{N_{A0} - N_A}{N_{A0}} = 1 - \frac{N_A / V}{N_{A0} / V} = 1 - \frac{C_A}{C_{A0}} \tag{7}$$

e

$$dX_A = -\frac{dC_A}{C_{A0}} \tag{8}$$

Neste capítulo, nós desenvolveremos as equações em termos de concentração dos componentes da reação, assim como em termos das conversões.

34   *Capítulo 3 — Interpretação dos Dados de Reatores Descontínuos*

Posteriormente, relacionaremos X_A e C_A para o caso mais geral, onde o volume do sistema não é constante.

Método Integral de Análise de Dados

Procedimento Geral. O método integral de análise sempre testa uma equação particular de taxa, integrando e comparando a curva estimada de *C versus t* com os respectivos dados experimentais. Se o ajuste não for satisfatório, uma outra equação de taxa deve ser proposta e testada. Este procedimento é mostrado e usado nos casos tratados a seguir. Deve ser observado que o método integral é especialmente útil para ajuste de tipos simples de reação, como reações elementares. Analisemos então estas formas cinéticas.

Reações Unimoleculares Irreversíveis de Primeira Ordem. Considere a reação

$$A \rightarrow \text{produtos} \tag{9}$$

Suponha que queiramos testar, para esta reação, a equação de taxa de primeira ordem do seguinte tipo:

$$-r_A = -\frac{dC_A}{dt} = kC_A \tag{10}$$

Separando e integrando, temos:

$$-\int_{C_{A0}}^{C_A} \frac{dC_A}{C_A} = k \int_0^t dt$$

ou
$$-\ln \frac{C_A}{C_{A0}} = kt \tag{11}$$

Em termos de conversão (ver Eqs. (7) e (8)), a equação de taxa, Eq. (10), torna-se:

$$\frac{dX_A}{dt} = k(1 - X_A)$$

que rearranjando e integrando dá:

$$\int_0^{X_A} \frac{dX_A}{1 - X_A} = k \int_0^t dt$$

ou
$$\boxed{-\ln(1 - X_A) = kt} \tag{12}$$

A Fig. 3.1 mostra que, para esta forma de equação de taxa, um gráfico de $\ln(1 - X_A)$ ou $\ln(C_A/C_{A0})$ *versus t* dá uma linha reta passando pela origem. Se os dados experimentais não forem bem ajustados pela reta, uma outra equação de taxa deve ser testada, uma vez que a reação de primeira ordem não ajusta satisfatoriamente os dados.

Cuidado. Devemos observar que equações como

$$-\frac{dC_A}{dt} = kC_A^{0,6} C_B^{0,4}$$

são de primeira ordem, mas não se ajustam a esse tipo de análise; conseqüentemente, não são todas as reações de primeira ordem que podem ser tratadas como visto acima.

Figura 3.1 — Teste para a equação de taxa de primeira ordem, Eq. (10)

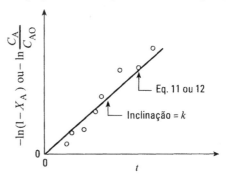

Reações Bimoleculares Irreversíveis de Segunda Ordem. Considere a reação:

$$A + B \rightarrow \text{produtos} \tag{13a}$$

com a equação de taxa correspondente:

$$-r_A = -\frac{dC_A}{dt} = -\frac{dC_B}{dt} = kC_A C_B \tag{13b}$$

Notando que as quantidades de A e B que reagiram em um tempo qualquer t são iguais e dadas por $C_{A0}X_A$, podemos escrever as Eqs. (13a) e (13b) em termos de X_A como:

$$-r_A = C_{A0}\frac{dX_A}{dt} k(C_{A0} - C_{A0}X_A)(C_{B0}X_A)$$

Fazendo $M = C_{B0}/C_{A0}$ ser a relação molar inicial de reagentes, nós obtemos:

$$-r_A = C_{A0}\frac{dX_A}{dt} = kC_{A0}^2 (1 - X_A)(M - X_A)$$

cuja integração leva a:

$$\int_0^{X_A} \frac{dX_A}{(1-X_A)(M-X_A)} = C_{A0}k \int_0^t dt$$

Após o desmembramento em frações parciais, integrando e rearranjando, o resultado final, apresentado sob várias formas, é:

$$\boxed{\begin{array}{c} \ln\dfrac{1-X_B}{1-X_A} = \ln\dfrac{M-X_A}{M(1-X_A)} = \ln\dfrac{C_B C_{A0}}{C_{B0} C_A} = \ln\dfrac{C_B}{MC_A} \\ = C_{A0}(M-1)kt = (C_{B0} - C_{A0})kt, \quad M \neq 1 \end{array}} \tag{14}$$

A Fig. 3.2 apresenta duas maneiras equivalentes de obter um gráfico linear entre a função concentração e o tempo, para esta lei de taxa de segunda ordem.

Se C_{B0} for muito maior que C_{A0}, C_B permanecerá aproximadamente constante durante o tempo todo e a Eq. (14) se aproximará da Eq. (11) ou (12) para a reação de primeira ordem. Assim, a reação de segunda ordem se tornará uma reação de pseudoprimeira ordem.

Cuidado 1. No caso especial em que os reagentes são introduzidos na sua relação estequiométrica, a expressão integrada da taxa se torna indeterminada, exigindo que os limites de integração sejam avaliados. Esta dificuldade é evitada se voltarmos à expressão diferencial original de taxa e a

Figura 3.2 — Teste para o mecanismo bimolecular A + B → R, com $C_{A0} \neq C_{B0}$, ou para a reação de segunda ordem, Eq. (13)

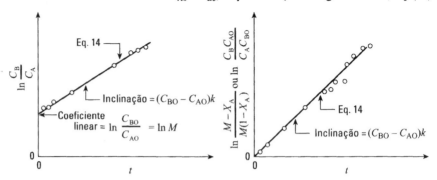

resolvermos para esta particular relação de reagentes. Desta forma, para reações de segunda ordem com concentrações iguais de A e B ou para a reação

$$2A \rightarrow \text{produtos} \tag{15a}$$

a equação diferencial de segunda ordem se torna:

$$-r_A = -\frac{dC_A}{dt} = kC_A^2 = kC_{A0}^2(1-X_A)^2 \tag{15b}$$

cuja integração resulta em:

$$\boxed{\frac{1}{C_A} - \frac{1}{C_{A0}} = \frac{1}{C_{A0}}\frac{X_A}{1-X_A} = kt} \tag{16}$$

A Fig. 3.3 provê um teste para esta expressão de taxa.

Na prática, devemos escolher relações entre os reagentes que sejam iguais ou bastante diferentes da relação estequiométrica.

Cuidado 2. A expressão integrada depende da estequiometria assim como da cinética. Para ilustrar, se a reação

$$A + 2B \rightarrow \text{produtos} \tag{17a}$$

for de primeira ordem com relação aos dois componentes, A e B, conseqüentemente de segunda ordem no global; ou seja

Figura 3.3 — Teste para mecanismos bimoleculares, A + B → R, com $C_{A0} = C_{B0}$, ou para a reação de segunda ordem da Eq. (15)

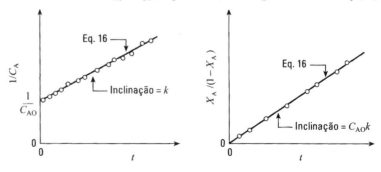

$$-r_A = -\frac{dC_A}{dt} kC_A C_B = kC_{A0}^2(1 - X_A)(M - 2X_A) \tag{17b}$$

a forma integrada será:

$$\boxed{\ln \frac{C_B C_{A0}}{C_{B0} C_A} = \ln \frac{M - 2X_A}{M(1 - X_A)} = C_{A0}(M - 2)kt, \qquad M \neq 2} \tag{18}$$

Para os reagentes na proporção estequiométrica, a forma integrada é:

$$\boxed{\frac{1}{C_A} - \frac{1}{C_{A0}} = \frac{1}{C_{A0}} \frac{X_A}{1 - X_A} = 2kt, \qquad M = 2} \tag{19}$$

Esses dois cuidados se aplicam a todos os tipos de reação. Logo, formas especiais das expressões integradas aparecem sempre que reagentes sejam usados nas proporções estequiométricas ou quando a reação for não elementar.

Reações Trimoleculares Irreversíveis de Terceira Ordem. Para a reação

$$A + B + D \rightarrow \text{produtos} \tag{20a}$$

considere a equação de taxa como sendo:

$$-r_A = -\frac{dC_A}{dt} = kC_A C_B C_D \tag{20b}$$

ou em termos de X_A:

$$C_{A0} \frac{dX_A}{dt} = kC_{A0}^3(1 - X_A)\left(\frac{C_{B0}}{C_{A0}} - X_A\right)\left(\frac{C_{D0}}{C_{A0}} - X_A\right)$$

Separando as variáveis, desmembrando em frações parciais e integrando, nós obtemos, após manipulações:

$$\frac{1}{(C_{A0} - C_{B0})(C_{A0} - C_{D0})} \ln \frac{C_{A0}}{C_A} + \frac{1}{(C_{B0} - C_{D0})(C_{B0} - C_{A0})} \ln \frac{C_{B0}}{C_B}$$
$$+ \frac{1}{(C_{D0} - C_{A0})(C_{D0} - C_{B0})} \ln \frac{C_{D0}}{C_D} = kt \tag{21}$$

Se C_{D0} for muito maior que C_{A0} e C_{B0}, a reação se torna de segunda ordem e a Eq. (21) se reduz à Eq. (14).

Todas as reações trimoleculares até hoje encontradas são da forma da Eq. (22) ou (25). Assim:

$$A + 2B \rightarrow R \quad \text{com} \quad -r_A = -\frac{dC_A}{dt} = kC_A C_B^2 \tag{22}$$

Em termos de conversão, a taxa de reação se torna:

$$\frac{dX_A}{dt} = kC_{A0}^2(1 - X_A)(M - 2X_A)^2$$

onde $M = C_{B0}/C_{A0}$. Após integração temos:

38 Capítulo 3 — Interpretação dos Dados de Reatores Descontínuos

$$\frac{(2C_{A0} - C_{B0})(C_{B0} - C_B)}{C_{B0}C_B} + \ln\frac{C_{A0}C_B}{C_A C_{B0}} = (2C_{A0} - C_{B0})^2 kt, \qquad M \neq 2 \tag{23}$$

ou

$$\frac{1}{C_A^2} - \frac{1}{C_{A0}^2} = 8kt, \qquad M = 2 \tag{24}$$

Similarmente, para a reação

$$A + B \to R \qquad com \qquad -r_A = -\frac{dC_A}{dt} = kC_A C_B^2 \tag{25}$$

a integração dá:

$$\frac{(C_{A0} - C_{B0})(C_{B0} - C_B)}{C_{B0}C_B} + \ln\frac{C_{A0}C_B}{C_{B0}C_A} = (C_{A0} - C_{B0})^2 kt, \qquad M \neq 1 \tag{26}$$

ou

$$\frac{1}{C_A^2} - \frac{1}{C_{A0}^2} = 2kt, \qquad M = 1 \tag{27}$$

Equações Empíricas de Taxa de Ordem n. Quando um mecanismo de reação não é conhecido, tentamos ajustar os dados com uma equação de taxa de ordem n, da forma:

$$-r_A = -\frac{dC_A}{dt} = kC_A^n \tag{28}$$

que após separação das variáveis e integração resulta em:

$$C_A^{1-n} - C_{A0}^{1-n} = (n-1)kt, \qquad n \neq 1 \tag{29}$$

A ordem n não pode ser encontrada explicitamente a partir da Eq. (29), necessitando de uma solução de tentativa e erro. Isto não é muito difícil; só é necessário selecionar um valor para n e calcular k. O valor de n a ser escolhido é aquele que minimiza a variação de k.

Uma característica curiosa desta forma de taxa é que reações com ordem $n > 1$ nunca podem ser completas em um tempo finito. Por outro lado, para ordens $n < 1$, esta forma de taxa prevê que a concentração do reagente cairá a zero, tornando-se então negativa em algum tempo finito. Da Eq. (29), temos então que:

$$C_A = 0 \quad em \quad t \geq \frac{C_{A0}^{1-n}}{(1-n)k}$$

Uma vez que a concentração real não pode ser um número negativo, nós não devemos integrar além desse tempo quando $n < 1$. Uma outra conseqüência desse comportamento é que, em sistemas reais, a ordem fracionária se deslocará para além da unidade quando um reagente é esgotado.

Reações de Ordem Zero. Uma reação é de ordem zero quando a taxa de reação é independente da concentração dos materiais; logo:

$$-r_A = -\frac{dC_A}{dt} = k \tag{30}$$

Integrando e notando que C_A nunca pode ser negativo, nós obtemos de forma direta:

Figura 3.4 — Teste para uma reação de ordem zero ou equação de taxa, Eq. (30)

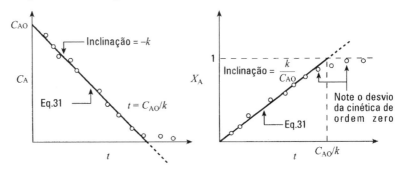

$$\boxed{\begin{array}{c} C_{A0} - C_A = C_{A0} X_A = kt \quad \text{para} \quad t < \dfrac{C_{A0}}{k} \\ \\ C_A = 0 \quad \text{para} \quad t \geq \dfrac{C_{A0}}{k} \end{array}} \quad (31)$$

significando que a conversão é proporcional ao tempo, como mostrado na Fig. 3.4.

Como regra, as reações são de ordem zero somente em certas faixas de concentração — em concentrações mais altas. Se a concentração diminuir suficientemente, a reação se tornará dependente da concentração e a ordem da reação passará a ser maior do que zero.

Em geral, reações de ordem zero são aquelas cujas taxas são determinadas por algum fator diferente da concentração dos materiais reagentes, por exemplo, a intensidade de radiação no interior de um recipiente para reações fotoquímicas, ou a superfície disponível em certas reações gasosas catalisadas por sólidos. É importante então definir a taxa de reações de ordem zero, de modo que este outro fator seja incluído e considerado adequadamente.

Ordem Global de Reações Irreversíveis a Partir do Tempo de Meia-Vida $t_{1/2}$. Algumas vezes, para a reação irreversível

$$\alpha A + \beta B + \cdots \rightarrow \text{produtos}$$

podemos escrever

$$-r_A = -\frac{dC_A}{dt} = k C_A^a C_B^b \cdots$$

Se os reagentes estiverem presentes em proporções estequiométricas, eles assim permanecerão durante toda a reação. Deste modo, para os reagentes A e B, $C_B/C_A = \beta/\alpha$ em qualquer instante, podendo-se escrever:

$$-r_A = -\frac{dC_A}{dt} = k C_A^a \left(\frac{\beta}{\alpha} C_A\right)^b \cdots = \underbrace{k \left(\frac{\beta}{\alpha}\right)^b}_{\tilde{k}} \underbrace{\cdots C_A^{a+b+\cdots}}_{C_A^n}$$

ou

$$-\frac{dC_A}{dt} = \tilde{k} C_A^n \quad (32)$$

Integrando para $n \neq 1$, temos:

$$C_A^{1-n} - C_{A0}^{1-n} = \tilde{k}(n-1)t$$

Figura 3.5 — Ordem global de reação, a partir de uma série de experimentos de meia-vida, cada uma tendo valores diferentes de concentração inicial de reagente

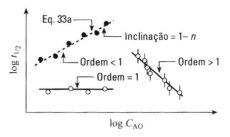

Definindo o tempo de meia-vida, $t_{1/2}$, como o tempo necessário para a concentração dos reagentes cair à metade do valor original, obtemos:

$$t_{1/2} = \frac{(0,5)^{1-n} - 1}{\tilde{k}(n-1)} C_{A0}^{1-n} \qquad (33a)$$

Esta expressão mostra que um gráfico de $\log t_{1/2}$ em função de $\log C_{A0}$ é uma linha reta de inclinação $1 - n$, conforme a Fig. 3.5.

O método do tempo de meia-vida requer a realização de uma série de corridas, cada uma com uma concentração inicial diferente. Ele mostra que a fração de conversão em um dado tempo aumenta com a concentração, para ordens maiores que um, diminui com o aumento de concentração, para ordens menores que um, e é independente da concentração inicial para reações de primeira ordem.

Inúmeras variações deste procedimento são possíveis. Por exemplo, tendo-se um componente em grande excesso, digamos A, podemos encontrar a ordem com relação a este componente. Para esta situação, a expressão geral se reduz a:

$$-\frac{dC_A}{dt} = \hat{k} C_A^a$$

onde $\qquad \hat{k} = k(C_{B0}^b \cdots) \quad \text{e} \quad C_B \cong C_{B0}$

Uma outra variação do método do tempo de meia-vida é vista a seguir.

Método do Tempo de Vida Fracionária, t_F. O método do tempo de meia-vida pode ser estendido para um método de tempo de vida fracionária, em que a concentração do reagente cai a qualquer valor fracionário, $F = C_A/C_{A0}$, em um tempo t_F. A dedução é uma extensão direta do método de tempo de meia-vida, encontrando-se:

$$t_F = \frac{F^{1-n} - 1}{k(n-1)} C_{A0}^{1-n} \qquad (33b)$$

Deste modo, um gráfico de $\log t_F$ em função de $\log C_{A0}$, como mostrado na Fig. 3.5, dará a ordem da reação.

O Exemplo E3.1 ilustra esse método.

Reações Irreversíveis em Paralelo. Considere o caso mais simples; ou seja, A se decompõe por dois caminhos competitivos, ambos sendo reações elementares:

$$\left. \begin{array}{l} A \xrightarrow{k_1} R \\ A \xrightarrow{k_2} S \end{array} \right\}$$

As taxas de variação dos três componentes são dadas por:

$$-r_A = -\frac{dC_A}{dt} = k_1 C_A + k_2 C_A = (k_1 + k_2)C_A \quad (34)$$

$$r_R = \frac{dC_R}{dt} = k_1 C_A \quad (35)$$

$$r_S = \frac{dC_S}{dt} = k_2 C_A \quad (36)$$

Esta é a primeira vez que nos defrontamos com reações múltiplas. Para elas em geral, se for necessário escrever N equações estequiométricas para descrever o que está acontecendo, será necessário seguir a decomposição de N componentes da reação de modo a descrever a cinética. Por conseguinte, seguir apenas C_A ou C_R ou C_S, no sistema apresentado, não será possível obter k_1 e k_2. Dois componentes no mínimo devem ser seguidos. Da estequiometria, notando que $C_A + C_R + C_S$ é constante, podemos encontrar a concentração do terceiro componente.

Os valores de k são determinados usando todas as três equações diferenciais de taxa. A primeira delas, Eq. (34), que é de primeira ordem, é integrada, resultando em:

$$\boxed{-\ln\frac{C_A}{C_{A0}} = (k_1 + k_2)t} \quad (37)$$

Quando essa equação é colocada em forma gráfica como na Fig. 3.6, a inclinação é $k_1 + k_2$. Dividindo então a Eq. (35) pela Eq. (36), obtemos o seguinte (Fig. 3.6):

$$\frac{r_R}{r_S} = \frac{dC_R}{dC_S} = \frac{k_1}{k_2}$$

que quando integrada resulta simplesmente em:

$$\boxed{\frac{C_R - C_{R0}}{C_S - C_{S0}} = \frac{k_1}{k_2}} \quad (38)$$

Este resultado é mostrado na Fig. 3.6. Assim, a inclinação de um gráfico de C_R versus C_S dá a relação k_1/k_2. Conhecendo k_1/k_2 assim como $k_1 + k_2$, podemos calcular k_1 e k_2. A Figura 3.7 apresenta curvas típicas de concentração-tempo dos três componentes, em um reator em batelada, para o caso de $C_{R0} = C_{S0} = 0$ e $k_1 > k_2$.

As reações em paralelo serão examinadas em detalhes no Capítulo 7.

Figura 3.6 — Avaliação das constantes de taxa para duas reações competitivas de primeira ordem, do tipo $A \begin{smallmatrix} \nearrow R \\ \searrow S \end{smallmatrix}$

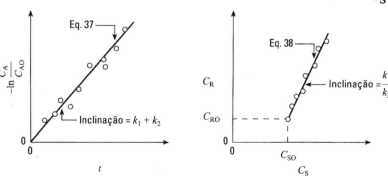

Reações Homogêneas Catalisadas. Suponha que a taxa de reação para um sistema homogêneo catalisado seja a soma das taxas das reações catalisadas e não catalisadas,

$$\left.\begin{array}{c} A \xrightarrow{k_1} R \\ A + C \xrightarrow{k_2} R + C \end{array}\right\}$$

com as correspondentes taxas de reação:

$$-\left(\frac{dC_A}{dt}\right)_1 = k_1 C_A$$

$$-\left(\frac{dC_A}{dt}\right)_2 = k_2 C_A C_C$$

Isto significa que a reação ocorreria mesmo sem catalisador presente, sendo a taxa da reação catalisada diretamente proporcional à concentração do catalisador. A taxa global de consumo do reagente A é então:

$$-\frac{dC_A}{dt} = k_1 C_A + k_2 C_A C_C = (k_1 + k_2 C_C) C_A \tag{39}$$

Após integração e notando que a concentração de catalisador permanece inalterada, temos:

$$-\ln\frac{dC_A}{dt} = -\ln(1 - X_A) = (k_1 + k_2 C_C)t = k_{observado} t \tag{40}$$

A realização de uma série de corridas com diferentes concentrações de catalisador nos permite encontrar k_1 e k_2. Isto é feito através de um gráfico contendo os valores observados de k contra as concentrações do catalisador, como mostrado na Fig. 3.8. O coeficiente angular da curva é k_2 e o coeficiente linear é k_1.

Reações Autocatalíticas. Uma reação em que um dos produtos da reação age como um catalisador é chamada de uma reação autocatalítica. A mais simples dela é:

$$A + R \rightarrow R + R \tag{41a}$$

cuja taxa de reação é:

$$-r_A = -\frac{dC_A}{dt} = kC_A C_R \tag{41b}$$

Por causa de o número total de mols de A e R permanecer constante à medida em que A é consumido, podemos escrever que em qualquer instante:

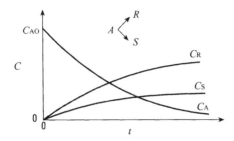

Figura 3.7 — Curvas típicas de concentração-tempo para reações competitivas

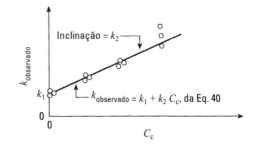

Figura 3.8 — Constantes de taxa para uma reação homogênea catalisada, a partir de uma série de corridas com diferentes concentrações de catalisador

$$C_0 = C_A + C_R = C_{A0} + C_{R0} = \text{constante}$$

Assim, a equação de taxa se torna:

$$-r_A = -\frac{dC_A}{dt} = kC_A(C_0 - C_A)$$

Rearranjando e separando em frações parciais, obtemos:

$$-\frac{dC_A}{C_A(C_0 - C_A)} = -\frac{1}{C_0}\left(\frac{dC_A}{C_A} + \frac{dC_A}{C_0 - C_A}\right) = k\, dt$$

cuja integração resulta em:

$$\boxed{\ln\frac{C_{A0}(C_0 - C_A)}{C_A(C_0 - C_{A0})} = \ln\frac{C_R/C_{R0}}{C_A/C_{A0}} = C_0 kt = (C_{A0} + C_{R0})\, kt} \qquad (42)$$

Em termos da razão das concentrações iniciais dos reagentes, $M = C_{R0}/C_{A0}$, e da fração de conversão de A, isto pode ser escrito como:

$$\boxed{\ln\frac{M + X_A}{M(1 - X_A)} = C_{A0}(M+1)kt = (C_{A0} + C_{R0})kt} \qquad (43)$$

Para uma reação autocatalítica em um reator em batelada, algum produto R deve estar presente para que a reação se complete. Começando com uma concentração muito pequena de R, vemos que, qualitativamente, a taxa crescerá à medida que R for formado. Em um outro extremo, quando A está prestes a ser completamente consumido, a taxa tem de ir a zero. Este resultado é dado na Figura 3.9, que mostra que a taxa segue uma parábola, com um máximo onde as concentrações de A e R são iguais.

Para testar se uma reação é autocatalítica, faça um gráfico da concentração em função do tempo usando a Eq. (42) ou a Eq. (43), como mostrado na Fig. 3.10 e veja se uma linha reta passa pela origem.

As reações autocatalíticas serão consideradas em maiores detalhes no Capítulo 6.

Figura 3.9 — Curvas de conversão-tempo e taxa-concentração para reação autocatalítica, Eq. (41). Esta forma é típica para reação deste tipo

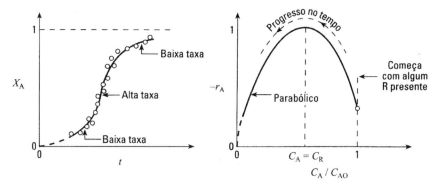

Figura 3.10 — Teste para a reação autocatalítica da Eq. (41)

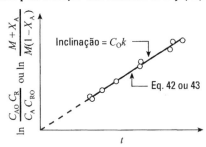

Reações Irreversíveis em Série. Nós primeiro consideramos reações unimoleculares consecutivas de primeira ordem, tais como:

$$A \xrightarrow{k_1} R \xrightarrow{k_2} S$$

cujas equações de taxa para os três componentes são:

$$r_A = \frac{dC_A}{dt} = -k_1 C_A \tag{44}$$

$$r_R = \frac{dC_R}{dt} = k_1 C_A - k_2 C_R \tag{45}$$

$$r_S = \frac{dC_S}{dt} = k_2 C_R \tag{46}$$

Vamos começar com uma concentração C_{A0} de A e com nenhum R ou S presente e vejamos como as concentrações dos componentes variam com o tempo. Integrando a Eq. (44), nós encontramos a concentração de A:

$$\boxed{-\ln \frac{C_A}{C_{A0}} k_1 t \quad \text{ou} \quad C_A = C_{A0} e^{-k_1 t}} \tag{47}$$

De modo a encontrar a concentração de R, substitua a concentração de A da Eq. (47) na equação diferencial que governa a taxa de variação de R, Eq. (45); por conseguinte,

$$\frac{dC_R}{dt} + k_2 C_R = k_1 C_{A0} e^{-k_1 t} \tag{48}$$

que é uma equação diferencial linear de primeira ordem da forma:

$$\frac{dy}{dx} + Py = Q$$

Multiplicando esta equação pelo fator de integração , a solução é:

$$y e^{\int P dx} = \int Q e^{\int P dx} dx + \text{constante}$$

Aplicando este procedimento geral na integração da Eq. (48), encontramos que o fator de integração é $e^{k_2 t}$. A constante de integração é $-k_1 C_{A0}/(k_2 - k_1)$, para a condição inicial de $C_{R0} = 0$ em $t = 0$, sendo a expressão final para a concentração variável de R dada por:

$$\boxed{C_R = C_{A0} k_1 \left(\frac{e^{-k_1 t}}{k_2 - k_1} + \frac{e^{-k_2 t}}{k_1 - k_2} \right)} \tag{49}$$

3.1 — Reator em Batelada com Volume Constante **45**

Observando que não há variação no número total de mols, a estequiometria relaciona as concentrações dos reagentes por:

$$C_{A0} = C_A + C_R + C_S$$

que juntamente com as Eqs. (47) e (49) fornece:

$$C_S = C_{A0}\left(1 + \frac{k_2}{k_1 - k_2}e^{-k_1 t} + \frac{k_1}{k_2 - k_1}e^{-k_2 t}\right) \tag{50}$$

Logo, nós achamos como as concentrações de A, R e S variam com o tempo.

Se k_2 for muito maior que k_1, a Eq. (50) se reduz a:

$$C_S = C_{A0}(1 - e^{-k_1 t}), \qquad k_2 \gg k_1$$

Em outras palavras, a taxa é determinada por k_1; ou seja, pela primeira etapa da reação composta por duas etapas.

Se k_1 for muito maior que k_2, então:

$$C_S = C_{A0}(1 - e^{-k_2 t}), \qquad k_1 \gg k_2$$

que é uma reação de primeira ordem, governada por k_2, a etapa mais lenta da reação composta por duas etapas. Desta forma, para qualquer número de reações em série, em geral, a etapa mais lenta tem maior influência na taxa global de reação.

Como pode ser esperado, os valores de k_1 e k_2 também governam a localização e a concentração máxima de R, que pode ser determinada diferenciando-se a Eq. (49) e fazendo $dC_R/dt = 0$. O tempo em que ocorre a máxima concentração de R é:

$$t_{máx} = \frac{1}{k_{média\ log}} = \frac{\ln(k_2 / k_1)}{k_2 - k_1} \tag{51}$$

A concentração máxima de R é encontrada, combinando-se as Eqs. (49) e (51) para dar:

$$\frac{C_{R,\ máx}}{C_{A0}} = \left(\frac{k_1}{k_2}\right)^{k_2/(k_2 - k_1)} \tag{52}$$

A Fig. 3.11 mostra as características gerais das curvas de concentração-tempo para os três componentes; A diminui exponencialmente, R aumenta até um máximo e então cai e S aumenta continuamente. A maior taxa de aumento de S ocorre onde R é máximo. Em particular, esta figura mostra que se pode avaliar k_1 e k_2 pela concentração máxima do intermediário e o tempo em que este máximo é atingido. O Capítulo 8 discute com mais detalhes as reações em série.

Para uma longa cadeia de reações, digamos

$$A \rightarrow R \rightarrow S \rightarrow T \rightarrow U$$

o tratamento é similar, embora mais trabalhoso que aquele dado à reação com duas etapas. A Fig. 3.12 ilustra curvas típicas de concentração-tempo para esta situação.

Reações Reversíveis de Primeira Ordem. Embora uma reação nunca se complete, nós podemos considerar que muitas reações sejam essencialmente irreversíveis, por causa do alto valor da constante de equilíbrio. Estas são as situações que examinamos até este ponto. Vamos considerar agora reações

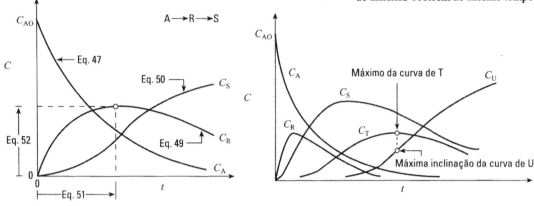

Figura 3.11 — Curvas típicas de concentração-tempo para reações consecutivas de primeira ordem

Figura 3.12 — Curvas de concentração-tempo para uma cadeia de reações sucessivas de primeira ordem. Somente para os dois últimos componentes, os pontos de máximo e de inflexão ocorrem ao mesmo tempo

cuja conversão completa não pode ser admitida. O caso mais simples é o das reações unimoleculares opostas.

$$A \underset{k_2}{\overset{k_1}{\rightleftarrows}} R, \quad K_C = K = \text{constante de equilíbrio} \tag{53a}$$

Começando com uma razão de concentrações $M = C_{R0}/C_{A0}$, a equação de taxa é:

$$\frac{dC_R}{dt} = -\frac{dC_A}{dt} = C_{A0}\frac{dX_A}{dt} = k_1 C_A - k_2 C_R$$
$$= k_1(C_{A0} - C_{A0}X_A) - k_2(MC_{A0} + C_{A0}X_A) \tag{53b}$$

No equilíbrio, $dC_A/dt = 0$. Conseqüentemente, da Eq. (53) obtemos a fração de conversão de A nas condições de equilíbrio:

$$K_C = \frac{C_{Re}}{C_{Ae}} = \frac{M + X_{Ae}}{1 - X_{Ae}}$$

e a constante de equilíbrio como:

$$K_C = \frac{k_1}{k_2}$$

Combinando as três equações anteriores, obtemos, em termos da conversão de equilíbrio:

$$\frac{dX_A}{dt} = \frac{k_1(M+1)}{M + X_{Ae}}(X_{Ae} - X_A)$$

Com as conversões medidas em termos de X_{Ae}, esta equação pode ser vista como uma reação irreversível de pseudoprimeira ordem, cuja integração resulta em:

$$\boxed{-\ln\left(1 - \frac{X_A}{X_{Ae}}\right) = -\ln\frac{C_A - C_{Ae}}{C_{A0} - C_{Ae}} = \frac{M+1}{M + X_{Ae}} k_1 t} \tag{54}$$

Figura 3.13 — Teste para reações reversíveis do tipo unimolecular, Eq. (53)

Figura 3.14 — Teste para reações reversíveis bimoleculares, da Eq. 55

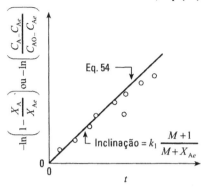
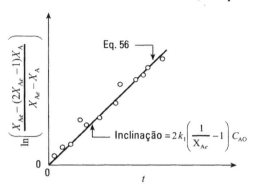

Um gráfico de $-\ln(1 - X_A/X_{Ae})$ em função do tempo dá uma linha reta, como mostrado na Fig. 3.13.

A similaridade entre equações irreversíveis e reversíveis de primeira ordem pode ser vista comparando as Eqs. (12) e (54) ou comparando as Figs. 3.1 e 3.13. Desta forma, a reação irreversível é simplesmente um caso especial da reação reversível, em que $C_{Ae} = 0$ ou $X_{Ae} = 1$ ou $K_C = \infty$.

Reações Reversíveis de Segunda Ordem. Para reações de segunda ordem, do tipo bimolecular,

$$A + B \underset{k_2}{\overset{k_1}{\rightleftharpoons}} R + S \tag{55a}$$

$$2A \underset{k_2}{\overset{k_1}{\rightleftharpoons}} R + S \tag{55b}$$

$$2A \underset{k_2}{\overset{k_1}{\rightleftharpoons}} 2R \tag{55c}$$

$$A + B \underset{k_2}{\overset{k_1}{\rightleftharpoons}} 2R \tag{55d}$$

com as restrições que $C_{A0} = C_{B0}$ e $C_{R0} = C_{S0} = 0$, as equações integradas de taxa para A e B são todas idênticas, como segue:

$$\ln \frac{X_{Ae} - (2X_{Ae} - 1)X_A}{X_{Ae} - X_A} = 2k_1\left(\frac{1}{X_{Ae}} - 1\right)C_{A0}t \tag{56}$$

A Fig. 3.14 apresenta um gráfico que pode ser usado para testar a adequação destas cinéticas.

Reações Reversíveis em Geral. Para ordens de reação diferentes de um ou dois, a integração da equação de taxa se torna trabalhosa. Assim, se a Eq. (54) ou (56) não for capaz de ajustar os dados, então o método diferencial é a melhor opção para a procura por uma equação adequada de taxa.

Reações de Ordem Variável. Na procura por uma equação cinética, pode ser que os dados sejam bem ajustados por uma determinada ordem de reação a altas concentrações e por uma outra ordem a baixas concentrações. Considere a reação:

$$A \rightarrow R \quad \text{com} \quad -r_A = -\frac{dC_A}{dt} = \frac{k_1 C_A}{1 + k_2 C_A} \tag{57}$$

Desta equação de taxa vemos que:

Figura 3.15 — Comportamento de uma reação que segue a Eq. 57

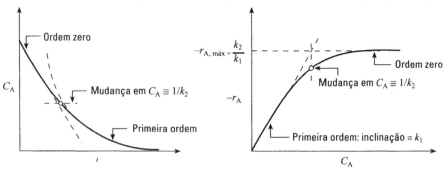

Para valores altos de C_A (ou $k_2 \cdot C_A \gg 1$) — a reação é de ordem zero, com constante de taxa igual a k_1/k_2

Para valores baixos de C_A (ou $k_2 \cdot C_A \ll 1$) — a reação é de primeira ordem, com constante de taxa igual a k_1

Este comportamento é mostrado na Fig. 3.15.

Para aplicação do método integral, as variáveis devem ser separadas e a Eq. (57) integrada, dando:

$$\ln \frac{C_{A0}}{C_A} + k_2(C_{A0} - C_A) = k_1 t \tag{58a}$$

Para linearizar, a Eq. (58a) deve ser rearrumada para dar:

$$\frac{C_{A0} - C_A}{\ln(C_{A0}/C_A)} = -\frac{1}{k_2} + \frac{k_1}{k_2}\left(\frac{t}{\ln(C_{A0}/C_A)}\right) \tag{58b}$$

ou

$$\frac{\ln(C_{A0}/C_A)}{C_{A0} - C_A} = -k_2 + \frac{k_1 t}{C_{A0} - C_A} \tag{58c}$$

A Fig. 3.16 apresenta duas maneiras distintas de testar esta forma da equação de taxa.

Pela mesma razão anterior, podemos mostrar que a forma geral da taxa, dada por:

Figura 3.16 — Teste da equação de taxa, Eq. (57), pela análise integral

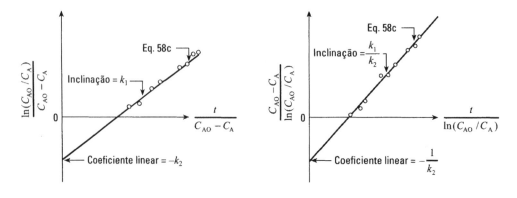

$$-r_{\mathrm{A}} = -\frac{dC_{\mathrm{A}}}{dt} = \frac{k_1 C_{\mathrm{A}}^m}{1 + k_2 C_{\mathrm{A}}^n} \tag{59}$$

muda da ordem $m - n$ a alta concentração para ordem m a baixa concentração, ocorrendo a transição onde $k_2 C_{\mathrm{A}}^n \cong 1$. Este tipo de equação pode então ser usado para ajustar dados de quaisquer duas ordens.

Uma outra forma que considera essa mudança é:

$$-r_{\mathrm{A}} = -\frac{dC_{\mathrm{A}}}{dt} = \frac{k_1 C_{\mathrm{A}}^m}{(1 + k_2 C_{\mathrm{A}})^n} \tag{60}$$

Estudos do mecanismo podem sugerir que forma usar. Em qualquer caso, se uma destas formas de equação ajustar os dados, a outra também o fará.

A forma da taxa da Eq. (57) e algumas de suas generalizações são usadas para representar alguns tipos bem diferentes de reações. Por exemplo, em sistemas homogêneos, esta forma é usada para reações catalisadas por enzimas, sugerida por estudos do mecanismo (ver o mecanismo de Michaelis-Menten no Capítulo 2 e no Capítulo 27). Ela é também usada para representar a cinética de reações catalisadas em superfície.

Estudos de mecanismos indicam que essa forma de equação aparece toda vez que a etapa controladora de uma reação envolver a associação de reagente com algum componente que está presente em quantidades limitadas, porém fixas; por exemplo, a associação de reagente com enzima para formar um complexo ou uma associação de reagentes gasosos com um sítio ativo na superfície de um catalisador.

EXEMPLO 3.1 ENCONTRE A EQUAÇÃO DE TAXA, USANDO O MÉTODO INTEGRAL

O reagente A se decompõe em um reator em batelada

$$A \rightarrow \text{produtos}$$

A composição de A no reator é medida em vários tempos, com os resultados mostrados nas colunas 1 e 2. Encontre a equação de taxa que representa estes dados.

Coluna 1	Coluna 2	Coluna 3	Coluna 4
Tempo t, s	Concentração C_{A}, mol/ℓ	$\ln \dfrac{C_{\mathrm{A0}}}{C_{\mathrm{A}}}$	$\dfrac{1}{C_{\mathrm{A}}}$
0	$C_{\mathrm{A0}} = 10$	$\ln 10/10 = 0$	0,1
20	8	$\ln 10/8 = 0,2231$	0,125
40	6	0,511	0,167
60	5	0,6931	0,200
120	3	1,204	0,333
180	2	1,609	0,500
300	1	2,303	1,000

Dados reportados $\qquad\qquad\qquad$ Dados calculados

SOLUÇÃO

Primeira Tentativa: Cinética de Primeira Ordem. Comece pela forma de taxa mais simples; ou seja, cinética de primeira ordem. Isto significa que $\ln C_{A0}/C_A$ em função do tempo deve dar uma linha reta, ver Eq. (11) ou (12) ou Fig. 3.1. Assim, a coluna 3 é calculada e a Fig. E3.1a é gerada. Infelizmente, não obtemos uma linha reta; logo, a cinética de primeira ordem não representa razoavelmente os dados, tendo-se então de ir buscar uma outra forma de taxa.

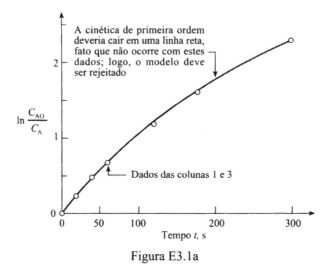

Figura E3.1a

Segunda Tentativa: Cinética de Segunda Ordem. A Eq. (16) nos diz que $1/C_A$ em função de t deve dar uma linha reta. Calcule então a coluna 4 e faça um gráfico da coluna 1 *versus* a coluna 4, conforme mostrado na Fig. E3.1b. Novamente, não obtemos uma linha reta, concluindo assim que a cinética de segunda ordem deve ser rejeitada.

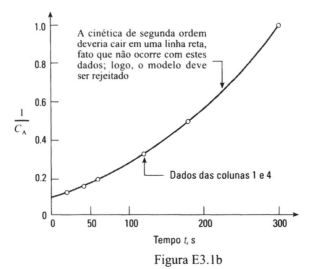

Figura E3.1b

Terceira Tentativa: Cinética de Ordem *n*. Vamos planejar usar o método do tempo de vida fracionária, com F = 80%. Então a Eq. (33b) torna-se:

$$t_F = \frac{(0,8)^{1-n} - 1}{k(n-1)} C_{A0}^{1-n}$$

Agora obtenha os logaritmos:

$$\log t_F = \underbrace{\log\left(\frac{0{,}8^{1-n}-1}{k(n-1)}\right)}_{a\ \text{uma constante}} + \underbrace{(1-n)}_{b}\underbrace{\log C_{A0}}_{x}$$

$\underbrace{}_{y}$

O procedimento é o seguinte: primeiro, faça um gráfico acurado dos dados de C_A em função de t e desenhe uma curva suave (mais importante) para representar os dados, como mostrado na Fig. E3.1c; então escolha $C_{A0} = 10$, 5 e 2 e preencha a seguinte tabela a partir da figura.

C_{A0}	$C_{A\ final}$ ($= 0{,}8\ C_{A0}$)	Tempo necessário t_F, s	$\log t_F$	$\log C_{A0}$
10	8	0 → 18,5=18,5	log 18,5=1,27	1,00
5	4	59 → 82=23	1,36	0,70
2	1,6	180 → 215=35	1,54	0,30

A partir da curva e não dos dados

Como próxima etapa, faça um gráfico de $\log t_F$ em função de $\log C_{A0}$, como mostrado na Fig.E3.1d e encontre a inclinação.

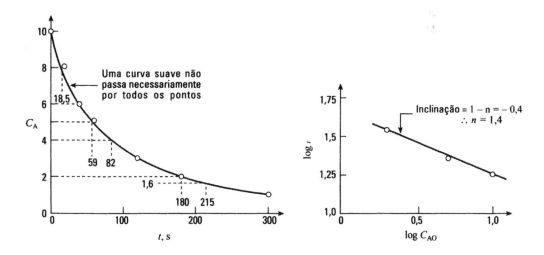

Figuras E3.1c e E3.1d

Agora temos a ordem da reação. Para avaliar a constante de taxa, considere qualquer ponto da curva de C_A versus t. Escolha $C_{A0} = 10$, que corresponde a $t_F = 18{,}5$ s. Coloque todos estes valores na Eq. (i), resultando em:

$$18{,}5 = \frac{(0{,}8)^{1-1{,}4}-1}{k(1{,}4-1)}\,10^{1-1{,}4}$$

obtendo assim:

$$k = 0{,}005$$

Conseqüentemente, a taxa de reação que representa esta equação é:

$$-r_A = \left(0,005 \frac{l^{0,4}}{\text{mol}^{0,4} \cdot \text{s}}\right) C_A^{1,4}, \quad \frac{\text{mol}}{l \cdot \text{s}}$$

Método Diferencial de Análise de Dados

O método diferencial de análise de dados lida diretamente com a equação diferencial de taxa a ser testada, avaliando todos os termos na equação, inclusive a derivada dC_i/dt, e testando a qualidade do ajuste da equação com os dados experimentais.

O procedimento é o seguinte:

1. Faça um gráfico dos dados de C_A versus t e então desenhe a olho, cuidadosamente, uma curva suave para representar os dados. Essa curva muito provavelmente não passará por todos os pontos experimentais.

2. Determine a inclinação dessa curva nos valores de concentração adequadamente selecionados. Estas inclinações, $dC_A/dt = r_A$, são as taxas de reação nestas composições.

3. Agora, procure por uma expressão de taxa para representar os dados de rA em função de CA, mediante uma das duas maneiras abaixo:

    (a) escolhendo e testando uma forma particular de taxa, $-r_A = kf(C_A)$, ver Fig. 3.17 ou

    (b) testando uma forma de ordem n, $-r_A = kC_A^n$ e aplicando logaritmos na equação de taxa (ver Fig. 3.18).

No entanto, com certas equações mais simples de taxa, uma manipulação matemática pode resultar em uma expressão adequada para teste gráfico. Como um exemplo, considere uma série de dados de C_A em função de t, os quais queremos ajustar a equação M–M

$$-r_A = -\frac{dC_A}{dt} = \frac{k_1 C_A}{1 + k_2 C_A} \tag{57}$$

que já foi tratada pelo método de análise integral. Pelo método diferencial, podemos obter $-r_A$ versus C_A. Porém, como faremos uma linha reta no gráfico de modo a avaliar k_1 e k_2? Como sugerido, vamos manipular a Eq. (57) para obter uma expressão mais útil. Assim, tomando o inverso, temos:

Figura 3.17 — Teste para a forma particular de taxa $-r_A = kf(C_A)$, pelo método diferencial

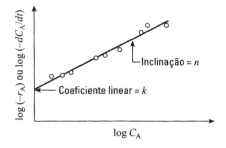

Figura 3.18 — Teste para a forma de taxa de ordem n, pelo método diferencial

Figura 3.19 — Duas maneiras de testar a equação de taxa $-r_A = k_1 C_A/(1 + k_2 C_A)$ pela análise diferencial

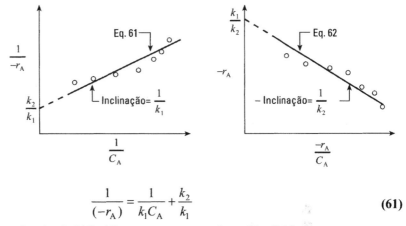

$$\frac{1}{(-r_A)} = \frac{1}{k_1 C_A} + \frac{k_2}{k_1} \tag{61}$$

Um gráfico de $1/(-r_A)$ em função de $1/C_A$ é linear, como mostrado na Fig. 3.19.

Alternativamente, uma manipulação diferente (multiplicar a Eq. (61) por $k_1(-r_A)/k_2$) resulta em uma outra forma, também adequada para teste; deste modo,

$$(-r_A) = \frac{k_1}{k_2} - \frac{1}{k_2}\left[\frac{(-r_A)}{C_A}\right] \tag{62}$$

Um gráfico de $-r_A$ versus $(-r_A)/C_A$ é linear, conforme Fig. 3.19.

Toda vez que uma equação de taxa puder ser manipulada de modo a resultar em um gráfico linear, tem-se uma maneira simples de testar a equação. Logo, com qualquer problema dado, devemos usar um bom julgamento no planejamento de nosso programa experimental.

EXEMPLO 3.2 ENCONTRE A EQUAÇÃO DE TAXA QUE AJUSTA UMA SÉRIE DE DADOS, USANDO O MÉTODO DIFERENCIAL

Tente ajustar uma equação de taxa de ordem n aos dados de concentração e tempo do Exemplo 3.1.

SOLUÇÃO

A Fig. E3.2a apresenta um gráfico dos dados tabelados nas colunas 1 e 2.

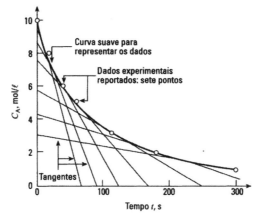

Figura E3.2a

Coluna 1	Coluna 2	Coluna 3	Coluna 4	Coluna 5
Tempo t, s	Concentração C_A, mol/ℓ	Inclinação, da Fig. E3.2a (dC_A/dt)	$\log_{10}(-dC_A/dt)$	$\log_{10} C_A$
0	10	$(10-0)/(0-75) = -0{,}1333$	$-0{,}8785$	1,000
20	8	$(10-0)/(-3-94) = -0{,}1031$	$-0{,}987$	0,903
40	6	$(10-0)/(-21-131) = -0{,}0658$	$-1{,}182$	0,778
60	5	$(8-0)/(-15-180) = -0{,}0410$	$-1{,}387$	0,699
120	3	$(6-0)/(-10-252) = -0{,}0238$	$-1{,}623$	0,477
180	2	$(4-1)/(24-255) = -0{,}0108$	$-1{,}967$	0,301
300	1	$(3-1)/(-10-300) = -0{,}0065$	$-2{,}187$	0,000

Agora, desenhe cuidadosamente uma curva suave para representar os dados e, para C_A = 10, 8, 6, 5, 3, 2, 1, desenhe tangentes à curva e as avalie (veja coluna 3).

De modo a ajustar a equação de taxa de ordem n a esses dados

$$-r_A = -\frac{dC_A}{dt} = kC_A^n$$

aplique logaritmo em ambos os lados (veja colunas 3 e 4); ou seja:

$$\underbrace{\log_{10}\left(-\frac{dC_A}{dt}\right)}_{y} = \underbrace{\log_{10} k}_{\text{coeficiente linear}} + n\underbrace{\log_{10} C_A}_{x \text{ inclinação}}$$

e faça um gráfico como na Fig. E3.2b. Os coeficientes angular (inclinação) e linear da melhor linha correspondem aos valores de n e k, respectivamente (veja Fig. E3.2b). Desta forma, a equação de taxa é:

$$-r_A = -\frac{dC_A}{dt} = \left(0{,}005 \frac{l^{0,43}}{\text{mol}^{0,43} \cdot \text{s}}\right) C_A^{1,43}, \frac{\text{mol}}{l \cdot \text{s}}$$

Atenção: Na etapa 1, se você usar um computador para ajustar um polinômio aos dados, pode haver um desastre. Por exemplo, considere um polinômio de sexto grau para ajustar os sete pontos dados ou um polinômio de grau ($n-1$) para ajustar n pontos.

Ajustando visualmente, você obteria uma curva suave, como mostrado na Fig. E3.2c. Mas, se um computador fosse usado para obter um polinômio que passasse por todos os pontos, o resultado poderia ser muito bem o apresentado na Fig. E3.2d.

Agora, qual dessas duas curvas faz mais sentido e qual delas você usaria? Esta é a razão pela qual dizemos "*desenhe a olho* uma curva suave para representar os dados". Porém, esteja ciente de que desenhar tal curva não é simples. Tome cuidado.

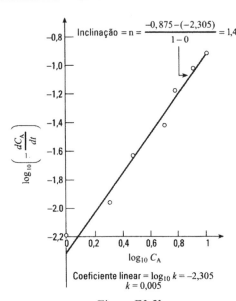

Figura E3.2b

Figura E3.2c, d — Os mesmos sete pontos ajustados por dois tipos diferentes de curvas

3.2 REATOR EM BATELADA COM VOLUME VARIÁVEL

Estes reatores são muito mais complexos que os simples reatores em batelada com volume constante. O seu uso principal seria no campo de microprocessamento, onde um tubo capilar com uma esfera móvel representaria o reator (veja Fig. 3.20).

O progresso da reação é seguido pelo movimento da esfera com o tempo, procedimento este muito mais simples que tentar medir a composição da mistura, especialmente para microrreatores. Assim,

V_0 = volume inicial do reator
V = volume em um tempo t

Este tipo de reator pode ser usado para reações tendo uma estequiometria simples, em operações isotérmicas e a pressão constante. Para tais sistemas, o volume é linearmente relacionado à conversão; ou seja:

$$V = V_0(1 + \varepsilon_A X_A) \quad \text{ou} \quad X_A = \frac{V - V_0}{V_0 \varepsilon_A} \tag{63a}$$

ou

$$dX_A = \frac{dV}{V_0 \varepsilon_A} \tag{63b}$$

onde ε_A é a fração de variação no volume do sistema, entre conversão nula e conversão completa do reagente A. Logo:

$$\boxed{\varepsilon_A = \frac{V_{X_A=1} - V_{X_A=0}}{V_{X_A=0}}} \tag{64}$$

Como exemplo do uso de ε_A, considere a reação isotérmica em fase gasosa:

$$A \to 4R$$

Começando com o reagente puro A,

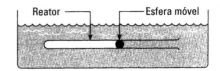

Figura 3.20 — Um reator em batelada com volume variável

56 *Capítulo 3 — Interpretação dos Dados de Reatores Descontínuos*

$$\varepsilon_A = \frac{4-1}{1} = 3$$

mas com 50% de inertes presentes no início, dois volumes de mistura reacional resultam em cinco volumes de mistura final, considerando conversão completa. Neste caso,

$$\varepsilon_A = \frac{5-2}{2} = 1,5$$

Vemos então que ε_A leva em consideração tanto a estequiometria da reação como a presença de inertes. Notando que

$$N_A = N_{A0}(1 - X_A) \tag{65}$$

e combinando com a Eq. (63), temos:

$$C_A = \frac{N_A}{V} = \frac{N_{A0}(1 - X_A)}{V_0(1 + \varepsilon_A X_A)} = C_{A0} \frac{1 - X_A}{1 + \varepsilon_A X_A}$$

Assim:
$$\frac{C_A}{C_{A0}} = \frac{1 - X_A}{1 + \varepsilon_A X_A} \quad \text{ou} \quad X_A = \frac{1 - C_A / C_{A0}}{1 + \varepsilon_A C_A / C_{A0}} \tag{66}$$

que é a relação entre conversão e concentração para sistemas isotérmicos com volume variável (ou densidade variável), satisfazendo a suposição de linearidade da Eq. (63).

A taxa de reação (consumo do reagente A) é em geral:

$$-r_A = -\frac{1}{V} \frac{dN_A}{dt}$$

Substituindo V dado pela Eq. (63a) e N_A dado pela Eq. (65), ficamos com a taxa em termos da conversão:

$$-r_A = \frac{C_{A0}}{(1 + \varepsilon_A X_A)} \frac{dX_A}{dt}$$

ou em termos do volume, a partir da Eq. (63):

$$-r_A = \frac{C_{A0}}{V\varepsilon_A} \frac{dV}{dt} = \frac{C_{A0}}{\varepsilon_A} \cdot \frac{d(\ln V)}{dt} \tag{67}$$

Método Diferencial de Análise

O procedimento para análise diferencial de dados isotérmicos com volume variável é o mesmo usado na situação com volume constante, exceto que nós trocamos

$$\frac{dC_A}{dt} \quad \text{com} \quad \frac{C_{A0}}{V\varepsilon_A} \frac{dV}{dt} \quad \text{ou} \quad \frac{C_{A0}}{\varepsilon_A} \frac{d(\ln V)}{dt} \tag{68}$$

Isto significa: faça um gráfico de $\ln V$ em função de t e obtenha as inclinações.

Método Integral de Análise

Infelizmente, somente algumas das formas simples de taxa conseguem ser integradas de modo a se obter expressões de V versus t que sejam manipuláveis, conforme mostrado a seguir.

Reações de Ordem Zero. Para uma reação homogênea de ordem zero, a taxa de variação de qualquer reagente A é independente da concentração dos materiais: ou seja:

$$-r_A = \frac{C_{A0}}{\varepsilon_A} \frac{d(\ln V)}{dt} = k \tag{69}$$

Integrando, temos:

$$\boxed{\frac{C_{A0}}{\varepsilon_A} \ln \frac{V}{V_0} = kt} \tag{70}$$

Como mostrado na Fig. 3.21, o logaritmo da fração de variação no volume em função do tempo resulta em uma linha reta de inclinação $k\varepsilon_A/C_{A0}$.

Reações de Primeira Ordem. Para uma reação unimolecular de primeira ordem, a taxa de variação do reagente A é:

$$-r_A = \frac{C_{A0}}{\varepsilon_A} \frac{d(\ln V)}{dt} = kC_A = kC_{A0}\left(\frac{1-X_A}{1+\varepsilon_A X_A}\right) \tag{71}$$

Trocando X_A por V da Eq. (63) e integrando obtemos:

$$\boxed{-\ln\left(1 - \frac{\Delta V}{\varepsilon_A V_0}\right) = kt} \tag{72}$$

Um gráfico na escala semilogarítmica da Eq. (72), conforme apresentado na Fig. 3.22, resulta em uma linha reta de inclinação k.

Reações de Segunda Ordem. Para uma reação bimolecular de segunda ordem,

$$2A \rightarrow \text{produtos}$$

ou

$$A + B \rightarrow \text{produtos, com } C_{A0} = C_{B0}$$

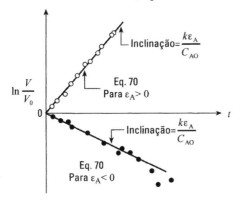

Figura 3.21 — Teste para uma reação homogênea de ordem zero, Eq. (69), em um reator com volume variável, a pressão constante

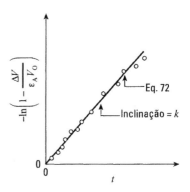

Figura 3.22 — Teste para uma reação de primeira ordem, Eq. (71), em um reator com volume variável, a pressão constante

Figura 3.23 — Teste para uma reação de segunda ordem, Eq. (73), em um reator com volume variável, a pressão constante

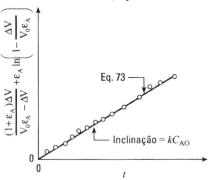

a taxa é dada por:

$$-r_A = \frac{C_{A0}}{\varepsilon_A} \frac{d \ln V}{dt} = kC_A^2 = kC_{A0}^2 \left(\frac{1-X_A}{1+\varepsilon_A X_A} \right)^2$$

Trocando X_A por V da Eq. (63) e então integrando, obtemos, após algumas manipulações algébricas:

$$\boxed{\frac{(1+\varepsilon_A) \Delta V}{V_0 \varepsilon_A - \Delta V} + \varepsilon_A \ln \left(1 - \frac{\Delta V}{V_0 \varepsilon_A}\right) = kC_{A0}t} \qquad (73)$$

A Fig. 3.23 mostra como testar estas cinéticas.

Reações de Ordem n e Outras Reações. Para todas as formas de taxa que tenham ordem de reação diferente de zero, um e dois, o método integral de análise não se aplica.

3.3 TEMPERATURA E TAXA DE REAÇÃO

Até agora, examinamos o efeito da concentração dos reagentes e produtos na taxa de reação, a um determinado nível de temperatura. Para obter a equação completa de taxa, necessitamos também saber a importância da temperatura na taxa de reação. Em uma típica equação de taxa, nós temos:

$$-r_A = -\frac{1}{V} \frac{dN_A}{dt} = kf(C)$$

A constante de taxa de reação, termo independente da concentração, é a parte afetada pela temperatura, enquanto o termo dependente da concentração, $f(C)$, geralmente permanece inalterado a diferentes temperaturas.

A teoria química prevê que a dependência da constante de taxa com a temperatura deve ser da seguinte forma:

$$k \propto T^m e^{-E/RT}$$

Contudo, uma vez que o termo exponencial é muito mais sensível à temperatura que o termo da potência, podemos considerar que as constantes de taxa variam aproximadamente com $e^{-E/RT}$.

Assim, após encontrar a dependência da taxa de reação com a concentração, nós podemos então examinar a variação da constante de taxa com a temperatura, através de uma relação tipo Arrhenius:

Figura 3.24 — Dependência de uma reação para com a temperatura de acordo com a lei de Arrhenius

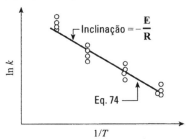

$$k = k_0 e^{-E/RT}, \quad E = \left[\frac{J}{mol}\right] \qquad (2.34) \text{ ou } (74)$$

A constante de taxa é convenientemente determinada fazendo um gráfico de ln k em função de 1/T, como mostrado na Fig. 3.24.

Se a constante de taxa for encontrada em duas temperaturas diferentes, temos do Capítulo 2 que:

$$\ln\frac{k_2}{k_1} = \frac{E}{R}\left[\frac{1}{T_1} - \frac{1}{T_2}\right] \quad \text{ou} \quad E = \frac{RT_1T_2}{T_2 - T_1}\ln\frac{k_2}{k_1} \qquad (2.35) \text{ ou } (75)$$

Finalmente, como mencionado no Capítulo 2, uma variação de E com a temperatura reflete uma mudança no mecanismo controlador da reação. Uma vez que isto provavelmente pode vir acompanhado de uma variação na dependência para com a concentração, esta possibilidade deve também ser examinada.

Atenção ao usar Medidas de Pressão. Ao trabalharem com gases, engenheiros e químicos freqüentemente medem composições em termos de pressões parciais e totais, desenvolvendo então as equações de taxa em termos de pressões, sem imaginar que isto possa levar a problemas. A razão é que a energia de ativação calculada usando estas unidades está incorreta. Vamos ilustrar.

EXEMPLO 3.4 VALORES CORRETOS E INCORRETOS DE 'E'

Estudos experimentais de uma decomposição específica de A em um reator em batelada, usando unidades de pressão, mostram exatamente a mesma taxa a duas temperaturas diferentes:

$$\begin{array}{ll} \text{à 400 k} & -r_A = 2{,}3 p_A^2 \\ \text{à 500 k} & -r_A = 2{,}3 p_A^2 \end{array} \quad \text{onde} \quad \begin{cases} -r_A = \left[\dfrac{mol}{m^3 \cdot s}\right] \\ p_A = [atm] \end{cases}$$

(a) Calcule a energia de ativação usando essas unidades;
(b) Transforme as expressões de taxa em termos de concentração e então calcule a energia de ativação.

A pressão não é alta, podendo-se usar a lei dos gases ideais.

SOLUÇÃO

(a) **Usando Unidades de Pressão.** Percebemos prontamente que uma variação na temperatura não afeta a taxa de reação. Isto significa que:

60   *Capítulo 3 — Interpretação dos Dados de Reatores Descontínuos*

$$\underline{\underline{E = 0}}$$

Alternativamente, podemos encontrar **E** através dos cálculos. Assim

$$\ln\frac{k_2}{k_1} = \ln\frac{2,3}{2,3} = 0$$

que substituindo na Eq. (75) fornece

$$\underline{\underline{E = 0}}$$

(b) Transforme pA em C_A e então encontre E. Primeiro, escreva as equações de taxa com todas as unidades indicadas:

$$-r_A, \frac{\text{mol}}{\text{m}^3 \cdot \text{s}} = \left(2,3, \frac{\text{mol}}{\text{m}^3 \cdot \text{s} \cdot \text{atm}^2}\right)\left(p_A^2, \text{atm}^2\right)$$

Agora troque p_A por C_A. Da lei dos gases ideais

$$p_A = \frac{n_A}{V}\mathbf{R}T = C_A\mathbf{R}T$$

Combinando as duas equações precedentes temos:

$$-r_A = 2,3 C_A^2 \mathbf{R}^2 T^2$$

À temperatura de 400 K

$$-r_{A1} = 2,3\frac{\text{mol}}{\text{m}^3 \cdot \text{s} \cdot \text{atm}^2} \cdot C_A^2 \left(82,06 \times 10^{-6}\frac{\text{m}^3 \cdot \text{atm}}{\text{mol} \cdot \text{K}}\right)^2 (400 \text{ K})^2$$

$$= 0,0025 C_A^2 \quad \text{onde} \quad k_1 = 0,0025\frac{\text{m}^3}{\text{mol} \cdot \text{s}}$$

À temperatura de 500 K, similarmente:

$$-r_{A2} = 0,0039 C_A^2 \quad \text{onde} \quad k_2 = 0,0039\frac{\text{m}^3}{\text{mol} \cdot \text{s}}$$

Vemos aqui que em termos das unidades de concentração, as constantes de taxa não são independentes da temperatura. Calculando a energia de ativação pela Eq. (75) e substituindo os valores numéricos, obtemos:

$$\mathbf{E} = \frac{(8,314)(400)(500)}{500 - 400}\ln\frac{0,0039}{0,0025}$$

ou

$$\underline{\underline{\mathbf{E} = 7394\frac{\text{J}}{\text{mol}}}}$$

Esse exemplo mostra que os valores de **E** diferem se as concentrações dos materiais são medidas em termos de p ou C.

3.4 — Em Busca de uma Equação de Taxa   **61**

Notas Finais

1. A Química (teoria das colisões ou teoria do estado de transição) desenvolveu as equações para taxas de reação e energias de ativação, em termos de concentração.

2. Tabelas existentes na literatura para **E** e $-r_A$ para reações homogêneas são normalmente baseadas em concentrações. A indicação disto é dada pelas unidades da constante de taxa, que são freqüentemente s^{-1}, l/mol·s, etc., sem aparecer a pressão nas unidades.

3. Ao fazer corridas a temperaturas diferentes, é uma boa idéia mudar antes todos os valores de p por valores de C, usando estas relações:

$p_A = C_A \mathbf{R} T$ para gases ideais

$p_A = z C_A \mathbf{R} T$ para gases não ideais, onde z = fator de compressibilidade

e então resolver o problema. Isto evitará, mais tarde, confusão nas unidades, especialmente se a reação for reversível ou envolver líquidos e/ou sólidos, assim como gases.

3.4 EM BUSCA DE UMA EQUAÇÃO DE TAXA

Na busca de uma equação de taxa e por um mecanismo para ajustar uma série de dados experimentais, gostaríamos de responder duas questões:

1. Nós temos o mecanismo correto e o tipo correspondente de equação de taxa?

2. Uma vez que tenhamos a forma correta da equação de taxa, temos os melhores valores para as constantes da equação de taxa?

Dessas duas questões, a primeira delas é difícil de responder. Vamos ver o porquê disso.

Suponha que nós tenhamos uma série de dados e desejemos saber se qualquer uma das famílias de curvas parábolas, cúbicas, hipérboles, exponenciais, etc., cada uma representando uma família diferente de taxa realmente ajustará estes dados melhor que qualquer outra. Esta questão não pode ser respondida de forma simples; nem mesmo potentes métodos matemáticos e estatísticos podem nos ajudar. A única exceção a esta evidência ocorre quando uma das famílias de curvas que está sendo comparada for uma linha reta. Para esta situação, podemos simplesmente dizer, de forma consistente e razoavelmente confiável, se a linha reta não ajusta satisfatoriamente os dados. Assim, temos aquele que é essencialmente um teste negativo, que permite rejeitar uma família de linhas retas quando há evidência suficiente contra isto.

Todas as equações de taxa apresentadas neste capítulo foram manipuladas matematicamente de modo a se obter uma forma linearizada, por causa dessa propriedade particular da família de linhas retas que permite ser testada e rejeitada.

Três métodos, apresentados a seguir, são comumente utilizados para testar a linearidade de uma série de pontos.

Cálculo de k a Partir de Pontos Individuais. Tendo-se uma equação de taxa, a constante de taxa pode ser encontrada para cada ponto experimental, tanto pelo método integral como pelo método diferencial. Se não for detectada nenhuma tendência nos valores de k, a equação de taxa é considerada satisfatória e é obtida uma média entre os valores de k.

Os valores de k calculados dessa maneira são as inclinações das linhas que ligam os pontos individuais à origem. Desta forma, para um mesmo nível de dispersão no gráfico, os valores de k calculados para pontos próximos à origem (baixa conversão) variam bastante, enquanto aqueles calculados para pontos longe da origem apresentam pouca variação (Fig. 3.25). Este fato pode tornar difícil a decisão de considerar k constante e, se assim for, qual será o melhor valor médio.

Figure 3.25 — Como a localização dos pontos experimentais influencia a dispersão nos valores calculados de k

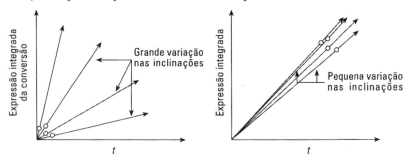

Cálculo de k a Partir de Pares de Pontos. Os valores de k podem ser calculados a partir de pares sucessivos de pontos experimentais. Para uma grande dispersão dos dados, no entanto, ou para pontos próximos, este procedimento dará valores muito diferentes de k, dificultando assim a obtenção de $k_{médio}$. De fato, determinar $k_{médio}$ por este procedimento para pontos igualmente espaçados localizados no eixo x, equivale a considerar somente os dois pontos extremos, ignorando assim todos os outros pontos internos. Este fato pode ser facilmente verificado na Fig. 3.26, onde este procedimento é ilustrado.

Esse é um método pobre em todos os aspectos, não sendo recomendado para testar a linearidade dos dados nem para encontrar os valores médios das constantes de taxa.

Método Gráfico de Ajuste de Dados. Na verdade, os métodos precedentes não requerem a elaboração de um gráfico contendo os dados de modo a se obter os valores de k. Com o método gráfico, os dados são colocados em um gráfico e então examinados com relação a desvios da linearidade. A decisão de saber se a linha reta oferece um bom ajuste é geralmente feita intuitivamente, usando um bom julgamento quando se examinam os dados. Se houver alguma dúvida, mais dados devem ser obtidos.

O procedimento gráfico é provavelmente o método mais seguro e mais confiável para avaliar o ajuste das equações de taxa aos dados e deve ser usado sempre que possível. Por esta razão, aqui enfatizamos este método.

Figure 3.26 — Valores calculados de k a partir de pontos experimentais sucessivos, provavelmente, flutuam bastante

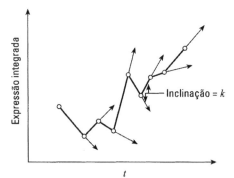

Problemas **63**

LEITURAS COMPLEMENTARES

Frost, A. A. and Pearson, R. G., *Kinetics and Mechanism,* 2nd ed., John Wiley & Sons, Nova York, 1961.

Laidler, K. J., *Chemical Kinetics*, 2nd ed., McGraw-Hill, Nova York, 1965.

PROBLEMAS

3.1 Se $-r_A = -(dC_A/dt) = 0,2$ mol/ℓ·s quando $C_A = 1$ mol/ℓ, qual é a taxa de reação quando $C_A = 10$ mols/ℓ? Nota: a ordem da reação não é conhecida.

3.2 Um líquido A se decompõe através de uma cinética de primeira ordem. Em um reator em batelada, 50% de A são convertidos em 5 minutos. Quanto tempo levaria a reação até alcançar a conversão de 75%?

3.3 Repita o problema anterior, supondo agora uma cinética de segunda ordem.

3.4 Uma corrida experimental de 10 minutos mostra que 75% do reagente líquido são convertidos a produto através de uma taxa com ordem de $^1/_2$. Qual seria a fração convertida em uma corrida de 30 minutos?

3.5 Em uma polimerização homogênea isotérmica em fase líquida, 20% do monômero desaparecem em 34 minutos, quando a concentração inicial do monômero é de 0,04 e também 0,08 mol/ℓ. Qual a equação de taxa que representa o consumo do monômero?

3.6 Após 8 minutos em um reator em batelada, um reagente ($C_{A0} = 1$ mol/ℓ) é 80% convertido; após 18 minutos, a conversão é de 90%. Encontre a equação de taxa que representa esta reação.

3.7 Magoo Olhos-de-Cobra é um homem metódico. Por exemplo, seus finais de tarde da sexta-feira são todos iguais — recebe semanalmente US$ 180, joga dados por duas horas, perdendo US$ 45, e vai então para casa encontrar sua família. As suas apostas são previsíveis, pois ele sempre aposta e perde uma quantidade proporcional ao dinheiro em espécie que ele tem em mãos. Esta semana Magoo teve um aumento salarial; assim, ele jogou por três horas, mas como de costume, voltou para casa com US$ 135. De quanto foi o seu aumento?

3.8 Encontre a ordem global da reação irreversível

$$2H_2 + 2NO \rightarrow N_2 + 2H_2O$$

a partir dos dados abaixo, a volume constante. Considere quantidades equimolares de hidrogênio e óxido nítrico.

Pressão total, mm Hg	200	240	280	320	360
Tempo de meia-vida, s	265	186	115	104	67

3.9 A reação reversível de primeira ordem, em fase líquida,

$$A \rightleftarrows R, \quad C_{A0} = 0,5 \text{ mol} / l, C_{R0} = 0$$

ocorre em um reator em batelada. Após 8 minutos, a conversão de A é 33,3%, enquanto a conversão de equilíbrio é 66,7%. Encontre a equação de taxa para esta reação.

3.10 O componente A reage, em fase aquosa, para formar R (A → R) em um reator descontínuo; no primeiro minuto, sua concentração cai de $C_{A0} = 2,03$ mols/ℓ para $C_{Af} = 1,97$ mol/ℓ. Encontre a equação de taxa para a reação, se a cinética for de segunda ordem em relação ao componente A.

3.11 O componente A, em fase gasosa e à concentração $C_{A0} = 1$ mol/ℓ, é introduzido em um reator em batelada, onde reage para formar o produto R, de acordo com a estequiometria A → R. A concentração no reator é monitorada em vários tempos, como mostrado abaixo:

64 *Capítulo 3 — Interpretação dos Dados de Reatores Descontínuos*

t, min	0	100	200	300	400
C_A, mol/m^3	1.000	500	333	250	200

Para C_{A0} = 500 mols/m^3, encontre a conversão do reagente depois de 5 horas em um reator em batelada.

3.12 Determine a taxa para a reação do Problema 11.

3.13 Florisberto Machado gosta de jogar para relaxar. Ele não espera ganhar, e não ganha mesmo; assim, ele escolhe jogos em que as perdas representem uma pequena fração do dinheiro que aposta. Ele joga sem parar e as suas apostas são proporcionais ao dinheiro que ele dispõe. Se jogando dominó e "21", ele leva quatro horas e duas horas, respectivamente, para perder metade de seu dinheiro, quanto tempo ele pode jogar ambos os jogos simultaneamente, se ele começar com US$ 1,000 e parar de jogar quando ficar com US$ 10 (quantia suficiente apenas para tomar um cafezinho e voltar para casa)?

3.14 Para as reações elementares em série

$$A \xrightarrow{k_1} R \xrightarrow{k_2} S, \quad k_1 = k_2, \quad \text{em} \quad t = 0 \begin{cases} C_A = C_{A0}, \\ C_{R0} = C_{S0} = 0 \end{cases}$$

encontre a concentração máxima de R e o tempo em que ela é alcançada.

3.15 À temperatura ambiente, a sacarose é hidrolisada pela ação catalítica da enzima invertase:

$$\text{sacarose} \xrightarrow{\text{invertase}} \text{produtos}$$

Começando com uma concentração de sacarose de C_{A0} =1,0 milimol/ℓ e uma concentração de enzima C_{E0} = 0,01 milimol/ℓ, os seguintes dados cinéticos foram obtidos em um reator descontínuo (as concentrações foram calculadas a partir de medidas de rotação ótica):

C_A, milimol/l	0,84	0,68	0,53	0,38	0,27	0,16	0,09	0,04	0,018	0,006	0,0025
t, h	1	2	3	4	5	6	7	8	9	10	11

Determine se estes dados podem ser razoavelmente ajustados pela equação cinética do tipo Michaelis-Menten, ou seja:

$$-r_A = \frac{k_3 C_A C_{E0}}{C_A + C_M} \quad \text{onde} \quad C_M = \text{constante de Michaelis}$$

Se o ajuste for aceitável, avalie as constantes k_3 e C_M. Resolva pelo método integral.

3.16 Repita o problema acima, usando agora o método diferencial.

3.17 Uma ampola de Kr-89, radiativo, (tempo de meia-vida = 76 minutos) é colocada em repouso por um dia. O que isto altera a atividade da ampola? Note que o decaimento radiativo é um processo de primeira ordem.

3.18 A enzima E catalisa a transformação do reagente A no produto R, como segue:

$$A \xrightarrow{\text{enzima}} R, \quad -r_A = \frac{200 C_A C_{E0}}{2 + C_A} \frac{\text{mol}}{l \cdot \text{min}}$$

Se introduzirmos a enzima (C_{E0} = 0,001 mol/ℓ) e o reagente (C_{A0} = 10 mols/ℓ) em um reator em batelada e deixarmos a reação ocorrer, encontre o tempo necessário para a concentração do reagente cair para 0,025 mol/ℓ. Note que a concentração da enzima permanece constante durante a reação.

3.19 Encontre a conversão depois de 1 hora (reator descontínuo) para:

$$A \rightarrow R, \quad -r_A = 3 C_A^{0,5} \frac{\text{mol}}{l \cdot \text{h}}, \quad C_{A0} = 1 \text{ mol} / l$$

Problemas **65**

3.20 M. Hellin e J. C. Jungers, _Bull. soc. chim. France_, **386** (1957), apresentam dados, Tabela P3.20, da reação de ácido sulfúrico com dietilssulfato, em solução aquosa a 22,9°C:

$$H_2SO_4 + (C_2H_5)_2SO_4 \rightarrow 2C_2H_5SO_4H$$

As concentrações iniciais de H_2SO_4 e $(C_2H_5)_2SO_4$ são ambas iguais a 5,5 mols/ℓ. Encontre a equação de taxa para esta reação.

Tabela P3.20

t, min	$C_2H_5SO_4H$, mol/ℓ		t, min	$C_2H_5SO_4H$, mol/ℓ
0	0		180	4,11
41	1,18		194	4,31
48	1,38		212	4,45
55	1,63		267	4,86
75	2,24		318	5,15
96	2,75		368	5,32
127	3,31		379	5,35
146	3,76		410	5,42
162	3,81		∞	(5,80)

3.21 Um reator pequeno, equipado com um sensível medidor de pressão, é esvaziado e em seguida cheio com um reagente puro A à pressão de 1 atm. A operação é executada a 25°C, temperatura esta baixa o suficiente para que a reação não ocorra em nível apreciável. A temperatura é então elevada o mais rápido possível ao valor de 100°C, pela imersão do reator em água fervente. Desta forma, os dados da Tabela P3.21 são obtidos. A estequiometria da reação é $2A \rightarrow B$. Após um fim-de-semana, foram feitas análises, indicando a ausência de A. Encontre a equação de taxa em unidades de mols, litros e minutos, que ajustará satisfatoriamente os dados.

Tabela P3.21

t, min	π, atm		t, min	π, atm
1	1,14		7	0,850
2	1,04		8	0,832
3	0,982		9	0,815
4	0,940		10	0,800
5	0,905		15	0,754
6	0,870		20	0,728

3.22 Para a reação $A \rightarrow R$, com cinética de segunda ordem e $C_{A0} = 1$ mol/ℓ, nós conseguimos 50% de conversão após 1 hora em um reator em batelada. Qual será a conversão e concentração de A após 1 hora, se $C_{A0} = 10$ mols/ℓ?

3.23 Para a decomposição A R e com $C_{A0} = 1$ mol/ℓ, em um reator descontínuo, a conversão é de 75% após 1 hora, sendo 100% após 2 horas. Encontre a equação de taxa que representa esta cinética.

3.24 Na presença de um catalisador homogêneo de dada concentração, o reagente aquoso A é convertido em produto. As taxas têm a seguinte dependência para com C_A:

C_A, mol/ℓ	1	2	4	6	7	9	12
$-r_A$, mol/$\ell\cdot$h	0,06	0,1	0,25	1,0	2,0	1,0	0,5

Nós planejamos realizar esta reação em um reator em batelada, à mesma concentração de catalisador

66 *Capítulo 3 — Interpretação dos Dados de Reatores Descontínuos*

usada na obtenção dos dados anteriores. Determine o tempo necessário para baixar a concentração de A de $C_{A0} = 10$ mols/ℓ para $C_{Af} = 2$ mols/ℓ.

3.25 Os seguintes dados são obtidos a 0°C, em um reator descontínuo a volume constante, usando o gás puro A:

Tempo, min	0	2	3	6	8	10	12	14	∞
Pressão parcial de A, mm de Hg	760	600	475	390	320	275	240	215	150

A estequiometria da decomposição é A → 2,5 R. Encontre a equação de taxa que representa satisfatoriamente esta decomposição.

3.26 O Exemplo 3.1c mostrou como encontrar uma equação de taxa usando o método de tempo de vida fracionária, onde F = 80%. Considere os dados daquele exemplo e encontre a equação de taxa, usando o método do tempo de meia-vida. Como sugestão, considere $C_{A0} = 10$, 6 e 2.

3.27 Quando uma solução concentrada de uréia é armazenada, ocorre lentamente a condensação para biureto, através da seguinte reação elementar:

$$2\,NH_2 - CO - NH_2 \rightarrow NH_2 - CO - NH - CO - NH_2 + NH_3$$

Para estudar a taxa de condensação, uma amostra de uréia ($C = 20$ mols/ℓ) é armazenada a 100°C e após 7 horas e 40 minutos, nós constatamos que 1% em mol foi transformado em biureto. Encontre a equação de taxa para esta reação de condensação. [Os dados são de W. M. Butt, *Pak. I. Ch. E.*, **1**, 99 (1973)].

3.28 A presença da substância *C* parece aumentar a taxa de reação de A e B, A + B → AB. Nós suspeitamos que *C* atue como um catalisador, combinando-se com um dos reagentes para formar um intermediário, que continua a reagir. A partir dos dados de taxa da Tabela 3.28, sugira um mecanismo e uma equação de taxa para esta reação.

Tabela P3.28

[A]	[B]	[C]	r_{AB}
1	3	0,02	9
3	1	0,02	5
4	4	0,04	32
2	2	0,01	6
2	4	0,03	20
1	2	0,05	12

3.29 Encontre a constante de taxa de primeira ordem para o consumo de A na reação gasosa 2A → R, se, em pressão constante, o volume da mistura reacional, começando com 80% de A, diminuir de 20% em 3 minutos.

3.30 Encontre a constante de taxa de primeira ordem para o consumo de A na reação gasosa A → 1,6R, se o volume da mistura reacional, começando com A puro, aumentar de 50% em 4 minutos. A pressão total no interior do sistema permanece constante no valor de 1,2 atm e a temperatura é de 25°C.

3.31 A decomposição térmica de iodeto de hidrogênio

$$2\,HI \rightarrow H_2 + I_2$$

é reportada por M. Bodenstein [*Z. phys. chem.*, **29**, 295 (1899)] como segue:

T, °C	508	427	393	356	283
k, cm³/mol·s	0,1059	0,003 10	0,000 588	$80,9 \times 10^{-6}$	$0,942 \times 10^{-6}$

Encontre a equação completa de taxa para esta reação. Use unidades de joules, mols, cm³ e segundos.

CAPÍTULO 4
Introdução a Projetos de Reatores

4.1 DISCUSSÃO GERAL

Até agora, temos considerado a expressão matemática chamada de *equação de taxa*, que descreve o progresso de uma reação homogênea. A equação de taxa para um componente i é uma grandeza intensiva, que nos diz quão rápido o componente i se forma ou desaparece em um certo ambiente, como uma função das condições neste ambiente; ou seja:

$$r_i = \frac{1}{V}\left(\frac{dN_i}{dt}\right)_{\text{pela reação}} = f \text{ (condições no interior da região de volume V)}$$

Esta é uma expressão diferencial.

Em projeto de reatores, nós queremos saber que capacidade e tipo de reator e que método de operação são os melhores para uma dada tarefa. Como isto pode requerer que as condições no reator variem com a posição e o tempo, esta questão só pode ser respondida por uma integração adequada da equação de taxa para a operação. Isto pode ser difícil porque a temperatura e a composição do fluido reagente podem variar ponto a ponto dentro do reator, dependendo do caráter exotérmico ou endotérmico da reação, da taxa de adição ou remoção de calor do sistema e do tipo de escoamento do fluido através do reator. Na verdade, muitos fatores devem ser considerados na estimação do desempenho de um reator. O principal problema no projeto de reatores é achar a melhor maneira de tratar estes fatores.

O equipamento em que as reações homogêneas são realizadas pode ser um dos três tipos gerais: reator *descontínuo ou em batelada*, reator *em estado estacionário (contínuo)* e reator *em estado transiente* ou *semicontínuo (semibatelada)*. Esta última classificação inclui todos os reatores que não se enquadram nos dois primeiros tipos. A Fig. 4.1 apresenta os reatores acima mencionados.

Vamos indicar brevemente as características particulares e as principais áreas de aplicação desses tipos de reatores. Naturalmente que mais informações serão dadas ao longo do texto. O reator descontínuo é simples, necessita de poucos acessórios e é ideal para estudos experimentais de pequena escala sobre cinética de reação. Industrialmente, ele é usado quando são tratadas quantidades relativamente pequenas de material. O reator em estado estacionário é ideal para finalidades industriais, quando grandes quantidades de material devem ser processadas e quando a taxa de reação é razoavelmente ou extremamente alta. Há necessidade de muitos acessórios, porém, em compensa-

Figura 4.1 — Classificação geral dos tipos de reatores: (*a*) Reator em batelada. (*b*) Reator em estado estacionário. (*c*), (*d*) e (*e*) várias formas do reator semibatelada

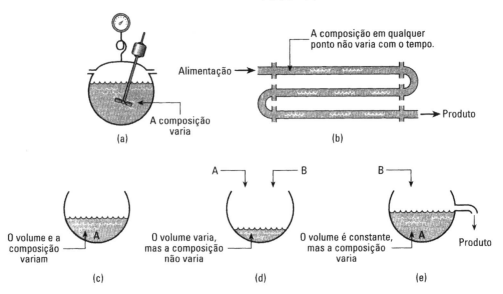

ção, obtém-se um excelente controle de qualidade do produto. Como pode ser esperado, este é o tipo de reator que é largamente usado na indústria petrolífera. O reator semicontínuo é um sistema flexível, porém mais difícil de analisar do que os outros tipos de reatores. Ele oferece um bom controle da velocidade de reação, pois a reação ocorre à medida que os reagentes são adicionados. Tais reatores são usados em uma variedade de aplicações: das titulações calorimétricas em laboratório aos altos fornos para produção de aço.

O ponto inicial para todo projeto é o balanço de material, expresso para qualquer reagente (ou produto). Logo, como ilustrado na Fig. 4.2, nós temos:

$$\begin{pmatrix} \text{taxa de} \\ \text{escoamento} \\ \text{de reagente para} \\ \text{dentro do elemento} \\ \text{de volume} \end{pmatrix} = \begin{pmatrix} \text{taxa de} \\ \text{escoamento} \\ \text{de reagente para} \\ \text{fora do elemento} \\ \text{de volume} \end{pmatrix} + \begin{pmatrix} \text{taxa de consumo} \\ \text{de reagente devido} \\ \text{à reação química} \\ \text{no elemento} \\ \text{de volume} \end{pmatrix} + \begin{pmatrix} \text{taxa de} \\ \text{acúmulo} \\ \text{do reagente} \\ \text{no elemento} \\ \text{de volume} \end{pmatrix} \quad (1)$$

Figura 4.2 — Balanço de material para um elemento de volume do reator

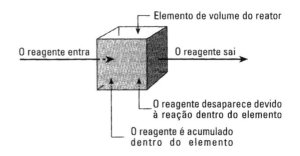

Figura 4.3 — Balanço de energia para um elemento de volume do reator

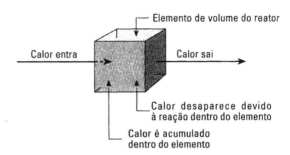

Quando a composição no interior do reator for uniforme (independente da posição), o balanço de material poderá ser feito sobre todo o reator. Quando a composição não for uniforme, o balanço deverá ser feito sobre um elemento diferencial de volume, seguido de uma integração através de todo o reator, para as condições apropriadas de escoamento e concentração. Para muitos tipos de reatores, a Eq. (1) pode ser simplificada e a expressão resultante quando integrada fornece a *equação de desempenho* básica para aquele tipo de unidade. Assim, no reator descontínuo, os dois primeiros termos são iguais a zero; no reator contínuo, o quarto termo desaparece; para o reator semicontínuo, todos os quatro termos devem ser considerados.

Em operações não isotérmicas, os *balanços de energia* têm de ser usados em conjunção com os balanços de materiais. Conseqüentemente, como ilustrado na Fig. 4.3, nós temos:

$$\begin{pmatrix} \text{taxa de} \\ \text{energia} \\ \text{que entra} \\ \text{no elemento} \end{pmatrix} = \begin{pmatrix} \text{taxa de} \\ \text{energia} \\ \text{que sai} \\ \text{do elemento} \end{pmatrix} + \begin{pmatrix} \text{taxa de energia} \\ \text{consumida pela} \\ \text{reação química no} \\ \text{elemento de volume} \end{pmatrix} + \begin{pmatrix} \text{taxa de} \\ \text{acúmulo} \\ \text{no elemento} \\ \text{do volume} \end{pmatrix} \quad (2)$$

Novamente, dependendo das circunstâncias, este balanço pode ser feito sobre um elemento diferencial do reator ou sobre o reator como um todo.

O balanço de material da Eq. (1) e o balanço de energia da Eq. (2) estão conectados pelo terceiro termo de ambas equações, uma vez que o efeito térmico é produzido pela reação.

Desde que as Eqs. (1) e (2) são os pontos de partida para todo projeto, nos capítulos seguintes, nós consideramos suas integrações para uma variedade de situações de complexidade crescente.

Quando nós pudermos prever a resposta do sistema reacional a variações das condições operacionais (como variam taxas e conversão de equilíbrio com temperatura e pressão), quando nós formos capazes de comparar resultados para projetos alternativos (operações adiabáticas *versus* isotérmicas, unidades simples *versus* unidades múltiplas de reatores, sistemas descontínuos *versus* contínuos) e quando pudermos fazer uma análise econômica destas várias alternativas, então, e somente então, nós estaremos certos de que podemos chegar ao projeto bem ajustado para a finalidade em questão. Infelizmente, as situações reais raramente são simples.

Nós devemos explorar todas as alternativas razoáveis de projeto? Quão sofisticada deve ser nossa análise? Quais hipóteses simplificadoras devemos fazer? Que maneiras mais diretas devemos adotar? Quais fatores devemos ignorar e quais fatores devemos considerar? E como a confiabilidade e integridade dos dados em mãos influenciam nossas decisões? O bom senso em engenharia, que vem somente com experiência, sugerirá como proceder.

Figura 4.4 — Símbolos usados para reatores descontínuos

[Figura: No começo $t=0$ com $\pi_0\ V_0\ N_{A0}\ p_{A0}$, $C_{A0}\ X_{A0}=0$; Tempo posterior = t com $\pi\ V N_A p_A$, $C_A\ X_A$; Pressão constante, Volume constante, Faça o tempo passar]

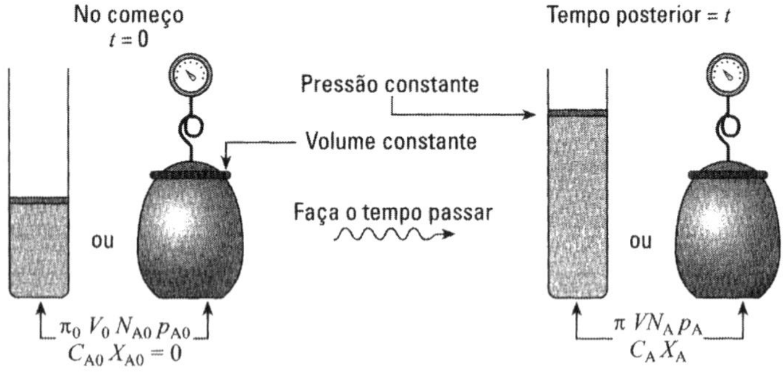

Símbolos e Relações entre C_A e X_A

Para a reação $aA + bB \rightarrow rR$, com inertes iI, as Figs. 4.4 e 4.5 mostram os símbolos comumente usados para dizer o que está acontecendo nos reatores descontínuos e contínuos. Estas figuras mostram que há duas medidas da extensão (ou grau de avanço) da reação, que se relacionam: a concentração C_A e a conversão X_A. No entanto, a relação entre C_A e X_A freqüentemente não é óbvia e depende de muitos fatores. Isto leva a três casos especiais, como segue.

Caso Especial 1. Sistemas Descontínuos e Contínuos com Densidade Constante. Este caso inclui a maioria das reações líquidas e também aquelas reações gasosas realizadas a temperatura e densidade constantes. Aqui, C_A e X_A estão relacionadas da seguinte forma:

$$\left.\begin{array}{l} X_A = 1 - \dfrac{C_A}{C_{A0}} \quad \text{e} \quad dX_A = -\dfrac{dC_A}{C_{A0}} \\ \dfrac{C_A}{C_{A0}} = 1 - X_A \quad \text{e} \quad dC_A = -C_{A0} dX_A \end{array}\right\} \text{ para } \varepsilon_A = \dfrac{V_{X_A=1} - V_{X_A=0}}{V_{X_A=0}} = 0 \qquad (3)$$

De modo a relacionar as variações de B e de R com A, nós temos:

$$\dfrac{C_{A0} - C_A}{a} = \dfrac{C_{B0} - C_B}{b} = \dfrac{C_R - C_{R0}}{r} \quad \text{ou} \quad \dfrac{C_{A0} X_A}{a} = \dfrac{C_{B0} X_B}{b} \qquad (4)$$

Caso Especial 2. Sistemas Descontínuos e Contínuos de Gases com Densidade Variando, porém com T e π Constantes. Aqui, a densidade varia por causa da variação no número de mols durante a reação. Além disto, nós requeremos que o volume de um elemento fluido varie linearmente com a conversão; ou seja, $V = V_0 (1 + \varepsilon_A X_A)$.

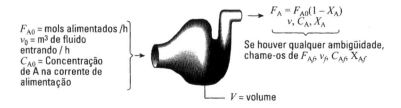

Figura 4.5 — Símbolos usados para reatores contínuos

$$X_A = \frac{C_{A0} - C_A}{C_{A0} + \varepsilon_A C_A} \quad \text{e} \quad dX_A = -\frac{C_{A0}(1+\varepsilon_A)}{(C_{A0} + \varepsilon_A C_A)^2} dC_A$$

$$\left. \begin{array}{l} \\ \\ \frac{C_A}{C_{A0}} = \frac{1 - X_A}{1 + \varepsilon_A X_A} \quad \text{e} \quad \frac{dC_A}{C_{A0}} = -\frac{1+\varepsilon_A}{(1+\varepsilon_A X_A)^2} dX_A \end{array} \right\} \quad \text{para} \quad \varepsilon_A = \frac{V_{X_A=1} - V_{X_A=0}}{V_{X_A=0}} \neq 0 \qquad (5)$$

A fim de seguir as mudanças em outros componentes, temos:

$$\text{entre} \left\{ \begin{array}{l} \varepsilon_A X_A = \varepsilon_B X_B \\ \dfrac{a\varepsilon_A}{C_{A0}} = \dfrac{b\varepsilon_B}{C_{B0}} \end{array} \right. \quad \begin{array}{l} \text{para produtos} \\ \\ \text{e inertes} \end{array} \left\{ \begin{array}{l} \dfrac{C_R}{C_{A0}} = \dfrac{(r/a)X_A + C_{R0}/C_{A0}}{1 + \varepsilon_A X_A} \\ \dfrac{C_I}{C_{I0}} = \dfrac{1}{1 + \varepsilon_A X_A} \end{array} \right. \qquad (6)$$

Caso Especial 3. Sistemas Descontínuos e Contínuos para Gases em Geral (variando ρ, T, π), que reagem de acordo com:

$$aA + bB \rightarrow rR, \quad a + b \neq r$$

Escolha um reagente como a base para determinar a conversão. Nós chamamos este componente de *reagente chave*. Faça A ser este reagente. Então, para o comportamento de *gás ideal*:

$$X_A = \frac{1 - \dfrac{C_A}{C_{A0}}\left(\dfrac{T\pi_0}{T_0\pi}\right)}{1 + \varepsilon_A \dfrac{C_A}{C_{A0}}\left(\dfrac{T\pi_0}{T_0\pi}\right)} \quad \text{ou} \quad \frac{C_A}{C_{A0}} = \frac{1 - X_A}{1 + \varepsilon_A X_A}\left(\frac{T_0\pi}{T\pi_0}\right)$$

$$X_A = \frac{\dfrac{C_{B0}}{C_{A0}} - \dfrac{C_B}{C_{A0}}\left(\dfrac{T\pi_0}{T_0\pi}\right)}{\dfrac{b}{a} + \varepsilon_A \dfrac{C_B}{C_{A0}}\left(\dfrac{T\pi_0}{T_0\pi}\right)} \quad \text{ou} \quad \frac{C_B}{C_{A0}} = \frac{\dfrac{C_{B0}}{C_{A0}} - \dfrac{b}{a}X_A}{1 + \varepsilon_A X_A}\left(\frac{T_0\pi}{T\pi_0}\right)$$

$$\frac{C_R}{C_{A0}} = \frac{\dfrac{C_{R0}}{C_{A0}} + \dfrac{r}{a}X_A}{1 + \varepsilon_A X_A}\left(\frac{T_0\pi}{T\pi_0}\right)$$

Para o comportamento de gás não ideal a alta pressão, troque $\left(\dfrac{T_0\pi}{\tau_0\pi_0}\right)$ por $\left(\dfrac{z_0 T_0\pi}{zT\pi}\right)$, onde z é o fator de compressibilidade. Para mudar o reagente chave, digamos B, note que:

$$\frac{a\varepsilon_A}{C_{A0}} = \frac{b\varepsilon_B}{C_{B0}} \quad \text{e} \quad \frac{C_{A0}X_A}{a} = \frac{C_{B0}X_B}{b}$$

Para líquidos ou gases sem variação de pressão, de temperatura e de densidade:

$$\varepsilon_A \rightarrow 0 \quad \text{e} \quad \left(\frac{T_0\pi}{T\pi_0}\right) \rightarrow 1$$

simplificando grandemente as expressões precedentes.

EXEMPLO 4.1 UM BALANÇO A PARTIR DA ESTEQUIOMETRIA

Considere um reator contínuo, tendo uma alimentação com $C_{A0} = 100$, $C_{B0} = 200$ e $C_{i0} = 100$. A reação isotérmica em fase gasosa é:

$$A + 3B \rightarrow 6R$$

Se $C_A = 40$ na saída do reator, quais serão os valores de C_B, X_A e X_B na saída?

SOLUÇÃO

Primeiro, esquematize o que você conhece (ver Fig. E4.1).

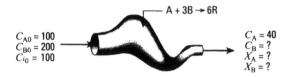

Figura E4.1

Note que este problema se encaixa no Caso Especial 2. Logo, calcule ε_A e ε_B. Para isto, considere 400 volumes de gás:

$$\left.\begin{array}{l} \text{em } X_A = 0 \quad V = 100A + 200B + 100i = 400 \\ \text{em } X_A = 1 \quad V = 0A - 100B + 600R + 100i = 600 \end{array}\right\} \varepsilon_A = \frac{600-400}{400} = \frac{1}{2}$$

Então, a partir das equações do texto

$$\varepsilon_B = \frac{\varepsilon_A C_{B0}}{b C_{A0}} = \frac{(1/2)(200)}{3(100)} = \frac{1}{3}$$

$$X_A = \frac{C_{A0} - C_A}{C_{A0} + \varepsilon_A C_A} = \frac{100-40}{100+(1/2)40} = \frac{60}{120} = \underline{0,5}$$

$$X_B = \frac{b C_{A0} X_A}{C_{B0}} = \frac{3(100)(0,5)}{200} = \underline{0,75}$$

$$C_B = C_{B0}\left(\frac{1-X_B}{1+\varepsilon_B X_B}\right) = \frac{200(1-0,75)}{1+(1/3)(0,75)} = \underline{40}$$

PROBLEMAS

Os quatro problemas que se seguem consideram um reator isotérmico, monofásico, operando em regime estacionário e a pressão constante.

4.1 Dada uma alimentação gasosa, $C_{A0} = 100$, $C_{B0} = 200$, $A + B \rightarrow R + S$, $X_A = 0,8$, encontre X_B, C_A e C_B.

4.2 Dada uma alimentação aquosa diluída, $C_{A0} = C_{B0} = 100$, $A + 2B \rightarrow R + S$, $C_A = 20$, encontre X_A, X_B e C_B.

4.3 Dada uma alimentação gasosa, $C_{A0} = 200$, $C_{B0} = 100$, $A + B \rightarrow R$, $C_A = 50$, encontre X_A, X_B e C_B.

4.4 Dada uma alimentação gasosa, $C_{A0} = C_{B0} = 100$, $A + 2B \rightarrow R$, $C_B = 20$, encontre X_A, X_B e C_A.

Nos dois problemas seguintes, uma corrente contínua de fluido entra em um reator à temperatura T_0 e pressão π_0, reage e sai à temperatura T e pressão π.

4.5 Dada uma alimentação gasosa, $T_0 = 400$ K, $\pi_0 = 4$ atm, $C_{A0} = 100$, $C_{B0} = 200$, A + B → 2R, $T = 300$ K, $\pi = 3$ atm, $C_A = 20$, encontre X_A, X_B e C_B.

4.6 Dada uma alimentação gasosa, $T_0 = 1000$ K, $\pi_0 = 5$ atm, $C_{A0} = 100$, $C_{B0} = 200$, A + B → 5R, T = 400 K, $\pi = 4$ atm, $C_A = 20$, encontre X_A, X_B e C_B.

4.7 *Uma Máquina Comercial de Fazer Pipoca.* Nós estamos construindo uma máquina de 1 litro para fazer pipoca, que opera no modo contínuo. Os primeiros testes nesta unidade mostram que uma vazão da corrente de alimentação de 1 ℓ/min de milho cru produz uma corrente de saída de 28 ℓ/min de milho cru e pipoca. Testes independentes mostram que quando o milho cru estoura, seu volume cresce de 1 para 31. Com esta informação, determine que fração do milho cru é estourada na unidade.

Reatores Ideais para Reações Simples

Neste capítulo, desenvolvemos as equações de desempenho para uma única fase fluida reagindo nos três reatores ideais, mostrados na Fig.5.1. Chamamos estas reações de *reações homogêneas*. As aplicações e extensões destas equações para várias operações isotérmicas e não isotérmicas serão consideradas nos quatro capítulos seguintes.

No reator em batelada (*batch reactor*) ou BR*, Fig. 5.1a, os reagentes são inicialmente carregados em um tanque, onde são bem misturados e onde ocorre a reação durante um certo período. A mistura resultante é então descarregada. Esta é uma operação descontínua (não estacionária), onde a composição varia com o tempo. Entretanto, em qualquer instante, a composição dentro do reator é uniforme.

O primeiro dos dois reatores ideais, com escoamento em estado estacionário tem vários nomes: reator com escoamento pistonado (*plug flow*, *slug flow* ou *piston flow*), reator tubular ideal (*ideal tubular flow*) e reator com escoamento sem mistura (*unmixed flow*), conforme mostrado na Fig. 5.1b. Nós nos referimos a este tipo de reator como *reator com escoamento pistonado* (*plug flow reactor*), ou *reator pistonado*, ou PFR (N.T.: sigla proveniente do nome em inglês) e a este modo de escoamento como escoamento pistonado (*plug flow*). Ele é caracterizado pelo fato de que o escoamento de fluido através do reator é ordenado, não havendo mistura entre os elementos de fluidos. Na verdade, pode haver mistura lateral de fluido em um reator com escoamento pistonado; no entanto, não deve haver mistura ou difusão ao longo do caminho de escoamento. A condição necessária e suficiente para escoamento pistonado é que o tempo de residência no reator deve ser o mesmo para todos os elementos de fluido.**

O outro reator contínuo ideal é chamado de reator de mistura perfeita (*mixed reactor ou backmix reactor*), reator ideal de tanque agitado, C^* (significando C estrela), CSTR ou reator de tanque agitado com escoamento constante, CFSTR (*constant flow stirred tank reactor*). Como o nome sugere, neste tipo de reator, o conteúdo está bem agitado e uniforme, em todo o reator. Assim, a corrente de saída deste reator tem a mesma composição que o fluido no interior do reator. A este tipo de escoamento, chamamos *escoamento com mistura perfeita* e o reator correspondente chamamos de *reator de mistura perfeita* (*mixed flow reactor*) ou MFR (sigla proveniente do nome em inglês).

---

* N.T.: sigla proveniente do nome em inglês.
** A condição necessária vem diretamente da definição de escoamento pistonado. No entanto, a condição suficiente — que os mesmos tempos de residência implicam em escoamento pistonado — pode ser estabelecida somente a partir da segunda lei da termodinâmica.

Figura 5.1 — Os três tipos de reatores ideais: (*a*) reator descontínuo ou batelada ou BR; (*b*) reator pistonado ou tubular ideal ou PFR; (*c*) reator de mistura perfeita ou MFR

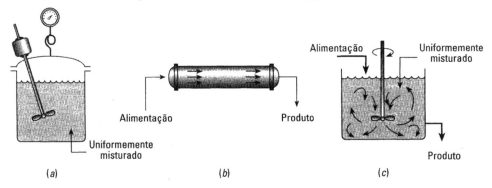

Esses três reatores ideais são relativamente fáceis de tratar. Além disto, um ou outro geralmente representa a melhor maneira de promover o contato entre os reagentes, não importando qual operação seja. Por estas razões, nós freqüentemente tentamos projetar reatores reais de modo que seus escoamentos se aproximem daqueles ideais. Assim, a maior parte deste livro é centrada nos reatores ideais.

No tratamento que se segue, o termo V, chamado volume do reator, na verdade se refere ao volume de fluido no reator. Quando ele diferir do volume interno do reator, então V_r deve designar o volume interno do reator, enquanto V deve designar o volume de fluido reagente. Por exemplo, em reatores com catalisadores sólidos e com porosidade ε, temos:

$$V = \varepsilon\, V_r$$

Para sistemas homogêneos, no entanto, geralmente usamos apenas o termo V.

5.1 REATORES IDEAIS DESCONTÍNUOS

Faça um balanço de material para qualquer componente A. Geralmente selecionamos o componente limitante. Em um reator em batelada, uma vez que a composição é uniforme em todo o reator em qualquer instante de tempo, podemos fazer um balanço global. Desde que nenhum fluido seja adicionado ou retirado da mistura reacional durante a reação, a Eq. (4.1), que foi escrita para o componente A, torna-se:

$$\underset{=0}{\text{entrada}} = \underset{=0}{\text{saída}} + \text{consumo} + \text{acúmulo}$$

ou

$$+\begin{pmatrix} \text{taxa de consumo do reagente A} \\ \text{no interior do reator, devido} \\ \text{à reação química} \end{pmatrix} = -\begin{pmatrix} \text{taxa de acúmulo} \\ \text{do reagente A, no} \\ \text{interior do reator} \end{pmatrix} \quad (1)$$

Avaliando os termos da Eq. (1), encontramos:

Consumo de A pela reação, mols / tempo $= (-r_A)V = \left(\dfrac{\text{mols de A que estão reagindo}}{(\text{tempo})(\text{volume de fluido})}\right)(\text{volume de fluido})$

acúmulo de A, mols / tempo $= \dfrac{dN_A}{dt} = \dfrac{d[N_{A0}(1 - X_A)]}{dt} = -N_{A0}\dfrac{dX_A}{dt}$

Substituindo estes dois termos na Eq. (1), obtemos:

$$(-r_A)V = N_{A0}\frac{dX_A}{dt} \quad (2)$$

Rearranjando e interpretando obtemos então:

$$t = N_{A0}\int_0^{X_A}\frac{dX}{(-r_A)V} \quad (3)$$

Esta é a equação geral, mostrando o tempo requerido para atingir a conversão X_A, tanto para a operação isotérmica como não isotérmica. O volume de fluido reagente e a taxa de reação permanecem sob o sinal de integração, uma vez que ambos variam, em geral, à medida que a reação prossegue.

Essa equação pode ser simplificada para numerosas situações. Se a densidade do fluido permanecer constante, nós obteremos:

$$\boxed{t = C_{A0}\int_0^{X_A}\frac{dX_A}{-r_A} = -\int_{C_{A0}}^{C_A}\frac{dC_A}{-r_A} \quad \text{para } \varepsilon_A = 0} \quad (4)$$

Para todas as reações em que o volume da mistura reacional varia proporcionalmente com a conversão, tais como as reações simples em fase gasosa com variações significativas na densidade, a Eq. (3) se torna:

$$t = N_{A0}\int_0^{X_A}\frac{dX_A}{(-r_A)V_0(1+\varepsilon_A X_A)} = C_{A0}\int_0^{X_A}\frac{dX_A}{(-r_A)(1+\varepsilon_A X_A)} \quad (5)$$

Em uma forma ou outra, as Eqs. (2) e (5) já foram encontradas no Capítulo 3. Elas são aplicáveis em operações isotérmicas e não isotérmicas. Neste último caso, a variação da taxa com a temperatura e a variação da temperatura com a conversão têm de ser conhecidas antes de a solução ser possível. A Fig. 5.2 é uma representação gráfica de duas destas equações.

Tempo Espacial e Velocidade Espacial

Assim como o tempo de reação t é a medida natural de desempenho para reatores descontínuos, o tempo espacial e a velocidade espacial são as medidas apropriadas de desempenho de reatores contínuos. Estes termos são definidos a seguir:

Figura 5.2 — Representação gráfica das equações de desempenho para reatores em batelada, isotérmicos ou não isotérmicos

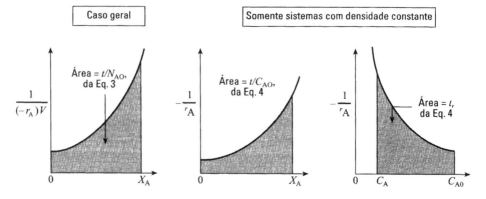

Tempo espacial:

$$\tau = \frac{1}{s} = \left(\begin{array}{c} \text{tempo requerido para processar um volume} \\ \text{de alimentação, correspondente a um volume} \\ \text{de reator, medido em condições especificadas} \end{array} \right) = [\text{tempo}] \qquad (6)$$

Velocidade espacial:

$$s = \frac{1}{\tau} = \left(\begin{array}{c} \text{número de volumes de reator que foram} \\ \text{alimentados, em condições especificadas e} \\ \text{que podem ser tratados na unidade de tempo} \end{array} \right) = [\text{tempo}^{-1}] \qquad (7)$$

Assim, uma velocidade espacial de 5 h^{-1} significa que cinco volumes de reator, em condições especificadas, estão sendo alimentados no reator por hora. Um tempo espacial de 2 minutos significa que a cada 2 minutos, um volume de alimentação, correspondente a um volume de reator, em condições especificadas, está sendo tratado pelo reator.

Podemos agora selecionar arbitrariamente a temperatura, a pressão e o estado (gás, líquido ou sólido) no qual escolhemos medir o volume do material sendo alimentado no reator. Certamente, então, o valor para a velocidade espacial ou o tempo espacial depende das condições selecionadas. Se eles vêm da corrente de entrada no reator, a relação entre s e τ e outras variáveis pertinentes é:

$$\tau = \frac{1}{s} = \frac{C_{A0}V}{F_{Ao}} \frac{\left(\dfrac{\text{mols de A que entram}}{\text{volume de alimentação}} \right)(\text{volume do reator})}{\left(\dfrac{\text{mols de A que entram}}{\text{tempo}} \right)}$$

$$= \frac{V}{v_0} = \frac{(\text{volume do reator})}{(\text{vazão volumétrica de alimentação})} \qquad (8)$$

Pode ser mais conveniente medir a vazão volumétrica de alimentação em algum estado padrão, especialmente quando o reator deve operar a diversas temperaturas. Se, por exemplo, o material for gasoso quando alimentado a alta temperatura no reator, mas líquido no estado padrão, devemos tomar cuidado ao especificar precisamente que estado foi escolhido. A relação entre a velocidade espacial e o tempo espacial para as condições reais de alimentação e nas condições padrões (designadas pelo símbolo ′) é dada por:

$$\tau' = \frac{1}{s'} = \frac{C'_{A0}V}{F_{A0}} = \tau \frac{C'_{A0}}{C_{A0}} = \frac{1}{s} \frac{C'_{A0}}{C_{A0}} \qquad (9)$$

Na maioria do casos seguintes, lidamos com velocidade espacial e tempo espacial baseados na alimentação, nas condições reais de entrada; no entanto, a mudança para qualquer outra base é facilmente realizada.

5.2 REATOR DE MISTURA PERFEITA EM ESTADO ESTACIONÁRIO

A equação de desempenho para o reator de mistura perfeita é obtida da Eq. (4.1), que faz um balanço de um dado componente no interior de um elemento de volume do sistema. Mas, uma vez que a composição é uniforme em todo o reator, o balanço pode ser feito no reator como um todo. Selecionando o reagente A, a Eq. (4.1) se torna:

$$\text{entrada} = \text{saída} + \text{consumo pela reação} + \overset{=0}{\text{acúmulo}} \qquad (10)$$

Como mostrado na Fig. 5.3, se $F_{A0} = v_0 C_{A0}$ for a taxa molar de alimentação do componente A no reator, então, considerando o reator como um todo, teremos:

$$\text{entrada de A, mols / tempo} = F_{A0}(1 - X_{A0}) = F_{A0}$$
$$\text{saída de A, mols / tempo} = F_A = F_{A0}(1 - X_A)$$
$$\begin{array}{c}\text{consumo de A}\\\text{pela reação,}\\\text{mols / tempo}\end{array} = (-r_A)V = \left(\frac{\text{mols de A que estão reagindo}}{(\text{tempo})(\text{volume de fluido})}\right)\left(\text{volume do reator}\right)$$

Introduzindo estes três termos na Eq. (10), obtemos:

$$F_{A0} X_A = (-r_A)V$$

que, depois de rearranjos, torna-se:

ou

$$\boxed{\begin{array}{c}\dfrac{V}{F_{A0}} = \dfrac{\tau}{C_{A0}} = \dfrac{\Delta X_A}{-r_A} = \dfrac{X_A}{-r_A} \\ \tau = \dfrac{1}{s} = \dfrac{V}{v_0} = \dfrac{V C_{A0}}{F_{A0}} = \dfrac{C_{A0} X_A}{-r_A}\end{array}} \quad \text{qualquer } \varepsilon_A \qquad (11)$$

onde X_A e r_A são medidas nas condições da corrente de saída, que são as mesmas condições dentro do reator.

De forma mais geral, se a alimentação na qual a conversão for baseada, subscrito 0, entrar no reator parcialmente convertida, subscrito i, e sair nas condições dadas pelo subscrito f, nós teremos:

ou

$$\frac{V}{F_{A0}} = \frac{\Delta X_A}{(-r_A)_f} = \frac{X_{Af} - X_{Ai}}{(-r_A)_f}$$
$$\tau = \frac{V C_{A0}}{F_{A0}} = \frac{C_{A0}(X_{Af} - X_{Ai})}{(-r_A)_f} \qquad (12)$$

Figura 5.3 — Notação para um reator de mistura perfeita

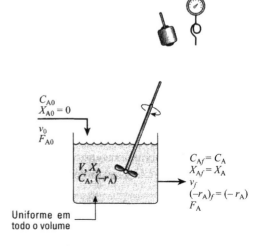

Para o caso especial de sistemas com densidade constante $X_A = 1 - C_A/C_{A0}$, a equação de desempenho para reatores de mistura perfeita pode ser também escrita em termos de concentrações; ou seja:

ou

$$\boxed{\begin{aligned} \frac{V}{F_{A0}} &= \frac{X_A}{-r_A} = \frac{C_{A0} - C_A}{C_{A0}(-r_A)} \\ \tau = \frac{V}{v} &= \frac{C_{A0} X_A}{-r_A} = \frac{C_{A0} - C_A}{-r_A} \end{aligned}} \quad \varepsilon_A = 0 \qquad (13)$$

Essas expressões relacionam, de uma maneira simples, quatro termos, X_A, $-r_A$, V e F_{A0}; logo, conhecendo quaisquer três termos, o quarto pode ser encontrado diretamente. Em projetos, então, a capacidade necessária do reator para uma determinada tarefa ou o grau de conversão no reator de uma dada capacidade é encontrada diretamente. Em estudos cinéticos, cada corrida em estado estacionário, fornece, sem integração, a taxa de reação para as condições no interior do reator. A facilidade de interpretação dos dados do reator de mistura perfeita torna seu uso muito atrativo em estudos cinéticos, em particular com reações complexas (por exemplo, reações múltiplas e reações catalisadas por sólidos).

A Fig. 5.4 é uma representação gráfica das equações de desempenho de reatores de mistura perfeita. Para qualquer forma cinética específica, as equações podem ser escritas diretamente.

Como um exemplo, para sistemas com densidade constante $C_A/C_{A0} = 1 - X_A$; desta forma, a expressão de desempenho para reação de primeira ordem se torna:

$$\boxed{k\tau = \frac{X_A}{1 - X_A} = \frac{C_{A0} - C_A}{C_A} \quad \text{para } \varepsilon_A = 0} \qquad (14a)$$

Por outro lado, para expansão linear:

$$V = V_0(1 + \varepsilon_A X_A) \quad \text{e} \quad \frac{C_A}{C_{A0}} = \frac{1 - X_A}{1 + \varepsilon_A X_A}$$

Assim, *para reação de primeira ordem*, a expressão de desempenho da Eq. (11) se torna:

$$\boxed{k\tau = \frac{X_A(1 + \varepsilon_A X_A)}{1 + X_A} \quad \text{para qualquer } \varepsilon_A} \qquad (14b)$$

Figura 5.4 — Representação gráfica das equações de projeto para reator de mistura perfeita

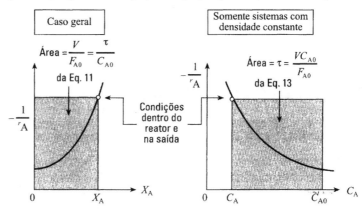

Para *reação de segunda ordem*, A → produtos, $-r_A = kC_A^2$, $\varepsilon_A = 0$, a equação de desempenho da Eq. (11) se torna:

$$k\tau = \frac{C_{Ao} - C_A}{C_A^2} \quad \text{ou} \quad C_A = \frac{-1 + \sqrt{1 + 4k\tau C_{A0}}}{2k\tau} \tag{15}$$

Expressões similares podem ser escritas para qualquer outra forma de equação de taxa. Essas expressões podem ser escritas tanto em termos de concentrações como em termos de conversões. O uso de conversões é mais simples para sistemas com densidade variável, embora as duas formas possam ser usadas para sistemas com densidade constante.

EXEMPLO 5.1 TAXA DE REAÇÃO EM UM REATOR DE MISTURA PERFEITA

Um litro por minuto de um líquido contendo A e B ($C_{A0} = 0{,}10$ mol/ℓ, $C_{B0} = 0{,}010$ mol/ℓ) escoa em um reator de mistura perfeita de volume $V = 1$ litro. Os materiais reagem de uma forma complexa, com estequiometria desconhecida. A corrente de saída do reator contém A, B e C ($C_{Af} = 0{,}02$ mol/ℓ, $C_{Bf} = 0{,}03$ mol/ℓ e $C_{Cf} = 0{,}04$ mol/ℓ), como mostrado na Fig. E5.1. Encontre a taxa de reação de A, B e C para as condições no interior do reator.

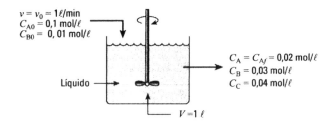

Figura E5.1

SOLUÇÃO

Para um líquido em um reator de mistura perfeita, $\varepsilon_A = 0$ e a Eq. (13) se aplica a cada um dos componentes reagentes, dando para a taxa de consumo:

$$-r_A = \frac{C_{A0} - C_A}{\tau} = \frac{C_{A0} - C_A}{V/v} = \frac{0{,}10 - 0{,}02}{1/1} = \underline{\underline{0{,}08 \text{ mol}/\ell \cdot \text{min}}}$$

$$-r_B = \frac{C_{B0} - C_B}{\tau} = \frac{0{,}01 - 0{,}03}{1} = \underline{\underline{-0{,}02 \text{ mol}/\ell \cdot \text{min}}}$$

$$-r_C = \frac{C_{C0} - C_C}{\tau} = \frac{0 - 0{,}04}{1} = \underline{\underline{-0{,}04 \text{ mol}/\ell \cdot \text{min}}}$$

Portanto, A está desaparecendo, enquanto B e C estão sendo formados.

EXEMPLO 5.2 CINÉTICA DE UM REATOR DE MISTURA PERFEITA

Um reagente puro gasoso A ($C_{A0} = 100$ milimols/ℓ) é alimentado, a uma taxa estacionária, em um reator de mistura perfeita ($V = 0{,}1$ ℓ), onde se dimeriza (2A → R). Para diferentes taxas de alimentação do gás, os seguintes dados foram obtidos:

5.2 — Reator de Mistura Perfeita em Estado Estacionário

Número da corrida	1	2	3	4
v_0, ℓ/h	10	3	1,2	0,5
C_{Af}, milimol/ℓ	85,7	66,7	50	33,4

Encontre a equação de taxa para esta reação.

SOLUÇÃO

Para esta estequiometria, $2A \rightarrow R$, o fator de expansão é:

$$\varepsilon_A = \frac{1-2}{2} = -\frac{1}{2}$$

e a relação correspondente entre concentração e conversão é:

$$\frac{C_A}{C_{A0}} = \frac{1-X_A}{1+\varepsilon_A X_A} = \frac{1-X_A}{1-\frac{1}{2}X_A}$$

ou

$$X_A = \frac{1-C_A/C_{A0}}{1+\varepsilon_A C_A/C_{A0}} = \frac{1-C_A/C_{A0}}{1-C_A/2C_{A0}}$$

A conversão para cada corrida é então calculada e tabelada na coluna 4 da Tabela E5.2.

Tabela 5.2

Corrida	Dados			Calculados			
	v_0	C_A	X_A	$(-r_A) = \dfrac{v_0 C_{A0} X_A}{V}$	$\log C_A$	$\log(-r_A)$
1	10,0	85,7	0,25	$\dfrac{(10)(100)(0,25)}{0,1} = 2500$	1,933	3,398
2	3,0	66,7	0,50	1500	1,824	3,176
3	1,2	50	0,667	800	1,699	2,903
4	0,5	33,3	0,80	400	1,522	2,602

Da equação de desempenho, Eq. (11), a taxa de reação para cada corrida é dada por:

$$(-r_A) = \frac{v_0 C_{A0} X_A}{V}, \qquad \left[\frac{\text{milimol}}{\ell \cdot h}\right]$$

Estes valores estão tabelados na coluna 5 da Tabela E5.2.

Tendo os valores correspondentes de r_A e C_A (ver Tabela E5.2), estamos prontos para testar várias expressões cinéticas. Em vez de testar separadamente a cinética de primeira ordem (gráfico de r_A versus C_A), a de segunda ordem (gráfico de r_A versus C_A^2), etc., vamos testar diretamente a cinética de ordem n. Para isto, tome o logaritmo de $-r_A = kC_A^n$, obtendo:

$$\log(-r_A) = \log k + n\log C_A$$

Para a cinética de ordem n, estes dados devem dar uma linha reta no gráfico $\log(-r_A)$ em função de $\log(C_A)$. Das colunas 6 e 7 da Tabela E5.2 e, como mostrado na Fig. E5.2, os quatro pontos são razoavelmente representados por uma linha reta de inclinação 2; logo, a equação de taxa para esta dimerização é:

$$-r_A = \left(0{,}36 \frac{\ell}{h \cdot \text{milimol}}\right) C_A^2, \quad \left[\frac{\text{milimol}}{\ell \cdot h}\right]$$

Comentário. Se ignorarmos em nossa análise a variação da densidade (ou colocarmos $\varepsilon A = 0$ e usarmos $C_A/C_{A0} = 1 - X_A$), chegaremos a uma equação incorreta de taxa (reação de ordem $n \cong 1{,}6$), que quando usada em projetos, fornecerá estimativas erradas de desempenho.

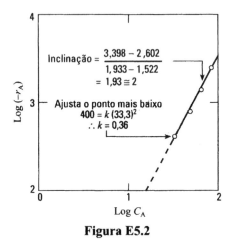

Figura E5.2

EXEMPLO 5.3 DESEMPENHO DE REATOR DE MISTURA PERFEITA

A reação elementar em fase líquida

$$A + 2B \underset{k_2}{\overset{k_1}{\rightleftarrows}} R$$

com equação de taxa

$$-r_A = -\frac{1}{2} r_B = (12{,}5 \ell^2/\text{mol}^2 \cdot \text{min}) C_A C_B^2 - (1{,}5 \text{ min}^{-1}) C_R, \quad \left[\frac{\text{mol}}{\ell \cdot \text{min}}\right]$$

deve ocorrer em um reator de mistura perfeita em estado estacionário de 6 litros. Duas correntes de alimentação, uma contendo 2,8 mols de A/ℓ e a outra contendo 1,6 mol de B/ℓ, são introduzidas no reator, a iguais vazões volumétricas. Deseja-se uma conversão de 75% do componente em menor proporção (ver Fig. E5.3). Qual deve ser a vazão volumétrica de cada corrente? Considere a densidade constante em todo o reator.

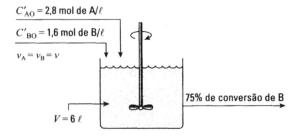

Figura E5.3

SOLUÇÃO

A concentração dos componentes na mistura de alimentação é:

$$C_{A0} = 1,4 \text{ mol} / \ell$$
$$C_{B0} = 0,8 \text{ mol} / \ell$$
$$C_{R0} = 0$$

Estes números mostram que B é o componente em menor proporção; por conseguinte, para 75% de conversão de B e $\varepsilon_A = 0$, a composição no reator e na corrente de saída é:

$$C_A = 1,4 - 0,6 / 2 = 1,1 \text{ mol} / \ell$$
$$C_B = 0,8 - 0,6 = 0,2 \text{ mol} / \ell \quad \text{ou} \quad 75\% \text{ de conversão}$$
$$C_R = 0,3 \text{ mol} / \ell$$

Escrevendo a equação e resolvendo o problema em termos de B, nós temos, nas condições internas do reator:

$$-r_B = 2(-r_A) = (2 \times 12,5)C_A C_B^2 - (2 \times 1,5)C_R$$

$$= \left(25 \frac{\ell^2}{\text{mol}^2 \cdot \text{min}}\right)\left(1,1 \frac{\text{mol}}{\ell}\right)\left(0,2 \frac{\text{mol}}{\ell}\right)^2 - (3 \text{ min}^{-1})\left(0,3 \frac{\text{mol}}{\ell}\right)$$

$$= (1,1 - 0,9) \frac{\text{mol}}{\ell \cdot \text{min}} = 0,2 \frac{\text{mol}}{\ell \cdot \text{min}}$$

Como não há variação de densidade, da equação de desempenho, Eq. (13), temos:

$$\tau = \frac{V}{v} = \frac{C_{B0} - C_B}{-r_B}$$

Conseqüentemente, a vazão volumétrica que entra e sai do reator é:

$$v = \frac{V(-r_B)}{C_{B0} - C_B}$$

$$v = \frac{(6\ell)(0,2 \text{ mol} / \ell \cdot \text{min})}{(0,8 - 0,2) \text{ mol} / \ell} = \underline{\underline{2 \, \ell \, / \, \text{min}}}$$

ou $\underline{\underline{1 \, \ell/\text{min para cada uma das duas corrente de alimentação}}}$

5.3 REATOR PISTONADO EM ESTADO ESTACIONÁRIO

Em um reator pistonado, a composição do fluido varia ponto a ponto, ao longo do escoamento; como conseqüência, o balanço de material para um componente da reação deve ser feito em um elemento diferencial de volume, dV. Deste modo, para o reagente A, a Eq. (4.1) se torna:

$$\text{entrada} = \text{saída} + \text{consumo pela reação} + \overset{=0}{\cancel{\text{acúmulo}}} \tag{10}$$

Referindo-nos à Figura 5.5, vemos que para o volume dV:

entrada de A, mols / tempo = F_A

saída de A, mols / tempo = $F_A + dF_A$

consumo de A pela reação, mols / tempo $= (-r_A)dV = \left(\dfrac{\text{mols de A que estão reagindo}}{\text{(tempo)(volume de fluido)}} \right) \left(\text{volume do elemento} \right)$

Introduzindo estes três termos na Eq. (10), obtemos:

$$F_A = (F_A + dF_A) + (-r_A)dV$$

Notando que

$$dF_A = d[F_{A0}(1 - X_A)] = -F_{A0}dX_A$$

obtemos por substituição:

$$F_{A0}dX_A = (-r_A)dV \tag{16}$$

Esta é então a equação de balanço para A, em uma seção diferencial do reator de volume dV. Para todo o reator, a expressão deve ser integrada. A taxa de alimentação, F_{A0}, é constante, porém r_A é certamente dependente da concentração ou conversão dos materiais. Agrupando os termos, nós obtemos:

$$\int_0^V \dfrac{dV}{F_{A0}} = \int_0^{X_{Af}} \dfrac{dX_A}{-r_A}$$

Portanto,

ou

$$\boxed{\begin{aligned} \dfrac{V}{F_{A0}} &= \dfrac{\tau}{C_{A0}} = \int_0^{X_{Af}} \dfrac{dX_A}{-r_A} \\ \tau &= \dfrac{V}{v_0} = \dfrac{VC_{A0}}{F_{A0}} = C_{A0}\int_0^{X_{Af}} \dfrac{dX_A}{-r_A} \end{aligned}} \quad \text{qualquer } \varepsilon_A \tag{17}$$

Figura 5.5 — Notação para um reator pistonado

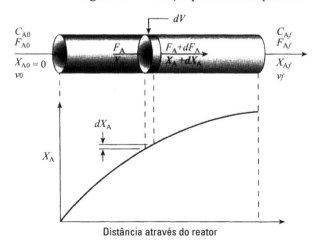

A Eq. (17) permite a determinação da capacidade do reator, para uma dada vazão volumétrica de alimentação e conversão requerida. Compare as Eqs. (11) e (17). A diferença é que no reator pistonado, r_A varia, enquanto que no reator de mistura perfeita, r_A é constante.

De uma forma mais geral, para os reatores pistonados, se a alimentação na qual a conversão for baseada, subscrito 0, entrar parcialmente convertida no reator, subscrito i, e sair do reator com uma conversão designada pelo subscrito f, nós teremos:

$$\frac{V}{F_{A0}} = \int_{X_{Ai}}^{X_{Af}} \frac{dX_A}{-r_A}$$

ou
$$\tau = C_{A0} \int_{X_{Ai}}^{X_{Af}} \frac{dX_A}{-r_A} \qquad (18)$$

Para o caso especial de sistemas com densidade constante:

$$X_A = 1 - \frac{C_A}{C_{A0}} \quad e \quad dX_A = -\frac{dC_A}{C_{A0}}$$

sendo a equação de desempenho expressa em termos de concentrações; ou seja:

ou
$$\boxed{\begin{array}{l} \dfrac{V}{F_{A0}} = \dfrac{\tau}{C_{A0}} = \int_0^{X_{Af}} \dfrac{dX_A}{-r_A} = -\dfrac{1}{C_{A0}} \int_{C_{A0}}^{C_{Af}} \dfrac{dC_A}{-r_A} \\ \tau = \dfrac{V}{v_0} = C_{A0} \int_0^{X_{Af}} \dfrac{dX_A}{-r_A} = -\int_{C_{A0}}^{C_{Af}} \dfrac{dC_A}{-r_A} \end{array}} \quad \varepsilon_A = 0 \qquad (19)$$

Essas equações de desempenho, Eqs. (17) a (19), podem ser escritas tanto em termos de concentrações, como em termos de conversões. Para sistemas com densidade variável, é mais conveniente usar conversões; entretanto, não há preferência particular por sistemas com densidade constante. Qualquer que seja sua forma, as equações de desempenho inter-relacionam a *taxa de reação*, a *extensão de reação*, o *volume do reator* e a *taxa de alimentação*. Se uma destas quantidades for desconhecida, ela pode ser encontrada a partir das outras três.

A Fig. 5.6 ilustra essas equações de desempenho e mostra que o tempo espacial necessário para qualquer tarefa particular pode ser sempre determinado por integração numérica ou gráfica. No entanto,

Figura 5.6 — Representação gráfica das equações de desempenho para reatores pistonados

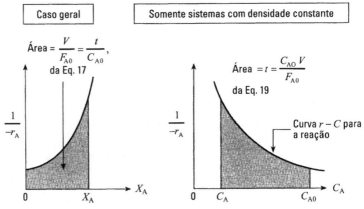

para certas formas cinéticas simples, a integração analítica é possível — e conveniente. Para fazer isto, substitua a expressão cinética para r_A na Eq. (17) e integre. Algumas das formas integradas mais simples para reatores pistonados são apresentadas a seguir:

Reação homogênea de ordem zero, com ε_A constante:

$$k\tau = \frac{kC_{A0}V}{F_{A0}} = C_{A0}X_A \tag{20}$$

Reação irreversível de primeira ordem, A → produtos, com ε_A constante:

$$\boxed{k\tau = -(1+\varepsilon_A)\ln(1-X_A) - \varepsilon_A X_A} \tag{21}$$

Reação reversível de primeira ordem, $A \rightleftarrows rR$, $C_{R0}/C_{A0} = M$, com cinética aproximada ou ajustada por $-r_A = k_1 C_A - k_1 C_R$, com uma conversão observada de equilíbrio, X_{Ae}, e com qualquer ε_A constante:

$$k_1\tau = \frac{M + rX_{Ae}}{M + r}\left[-(1+\varepsilon_A X_{Ae})\ln\left(1 - \frac{X_A}{X_{Ae}}\right) - \varepsilon_A X_A\right] \tag{22}$$

Reação irreversível de segunda ordem, A + B → produtos, com alimentação equimolar; ou seja, 2A → produtos, com ε_A constante:

$$C_{A0}k\tau = 2\varepsilon_A(1+\varepsilon_A)\ln(1-X_A) + \varepsilon_A^2 X_A + (\varepsilon_A+1)^2 \frac{X_A}{1-X_A} \tag{23}$$

Onde a densidade for constante, coloque $\varepsilon_A = 0$ de modo a obter a equação simplificada de desempenho.

Comparando as expressões do reator em batelada do Capítulo 3 com essas expressões para o reator pistonado, nós encontramos:

(1) Para *sistemas com densidade constante* (reator em batelada com volume constante e reator pistonado com densidade constante), as equações de desempenho são idênticas, sendo τ para reatores pistonados equivalente a t para reatores em batelada, podendo as equações serem usadas indistintamente.

(2) Para *sistemas com densidade variável*, não há correspondência direta entre as equações dos reatores em batelada e pistonado e a equação correta tem de ser usada para cada situação particular. Neste caso, as equações de desempenho não podem ser usadas indistintamente.

Os seguintes exemplos ilustrativos mostram como usar essas expressões.

EXEMPLO 5.4 DESEMPENHO DE UM REATOR PISTONADO

Uma reação homogênea em fase gasosa, A → 3R tem uma taxa reportada a 215°C:

$$-r_A = 10^{-2} C_A^{1/2}, \quad [\text{mol}/\ell \cdot \text{s}]$$

Encontre o tempo espacial necessário para uma conversão de 80% de uma alimentação contendo 50% de A e 50% de inerte, em um reator pistonado, que opera a 215°C e 5 atm ($C_{A0} = 0{,}0625$ mol/ℓ).

Figura E5.4a

SOLUÇÃO

Para essa estequiometria e com 50% de inertes, dois volumes de gás na alimentação dariam quatro volumes de produto gasoso completamente convertido; logo:

$$\varepsilon_A = \frac{4-2}{2} = 1$$

Neste caso, a equação de desempenho para o reator pistonado, Eq. (17), torna-se:

$$\tau = C_{A0} \int_0^{X_{Af}} \frac{dX_A}{-r_A} = C_{A0} \int_0^{X_{Af}} \frac{dX_A}{kC_{A0}^{1/2} \left(\frac{1-X_A}{1+\varepsilon_A X_A}\right)^{1/2}} = \frac{C_{A0}^{1/2}}{k} \int_0^{0.8} \left(\frac{1+X_A}{1-X_A}\right)^{1/2} dX_A \quad \text{(i)}$$

A integral pode ser avaliada através de qualquer uma das três maneiras: graficamente, numericamente ou analiticamente. Vamos ilustrar estes métodos.

Tabela E5.4

X_A	$\frac{1+X_A}{1-X_A}$	$\left(\frac{1+X_A}{1-X_A}\right)^{1/2}$
0	1	1
0,2	$\frac{1,2}{0,8} = 1,5$	1,227
0,4	2,3	1,528
0,6	4	2
0,8	9	3

Integração Gráfica. Primeiro, em valores selecionados, avalie a função a ser integrada (ver Tabela E5.4) e faça um gráfico desta função (ver Fig. E5.4b).

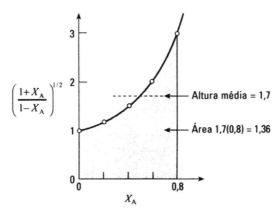

Figura E5.4b

Contando os quadrados ou estimando visualmente, encontramos:

$$\text{Área} = \int_0^{0.8} \left(\frac{1+X_A}{1-X_A}\right)^{1/2} dX_A = (1,70)(0,8) = \underline{\underline{1,36}}$$

Integração Numérica. Usando a regra de Simpson, aplicável a um número par de intervalos igualmente espaçados no eixo X_A, nós encontramos para os dados da Tabela E5.4:

$$\int_0^{0,8} \left(\frac{1+X_A}{1-X_A}\right)^{1/2} dX_A = \text{(altura média)(largura total)}$$

$$= \left[\frac{1(1) + 4(1,227) + 2(1,528) + 4(2) + 1(3)}{12}\right](0,8)$$

$$= \underline{\underline{1,331}}$$

Integração Analítica. Da tabela de integrais, temos:

$$\int_0^{0,8} \left(\frac{1+X_A}{1-X_A}\right)^{1/2} dX_A = \int_0^{0,8} \frac{1+X_A}{\sqrt{1-X_A^2}} dX_A$$

$$= \left(\text{arc sen } X_A - \sqrt{1-X_A^2}\right)\Big|_0^{0,8} = \underline{\underline{1,328}}$$

O método recomendado de integração depende da situação. Neste problema, provavelmente, o método numérico é o mais rápido e o mais simples e fornece uma boa resposta para a maioria das finalidades.

Assim, com a integral avaliada, a Eq. (i) se torna:

$$\underline{\underline{\tau}} = \frac{(0,0625 \text{ mol}/\ell)^{1/2}}{(10^{-2} \text{ mol}^{1/2}/\ell^{1/2} \cdot \text{s})}(1,33) = \underline{\underline{33,2 \text{ s}}}$$

EXEMPLO 5.5 VOLUME DE UM REATOR PISTONADO

A decomposição homogênea em fase gasosa de fosfina

$$4PH_3(g) \rightarrow P_4(g) + 6H_2$$

ocorre a 649°C, com uma taxa de primeira ordem:

$$-r_{PH_3}(10/\text{h}) C_{PH_3}$$

Qual é a capacidade do reator pistonado, operando a 649°C e 460 kPa, que pode produzir 80% de conversão de uma alimentação consistindo de 40 mols de fosfina pura por hora?

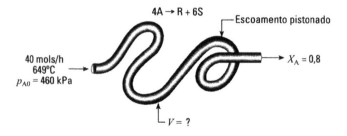

Figura E5.5

SOLUÇÃO

Faça $A = PH_3$, $R = P_4$ e $S = H_2$. Então a reação se torna:

$$4A \rightarrow R + 6S$$

com

$$-r_A = (10 / h) C_A$$

O volume do reator pistonado é dado pela Eq. (21):

$$V = \frac{F_{A0}}{kC_{A0}}\left[(1+\varepsilon_A)\ln\frac{1}{1-X_A} - \varepsilon_A X_A\right]$$

Avaliando os termos individuais nessa expressão, temos:

$$F_{A0} = 40 \text{ mols} / h$$

$$k = 10 / h$$

$$C_{A0} = \frac{p_{A0}}{RT} = \frac{460.000 \text{ Pa}}{(8,314 \text{ Pa}\cdot\text{m}^3/\text{mol}\cdot\text{K})(922 \text{ K})} = 60 \text{ mols} / \text{m}^3$$

$$\varepsilon_A = \frac{7-4}{4} = 0,75$$

$$X_A = 0,8$$

Conseqüentemente, o volume do reator é:

$$\underline{V} = \frac{40 \text{ mols} / h}{(10 / h)(60 \text{ mols} / \text{m}^3)}\left[(1+0,75)\ln\frac{1}{02} - 0,75(0,8)\right] = 0,148 \text{ m}^3$$

$$= \underline{\underline{148\ell}}$$

EXEMPLO 5.6 TESTE DE UMA EQUAÇÃO CINÉTICA EM UM REATOR TUBULAR

Nós suspeitamos que a reação em fase gasosa entre A, B e R é uma reação elementar reversível

$$A + B \underset{k_2}{\overset{k_1}{\rightleftharpoons}} R$$

e planejamos testá-la com experimentos em um reator pistonado isotérmico.

(a) Desenvolva uma equação de desempenho para essas cinéticas, para uma alimentação de A, B, R e inertes.

(b) Mostre como testar essa equação para uma alimentação equimolar de A e B.

SOLUÇÃO

(a) Alimentação de A, B, R e inertes. Para esta reação elementar, a taxa é:

$$-r_A = k_1 C_A C_B - k_2 C_R = k_1\frac{N_A}{V}\frac{N_B}{V} - k_2\frac{N_R}{V}$$

A pressão constante, baseando-se no fator de expansão e na conversão da substância A,

$$-r_A = k_1 \frac{N_{A0} - N_{A0}X_A}{V_0(1+\varepsilon_A X_A)} \frac{N_{B0} - N_{A0}X_A}{V_0(1+\varepsilon_A X_A)} - k_2 \frac{N_{R0} + N_{A0}X_A}{V_0(1+\varepsilon_A X_A)}$$

Fazendo $M = C_{B0}/C_{A0}$, $M' = C_{R0}/C_{A0}$, nós obtemos:

$$-r_A = k_1 C_{A0}^2 \frac{(1-X_A)(M-X_A)}{(1+\varepsilon_A X_A)^2} - k_2 C_{A0} \frac{M'+X_A}{1+\varepsilon_A X_A}$$

Conseqüentemente, a equação de projeto para reator pistonado, Eq. (17), torna-se:

$$\tau = C_{A0} \int_0^{X_{Af}} \frac{dX_A}{-r_A} = \int_0^{X_{Af}} \frac{(1+\varepsilon_A X_A)^2 dX_A}{k_1 C_{A0}(1-X_A)(M-X_A) - k_2(M'+X_A)(1+\varepsilon_A X_A)}$$

Nesta expressão, ε_A considera a estequiometria e a presença de inertes na alimentação.

(b) Alimentação equimolar de A e B. Para $C_{A0} = C_{B0}$, $C_{R0} = 0$ e nenhum inerte, nós temos $M = 1$, $M' = 0$ e $\varepsilon_A = -0,5$; logo, a expressão para o item (a) se reduz para:

$$\tau = \int_0^{X_{Af}} \frac{(1-0,5X_A)^2 dX_A}{k_1 C_{A0}(1-X_A)^2 - k_2 X_A(1-0,5X_A)} \xrightarrow{\text{chame isto}} \int_0^{X_{Af}} f(X_A) dX_A$$

Tendo os dados de V, v_0 e X_A a partir de uma série de experimentos, avalie separadamente os lados esquerdo e direito da Eq. (i). Para o lado direito, avalie $f(X_A)$, em vários valores de X_A; então, integre graficamente para dar $\int f(X_A)dX$ e faça o gráfico da Fig. E5.6. Se os dados fornecerem uma linha razoavelmente reta, então o esquema cinético sugerido poderá ser considerado satisfatório.

$\tau = V/v_0$
Figura E5.6

Tempo de Retenção e Tempo Espacial para Reatores Contínuos

Devemos estar claramente cientes da distinção entre essas duas medidas de tempo, $\bar{t}$ e τ. Elas são definidas como segue:

$$\tau = \begin{pmatrix} \text{tempo necessário para} \\ \text{tratar um volume de} \\ \text{alimentação, correspondente} \\ \text{a um volume do reator} \end{pmatrix} = \frac{V}{v_0} = \frac{C_{A0}V}{F_{A0}}, \quad [h] \qquad \textbf{(6) ou (8)}$$

$$\bar{t} = \begin{pmatrix} \text{tempo médio de} \\ \text{residência do material} \\ \text{que escoa no reator} \end{pmatrix} = C_{A0} \int_0^{X_A} \frac{dX_A}{(-r_A)(1+\varepsilon_A X_A)}, \quad [h] \qquad (24)$$

Para sistemas com densidade constante (todos os líquidos e gases com densidade constante):

$$\tau = \bar{t} = \frac{V}{v}$$

Para sistemas com densidade variável, $\bar{t} \neq \tau$ e $\bar{t} \neq V/v_0$, tornando difícil assim a determinação de uma relação entre estes termos.

Como uma simples ilustração da diferença entre $\bar{t}$ e τ, considere os dois casos da máquina de fazer pipocas do Problema 4.7, que processa 1 ℓ/min de milho cru e produz 28 ℓ/min de pipoca.

Considere três casos, chamados X, Y e Z, que são mostrados na Fig. 5.7. No primeiro caso (caso X), toda a explosão do milho ocorre no final do reator. No segundo caso (caso Y), toda a explosão ocorre no início do reator. No terceiro caso (caso Z), a explosão ocorre em algum lugar entre a entrada e a saída. Em todos os três casos:

$$\tau_X = \tau_Y = \tau_Z = \frac{V}{v_0} = \frac{1\ell}{1\ell/\text{min}} = 1 \text{ min}$$

independente de onde a explosão ocorre. No entanto, nós vemos que o tempo de residência nos três casos é muito diferente; ou seja:

$$\bar{t}_X = \frac{1\ell}{1\ell/\text{min}} = 1 \text{ min}$$

$$\bar{t}_Y = \frac{1\ell}{28\ell/\text{min}} \cong 2\text{s}$$

$\bar{t}_Z = $ algum valor entre 2 e 60s, dependendo da cinética

$\bar{t}_z$ é algum valor entre 2 e 60 s, dependendo da cinética.

Note que o valor de $\bar{t}$ depende do que acontece no interior do reator, enquanto o valor de τ é independente.

Figura 5.7 — Para o mesmo valor de τ, os valores de $\bar{t}$ diferem nos 3 casos

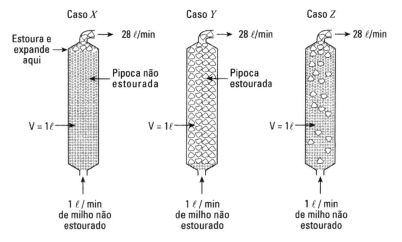

92 *Capítulo 5 — Reatores Ideais para Reações Simples*

Esse exemplo mostra que $\bar{t}$ e τ não são, em geral, idênticos. Qual é a medida natural de desempenho para reatores? Para sistemas em batelada, o Capítulo 3 mostra que é o tempo de reação; entretanto, o tempo de retenção não aparece nas equações de desempenho para sistemas contínuos, desenvolvidas neste capítulo, Eqs. (13) a (19), enquanto é visto que o tempo espacial ou V/F_{A0} naturalmente aparece. Conseqüentemente, τ ou V/F_{A0} é a medida apropriada do desempenho para sistemas contínuos.

O exemplo acima mostra que no caso especial de densidade do fluido constante, o tempo espacial é equivalente ao tempo de retenção; por conseguinte, estes termos podem ser usados indistintamente. Este caso especial inclui praticamente todas as reações em fase líquida. Contudo, para fluidos com densidade variável, por exemplo reações gasosas não isotérmicas ou reações gasosas com número variável de mols, uma distinção deve ser feita entre $\bar{t}$ e τ, devendo ser usada a medida correta em cada situação.

Sumário das Equações de Desempenho

As Tabelas 5.1 e 5.2 apresentam as equações de desempenho integradas para reatores ideais simples.

REFERÊNCIAS

Corcoran, W. H., and Lacey, W. N., *Introduction to Chemical Engineering Problems*, McGraw Hill, Nova York, 1970, p. 103

Pease, R. N., *J. Am. Chem. Soc.*, **51**, 3470 (1929)

PROBLEMAS

5.1 Considere uma reação em fase gasosa $2A \rightarrow R + 2S$ com cinética desconhecida. Se uma velocidade espacial de 1 min^{-1} for necessária para converter 90% de A, em um reator pistonado, encontre o tempo espacial correspondente e o tempo médio de residência ou o tempo de retenção do fluido no interior do reator pistonado.

5.2 Em um reator em batelada, isotérmico, 70% de um líquido reagente são convertidos em 13 minutos. Que valores de tempo espacial e velocidade espacial são necessários de modo a afetar esta conversão em um reator pistonado e em um reator de mistura perfeita?

5.3 Uma corrente de monômero aquoso A (1 mol/ℓ, 4 ℓ/min), que entra em um reator de mistura perfeita de 2 litros, recebe radiação, polimerizando-se como segue:
$$A \xrightarrow{+A} R \xrightarrow{+A} S \xrightarrow{+A} T \dots$$
Na corrente de saída, $C_A = 0{,}01$ mol/ℓ e, para um produto particular de reação, W, $C_W = 0{,}0002$ mol/ℓ. Encontre a taxa de reação de A e a taxa de formação de W.

5.4 Estamos planejando trocar nosso atual reator de mistura perfeita por outro com o dobro do volume. Para a mesma alimentação aquosa (10 mols de A/ℓ) e a mesma taxa de alimentação, encontre a nova conversão. A cinética da reação é representada por:
$$A \rightarrow R, \qquad -r_A = kC_A^{1.5}$$
e apresenta uma conversão de 70%.

5.5 Uma alimentação aquosa de A e B (400 ℓ/min, 100 mmols de A/ℓ e 200 mmols de B/ℓ) deve ser convertida em produto em um reator pistonado. A cinética da reação é representada por:
$$A + B \rightarrow R, \qquad -r_A = 200\, C_A C_B\, \frac{mol}{\ell \cdot min}$$
Encontre o volume necessário do reator para converter 99,9% de A em produto.

Tabela 5.1 — Equações de Desempenho para Cinética de Ordem n e $\varepsilon_A = 0$

	Escoamento Pistonado ou em Batelada		Escoamento com Mistura Perfeita	
$n=0$ $-r_A = k$	$\dfrac{k\tau}{C_{A0}} = \dfrac{C_{A0}-C_A}{C_{A0}} = X_A$	(20)	$\dfrac{k\tau}{C_{A0}} = \dfrac{C_{A0}-C_A}{C_{A0}} = X_A$	
$n=1$ $-r_A = kC_A$	$k\tau = \ln\dfrac{C_{A0}}{C_A} = \ln\dfrac{1}{1-X_A}$		$k\tau = \dfrac{C_{A0}-C_A}{C_A} = \dfrac{X_A}{1-X_A}$	(14a)
$n=2$ $-r_A = kC_A^2$	$k\tau C_{A0} = \dfrac{C_{A0}-C_A}{C_A} = \dfrac{X_A}{1-X_A}$		$k\tau = \dfrac{(C_{A0}-C_A)}{C_A^2} = \dfrac{X_A}{C_{A0}(1-X_A)^2}$	(15)
qualquer n $-r_A = kC_A^n$	$(n-1)C_{A0}^{n-1}k\tau = \left(\dfrac{C_A}{C_{A0}}\right)^{1-n} - 1 = (1-X_A)^{1-n} - 1$		$k\tau = \dfrac{C_{A0}-C_A}{C_A^n} = \dfrac{X_A}{C_{A0}^{n-1}(1-X_A)^n}$	
$n=1$ $A\underset{2}{\overset{1}{\rightleftarrows}}R$ $C_{R0}=0$	$k_1\tau = \left(1 - \dfrac{C_{Ae}}{C_{A0}}\right)\ln\left(\dfrac{C_{A0}-C_{Ae}}{C_A-C_{Ae}}\right) = -X_{Ae}\ln\left(\dfrac{X_{Ae}}{X_{Ae}-X_A}\right)$		$k_1\tau = \dfrac{(C_{A0}-C_A)(C_{A0}-C_{Ae})}{C_{A0}(C_A-C_{Ae})} = \dfrac{X_A X_{Ae}}{X_{Ae}-X_A}$	
Taxa Geral	$\tau = \displaystyle\int_{C_A}^{C_{A0}} \dfrac{dC_A}{-r_A} = C_{A0}\int_0^{X_A}\dfrac{dX_A}{-r_A}$	(19)	$\tau = \dfrac{C_{A0}-C_A}{-r_{Af}} = \dfrac{C_{A0}X_A}{-r_{Af}}$	(13)

Tabela 5.2 — Equações de Desempenho para Cinética de Ordem n e $\varepsilon_A \neq 0$

	Escoamento Pistonado		Escoamento com Mistura Perfeita	
$n=0$ $-r_A = k$	$\dfrac{k\tau}{C_{A0}} = X_A$	(20)	$\dfrac{k\tau}{C_{A0}} = X_A$	
$n=1$ $-r_A = kC_A$	$k\tau = (1+\varepsilon_A)\ln\dfrac{1}{1-X_A} - \varepsilon_A X_A$	(21)	$k\tau = \dfrac{X_A(1+\varepsilon_A X_A)}{1-X_A}$	(14b)
$n=2$ $-r_A = kC_A^2$	$k\tau C_{A0} = 2\varepsilon_A(1+\varepsilon_A)\ln(1-X_A) + \varepsilon_A^2 X_A + (\varepsilon_A+1)^2\cdot\dfrac{X_A}{1-X_A}$	(23)	$k\tau C_{A0} = \dfrac{X_A(1+\varepsilon_A X_A)^2}{(1-X_A)^2}$	(15)
qualquer n $-r_A = kC_A^n$			$k\tau C_{A0}^{n-1} = \dfrac{X_A(1+\varepsilon_A X_A)^n}{(1-X_A)^n}$	
$n=1$ $A\underset{2}{\overset{1}{\rightleftarrows}}R$ $C_{R0}=0$			$\dfrac{k\tau}{X_{Ae}} = (1+\varepsilon_A X_{Ae})\ln\dfrac{X_{Ae}}{X_{Ae}-X_A} - \varepsilon_A X_A$	(22)
Expressão Geral	$\tau = C_{A0}\displaystyle\int_0^{X_A}\dfrac{dX_A}{-r_A}$	(17)	$\tau = \dfrac{C_{A0}X_A}{-r_A}$	(11)

94 *Capítulo 5 — Reatores Ideais para Reações Simples*

5.6 Um reator pistonado (2 m^3) processa uma alimentação aquosa ($100 \text{ }\ell/\text{min}$), contendo o reagente A ($C_{A0} = 100 \text{ mmols}/\ell$). Esta reação é reversível e representada por:

$$A \rightleftarrows R, \quad -r_A = (0,04 \text{ min}^{-1}) \, C_A - (0,01 \text{ min}^{-1}) \, C_R$$

Encontre primeiro a conversão de equilíbrio e então encontre a real conversão de A no reator.

5.7 O gás liberado da ebulição da água em um reator nuclear contém uma grande variedade de lixo radiativo, sendo um dos mais problemáticos o Xe-133 (tempo de meia-vida = 5,2 dias). Este gás escoa continuamente através de um grande tanque, no qual o seu tempo de residência é de 30 dias e onde podemos supor que o conteúdo esteja perfeitamente misturado. Encontre a fração de atividade removida no tanque.

5.8 Um reator de mistura perfeita (2 m^3) processa uma alimentação aquosa ($100 \text{ }\ell/\text{min}$), contendo o reagente A ($C_{A0} = 100 \text{ mmols}/\ell$). A reação é reversível e representada por:

$$A \rightleftarrows R, \quad -r_A = 0,04 \, C_A - 0,01 \, C_R \, \frac{\text{mol}}{\ell \cdot \text{min}}$$

Qual é a conversão de equilíbrio e a real conversão no reator?

5.9 Uma enzima específica atua como catalisador na fermentação do reagente A. Para uma dada concentração de enzima na corrente aquosa de entrada ($25 \text{ }\ell/\text{min}$), encontre o volume necessário do reator pistonado, para converter 95% do reagente A ($C_{A0} = 2 \text{ mols}/\ell$). A cinética da fermentação, nesta concentração específica da enzima, é dada por:

$$A \xrightarrow{\text{enzima}} R, \quad -r_A = \frac{0,1 \, C_A}{1 + 0,5 \, C_A} \frac{\text{mol}}{\ell \cdot \text{min}}$$

5.10 Um gás puro A ($2 \text{ mols}/\ell$), alimentado (100 mols/min) em um reator pistonado, decompõe-se em vários produtos. A cinética de conversão é representada por:

$$A \rightarrow 2,5 \text{ (produtos)}, \quad -r_A = (10 \text{ min}^{-1}) C_A$$

Encontre a conversão esperada em um reator de 22 litros.

5.11 Uma enzima E catalisa a fermentação do substrato A (o reagente) no produto R. Encontre a capacidade necessária do reator de mistura perfeita, para converter 95% do reagente, considerando uma corrente de alimentação ($25 \text{ }\ell/\text{min}$) de reagente A ($2 \text{ mols}/\ell$) e de enzima. A cinética da fermentação nesta concentração de enzima é dada por:

$$A \xrightarrow{\text{enzima}} R, \quad -r_A = \frac{0,1 \, C_A}{1 + 0,5 \, C_A} \frac{\text{mol}}{\ell \cdot \text{min}}$$

5.12 Uma alimentação aquosa de A e B ($400 \text{ }\ell/\text{min}$, $100 \text{ mmols de A}/\ell$ e $200 \text{ mmols de B}/\ell$) deve ser convertida a produto em um reator de mistura perfeita. A cinética da reação é representada por:

$$A + B \rightarrow R, \quad -r_A = 200 \, C_A C_B \, \frac{\text{mol}}{\ell \cdot \text{min}}$$

Encontre o volume necessário de reator para converter 99,9% de A em produto.

5.13 À temperatura de 650°C, o vapor de fosfina se decompõe como segue:

$$4 PH_3 \rightarrow P_4(g) + 6 H_2, \quad -r_{\text{fosfina}} = (10 \text{h}^{-1}) C_{\text{fosfina}}$$

Para uma alimentação de 2/3 de fosfina e 1/3 de inerte, qual é a capacidade necessária de um reator pistonado, operando à temperatura de 649°C e 11,4 atm, para converter 75% de 10 mols de fosfina/h?

5.14 Uma corrente de um reagente puro gasoso A (C_{A0} = 660 mmols/ℓ) entra em um reator pistonado a uma taxa de F_{A0} = 540 mmols/min, onde polimeriza segundo a reação abaixo:

$$3A \rightarrow R, \qquad -r_A = 54 \frac{\text{mmols}}{\ell \cdot \text{min}}$$

Quão grande deve ser o reator de modo a diminuir a concentração de A na corrente de saída para C_{Af} = 330 mmol/ℓ?

5.15 Um gás puro A (1 mol/ℓ) é alimentado em um reator de mistura perfeita (2 litros) e reage da seguinte forma:

$$2A \rightarrow R, \qquad -r_A = 0,05\, C_A^2\, \frac{\text{mol}}{\ell \cdot \text{s}}$$

Encontre qual deve ser a taxa de alimentação (l/min), de modo a se ter uma concentração de saída igual a CA = 0,5 mol/l.

5.16 Um reagente gasoso A se decompõe como mostrado a seguir:

$$A \rightarrow 3R, \qquad -r_A = (0,6\ \text{min}^{-1})C_A$$

Encontre a conversão de A, se a alimentação for composta por 50% de A e 50% de inerte (v_0 = 180 l/min, C_{A0} = 300 mmols/ℓ) e se o reator de mistura perfeita possuir um volume de 1 m^3.

5.17 Um litro por segundo de uma mistura contendo 20% de ozônio e 80% de ar, à pressão de 1,5 atm e 93°C, passa através de um reator pistonado. Nestas condições, o ozônio se decompõe pela reação homogênea:

$$2O_3 \rightarrow 3O_2, \qquad -r_{\text{ozônio}} = kC_{\text{ozônio}}^2, \quad k = 0,05\frac{\ell}{\text{mol} \cdot \text{s}}$$

Qual é a capacidade necessária do reator para decompor 50% de ozônio? Este problema é uma modificação de um problema dado por Capítulo 5

5.18 Uma alimentação aquosa, contendo A (1 mol/ℓ), entra em um reator pistonado de 2 litros e reage da seguinte forma:

$$2A \rightarrow R \qquad -r_A = 0,05\ C_A^2\ \text{mol}/\ell\cdot\text{s}$$

Encontre a concentração de saída de A, se a taxa de alimentação for de 0,5 ℓ/min.

5.19 Gás puro A, aproximadamente à pressão de 3 atm e 30°C (120 mmols/ℓ) é alimentado em um reator de mistura perfeita de 1 litro, a várias taxas, onde se decompõe. A concentração de saída de A é medida para cada taxa de escoamento. A partir dos dados abaixo, encontre a equação de taxa que representa a cinética de decomposição de A. Considere que somente o reagente A afeta a taxa.

v_0, ℓ/min	0,06	0,48	1,5	8,1	
C_A, mmol/ℓ	30	60	80	105	A → 3R

5.20 Um reator de mistura perfeita está sendo usado para determinar a cinética de uma reação, cuja estequiometria é A → R. Para esta finalidade, várias vazões volumétricas de uma solução aquosa de 100 mmols de A/ℓ são alimentadas no reator de 1 litro. A concentração de saída de A é medida para cada corrida. Encontre a taxa de reação que representa os dados abaixo. Considere também que somente o reagente A afeta a taxa.

v, ℓ/min	1	6	24
C_A, mmol/ℓ	4	20	50

5.21 Estamos planejando operar um reator em batelada para converter A em R. Esta é uma reação em fase líquida, com estequiometria A → R e taxa de reação dada pela Tabela P5.21. Quanto tempo devemos reagir cada batelada para que a concentração caia de C_{A0} = 1,3 mol/ℓ para C_{Af} = 0,3 mol/ℓ?

96 *Capítulo 5 — Reatores Ideais para Reações Simples*

Tabela P5.21

C_A, mol/ℓ	$-r_A$, mol/ℓ·min
0,1	0,1
0,2	0,3
0,3	0,5
0,4	0,6
0,5	0,5
0,6	0,25
0,7	0,10
0,8	0,06
1,0	0,05
1,3	0,045
2,0	0,042

5.22 Para a reação do Problema 5.21, qual seria a capacidade necessária do reator pistonado para converter 80% de uma corrente de alimentação de 1.000 mmols de A/h, se $C_{A0} = 1,5$ mol/ℓ?

5.23 (a) Para a reação do Problema 5.21, qual seria a capacidade necessária do reator de mistura perfeita para converter 75% de uma corrente de alimentação de 1.000 mmols de A/h, se $C_{A0} = 1,2$ mol/ℓ?

(b) Repita o item **(a)**, considerando agora o dobro da taxa de alimentação (2.000 mmols de A/h), se $C_{A0} = 1,2$ mol/ℓ.

(c) Repita o item **(a)**, considerando agora que $C_{A0} = 2,4$ mols/ℓ; entretando, 1.000 mmols de A/h ainda devem ser tratados de forma a se obter $C_{Af} = 0,3$ mol/ℓ.

5.24 Um hidrocarboneto gasoso A, de alto peso molecular, é alimentado continuamente em um reator de mistura perfeita aquecido a alta temperatura, onde ele é craqueado termicamente (reação gasosa homogênea), resultando em materiais com menores pesos moleculares, coletivamente chamados R. A estequiometria aproximada é dada por A → 5R. Variando a taxa de alimentação, várias extensões do craqueamento são obtidas:

F_{A0}, milimoℓ/h	300	1000	3000	5000
$C_{A, saída}$, milimol/ℓ	16	30	50	60

O volume de vazios internos do reator é $V = 0,1$ l e, na temperatura do reator, a concentração da alimentação é $C_{A0} = 100$ milimols/ℓ. Encontre a equação de taxa que representa a reação de craqueamento.

5.25 A decomposição aquosa de A é estudada em um reator de mistura perfeita experimental. Os resultados da Tabela P5.25 são obtidos em corridas em estado estacionário. Para obter 75% de conversão do reagente com $C_{A0} = 0,8$ mol/ℓ na alimentação, qual deve ser o tempo de retenção em um reator pistonado?

Tabela P5.25

Concentração de A, mol/ℓ		Tempo de retenção, s
Na alimentação	Na corrente de saída	
2,00	0,65	300
2,00	0,92	240
2,00	1,00	250
1,00	0,56	110
1,00	0,37	360
0,48	0,42	24
0,48	0,28	200
0,48	0,20	560

5.26 Repita o problema anterior, porém use o reator de mistura perfeita.

5.27 HOLMES: Você diz que ele foi visto pela última vez tomando conta deste tanque...

GERENTE: Você quer dizer "reator de tanque agitado com transbordamento", Holmes.

HOLMES: Perdoe a minha ignorância no seu jargão técnico, gerente.

GERENTE: Está bem; no entanto, você tem de achá-lo, Holmes. Imbibit era um sujeito esquisito; ele sempre ficava olhando fixamente para o reator, respirando profundamente e lambendo seus lábios, mas ele era o nosso melhor operador. Desde que ele foi embora, a nossa conversão de googliox caiu de 80% para 75%.

HOLMES: (*batendo no lado da cuba*): A propósito, o que está acontecendo no tanque?

GERENTE: Somente uma reação elementar de segunda ordem, entre o etanol e o googliox, se você entende o que eu falo. Naturalmente, nós mantemos um grande excesso de álcool, cerca de 100 para 1 e...

HOLMES: (*interrompendo*): Intrigante; nós checamos cada direção possível da cidade e não encontramos uma simples pista.

GERENTE: (*enxugando as lágrimas*): Nós daremos um aumento ao sujeito — cerca de dois centavos por semana — somente se ele voltar.

Dr. WATSON: Perdão, mas permite-me fazer uma pergunta?

HOLMES: Certamente, Watson.

WATSON: Qual é a capacidade do tanque, gerente?

GERENTE: Cem galões Imperiais e sempre o mantemos cheio até a borda. Esta é a razão pela qual o chamamos de reator de transbordamento. Como você vê, nós o estamos operando na capacidade máxima — operação lucrativa, você sabe.

HOLMES: Bem, meu caro Watson, temos de admitir que estamos diante de um problema difícil, uma vez que não temos pistas conclusivas.

WATSON: Ah, aí é que você está errado, Holmes. (*Então, virando-se para o gerente*): Imbibit era uma pessoa grandalhona — cerca de 115 kg, não era?

GERENTE: Sim, como você sabia?

HOLMES (*com espanto*): Surpreendente, meu caro Watson!

WATSON (*modestamente*): Isto é bem elementar, Holmes. Nós temos todas as pistas necessárias para deduzir o que aconteceu com o alegre companheiro. Mas, antes de mais nada, alguém poderia me arrumar fumo para cachimbo?

Com Sherlock Holmes e o gerente impacientemente esperando, o Dr. Watson se encostou sobre o tanque e lenta e cuidadosamente encheu seu cachimbo e — com um aguçado senso de dramaticidade — acendeu-o. Aqui, termina nossa história.

(a) Que importante revelação Watson estava planejando fazer e como ele chegou a esta conclusão?

(b) Por que ele nunca fez a revelação?

5.28 Os dados da Tabela P5.28 foram obtidos a partir da decomposição do reagente gasoso A, em um reator em batelada, à temperatura de 100°C e com volume constante. A estequiometria da reação é $2A \rightarrow R + S$. Que capacidade de reator pistonado (em litros), operando à temperatura de 100°C e 1 atm, pode tratar 100 mols de A/h de modo a se obter uma conversão de 95% de A, se a alimentação consistir em 20% de inertes?

98 *Capítulo 5 — Reatores Ideais para Reações Simples*

Tabela P5.28

t, s	p_A, atm	t, s	p_A, atm
0	1,00	140	0,25
20	0,80	200	0,14
40	0,68	260	0,08
60	0,56	330	0,04
80	0,45	420	0,02
100	0,37		

5.29 Repita o problema anterior para o caso de um reator de mistura perfeita.

5.30 A decomposição aquosa de A produz R, como segue:

$$A \rightleftarrows R$$

Os seguintes resultados são obtidos em uma série de corridas em estado estacionário. Em todas elas, não havia R na corrente de entrada.

Tempo espacial, τ, s	C_{A0}, na alimentação, mol/ℓ	C_{Af}, na corrente de saída, mol/ℓ
50	2,0	1,00
16	1,2	0,80
60	2,0	0,65
22	1,0	0,56
4,80	0,48	0,42
72	1,00	0,37
40	0,48	0,28
112	0,48	0,20

A partir desta informação cinética, encontre a capacidade necessária do reator para atingir 75% de conversão, se a corrente de entrada tiver $C_{A0} = 0,8$ mol/ℓ e $v = 1$ ℓ/s. Considere os seguintes reatores:

(a) pistonado;
(b) mistura perfeita

CAPÍTULO 6
Projeto para Reações Simples

Há muitas maneiras de processar um fluido: em um único reator descontínuo (batelada) ou contínuo; em uma série de reatores, possivelmente com alimentação por injeção ou aquecimento, ambos entre os estágios; em um reator com reciclo da corrente do produto, usando várias condições e razões de alimentação, etc. Qual esquema devemos usar? Infelizmente, muitos fatores podem ser considerados para responder esta questão; por exemplo, o tipo de reação, a escala planejada de produção, o custo do equipamento e de operação, a segurança, a estabilidade e a flexibilidade de operação, a expectativa de vida do equipamento, o tempo necessário para produzir o produto, a facilidade de adaptação do equipamento a novas condições operacionais ou a novos e diferentes processos. Com a ampla variedade de sistemas disponíveis e com os muitos fatores a serem considerados, não se pode esperar uma fórmula simples que forneça o procedimento ótimo. A experiência, o bom senso em engenharia e o conhecimento fundamentado das características dos vários sistemas de reatores são necessários para selecionar um projeto razoavelmente bom e, nem precisa dizer, a escolha em última análise será ditada pela avaliação econômica do processo global.

O sistema selecionado de reatores influenciará a análise econômica do processo, ditando a capacidade necessária das unidades e fixando a razão de produtos formados. O primeiro fator, capacidade do reator, pode variar centenas de vezes entre os projetos competidores, enquanto o segundo fator, distribuição de produtos, é geralmente considerado prioritário, uma vez que ele pode ser variado e controlado.

Neste capítulo, nós lidamos com *reações simples*, cujo progresso pode ser descrito e acompanhado adequadamente, usando uma e somente uma expressão para taxa, acoplada com as expressões necessárias de equilíbrio e estequiométrica. Para tais reações, a distribuição de produtos é fixa; conseqüentemente, a capacidade do reator é o fator importante na comparação dos projetos. Nós consideraremos, por partes, a comparação de capacidades entre vários sistemas simples e múltiplos de reatores ideais. Então, introduziremos o reator com reciclo e desenvolveremos suas equações de desempenho. Finalmente, trataremos um tipo muito especial de equação, a reação autocatalítica, e mostraremos como aplicar nossos conhecimentos a este caso.

O projeto para reações múltiplas, para o qual a consideração básica é a distribuição de produtos, será tratado nos próximos dois capítulos.

100 *Capítulo 6 — Projeto para Reações Simples*

6.1 COMPARAÇÃO DE CAPACIDADES DE REATORES SIMPLES

Reator em Batelada

Antes de compararmos reatores contínuos, vamos mencionar brevemente o reator descontínuo. O reator em batelada tem a vantagem de apresentar baixo custo de instrumentação e flexibilidade de operação (pode ser desligado fácil e rapidamente), mas tem a desvantagem de possuir alto custo operacional e de mão-de-obra, requerendo freqüentemente um considerável tempo para esvaziar, limpar e encher novamente; o controle de qualidade do produto é deficiente. Logo, podemos generalizar e estabelecer que o reator em batelada é bem adequado para produzir pequenas quantidades de material e para produzir muitos produtos diferentes a partir de um único equipamento. Por outro lado, para o tratamento químico de materiais em larga escala, o processo contínuo é quase sempre mais econômico.

Em relação a capacidades de reatores, uma comparação das Eqs. (5.4) e (5.19), para uma dada tarefa e para $\varepsilon_A = 0$, mostra que um elemento de fluido reage no mesmo intervalo de tempo, em um reator em batelada e pistonado. Assim, um mesmo volume destes reatores é necessário para fazer uma dada tarefa. Naturalmente, para períodos longos de produção, temos de corrigir a capacidade requerida estimada, de modo a considerar o tempo de parada entre as bateladas. É fácil relacionar as capacidades entre os reatores em batelada e pistonado.

Reatores de Mistura Perfeita *versus* Reatores Pistonados — Reações de Primeira e Segunda Ordens

Para uma determinada tarefa, a razão de capacidades entre o reator de mistura perfeita e o pistonado dependerá do grau de avanço (extensão de reação), da estequiometria e da forma da equação de taxa. Para o caso geral, uma comparação das Eqs. (5.11) e (5.17) dará esta razão de capacidades. Vamos fazer esta comparação para a grande classe de reações aproximadas pela lei simples de taxa de ordem n:

$$-r_A = -\frac{1}{V}\frac{dN_A}{dt} = kC_A^n$$

onde n varia de zero a três. Para reatores de mistura perfeita, a Eq. (5.1) fornece:

$$\tau_m = \left(\frac{C_{A0}V}{F_{A0}}\right)_m = \frac{C_{A0}X_A}{-r_A} = \frac{1}{kC_{A0}^{n-1}}\frac{X_A(1+\varepsilon_A X_A)^n}{(1-X_A)^n}$$

enquanto que para reatores pistonados, a Eq. (5.17) dá:

$$\tau_p = \left(\frac{C_{A0}V}{F_{A0}}\right)_p = C_{A0}\int_0^{X_A}\frac{dX_A}{-r_A} = \frac{1}{kC_{A0}^{n-1}}\int_0^{X_A}\frac{(1+\varepsilon_A X_A)^n\,dX_A}{(1-X_A)^n}$$

Dividindo, nós encontramos que:

$$\frac{(\tau C_{A0}^{n-1})_m}{(\tau C_{A0}^{n-1})_p} = \frac{\left(\dfrac{C_{A0}^n V}{F_{A0}}\right)_m}{\left(\dfrac{C_{A0}^n V}{F_{A0}}\right)_p} = \frac{\left[X_A\left(\dfrac{1+\varepsilon_A X_A}{1-X_A}\right)^n\right]_m}{\left[\displaystyle\int_0^{X_A}\left(\dfrac{1+\varepsilon_A X_A}{1-X_A}\right)^n dX_A\right]_p} \qquad \textbf{(1)}$$

Resolvendo a integral da Eq. (1) e considerando a densidade constante ou $\varepsilon_A = 0$, temos:

$$\frac{(\tau C_{A0}^{n-1})_m}{(\tau C_{A0}^{n-1})_p} = \frac{\left[\dfrac{X_A}{(1-X_A)^n}\right]_m}{\left[\dfrac{(1-X_A)^{1-n}-1}{n-1}\right]_p}, \quad n \neq 1$$

ou
$$\frac{(\tau C_{A0}^{n-1})_m}{(\tau C_{A0}^{n-1})_p} = \frac{\left(\dfrac{X_A}{1-X_A}\right)_m}{-\ln(1-X_A)_p}, \quad n = 1 \tag{2}$$

As Eqs. (1) e (2) são colocadas na forma gráfica, Fig. 6.1, de modo a fornecer uma rápida comparação do desempenho dos reatores pistonado e de mistura perfeita. Para valores iguais da composição de alimentação, C_{A0}, e da taxa de escoamento, F_{A0}, a ordenada desta figura fornece diretamente a razão de volumes requeridos para qualquer conversão especificada. A Fig. 6.1 mostra o seguinte:

1. Para qualquer tarefa particular e para todas as ordens positivas de reação, o reator de mistura perfeita é sempre maior que o reator pistonado. A razão de volumes aumenta com a ordem de reação.

2. Quando a conversão é pequena, o desempenho do reator é só levemente afetado pelo tipo de escoamento. A razão de desempenhos aumenta muito rapidamente a altas conversões; conseqüentemente, uma representação apropriada do escoamento se torna muito importante nesta faixa de conversão.

Figura 6.1 — Comparação do desempenho de reatores de mistura perfeita e pistonado, para reações de ordem n

A → produtos, $-r_A = k C_A^n$

A ordenada se torna a razão de volumes V_m/V_p ou razão de tempos espaciais τ_m/τ_p, se as mesmas quantidades de uma mesma alimentação forem consideradas

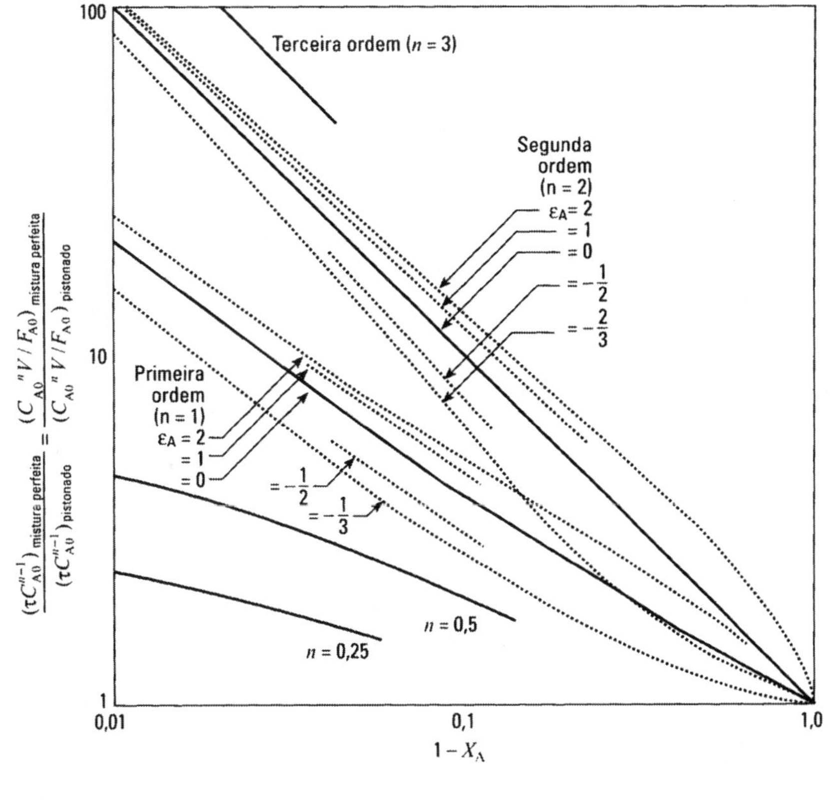

3. A variação de densidade durante a reação afeta o projeto; entretanto, ela é normalmente de importância secundária quando comparada com a diferença no tipo de escoamento.

As Figs. 6.5 e 6.6 mostram curvas similares de primeira e segunda ordens, respectivamente, para $\varepsilon_A = 0$, incluindo também linhas pontilhadas que representam valores fixos dos grupos adimensionais de taxa de reação, definidos como:

$k\tau$ para reação de primeira ordem,

$kC_{A0}\tau$ para reação de segunda ordem.

Com estas linhas, nós podemos comparar diferentes tipos e tamanhos de reatores e diferentes níveis de conversão. O Exemplo 6.1 ilustra o uso desses gráficos.

Variação da Razão de Reagentes para Reações de Segunda Ordem

As reações de segunda ordem entre dois componentes do tipo:

$$A + B \rightarrow \text{produtos}, \quad M = C_{B0}/C_{A0}$$
$$-r_A = -r_B = kC_A C_B \tag{3.13}$$

comportam-se como reações de segunda ordem de um componente, quando a relação de reagentes for igual à unidade. Assim:

$$-r_A = kC_A C_B = kC_A^2 \quad \text{quando} \quad M = 1 \tag{3}$$

Por outro lado, quando um grande excesso do reagente B for usado, então sua concentração não variará de forma apreciável. ($C_B \cong C_{B0}$) e a reação se aproximará do comportamento de primeira ordem com relação ao componente limitante A; ou seja:

$$-r_A = kC_A C_B = (kC_{B0})C_A = k'C_A \quad \text{quando} \quad M \gg 1 \tag{4}$$

Desta forma, na Fig. 6.1, em termos do componente limitante A, a razão das capacidades dos reatores de mistura perfeita e pistonado é representada pela região entre as curvas de primeira e segunda ordens.

Comparação Gráfica Geral

Para reações com taxas arbitrárias porém conhecidas, as capacidades de desempenho dos reatores de mistura perfeita e pistonado são melhor ilustradas na Fig. 6.2. A razão das áreas sombreada e hachurada fornece a razão de tempos espaciais necessários nestes dois reatores.

A curva de taxa desenhada na Fig. 6.2 é típica da grande classe de reações, cuja taxa diminui continuamente na proximidade do equilíbrio (isto inclui todas as reações de ordem $n, n > 0$). Para tais reações, pode ser visto que o escoamento com mistura perfeita sempre necessita um volume maior que o escoamento pistonado, para qualquer tarefa dada.

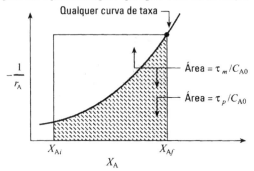

Figura 6.2 — Comparação do desempenho dos reatores de mistura perfeita e pistonado para qualquer cinética de reação

6.2 SISTEMAS DE REATORES MÚLTIPLOS

Reatores Pistonados em Série e/ou em Paralelo

Considere N reatores pistonados conectados em série e faça $X_1, X_2, \ldots, X_N$ ser a fração de conversão do componente A saindo dos reatores 1, 2, ..., N. Se o balanço de material for baseado na taxa de alimentação de A no primeiro reator, a partir da Eq. (5.18) nós encontraremos para o i-ésimo reator:

$$\frac{V_i}{F_0} = \int_{X_{i-1}}^{X_i} \frac{dX}{-r}$$

ou para N reatores em série:

$$\frac{V}{F_0} = \sum_{i=1}^{N} \frac{V_i}{F_0} = \frac{V_1 + V_2 + \cdots + V_N}{F_0}$$

$$= \int_{X_0=0}^{X_1} \frac{dX}{-r} + \int_{X_1}^{X_2} \frac{dX}{-r} + \cdots + \int_{X_{N-1}}^{X_N} \frac{dX}{-r} = \int_0^{X_N} \frac{dX}{-r}$$

Logo, N reatores pistonados em série com um volume total V fornecem a mesma conversão que um único reator pistonado de volume V.

Para se obter uma conexão ótima de reatores pistonados ligados em paralelo ou em qualquer combinação série-paralelo, podemos tratar o sistema inteiro como um único reator pistonado. O volume deste único reator será igual ao volume total das unidades individuais, se a alimentação for distribuída de tal maneira que correntes fluidas que se encontram tiverem a mesma composição. Assim, para reatores em paralelo, V/F ou τ têm de ser os mesmos para cada linha paralela. Qualquer outra maneira de alimentação é menos eficiente.

EXEMPLO 6.1 OPERANDO UM NÚMERO DE REATORES PISTONADOS

A disposição de reatores mostrada na Fig. E6.1 consiste em três reatores pistonados em duas linhas paralelas. A linha D tem um reator de volume 50 litros, seguida por um reator de volume igual a 30 litros. A linha E tem um reator de volume 40 litros. Qual é a fração de alimentação que deve ir para a linha D?

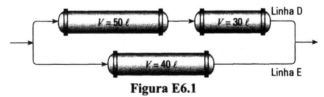

Figura E6.1

SOLUÇÃO

A linha D consiste em dois reatores em série; conseqüentemente, podemos considerar um único reator de volume:

$$V_D = 50 + 30 = 80\ \ell$$

Para reatores em paralelo, V/F deverá ser idêntico, se a conversão for a mesma em cada linha. Conseqüentemente:

$$\left(\frac{V}{F}\right)_D = \left(\frac{V}{F}\right)_E \quad \text{ou} \quad \frac{F_D}{F_E} = \frac{V_D}{V_E} = \frac{80}{40} = \underline{\underline{2}}$$

Logo, 2 / 3 da alimentação devem ser alimentadas na linha D.

Figura 6.3 — Perfil de concentração, através do sistema de N reatores de mistura perfeita, comparado com um único reator pistonado e com um único reator de mistura perfeita

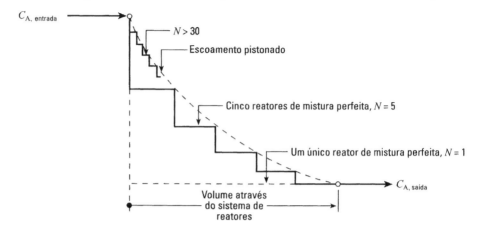

Reatores de Mistura Perfeita em Série, com a Mesma Capacidade

Em escoamento pistonado, a concentração do reagente diminui progressivamente à medida que o fluido atravessa o sistema; em escoamento com mistura perfeita, a concentração cai imediatamente a um valor baixo. Por causa disto, um reator pistonado é mais eficiente que um reator de mistura perfeita para reações cujas taxas aumentam com a concentração do reagente, tais como reações irreversíveis de ordem n, $n > 0$.

Considere um sistema de N reatores de mistura perfeita conectados em série. Embora a concentração seja uniforme em cada reator, há no entanto uma variação na concentração conforme o fluido se move de um reator a outro. A diminuição gradual da concentração, ilustrada na Fig. 6.3, sugere que quanto maior for o número de unidades em série, mais o sistema se comporta como escoamento pistonado, o que será mostrado adiante.

Vamos agora avaliar quantitativamente o comportamento de uma série de N reatores de mistura perfeita com mesma capacidade. Variações na densidade serão consideradas negligenciáveis; conseqüentemente, $\varepsilon_A = 0$ e $\bar{t} = \tau$. Como regra, com reatores de mistura perfeita, é mais conveniente desenvolver as equações necessárias em termos de concentrações do que em termos de frações de conversões; logo, usamos esta abordagem. A nomenclatura usada é mostrada na Fig. 6.4, com o subscrito i referindo-se ao i-ésimo reator.

Reações de Primeira Ordem. A partir da Eq. (5.12), um balanço de material para o componente A no reator i fornece:

$$\tau_i = \frac{C_0 V_i}{F_0} = \frac{V_i}{v} = \frac{C_0(X_i - X_{i-1})}{-r_{Ai}}$$

Figura 6.4 — Notação para um sistema de N reatores de mistura perfeita em série, com mesma capacidade

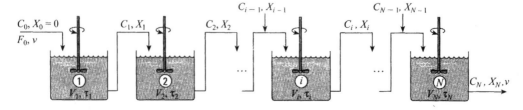

Uma vez que $\varepsilon_A = 0$, isto pode ser escrito em termos de concentrações. Desta forma:

$$\tau_i = \frac{C_0[(1 - C_i/C_0) - (1 - C_{i-1}/C_0)]}{kC_i} = \frac{C_{i-1} - C_i}{kC_i}$$

ou

$$\frac{C_{i-1}}{C_i} = 1 + k\tau_i \tag{5}$$

O tempo espacial τ (ou tempo médio de residência $\bar{t}$) é o mesmo em todos os reatores com mesma capacidade volumétrica V_i. Deste modo:

$$\frac{C_0}{C_N} = \frac{1}{1 - X_N} = \frac{C_0 C_1}{C_1 C_2} \cdots \frac{C_{N-1}}{C_N} = (1 + k\tau_i)^N \tag{6a}$$

Rearranjando, encontramos para o sistema como um todo:

$$\tau_{N\text{ reatores}} = N\tau_i = \frac{N}{k}\left[\left(\frac{C_0}{C_N}\right)^{1/N} - 1\right] \tag{6b}$$

No limite, para $N \to \infty$, esta equação se reduz à equação de escoamento pistonado:

$$\tau_p = \frac{1}{k} \ln \frac{C_0}{C} \tag{7}$$

Com as Eqs. (6b) e (7), podemos comparar o desempenho de N reatores em série com um reator pistonado ou com um único reator de mistura perfeita. Esta comparação é mostrada na Fig. 6.5 para reações de primeira ordem, em que variações de densidade são desprezíveis.

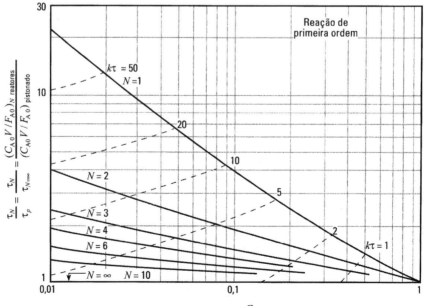

Figura 6.5 — Comparação do desempenho de uma série de N reatores de mistura perfeita de mesma capacidade com um reator pistonado, para reação de primeira ordem
$A \to R$, $\varepsilon_A = 0$
Para a mesma taxa de processamento de uma mesma alimentação, a ordenada mede diretamente a razão de volumes V_N/V_p

Figura 6.6 — Comparação do desempenho de uma série de N reatores de mistura perfeita de mesma capacidade com um reator pistonado, para reações elementares de segunda ordem.
$$2A \rightarrow \text{produtos}$$
$$A + B \rightarrow \text{produtos} \quad C_{A0} = C_{AB}$$
com expansão negligenciável. Para a mesma taxa de processamento de uma mesma alimentação, a ordenada mede diretamente a razão de volumes V_N/V_p ou a razão de tempos espaciais τ_N/τ_p

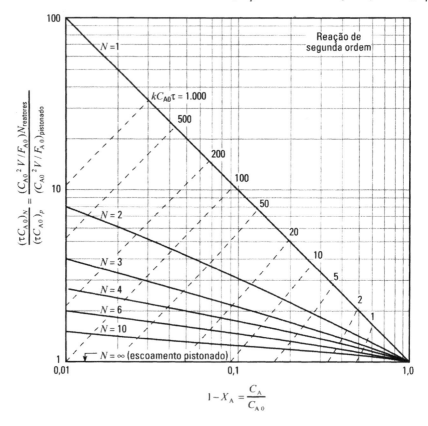

Reações de Segunda Ordem. Podemos avaliar o desempenho de uma série de reatores de mistura perfeita para uma reação de segunda ordem, do tipo bimolecular, sem excesso de qualquer reagente, por um procedimento similar àquele utilizado na reação de primeira ordem. Assim, para N reatores em série, encontramos:

$$C_N = \frac{1}{4k\tau_i}\left(-2 + 2\sqrt{\overset{\vdots \}N}{-1 \cdots + 2\sqrt{-1 + 2\sqrt{1 + 4C_0 k\tau_i}}}}\right) \tag{8a}$$

enquanto para escoamento pistonado:

$$\frac{C_0}{C} = 1 + C_0 k \tau_p \tag{8b}$$

Uma comparação do desempenho destes reatores é mostrada na Fig. 6.6.

As Figs. 6.5 e 6.6 confirmam nossa intuição, mostrando que o volume requerido do sistema para uma dada conversão diminui até se atingir o volume de um reator pistonado, à medida que o número de reatores em série aumenta, onde a maior variação ocorre com a adição de um segundo reator em um sistema com apenas um reator.

EXEMPLO 6.2 REATORES DE MISTURA PERFEITA EM SÉRIE

Em um único reator de mistura perfeita, 90% de um reagente A são convertidos a produto por meio de uma reação de segunda ordem. Pretendemos colocar um segundo reator em série com o primeiro. Os dois reatores são similares.

(a) Para a mesma taxa de tratamento que está sendo usada no momento, de que modo a adição do novo reator afetará a conversão do reagente?

(b) Para os mesmos 90% de conversão, de quanto a taxa de tratamento pode ser aumentada?

SOLUÇÃO

O esquema da Fig. E6.2 mostra como o gráfico de desempenho da Fig. 6.6 pode ser usado para ajudar a resolver este problema.

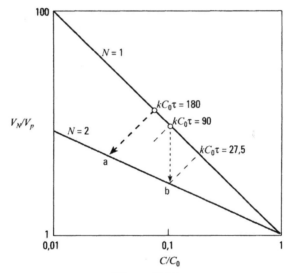

Figura E6.2

(a) *Encontre a conversão para a mesma taxa de tratamento.* Para um único reator com 90% de conversão, da Fig. 6.6 nós temos:

$$kC_0\tau = 90$$

Para os dois reatores, o tempo espacial ou tempo de retenção é dobrado; conseqüentemente, a operação será representada pela linha pontilhada da Fig. 6.6, onde:

$$kC_0\tau = 180$$

Esta linha corta a linha de $N = 2$ na conversão de $\underline{X = 97,4\%}$, ponto a.

(b) *Encontre a taxa de tratamento para a mesma conversão.* Permanecendo na linha de 90% de conversão, para $N = 2$ encontramos que:

$$kC_0\tau = 27,5, \quad \text{ponto } b$$

Comparando o valor do grupo de taxa de reação $(kC_0\tau)$ para $N = 1$ e $N = 2$, nós achamos:

$$\frac{(kC_0\tau)_{N=2}}{(kC_0\tau)_{N=1}} = \frac{\tau_{N=2}}{\tau_{N=1}} = \frac{(V/v)_{N=2}}{(V/v)_{N=1}} = \frac{27,5}{90}$$

Uma vez que $V_N = 2 = 2V_N = 1$, a razão de taxas de escoamento se torna:

$$\frac{v_{N=1}}{v_{N=1}} = \frac{90}{27,5}(2) = 6,6$$

Assim, a taxa de tratamento pode ser aumentada até 6,6 vezes em relação à original.

Nota: Se o segundo reator tivesse sido operado em paralelo com a unidade original, então a taxa de tratamento poderia ser somente dobrada. Logo, há uma vantagem definida em operar estas duas unidades em série. Essa vantagem se torna mais pronunciada em conversões maiores.

Reatores de Mistura Perfeita em Série, com Capacidades Diferentes

Para cinética arbitrária em reatores de mistura perfeita com capacidades diferentes, dois tipos de perguntas podem ser formuladas: como encontrar a conversão de saída a partir de um dado sistema de reatores e, a pergunta inversa, como achar o melhor arranjo de modo a atingir uma dada conversão. Procedimentos diferentes são usados para estes dois problemas, que serão tratados um de cada vez.

Encontrando a Conversão em um Dado Sistema. Jones (1951) apresentou um procedimento gráfico para encontrar a composição de saída de uma série de reatores de mistura perfeita com várias capacidades, para reações com variação desprezível de densidade. Tudo que se precisa é uma curva de *r* versus *C* para o componente A, de modo a representar a taxa de reação em várias concentrações.

Vamos ilustrar o uso desse método, considerando três reatores de mistura perfeita em série, com volumes, taxas de alimentação, concentrações, tempos espaciais (iguais aos tempos de residência, pois $\varepsilon_A = 0$) e vazões volumétricas mostrados na Fig. 6.7. A partir da Eq. (5.11) e notando que $\varepsilon_A = 0$, podemos escrever para o componente A no primeiro reator:

$$\tau_1 = \bar{t}_1 = \frac{V_1}{v} = \frac{C_0 - C_1}{(-r)_1}$$

ou

$$-\frac{1}{\tau_1} = \frac{(-r)_1}{C_1 - C_0} \tag{9}$$

Similarmente, da Eq. (5.12) para o *i*-ésimo reator, nós podemos escrever:

$$-\frac{1}{\tau_i} = \frac{(-r)_i}{C_i - C_{i-1}} \tag{10}$$

Faça um gráfico contendo a curva de *C* em função de *r* para o componente A e suponha que seja como aquela mostrada na Fig. 6.8. Para achar as condições no primeiro reator, note que a concentração de

Figura 6.7 — Notação para uma série de reatores de mistura perfeita com capacidades diferentes

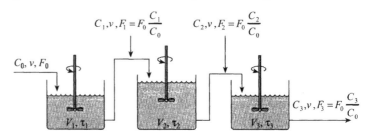

Figura 6.8 — Procedimento gráfico para encontrar as composições nos reatores de mistura perfeita em série

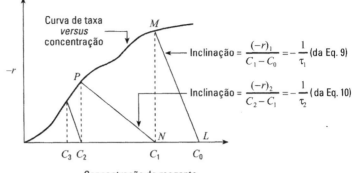

entrada C_0 é conhecida (ponto L), que C_1 e $(-r)_1$ correspondem a um ponto na curva a ser determinado (ponto M) e que a inclinação da linha é $LM = MN/NL = (-r)_1/(C_1 - C_0) = -(1/\tau_1)$, da Eq. (6.9). Conseqüentemente, a partir de C_0, desenhe uma linha de inclinação $-(1/\tau_1)$ até que ela encontre a curva da taxa; isto fornece C^1. De forma análoga, encontramos, da Eq. (6.10), que uma linha de inclinação $-(1/\tau_2)$, a partir do ponto N, corta a curva em P, fornecendo a concentração C_2 de material deixando o segundo reator. Este procedimento é então repetido tantas vezes quantas forem necessárias.

Com pouca modificação, esse método gráfico pode ser estendido para reações em que variações na densidade sejam apreciáveis.

Determinando o Melhor Sistema para uma Dada Conversão. Suponha que nós queiramos encontrar a capacidade mínima de dois reatores de mistura perfeita em série, de modo a atingir uma conversão especificada de uma alimentação que reage com uma cinética arbitrária, porém conhecida. As expressões básicas de desempenho, Eqs. (5.11) e (5.12), fornecem então para o primeiro reator:

$$\frac{\tau_1}{C_0} = \frac{X_1}{(-r)_1} \qquad (11)$$

e para o segundo reator:

$$\frac{\tau_2}{C_0} = \frac{X_2 - X_1}{(-r)_2} \qquad (12)$$

Estas relações estão dispostas na Figura 6.9 para dois arranjos alternativos de reatores, ambos dando a mesma conversão final X_2. Note que à medida que a conversão intermediária X_1 varia, a razão de capacidades das unidades (representada pelas duas áreas sombreadas) e o volume total dos dois reatores requeridos (a área sombreada total) variam.

A Fig. 6.9 mostra que o volume total do reator será o menor possível (área sombreada total é minimizada) quando o retângulo $KLMN$ for o maior possível. Isto nos traz o problema de escolher X_1 (ou ponto M na curva) de modo a maximizar a área deste retângulo. Considere o problema geral a seguir.

Maximização de Retângulos. Na Fig. 6.10, construa um retângulo entre os eixos x-y e toque a curva arbitrária no ponto $M(x, y)$. A área do retângulo é então:

$$A = xy \qquad (13)$$

Esta área é maximizada quando:

$$dA = 0 = y\, dx + x\, dy$$

Figura 6.9 — Representação gráfica das variáveis para dois reatores de mistura perfeita em série

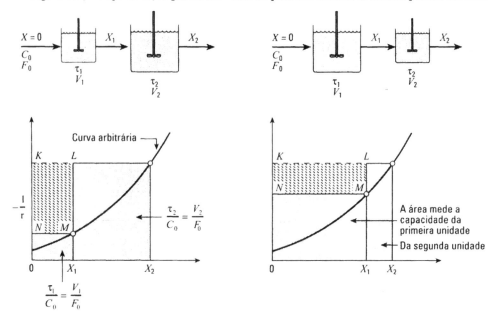

ou quando:
$$-\frac{dy}{dx} = \frac{y}{x} \qquad (14)$$

Em outras palavras, esta condição significa que a área será maximizada quando M estiver no ponto onde a inclinação da curva for igual à inclinação da diagonal NL do retângulo. Dependendo da forma da curva, pode haver mais de um ou pode haver nenhum ponto "melhor". Entretanto, para cinética de ordem n, $n > 0$, há sempre um ponto "melhor".

Usaremos esse método de maximizar um retângulo em capítulos posteriores. Mas, vamos retornar ao nosso problema.

A razão ótima das capacidades dos dois reatores é alcançada onde a inclinação da curva de taxa em M igualar a diagonal NL. O melhor valor de M é mostrado na Fig. 6.11 e ele determina a conversão intermediária X_1, assim como a capacidade das unidades necessárias.

Figura 6.10 — Procedimento gráfico para maximizar a área de um retângulo

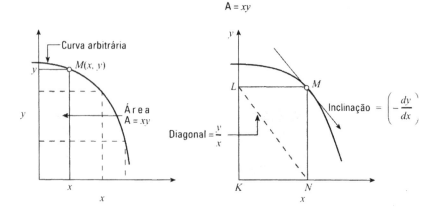

Figura 6.11 — Maximização de retângulos, aplicada para encontrar a conversão intermediária ótima e capacidades ótimas de dois reatores de mistura perfeita em série

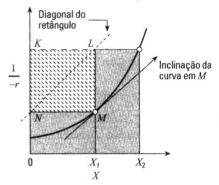

A razão ótima das capacidades para dois reatores de mistura perfeita em série é em geral dependente da cinética de reação e do nível de conversão. Para o caso especial de reações de primeira ordem, reatores com mesmas capacidades são melhores; para ordens de reação $n > 1$, o menor reator deve vir antes; para $n < 1$, o maior reator deve vir antes (veja o Problema 6.3). No entanto, Szepe e Levenspiel (1964) mostram que a vantagem do sistema de menor capacidade sobre o sistema com mesma capacidade é bem pequena, somente alguns pontos percentuais, no máximo. Logo, a consideração econômica global recomendaria usar quase sempre unidades com a mesma capacidade.

Esse procedimento pode ser estendido diretamente para operações multiestágios; contudo, o argumento, neste caso, para utilizar unidades com mesma capacidade é ainda mais forte que para sistemas com dois estágios.

Reatores de Diferentes Tipos em Série

Se reatores de diferentes tipos forem colocados em série, tal como um reator de mistura perfeita seguido por um reator pistonado, seguido por sua vez por um outro reator de mistura perfeita, poderemos escrever para os três reatores:

$$\frac{V_1}{F_0} = \frac{X_1 - X_0}{(-r)_1}, \quad \frac{V_2}{F_0} = \int_{X_1}^{X_2} \frac{dX}{-r}, \quad \frac{V_3}{F_0} = \frac{X_3 - X_2}{(-r)_3}$$

Essas relações são representadas em forma gráfica na Fig. 6.12, permitindo-nos predizer as conversões globais para tais sistemas, ou conversões em pontos intermediários entre os reatores individuais. Essas conversões intermediárias podem ser necessárias para a determinação da demanda de trocadores de calor entre estágios.

Figura 6.12 — Procedimento gráfico para o projeto de reatores em série

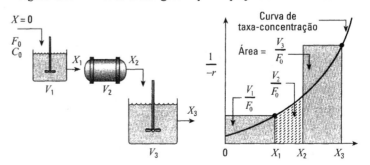

112 *Capítulo 6 — Projeto para Reações Simples*

Melhor Arranjo de uma Série de Reatores Ideais. Para o uso mais efetivo de uma série de reatores ideais, nós dispomos das seguintes regras gerais:

1. Para uma reação cuja curva de taxa-concentração sobe assintoticamente (para qualquer reação de ordem n, $n > 0$), os reatores devem ser conectados em série. Eles devem ser ordenados de modo a manter a concentração do reagente tão alta quanto possível se a curva de taxa-concentração for côncava ($n > 1$) e tão baixa quanto possível se a curva for convexa ($n < 1$). Como um exemplo, para o caso da Fig. 6.12, a ordenação das unidades deve ser: reator pistonado, pequeno reator de mistura perfeita e grande reator de mistura perfeita, para $n > 1$; a ordem inversa deve ser usada quando $n < 1$.

2. Para reações em que a curva de taxa-concentração passa por um mínimo ou máximo, o arranjo das unidades depende da verdadeira forma da curva, do nível desejado de conversão e das unidades disponíveis. Nenhuma regra simples pode ser sugerida.

3. Qualquer que seja a cinética e o sistema de reatores, um exame da curva de $1/(-r_A)$ *versus* C_A é uma boa maneira de encontrar o melhor arranjo das unidades.

Os problemas no final do capítulo ilustram essas regras.

6.3 REATOR COM RECICLO

Em certas situações, é vantajoso dividir a corrente de saída de um reator pistonado e retornar uma parte dela para a corrente de entrada do reator. Definimos a razão de reciclo R como sendo:

$$R = \frac{\text{volume de fluido que retorna à entrada do reator}}{\text{volume que sai do sistema}} \tag{15}$$

Esta razão de reciclo pode variar de zero a infinito. Uma reflexão sugere que à medida que a razão de reciclo for aumentada, o comportamento mudará de reator pistonado ($R = 0$) para reator de mistura perfeita ($R = \infty$). Assim, o reciclo proporciona um meio de se obter vários graus de mistura com um reator pistonado. Vamos desenvolver a equação de desempenho para o reator com reciclo.

Considere um reator com reciclo com nomenclatura conforme mostrado na Fig. 6.13. Através do reator propriamente dito, a Eq. (5.18) para reator pistonado fornece:

$$\frac{V}{F'_{A0}} = \int_{X_{A1}}^{X_{A2}=X_{Af}} \frac{dX_A}{-r_A} \tag{16}$$

onde F'_{A0} seria a taxa de alimentação de A se a corrente de entrada no reator (alimentação nova mais reciclo) não fosse convertida. Uma vez que F'_{A0} e X_{A1} não são conhecidas diretamente, elas têm de ser escritas em termos de quantidades conhecidas, antes que a Eq. (16) possa ser usada. Vamos fazer isto agora.

O escoamento que entra no reator inclui a alimentação nova e a corrente de reciclo. Medindo o escoamento dividido no ponto L (o ponto K não será usado se $\varepsilon_A \neq 0$), nós temos então:

$$F'_{A0} = \begin{pmatrix} \text{A, que entraria em uma corrente} \\ \text{não convertida de reciclo} \end{pmatrix} + \begin{pmatrix} \text{A, que entra na} \\ \text{alimentação nova} \end{pmatrix}$$

$$= RF_{A0} + F_{A0} = (R+1)F_{A0} \tag{17}$$

Para a avaliação de X_{A1}, podemos escrever a partir da Eq. (4.5):

$$X_{A1} = \frac{1 - C_{A1}/C_{A0}}{1 + \varepsilon_A C_{A1}/C_{A0}} \tag{18}$$

Figura 6.13 — Nomenclatura para o reator com reciclo

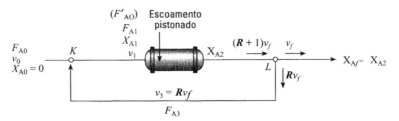

Pelo fato de a pressão ser constante, as correntes que se encontram no ponto K podem ser somadas diretamente, resultando em:

$$C_{A1} = \frac{F_{A1}}{v_1} = \frac{F_{A0} + F_{A3}}{v_0 + Rv_f} = \frac{F_{A0} + RF_{A0}(1 - X_{Af})}{v_0 + Rv_0(1 + \varepsilon_A X_{Af})} = C_{A0}\left(\frac{1 + R - RX_{Af}}{1 + R + R\varepsilon_A X_{Af}}\right) \quad (19)$$

Combinando as Eqs. (18) e (19), temos X_{A1} em termos de quantidades medidas; ou seja:

$$X_{A1} = \left(\frac{R}{R+1}\right) X_{Af} \quad (20)$$

Finalmente, substituindo as Eqs. (17) e (20) na Eq. (16), obtemos uma forma útil da equação de desempenho para reatores com reciclo, boa para qualquer cinética, qualquer valor de ε_A e para $X_{A0} = 0$.

$$\boxed{\frac{V}{F_{A0}} = (R+1) \int_{\frac{R}{R+1} X_{Af}}^{X_{Af}} \frac{dX_A}{-r_A} \cdots \text{qualquer } \varepsilon_A} \quad (21)$$

Para o caso especial em que variações de densidade são desprezíveis, podemos escrever esta equação em termos de concentração; ou seja:

$$\boxed{\tau = \frac{C_{A0} V}{F_{A0}} = -(R+1) \int_{\frac{C_{A0} + RC_{Af}}{R+1}}^{C_{Af}} \frac{dC_A}{-r_A} \cdots \varepsilon_A = 0} \quad (22)$$

Estas expressões estão representadas graficamente na Fig. 6.14.

Para os casos extremos de reciclo desprezível e infinito, o sistema se aproxima do reator pistonado e de mistura perfeita; ou seja:

$$\frac{V}{F_{A0}} (R+1) \int_{\frac{R}{R+1} X_{Af}}^{X_{Af}} \frac{dX_A}{-r_A}$$

$R = 0$ ↓ $R = \infty$ ↓

$$\frac{V}{F_{A0}} \int_A^{X_{Af}} \frac{dX_A}{-r_A} \qquad \frac{V}{F_{A0}} = \frac{dX_{Af}}{-r_{Af}}$$

Escoamento pistonado   Escoamento com mistura perfeita

A abordagem para estes casos extremos é mostrada na Fig. 6.15.

Figura 6.14 — Representação da equação de desempenho para reatores com reciclo

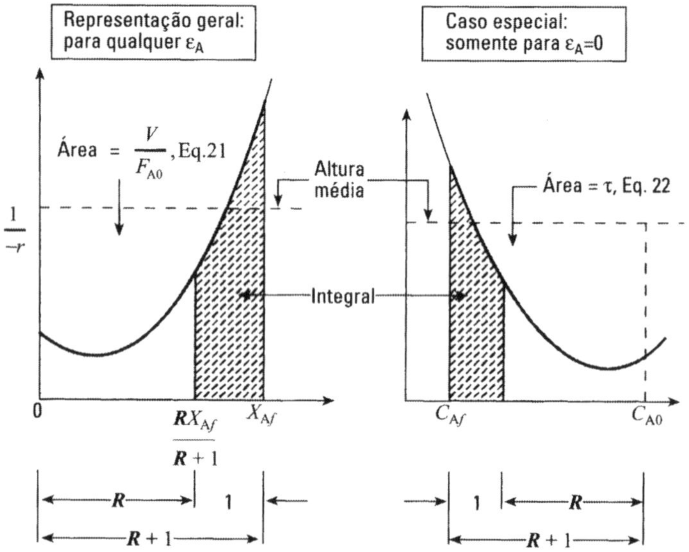

A integração da equação de reciclo dá, para *reação de primeira ordem*, $\varepsilon_A = 0$:

$$\boxed{\frac{k\tau}{R+1} = \ln\left[\frac{C_{A0} + RC_{Af}}{(R+1)C_{Af}}\right]} \quad (23)$$

e para *reação de segunda ordem*, $2A \rightarrow$ produtos, $-r_A = kC_A^2$, $\varepsilon_A = 0$,

$$\boxed{\frac{kC_{A0}\tau}{R+1} = \frac{C_{A0}(C_{A0} - C_{Af})}{C_{Af}(C_{A0} + RC_{Af})}} \quad (24)$$

As expressões para $\varepsilon_A \neq 0$ e para outras ordens de reação podem ser avaliadas, porém são mais trabalhosas.

Figura 6.15 — Casos extremos de reciclo: reator pistonado ($R \rightarrow 0$) e reator de mistura perfeita ($R \rightarrow \infty$)

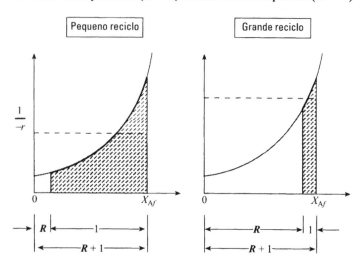

Figura 6.16 — Comparação do desempenho dos reatores pistonados e com reciclo, para reações de primeira ordem

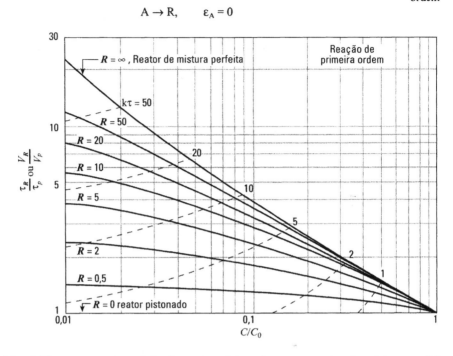

As Figs. 6.16 e 6.17 mostram a transição do reator pistonado para o reator de mistura perfeita quando R aumenta. A coincidência destas curvas com aquelas para N tanques em série (Figs. 6.5 e 6.6) fornece a seguinte comparação aproximada para igual desempenho:

N.º de tanques	R para reação de primeira ordem			R para reação de segunda ordem		
	em $X_A =$ 0,5	0,90	0,99	em $X_A =$ 0,5	0,90	0,99
1	∞	∞	∞	∞	∞	∞
2	1,0	2,2	5,4	1,0	2,8	7,5
3	0,5	1,1	2,1	0,5	1,4	2,9
4	0,33	0,68	1,3	0,33	0,90	1,7
10	0,11	0,22	0,36	0,11	0,29	0,5
∞	0	0	0	0,00	0	0

O reator com reciclo, que é essencialmente um reator pistonado, é uma maneira conveniente de se aproximar de um reator de mistura perfeita. Sua particular utilidade é em reações catalisadas por sólidos em leito fixo. Nós encontraremos esta e outras aplicações de reatores com reciclo nos próximos capítulos.

Figura 6.17 — Comparação do desempenho dos reatores com reciclo com os reatores pistonados, para reações elementares de segunda ordem (Comunicação pessoal, de T. J. Fitzgerald e P. Fillesi)

$$2A \rightarrow \text{produtos}, \quad \varepsilon_A = 0,$$
$$A + B \rightarrow \text{produtos}, \quad C_{A0} = C_{B0} \text{ com } \varepsilon_A = 0$$

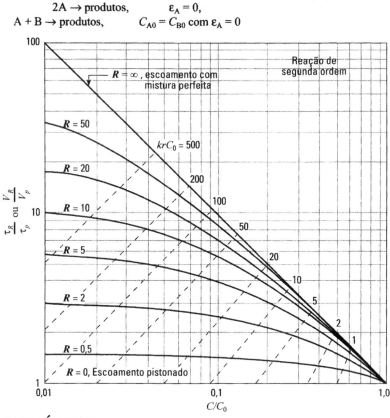

6.4 REAÇÕES AUTOCATALÍTICAS

Quando um material reage por meio de qualquer taxa de ordem n ($n > 0$) em um reator em batelada, sua taxa de consumo é rápida no início quando a concentração do reagente é alta. Essa taxa então diminui progressivamente à medida que o reagente é consumido. Em uma reação autocatalítica, no entanto, a taxa no início é baixa porque uma pequena quantidade de produto está presente; a taxa aumenta até um valor máximo conforme o produto é formado, caindo então novamente a um valor baixo à medida que o reagente é consumido. A Fig. 6.18 mostra uma situação típica.

Figura 6.18 — Curva típica de taxa-concentração para reações autocatalíticas; por exemplo:
$$A + R \rightarrow R + R, \quad -r_A = kC_A^a C_R^r$$

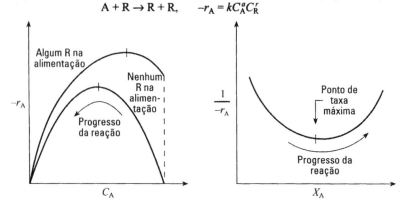

Figura 6.19 — Para reações autocatalíticas, o escoamento com mistura perfeita é mais eficiente a baixas conversões, enquanto que o escoamento pistonado é mais eficiente em altas conversões

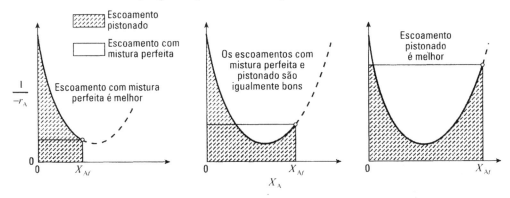

Reações com tais curvas de taxa-concentração levam a problemas interessantes de otimização. Elas também proporcionam uma boa ilustração do método geral de projeto, apresentado neste capítulo. Por estas razões, vamos examinar tais reações com certo detalhamento. Em nossa abordagem, lidamos exclusivamente com suas curvas de $1/(-r_A)$ versus X_A e com seus pontos característicos de mínimo, como apresentado na Fig. 6.18.

Reatores Pistonados *versus* Reatores de Mistura Perfeita, Sem Reciclo. Para qualquer curva particular de taxa-concentração, uma comparação de áreas na Fig. 6.19 mostra qual reator é superior (qual requer um menor volume) para uma dada operação. Deste modo, encontramos:

1. Para baixa conversão, o reator de mistura perfeita é superior ao reator pistonado;
2. Para conversões suficientemente altas, o reator pistonado é superior.

Essas conclusões diferem das reações ordinárias de ordem n ($n > 0$), onde o reator pistonado é sempre mais eficiente que o reator de mistura perfeita. Além disto, devemos notar que o reator pistonado não operará com uma alimentação de reagente puro. Em tal situação, a alimentação tem de ser continuamente preparada com produto, sendo esta uma oportunidade ideal para usar um reator com reciclo.

Operações com Reciclo Ótimo. Quando um material é para ser processado até uma conversão final fixa X_{Af} em um reator com reciclo, uma análise sugere que deve haver uma razão particular de reciclo que seja ótima e capaz de minimizar o volume do reator ou o tempo espacial. Vamos determinar este valor de R.

A *razão ótima de reciclo* é encontrada diferenciando-se a Eq. (21) em relação a R e igualando-a a zero; assim:

$$\text{considere} \quad \frac{d(\tau/C_{A0})}{dR} = 0 \quad \text{para} \quad \frac{\tau}{C_{A0}} = \int_{X_{Af}=\frac{RX_{Af}}{R+1}}^{X_{Af}} \frac{R+1}{(-r_A)} dX_A \qquad (25)$$

Esta operação requer diferenciação sob o sinal de integral. Dos teoremas de cálculo, se

$$F(\mathbf{R}) = \int_{a(\mathbf{R})}^{b(\mathbf{R})} f(x, \mathbf{R}) \, dx \qquad (26)$$

então

$$\frac{dF}{d\mathbf{R}} = \int_{a(\mathbf{R})}^{b(\mathbf{R})} \frac{\partial f(x, \mathbf{R})}{\partial \mathbf{R}} dx + f(b, \mathbf{R}) \frac{db}{d\mathbf{R}} - f(a, \mathbf{R}) \frac{da}{d\mathbf{R}} \qquad (27)$$

Figura 6.20 — Razão correta de reciclo para uma reação autocatalítica, comparada com razões de reciclo que são muito altas ou muito baixas

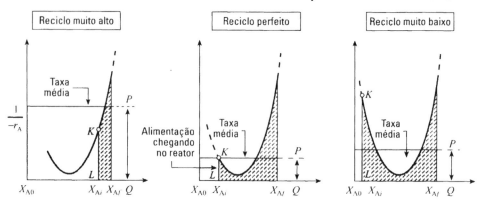

Para o nosso caso, Eq. (25), encontramos então:

$$\frac{d(\tau/C_{A0})}{dR} = 0 = \int_{X_{Ai}}^{X_{Af}} \frac{dX_A}{(-r_A)} + 0 - \frac{R+1}{(-r_A)}\bigg|_{X_{Ai}} \frac{dX_{Ai}}{dR}$$

onde
$$\frac{dX_{Ai}}{dR} = \frac{X_{Af}}{(R+1)^2}$$

Combinando e rearranjando, temos então para o ótimo

$$\boxed{\frac{1}{-r_A}\bigg|_{X_{Ai}} = \frac{\int_{X_{Ai}}^{X_{Af}} \frac{dX_A}{-r_A}}{(X_{Af} - X_{Ai})}} \qquad (28)$$

Em outras palavras, a razão ótima de reciclo é aquela que introduz no reator uma alimentação cujo valor de $1/(-r_A)$ (*KL* na Fig. 6.20) se iguala ao valor médio de $1/(-r_A)$ no reator como um todo (*PQ* na Fig. 6.20). A Fig. 6.20 compara este ótimo com as condições onde o reciclo é muito alto ou muito baixo.

Ocorrência de Reações Autocatalíticas. Os mais importantes exemplos de reações autocatalíticas são a vasta classe de reações fermentativas que resultam da reação de microrganismos em uma alimentação orgânica. Quando elas podem ser tratadas como reações simples, os métodos deste capítulo podem ser aplicados diretamente. Um outro tipo de reação que tem comportamento autocatalítico é a reação exotérmica (isto é, a queima de gás combustível), que ocorre adiabaticamente, com reagentes frios entrando no sistema. Em tal reação, chamada de *autotérmica*, o calor pode ser considerado o produto que mantém a reação. Desta forma, com escoamento pistonado, a reação cessará. Com mistura perfeita, a reação será auto-suficiente porque o calor gerado pela reação pode elevar a temperatura dos reagentes frios até uma temperatura à qual eles reagem. Reações autotérmicas são de grande importância em sistemas de fase gasosa catalisados por sólidos, sendo tratadas posteriormente neste livro.

Figura 6.21 — (*a*) O melhor esquema de reatores múltiplos. (*b*) O melhor esquema quando o reagente não convertido puder ser separado e reciclado

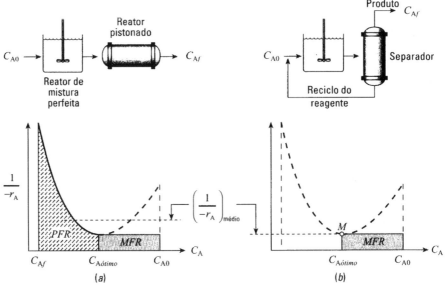

Combinações de Reatores

Para reações autocatalíticas, todos os tipos de arranjos de reatores devem ser considerados, se reciclo de produto ou separação de produto com reciclo forem permitidos. Em geral, para uma curva de taxa-concentração como aquela mostrada na Fig. 6.21, pode-se sempre tentar alcançar o ponto *M* em uma etapa (usando escoamento com mistura perfeita em um único reator), seguida pelo escoamento pistonado ou o mais próximo possível deste tipo de escoamento. Este procedimento é mostrado como área sombreada na Fig. 6.21*a*.

Quando a separação e o reuso de reagente não convertido forem possíveis, opere no ponto *M* (ver Fig. 6.21*b*).

O volume requerido é agora muito pequeno, menor que qualquer das maneiras anteriores de operação. Entretanto, a análise econômica global, incluindo o custo de separação e de reciclo, determinará qual esquema será o ótimo global.

EXEMPLO 6.3 ENCONTRANDO O MELHOR ARRANJO DE REATORES

Na presença de uma enzima específica E, que atua como um catalisador homogêneo, um reagente orgânico contaminante A, presente na água de rejeito industrial, degrada-se em produtos inofensivos. Para uma dada concentração de enzima C_E, testes em um reator de mistura perfeita, escala de laboratório, fornecem os seguintes resultados:

C_{A0}, mmol/m^3	2	5	6	6	11	14	16	24
C_A, mmol/m^3	0,5	3	1	2	6	10	8	4
τ, min	30	1	50	8	4	20	20	4

Desejamos tratar 0,1 m^3/min desta água residual, tendo C_{A0} = 10 mmols/m^3, até 90% de conversão, com a enzima na concentração de C_E.

(a) Uma possibilidade é usar um reator tubular longo (suponha escoamento pistonado) com possibilidade de reciclo do fluido de saída. Que projeto recomendar? Forneça a capacidade do reator, diga se ele deve ser usado com reciclo e se for, determine a taxa de escoamento deste reciclo, em metros cúbicos por minuto (m³/min). Esquematize o seu projeto recomendado.

(b) Uma outra possibilidade é usar um ou dois tanques agitados (considere-os ideais). Qual projeto de dois tanques você recomendaria e quanto ele é melhor em relação ao arranjo com um tanque?

(c) Que arranjo de reatores pistonado e de mistura perfeita você usaria para minimizar o volume total de reatores necessários? Esquematize o seu projeto recomendado e mostre a capacidade das unidades selecionadas. Devemos mencionar que a separação e o reciclo de parte da corrente do produto não são permitidos.

SOLUÇÃO

Primeiro calcule e faça uma tabela de $1/(-r_A)$ para cada CA medido, como mostrado na última linha da Tabela E6.3. Depois, desenhe uma curva de $1/(-r_A)$ versus C_A. Percebemos que a curva tem um formato em "U" (ver Figs. E6.3a, b, c); assim, estamos lidamos com um sistema reacional do tipo autocatalítico.

Tabela E6.3

C_{A0}, mmol/m³	2	5	6	6	11	14	16	24
C_A, mmol/m³	0,5	3	1	2	6	10	8	4
τ, min	30	1	50	8	4	20	20	4
$\dfrac{1}{-r_A} = \dfrac{\tau}{C_{A0}-C_A}, \dfrac{m^3 \cdot min}{mmol}$	20	0,5	10	2	0,8	5	2,5	0,2

Parte (a), Solução. A partir da curva de $1/(-r_A)$ versus C_A, vemos que devemos usar um escoamento pistonado com reciclo. Da Fig. E6.3a, nós encontramos:

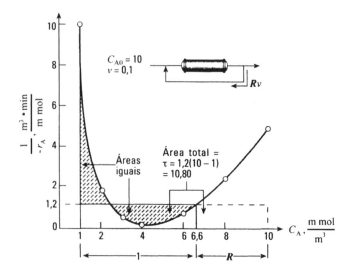

Figura E6.3a — Escoamento pistonado com reciclo

6.3 — Reações Autocatalíticas

$$C_{A\,entrada} = 6,6 \text{ mmols} / m^3$$

$$R = \frac{10 - 6,6}{6,6 - 1} = 0,607$$

$$V = \tau v_0 = \text{área}(v_0) = [(10-1)(1,2)](0,1) = \underline{1,08 \text{ m}^3}$$

$$v_R = v_0 R = 0,1(0,607) = \underline{0,0607 \text{ m}^3 / \text{min}}$$

Parte (b), Solução. Desenhando as inclinações e as diagonais de acordo com o método de maximização de retângulos, nós temos na Fig. E6.3b.

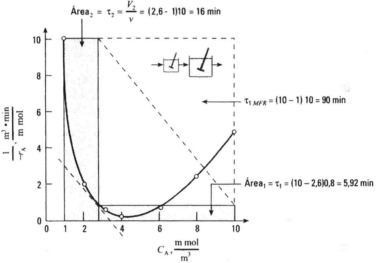

Figura E6.3b — Um e dois reatores de mistura perfeita em série

Para 1 tanque $V = \tau v = 90(0,1) = \underline{9,0 \text{ m}^3}$

Para 2 tanques $\left.\begin{array}{l} V_1 = \tau_1 v = 5,92(0,1) = 0,59 \\ V_2 = \tau_2 v = 16(0,1) = 1,6 \text{ m}^3 \end{array}\right\} V_{total} = \underline{2,19 \text{ m}^3}$

Parte (c), Solução. Seguindo os argumentos deste capítulo, devemos usar um reator de mistura perfeita, seguido de um reator pistonado. Deste modo, pela Fig. E6.3c nós encontramos:

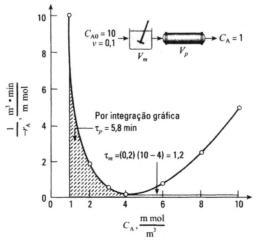

Figura E6.3c — Arranjo com o menor volume

122 *Capítulo 6 — Projeto para Reações Simples*

Para o reator de mistura perfeita (MFR): $V_m = v\tau_m = 0,1(1,2) = 0,12 \text{ m}^3$

Para o reator pistonado (PFR): $V_p = v\tau_p = 0,1(5,8) = 0,58 \text{ m}^3$

$\left. \right\} V_{total} = \underline{\underline{0,7 \text{ m}^3}}$

Observe qual esquema, (a) ou (b) ou (c), fornece a menor capacidade de reatores.

REFERÊNCIAS

Jones, R. W., *Chem. Eng. Progr.*, **47**, 46 (1951).

Szepe S., and O. Levenspiel, *Ind. Eng. Chem. Process Design Develop.*, **3**, 214 (1964).

PROBLEMAS

6.1 Uma corrente de reagente líquido (1 mol/ℓ) passa através de dois reatores de mistura perfeita em série. A concentração de A na saída do primeiro reator é 0,5 mol/ℓ. Encontre a concentração na corrente de saída do segundo reator. A reação é de segunda ordem com relação a A e $V_2/V_1 = 2$.

6.2 Água, contendo uma espécie radiativa de vida curta, escoa continuamente através de um tanque de retenção, com boa mistura. Há tempo para o material radiativo decair até se obter um resíduo inofensivo. A maneira como o reator opera no momento, faz com que a atividade da corrente de saída seja 1/7 daquela da corrente de alimentação. Isto não é ruim, mas gostaríamos de baixar ainda mais esta atividade.

Uma de nossas secretárias sugere que coloquemos um defletor na metade inferior do tanque, de modo a fazer com que o tanque de retenção atue como dois tanques em série, com boa agitação. Você acha que isto vai ajudar? Se não, diga por que; se sim, calcule a atividade esperada da corrente de saída comparada à corrente de entrada.

6.3 Uma corrente aquosa de reagente (4 mols de A/ℓ) passa através de um reator de mistura perfeita, seguido de um reator pistonado. Encontre a concentração na saída do reator pistonado, se no reator de mistura perfeita $C_A = 1$ mol/ℓ. A reação é de segunda ordem com relação a A e o volume da unidade pistonado é três vezes aquele da unidade de mistura perfeita.

6.4 O reagente A (A → R, $C_{A0} = 26$ mols/m^3) escoa continuamente através de quatro reatores em série, com igual capacidade ($\tau_{total} = 2$ min). Quando o regime estacionário for atingido, a concentração de A será 11, 5, 2, 1 mol/m^3 nas quatro unidades. Para esta reação, qual deve ser $\tau_{pistonado}$ de modo a reduzir C_A, de $C_{A0} = 26$ para $C_{Af} = 1$ mol/m^3?

6.5 Originalmente, nós tínhamos planejado baixar a atividade de uma corrente gasosa contendo Xe-138 radiativo (meia-vida = 14 min), passando-a através de dois tanques de retenção em série, ambos com boa agitação e tendo uma capacidade tal que o tempo médio de residência do gás é de 2 semanas em cada tanque. Foi sugerido que troquemos os dois tanques por um longo tubo (considere escoamento pistonado). Qual deve ser a capacidade deste tubo, comparado com aquela dos dois tanques originais? Qual deve ser o tempo médio de residência do gás no tubo, para o mesmo nível de decaimento radiativo?

6.6 À temperatura de 100°C, o gás puro A reage, com a estequiometria 2A → R + S, em um reator em batelada com volume constante, como segue:

t,s	0	20	40	60	80	100	120	140	160
p_A, atm	1,00	0,96	0,80	0,56	0,32	0,18	0,08	0,04	0,02

Qual deve ser a capacidade de um reator pistonado, operando a 100°C e 1 atm, com uma alimentação de 100 mols de A/h e 20% de inertes, de modo a se obter 95% de conversão de A?

6.7 Nós desejamos tratar 10 ℓ/min de uma alimentação líquida contendo 1 mol de A/ℓ, de modo a obter 99% de conversão. A estequiometria e a cinética da reação são dadas por:

$$A \rightarrow R, \quad -r_A = \frac{C_A}{0,2 + C_A} \frac{mol}{\ell \cdot min}$$

Sugira um bom arranjo para fazer isto, usando dois reatores de mistura perfeita e encontre a capacidade necessária das duas unidades. Esquematize o projeto final escolhido.

6.8 A partir de corridas cinéticas em estado estacionário em um reator de mistura perfeita, obtemos os seguintes dados para a reação A $\rightarrow$ R:

τ, s	C_{A0}, mmol/ℓ	C_A, mmol/ℓ
60	50	20
35	100	40
11	100	60
20	200	80
11	200	100

Encontre o tempo espacial necessário para tratar uma alimentação de $C_{A0} = 100$ mmols/ℓ para 80% de conversão

(a) em um reator pistonado.

(b) em um reator de mistura perfeita.

6.9 Temos 90% de conversão de uma alimentação líquida ($n = 1$, $C_{A0} = 10$ mols/ℓ) em nosso reator pistonado, com reciclo de produto ($R = 2$). Se fecharmos a corrente de reciclo, de quanto diminuirá a taxa de processamento de nossa alimentação para a mesma conversão de 90%?

6.10 Uma alimentação aquosa, contendo o reagente A ($C_{A0} = 2$ mols/ℓ), entra em um reator pistonado (10 litros), que tem uma possibilidade para reciclar uma porção da corrente. A cinética e a estequiometria da reação são:

$$A \rightarrow R, \quad -r_A = 1 C_A C_R \frac{mol}{\ell \cdot min}$$

e desejamos conseguir 96% de conversão. Devemos usar a corrente de reciclo? Se afirmativo, em que valor devemos estabelecer a taxa de reciclo de modo a obter a mais alta taxa de produção e que taxa volumétrica de alimentação podemos processar, para uma conversão de 96% no reator?

6.11 Considere a reação autocatalítica A $\rightarrow$ R, com $-r_A = 0,001 C_A C_R$ mol/ℓ·s. Desejamos processar 1,5 ℓ/s de uma alimentação com $C_{A0} = 10$ mols/ℓ, de modo a obter a mais alta conversão possível no sistema de reatores, consistindo em quatro reatores de mistura perfeita de 100 litros, conectados da forma que você quiser, com qualquer arranjo de alimentação. Esquematize seu projeto e o arranjo de alimentação e determine C_{Af} do sistema.

6.12 Uma reação em fase líquida, de primeira ordem e com 92% de conversão, está ocorrendo em um reator de mistura perfeita. Foi sugerido que uma fração da corrente do produto, sem tratamento adicional, seja reciclada. Se a taxa de alimentação permanecer inalterada, de que maneira isto afetará a conversão?

6.13 100 ℓ/h de um fluido radiativo, tendo meia-vida de 20 horas, devem ser tratados em dois tanques agitados ideais em série, $V = 40.000$ litros, cada. Ao passar por este sistema, de quanto deve decair a atividade do fluido?

6.14 A reação elementar em fase líquida A + B $\rightarrow$ R + S ocorre em um reator pistonado que usa quantidades equimolares de A e B. A conversão é de 96% e $C_{A0} = C_{B0} = 1$ mol/ℓ. Se um reator de mistura perfeita, dez vezes maior que o reator pistonado, fosse conectado em série com a unidade existente,

124 *Capítulo 6 — Projeto para Reações Simples*

que unidade deveria vir primeiro e de quantas vezes a produção poderia ser aumentada para este novo arranjo?

6.15 A cinética de decomposição em fase aquosa de A é investigada em dois reatores de mistura perfeita em série, o segundo tendo duas vezes o volume do primeiro reator. Em estado estacionário, com uma concentração de alimentação de 1 mol de A/ℓ e tempo médio de residência de 96 segundos no primeiro reator, a concentração no primeiro reator é 0,5 mol de A/ℓ e no segundo é 0,25 mol de A/ℓ. Encontre a equação cinética para a decomposição.

6.16 Usando um indicador colorido, que mostra quando a concentração de A cai abaixo de 0,1 mol/ℓ, o seguinte esquema é projetado para explorar a cinética de decomposição de A. Uma alimentação de 0,6 mol de A/ℓ é introduzida no primeiro de dois reatores de mistura perfeita em série, cada um tendo um volume de 400 cm^3. A mudança de cor ocorre no primeiro reator para uma alimentação, em estado estacionário, de 10 cm3/min, e no segundo reator para uma alimentação, em estado estacionário, de 50 cm^3/min. Encontre a equação de taxa para a decomposição de A, a partir desta informação.

6.17 A reação elementar, em fase aquosa e irreversível A + B → R + S, ocorre isotermicamente. Iguais taxas volumétricas de duas correntes líquidas são introduzidas em um tanque de mistura de 4 litros. Uma corrente contém 0,020 mol de A/ℓ e a outra contém 1,400 mol de B/ℓ. A corrente misturada passa então através de um reator pistonado de 16 litros. Constatamos que algum R é formado no tanque de mistura, sendo sua concentração igual a 0,002 mol/ℓ. Considerando que o tanque de mistura age como um reator de mistura perfeita, encontre a concentração de R na saída do reator pistonado, assim como a fração da concentração inicial de A que foi convertida no sistema.

6.18 No presente momento, temos uma conversão de 2/3 para a nossa reação em fase líquida elementar de segunda ordem 2A → 2R, quando operando em um reator pistonado isotérmico, com uma razão de reciclo igual a um. Qual será a conversão, se a corrente de reciclo for fechada?

6.19 Desejamos explorar vários arranjos de reatores para a transformação de A em R. A alimentação contém 99% de A e 1% de R; o produto desejado deve consistir em 10% de A e 90% de R. A transformação ocorre por meio da reação elementar:

$$A + R \rightarrow R + R$$

com constante de taxa $k = 1$ l/mol·min. A concentração de materiais ativos é:

$$C_{A0} + C_{R0} = C_A + C_R = C_0 = 1\,\text{mol}/\ell,$$

em todo o reator.

Qual o tempo de retenção no reator, de modo a se obter um produto em que $C_R = 0,9$ mol/ℓ

(a) em um reator pistonado?
(b) em um reator de mistura perfeita?
(c) em um arranjo com capacidade mínima, sem reciclo?

6.20 O reagente A se decompõe com estequiometria A → R e com taxa dependente somente de C_A. Os seguintes dados, referentes a esta decomposição aquosa, são obtidos em um reator de mistura perfeita:

τ, s	C_{A0}	C_A	τ, s	C_{A0}	C_A
14	200	100	24	140	40
25	190	90	19	130	30
29	180	80	15	120	20
30	170	70	12	110	10
29	160	60	20	101	1
27	150	50			

Determine qual arranjo, se reator pistonado ou de mistura perfeita ou qualquer combinação dos dois reatores, dará um mínimo τ, para 90% de conversão, de uma alimentação consistindo de $C_{A0} = 100$. Encontre também este τ mínimo. Se o esquema de dois reatores for o ótimo, calcule C_A entre os estágios e τ para cada estágio.

6.21 Para uma reação irreversível, em fase líquida, de primeira ordem ($C_{A0} = 10$ mols/ℓ), a conversão é de 90% em um reator pistonado. Se 2/3 da corrente que deixa o reator forem reciclados para a entrada do reator e se a produção do sistema global reator-reciclo for mantida inalterada, o que isto afetará a concentração do reagente que sai do sistema?

6.22 À temperatura ambiente, a reação irreversível de segunda ordem, em fase líquida, ocorre como segue:

$$2A \rightarrow \text{produtos}, \quad -r_A = [0,005 \ \ell/(\text{mol})(\text{min})]C_A^2, \quad C_{A0} = 1 \ \text{mol}/\ell$$

Um reator em batelada leva 18 minutos para encher e esvaziar. Qual o percentual de conversão e o tempo de reação que deveríamos usar, de modo a maximizar a produção diária do produto R?

CAPÍTULO 7
Projeto para Reações Paralelas

Introdução a Reações Múltiplas

O capítulo precedente, a respeito de reações simples, mostrou que o desempenho (capacidade) de um reator é influenciado pelo tipo de escoamento no interior do vaso. Neste capítulo e no próximo, estendemos a discussão para reações múltiplas e mostramos que, para elas, tanto a capacidade como a distribuição de produtos da reação são afetados pelo tipo de escoamento no interior do vaso. Podemos relembrar neste ponto que a distinção entre uma reação *simples* e reações *múltiplas* é que a reação simples requer somente uma expressão de taxa para descrever seu comportamento cinético, enquanto que reações múltiplas requerem mais do que uma expressão de taxa.

Uma vez que as reações múltiplas são tão variadas em tipo e parecem ter tão pouco em comum, os princípios gerais que guiam um projeto são difíceis de ser estabelecidos. Felizmente, isto não ocorre, porque muitas reações múltiplas podem ser consideradas combinações de dois tipos primários: reações *paralelas* e reações em *série*.

Neste capítulo, trataremos das reações em paralelo e, no próximo, trataremos das reações em série, assim como todos os tipos de combinações série-paralelo.

Vamos considerar a abordagem e a nomenclatura gerais. Primeiro, achamos mais conveniente lidar com concentrações em vez de conversões. Segundo, na análise da distribuição de produtos, o procedimento é eliminar a variável tempo, dividindo uma equação de taxa por outra. Chegamos então a equações relacionando as taxas de variação de certos componentes com relação à de outros componentes dos sistemas. Tais relações são relativamente fáceis de tratar. Assim, usaremos duas análises distintas: uma para determinação da capacidade do reator e outra para estudar a distribuição de produtos.

Os dois requisitos, pequena capacidade do reator e maximização do produto desejado, podem competir entre si. Em tal situação, uma análise econômica dará o melhor balanço. Em geral, a distribuição de produtos é o fator controlador; logo, este capítulo trata principalmente da otimização com relação à distribuição de produtos, um fator que não é importante em reações simples.

Finalmente, ignoraremos, neste capítulo, efeitos de expansão; desta forma, adotamos sempre $\varepsilon = 0$. Isto significa que poderemos usar indistintamente os termos tempo médio de residência, tempo de retenção no reator, tempo espacial e a recíproca da velocidade espacial.

Capítulo 7 — Projeto para Reações Paralelas **127**

Discussão Qualitativa acerca da Distribuição de Produtos. Considere a decomposição de A por um dos dois caminhos:

$$A \overset{k_1 \nearrow R}{\underset{k_2 \searrow S}{}} \qquad \text{(produto desejado)} \qquad \text{(1a)}$$

$$\qquad\qquad\qquad \text{(produto indesejado)} \qquad \text{(1b)}$$

com as correspondentes equações de taxa:

$$r_R = \frac{dC_R}{dt} = k_1 C_A^{a_1} \qquad (2a)$$

$$r_S = \frac{dC_S}{dt} = k_2 C_A^{a_2} \qquad (2b)$$

Dividindo a Eq. (2a) pela Eq. (2b), temos a medida das taxas relativas de formação de R e S. Logo:

$$\frac{r_R}{r_S} = \frac{dC_R}{dC_S} = \frac{k_1}{k_2} C_A^{a_1 - a_2} \qquad (3)$$

e queremos que esta relação seja a maior possível.

A concentração C_A é o único fator nesta equação que pode ser ajustado e controlado (k_1, k_2, a_1 e a_2 são todos constantes para um sistema especificado, a uma dada temperatura). Podemos manter C_A baixa ao longo de todo o reator por qualquer um dos seguintes meios: usando um reator de mistura, mantendo altas conversões, aumentando a quantidade de inertes na alimentação ou diminuindo a pressão em sistemas com fase gasosa. Por outro lado, podemos manter C_A alta, usando um reator em batelada ou tubular ideal, mantendo baixas conversões, pela remoção de inertes da alimentação ou aumentando a pressão de sistemas com fase gasosa.

Para as reações da Eq. (1), vamos ver se a concentração de A deve ser mantida alta ou baixa.

Se $a_1 > a_2$; ou seja, a reação desejada é de ordem mais alta que a reação indesejada, a Eq. (3) mostra que uma concentração alta de reagente é desejável, uma vez que ela aumenta a razão R/S. Como resultado, um reator em batelada ou tubular ideal favoreceria a formação do produto R e requereria uma capacidade mínima de reator.

Se $a_1 < a_2$; ou seja, a reação desejada é de ordem mais baixa que a reação indesejada, necessitamos uma concentração baixa de reagente para favorecer a formação de R. Mas isto também iria requerer um grande reator de mistura.

Se $a_1 = a_2$; ou seja, as duas reações são de mesma ordem, a Eq. (3) se torna:

$$\frac{r_R}{r_S} = \frac{dC_R}{dC_S} = \frac{k_1}{k_2} = \text{constante}$$

Conseqüentemente, a distribuição de produtos está fixa somente por k_2/k_1 e não é afetada pelo tipo de reator usado.

Também podemos controlar a distribuição de produtos pela variação de k_2/k_1. Isto pode ser feito de duas maneiras:

1. Variando o nível da temperatura de operação. Se as energias de ativação das duas reações forem diferentes, k_1/k_2 poderá ser variada. O Capítulo 9 considerará este problema.

2. Usando um catalisador. Uma das características mais importantes de um catalisador é sua seletividade para acelerar ou inibir reações específicas. Esta pode ser uma maneira muito mais efetiva de controlar a distribuição de produtos que qualquer um dos métodos discutidos até o presente momento.

Figura 7.1 — **Tipos de contato para várias combinações de concentração alta e baixa de reagentes em operações descontínuas**

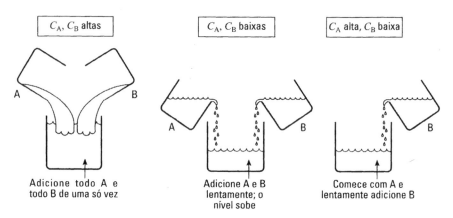

Nós resumimos nossas observações qualitativas como segue:

> *Para reações em paralelo, o nível de concentração de reagentes é a chave para o controle adequado da distribuição de produtos. Uma concentração alta de reagente favorece a reação de ordem mais alta, enquanto uma baixa concentração favorece a reação de ordem mais baixa. O nível de concentração de reagente não afeta a distribuição de produtos para reações de mesma ordem.* **(4)**

Quando você tem dois ou mais reagentes, combinações de concentrações altas e baixas de reagente podem ser obtidas, controlando a concentração de materiais na alimentação, tendo certos componentes em excesso e usando o tipo correto de contato dos fluidos reagentes. As Figs. 7.1 e 7.2 ilustram métodos de contato entre dois fluidos reagentes, em operações contínuas e descontínuas, que mantêm as concentrações destes dois componentes altas ou baixas ou uma alta e a outra baixa. Em geral, o número de fluidos reagentes envolvidos, a possibilidade de reciclo e o custo de arranjos alternativos possíveis têm de ser considerados antes de se atingir o tipo desejado de contato.

Em qualquer caso, o uso do tipo adequado de contato é o fator crítico na obtenção de uma distribuição de produtos favorável para reações múltiplas.

Figura 7.2 — **Tipos de contato para várias combinações de concentração alta e baixa de reagentes em operações contínuas**

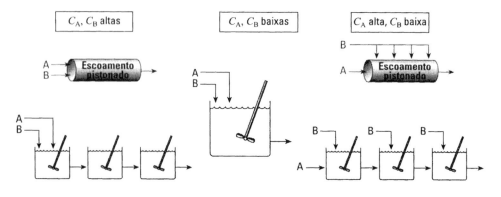

EXEMPLO 7.1 TIPOS DE CONTATO PARA REAÇÕES PARALELAS

A reação desejada, em fase líquida

$$A + B \xrightarrow{k_1} R + T \quad \frac{dC_R}{dt} = \frac{dC_T}{dt} = k_1 C_A^{1,5} C_B^{0,3} \quad (5)$$

é acompanhada pela reação lateral indesejada:

$$A + B \xrightarrow{k_2} S + U \quad \frac{dC_S}{dt} = \frac{dC_U}{dt} = k_2 C_A^{0,5} C_B^{1,8} \quad (6)$$

Do ponto de vista da distribuição favorável de produtos, ordene os esquemas de contato da Fig. 7.2, partindo da mais desejada até a menos desejada.

SOLUÇÃO

Dividindo a Eq. (5) pela Eq. (6), temos a razão:

$$\frac{r_R}{r_S} = \frac{k_1}{k_2} C_A C_B^{-1,5}$$

que deve ser mantida tão grande quanto possível. De acordo com a regra para reações em paralelo, queremos manter C_A alta, C_B baixa e, desde que a dependência da concentração de B é mais pronunciada que a de A, é mais importante ter C_B baixa do que C_A alta. Conseqüentemente, os esquemas de contato são ordenados como mostrado na Fig. E7.1.

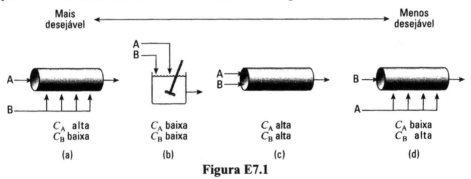

Figura E7.1

Comentário. Estas evidências qualitativas são verificadas no Exemplo 7.2. Devemos também notar que há ainda outros esquemas de contato que são superiores ao melhor encontrado neste exemplo. Por exemplo, se pudermos usar um excesso de um reagente ou se for prático separar e reciclar reagente não convertido, então será possível melhorar sobremaneira a distribuição de produtos.

Tratamento Quantitativo de Distribuição de Produtos e de Tamanho de Reator. Se as equações de taxa forem conhecidas para as reações individuais, nós poderemos determinar quantitativamente os requisitos a distribuição de produtos e capacidade do reator. Por conveniência em avaliar a distribuição de produtos, nós introduzimos dois termos, φ e Φ. Primeiro, considere a decomposição do reagente A e faça φ ser a fração do reagente A que desaparece em qualquer instante para ser transformado no produto desejado R. Nós chamamos isto de *rendimento fracionário instantâneo de R*. Assim, para qualquer C_A:

$$\varphi = \left(\frac{\text{mols formados de R}}{\text{mols reagidos de A}}\right) = \frac{dC_R}{-dC_A} \tag{7}$$

Para qualquer série particular de reações e equações de taxas, φ é uma função de C_A e, uma vez que C_A em geral varia ao longo do reator, φ também irá variar com a posição no reator. Deste modo, vamos definir Φ como a fração de todo A reagido que foi convertido em R e vamos chamá-lo de *rendimento fracionário global de* R. O rendimento fracionário global é então a média dos rendimentos fracionários instantâneos em todos os pontos no interior do reator; logo, podemos escrever:

$$\Phi = \left(\frac{\text{todo R formado}}{\text{todo A reagido}}\right) = \frac{C_{Rf}}{C_{A0} - C_{Af}} = \frac{C_{Rf}}{(-\Delta C_A)} = \overline{\varphi}_{\text{no reator}} \tag{8}$$

O que realmente interessa para nós é este rendimento fracionário global, pois ele representa a distribuição de produtos na saída do reator. A maneira adequada de fazer a média de j depende do tipo de escoamento no interior do reator. Assim para *escoamento pistonado*, onde C_A varia progressivamente através do reator, nós temos da Eq. (7):

Para PFR:
$$\Phi_p = \frac{-1}{C_{A0} - C_{Af}} \int_{C_{A0}}^{C_{Af}} \varphi dC_A = \frac{1}{\Delta C_A} \int_{C_{A0}}^{C_{Af}} \varphi dC_A \tag{9}$$

Para *escoamento com mistura perfeita*, a composição é C_{Af} em qualquer lugar; logo, φ é também constante em todo o reator e nós temos:

Para MFR:
$$\Phi_m = \varphi_{\text{avaliado em } C_{Af}} \tag{10}$$

Para uma série de 1, 2, ..., N reatores de mistura, em que a concentração de A é $C_{A1}, C_{A2}, ..., C_{NA}$, o rendimento fracionário global é obtido somando os rendimentos fracionários em cada um dos N reatores e ponderando estes valores pela quantidade de reação ocorrendo em cada vaso. Desta maneira,

$$\varphi_1(C_{A0} - C_{A1}) + \cdots + \varphi_N(C_{A,N-1} - C_{AN}) = \Phi_{N \text{ mistura perfeita}}(C_{A0} - C_{AN}) \tag{11}$$

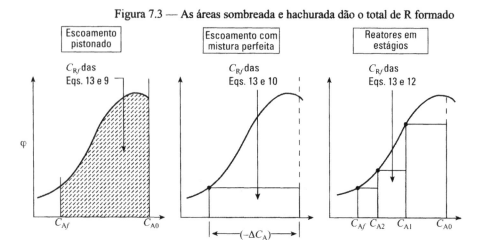

Figura 7.3 — As áreas sombreada e hachurada dão o total de R formado

a partir da qual

$$\Phi_{N \text{ mistura perfeita}} = \frac{\varphi_1(C_{A0} - C_{A1}) + \varphi_2(C_{A1} - C_{A2}) + \cdots + \varphi_N(C_{A,N-1} - C_{AN})}{C_{A0} - C_{AN}} \quad (12)$$

Para qualquer tipo de reator, a concentração de saída de R é obtida diretamente da Eq. (8). Assim,

$$C_{Rf} = \Phi(C_{A0} - C_{Af}) \quad (13)$$

e a Fig. 7.3 mostra como C_R é encontrado para diferentes tipos de reatores. Para reatores de mistura, ou reatores de mistura em série, a melhor concentração de saída a usar, aquela que maximiza C_R, pode ser calculada pela maximização de retângulos (ver Capítulo 6).

A forma da curva de φ *versus* C_A determina que tipo de escoamento fornece a melhor distribuição de produtos. A Fig. 7.4 mostra formas típicas destas curvas em que os escoamentos pistonado, com mistura perfeita e uma combinação de mistura perfeita seguido de pistonado são os melhores.

Estas expressões de rendimento fracionário nos permitem relacionar a distribuição de produtos de diferentes tipos de reatores e procurar o melhor esquema de contato. No entanto, uma condição deve ser satisfeita antes de podermos usar com segurança estas relações: nós temos de ter realmente reações paralelas, caso em que nenhum produto influencia a taxa de variação da distribuição de produtos. A maneira mais fácil de testar isto é adicionar produtos à alimentação e verificar se a distribuição de produtos não será alterada de alguma forma.

Até o presente momento, o rendimento fracionário de R tem sido tomado como uma função somente de C_A e tem sido definido com base na quantidade deste componente consumido. Falando de um modo mais geral, quando há dois ou mais reagentes envolvidos, o rendimento fracionário pode ser baseado em um dos reagentes consumidos, em todos os reagentes consumidos ou nos produtos formados. É simplesmente uma questão de conveniência qual definição é usada. Assim, geralmente nós definimos φ (M/N) como o rendimento fracionário instantâneo de M, baseado no consumo ou formação de N.

O uso de rendimentos fracionários para determinar a distribuição de produtos para reações paralelas foi desenvolvido por Denbigh (1944, 1961).

Figura 7.4 — O tipo de contato com maior área produz a maioria de R: (*a*) o escoamento pistonado é melhor, (*b*) o escoamento com mistura perfeita é melhor, (*c*) o escoamento com mistura perfeita até C_{A1}, seguido pelo escoamento pistonado é o melhor

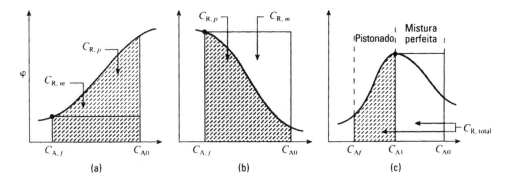

132 *Capítulo 7 — Projeto para Reações Paralelas*

A Seletividade. Um outro termo, a seletividade, é freqüentemente usado no lugar de rendimento fracionário. Ela é geralmente definida como segue:

$$seletividade = \left(\frac{\text{mols formados do produto desejado}}{\text{mols formados de material indesejado}} \right)$$

Esta definição pode levar a dificuldades. Por exemplo, se a reação for uma oxidação parcial de um hidrocarboneto:

$$A \text{ (reagente)} \xrightarrow{+O_2} R \text{ (desejado)} + \left(\begin{array}{c} \text{uma "sopa" de} \\ \text{materiais indesejados} \\ (CO, \ CO_2, \ H_2O, \ CH_2OH, \ \text{etc.}) \end{array} \right)$$

Aqui, a seletividade é difícil de avaliar e não muito útil. Neste caso, usamos o rendimento fracionário $\varphi(R/A)$, que é claramente definido e útil.

EXEMPLO 7.2. DISTRIBUIÇÃO DE PRODUTOS PARA REAÇÕES PARALELAS

Considere as reações aquosas:

$$A + B \begin{array}{c} \nearrow^{k_1} R, \text{ desejado} \qquad \dfrac{dC_R}{dt} = 1,0 \ C_A^{1,5} C_B^{0,3}, \ \text{mol} / \ell \cdot \text{min} \\[2em] \searrow_{k_2} S, \text{ indesejado} \qquad \dfrac{dC_S}{dt} = 1,0 \ C_A^{0,5} C_B^{1,8}, \ \text{mol} / \ell \cdot \text{min} \end{array}$$

Para 90% conversão de A, encontre a concentração de R na corrente do produto. Iguais vazões volumétricas das correntes de A e B são alimentadas no reator e cada corrente tem uma concentração de 20 mols de reagente/ℓ.

Considere os seguintes tipos de escoamento no reator:
(a) pistonado;
(b) com mistura perfeita e
(c) o melhor dos quatro esquemas de contato de escoamento pistonado-mistura perfeita do Exemplo 7.1.

SOLUÇÃO

Uma advertência: certifique-se de pegar as concentrações corretas, quando misturar correntes. Nós mostramos isto em três ilustrações para este problema. O rendimento fracionário instantâneo do componente desejado é

$$\varphi \left(\frac{R}{A} \right) = \frac{dC_R}{dC_R + dC_S} = \frac{k_1 C_A^{1,5} C_B^{0,3}}{k_1 C_A^{1,5} C_B^{0,3} + k_2 C_A^{0,5} C_B^{1,8}} = \frac{C_A}{C_A + C_B^{1,5}}$$

Vamos agora dar início à solução do exemplo.

(a) Escoamento Pistonado

Referindo-nos à Fig. E7.2a, note que a concentração inicial de cada reagente na alimentação combinada é $C_{A0} = C_{B0} = 10$ mols/ℓ e que $C_A = C_B$ em qualquer ponto. Da Eq. (9), nós encontramos que:

Capítulo 7 — Projeto para Reações Paralelas **133**

$$\Phi_p = \frac{-1}{C_{A0} - C_{Af}} \int \varphi dC_A = \frac{-1}{10-1} \int_{10}^{1} \frac{C_A dC_A}{C_A + C_A^{1,5}} = \frac{1}{9} \int_{1}^{10} \frac{dC_A}{1 + C_A^{0,5}}$$

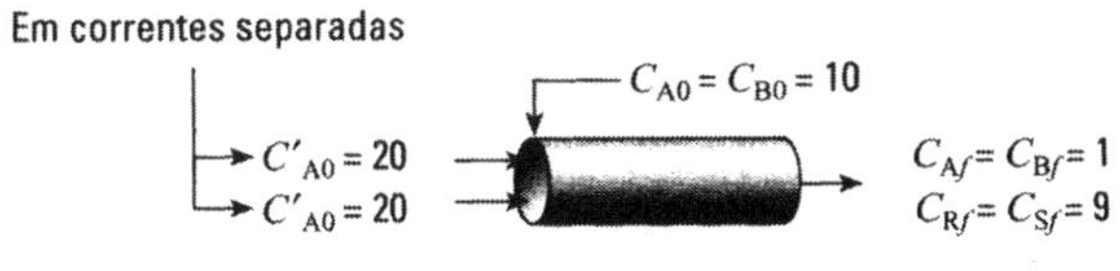

Em correntes separadas

Figura E7.2a

Faça $C_A^{0,5}$, então $C_A = x^2$ e $d\, C_A = 2x\, dx$. Substituindo C_A por x na expressão acima, temos:

$$\Phi_p = \frac{1}{9} \int_{1}^{\sqrt{10}} \frac{2x dx}{1+x} = \frac{2}{9} \left[\int_{1}^{\sqrt{10}} dx - \int_{1}^{\sqrt{10}} \frac{dx}{1+x} \right]$$

$$= 0,32$$

$$\therefore C_{Rf} = 9(0,32) = \underline{\underline{2,86}}$$

$$C_{Sf} = 9(1-0,32) = \underline{\underline{6,14}}$$

(b) Escoamento com Mistura Perfeita

Referindo-nos à Fig. E7.2b, temos da Eq. (10), para $C_A = C_B$:

$$\Phi_m\left(\frac{R}{A}\right) = \varphi_{\text{na saída}} = \frac{1}{1 + C_A^{0,5}} = 0,5$$

Conseqüentemente, a Eq. (13) fornece:

$$C_{Rf} = 9(0,5) = \underline{\underline{4,5 \text{ mol} / \ell}}$$

$$C_{Sf} = 9(1-0,5) = \underline{\underline{4,5 \text{ mol} / \ell}}$$

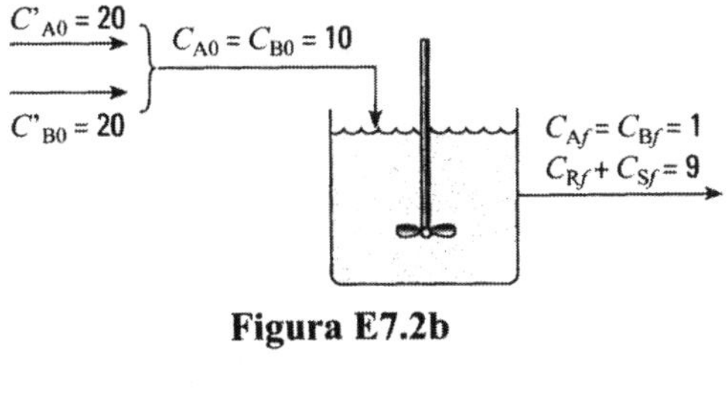

Figura E7.2b

(c) Escoamento Pistonado A — Escoamento com Mistura Perfeita B

Supondo que B seja introduzido no reator de tal forma que $C_B = 1$ mol/ℓ em todo o reator, encontraremos as concentrações mostradas na Fig. E7.2c. Então, levando em consideração a variação de C_A no reator, encontraremos:

$$\Phi\left(\frac{R}{A}\right) = \frac{-1}{C_{A0} - C_{Af}} \int_{C_{A0}}^{C_{Af}} \varphi dC_A = \frac{-1}{19-1} \int_{19}^{1} \frac{C_A dC_A}{C_A + (1)^{1,5}}$$

$$= \frac{1}{18} \left[\int_{1}^{19} dC_A - \int_{1}^{19} \frac{dC_A}{C_A + 1} \right] = \frac{1}{18} \left[(19-1) - \ln\frac{20}{2} \right] = 0,87$$

134 *Capítulo 7 — Projeto para Reações Paralelas*

Logo:
$$C_{Rf} = 9(0,87) = \underline{\underline{7,85 \text{ mols} / \ell}}$$

$$C_{Sf} = 9(1-0,87) = \underline{\underline{1,15 \text{ mol} / \ell}}$$

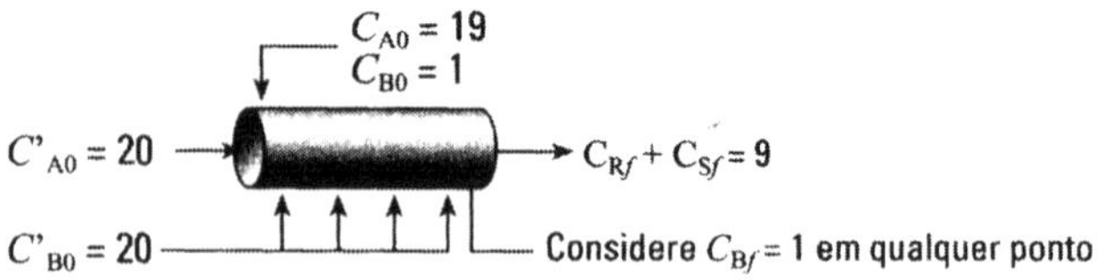

Figura E7.2c

Resumindo,

Para escoamento pistonado:	$\Phi\left(\dfrac{R}{A}\right) = 0,32$ e $C_{Rf} = 2,86$ mols/ℓ
Para escoamento com mistura perfeita:	$\Phi\left(\dfrac{R}{A}\right) = 0,50$ e $C_{Rf} = 4,5$ mols/ℓ
Para o ótimo:	$\Phi\left(\dfrac{R}{A}\right) = 0,87$ e $C_{Rf} = 7,85$ mols/ℓ

Nota: As evidências qualitativas do Exemplo 7.1 são verificadas com estes resultados.

O Reator com Entrada Lateral

Avaliar o quão melhor é distribuir a alimentação com entrada lateral e como calcular a equação correspondente de conversão é um problema bem complexo. Para este tipo de contato em geral, ver Westerterp *et al.* (1984).

Na verdade, construir um reator com entrada lateral em escala comercial é um outro problema. *Chem. Eng. News* (1977) reporta como isto foi sabiamente feito usando um reator, parecido, de algum modo, com um trocador de calor casco-tubo, em que os tubos tinham paredes porosas.

O reagente A escoou através dos tubos que continham defletores para promover a mistura lateral do fluido e para provocar o escoamento pistonado. O reagente B, a ser mantido a uma concentração baixa e aproximadamente constante nos tubos, entrou no trocador através do casco, a uma pressão um pouco mais alta que nos tubos. Assim, B se difundiu para os tubos, ao longo de todo o comprimento destes.

EXEMPLO 7.3 CONDIÇÕES BOAS DE OPERAÇÃO PARA REAÇÕES PARALELAS

Freqüentemente, uma reação é acompanhada por várias reações laterais indesejadas, algumas de ordens mais altas e algumas de ordens mais baixas. Para saber qual tipo de reator simples dá a melhor distribuição de produtos, considere o caso típico mais simples: as decomposições paralelas de A, $C_{A0} = 2$:

$$A \begin{array}{l} \nearrow R \qquad r_R = 1 \\ \rightarrow S \qquad r_S = 2C_A \\ \searrow T \qquad r_T = C_A^2 \end{array}$$

Encontre o máximo valor esperado de C_S para operações isotérmicas

(a) em um reator de mistura;

(b) em um reator tubular ideal e

(c) em um reator de sua escolha, se A não reagido puder ser separado da corrente de produto e retornado para a alimentação com $C_{A0} = 2$.

SOLUÇÃO

Uma vez que S é o produto desejado, vamos escrever os rendimentos fracionários em termos de S. Logo:

$$\varphi(S/A) = \frac{dC_S}{dC_R + dC_S + dC_T} = \frac{2C_A}{1 + 2C_A + C_A^2} = \frac{2C_A}{(1+C_A)^2}$$

Colocando esta função em forma gráfica, nós encontramos a curva da Fig. E7.3, cujo máximo ocorre onde:

$$\frac{d\varphi}{dC_A} = \frac{d}{dC_A}\left[\frac{2C_A}{(1+C_A)^2}\right] = 0$$

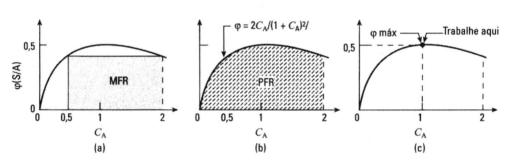

Figura E7.3a, b, c

Resolvendo, nós encontramos:

$$\varphi = 0{,}5 \quad \text{em} \quad C_A = 1{,}0$$

(a) Reator de Mistura. A maior parte de S é formada quando o retângulo sob a curva de φ versus C_A tiver a maior área. As condições requeridas podem ser encontradas tanto graficamente, pela maximização de retângulos, como analiticamente. Visto que expressões explícitas simples são disponíveis neste problema, vamos usar a forma analítica. Então, a partir das Eqs. (10) e (13), nós encontramos para a área do retângulo:

$$C_{Sf} = \varphi(S/A)\cdot(-\Delta C_A) = \frac{2C_A}{(1+C_A)^2}(C_{A0} - C_A)$$

Diferenciando e igualando a zero para encontrar as condições as quais a maior parte de S é formada, temos:

$$\frac{dC_{Sf}}{dC_A} = \frac{d}{dC_A}\left[\frac{2C_A}{(1+C_A)^2}(2 - C_A)\right] = 0$$

Avaliando esta quantidade, temos as condições operacionais ótimas de um reator de mistura, que são iguais a:

$$C_{Sf} = \frac{2}{3} \quad \text{em} \quad C_{Af} = \frac{1}{2}$$

(b) Reator Tubular Ideal. A produção de S é máxima quando a área sob a curva de φ versus C_A for máxima. Isto ocorrerá a uma conversão de 100% de A, como visto na Fig. E7.3b. Desta maneira, das Eqs. (9) e (13):

$$C_{Sf} = -\int_{C_{A0}}^{C_{Af}} \varphi(S/A) dC_A = \int_0^2 \frac{2C_A}{(1+C_A)^2} dC_A$$

Avaliando esta integral, temos para um escoamento pistonado ótimo:

$$C_{Sf} = 0{,}867 \quad \text{em} \quad C_{Af} = 0$$

(c) Qualquer Reator com Separação e Reciclo de Reagente Não Utilizado. Uma vez que nenhum reagente deixa o sistema sem ser convertido, torna-se então importante operar o reator em condições de mais alto rendimento fracionário. Isto ocorre quando $C_A = 1$, em que φ(S/A) = 0,5, conforme mostrado na Fig. E7.3c. Conseqüentemente, devemos usar um reator de mistura, operando a $C_A = 1$. Nós teríamos então 50% de reagente A formando o produto S.

Comentário: Resumindo, nós encontramos:

$$\left(\frac{\text{mols formados de S}}{\text{mols alimentados de A}} \right) = 0{,}33 \text{ para MFR.}$$
$$= 0{,}43 \text{ para PFR.}$$
$$= 0{,}50 \text{ para um MFR com separação e reciclo.}$$

Assim, um reator de mistura, operando nas condições de mais alto valor de j, com separação e reciclo de reagente não utilizado, fornece a melhor distribuição de produtos. Este resultado é bem geral para uma série de reações paralelas de ordem diferente.

EXEMPLO 7.4 MELHORES CONDIÇÕES OPERACIONAIS PARA REAÇÕES EM PARALELO

Para a reação do Exemplo 7.3, determine o arranjo de reatores que produziria a maior parte de S, em um sistema de escoamento onde não são possíveis o reciclo e a reconcentração da alimentação com o componente que não reagiu. Encontre $C_{S,\,total}$ para este arranjo de reatores.

SOLUÇÃO

Da Fig. E7.4, vemos que escoamento com mistura perfeita, seguido pelo escoamento pistonado, seria o melhor.

Figura E7.4

Assim, para o escoamento com mistura perfeita, do Exemplo 7.3:

$$C_A = 1, \varphi = 0,5, \quad \text{assim} \quad C_S = \varphi(\Delta C_A) = 0,5(2-1) = 0,5 \text{ mol} / \ell$$

Para o escoamento pistonado, do Exemplo 7.3

$$C_S = -\int_1^0 \varphi dC_A = \int_0^1 \frac{2C_A}{(1+C_A)^2} dC_A = 0,386 \text{ mol} / \ell$$

Conseqüentemente, a quantidade total formada de C_S é:

$$C_{S,\, total} = 0,5 + 0,386 = \underline{0,886 \text{ mol} / \ell}$$

Isto é somente um pouco melhor do que para escoamento pistonado sozinho, calculado no Exemplo 7.3.

REFERÊNCIAS

Chem. and Eng. News, 51, April 7, 1997.

Denbigh, K. G., *Trans. Faraday Soc.*, **40**, 352 (1994).

Denbigh, K. G., *Chem. Eng. Sci.*, **14**, 256 (1961).

Westerterp, K. R., van Swaaij, W. P. M., and Beenackers, A. A. C. M., *Chemical Reactor Design and Operation*, Wiley, Nova York, 1984.

PROBLEMAS

7.1 Para uma dada corrente de alimentação tendo C_{A0}, nós devemos usar um PFR ou um MFR e usar um nível alto, baixo ou intermediário de conversão para a corrente de saída, se desejarmos maximizar $\varphi(S/A)$? O sistema reacional é:

$$A \overset{1}{\underset{3}{\overset{\nearrow R}{\underset{\searrow T}{\xrightarrow{2}}}}} S, \text{ desejado}$$

onde n_1, n_2 e n_3 são as ordens das reações 1, 2 e 3.

(a) $n_1 = 1, n_2 = 2$ e $n_3 = 3$.
(b) $n_1 = 2, n_2 = 3$ e $n_3 = 1$.
(c) $n_1 = 3, n_2 = 1$ e $n_3 = 2$.

Usando alimentações separadas de A e B, esquematize o tipo de contato e as condições do reator que melhor promoveriam a formação do produto R, para os seguintes sistemas de reações elementares:

7.2 $\left. \begin{array}{l} A + B \rightarrow R \\ A \rightarrow S \end{array} \right\}$ Sistema contínuo

7.3 $\left. \begin{array}{l} A + B \rightarrow R \\ 2A \rightarrow S \\ 2B \rightarrow T \end{array} \right\}$ Sistema em batelada

7.4 $\left. \begin{array}{l} A + B \rightarrow R \\ A \rightarrow S \end{array} \right\}$ Sistema em batelada

7.5 $\left. \begin{array}{l} A + B \rightarrow R \\ 2A \rightarrow S \end{array} \right\}$ Sistema contínuo

7.6 A substância A, contida em um líquido, reage para produzir R e S como segue:

$$A \overset{\nearrow R \quad \text{primeira ordem}}{\searrow S \quad \text{primeira ordem}}$$

138 *Capítulo 7 — Projeto para Reações Paralelas*

Uma alimentação ($C_{A0} = 1$, $C_{R0} = 0$ e $C_{S0} = 0$) entra no primeiro de dois reatores de mistura em série ($\tau_1 = 2,5$ min, $\tau_2 = 5$ min). Conhecendo a composição no primeiro reator ($C_{A1} = 0,4$, $C_{R1} = 0,4$ e $C_{S1} = 0,2$), encontre a composição da corrente de saída no segundo reator.

7.7 A substância A, contida em um líquido, produz R e S pelas seguintes reações:

$$A \begin{array}{l} \nearrow R, \quad r_R = k_1 C_A^2 \\ \searrow S, \quad r_S = k_2 C_A \end{array}$$

A alimentação ($C_{A0} = 1$, $C_{R0} = 0$ e $C_{S0} = 0,3$) entra no primeiro de dois reatores de mistura em série ($\tau_1 = 2,5$ min, $\tau_2 = 10$ min). Conhecendo a composição no primeiro reator ($C_{A1} = 0,4$, $C_{R1} = 0,2$ e $C_{S1} = 0,7$), encontre a composição da corrente de saída no segundo reator.

Um reagente líquido A se decompõe como segue:

$$A \begin{array}{l} \nearrow R, \quad r_R = k_1 C_A^2, \quad k_1 = 0,4 \ m^3 / mol \cdot min \\ \searrow S, \quad r_S = k_2 C_A, \quad k_2 = 2 \ min^{-1} \end{array}$$

Uma alimentação aquosa de A ($C_{A0} = 40$ mols/m^3) entra no reator, decompõe-se e uma mistura de A, R e S deixa o reator.

7.8 Encontre C_R, C_S e τ, para $X_A = 0,9$ em um reator de mistura.

7.9 Encontre C_R, C_S e τ, para $X_A = 0,9$ em um reator tubular ideal.

7.10 Encontre a condição operacional (X_A, τ e C_S) que maximiza C_S em um reator de mistura.

7.11 Encontre a condição operacional (X_A, τ e C_R) que maximiza C_R em um reator de mistura.

7.12 O reagente A, em fase líquida, isomeriza ou dimeriza como segue:

$$A + R_{desejado} \qquad r_R = k_1 C_A$$
$$A + A \rightarrow S_{indesejado} \qquad r_S = k_2 C_A^2$$

(a) Escreva $\varphi(R/A)$ e $\varphi[R/(R + S)]$.

Com uma corrente de alimentação com concentração C_{A0}, encontre $C_{R,máx}$ que pode ser formada

(b) em um reator tubular ideal.

(c) em um reator de mistura.

Uma quantidade de A, de concentração inicial $C_{A0} = 1$ mol/ℓ é descarregada em um reator em batelada, onde a reação se completa.

(d) Se $C_S = 0,18$ mol/ℓ na mistura resultante, o que poderemos concluir a respeito da cinética da reação?

7.13 Em um ambiente reativo, o reagente químico A se decompõe como segue:

$$A \begin{array}{l} \nearrow R, \quad r_R = C_A \ mol / \ell \cdot s \\ \searrow S, \quad r_S = 1 \ mol / \ell \cdot s \end{array}$$

Para uma corrente de alimentação $C_{A0} = 4$ mols/ℓ, qual a razão de capacidades de dois reatores de mistura que maximizará a taxa de produção de R? Dê também a composição de A e R saindo destes dois reatores.

Considere a decomposição paralela de diferentes ordens de A:

$$A \begin{array}{l} \nearrow R, \quad r_R = 1 \\ \rightarrow S, \quad r_S = 2C_A \\ \searrow T, \quad r_T = C_A^2 \end{array}$$

Determine a concentração máxima do produto desejado, que pode ser obtida em

(a) um reator tubular ideal.

(b) em reator de mistura.

7.14 R é o produto desejado e $C_{A0} = 2$.

7.15 S é o produto desejado e $C_{A0} = 4$.

7.16 T é o produto desejado e $C_{A0} = 5$.

Sob radiação ultravioleta, o reagente A, de $C_{A0} = 10$ kmols/m^3 em uma corrente de processo ($v = 1$ m^3/min), decompõe-se como segue:

$$A \begin{array}{l} \nearrow R, \quad r_R = 16C_A^{0,5} \text{ kmol}/\text{m}^3 \cdot \text{min} \\ \rightarrow S, \quad r_S = 12C_A \quad \text{kmol}/\text{m}^3 \cdot \text{min} \\ \searrow T, \quad r_T = C_A^2 \quad \text{kmol}/\text{m}^3 \cdot \text{min} \end{array}$$

Desejamos projetar um arranjo de reatores para uma tarefa específica. Esboce o esquema selecionado e calcule a fração de alimentação transformada em produto desejado, assim como o volume necessário do reator.

7.17 O material desejado é o produto R.

7.18 O material desejado é o produto S.

7.19 O material desejado é o produto T.

A estequiometria da decomposição em fase líquida é conhecida como sendo

$$A \begin{array}{l} \nearrow R \\ \searrow S \end{array}$$

Em uma série de experimentos de escoamento em estado estacionário ($C_{A0} = 100$, $C_{R0} = C_{S0} = 0$), em um reator de mistura (escala de laboratório), os seguintes resultados foram obtidos:

C_A	90	80	70	60	50	40	30	20	10	0
C_R	7	13	18	22	25	27	28	28	27	25

A realização de mais experimentos indica que o valor de C_R e C_S não tem efeito no progresso da reação.

7.20 Com uma concentração na alimentação de $C_{A0} = 100$ e uma concentração na saída de $C_{Af} = 20$, encontre C_R na saída de um reator tubular ideal.

7.21 Com $C_{A0} = 200$ e $C_{Af} = 20$, encontre C_R na saída de um reator de mistura.

7.22 Como devemos operar um reator de mistura de modo a maximizar a produção de R? Separação e reciclo de reagentes não usados não são recomendados para este problema.

140 Capítulo 7 — Projeto para Reações Paralelas

Quando A e B aquosos ($C_{A0} = C_{B0}$) são colocados juntos, eles reagem de duas formas possíveis:

$$A + B \nearrow \quad R + T, \qquad r_R = 50C_A \, \frac{\text{mol}}{\text{m}^3 \cdot \text{h}}$$

$$\searrow \quad S + U, \qquad r_S = 100C_B \, \frac{\text{mol}}{\text{m}^3 \cdot \text{h}}$$

para dar uma mistura cuja concentração de componentes ativos (A, B, R, S, T, U) é $C_{\text{total}} = C_{A0} + C_{B0}$ = 60 mols/m³. Encontre a capacidade necessária do reator e a razão R/S produzida para 90% de conversão de uma alimentação equimolar de $F_{A0} = F_{B0} = 300$ mols/h em:

7.23 um reator de mistura.

7.24 um reator tubular ideal.

7.25 um reator que fornece a mais alta concentração C_R. O Capítulo 6 diz que deveria ser o reator tubular ideal para A e com entrada lateral para B. Em tal reator, introduza B de tal maneira que C_B seja constante em todo o reator.

7.26 O reagente A se decompõe em um reator em batelada isotérmico ($C_{A0} = 100$) para produzir o componente desejado R e o componente indesejado S. As seguintes concentrações progressivas foram obtidas:

C_A	(100)	90	80	70	60	50	40	30	20	10	(0)
C_R	(0)	1	4	9	16	25	35	45	55	64	(71)

Corridas adicionais mostram que a adição de R ou S não afeta a distribuição de produtos formados, diferentemente do que acontece com a adição de A. Nota-se também que o número total de mols de A, R e S é constante.

(a) Encontre a curva de φ *versus* C_A para esta reação.

Com uma alimentação de $C_{A0} = 100$ e $C_{Af} = 10$, encontre C_R,

(b) a partir de um reator de mistura.

(c) a partir de um reator tubular ideal.

(d) e (e) Repita os itens (b) e (c), com a modificação de que $C_{A0} = 70$.

7.27 A grande batalha naval, conhecida na história como a Batalha de Trafalgar (1805), estava prestes a ser travada. O Almirante Villeneuve orgulhosamente inspecionava, sob uma leve brisa, sua poderosa frota de 33 navios, disposta em fila única. A frota britânica, sob o comando de Lord Nelson, foi avistada: 27 poderosos navios. Estimando que ainda haveria 2 horas antes de começar a batalha, Villeneuve abriu uma outra garrafa de vinho de Borgonha e, ponto por ponto, reviu cuidadosamente sua estratégia de batalha. Como era costume nas batalhas navais daquela época, as duas frotas velejariam em uma única fila, uma paralela a outra e na mesma direção, atirando furiosamente com os seus canhões. Pela longa experiência em batalhas deste tipo, é um fato bem conhecido que a taxa de destruição de uma frota é proporcional à potência de fogo da frota oposta. Considerando seus navios em pares, um por um, com os navios britânicos, Villeneuve estava confiante da vitória. Olhando para seu relógio do sol, Villeneuve suspirou e amaldiçoou o leve vento – ele nunca ganharia a batalha a tempo para o seu cochilo vespertino. "Bem", suspirou ele, "*c'est la vie*". Ele poderia ver as manchetes na manhã seguinte: "Frota britânica aniquilada; as perdas de Villeneuve foram…". Villeneuve parou de repente. Quantos navios ele perderia? Ele chamou seu chefe da adega, *Monsieur* Dubois, e lhe fez esta pergunta. Qual a resposta que Villeneuve obteve?

Nesse exato momento, Nelson, que estava apreciando o ar na popa do *Victory*, ficou parado quando percebeu que tudo estava pronto, exceto um detalhe – ele havia esquecido de formular o seu plano de batalha. O comodoro Archibald Forsythe-Smythe, seu homem de confiança, foi chamado com urgência para uma reunião. Sendo familiarizado com a lei de disparos, Nelson detestava brigar com toda a frota francesa (ele também poderia ver as manchetes nos jornais). Certamente, não seria uma desgraça para Nelson ser derrotado na batalha por forças superiores, desde que fizesse seu melhor e jogasse o jogo; no entanto, ele teve a leve suspeita de que talvez pudesse fazer algo. Com uma idéia perturbadora de que seria tudo ou nada, Nelson começou a investigar alguma possibilidade.

Seria possível "quebrar a linha" — isto é, começar paralelamente à frota francesa e depois dividir a frota inimiga em duas seções. A seção posterior poderia ser derrotada, antes que a seção anterior pudesse dar a meia-volta e retornar à luta. Agora, vamos à questão. Ele deveria dividir a frota francesa? Se afirmativo, onde? O comodoro Archibald Forsythe-Smythe, que fora tirado tão rudemente do seu "pileque", concordou, de mau humor, em considerar esta questão e em aconselhar Nelson sobre qual o ponto a dividir a frota francesa, de modo a maximizar suas chances de sucesso. Ele também concordou em prever o resultado da batalha ao usar esta estratégia. O que ele descobriu?

7.28 Encontre a capacidade necessária dos dois reatores do Exemplo 7.4 (ver Fig. E7.4), para uma taxa de alimentação de 100 ℓ/s e para taxas de reação dadas em unidades de mol/$\ell\cdot$s.

CAPÍTULO 8

Miscelânea de Reações Múltiplas

O Capítulo 7 considerou reações em paralelo, que são reações onde o produto não continua a reagir. Este capítulo considera todos os tipos de reações em que o produto formado pode continuar a reagir. Eis alguns exemplos:

Nós desenvolvemos ou apresentamos as equações de desempenho de alguns dos sistemas mais simples e mencionamos suas características especiais, tais como os máximos dos intermediários.

8.1 REAÇÕES IRREVERSÍVEIS DE PRIMEIRA ORDEM, EM SÉRIE

Para fácil visualização, considere que as reações

$$A \xrightarrow{k_1} R \xrightarrow{k_2} S \tag{1}$$

ocorrem somente na presença de luz, que elas param no momento em que a luz é desligada e que, para uma dada intensidade de radiação, as equações de taxa são:

$$r_A = -k_1 C_A \tag{2}$$

$$r_R = k_1 C_A - k_2 C_R \tag{3}$$

$$r_S = k_2 C_R \tag{4}$$

Nossa discussão se centraliza em torno destas reações.

Figura 8.1 — Curvas de concentração-tempo, se o conteúdo do béquer for irradiado uniformemente

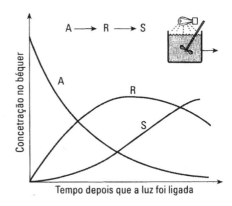

Discussão Qualitativa Sobre a Distribuição de Produtos. Considere as seguintes duas maneiras de operar um béquer contendo A: primeiro, o conteúdo é uniformemente irradiado; segundo, uma pequena corrente é continuamente retirada do béquer, irradiada e retornada ao béquer; a taxa de absorção de energia radiante é a mesma nos dois casos. Os dois esquemas são mostrados nas Figs. 8.1 e 8.2. Durante este processo, A desaparece e os produtos são formados. A distribuição de produtos de R e S é diferente nos dois béqueres? Vamos ver se podemos responder qualitativamente esta questão, para todos os valores das constantes de taxa.

Na primeira maneira, quando o conteúdo está sendo todo irradiado ao mesmo tempo, o primeiro raio de luz atacará somente A, porque somente A está presente no início. O resultado é que se forma R. O próximo raio de luz será disputado por A e R; entretanto, A está em grande excesso, de modo que ele absorverá preferencialmente a energia radiante para se decompor e formar mais R. Assim, a concentração de R subirá, enquanto a concentração de A cairá. Este processo continuará até que R esteja presente em concentração alta o suficiente, de modo que possa competir favoravelmente com A em relação à energia radiante. Quando isto acontecer, uma concentração máxima de R será alcançada. Depois disto, a decomposição de R se tornará mais rápida que sua taxa de formação e sua concentração cairá. Uma curva típica de concentração-tempo é mostrada na Fig. 8.1.

Na segunda maneira de tratar A, uma pequena fração do conteúdo do béquer é continuamente removida, irradiada e retornada ao béquer. Embora a taxa de absorção total seja a mesma nos dois casos, a intensidade de radiação recebida pelo fluido removido é maior, podendo realmente ser

Figura 8.2 — Curvas de concentração-tempo para o conteúdo do béquer, se somente uma pequena porção do fluido for irradiada em todo e qualquer instante do processo

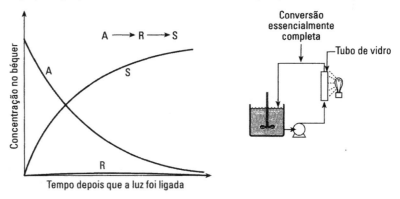

suficiente para completar a reação no fluido irradiado, se a taxa de escoamento não for muito alta. Neste caso então, A é removido e S é retornado ao béquer. Assim, à medida que o tempo passa, a concentração de A diminui lentamente no béquer, a concentração de S sobe, enquanto R está ausente. Esta mudança progressiva é mostrada na Fig. 8.2.

Esses dois métodos de reação dos conteúdos do béquer resultam em diferentes distribuições de produtos e representam os dois extremos de operações possíveis: um com uma formação máxima possível de R e o outro com uma formação nula ou mínima de R. Como podemos caracterizar da melhor forma este comportamento? Notamos no primeiro método que o conteúdo do béquer permanece homogêneo em todo o recipiente, variando lentamente com o tempo, enquanto no segundo, a corrente de fluido altamente reagido está sendo continuamente misturada com fluido novo. Em outras palavras, estamos misturando duas correntes de composições diferentes. Esta discussão sugere a seguinte regra que governa a distribuição de produtos para reações em série:

> *Para reações irreversíveis em série, a mistura de fluido de composições diferentes é a chave para a formação de intermediários. A quantidade máxima possível de qualquer intermediário e de todos eles juntos é obtida se fluidos de composições diferentes e em estágios diferentes de conversão não se misturarem.* (5)

Como o intermediário é freqüentemente o produto desejado da reação, essa regra nos permite avaliar a eficiência de vários sistemas de reatores. Por exemplo, operações em batelada e com escoamento pistonado deveriam fornecer um rendimento máximo de R, porque aqui não há mistura de correntes fluidas de composições diferentes. Por outro lado, o reator de mistura perfeita não deveria dar um rendimento de R tão alto, uma vez que uma corrente nova de A puro está sendo misturada continuamente com o fluido que já reagiu no reator.

Os exemplos seguintes ilustram justamente esse ponto. Damos então um tratamento quantitativo que verificará essas evidências qualitativas.

EXEMPLO 8.1 TIPOS FAVORÁVEIS DE CONTATO PARA QUALQUER CONJUNTO DE REAÇÕES IRREVERSÍVEIS EM SÉRIE E NÃO SOMENTE PARA A → R → S

Qual o tipo de contato das Figs. E8.1, que quando operado adequadamente, pode dar uma concentração mais alta de qualquer intermediário: o tipo de contato da esquerda ou o da direita?

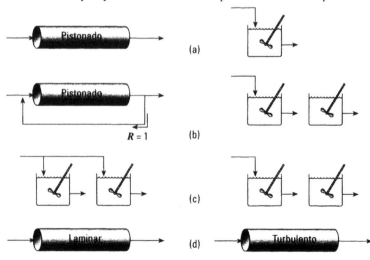

Figura E8.1a, b, c, d

SOLUÇÃO

Focalizando a regra de mistura para reações em série, aquela que diz que o grau de mistura de correntes de composições diferentes deveria ser minimizado, nós justificamos:

para o item (a): O tipo da esquerda é melhor; de fato, é o melhor esquema possível de escoamento.

para o item (b): Olhe as Figs. 6.5, 6.6, 6.16 e 6.17 do Capítulo 6; vemos que a da esquerda está mais próxima de escoamento pistonado para reações de primeira ou segunda ordens. Deste modo, nós generalizamos isto para qualquer reação de ordem positiva.

para o item (c): O tipo da direita é melhor porque ele está mais perto do escoamento pistonado.

para o item (d): O escoamento turbulento tem menos mistura de fluidos de diferentes idades e menos desvio (*bypassing*); logo, o esquema da direita é melhor.

Nota: Na análise quantitativa que se segue, nós verificaremos essa importante regra geral.

Tratamento Quantitativo para Reatores Pistonado ou em Batelada. No Capítulo 3, desenvolvemos as equações relacionando concentração e tempo, para todos os componentes das reações do tipo unimolecular:

$$A \xrightarrow{\ k_1\ } R \xrightarrow{\ k_2\ } S$$

em reatores em batelada. As deduções consideraram que a alimentação não continha produtos de reação, R ou S. Se trocarmos tempo de reação por tempo espacial, estas equações se aplicam igualmente bem a reatores pistonados; desta forma:

$$\frac{C_A}{C_{A0}} e^{-k_1\tau} \qquad \text{(3.47) ou (6)}$$

$$\frac{C_R}{C_{A0}} = \frac{k_1}{k_2 - k_1}(e^{-k_1\tau} - e^{-k_2\tau}) \qquad \text{(3.49) ou (7)}$$

$$C_S = C_{A0} - C_A - C_R$$

A concentração máxima do intermediário e o tempo no qual isto ocorre são dados por:

$$\frac{C_{R,\,máx}}{C_{A0}} = \left(\frac{k_1}{k_2}\right)^{k_2/(k_2-k_1)} \qquad \text{(3.52) ou (8)}$$

$$\tau_{p,\,ótimo} \frac{1}{k_{média\ logarítmica}} = \frac{ln(k_2 / k_1)}{k_2 - k_1} \qquad \text{(3.51) ou (9)}$$

Este é também o ponto no qual a taxa de formação de S é mais rápida.

A Fig. 8.3a, preparada para vários valores de k_2/k_1, ilustra como esta razão controla as curvas de concentração-tempo do intermediário R. A Fig. 8.3b, um gráfico com curvas independentes do tempo, relaciona a concentração de todos os componentes da reação; ver também a Eq. (37).

Tratamento Quantitativo, Reator de Mistura Perfeita. Vamos desenvolver curvas de concentração-tempo para essa reação, quando ela ocorre em um reator de mistura perfeita. Isto pode ser feito através da Figura 8.4. Novamente, a dedução será limitada à alimentação que não contém produto de reação, R ou S.

Figura 8.3a, b — Comportamento de reações do tipo unimolecular:

$$A \xrightarrow{k_1} R \xrightarrow{k_2} S, \quad C_{R0} = C_{S0} = 0,$$

em um reator pistonado: (a) curvas de concentração-tempo e (b) concentração relativa dos componentes da reação. Ver Fig. 8.13 para maiores detalhes

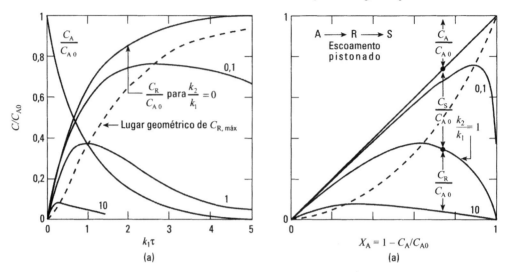

Pelo balanço de material em estado estacionário, obtemos, para qualquer componente:

$$\text{entrada} = \text{saída} + \text{consumo pela reação} \qquad (4.1) \text{ ou } (10)$$

que para o reagente A se torna:

$$F_{A0} = F_A + (-r_A)V$$

ou

$$vC_{A0} = vC_A + k_1 C_A V$$

Notando que

$$\frac{V}{v} = \tau_m = \bar{t} \qquad (11)$$

obtemos para A, depois de rearranjos:

$$\frac{C_A}{C_{A0}} = \frac{1}{1 + k_1 \tau_m} \qquad (12)$$

Para o componente R, o balanço de material, Eq. (10), torna-se:

$$vC_{R0} = vC_R + (-r_A)V$$

ou

$$0 = vC_R + (-k_1 C_A + k_2 C_R)V$$

Figura 8.4 — Variáveis para reações em série (sem R e S na alimentação), ocorrendo em um reator de mistura perfeita

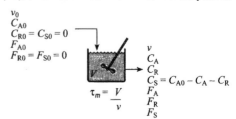

Com as Eqs. (11) e (12), nós obtemos, após rearranjos:

$$\frac{C_R}{C_{A0}} = \frac{k_1 \tau_m}{(1+k_1\tau_m)(1+k_2\tau_m)} \quad (13)$$

C_S é determinado, simplesmente notando que, a qualquer tempo:

$$C_A + C_R + C_S = C_{A0} = \text{constante}$$

conseqüentemente:
$$\frac{C_S}{C_{A0}} = \frac{k_1 k_2 \tau_m^2}{(1+k_1\tau_m)(1+k_2\tau_m)} \quad (14)$$

A localização e a concentração máxima de R são encontradas determinando-se $dC_R/d\tau_m = 0$. Logo:

$$\frac{dC_R}{d\tau_m} = 0 = \frac{C_{A0}k_1(1+k_1\tau_m)(1+k_2\tau_m) - C_{A0}k_1\tau_m[k_1(1+k_2\tau_m)+(1+k_1\tau_m)k_2]}{(1+k_1\tau_m)^2(1+k_2\tau_m)^2}$$

que, simplificando, fica:

$$\boxed{\tau_{m,\text{ótimo}} = \frac{1}{\sqrt{k_1 k_2}}} \quad (15)$$

A concentração correspondente de R é dada substituindo-se a Eq. (15) na Eq. (13). Após rearranjos, ficamos com:

$$\boxed{\frac{C_{R,\text{máx}}}{C_{A0}} = \frac{1}{[(k_2 k_1)^{1/2}+1]^2}} \quad (16)$$

Curvas típicas de concentração-tempo para vários valores de k_2/k_1 são mostradas na Fig. 8.5a. Um gráfico com curvas independentes do tempo, Fig. 8.5b, relaciona as concentrações de reagente e produtos.

Figura 8.5a, b — Comportamento de reações do tipo unimolecular:

$$A \xrightarrow{k_1} R \xrightarrow{k_2} S,$$

em um reator de mistura perfeita: (a) curvas de concentração-tempo e (b) concentração relativa dos componentes da reação. Ver Figura 8.14 para maiores detalhes

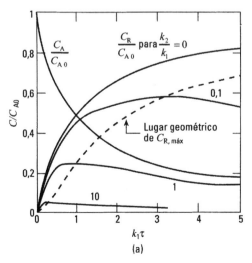
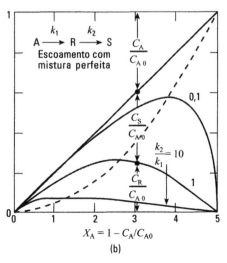

Comentários sobre as Características de Desempenho, Estudos Cinéticos e Projeto. As Figs. 8.3a e 8.5a mostram o comportamento geral da curva de concentração-tempo para reatores de mistura perfeita e pistonado. Elas ajudam a visualização do real progresso da reação. A comparação destas figuras mostra que, exceto quando $k_1 = k_2$, o reator pistonado sempre requer um tempo menor que o reator de mistura perfeita, para atingir a concentração máxima de R. A diferença nos tempos se torna progressivamente maior à medida que k_2/k_1 se desvia da unidade (ver Eqs. (15) e (19)). Para qualquer reação, a concentração máxima possível de ser obtida em um reator pistonado é sempre maior que a máxima possível em um reator de mistura perfeita (ver Eqs. (16) e (8)). Isto confirma as conclusões a que se chega pela análise qualitativa.

As Figs. 8.3b e 8.5b, que são gráficos com curvas independentes do tempo, mostram a distribuição de materiais durante a reação. Tais gráficos encontram mais uso em estudos cinéticos, porque eles permitem a determinação de k_2/k_1, pela coincidência dos pontos experimentais com uma das famílias de curvas do gráfico apropriado. As Figs. 8.13 e 8.14 são representações mais detalhadas destas duas figuras. Embora não mostrado nas figuras, C_S pode ser encontrada pela diferença entre C_{A0} e $C_A + C_R$.

A Fig. 8.6 apresenta as curvas do rendimento fracionário para o intermediário R, como uma função do nível de conversão e da razão entre as constantes de taxa. Essas curvas mostram claramente que o rendimento fracionário de R é sempre maior para o reator pistonado do que para o reator de mistura perfeita, para qualquer que seja o nível de conversão. Uma segunda observação importante nesta figura se relaciona à extensão de conversão de A que devemos adotar. Se para a reação considerada, k_2/k_1 for muito menor que a unidade, deveremos adotar uma conversão alta de A e provavelmente dispensar o reciclo de reagente não utilizado. Entretanto, se k_2/k_1 for maior que a unidade, o rendimento fracionário cairá drasticamente, mesmo à baixa conversão. Conseqüentemente, de modo a evitar a obtenção de S (indesejado) em vez de R, temos de adotar uma conversão muito pequena de A, por ciclo, com separação de R e reciclo de reagente não usado. Em tal caso, grandes

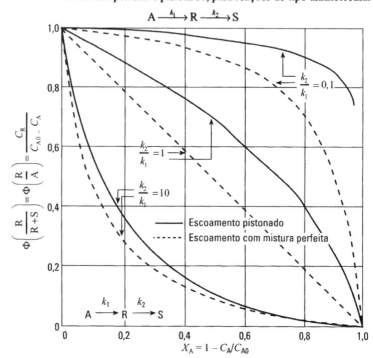

Figura 8.6 — Comparação dos rendimentos fracionários de R em reatores de mistura perfeita e pistonado, para reações do tipo unimolecular

quantidades de material terão de ser recicladas, após tratadas em um separador A-R, sendo esta parte do processo ressaltada em considerações de custo.

8.2 REAÇÃO DE PRIMEIRA ORDEM SEGUIDA POR REAÇÃO DE ORDEM ZERO

Considere as reações:

$$A \xrightarrow[n_1=1]{k_1} R \xrightarrow[n_2=0]{k_2} S \qquad \left.\begin{array}{l}-r_A = k_1 C_A \\ r_B = k_1 C_A - k_2\end{array}\right\} \quad \text{onde } K = \frac{k_2/C_{A0}}{k_1} \qquad (17)$$

Para *reator em batelada ou pistonado* com $C_{R0} = C_{S0} = 0$, a integração fornece:

$$\boxed{\frac{C_A}{C_{A0}} = e^{-k_1 t}} \qquad (18)$$

e

$$\boxed{\frac{C_R}{C_{A0}} = 1 - e^{-k_1 t} - \frac{k_2}{C_{A0}} t} \qquad (19)$$

A concentração máxima de intermediário, $C_{R,\,máx}$, e o tempo quando isto ocorre são dados por:

$$\boxed{\frac{C_{R,\,máx}}{C_{A0}} = 1 - K(1 - \ln K)} \qquad (20)$$

e

$$\boxed{t_{R,\,máx} = \frac{1}{k_1} \ln \frac{1}{K}} \qquad (21)$$

Graficamente, mostramos estas evidências na Fig. 8.7.

Figura 8.7 — Distribuição de produtos para as reações $A \xrightarrow{n=1} R \xrightarrow{n=0} S$

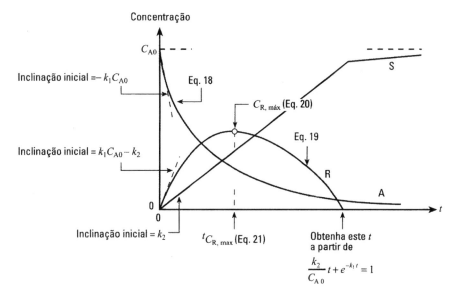

8.3 REAÇÃO DE ORDEM ZERO SEGUIDA POR REAÇÃO DE PRIMEIRA ORDEM

Considere as reações:

$$A \xrightarrow[n_1=0]{k_1} R \xrightarrow[n_2=1]{k_2} S \quad \begin{array}{l} -r_A = k_1 \\ r_R \begin{cases} = k_1 - k_2 C_R & \text{A presente} \\ = -k_2 C_R & \text{A ausente} \end{cases} \end{array} \quad K = \frac{k_2}{k_1/C_{A0}} \quad (22)$$

Para *reator em batelada ou pistonado*, com $C_{R0} = C_{S0} = 0$, a integração resulta em:

$$\boxed{\frac{C_A}{C_{A0}} = 1 - \frac{k_1 t}{C_{A0}}} \quad (23)$$

e

$$\boxed{\frac{C_R}{C_{A0}} \begin{cases} = \frac{1}{K}(1 - e^{-k_2 t}) & t < \frac{C_{A0}}{k_1} \\ = \frac{1}{K}(e^{K-k_2 t} - e^{-k_2 t}) & t > \frac{C_{A0}}{k_1} \end{cases}} \quad \begin{array}{l} (24) \\ (25) \end{array}$$

A concentração máxima de intermediário, $C_{R,\text{máx}}$, e o tempo quando isto ocorre são dados por:

$$\boxed{\frac{C_{R,\text{máx}}}{C_{A0}} = \frac{1 - e^{-K}}{K}} \quad (26)$$

e

$$\boxed{t_{R,\text{máx}} = \frac{C_{A0}}{k_1}} \quad (27)$$

Graficamente, mostramos estas evidências na Fig. 8.8.

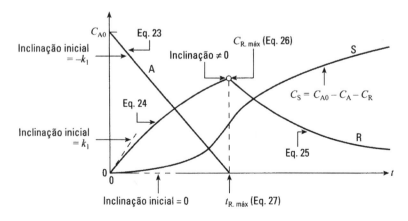

Figura 8.8 — Distribuição de produtos para as reações $A \xrightarrow{n=0} R \xrightarrow{n=1} S$

8.4 REAÇÕES IRREVERSÍVEIS SUCESSIVAS DE DIFERENTES ORDENS

Em princípio, curvas de concentração-tempo podem ser construídas para reações sucessivas de diferentes ordens. Para reator pistonado ou em batelada e para reator de mistura perfeita, soluções explícitas são difíceis de obter; deste modo, métodos numéricos fornecem a melhor ferramenta para tratar tais reações.

Para essas reações, o uso das curvas de concentração-tempo é limitado, uma vez que dependem da concentração do reagente na alimentação. Da mesma forma que para reações em paralelo, um aumento na concentração do reagente favorece a reação de ordem mais alta; uma concentração mais baixa favorece a reação de ordem mais baixa. Isto causa uma mudança em $C_{R,máx}$, podendo esta propriedade ser usada para melhorar a distribuição de produtos.

8.5 REAÇÕES REVERSÍVEIS

A solução das equações para reações sucessivas reversíveis é bastante similar ao caso de primeira ordem; logo, ilustramos somente as características gerais para uns poucos casos típicos. Considere as reações reversíveis de primeira ordem:

$$A \rightleftarrows R \rightleftarrows S \qquad (28)$$

e

$$B \begin{array}{c} \nearrow T \\ \searrow U \end{array} \qquad (29)$$

As Figs. 8.9 e 8.10 apresentam as curvas de concentração-tempo para os componentes no reator em batelada ou pistonado, para diferentes valores das constantes de taxa.

A Fig. 8.9 mostra que a concentração do intermediário em reações reversíveis em série não necessita passar por um máximo, enquanto a Fig. 8.10 mostra que o produto pode passar por uma concentração máxima, típica de um intermediário em reações irreversíveis em série. No entanto, as reações podem ser de um tipo diferente. Uma comparação destas figuras mostra que muitas das curvas são similares na forma, tornando difícil a seleção de um mecanismo de reação através de experimentos, especialmente se os dados cinéticos estiverem de algum modo dispersos. Provavelmente, a melhor pista para a distinção entre reações paralelas e em série é examinar os dados de taxa inicial (dados obtidos para conversão muito baixa de reagente). Para reações em série, as curvas de concentracão-tempo para S têm uma inclinação inicial igual a zero, o que não acontece para reações paralelas.

8.6 REAÇÕES IRREVERSÍVEIS EM SÉRIE-PARALELO

Reações múltiplas que consistem em etapas em série e etapas em paralelo são chamadas de reações em série-paralelo. Do ponto de vista do contato adequado, tais reações são mais interessantes que os tipos mais simples já considerados, porque geralmente é possível uma maior escolha de formas de contato, levando a maiores diferenças na distribuição de produtos. Desta forma, engenheiros de projeto estão lidando com um sistema mais flexível e isto lhes proporciona a oportunidade de mostrar seus talentos em projetar o melhor dentre a grande variedade de tipos possíveis de contato. Vamos desenvolver nossas idéias com um tipo de reação que representa uma vasta classe de reações industrialmente importantes. Nós generalizaremos então nossas evidências para outras reações em série-paralelo.

Para a série de reações, considere o ataque sucessivo de um composto por um material reativo. A representação geral destas reações é:

Figura 8.9 — Curvas de concentração-tempo para as reações reversíveis elementares:
$$A \underset{k_2}{\overset{k_1}{\rightleftarrows}} R \underset{k_4}{\overset{k_3}{\rightleftarrows}} S$$
A partir de Jungers *et al.* (1958), p. 207

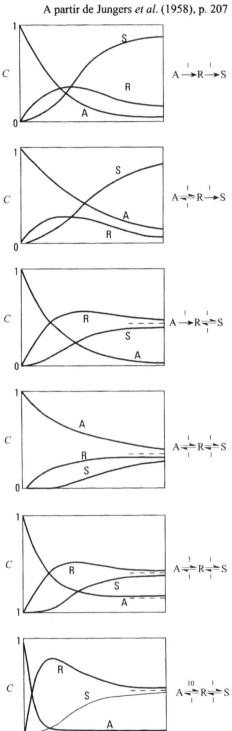

Figura 8.10 — Curvas de concentração-tempo para as reações paralelas reversíveis elementares:
$$A \underset{k_2}{\overset{k_1}{\rightleftarrows}} R \qquad A \underset{k_4}{\overset{k_3}{\rightleftarrows}} S$$
A partir de Jungers *et al.* (1958), p. 207

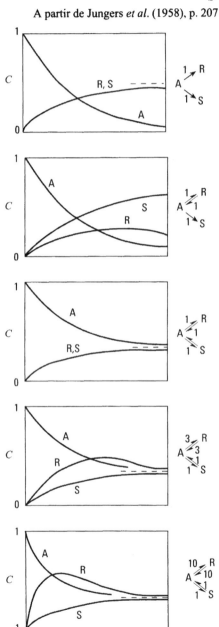

8.6 — Reações Irreversíveis em Série-paralelo

$$
\left.
\begin{array}{l}
A + B \xrightarrow{\ k_1\ } R \\[4pt]
R + B \xrightarrow{\ k_2\ } S \\[4pt]
S + B \xrightarrow{\ k_3\ } T \\[4pt]
\qquad \text{etc.}
\end{array}
\right\}
\tag{30}
$$

ou

$$
A \xrightarrow{\ +B,\,k_1\ } R \xrightarrow{\ +B,\,k_2\ } S \xrightarrow{\ +B,\,k_3\ } T
$$

onde A é o composto a ser atacado, B é o material reativo e R, S, T, etc. são os materiais polissubstituídos, formados durante a reação. Exemplos de tais reações podem ser encontrados nas halogenações sucessivas de substituição (ou nitração) de hidrocarbonetos; isto é, benzeno ou metano, para formar monohalo, dihalo, trihalo, etc., obtidos como mostrado abaixo:

$$
C_6H_6 \xrightarrow{\ +Cl_2\ } C_6H_5Cl \xrightarrow{\ +Cl_2\ } \cdots \xrightarrow{\ +Cl_2\ } C_6Cl_6
$$

$$
C_6H_6 \xrightarrow{\ +HNO_3\ } C_6H_5NO_2 \xrightarrow{\ +HNO_3\ } \cdots \xrightarrow{\ +HNO_3\ } C_6H_3(NO_2)_3
$$

$$
CH_4 \xrightarrow{\ +Cl_2\ } CH_3Cl \xrightarrow{\ +Cl_2\ } \cdots \xrightarrow{\ +Cl_2\ } CCl_4
$$

Um outro exemplo importante é a adição de óxidos de alquenos; isto é, óxido de etileno, em compostos da classe doadora de prótons, tais como aminas, álcoois, água e hidrazina, para formar monoalcoxi, dialcoxi, trialcoxi, etc., sendo alguns exemplos apresentados abaixo:

Tais processos são freqüentemente bimoleculares, irreversíveis, sendo portanto, cineticamente de segunda ordem. Quando ocorrem em fase líquida, os processos são essencialmente reações com densidade constante.

Reações Irreversíveis em Série-Paralelo, em Duas Etapas

Inicialmente, consideramos a reação em duas etapas, onde o produto da primeira substituição é aquele desejado. Na verdade, para uma reação com n etapas, a terceira e posteriores reações não ocorrem com uma extensão apreciável e poderão ser ignoradas se a relação molar de A para B for alta (ver tratamento qualitativo dado a seguir). A série considerada de reações é então:

$$
\left.
\begin{array}{l}
A + B \xrightarrow{\ k_1\ } R \\[4pt]
R + B \xrightarrow{\ k_2\ } S
\end{array}
\right\}
\tag{31}
$$

Com a suposição de que a reação é irreversível, bimolecular e com densidade constante, as expressões de taxa são dadas por:

$$r_A = \frac{dC_A}{dt} = -k_1 C_A C_B \qquad (32)$$

$$r_B \frac{dC_B}{dt} = -k_1 C_A C_B - k_2 C_R C_B \qquad (33)$$

$$r_R = \frac{dC_R}{dt} = k_1 C_A C_B - k_2 C_R C_B \qquad (34)$$

$$r_S = \frac{dC_S}{dt} = k_2 C_R C_B \qquad (35)$$

Discussão Qualitativa Acerca da Distribuição de Produtos. Para obter o "sentimento" do que acontece quando A e B reagem de acordo com a Eq. (31), imagine que nós tenhamos dois béqueres, um contendo A e o outro contendo B. A maneira como misturamos A e B deve fazer alguma diferença na distribuição de produtos? Para descobrir, considere as seguintes maneiras de misturar os reagentes: (a) adicione A lentamente em B; (b) adicione B lentamente em A e finalmente (c) misture A e B rapidamente e ao mesmo tempo.

(a) Adicione A lentamente em B. Para a primeira alternativa, derrame A, um pouco de cada vez, em um béquer contendo B, agitando vigorosamente; esteja certo de que todo A foi consumido e que a reação parou antes de a próxima porção ser adicionada. Com cada adição, um pouco de R é produzido no béquer. Porém, esse R está em excesso de B, de modo que ele reagirá mais para formar S. O resultado é que em nenhum instante durante a adição lenta, A e R estarão presentes em quantidades apreciáveis. A mistura torna-se progressivamente mais rica em S e mais pobre em B. Isto continua até que o béquer contenha somente S. A Fig. 8.11 mostra esta mudança progressiva.

(b) Adicione B lentamente em A. Agora, derrame B, um pouco de cada vez, em um béquer contendo A e novamente agite vigorosamente. A primeira porção de B será consumida, reagindo com A para formar R. Este R não pode reagir mais, pois B agora não está presente na mistura. Com a próxima adição de B, tanto A como R competirão entre si pelo B adicionado e, desde que A está em grande excesso, ele reagirá com a maioria de B, produzindo ainda mais R. Este processo será repetido com

Figura 8.11 — Distribuição de materiais em um béquer contendo B, para o método mostrado de mistura

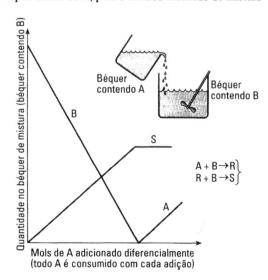

Figura 8.12 — Distribuição de materiais no béquer de mistura, para os dois métodos mostrados de mistura

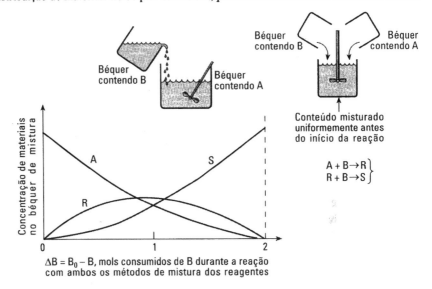

formação progressiva de R e consumo de A, até que a concentração de R seja alta o suficiente de modo que ele possa competir favoravelmente com A pelo B adicionado. Quando isto acontece, a concentração de R alcança um máximo e então diminui. Finalmente, depois da adição de 2 mols de B para cada mol de A, nós terminamos com uma solução contendo somente S. Esta mudança progressiva é mostrada na Fig. 8.12.

(c) Misture rapidamente A e B. Agora, considere a terceira alternativa, quando os conteúdos dos dois béqueres são rapidamente misturados; a reação é lenta o suficiente, de modo que ela não ocorre com uma extensão apreciável antes de a mistura se tornar uniforme. Durante o início da reação, R compete com um grande excesso de A para reagir com B, estando conseqüentemente em desvantagem. Continuando nesta linha de raciocínio, encontramos o mesmo tipo de curva de distribuição que a obtida quando adicionamos lentamente B a A. Esta situação é mostrada na Fig.8.12.

A distribuição de produtos das Figs. 8.11 e 8.12 é completamente diferente. Assim, quando A for mantido uniforme na composição à medida que ele reagir, como na Fig. 8.12, então R será formado. No entanto, quando A fresco for misturado com a mistura parcialmente reagida, como na Fig. 8.11, então nenhum intermediário R se formará. Porém, isto é precisamente o comportamento de reações em série. Logo, desde que A, R e S sejam considerados, nós podemos visualizar as reações da Eq. (31) como:

$$A \xrightarrow{+B} R \xrightarrow{+B} S$$

Uma segunda observação da Fig. 8.12 é que o nível de concentração de B, se alto ou baixo, não tem efeito no caminho da reação e na distribuição de produtos. Mas este é precisamente o comportamento das reações paralelas de mesma ordem. Deste modo, com relação a B, a Eq. (31) pode ser vista como:

156 *Capítulo 8 — Miscelânea de Reações Múltiplas*

Desta discussão, nós propomos a regra geral:

> *As reações irreversíveis em série-paralelo podem ser analisadas em termos de suas reações constituintes, paralelas e em série, em que o contato ótimo para a distribuição favorável de produtos é o mesmo que para as reações constituintes.*

Para as reações da Eq.(31), onde R é desejado, esta regra mostra que a melhor maneira de fazer o contato de A e B é reagir A uniformemente, enquanto adicionando B de algum modo conveniente.

Essa é uma generalização poderosa que, sem a necessidade de valores específicos para as constantes de taxa, pode já mostrar em muitos casos quais são os tipos favoráveis de contato. É essencial, no entanto, ter a representação apropriada da estequiometria e da forma da equação de taxa. O Exemplo 8.6 e muitos problemas do Capítulo 10 aplicam essas generalizações.

Tratamento Quantitativo, Reator Pistonado ou em Batelada. Aqui, nós tratamos quantitativamente as reações da Eq. (31), sabendo que R, o intermediário, é o produto desejado e que a reação é lenta o suficiente de modo que podemos ignorar os problemas da reação parcial durante a mistura de reagentes.

Em geral, tomando a razão entre as duas equações de taxa, a variável tempo é eliminada, obtendo-se informação sobre a distribuição de produtos. Assim, dividindo a Eq. (34) pela Eq. (32), nós obtemos a equação diferencial linear de primeira ordem:

$$\frac{r_R}{r_A} = \frac{dC_R}{dC_A} = -1 + \frac{k_2 C_R}{k_1 C_A} \tag{36}$$

cujo método de solução é mostrado no Capítulo 3. Com a ausência de R na alimentação, os limites de integração são C_{A0} (limite inferior) e C_A (limite superior) para A e $C_{R0} = 0$ para R, sendo a solução da equação diferencial dada por:

$$\boxed{\begin{array}{ll} \dfrac{C_R}{C_{A0}} = \dfrac{1}{1 - k_2/k_1}\left[\left(\dfrac{C_A}{C_{A0}}\right)^{k_2/k_1} - \dfrac{C_A}{C_{A0}}\right], & \dfrac{k_2}{k_1} \neq 1 \\[2em] \dfrac{C_R}{C_{A0}} = \dfrac{C_A}{C_{A0}}\ln\dfrac{C_{A0}}{C_A}, & \dfrac{k_2}{k_1} = 1 \end{array}} \tag{37}$$

com C_R máximo dado por:

$$\boxed{\begin{array}{ll} \dfrac{C_{R,\text{máx}}}{C_{A0}} = \left(\dfrac{k_1}{k_2}\right)^{k_2/(k_2-k_1)}, & \dfrac{k_2}{k_1} \neq 1 \\[2em] \dfrac{C_{R,\text{máx}}}{C_{A0}} = \dfrac{1}{e} = 0,368 & \dfrac{k_2}{k_1} = 1 \end{array}} \tag{38}$$

Isto fornece a relação entre C_R e C_A em um reator em batelada ou pistonado. Para encontrar as concentrações dos outros componentes, simplesmente faça um balanço de material. Um balanço em termos de A fornece:

$$C_{A0} + C_{R0} + C_{S0} = C_A + C_R + C_S$$

ou

$$\Delta C_A = \Delta C_R + \Delta C_S = 0 \tag{39}$$

do qual C_S pode ser encontrado como uma função de C_A e C_R. Finalmente, um balanço em termos de B resulta em:

$$\Delta C_B + \Delta C_R + 2\Delta C_S = 0 \tag{40}$$

do qual C_B pode ser encontrado.

Tratamento Quantitativo, Reator de Mistura Perfeita. Escrevendo a equação de projeto para reator de mistura perfeita, em termos de A e R, temos:

$$\tau_m = \frac{C_{A0} - C_A}{-r_A} = \frac{-C_R}{-r_R}$$

ou

$$\tau_m = \frac{C_{A0} - C_A}{k_1 C_A C_B} = \frac{-C_R}{k_2 C_R C_B - k_1 C_A C_B}$$

Rearranjando, obtemos:

$$\frac{-C_R}{C_{A0} - C_A} = -1 + \frac{k_2 C_R}{k_1 C_A}$$

que é a equação de diferença correspondente à equação diferencial, Eq. (36). Escrevendo C^R em termos de C_A, temos:

com

$$\boxed{\begin{aligned} C_R &= \frac{C_A(C_{A0} - C_A)}{C_A + (k_2 / k_1)(C_{A0} - C_A)} \\ \frac{C_{R,\,máx}}{C_{A0}} &= \frac{1}{[1 + (k_2 / k_1)^{1/2}]^2} \end{aligned}} \tag{41}$$

As Eqs. (39) e (40), representando os balanços de materiais para A e B em um reator pistonado, mantêm-se igualmente bem para reator de mistura perfeita e servem para completar a série de equações, fornecendo uma distribuição de produtos mais completa no reator.

Representação Gráfica. As Figs. 8.13 e 8.14, gráficos com curvas independentes do tempo e preparados a partir das Eqs. (37) e (41), mostram a distribuição de materiais em um reator pistonado e de mistura perfeita. Como mencionado anteriormente, A, R e S se comportam como componentes em reações de primeira ordem em série. Comparando as Figs. 8.13 e 8.14 com as Figs. 8.3b e 8.5b, nós vemos que a distribuição destes materiais é a mesma em ambos os casos; o reator pistonado fornece novamente uma concentração mais alta do intermediário que o reator de mistura perfeita. Nestes gráficos, as linhas de inclinação 2 mostram a quantidade consumida de B para atingir qualquer ponto particular da curva. Não faz diferença se B for adicionado todo de uma só vez, como no reator em batelada, ou aos poucos, como no reator semicontínuo; em ambos os casos, o mesmo ponto no gráfico será atingido quando a mesma quantidade total de B for consumida.

Essas figuras indicam que não importa qual sistema de reator seja selecionado; quando a fração de conversão de A for baixa, o rendimento fracionário de R será alto. Logo, se for possível separar R, a baixo custo, da corrente do produto, a maneira ótima para produzir R será ter pequenas conversões por etapa, juntamente com uma separação de R e reciclo do componente A não usado. O verdadeiro modo de operação dependerá, naturalmente, da análise econômica do sistema em estudo.

Figura 8.13 — Distribuição de materiais em um reator em batelada e pistonado, para as reações elementares em série-paralelo

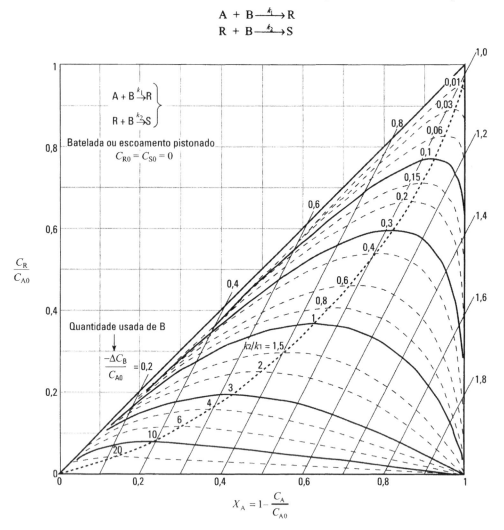

Determinação Experimental da Cinética de Reação. A relação k_2/k_1 pode ser encontrada pela análise dos produtos de reação de um experimento e pela localização do ponto correspondente no gráfico apropriado de projeto. A maneira mais simples de fazer isto é usar diferentes relações de B e A em um reator em batelada, permitindo que a reação se complete em cada batelada. Para cada experimento, um valor de k_2/k_1 pode ser determinado. As melhores relações molares a usar são aquelas em que as linhas de valores constantes de k_2/k_1 estão mais afastadas ou quando $-(\Delta B/A_0) \approx 1,0$ ou próximo das relações molares.

Com k_2/k_1 conhecido, tudo que se necessita é k_1, que tem de ser encontrado pelos experimentos cinéticos. O procedimento mais simples é usar um grande excesso de B, caso em que o consumo de A segue a cinética de primeira ordem.

Figura 8.14 —Distribuição de materiais em um reator de mistura perfeita, para as reações elementares em série-paralelo

$$A + B \xrightarrow{k_1} R$$
$$R + B \xrightarrow{k_2} S$$

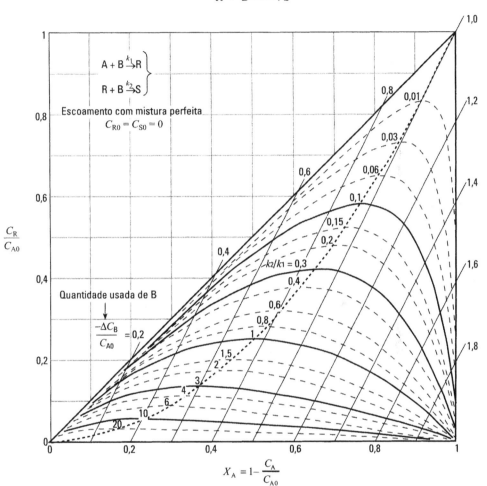

EXEMPLO 8.2 CINÉTICA DE REAÇÃO EM SÉRIE-PARALELO

A partir de cada um dos seguintes experimentos, o que podemos dizer acerca das constantes de taxa das reações múltiplas abaixo?

$$A + B \xrightarrow{k_1} R$$
$$R + B \xrightarrow{k_2} S$$

(a) 0,5 mol de B é derramado aos poucos, com agitação, em um balão de vidro contendo um mol de A. A reação ocorre lentamente e quando B for inteiramente consumido, 0,67 mol de A permanecerá sem reagir.

(b) 1,0 mol de A e 1,25 mol de B são rapidamente misturados e a reação é lenta o suficiente, de modo que ela não ocorre com uma extensão apreciável antes de se atingir uma homogeneidade na composição. Quando a reação se completar, 0,5 mol de R estará presente na mistura.

(c) 1,0 mol de A e 1,25 mol de B são rapidamente misturados. A reação é lenta o suficiente, de modo que ela não ocorre com uma extensão apreciável antes de se atingir uma homogeneidade em A e B. Quando 0,9 mol de B for consumido, 0,3 mol de S estará presente na mistura.

SOLUÇÃO

Os esquemas na Fig. E8.2 mostram como a Fig. 8.13 é usada para encontrar a informação desejada. Assim, nós encontramos:

(a) $\underline{\underline{k_2 / k_1 = 4}}$, (b) $\underline{\underline{k_2 / k_1 = 0{,}4}}$, (c) $\underline{\underline{k_2 / k_1 = 1{,}45}}$

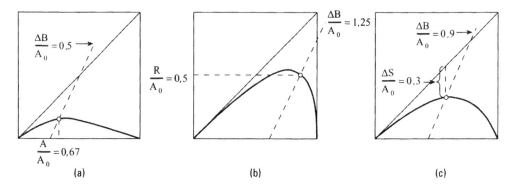

Figura E8.2

Extensões e Aplicações

Três ou Mais Reações. A análise de três ou mais reações pode ser feita pelos procedimentos análogos àqueles apresentados. Naturalmente, usa-se mais a matemática; no entanto, muito do trabalho extra pode ser evitado, selecionando-se as condições experimentais em que somente duas reações necessitam ser consideradas em qualquer instante. A Fig. 8.15 mostra as curvas de distribuição de produtos para uma destas reações, a cloração progressiva de benzeno.

Figura 8.15 — Distribuição de produtos na cloração progressiva de benzeno:

$$A + B \xrightarrow{k_1} R + U \qquad C_6H_6 + Cl_2 \xrightarrow{k_1} C_6H_5Cl + HCl$$
$$R + B \xrightarrow{k_2} S + U \quad \text{ou} \quad C_6H_5Cl + Cl_2 \xrightarrow{k_2} C_6H_4Cl_2 + HCl$$
$$S + B \xrightarrow{k_3} T + U \qquad C_6H_4Cl_2 \xrightarrow{k_3} C_6H_4Cl_2 + HCl$$

com $k_2/k_1 = 1/8$ e $k_3/k_1 = 1/240$; proveniente de R. B. MacMullin (1948).

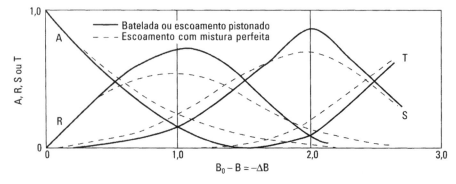

Figura 8.16 — O tipo de escoamento e a cinética influenciam a distribuição de pesos moleculares de polímero: (a) a duração da reação de polimerização (vida do polímero ativo) é curta comparada ao tempo de retenção no reator; (b) a duração da reação de polimerização é longa comparada ao tempo de retenção no reator ou quando a polimerização não tem reação de terminação. Adaptado de Denbigh (1947)

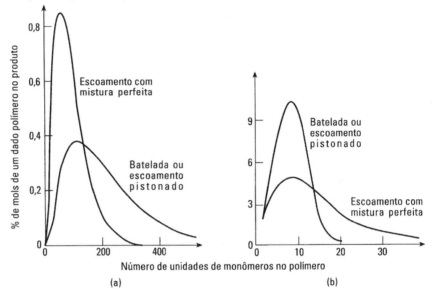

Catipovic e Levenspiel (1979) desenvolveram gráficos para representar as três primeiras etapas de uma seqüência de uma reação com n etapas. Para mais de três etapas, gráficos simples de desempenho não podem ser preparados.

Novamente, assim como para a série com duas reações, constatamos que o reator pistonado fornece um valor maior de concentração máxima de qualquer intermediário do que um reator de mistura perfeita.

Polimerização. O campo de polimerização proporciona uma oportunidade para uma aplicação proveitosa dessas idéias. Freqüentemente, centenas ou mesmo milhares de reações em série ocorrem na formação de polímeros. O tipo de ligação cruzada e a distribuição de pesos moleculares destes produtos são os responsáveis pelas propriedades físicas singulares de solubilidade, densidade, flexibilidade, etc.

Uma vez que o modo de mistura dos monômeros com seus catalisadores afeta profundamente a distribuição de produtos, grande importância deve ser dada a este fator, se quisermos que o produto tenha as propriedades físicas e químicas desejadas. Denbigh (1947, 1951) considerou alguns dos muitos aspectos deste problema. A Fig. 8.16 mostra, para várias cinéticas, como o tipo do reator influencia a distribuição de pesos moleculares dos produtos.

8.7 AS REAÇÕES DE DENBIGH E SEUS CASOS ESPECIAIS

Denbigh (1958) foi o primeiro a tratar o seguinte esquema geral de reação:

$$\begin{array}{c} A \xrightarrow{1} R \xrightarrow{3} S \\ \downarrow 2 \quad \downarrow 4 \\ T \quad U \end{array} \quad \left.\begin{array}{l} -r_A = k_{12} C_A \\ r_R = k_1 C_A - k_{34} C_R \\ r_S = k_3 C_R \\ r_T = k_2 C_A \\ r_U = k_4 C_R \end{array}\right\} \quad \begin{array}{l} k_{12} = k_1 + k_2 \\ k_{34} = k_3 + k_4 \end{array} \quad (42)$$

162 *Capítulo 8 — Miscelânea de Reações Múltiplas*

com
$$C_{A0} + C_{R0} + C_{S0} + C_{T0} + C_{U0} = C_A + C_R + C_S + C_T + C_U \tag{43}$$

As equações de desempenho para este esquema de reações se reduzem diretamente a todos os casos especiais, como por exemplo:

$$A \to R \to S, \quad A \to R\begin{smallmatrix}\nearrow S \\ \searrow U\end{smallmatrix}, \quad A\begin{smallmatrix}\nearrow R \\ \searrow T\end{smallmatrix} \to S, \quad A\begin{smallmatrix}\nearrow R \searrow \\ \to S\end{smallmatrix}, \quad A\begin{smallmatrix}\nearrow R \\ \searrow T\end{smallmatrix}$$

Este esquema tem uma larga aplicação em um grande número de sistemas reacionais reais.

Essas equações de taxa são todas de primeira ordem e assim, o desenvolvimento das expressões de desempenho não envolve uma matemática complexa, embora possa ser uma tarefa tediosa. Em nosso tratamento, não apresentaremos as etapas detalhadas de cálculo e, sim, apenas os resultados finais.

Reatores em Batelada ou Pistonado. A integração fornece as equações de desempenho para este sistema:

$$\frac{C_A}{C_{A0}} = \exp(-k_{12}t) \tag{44}$$

$$\frac{C_R}{C_{A0}} = \frac{k_1}{k_{34} - k_{12}}[\exp(-k_{12}t) - \exp(-k_{34}t)] + \frac{C_{R0}}{C_{A0}}\exp(-k_{34}t) \tag{45}$$

$$\frac{C_S}{C_{A0}} = \frac{k_1 k_3}{k_{34} - k_{12}}\left[\frac{\exp(-k_{34}t)}{k_{34}} - \frac{\exp(-k_{12}t)}{k_{12}}\right] + \frac{k_1 k_3}{k_{12}k_{34}} + \frac{C_{R0}}{C_{A0}}\frac{k_3}{k_{34}}[1 - \exp(-k_{34}t)] + \frac{C_{S0}}{C_{A0}} \tag{46}$$

$$\frac{C_T}{C_{A0}} = \frac{k_2}{k_{12}}[1 - \exp(-k_{12}t)] + \frac{C_{T0}}{C_{A0}} \tag{47}$$

$$\frac{C_U}{C_{A0}} \dots \text{o mesmo que } \frac{C_S}{C_{A0}} \text{ porém com } k_3 \leftrightarrow k_4 \text{ e } C_{S0} \leftrightarrow C_{U0}$$

Para o caso especial em que $C_{R0} = C_{S0} = C_{T0} = C_{U0} = 0$, as expressões acima simplificam. Nós também podemos encontrar $C_R = f(C_A)$; desta forma,

$$\frac{C_R}{C_{A0}} = \frac{k_1}{k_{12} - k_{34}}\left[\left(\frac{C_A}{C_{A0}}\right)^{k_{34}/k_{12}} - \frac{C_A}{C_{A0}}\right] \tag{48}$$

e
$$\frac{C_{R,\text{máx}}}{C_{A0}} = \frac{k_1}{k_{12}}\left(\frac{k_{12}}{k_{34}}\right)^{k_{34}/(k_{34}-k_{12})} \tag{49}$$

em
$$t_{\text{máx}} = \frac{\ln(k_{34}/k_{12})}{k_{34} - k_{12}} \tag{50}$$

Para $C_{R0} = C_{S0} = C_{T0} = C_{U0} = 0$, o comportamento do sistema é mostrado na Fig. 8.17. Esta figura também mostra $C_{R,\text{máx}}$ e o tempo quando isto ocorre, em termos das constantes de taxa.

Figura 8.17 — Progresso do esquema reacional de Denbigh em um reator pistonado, para $C_{R0} = C_{S0} = C_{T0} = C_{U0} = 0$

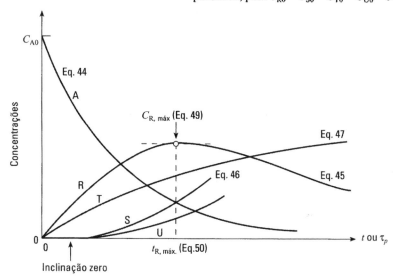

Reatores de Mistura Perfeita. Usando a equação de desempenho para o reator de mistura perfeita, com essas taxas, temos:

$$\frac{C_A}{C_{A0}} = \frac{1}{(1+k_{12}\tau_m)} \tag{51}$$

$$\frac{C_R}{C_{A0}} = \frac{k_1\tau_m}{(1+k_{12}\tau_m)(1+k_{34}\tau_m)} + \frac{C_{R0}}{C_{A0}}\frac{1}{(1+k_{34}\tau_m)} \tag{52}$$

$$\frac{C_S}{C_{A0}} = \frac{k_1 k_3 \tau_m^2}{(1+k_{12}\tau_m)(1+k_{34}\tau_m)} + \frac{C_{R0}}{C_{A0}}\frac{k_3\tau_m}{(1+k_{34}\tau_m)} + \frac{C_{S0}}{C_{A0}} \tag{53}$$

$$\frac{C_T}{C_{A0}} = \frac{k_2\tau_m}{(1+k_{12}\tau_m)} + \frac{C_{T0}}{C_{A0}} \tag{54}$$

$$\frac{C_U}{C_{A0}} \ldots \text{o mesmo que } \frac{C_S}{C_{A0}} \text{ porém com } k_3 \leftrightarrow k_4 \text{ e } C_{S0} \leftrightarrow C_{U0} \tag{55}$$

No ótimo, obtemos:

$$\frac{C_{R\,\text{máx}}}{C_{A0}} = \left(\frac{k_1}{k_{12}}\right) \cdot \frac{1}{[(k_{34}/k_{12})^{1/2}+1]^2} \tag{56}$$

em

$$\tau_{m,\,R\,\text{máx}} = \frac{1}{(k_{12}/k_{34})^{1/2}} \tag{57}$$

Graficamente, para $C_{R0} = C_{S0} = C_{T0} = C_{U0} = 0$, a Fig. 8.18 mostra o comportamento deste sistema.

Figura 8.18 — Progresso do esquema reacional de Denbigh em um reator de mistura perfeita, para $C_{R0} = C_{S0} = C_{T0} = C_{U0} = 0$

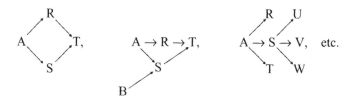

Comentários, Sugestões e Extensões

As equações deste capítulo podem ser estendidas e aplicadas diretamente a muitos outros esquemas reacionais, como por exemplo:

$$A \begin{matrix} \nearrow R \\ \rightarrow T, \\ \searrow S \end{matrix} \qquad A \rightarrow R \rightarrow T, \qquad A \rightarrow S \begin{matrix} \nearrow R \;\; U \nwarrow \\ \rightarrow V, \\ \swarrow T \;\; W \searrow \end{matrix} \text{etc.}$$

Alguns problemas no final deste capítulo consideram estas extensões.

Um exame cuidadoso da forma das curvas de C *versus* τ fornece muita informação útil a respeito das constantes de taxa. Aqui estão algumas delas:

- Olhe a inclinação inicial das curvas; meça as inclinações. As inclinações iniciais de materiais produzidos são iguais a zero ou não?

- Meça a concentração final de todos os componentes da reação.

- Encontre quando um intermediário atinge sua concentração máxima e meça esta concentração.

- Na busca de um modelo ou mecanismo para o esquema reacional, faça experimentos em diferentes valores de C_{A0} e diferentes razões C_{B0}/C_{A0}.

- Se possível, faça também experimentos começando com o intermediário. Por exemplo, para a reação $A \rightarrow R \rightarrow S$, comece somente com R e siga seu consumo.

- Se as duas etapas de reações de primeira ordem em série têm valores muito diferentes de constantes de taxa, podemos aproximar o comportamento global por:

$$A \xrightarrow{k_1=100} R \xrightarrow{k_2=1} S \;\Rightarrow\; A \xrightarrow{k} S, \;\; \text{onde } k = \dfrac{1}{\dfrac{1}{k_1} + \dfrac{1}{k_2}} = 0,99$$

- Para esquemas envolvendo diferentes ordens de reação, a análise de torna complicada para reações irreversíveis e para esquemas de muitas etapas, típicos de polimerizações.
- A chave para o projeto ótimo para reações múltiplas é o contato adequado e o tipo apropriado de escoamento de fluidos no interior do reator. Estes requisitos são determinados pela estequiometria e pela cinética observada. Geralmente, o simples raciocínio qualitativo já pode determinar o esquema correto de contato. Isto será discutido no Capítulo 10. Contudo, são necessárias considerações quantitativas para determinar a verdadeira capacidade do equipamento.

EXEMPLO 8.3 AVALIE A CINÉTICA DE UM EXPERIMENTO EM BATELADA

Pesquisadores japoneses acompanharam, muito cuidadosamente, a oxidação do sulfeto de sódio, Na_2S (A), a tiossulfato de sódio, $Na_2S_2O_3$ (R), em um reator em batelada. Os intermediários foram medidos e os resultados encontrados foram esquematizados na Fig. E8.3.

(a) Pense em uma rede simples de reações, todas de primeira ordem, para representar essa oxidação.
(b) Avalie as constantes de taxa das reações dessa rede.

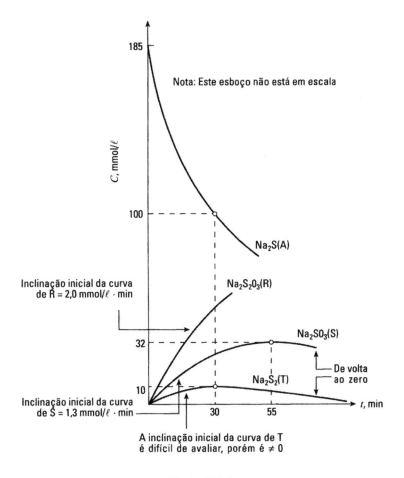

Figura E8.3

SOLUÇÃO

Este problema aborda numerosas técnicas.

(a) Primeiro, Procure as Pistas no Gráfico. Primeiro notamos que as inclinações iniciais das curvas de R, S e T são todas diferentes de zero, sugerindo que estes compostos sejam formados diretamente de A; ou seja:

$$A \underset{3}{\overset{1}{\rightleftarrows}} \begin{array}{c} S \\ R \\ T \end{array}$$

Uma vez que não há S e T no produto final, nosso esquema reacional sugerido é:

(a)

(b) Avalie as Constantes de Taxa. Notando que A desaparece através de uma cinética de primeira ordem, temos:

$$\ln \frac{C_{A0}}{C_A} = \ln \frac{185}{100} = (k_1 + k_2 + k_3)t = k_{123}t = k_{123}(30)$$

da qual:
$$k_{123} = 0,0205 \text{ min}^{-1}$$

A partir da taxa inicial para formação de R:

$$\frac{dC_R}{dt} = k_2 C_{A0}$$

ou
$$k_2 = \frac{dC_R/dt}{C_{A0}} = \frac{2,0}{185} = 0,0108 \text{ min}^{-1}$$

Similarmente, para S:

$$k_1 = \frac{dC_S/dt}{C_{A0}} = \frac{1,3}{185} = 0,0070 \text{ min}^{-1}$$

Assim, por diferença:

$$k_3 = k_{123} - k_1 - k_2 = 0,0205 - 0,0108 - 0,0070 = 0,0027 \text{ min}^{-1}$$

Agora, vamos olhar os máximos das curvas de S e T. Para S, pela extensão da Eq. (49), podemos escrever:

$$\frac{C_{S\,\text{máx}}}{C_{A0}} = \frac{k_1}{k_{123}} \left(\frac{k_{123}}{k_4} \right)^{k_4/(k_4 - k_{123})}$$

ou
$$\frac{32}{185} = \frac{0,0070}{0,0205} \left(\frac{0,0205}{k_4} \right)^{k_4/(k_4 - 0,0205)}$$

Resolvendo para k_4 por tentativa e erro, temos:

$$k_4 = 0,0099 \text{ min}^{-1}$$

Similarmente, para T:

$$\frac{10}{185} = \frac{0,0027}{0,0205}\left(\frac{0,0205}{k_5}\right)^{k_5/(k_5-0,0205)}$$

$$k_5 = 0,0163 \text{min}^{-1}$$

Desta forma, finalizamos com o seguinte esquema cinético:

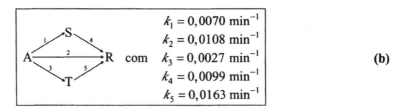

(b)

Este problema foi preparado por David L. Cates (1988).

REFERÊNCIAS

Catipovic, N., and Levenspiel, O., *Ind. Eng. Chem. Process Des. Dev.*, **18**, 558 (1979).
Denbigh, K. G., *Trans. Faraday Soc.*, **43**, 648 (1947).
Denbigh, K. G., *J. Appl. Chem.*, **1**, 227 (1951).
Denbigh, K. G., *Chem. Eng. Sci.*, **8**, 125 (1958).
Jungers. J. C., et al., *Cinétique Chimique Appliquée*, Technip, Paris, 1958.
MacMullin, R. B., *Chem. Eng. Prog.*, **44**, 183 (1948).

PROBLEMAS

8.1 Começando com alimentações separadas dos reagentes A e B, com uma dada concentração (não é permitido diluição com inertes), para reações consecutivas-competitivas com estequiometria e taxa como mostradas abaixo:

$$A + B \rightarrow R_{desejado} \cdots r_1$$
$$R + B \rightarrow S_{indesejado} \cdots r_2$$

esquematize os melhores tipos de contato para operações contínua e descontínua:

(a) $r_1 = k_1 C_A C_B^2$
$r_2 = k_2 C_R C_B$

(b) $r_1 = k_1 C_A C_B$
$r_2 = k_2 C_R C_B^2$

(c) $r_1 = k_1 C_A C_B$
$r_2 = k_2 C_R^2 C_B$

(d) $r_1 = k_1 C_A^2 C_B$
$r_2 = k_2 C_R C_B$

8.2 Sob condições apropriadas, A se decompõe como segue:

$$A \xrightarrow{k_1=0,1/\text{min}} R \xrightarrow{k_2=0,1/\text{min}} S$$

168 *Capítulo 8 — Miscelânea de Reações Múltiplas*

R deve ser produzido a partir de 1.000 ℓ/h de uma alimentação em que $C_{A0} = 1$ mol/ℓ, $C_{R0} = C_{S0} = 0$.

(a) Que capacidade de um reator pistonado maximizará a concentração de R e qual será esta concentração na corrente que sai deste reator?

(b) Que capacidade de um reator de mistura perfeita maximizará a concentração de R e qual será $C_{R, máx}$ na corrente que sai deste reator?

O componente puro A ($C_{A0} = 100$) é alimentado em um reator de mistura perfeita; R e S são formados e as seguintes concentrações de saída são medidas. Encontre um esquema cinético para ajustar os dados.

8.3

Corrida	C_A	C_R	C_S
1	75	15	10
2	25	45	30

8.4

Corrida	C_A	C_R	C_S
1	50	$33\frac{1}{3}$	$16\frac{2}{3}$
2	25	30	45

8.5

Corrida	C_A	C_R	C_S	t, min
1	50	40	10	5
2	20	40	40	20

8.6 Na moagem de pigmentos para tintas, em escoamento contínuo, nossa companhia descobre que muitas partículas muito pequenas e muitas partículas muito grandes saem do moinho de mistura. Um moinho com multiestágios, que se parece com um reator pistonado, poderia ter sido usado, mas não foi. De qualquer modo, em um ou outro tipo de moinho, os pigmentos são progressivamente moídos em partículas cada vez menores.

Atualmente, a corrente de saída de nosso moinho de mistura contém 10% de partículas muito grandes ($d_p > 147$ μm); 32% de partículas do tamanho desejado ($d_p = 38 - 147$ μm); e 58% de partículas muito pequenas ($d_p < 38$ μm).

(a) Você poderia sugerir um esquema melhor de moagem para a nossa unidade? O que ele forneceria?

(b) O que você acha do moinho com multiestágios ? Como ele funcionaria?

Por "melhor" entenda-se como "dando mais partículas de pigmento com o tamanho desejado na corrente de saída". Não é prático separar e reciclar o produto da moagem.

8.7 Considere as seguintes reações elementares:

$$A + B \xrightarrow{\ k_1\ } R$$
$$R + B \xrightarrow{\ k_2\ } S$$

(a) 1,0 mol de A e 3,0 mols de B são rapidamente misturados. A reação é muito lenta, permitindo uma análise das composições em vários tempos. Quando 2,2 mols de B permanecem sem reagir, 0,2 mol de S está presente na mistura. Qual deve ser a composição da mistura (A, B, R e S), quando a quantidade de S presente for 0,6 mol?

(b) 1,0 mol de A é adicionado aos poucos, com agitação constante, a 1,0 mol de B. Se a mistura for deixada durante toda a noite e então analisada, 0,5 mol de S será encontrado. O que podemos dizer a respeito de k_2/k_1?

(c) 1,0 mol de A e 1 mol de B são misturados e colocados em um balão de vidro. A reação é muito rápida e se completa antes que qualquer medida de taxa possa ser feita. Uma análise dos produtos da reação encontra 0,25 mol de S. O que podemos dizer a respeito de k_2/k_1?

8.8 A reação em fase líquida da anilina com o etanol produz monoetilanilina (produto desejado) e dietilanilina (produto indesejado):

$$\left.\begin{array}{l} C_6H_5NH_2 + C_2H_5OH \xrightarrow[H_2SO_4]{k_1} C_6H_5NHC_2H_5 + H_2O \\[2mm] C_6H_5NHC_2H_5 + C_2H_5OH \xrightarrow[H_2SO_4]{k_2} C_6H_5N(C_2H_5)_2 + H_2O \end{array}\right\} \quad k_1 = 1,25\ k_2$$

(a) Uma alimentação equimolar é introduzida em um reator em batelada e a reação ocorre até se completar. Encontre a concentração dos reagentes e dos produtos no final da corrida.

(b) Encontre a relação entre mono- e dietilanilina produzidas em um reator de mistura perfeita, para uma razão de alimentação álcool/anilina igual a 2, para 70% de conversão de álcool.

(c) Para uma relação equimolar em um reator pistonado, qual será a conversão dos dois reagentes, quando a concentração de monoetilanilina for a maior possível?

8.9 Monoetilanilina pode também ser produzida em fase vapor em um leito fluidizado, usando bauxita natural como o catalisador sólido. As reações elementares foram mostradas no problema prévio. Usando uma alimentação equimolar de anilina e etanol, o leito fluidizado produz 3 partes de monoetilanilina para 2 partes de dietilanilina, para uma conversão de 40% de anilina. Supondo que o gás tenha um escoamento com mistura perfeita através do leito fluidizado, encontre k_2/k_1 e a razão de concentrações dos reagentes e dos produtos na saída do reator.

Sob a ação de enzimas misturadas, o reagente A é convertido em produtos, da seguinte forma:

$$A \xrightarrow[k_1]{+ \text{ enzima}} R \xrightarrow[k_2]{+ \text{ enzima}} S, \qquad n_1 = n_2 = 1$$

onde as constantes de taxa são dependentes do pH do sistema.

(a) Que arranjo de reator (pistonado, de mistura perfeita ou unidades com estágios de reatores de mistura perfeita) e que nível de pH uniforme você usaria?

(b) Se fosse possível mudar o nível de pH ao longo do reator pistonado ou de estágio a estágio em unidades de mistura perfeita, em qual direção você mudaria o nível de pH?

8.10 $k_1 = pH^2 - 8\ pH + 23$ \qquad com $2 < pH < 6$ e R sendo o produto desejado
$k_2 = pH + 1$

8.11 $k_1 = pH + 1$ \qquad com $2 < pH < 6$ e S sendo o produto desejado
$k_2 = pH^2 - 8\ pH + 23$

8.12 A cloração progressiva de orto- e para-diclorobenzeno ocorre com uma taxa de segunda ordem, como mostrado na Fig. P8.12.

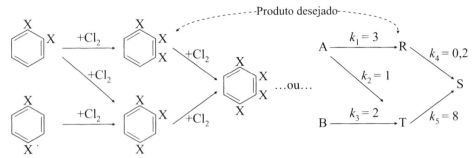

Figura P8.12

Para uma única corrente de alimentação tendo $C_{A0} = 2$, $C_{B0} = 1$ e 1,2,3-triclorobenzeno como o produto desejado,

(a) diga qual tipo de reator é melhor.

(b) encontre $C_{R,\,máx}$ no reator escolhido.

Ver T. E. Corrigan, *Chem. Eng.*, 201, março de 1956, para discussão desse processo.

8.13 Considere as seguintes decomposições de primeira ordem, com constantes de taxa dadas a seguir:

Se um colega reportasse que $C_S = 0,2\, C_{A0}$ na corrente de saída de um reator pistonado, o que você poderia dizer sobre a concentração dos outros componentes, A, R, T e U, na corrente de saída do reator?

8.14 Os componentes A e B são colocados em um recipiente onde reagem de acordo com as seguintes reações elementares:

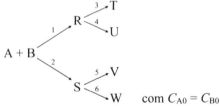

com $C_{A0} = C_{B0}$

O que você poderia dizer sobre as seis constantes de taxa, se uma análise da mistura mostrasse que:

$C_T = 5$ mol/ℓ $C_U = 1$ mol/ℓ
$C_V = 9$ mol/ℓ $C_W = 3$ mol/ℓ

no instante em que:

(a) a reação estivesse incompleta?

(b) a reação estivesse completa?

8.15 Com um catalisador particular e a uma dada temperatura, a oxidação do naftaleno a anidrido ftálico ocorre como mostrado a seguir:

$$A \overset{1}{\underset{2}{\searrow}}\overset{R}{\underset{S}{}}\overset{3}{\searrow}\,\overset{4}{\to} T$$

A = naftaleno $k_1 = 0,21$ s^{-1}
R = naftaquinona $k_2 = 0,20$ s^{-1}
S = anidrido ftálico $k_3 = 4,2$ s^{-1}
T = produtos da oxidação $k_4 = 0,004$ s^{-1}

Problemas **171**

Que tipo de reator fornece o rendimento máximo do anidrido ftálico? Estime aproximadamente este rendimento e a fração de conversão do naftaleno que dará este rendimento. Note que dissemos "aproximadamente".

8.16 Uma companhia quer mudar uma montanha de seixos, estimada em cerca de 20.000 toneladas, de um lado de seu jardim para o outro. Para isto, eles pretendem usar uma pá elétrica para encher um depósito, que por sua vez alimenta um transportador de esteira. Este último transporta então os seixos para uma nova localização.

A pá pega uma grande quantidade no início; no entanto, à medida que o suprimento de seixos diminui, a capacidade de manusear a pá também diminui, por causa do aumento no tempo requerido para remover a pá do depósito para uma nova carga e então retornar e descarregar. Grosseiramente, podemos estimar que a taxa de manuseamento da pá é proporcional ao tamanho da pilha que deve ser removida, cuja taxa inicial é 10 t/min. O transportador, por outro lado, transporta os seixos a uma taxa uniforme de 5 t/min. No início, a pá trabalhará mais rápido que o transportador, e depois mais lento. Conseqüentemente, o silo de armazenagem primeiro acumulará material e depois se esvaziará.

(a) Qual será a maior quantidade de seixos no silo?

(b) Quando isto ocorrerá?

(c) Quando as taxas de entrada e saída no silo serão iguais?

(d) Quando o silo ficará vazio?

8.17 Um grande incinerador municipal, completamente automatizado, está sendo projetado. Um levantamento estima que uma carga de lixo de 1.440 t/dia deverá ser recolhida por um caminhão compactador que lança sua carga em um silo de estocagem subterrâneo. Um transportador alimentará então o incinerador com o lixo recolhido.

A rota proposta de coleta diária é tal que no começo do dia de trabalho (6 horas da manhã, em ponto), quantidades relativamente grandes de lixo (uma média de 6 t/min) são provenientes de áreas comerciais da redondeza. Subseqüentemente, o suprimento diminuirá à medida que mais áreas suburbanas remotas forem servidas. Supõe-se que a taxa de coleta é proporcional à quantidade de lixo que ainda não foi recolhida, sendo a taxa inicial igual a um caminhão carregado/min. O transportador, por outro lado, transportará lixo para o incinerador a uma taxa uniforme de 1 t/min. No começo do dia de trabalho, os caminhões trabalharão mais rápido que o transportador; no final do dia, o contrário acontece. Assim, cada dia o silo acumulará material e então perderá material.

Para avaliar essa operação, necessitamos de informações. Por favor, ajude-nos a encontrá-las.

(a) A que horas do dia, os caminhões terão coletado 95% do lixo do dia?

(b) Para que quantidade de lixo o silo de armazenagem deveria ser projetado?

(c) A que horas do dia, o silo estará mais cheio?

(d) A que horas do dia, o silo estará vazio?

8.18 Eslobovianos do Norte e Eslobovianos do Sul estão sempre... esmagando cerébros, cortando gargantas e outras coisas. Em qualquer uma destas ações, a taxa com que os Eslobovianos do Norte são mortos é proporcional ao número de Eslobovianos do Sul que estejam por perto e vice-versa. No fim de cada encontro destes povos "amistosos", um ou outro vai embora, mas nunca os dois.

Na última semana, 10 Eslobovianos do Norte brigaram com 3 Eslobovianos do Sul e quando a luta acabou, 8 Eslobovianos do Norte viveram para contar a sua excitante vitória.

(a) Desta batalha, como você classificaria os Eslobovianos do Norte e do Sul como lutadores? Por exemplo, você diria que eles são igualmente bons ou que os Eslobovianos do Norte são tão bons quanto 2,3 Eslobovianos do Sul? Ou que outro valor?

172 *Capítulo 8 — Miscelânea de Reações Múltiplas*

(b) Qual seria o resultado de um encontro amigável de 10 Eslobovianos do Norte com 10 Eslobovianos do Sul?

8.19 Um composto químico X, um sólido em forma de pó, é lenta e continuamente alimentado, durante meia hora, em um tanque bem agitado de água. O sólido dissolve rapidamente e hidrolisa a Y, que então se decompõe lentamente a Z, como segue:

$$Y \rightarrow Z, \quad -r_Y = kC_Y, \quad k = 1,5 \text{ h}^{-1}$$

O volume de líquido no tanque está em torno de 3 m³, ao longo de toda a operação. Se nenhuma reação entre Y e Z ocorrer, a concentração de Y no tanque será de 100 mol/m³, no final da adição de X.

(a) Qual é a concentração de Y no tanque e em qual tempo o máximo é atingido?

(b) Qual é a concentração do produto Z no tanque, depois de 1 hora?

Problema preparado por Bhaskar Chandan (1990).

8.20 Quando oxigênio é borbulhado através de uma batelada de um material líquido contendo A a alta temperatura, A oxida lentamente para dar um intermediário X que se decompõe lentamente e o produto final R. Aqui estão os resultados de um experimento:

t, min	C_A, mol/m³	C_R, mol/m³
0	100	0
0,1	95,8	1,4
2,5	35	26
5	12	41
7,5	4,0	52
10	1,5	60
20	desprezível	80
∞	0	100

Nós não temos como analisar X; no entanto, estamos seguros em considerar que a qualquer instante $C_A + C_R + C_X = C_{A0}$. O que podemos dizer a respeito do mecanismo e da cinética de oxidação? Sugestão: faça um gráfico dos dados e examine-o.

8.21 Um composto químico A reage para formar R ($k_1 = 6$ h⁻¹) e R reage para formar S ($k_2 = 3$ h⁻¹). Além disto, R se decompõe lentamente para formar T ($k_3 = 1$ h⁻¹). Se uma solução de 1,0 mol de A/ℓ for introduzida em um reator em batelada, quanto tempo levará para que $C_{R, \text{máx}}$ seja atingido e qual será o valor de $C_{R, \text{máx}}$?

CAPÍTULO 9
Efeitos de Temperatura e Pressão

Em nossa busca por condições favoráveis de reação, temos considerado como o tipo e a capacidade do reator influenciam a extensão (ou grau) de conversão e a distribuição de produtos. A temperatura e a pressão também influenciam o progresso de reações e é o papel destas variáveis que consideraremos agora.

Seguiremos um procedimento com 3 etapas: primeiro, temos de encontrar como a composição de equilíbrio, a taxa de reação e a distribuição de produtos são afetadas pelas variações da temperatura e da pressão de operação. Este fato nos permitirá determinar a programação ótima de temperatura, de modo a se aproximar de um projeto real. Segundo, as reações químicas geralmente são acompanhadas por efeitos térmicos e temos de saber como eles modificarão a temperatura da mistura reacional. Com esta informação, seremos capazes de propor muitos sistemas favoráveis de reatores e trocadores de calor – aqueles que se aproximam muito do ótimo. Finalmente, considerações econômicas selecionarão um destes sistemas favoráveis como o melhor.

Assim, com a ênfase em encontrar as condições ótimas e então ver qual é a melhor maneira de se aproximar delas em um projeto real, ao invés de determinar que reatores específicos o farão, vamos começar discutindo as reações simples, seguidas por considerações especiais de reações múltiplas.

9.1 REAÇÕES SIMPLES

Com reações simples, nós estamos interessados no grau de conversão e na estabilidade do reator; questões de distribuição de produtos não ocorrem neste caso.

A Termodinâmica dá duas informações importantes: a primeira é relativa ao calor liberado ou absorvido para uma dada extensão (ou grau de avanço) de reação; a segunda é relativa à conversão máxima possível. Vamos sumarizar brevemente estas evidências. Uma justificativa do uso das expressões vistas aqui pode ser encontrada em qualquer texto padrão de Termodinâmica para engenheiros químicos.

Calores de Reação a Partir da Termodinâmica

O calor liberado ou absorvido durante uma reação, à temperatura T_2, depende da natureza do sistema reacional, da quantidade de material reagente e da temperatura e da pressão do sistema reacional. Ele

174 Capítulo 9 — Efeitos de Temperatura e Pressão

é calculado a partir do calor de reação ΔH_R para a reação em questão. Quando não for conhecido, ele poderá, na maioria das vezes, ser calculado a partir de dados termoquímicos conhecidos e tabelados a partir de calores de formação ΔH_f ou calores de combustão ΔH_c dos materiais reagentes. Estes calores são tabelados em alguma temperatura padrão, T_1, geralmente 25°C. Como um breve lembrete, considere a reação:

$$aA \rightarrow rR + sS$$

Por convenção, definimos o calor de reação à temperatura T como o calor transferido pelo ambiente ao sistema reacional, quando a mols de A desaparecem para produzir r mols de R e s mols de S, com o sistema medido à mesma temperatura e pressão antes e depois da variação. Logo:

$$aA \rightarrow rR + sS, \quad \Delta H_{rT} \begin{cases} \text{positivo, endotérmico} \\ \text{negativo, exotérmico} \end{cases} \tag{1}$$

Calores de Reação e Temperatura. O primeiro problema é avaliar o calor de reação à temperatura T_2, conhecendo o calor de reação à temperatura T_1. Isto é encontrado pela lei da conservação de energia, como segue:

$$\begin{pmatrix} \text{calor absorvido} \\ \text{durante a reação,} \\ \text{à temperatura} \\ T_2 \end{pmatrix} = \begin{pmatrix} \text{calor adicionado} \\ \text{aos reagentes,} \\ \text{para mudar sua} \\ \text{temperatura} \\ \text{de } T_2 \text{ para } T_1 \end{pmatrix} + \begin{pmatrix} \text{calor absorvido} \\ \text{durante a reação} \\ \text{à temperatura} \\ T_1 \end{pmatrix} + \begin{pmatrix} \text{calor adicionado} \\ \text{aos produtos,} \\ \text{para mudar sua} \\ \text{temperatura} \\ \text{de } T_1 \text{ para } T_2 \end{pmatrix} \tag{2}$$

Em termos de entalpia dos reagentes e produtos, isto se torna:

$$\Delta H_{r2} = -(H_2 - H_1)_{\text{reagentes}} + \Delta H_{r1} + (H_2 - H_1)_{\text{produtos}} \tag{3}$$

sendo os subscritos 1 e 2 referentes às quantidades medidas a temperaturas T_1 e T_2, respectivamente. Em termos de calores específicos:

$$\Delta H_{r2} = \Delta H_{r1} + \int_{T_1}^{T_2} \nabla C_p \, dT \tag{4}$$

onde

$$\nabla C_p = r C_{pR} + s C_{pS} - a C_{pA} \tag{5}$$

Quando os calores específicos molares são funções das temperaturas,

$$\begin{aligned} C_{pA} &= \alpha_A + \beta_A T + \gamma_A T^2 \\ C_{pR} &= \alpha_R + \beta_R T + \gamma_R T^2 \\ C_{pS} &= \alpha_S + \beta_S T + \gamma_S T^2 \end{aligned} \tag{6}$$

nós obtemos:

$$\boxed{\begin{aligned} \Delta H_{r2} &= \Delta H_{r1} + \int_{T_1}^{T_2} (\nabla\alpha + \nabla\beta T + \nabla\gamma R^2) \, dT \\ &= \Delta H_{r1} + \nabla\alpha(T_2 - T_1) + \frac{\nabla\beta}{2}(T_2^2 - T_1^2) + \frac{\nabla\gamma}{3}(T_2^3 - T_1^3) \end{aligned}} \tag{7}$$

onde

$$\begin{aligned} \nabla\alpha &= r\alpha_R + s\alpha_S - a\alpha_A \\ \nabla\beta &= r\beta_R + s\beta_S - a\beta_A \\ \nabla\gamma &= r\gamma_R + s\gamma_S - a\gamma_A \end{aligned} \tag{8}$$

Conhecendo-se o calor de reação a qualquer temperatura, assim como os calores específicos dos reagentes e produtos na faixa de temperatura de interesse, é possível calcular o calor de reação a qualquer outra temperatura. A partir disto, os efeitos térmicos da reação podem ser encontrados.

EXEMPLO 9.1 ΔH_r A VÁRIAS TEMPERATURAS

Das tabelas de ΔH_c e ΔH_f, eu calculei que o calor padrão da minha reação em fase gasosa, a 25°C, é:

$$A + B \rightarrow 2R \cdots \Delta H_{r,298K} = -50.000 \text{ J}$$

A 25°C, a reação é fortemente exotérmica. Mas isto não me interessa, porque eu planejo correr a reação a 1.025°C. Qual é o ΔH_r a esta temperatura? A reação ainda é exotérmica a esta temperatura?

Dados. Entre 25°C e 1.025°C, os valores médios de C_p, para os vários componentes da reação, são:

$$\overline{C_{pA}} = 35 \text{ J/mol} \cdot \text{K} \quad \overline{C_{pB}} = 45 \text{ J/mol} \cdot \text{K} \quad \overline{C_{pR}} = 70 \text{ J/mol} \cdot \text{K}$$

SOLUÇÃO

Primeiro, prepare um mapa reacional, como mostrado da Fig. E9.1. Então, faça um balanço de entalpia para 1mol de A, 1 mol de B e 2 mols de R:

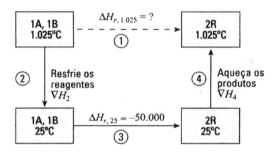

Figura E9.1

$$\Delta H_1 = \Delta H_2 + \Delta H_3 + \Delta H_4$$
$$= (n\overline{C_p}\Delta T)_{\text{reagentes} \atop 1A+1B} + \Delta H_{r,25°C} + (n\overline{C_p}\Delta T)_{\text{produtos} \atop 2R}$$
$$= 1(35)(25-1.025) + 1(45)(25-1.025) + (-50.000) + 2(70)(1.025-25)$$

ou $\Delta H_{r,1.025°C} = 10.000 \text{ J}$

A reação é $\begin{cases} \text{exotérmica a 25°C} \\ \text{endotérmica a 1.025°C} \end{cases}$

Constantes de Equilíbrio a Partir de Termodinâmica

A partir da segunda lei de termodinâmica, as constantes de equilíbrio, conseqüentemente as composições de equilíbrio dos sistemas reacionais, podem ser calculadas. Nós temos de lembrar, no entanto, que sistemas reais não atingem necessariamente esta conversão; desta forma, as conversões calculadas a partir de Termodinâmica são somente valores sugeridos possíveis de serem atingidos.

Como um breve lembrete, a energia livre padrão $\Delta G°$ para a reação da Eq. (1), à temperatura T, é definida como:

176 Capítulo 9 — Efeitos de Temperatura e Pressão

$$\Delta G° = rG_R° + sG_S° - aG_A° = -RT \ln K = -RT \ln \frac{\left(\dfrac{f}{f°}\right)_R^r \left(\dfrac{f}{f°}\right)_S^s}{\left(\dfrac{f}{f°}\right)_A^a} \tag{9}$$

em que f é a fugacidade do componente nas condições de equilíbrio, $f°$ é a fugacidade do componente no estado padrão arbitrariamente selecionado, à temperatura T (a mesma usada para calcular $\Delta G°$), $G°$ é a energia livre padrão de um componente reagente (tabelada para muitos compostos) e K é a constante de equilíbrio termodinâmico para a reação. Estados padrões a uma dada temperatura são comumente escolhidos como segue:

Gases: componente puro à pressão de 1 atm, valor este que permite usar a aproximação de gás ideal.

Sólido: componente sólido puro à pressão unitária.

Líquido: líquido puro na sua pressão de vapor.

Soluto em líquido: solução 1 molar ou em concentrações diluídas tais que a atividade seja igual a um.

Por conveniência, definimos:

$$K_f = \frac{f_R^r f_S^s}{f_A^a}, \quad K_p = \frac{p_R^r p_S^s}{p_A^a}, \quad K_y = \frac{y_R^r y_S^s}{y_A^a}, \quad K_C = \frac{C_R^r C_S^s}{C_A^a} \tag{10}$$

e

$$\Delta n = r + s - a$$

Formas simplificadas da Eq. (9) podem ser obtidas para vários sistemas. Para reações gasosas, os estados padrões são geralmente escolhidos à pressão de 1 atm. Nesta pressão baixa, o desvio da idealidade é invariavelmente pequeno; conseqüentemente, a fugacidade e a pressão são idênticas e $f° = p° = 1$ atm. Assim:

$$K = e^{-\Delta G°/RT} = K_p \{p° = 1 \text{ atm}\}^{-\Delta n} \tag{11}$$

O termo entre chaves nesta equação e na Eq. (13) é sempre unitário, sendo porém retido para manter as equações dimensionalmente corretas.

Para qualquer componente i de um *gás ideal*:

$$f_i = p_i = y_i \pi = C_i RT \tag{12}$$

Logo:
$$K_f = K_p$$

e

$$K \frac{K_p}{\{p° = 1 \text{ atm}\}^{\Delta n}} = \frac{K_y \pi^{\Delta n}}{\{p° = 1 \text{ atm}\}^{\Delta n}} = \frac{K_c (RT)^{\Delta n}}{\{p° = 1 \text{ atm}\}^{\Delta n}} \tag{13}$$

Para um *componente sólido* fazendo parte na reação, as variações de fugacidade com a pressão são pequenas e podem geralmente ser ignoradas. Deste modo:

$$\left(\frac{f}{f°}\right)_{\text{componente sólido}} = 1 \tag{14}$$

Conversão de Equilíbrio. A composição de equilíbrio, sendo governada pela constante de equilíbrio, varia com a temperatura, sendo a taxa de variação dada a partir de termodinâmica por:

$$\frac{d(\ln K)}{dT} = \frac{\Delta H_r}{RT^2} \tag{15}$$

Integrando-se a Eq. (15), vemos como a constante de equilíbrio varia com a temperatura. Quando o calor de reação ΔH_r puder ser considerado constante no intervalo de temperatura, a integração resultará em:

$$\boxed{\ln\frac{K_2}{K_1} = -\frac{\Delta H_r}{R}\left(\frac{1}{T_2} - \frac{1}{T_1}\right)} \tag{16}$$

Quando a variação de ΔH_r tiver de ser considerada na integração, nós teremos:

$$\ln\frac{K_2}{K_1} = \frac{1}{R}\int_{T_1}^{T_2}\frac{\Delta H_r}{T^2}dT \tag{17}$$

onde ΔH_r é dado pela forma especial da Eq. (4), em que o subscrito 0 se refere à temperatura de referência.

$$\Delta H_r = \Delta H_{r0} + \int_{T_0}^{T}\nabla C_p dT \tag{18}$$

Substituindo a Eq. (18) na Eq. (17), usando a dependência para com temperatura para C_p dada pela Eq. (8) e integrando, temos:

$$\boxed{\begin{aligned}R\ln\frac{K_2}{K_1} &= \nabla\alpha\ln\frac{T_2}{T_1} + \frac{\nabla\beta}{2}(T_2 - T_1) + \frac{\nabla\gamma}{6}(T_2^2 - T_1^2)\\ &+ \left(-\Delta H_{r0} + \nabla\alpha T_0 + \frac{\nabla\beta}{2}T_0^2 + \frac{\nabla\gamma}{3}T_0^3\right)\left(\frac{1}{T_2} - \frac{1}{T_1}\right)\end{aligned}} \tag{19}$$

Estas expressões nos permitem encontrar a variação da constante de equilíbrio, conseqüentemente, a conversão de equilíbrio, com a temperatura.

As seguintes conclusões podem ser tiradas de termodinâmica. Elas estão ilustradas em parte pela Fig. 9.1.

1. A constante de equilíbrio termodinâmico não é afetada pela pressão do sistema, pela presença ou ausência de inertes ou pela cinética da reação, sendo porém afetada pela temperatura do sistema.

2. Embora a constante de equilíbrio termodinâmico não seja afetada pela pressão ou pela presença de inertes, a concentração de equilíbrio dos componentes e a conversão de equilíbrio de reagentes podem ser influenciadas por estas variáveis.

3. K ≫ 1 indica que é possível uma conversão praticamente completa e que a reação pode ser considerada irreversível. K ≪ 1 indica que a reação não ocorrerá com um grau de extensão apreciável.

4. Para um aumento na temperatura, a conversão de equilíbrio cresce para reações endotérmicas e cai para reações exotérmicas.

5. Para um aumento na pressão em reações gasosas, a conversão cresce quando o número de mols diminui com a reação e cai quando o número de mols aumenta com a reação.

6. Para todas as reações, uma diminuição de inertes atua do mesmo modo que um aumento na pressão para as reações em fase gasosa.

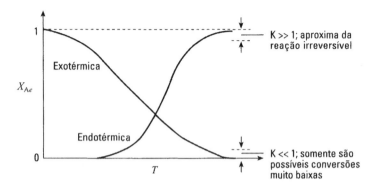

Figura 9.1 — Efeito da temperatura na conversão de equilíbrio estimada pela termodinâmica (pressão fixa)

EXEMPLO 9.2 CONVERSÃO DE EQUILÍBRIO A DIFERENTES TEMPERATURAS

(a) Entre 0°C e 100°C, determine a conversão de equilíbrio para a reação aquosa elementar:

$$A \rightleftarrows R \quad \begin{cases} \Delta G°_{298} = -14.130 \text{ J / mol} \\ \Delta H°_{298} = -75.300 \text{ J / mol} \end{cases} C_{pA} = C_{pR} = \text{constante}$$

Apresente os resultados em forma de um gráfico de temperatura versus conversão.

(b) Quais restrições deveriam existir em um reator operando isotermicamente, para uma conversão de 75% ou maior?

SOLUÇÃO

(a) Com todos os calores específicos iguais, $\Delta C_p = 0$. Então, a partir da Eq. (4), o calor de reação é independente da temperatura e é dado por:

$$\Delta H_r = \Delta H_{r,298} = -75.300 \text{ J / mol} \tag{i}$$

Da Eq. (9), a constante de equilíbrio a 25°C é dada por:

$$K_{298} = \exp(-\Delta G°_{298} / RT)$$
$$= \exp\left(\frac{14.130 \text{ J / mol}}{(8,314 \text{ J / mol} \cdot \text{K})(298\text{K})}\right) = 300 \tag{ii}$$

Desde que o calor de reação não varia com a temperatura, a constante de equilíbrio K, a qualquer temperatura, é encontrada a partir da Eq. (16). Desta maneira:

$$\ln \frac{K}{K_{298}} = -\frac{\Delta H_r}{8,314}\left(\frac{1}{T} - \frac{1}{298}\right)$$

Rearranjando, temos:

$$K = K_{298} \exp\left[\frac{-\Delta H_r}{R}\left(\frac{1}{T} - \frac{1}{298}\right)\right]$$

Substituindo K_{298} e ΔH_r obtidos pelas Eqs. (i) e (ii) e rearranjando, ficamos com:

$$K = \exp\left[\frac{75.300}{RT} - 24,7\right] \quad \text{(iii)}$$

Mas no equilíbrio:

$$K = \frac{C_R}{C_A} = \frac{C_{A0}X_{Ae}}{C_{A0}(1-X_{Ae})} = \frac{X_{Ae}}{1-X_{Ae}}$$

ou

$$X_{Ae} = \frac{K}{K+1} \quad \text{(iv)}$$

Colocando os valores de T na Eq. (iii) e então os valores de K na Eq. (iv), como mostrado na Tabela E9.2, temos a variação da conversão de equilíbrio como uma função da temperatura, na faixa de 0°C a 100°C. Este resultado é mostrado na Fig. E9.2.

(b) Pelo gráfico, nós vemos que a temperatura tem de estar abaixo de 78°C, se a conversão de 75% ou mais for esperada.

Tabela E9.2 — Calculando X_{Ae} (T) das Eqs. (iii) e (iv)			
Temperatura selecionada		$K = \exp\left[\frac{75.320}{RT} - 24,7\right]$	X_{Ae}
°C	K	da Eq. (iii)	da Eq. (iv)
5	278	2.700	0,999+
15	288	860	0,999
25	298	300	0,993
35	308	110	0,991
45	318	44,2	0,978
55	328	18,4	0,949
65	338	8,17	0,892
75	348	3,79	0,791
85	358	1,84	0,648
95	368	0,923	0,480

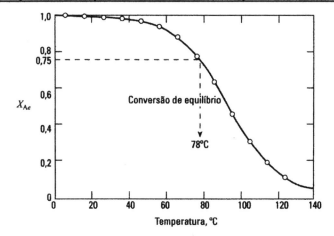

Figura E9.2

Figura 9.2 — Diferentes maneiras de representar a relação entre temperatura, composição e taxa para uma reação homogênea simples

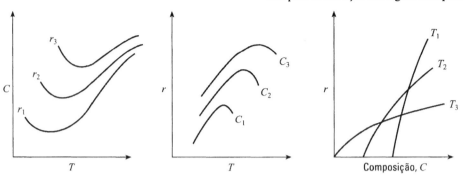

Procedimento Geral de Projeto Gráfico

Temperatura, composição e taxa de reação estão relacionadas entre si para qualquer reação homogênea simples, podendo isto ser representado graficamente em uma das três maneiras, conforme mostrado na Fig. 9.2. A primeira destas, o gráfico de composição-temperatura, é a mais conveniente; assim, nós a usaremos para representar os dados, para calcular as capacidades dos reatores e para comparar as alternativas de projeto.

Para uma dada alimentação (C_{A0}, C_{B0}, ..., fixos) e usando a conversão do componente chave como uma medida da composição e da extensão de reação, o gráfico de X_A *versus* T tem a forma geral mostrada na Fig. 9.3. Este gráfico pode ser preparado tanto a partir da expressão de taxa para a reação, consistente termodinamicamente (a taxa tem de ser zero no equilíbrio), como pela interpolação de uma determinada série de dados cinéticos, em conjunção com informação termodinâmica no equilíbrio. Naturalmente, a confiabilidade de todos os cálculos e as estimativas que seguem depende diretamente da acurácia deste gráfico. Logo, é imperativo obter bons dados cinéticos para construir este gráfico.

A capacidade requerida do reator para uma dada tarefa e para uma dada programação de temperatura é encontrada como segue:

1. Desenhe o caminho da reação no gráfico de X_A *versus* T. Esta é a *linha de operação* para o caso em questão.
2. Encontre as taxas a vários valores de X_A ao longo desse caminho.
3. Faça um gráfico da curva de $1/(-r_A)$ *versus* X_A para esse caminho.
4. Encontre a área sob esta curva. Isto fornece V/F_{A0}.

Para reações exotérmicas, ilustramos este procedimento para três caminhos: caminho AB para escoamento pistonado com um perfil arbitrário de temperatura; caminho CD para escoamento pistonado

Figura 9.3 — Forma geral do gráfico temperatura-conversão para diferentes tipos de reação

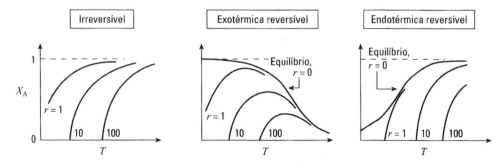

Figura 9.4 — Como achar a capacidade do reator para diferentes tipos de escoamento e para uma temperatura de alimentação T_1

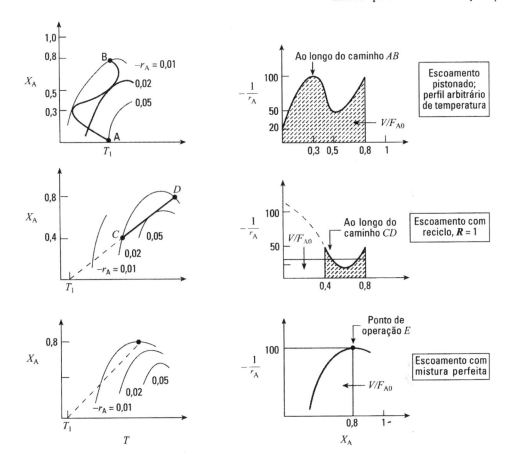

não isotérmico com 50% de reciclo; e ponto E para escoamento com mistura perfeita. Note que neste último caso, a linha de operação se reduz a um simples ponto.

Esse procedimento é bem geral, aplicável a qualquer cinética, qualquer programação de temperatura e qualquer tipo de reator ou qualquer série de reatores. Assim, uma vez conhecida a linha de operação, a capacidade do reator pode ser encontrada.

EXEMPLO 9.3 CONSTRUÇÃO DO GRÁFICO DE TAXA-CONVERSÃO-TEMPERATURA, A PARTIR DE DADOS CINÉTICOS

Com o sistema do Exemplo 9.2 e começando com uma solução livre de R, experimentos cinéticos em um reator em batelada fornecem 58,1% de conversão em 1 minuto a 65°C e 60% de conversão em 10 minutos a 25°C. Supondo cinética reversível de primeira ordem, encontre a expressão para esta reação e prepare o gráfico de conversão-temperatura com a taxa de reação como parâmetro.

SOLUÇÃO

Integração da Equação de Desempenho. Para uma reação reversível de primeira ordem, a equação de desempenho para um reator em batelada é:

182 Capítulo 9 — Efeitos de Temperatura e Pressão

$$t = C_{A0} \int \frac{dX_A}{-r_A} = C_{A0} \int \frac{dX_A}{k_1 C_A - k_2 C_R} = \frac{1}{k_1} \int_0^{X_A} \frac{dX_A}{1 - X_A / X_{Ae}}$$

De acordo com a Eq. 3.54, o resultado da integração é igual a:

$$\frac{k_1 t}{X_{Ae}} = -\ln\left(1 - \frac{X_A}{X_{Ae}}\right) \tag{i}$$

Calcule a Constante de Taxa da Reação Direta (Reação de Formação de Produtos). Da batelada a 65°C, notando do Exemplo 9.2 que $X_{Ae} = 0,89$, a partir da Eq. (i) encontramos:

$$\frac{k_1(1 \text{ min})}{0,89} = -\ln\left(1 - \frac{0,581}{0,89}\right)$$

ou
$$k_{1,\,338} = 0,942 \text{ min}^{-1} \tag{ii}$$

Similarmente, para a batelada a 25°C, encontramos:

$$k_{1,\,298} = 0,0909 \text{ min}^{-1} \tag{iii}$$

Supondo uma dependência para com a temperatura tipo Arrhenius, a relação das constantes de taxa da reação direta nestas duas temperaturas é dada por:

$$\frac{k_{1,\,338}}{k_{1,\,298}} = \frac{0,942}{0,0909} = \frac{k_{10} e^{-E_1 / R(338)}}{k_{10} e^{-E_1 / R(298)}} \tag{iv}$$

a partir da qual, a energia de ativação da reação direta pode ser avaliada, dando:

$$E_1 = 48.900 \text{ J / mol}$$

Note que há duas energias de ativação para esta reação: uma para a reação direta e outra para a reação inversa (reação de formação dos reagentes, a partir dos produtos).

Agora, para calcular completamente a constante de taxa para a reação direta, calcule primeiro k_{10} a partir do numerador ou denominador da Eq. (iv); use então este valor como mostrado abaixo:

$$k_1 = 34 \times 10^6 \exp\left[\frac{-48.900}{RT}\right] = \exp\left[17,34 - \frac{48.900}{RT}\right]$$

Podemos encontrar o valor de k_2, notando que $K = k_1/k_2$; por conseguinte, $k_2 = k_1/k_2$, onde K é dado pela Eq. (iii) do Exemplo 9.2.

Sumário. Para a reação reversível de primeira ordem do Exemplo 9.2, nós temos:

$$A \underset{2}{\overset{1}{\rightleftarrows}} R; \qquad K = \frac{C_{Re}}{C_{Ae}}; \qquad -r_A = r_R = k_1 C_A - k_2 C_R$$

$$\text{Equilíbrio:} \qquad K = \exp\left[\frac{75.300}{RT} - 24,7\right]$$

$$\text{Constantes de taxa:} \qquad k_1 = \left[17,34 - \frac{48.900}{RT}\right], \text{ min}^{-1}$$

$$k_2 = \exp\left[42,04 - \frac{124.200}{RT}\right], \text{ min}^{-1}$$

Destes valores, o gráfico de X_A versus T, para qualquer C_{A0} específico, pode ser preparado e para esta finalidade, o computador eletrônico economiza muito tempo. A Fig. E9.3 é um gráfico deste tipo, preparado para $C_{A0} = 1$ mol/ℓ e $C_{R0} = 0$.

Visto que estamos lidando com reações de primeira ordem, esse gráfico pode ser usado para qualquer valor de C_{A0}, nomeando apropriadamente as curvas de taxa. Logo, para $C_{A0} = 10$ mols/ℓ, simplesmente multiplique todos os valores de taxa nesse gráfico por um fator de 10.

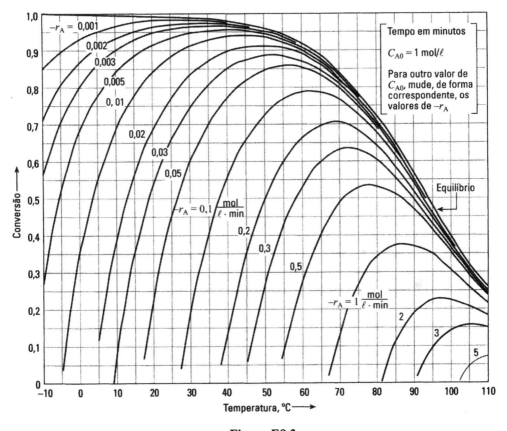

Figura E9.3

Programação Ótima de Temperatura

Nós definimos a programação ótima de temperatura como aquela programação que minimiza V/F_{A0}, para uma dada conversão de reagente. Este ótimo pode ser uma isoterma ou pode ser uma temperatura variando com o tempo, para um reator em batelada, ou variando ao longo do comprimento de um reator pistonado ou variando de estágio a estágio para uma série de reatores de mistura perfeita. É importante saber esta programação porque ela representa uma condição ideal da qual queremos que os sistemas reais se aproximem. Ela também nos permite estimar quão longe um sistema real está deste ideal.

A programação ótima de temperatura em qualquer reator é como segue: em qualquer composição, ela sempre estará à temperatura em que a taxa for um máximo. O lugar geométrico das taxas máximas é encontrado examinando-se as curvas de $r(T,C)$ da Fig. 9.4. A Fig. 9.5 mostra esta programação.

Para reações irreversíveis, a taxa sempre aumenta com a temperatura, em qualquer composição;

Figura 9.5 — Linhas de operação para um reator com capacidade mínima

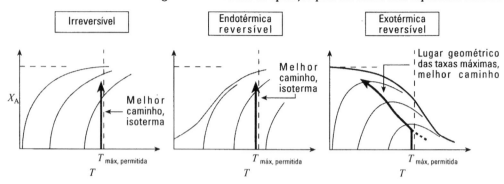

desta forma, a taxa mais alta ocorre na temperatura mais alta permitida. Essa temperatura é estabelecida pelos materiais de construção ou pela possível importância crescente das reações paralelas.

Para reações endotérmicas, um aumento na temperatura aumenta tanto a conversão de equilíbrio como a taxa de reação. Deste modo, assim como para reações irreversíveis, a mais alta temperatura permitida deve ser usada.

Para reações reversíveis exotérmicas, a situação é diferente; aqui, dois fatores opostos atuam quando a temperatura é elevada – a taxa da reação direta acelera, mas a conversão máxima que se pode atingir diminui. Assim, em geral, uma reação reversível exotérmica começa a uma temperatura alta, que diminui quando a conversão aumenta. A Fig. 9.5 mostra esta programação, sendo seus valores precisos encontrados conectando os pontos de máximo das diferentes curvas. Chamamos esta linha de o *lugar geométrico das taxas máximas*.

Efeitos Térmicos

Quando o calor absorvido ou liberado pela reação puder alterar sobremaneira a temperatura do fluido reagente, este fator tem de ser levado em consideração no projeto. Deste modo, necessitamos usar as expressões do balanço de massa e de energia, Eqs. (4.1) e (4.2), e não somente o balanço de massa, que foi o ponto de partida de todas as análises das operações isotérmicas dos Capítulos 5 ao 8.

Primeiro, se a reação for exotérmica e se a transferência de calor for incapaz de remover todo o calor liberado, então a temperatura do fluido reagente subirá à medida que a conversão aumentar. Por argumentos similares, para reações endotérmicas, o fluido esfria conforme a conversão aumenta. Vamos relacionar esta variação de temperatura com o grau de conversão.

Começamos com operações adiabáticas, estendendo depois o tratamento para considerar a troca de calor com o meio ambiente.

Operações Adiabáticas

Considere um reator de mistura perfeita, um reator pistonado ou uma seção de um reator pistonado, em que a conversão é X_A, como mostrado na Fig. 9.6. Nos Capítulos 5 e 6, um componente, geralmente o reagente limitante, foi selecionado como a base para os cálculos do balanço de material. O mesmo procedimento é usado aqui, com o reagente limitante A como a base. Os subscritos 1 e 2 se referem às temperaturas das correntes de entrada e saída, respectivamente.

C'_p, C''_p = calor específico médio da corrente de alimentação que não reagiu e da corrente de produto *completamente* convertido, por mol de reagente A alimentado.

Figura 9.6 — Operações adiabáticas com grande efeito térmico, suficiente para causar uma elevação (exotérmica) na temperatura ou uma queda (endotérmica) na temperatura do fluido reagente

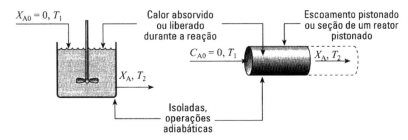

H′, H″ = entalpia da corrente de alimentação que não reagiu e da corrente de produto *completamente* convertido, por mol de reagente A alimentado.

ΔH_{ri} = calor de reação por mol do reagente A alimentado, à temperatura T_i.

Com T_1 como a temperatura de referência na qual entalpias e calores de reação estão baseados, temos:

Entalpia de alimentação:

$$H_1' = C_p'(T_1 - T_1) = 0 \text{ J / mol de A}$$

Entalpia da corrente que sai:

$$H_2'' X_A + H_2'(1 - X_A) = C_p''(T_2 - T_1)X_A + C_p'(T_2 - T_1)(1 - X_A) \text{ J / mol de A}$$

Energia absorvida pela reação:

$$\Delta H_{r1} X_A \text{ J / mol de A}$$

Substituindo estas quantidades no balanço de energia,

entrada = saída + acúmulo + consumo pela reação, (4.2)

obtemos no estado estacionário:

$$0 = [C_p''(T_2 - T_1)X_A + C_p'(T_2 - T_1)(1 - X_A)] + \Delta H_{r1} X_A \quad (20)$$

Rearranjando:

$$X_A = \frac{C_p'(T_2 - T_1)}{-\Delta H_{r1} - (C_p'' - C_p')(T_2 - T_1)} = \frac{C_p' \Delta T}{-\Delta H_{r1} - (C_p'' - C_p')\Delta T} \quad (21)$$

ou, com a Eq. (18):

$$X_A = \frac{C_p' \Delta T}{-\Delta H_{r2}} = \left(\frac{\text{calor necessário para elevar a temperatura da corrente de alimentação a } T_2}{\text{calor liberado pela reação a } T_2} \right) \quad (22)$$

que para conversão completa, torna-se:

$$-\Delta H_{r2} = C_p' \Delta T, \quad \text{para } X_A = 1 \quad (23)$$

Figura 9.7 — Representação gráfica da equação de balanço de energia para operação adiabática. Estas são as linhas de operação adiabática

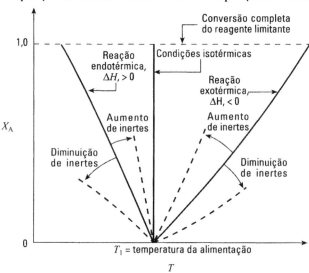

A última forma da equação simplesmente estabelece que o calor liberado pela reação só compensa o calor necessário para elevar a temperatura dos reagentes de T_1 a T_2.

A relação entre temperatura e conversão, como dada pelos balanços de energia das Eqs. (21) ou (22), é mostrada na Fig. 9.7. Para todas as finalidades práticas, as linhas resultantes são retas, desde que a variação do termo no denominador destas equações seja relativamente pequena. Quando $C_p'' - C_p' = 0$, o calor de reação é independente da temperatura e as Eqs. (21) e (22) se reduzem a:

$$X_A = \frac{C_p \Delta T}{-\Delta H_r} \tag{24}$$

que são linhas retas na Fig. 9.7.

Essa figura ilustra a forma da curva do balanço de energia para as reações endotérmica e exotérmica, para os reatores de mistura perfeita e pistonado. Esta representação mostra que qualquer que seja a conversão em qualquer ponto no reator, a temperatura terá o seu valor indicado na curva correspondente. Para o escoamento pistonado, o fluido no reator se move progressivamente ao longo da curva; para o escoamento com mistura perfeita, o fluido imediatamente pula para seu valor final na curva. Estas são as *linhas de operação adiabática* para o reator. Com o aumento de inertes, C_p cresce e estas curvas se tornam mais verticais. Uma linha vertical indica que a temperatura não varia à medida que a reação ocorre. Este é então o caso especial de reações isotérmicas, tratado nos Capítulos 5, 6 e 7.

A *capacidade necessária do reator* para uma dada tarefa é encontrada a seguir. Para o escoamento pistonado, faça uma tabela da taxa para vários valores de X_A ao longo desta linha de operação adiabática; prepare o gráfico de $1/(-r_A)$ versus X_A e integre. Para o escoamento com mistura perfeita, use simplesmente a taxa nas condições do interior do reator. A Fig. 9.8 ilustra este procedimento.

As *melhores operações adiabáticas* de um único reator pistonado são encontradas pelo deslocamento da linha de operação (variando a temperatura de entrada) para onde as taxas têm o valor médio mais alto. Para operações endotérmicas, isto significa começar na temperatura mais alta permitida. Para reações exotérmicas, isto significa alargar o lugar geométrico das taxas máximas, como mostrado na Fig. 9.9. Com poucas tentativas, é possível localizar a melhor temperatura de entrada que minimiza V/F_{A0}. O reator de mistura perfeita deve operar no lugar geométrico das taxas máximas, novamente mostrado na Fig. 9.9.

9.1 — Reações Simples

Figura 9.8 — Busca da capacidade do reator para operações adiabáticas de reatores pistonado e de mistura perfeita

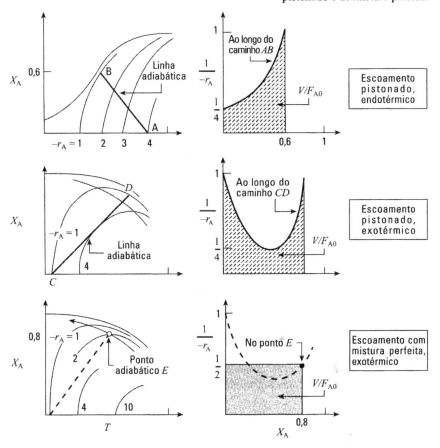

Figura 9.9 — Melhor localização para a linha de operação adiabática. Para escoamento pistonado, necessitamos de uma busca por tentativa e erro para encontrar esta linha; para escoamento com mistura perfeita, nenhuma busca é necessária

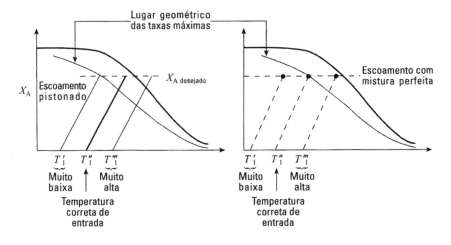

Figura 9.10 — Para reações exotérmicas, o escoamento com mistura perfeita é melhor quando se tem um grande aumento de temperatura; o escoamento pistonado é melhor para sistemas próximos aos isotérmicos

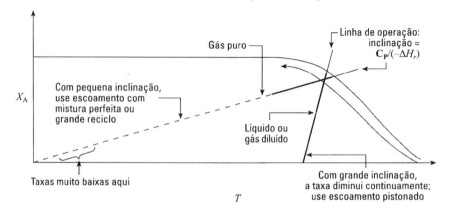

O *melhor tipo de reator*, aquele que minimiza V/F_{A0}, é encontrado diretamente desse gráfico de X_A versus T. Se a taxa diminuir progressivamente com a conversão, então use o reator pistonado. Este é o caso para reações endotérmicas (Fig. 9.8a) e para reações exotérmicas que se comportam aproximadamente como isotérmicas. Para reações exotérmicas que têm um grande aumento de temperatura durante a reação, a taxa cresce de um valor muito baixo a um valor máximo, em algum valor intermediário de X_A, e então descresce. Este comportamento é característico de reações autocatalíticas; assim, operações de reciclo são melhores. A Fig. 9.10 ilustra duas situações: uma em que o escoamento pistonado é melhor e outra em que um grande reciclo ou escoamento com mistura perfeita é melhor. A inclinação da linha de operação, $\mathbf{C_p}/-\Delta H_r$, determinará qual o caso que se tem em mãos. Por conseguinte:

1. para valores pequenos de $\mathbf{C_p}/-\Delta H_r$ (reagentes gasosos puros), o escoamento com mistura perfeita é melhor.
2. para valores grandes de $\mathbf{C_p}/-\Delta H_r$ (gás com muitos inertes ou sistemas líquidos), o escoamento pistonado é melhor.

Operações Não Adiabáticas

Para que a linha de operação adiabática da Fig. 9.7 possa se aproximar o mais possível das linhas ideais da Fig. 9.5, podemos querer deliberadamente introduzir ou remover calor do reator. Além disto, há perdas de calor para o meio ambiente que devem ser consideradas. Vamos ver como estas formas de troca de calor modificam a forma da linha de operação adiabática.

Considere Q o calor total *adicionado ao reator por mol* de reagente A alimentado e faça com que este calor também inclua as perdas para o meio ambiente. Então, o balanço de energia no sistema, Eq. (20), é modificado para:

$$Q = C_p''(T_2 - T_1)X_A + C_p'(T_2 - T_1)(1 - X_A) + \Delta H_{r1} X_A$$

que após rearranjos e com a Eq. (18) fornece:

$$X_A = \frac{C_p' \Delta T - Q}{-\Delta H_{r2}} = \left(\frac{\text{calor líquido ainda necessário, após a transferência de calor, para elevar a temperatura da corrente de alimentação } T_2}{\text{calor liberado pela reação } T_2} \right) \quad (25)$$

e para $C_p'' = C_p'$, que freqüentemente é uma aproximação razoável:

$$X_A = \left| \frac{C_p \Delta T - Q}{-\Delta H_r} \right| \quad (26)$$

Com uma entrada de calor proporcional a $\hat{O}T = T_2 - T_1$, a linha de balanço de energia gira em torno de T_1. Esta mudança é mostrada na Fig. 9.11. Outras maneiras de adição ou remoção de calor resultam em deslocamentos correspondentes da linha de balanço de energia.

Usando esta linha modificada de operação, o procedimento para encontrar a capacidade do reator e as condições ótimas de operação vem diretamente da discussão das operações adiabáticas.

Comentários e Extensões

As operações adiabáticas de uma reação exotérmica proporcionam uma elevação da temperatura com a conversão. Todavia, a programação desejada é aquela em que a temperatura decresce. Assim, uma remoção muito drástica de calor pode ser necessária de modo a fazer a linha de operação se aproximar daquela ideal; muitos esquemas são propostos com esta finalidade. Como um exemplo, nós podemos ter troca de calor com o fluido sendo alimentado (ver Fig. 9.12a), um caso tratado por van Heerden (1953, 1958). Uma outra alternativa é ter operações multiestágios, com resfriamento entre os estágios adiabáticos (ver Fig. 9.12b). Em geral, as operações multiestágios são usadas quando não for prático executar a troca necessária de calor dentro do próprio reator. Este é geralmente o caso com reações em fase gasosa, que têm características relativamente pobres de transferência de calor. Para reações endotérmicas, as operações multiestágios com reaquecimento entre os estágios são comuns para manter a temperatura, evitando uma queda da temperatura para um valor muito baixo (ver Fig. 9.12c).

Uma vez que o principal uso dessas e muitas outras formas de operações multiestágios ocorre com reações em fase gasosa catalisadas por sólidos, nós discutiremos estas operações no Capítulo 19. O projeto para reações homogêneas equivale àquele para reações catalíticas; desta forma, recomendamos a leitura do Capítulo 19 para o desenvolvimento deste projeto.

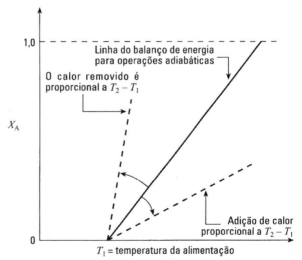

Figura 9.11 — Esquema da equação de balanço de energia, mostrando o deslocamento da linha adiabática, causada pela troca de calor com o meio ambiente

Figura 9.12 — Maneiras de se aproximar do perfil de temperatura ideal, tendo troca de calor: (*a*) e (*b*) reação exotérmica; (*c*) reação endotérmica

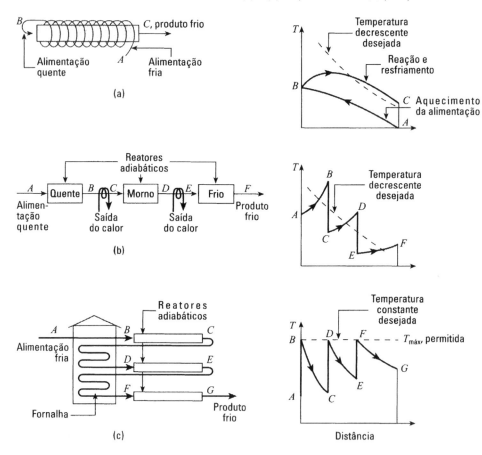

Reações Exotérmicas em Reatores de Mistura Perfeita — Um Problema Especial

Para reações exotérmicas em um reator de mistura perfeita (ou parecido com um reator de mistura perfeita), pode aparecer uma situação interessante em que mais de uma composição no reator satisfará as equações que governam os balanços de material e de energia. Isto significa que podemos não saber que nível de conversão esperar. Van Heerden (1953, 1958) foi o primeiro a tratar deste problema. Vamos examiná-lo.

Primeiro, considere um fluido reagente alimentado a uma dada taxa (τ ou V/F_{A0} fixo) em um reator de mistura perfeita. A cada temperatura do reator haverá alguma conversão particular que satisfaz a equação de balanço de material, Eq. (5.11). A baixa temperatura, a taxa é baixa, sendo a conversão portanto baixa. Em temperatura mais alta, a conversão sobe e se aproxima daquela do equilíbrio. Em temperatura ainda mais alta, entramos na região de equilíbrio decrescente, de modo que a conversão, para um dado valor de τ, provavelmente cairá. A Fig. 9.13 ilustra este comportamento para valores diferentes de τ. Note que estas linhas não representam uma linha de operação ou um caminho de reação. Na verdade, qualquer ponto nestas curvas representa uma solução particular das equações de balanço de material; assim, ele representa um ponto de operação para o reator de mistura perfeita.

Para uma dada temperatura de alimentação T_1, a interseção da linha de balanço de energia com a linha em forma de S do balanço de material para o τ de operação fornece as condições no interior do

Figura 9.13 — Conversão em um reator de mistura perfeita, como uma função de T e τ, a partir da equação de balanço de material, Eq. (5.11)

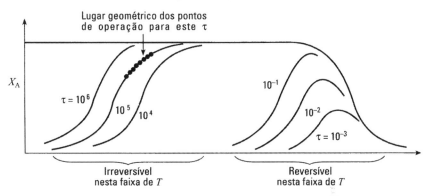

reator. Três casos podem ser distinguidos aqui. Eles são mostrados na Fig. 9.14 para *reações irreversíveis*.

Primeiro, a linha de balanço de energia T_1A representa a situação em que o calor liberado pela reação é insuficiente para elevar a temperatura a um nível alto o bastante para a reação ser auto-sustentável. Conseqüentemente, a conversão é negligenciável. No outro extremo, se tivermos mais calor liberado do que o suficiente, o fluido se aquecerá e a conversão será completa. Isto é mostrado como a linha T_1B. Finalmente, a linha T_1C indica uma situação intermediária que tem três soluções para as equações de balanço de material e de energia: os pontos M', M'' e M'''. No entanto, o ponto M'' é um estado instável porque com um pequeno aumento na temperatura, o calor produzido (com a rápida subida da curva de balanço de material) é maior que o calor consumido pela mistura reacional (curva de balanço de energia). O excesso de calor produzido fará com que a temperatura suba até atingir o ponto M'''. Por razão similar, se a temperatura cair ligeiramente abaixo de M'', ela continuará a cair até encontrar M'. Assim, nós consideramos M'' como o ponto de partida. Se a mistura puder ser elevada acima desta temperatura, então a reação será auto-sustentável.

Para *reações exotérmicas reversíveis*, os mesmos três casos ocorrem, conforme mostrado na Fig. 9.15. Contudo, pode ser visto que aqui há uma temperatura ótima de operação para um valor dado de τ, no qual conversão é maximizada. Acima ou abaixo desta temperatura, a conversão cai; deste modo, o controle apropriado da remoção de calor é essencial.

O tipo de comportamento descrito aqui ocorre em sistemas em que a inclinação da linha de balanço de energia, $C_p/-\Delta H_r$, é pequena; por conseguinte, grande liberação de calor e reagentes puros levam

Figura 9.14 — Três tipos de soluções para os balanços de material e de energia, para reações irreversíveis exotérmicas

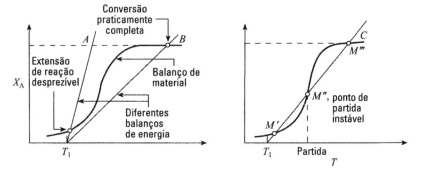

192 Capítulo 9 — Efeitos de Temperatura e Pressão

Figura 9.15 — Solução dos balanços de material e de energia para reação exotérmica reversível

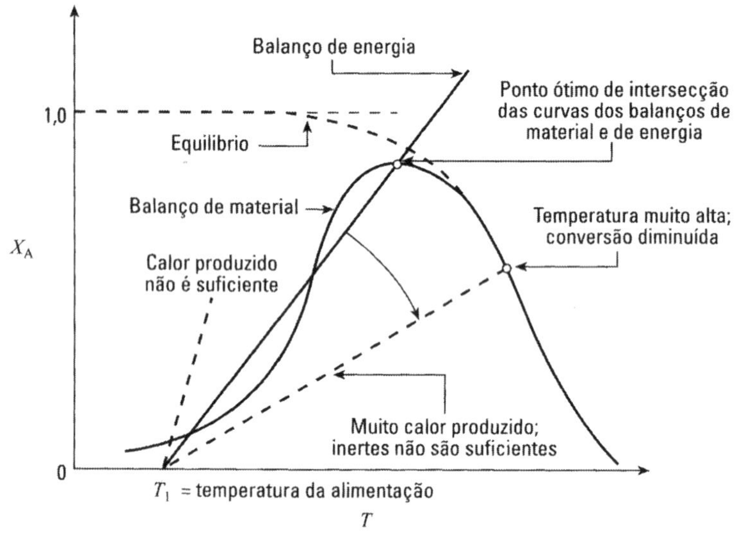

a um afastamento das operações isotérmicas. Van Heerden (1953, 1958) discute e dá exemplos deste tipo de sistema reacional. Além disto, embora esta seja uma situação muito mais complexa, uma chama de gás ilustra bem as soluções múltiplas discutidas aqui: o estado não reagido, o estado reagido e o ponto de partida.

A dinâmica, a estabilidade e os procedimentos de partida do reator são particularmente importantes para reações auto-induzidas, tais como essas. Por exemplo, uma pequena variação na taxa de alimentação (valor de τ), na composição ou na temperatura de alimentação, ou na taxa de transferência de calor, pode fazer com que a produção do reator passe de um ponto operacional a outro.

EXEMPLO 9.4 DESEMPENHO PARA A PROGRAMAÇÃO ÓTIMA DA TEMPERATURA

Usando a programação ótima de temperatura em um reator pistonado para a reação dos Exemplos 9.2 e 9.3,

(a) calcule o tempo espacial e o volume necessário para 80% de conversão, a partir de uma alimentação de $F_{A0} = 1.000$ mols/min, em que $C_{A0} = 4$ mols/ℓ;

(b) faça um gráfico dos perfis de temperatura e conversão, ao longo do comprimento do reator.

Considere a máxima temperatura operacional permitida igual à 95°C. Note que a Fig. E9.3 foi preparada para $C_{A0} = 1$ mol/ℓ e não para 4 mols/ℓ.

SOLUÇÃO

(a) *Tempo Espacial Mínimo.* No gráfico de conversão-tempo (Fig. E9.3), desenhe o lugar geométrico das taxas máximas. Então, lembre-se das restrições na temperatura, desenhe o caminho ótimo para este sistema (linha *ABCDE* na Fig. E9.4a) e integre graficamente ao longo deste caminho, de modo a obter:

$$\frac{\tau}{C_{A0}} = \frac{V}{F_{A0}} = \int_0^{0,8} \frac{dX_A}{(-r_A)_{\text{caminho ótimo ABCDE}}} = \left(\begin{array}{c} \text{área sombreada} \\ \text{da Fig. E9.4b)} \end{array} \right) = 0,405 \, \ell \cdot \text{min /mol}$$

Conseqüentemente:

$$\underline{\tau} = C_{A0}(\text{área}) = (4 \text{ mols} / \ell)(0{,}405 \ \ell \cdot \text{min} / \text{mol}) = \underline{1{,}62 \text{ min}}$$

e
$$\underline{V} = F_{A0}(\text{área}) = (1.000 \text{ mols} / \text{min})(0{,}405 \ \ell \cdot \text{min} / \text{mol}) = \underline{405\ell}$$

(b) Perfis de T e X_A Através do Reator. Vamos tomar incrementos de 10% no comprimento do reator, considerando incrementos de 10% na área sob a curva da Fig. E9.4b. Este procedimento dá $X_A = 0{,}34$ no ponto 10%, $X_A = 0{,}485$ no ponto 20%, etc. As temperaturas correspondentes são então 362 K em $X_A = 0{,}34$ (ponto C), 354 K em $X_A = 0{,}485$ (ponto D), etc.

Além disso, nós notamos que a temperatura começa em 95°C e em $X_A = 0{,}27$ (ponto B) ela cai. Medindo as áreas na Fig. E9.4b, vemos que isto acontece após o fluido passar de 7% do comprimento do reator.

Dessa maneira, os perfis de temperatura e de concentração são encontrados. O resultado é mostrado na Fig. E9.4c.

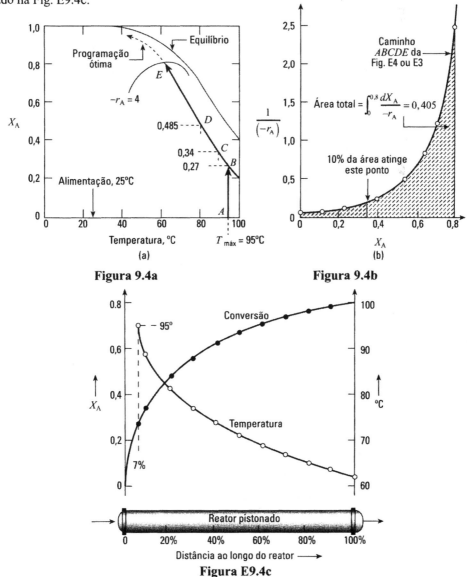

Figura E9.4c

194 *Capítulo 9 — Efeitos de Temperatura e Pressão*

EXEMPLO 9.5 DESEMPENHO ÓTIMO DE UM REATOR DE MISTURA PERFEITA

Uma solução aquosa concentrada do componente A dos exemplos anteriores (C_{A0} = 4 mols/ℓ, F_{A0} = 1.000 mols/min) deve ser 80% convertida, em um reator de mistura perfeita.

(a) Qual é a capacidade necessária do reator?

(b) Qual deverá ser a taxa de calor, se a alimentação entrar a 25°C e o produto sair a esta temperatura?

Note que:
$$C_{pA} = \frac{1.000 \text{ cal}}{\text{kg} \cdot \text{K}} \cdot \frac{1 \text{ kg}}{1 \ell} \cdot \frac{1 \ell}{4 \text{ mols de A}} = 250 \frac{\text{cal}}{\text{mol de A} \cdot \text{K}}$$

SOLUÇÃO

(a) *Volume do Reator.* Para C_{A0} = 4 mols/ℓ, podemos usar o gráfico de X_A *versus* T da Fig. E9.3, desde que multipliquemos por quatro todos os valores de taxa neste gráfico.

Seguindo a Fig.9.9, o ponto operacional do reator de mistura deve estar localizado onde o lugar geométrico dos ótimos interceptar a linha de 80% de conversão (ponto C na Fig. E9.5a). A taxa de reação tem o valor de:
$$-r_A = 0,4 \text{ mol convertido de A/min} \cdot \ell$$

Da equação de desempenho para reatores de mistura perfeita, Eq. (5.11), o volume requerido é dado por:
$$V = \frac{F_{A0}X_A}{(-r_A)} = \frac{(1.000 \text{ mols / min})(0,80)}{0,4 \text{ mol / min} \cdot \ell} = 2.000\ell$$

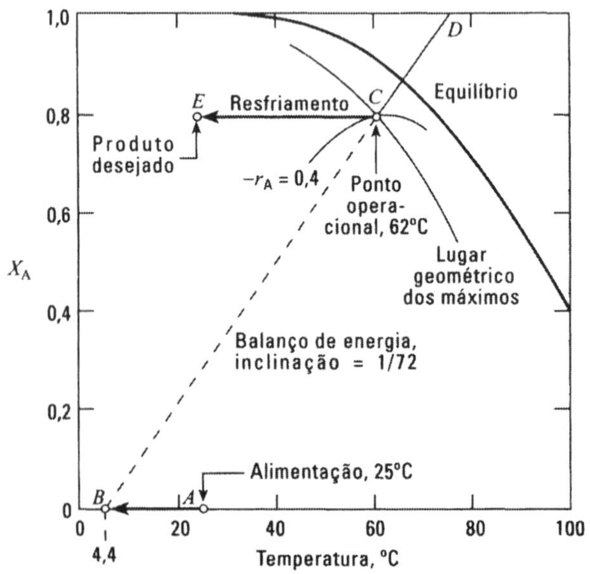

Figura E9.5a

(b) *Taxa de Calor.* Naturalmente, podemos usar joule em nossos cálculos; no entanto, visto que estamos lidando com soluções aquosas, é mais simples usar calorias. Vamos usar então calorias. A inclinação da linha de balanço de energia é:

$$\text{inclinação} = \frac{C_p}{-\Delta H_r} = \frac{(250 \text{ cal / mol de A} \cdot \text{K})}{(18.000 \text{ cal / mol de A})} = \frac{1}{72} \text{ K}^{-1}$$

Desenhando esta linha através do ponto C (linha *BCD*), vemos que a alimentação deve ser resfriada até 20°C (do ponto *A* ao ponto *B*) antes de entrar e reagir adiabaticamente. O produto também deve ser resfriado até 37°C (do ponto *C* ao ponto *E*). Deste modo, a taxa de calor é:

<u>Pré - resfriador:</u> $Q_{AB} = (250 \text{ cal / mol de A} \cdot \text{K})(20 \text{ K}) = 500 \text{ cal / mol A de alimentação}$

$= (5.000 \text{ cal / mol de A})(1.000 \text{ mol de A / min}) = 5.000.000 \text{ cal / min}$

$= \underline{348,7 \text{ kW}}$

<u>Pós - resfriador:</u> $Q_{CE} = (250)(37) = 9.250 \text{ cal / mol de A de alimentação}$

$= (9.250)(1.000) = 9.250.000 \text{ cal / min}$

$= \underline{645,0 \text{ kW}}$

A Fig. E9.5b mostra dois arranjos razoáveis para os resfriadores.

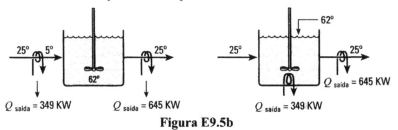

Figura E9.5b

EXEMPLO 9.6 DESEMPENHO DE UM REATOR PISTONADO ADIABÁTICO

Encontre a capacidade de um reator pistonado adiabático para processar a alimentação do Exemplo 9.5 (C_{A0} = 4 mols/ℓ, F_{A0} = 1.000 mols/min) com 80% de conversão.

SOLUÇÃO

Seguindo o procedimento da Fig. 9.9, desenhe linhas operacionais (ver Fig. E9.6a) com inclinação de 1/72 (como tentativa), a partir do Exemplo 9.5, e para cada uma delas, avalie a integral

$$\int_0^{0,8} \frac{dX_A}{-r_A}$$

para encontrar qual é a menor área. As Figs. E9.6a e b mostram este procedimento para as linhas *AB* e *CD*. A linha *CD* tem a menor área, é de fato a mais próxima do mínimo, e é conseqüentemente a linha operacional adiabática desejada. Assim:

$$\underline{\underline{V}} = F_{A0} \int_0^{0,8} \frac{dX_A}{-r_A} = F_{A0}(\text{área sob a curva } CD)$$

$= (1.000 \text{ mols / min})(1,72 \, \ell \cdot \text{min / mol})$

$= \underline{1.720 \, \ell}$

Esse volume é de algum modo menor que o volume do reator de mistura perfeita (do Exemplo 9.5), porém é ainda quatro vezes maior que o mínimo possível (405 litros, do Exemplo 9.4).

Com relação às temperaturas: a Fig. E6a mostra que a alimentação tem de ser primeiro resfriada até 16°C, passada através do reator adiabático e sair a 73,6°C, com 80% de conversão.

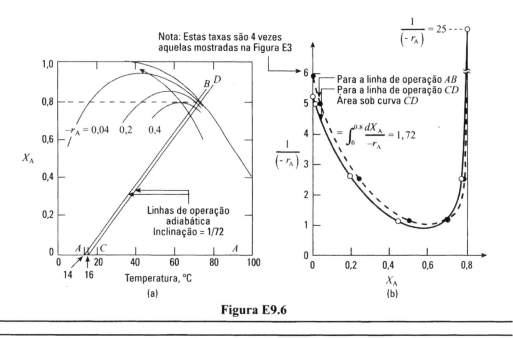

Figura E9.6

EXEMPLO 9.7 REATOR PISTONADO ADIABÁTICO COM RECICLO

Repita o Exemplo 9.6, porém agora reciclando a corrente do produto.

SOLUÇÃO

Para a linha operacional CD do Exemplo 9.6, encontramos uma área de reciclo ótimo, mostrada na Fig. E9.7 como um retângulo $EFGH$.

$$\text{Área} = (0,8 - 0)(15\ \ell \cdot \min / \text{mol}) = 1,2\ \ell \cdot \min / \text{mol}$$

$$\underline{\underline{V}} = F_{A0}(\text{área}) = (1.000\ \text{mols} / \min)(1,2\ \ell / \text{mol} \cdot \min) = \underline{\underline{1.200\ \ell}}$$

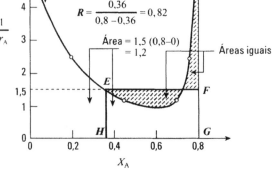

Figura E9.7

Abaixo, encontramos um resumo desses quatro exemplos, todos realizando a mesma tarefa com a mesma alimentação:

para escoamento pistonado com programação ótima de temperatura	$V = 405\ \ell$ (Ex. 4)
para reator de mistura perfeita	$V = 2.000\ \ell$ (Ex. 5)
para reator pistonado adiabático	$V = 1.720\ \ell$ (Ex. 6)
para reator adiabático com reciclo	$V = 1.200\ \ell$ (Ex. 7)

9.2 REAÇÕES MÚLTIPLAS

Como mencionado na introdução do Capítulo 7, em reações múltiplas, tanto a capacidade do reator como a distribuição de produtos são influenciadas pelas condições do processo. Uma vez que os problemas de capacidade do reator não são diferentes, em princípio, daqueles para reações simples e são geralmente menos importantes do que os problemas relacionados com a obtenção do produto desejado, vamos nos concentrar neste último problema. Assim, vamos examinar como manipular a temperatura de modo a obter, primeiro, uma distribuição desejada de produtos e, segundo, a produção máxima do produto desejado em um reator com tempo espacial dado.

Em nosso desenvolvimento, nós ignoramos o efeito de concentrações relativas dos componentes, assumindo que as reações competitivas são todas de mesma ordem. Este efeito é estudado no Capítulo 7.

Distribuição de Produtos e Temperatura

Se duas etapas competitivas em reações múltiplas têm constantes de taxa k_1 e k_2, então as taxas relativas destas etapas são dadas por:

$$\frac{k_1}{k_2} = \frac{k_{10} e^{-E_1/RT}}{k_{20} e^{-E_2/RT}} = \frac{k_{10}}{k_{20}} e^{(E_2-E_1)/RT} \propto e^{(E_2-E_1)RT} \tag{27}$$

Esta razão varia com a temperatura, dependendo se E_1 for maior ou menor que E_2; logo:

$$\text{quando } T \text{ cresce} \begin{cases} k_1/k_2 \text{ aumenta se } E_1 > E_2 \\ k_1/k_2 \text{ diminui se } E_1 < E_2 \end{cases}$$

Deste modo, das duas reações, a que tiver maior energia de ativação será a mais sensível à temperatura. Esta evidência leva à seguinte regra geral de influência da temperatura nas taxas relativas de reações competitivas:

> *Uma temperatura alta favorece a reação de maior energia de ativação; uma temperatura baixa favorece a reação de menor energia de ativação.*

Vamos aplicar esta regra para encontrar a temperatura apropriada de operações para vários tipos de reações múltiplas.

Para *reações paralelas*:

198 Capítulo 9 — Efeitos de Temperatura e Pressão

A etapa 1 deve ser promovida e a etapa 2 deve ser inibida; assim, a razão k_1/k_2 deve ser a maior possível. Da regra acima:

$$\left.\begin{array}{l} \text{se } \mathbf{E}_1 > \mathbf{E}_2 \text{ use alta } T \\ \text{se } \mathbf{E}_1 < \mathbf{E}_2 \text{ use baixa } T \end{array}\right\} \tag{28}$$

Para *reações em série*:

$$A \xrightarrow{\ 1\ } R_{\text{desejado}} \xrightarrow{\ 2\ } S \tag{29}$$

a produção de R é favorecida se a razão k_1/k_2 for aumentada. Logo:

$$\left.\begin{array}{l} \text{se } \mathbf{E}_1 > \mathbf{E}_2 \text{ use alta } T \\ \text{se } \mathbf{E}_1 < \mathbf{E}_2 \text{ use baixa } T \end{array}\right\} \tag{30}$$

Para a reação geral série-paralelo, introduzimos duas considerações adicionais. Primeiro, para *etapas paralelas*, se uma condição for para alta temperatura e outra para baixa temperatura, então uma temperatura intermediária particular será melhor, uma vez que ela fornece a distribuição mais favorável de produtos. Como um exemplo, considere as reações:

$$A \overset{\displaystyle 1}{\underset{\displaystyle 3}{\overset{2}{\longrightarrow}}} \begin{array}{l} R_{\text{desejado}} \\[4pt] S \\[4pt] T \end{array} \quad \text{em que } \mathbf{E}_1 > \mathbf{E}_2, \ \mathbf{E}_1 < \mathbf{E}_3 \tag{31}$$

Agora, $\mathbf{E}_1 > \mathbf{E}_2$ requer uma alta T, $\mathbf{E}_1 < \mathbf{E}_3$ requer uma baixa T e pode ser mostrado que a distribuição mais favorável de produtos é obtida quando a temperatura satisfaz a seguinte condição:

$$\frac{1}{T_{\text{ótima}}} = \frac{\mathbf{R}}{\mathbf{E}_3 - \mathbf{E}_2} \ln\left[\frac{\mathbf{E}_3 - \mathbf{E}_1 k_{30}}{\mathbf{E}_1 - \mathbf{E}_2 k_{20}}\right] \tag{32}$$

Segundo, para *etapas em série*, se uma etapa anterior necessitar uma alta temperatura e uma etapa posterior necessitar uma baixa temperatura, então uma programação decrescente de temperatura deverá ser usada. Argumentos análogos se mantêm para outras programações.

Os problemas no final deste capítulo verificam algumas das evidências qualitativas em $T_{\text{ótima}}$ e mostram também algumas extensões possíveis.

Comentários

A discussão sobre reações múltiplas mostra que o valor relativo das energias de ativação dirá que nível ou programação de temperatura será favorecido. Os resultados são muito similares àqueles mostrados no Capítulo 7, em que se analisou qual seria o melhor nível ou programação de concentração e qual seria o melhor estado de mistura perfeita. Embora o comportamento geral de temperatura baixa, alta, decrescente ou crescente possa ser determinado sem muita dificuldade, o cálculo do ótimo não é fácil.

Em experimentos, nós geralmente encontramos o problema inverso da situação delineada aqui, em que observamos distribuições de produtos a partir de experimento e, a partir deste, desejamos encontrar a estequiometria, a cinética e as condições operacionais mais favoráveis. As generalizações deste capítulo devem ser proveitosas nesta busca indutiva.

Finalmente, quando as reações são de ordem diferente e de diferentes energias de ativação, temos

Problemas **199**

de combinar os métodos dos Capítulos 7,8 e 9. Jackson *et al.* (1971) tratam um sistema particular deste tipo e encontram que a estratégia ótima requer ajustar somente um dos dois fatores: temperatura ou concentração, mantendo a outra em seu extremo. Que fator ajustar, depende se a variação na distribuição de produtos for mais dependente da temperatura ou da concentração. Seria interessante saber se esta evidência representa uma conclusão geral.

REFERÊNCIAS

Jackson, R., Obando, R., and Senior, M. G., *Chem, Eng. Sci.*, **26**, 853 (1971).

Van Heerden, C., *Ind. Eng. Chem.*, **45**, 1242 (1953).

Van Heerden, C., *Chem. Eng. Sci.*, **8**, 133 (1958).

PROBLEMAS

Os Exemplos 9.4 a 9.7 ilustram a abordagem para problemas lidando com reatores não isotérmicos. O Capítulo 19 estende esta abordagem para operações multiestágios de reações catalisadas por sólido.

Para reforçar esses conceitos, os Problemas 9.1 a 9.9 pedem ao leitor para refazer esses exemplos com uma ou mais mudanças. Em muitos destes problemas, não há necessidade de refazer o problema inteiro; indique somente as mudanças necessárias no texto e nos gráficos.

9.1 Para o sistema reacional do Exemplo 9.4

    (a) encontre t necessário para uma conversão de 60% do reagente, usando a programação ótima de temperatura no reator pistonado.

    (b) encontre também a temperatura de saída do fluido proveniente do reator.

    Use qualquer informação do Exemplo 9.4 de que você necessite.

9.2 Para o sistema de reator de mistura perfeita do Exemplo 9.5, nós desejamos conseguir 70% de conversão na menor capacidade possível de reator. Esquematize o seu sistema recomendado e indique nele a temperatura das correntes de entrada e saída do reator, assim como o tempo espacial necessário (τ).

9.3 Para a programação ótima de temperatura em um reator pistonado no Exemplo 9.4 ($C_{A0} = 4$ mols/ℓ, $F_{A0} = 1.000$ mols de A/min, $X_A = 0,8$, $T_{mín} = 5°C$, $T_{máx} = 95°C$) e estando a alimentação e o produto a 25°C, quanto se deve aquecer e resfriar

    (a) a corrente de alimentação?

    (b) o reator propriamente dito?

    (c) a corrente de saída do reator?

9.4 Nós planejamos processar a reação do Exemplo 9.4 ($C_{A0} = 4$ mols/ℓ, $F_{A0} = 1.000$ mols/min) em um reator pistonado, mantido todo ele a 40°C, até conversão de 90%. Encontre o volume necessário do reator.

9.5 Refaça o Exemplo 9.4

9.6 Refaça o Exemplo 9.5

9.7 Refaça o Exemplo 9.6

9.8 Refaça o Exemplo 9.7

em que $C_{A0} = 4$ mols / ℓ é trocada por $C_{A0} = 1$ mol / ℓ e em que F_{A0} permanece inalterada e igual a 1.000 mols de A / min

200 *Capítulo 9 — Efeitos de Temperatura e Pressão*

9.9 Desejamos processar a reação do Exemplo 9.4 em um reator de mistura perfeita, até a conversão de 95%, para uma concentração de A na alimentação de $C_{A0} = 10$ mols/ℓ e taxa de alimentação de $\upsilon = 100$ l/min. Qual é a capacidade necessária do reator?

9.10 Encontre qualitativamente a programação ótima de temperatura para maximizar C_S para o esquema reacional abaixo:

$$A \xrightarrow{1} R \xrightarrow{3} S_{desejado} \xrightarrow{5} T$$
$$\downarrow 2 \quad \downarrow 4 \quad \downarrow 6$$
$$U \quad V \quad W$$

Dados: $E_1 = 10$, $E_2 = 25$, $E_3 = 15$, $E_4 = 10$, $E_5 = 20$, $E_6 = 25$

9.11 As reações de primeira ordem

$$A \xrightarrow{1} R \xrightarrow{3} S_{desejado}$$
$$\downarrow 2 \quad \downarrow 4$$
$$T \quad U$$

$$k_1 = 10^9 e^{-6000/T}$$
$$k_2 = 10^7 e^{-4000/T}$$
$$k_3 = 10^8 e^{-9000/T}$$
$$k_4 = 10^{12} e^{-12.000/T}$$

devem ser processadas em dois reatores de mistura perfeita em série, entre 10 e 90°C. Se os reatores puderem ser mantidos a diferentes temperaturas, quais deverão ser essas temperaturas de modo a se obter um rendimento fracionário máximo de S? Encontre este rendimento fracionário.

9.12 A reação gasosa, reversível e de primeira ordem

$$A \underset{2}{\overset{1}{\rightleftharpoons}} R$$

deve ser processada em um reator de mistura perfeita. Para uma condição operacional de 300K, o volume requerido do reator é 100 litros, supondo uma conversão de 60% de A. Qual deve ser o volume do reator, para as mesmas taxa de alimentação e de conversão, porém com uma condição operacional de 400 K?

Dados: $k_1 = 10^3 \exp[-2416/T]$ min^{-1}

$\Delta C_p = C_{pR} - C_{pA} = 0$

$\Delta H_r = -8000$ cal/mol a 300 K

$K = 10$ a 300 K

A alimentação consiste de A puro

A pressão total permanece constante

CAPÍTULO 10
Escolhendo o Tipo Certo de Reator

Até agora, temos nos concentrado em reações homogêneas em reatores ideais. A razão é dupla: porque este é o mais simples dos sistemas a analisar, e o mais fácil de entender, e adquirir conhecimento e prática; também, porque as regras para um bom comportamento de um reator para sistemas homogêneos podem freqüentemente ser aplicadas diretamente aos sistemas heterogêneos.

As lições importantes aprendidas nos nove primeiros capítulos deste livro devem nos guiar diretamente, ou com um número mínimo de cálculos, para encontrar o sistema ótimo de reatores. Anteriormente, nós sugerimos seis regras gerais. Vamos apresentá-las e então usá-las.

Regra 1. Para Reações Simples

Para minimizar o volume de um reator, mantenha a concentração tão alta quanto possível para o reagente cuja ordem for $n > 0$. Para componentes onde $n < 0$, mantenha a concentração baixa.

Regra 2. Para Reações em Série

Considere reações em série, como mostrado:

$$A \to R \to S \to \cdots Y \to Z$$

Para maximizar qualquer intermediário, não misture fluidos que tenham concentrações diferentes dos ingredientes ativos — reagente ou intermediários. Ver Fig. 10.1.

Regra 3. Para Reações em Paralelo

Considere as reações paralelas com ordens de reação n_i:

$$A \xrightarrow{} \begin{matrix} R_{desejado} \\ S \\ T \end{matrix} \quad \begin{matrix} n_1 \cdots \text{ordem baixa} \\ n_2 \cdots \text{intermediária} \\ n_3 \cdots \text{ordem alta} \end{matrix}$$

Para conseguir a melhor distribuição de produtos, observe que:

Figura 10.1 — (a) O escoamento pistonado (nenhuma mistura) fornece a maioria dos intermediários. (b) A mistura inibe a formação de todos os intermediários

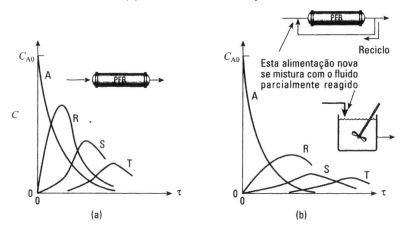

- baixa C_A favorece a reação de ordem mais baixa;
- alta C_A favorece a reação de ordem mais alta;
- se a reação desejada for de ordem intermediária, então alguma C_A intermediária dará a melhor distribuição de produtos;
- para reações que tenham todas a mesma ordem, a distribuição de produtos não será afetada pelo nível de concentração.

Regra 4. Reações Complexas

Estas redes de reações podem ser analisadas quebrando-as em suas reações simples em série e em paralelo. Por exemplo, para as seguintes reações elementares, onde R é o produto desejado, a quebra ocorre da seguinte forma:

$$\left.\begin{array}{l} A + B \xrightarrow{4} R \\ R + B \to S \end{array}\right\} \to \begin{array}{l} A \to R \to S \\ B \nearrow^{R}_{\searrow S} \end{array}$$

Esta quebra mostra que A e R deveriam estar sujeitos ao escoamento pistonado, sem qualquer reciclo, enquanto B pode ser introduzido como você desejar, a qualquer nível de concentração, visto que ele não afeta a distribuição de produtos.

Regra 5. Operações Contínuas *versus* Descontínuas

Qualquer distribuição de produtos que possa ser obtida em operações contínuas em estado estacionário, pode ser conseguida em uma operação descontínua e vice-versa. A Fig. 10.2 ilustra isto.

Regra 6. Efeito da Temperatura na Distribuição de Produtos

Dados:

$$A \xrightarrow{1} R \xrightarrow{2} S \qquad A \begin{array}{c} \nearrow^{1} R \\ \searrow_{2} S \\ \searrow S \end{array} \quad \text{com} \quad \begin{array}{l} k_1 = k_{10} e^{-E_1/RT} \\ \\ k_2 = k_{20} e^{-E_1/RT} \end{array}$$

Figura 10.2 — Correspondência entre a distribuição de tempos de residência para sistemas com escoamento e sem escoamento, em batelada ou semicontínuo

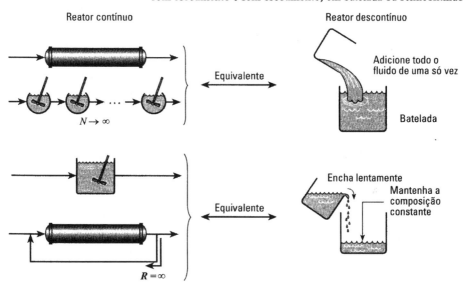

uma alta temperatura favorece a reação com maior **E**, enquanto uma baixa temperatura favorece a reação com menor **E**.

Vamos examinar agora como estas seis regras podem ser usadas para nos guiar ao ótimo.

Operação Ótima de Reatores

Em operações com reatores, a palavra "ótimo" pode ter diferentes significados. Vamos olhar duas definições que são particularmente úteis.

Alimente um reator com uma corrente contendo o reagente A e faça com que R, S, T, ... sejam formados, com R sendo o produto desejado. Então por ótimo,

1. nós poderíamos entender como sendo maximizar o rendimento fracionário global de R; ou seja:

$$\Phi\left(\frac{R}{A}\right) = \left(\frac{\text{mols formados de R}}{\text{mols consumidos de A}}\right)_{\text{máx}} \quad (1)$$

2. nós poderíamos entender como sendo operar o sistema de reatores de modo que a produção de R fosse maximizada; ou seja:

$$(\text{Prod R})_{\text{máx}} = \left(\frac{\text{mols formados de R}}{\text{mols alimentados de A no sistema}}\right)_{\text{máx}} \quad (2)$$

Para reações em série, calculamos diretamente a taxa de produção máxima, conforme mostrado no Capítulo 8. No entanto, para reações em paralelo, nós achamos melhor avaliar primeiro o rendimento fracionário instantâneo de R; ou seja:

$$\varphi\left(\frac{R}{A}\right) = \left(\frac{\text{mols formados de R}}{\text{mols consumidos de A}}\right) \quad (3)$$

e então encontrar o ótimo. Este procedimento foi mostrado no Capítulo 7.

Se o reagente não utilizado puder ser separado da corrente de saída, reconcentrado para as condições de alimentação e então reciclado, teremos então:

$$(\text{Prod R})_{\text{máx}} = \Phi(R/A)_{\text{ótimo}} \qquad (4)$$

EXEMPLO 10.1 AS REAÇÕES DE TRAMBOUZE (1959)

As reações elementares

$$A \underset{2}{\overset{1}{\longrightarrow}} \begin{matrix} R \\ S_{\text{desejado}} \\ T \end{matrix} \qquad \begin{matrix} r_R = k_0 \\ r_S = k_1 C_A \\ r_T = k_2 C_A^2 \end{matrix} \qquad \begin{matrix} k_0 = 0,025 \\ k_1 = 0,2 \text{ min}^{-1} \\ k_2 = 0,4 \ \ell/\text{mol} \cdot \text{min} \end{matrix}$$

devem ocorrer em quatro MFR (reatores de mistura perfeita), de iguais capacidades, conectados do modo que você desejar. A alimentação é $C_{A0} = 1$ e a taxa de alimentação é $\upsilon = 100\ \ell/\text{min}$.

O melhor esquema que o computador poderia apresentar para maximizar o rendimento fracionário de S, ou $\Phi(S/A)$ [ver problema 5, *Chem. Eng. Sci.*, **45**, 595-614 (1990)], é mostrado na Fig. E10.1a.

(a) Como você arranjaria um sistema de quatro MFR?
(b) Para o seu melhor sistema, qual seria o volume de seus quatro reatores?

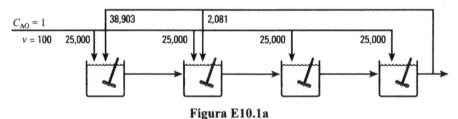

Figura E10.1a

SOLUÇÃO

(a) Antes de mais nada, a solução do computador parece um pouco complicada, do ponto de vista de engenharia. Mas não faz mal; vamos em frente com os nossos cálculos. O rendimento fracionário instantâneo, $\varphi(S/A)$, é:

$$\varphi(S/A) = \frac{k_1 C_A}{k_0 + k_1 C_A + k_2 C_A^2} = \frac{0,2\ C_A}{0,025 + 0,2\ C_A + 0,4\ C_A^2} \qquad (i)$$

Para maximizar $\varphi(S/A)$, faça:

$$\frac{d\varphi}{dC_A} = 0 = \frac{0,2(0,025 + 0,2\ C_A + 0,4\ C_A^2) - 0,2\ C_A(0,2 + 0,8\ C_A)}{(---)^2}$$

Resolvendo, temos:

$$\underline{\underline{C_{A\text{ ótimo}} = 0,25}}$$

Assim, a partir da Eq. (i), em C_A, ótimo:

$$\underline{\underline{C_{S\text{ ótimo}}}} = \Phi(S/A)(C_{A0} - C_{A\text{ ótimo}}) = 0,5(1 - 0,25) = \underline{\underline{0,375}}$$

Deste modo, a melhor maneira de operar estes quatro reatores é manter as condições no ótimo em todas as quatro unidades. Um projeto deste tipo é mostrado na Fig. E10.1b. O Problema P20 e a Fig. E10.1a mostram um outro projeto.

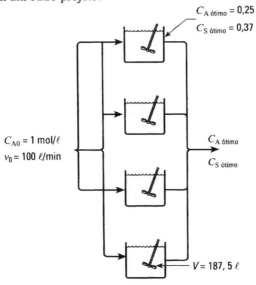

Figura E10.1b

(b) O volume para cada MFR é obtido pela equação de desempenho:

$$\tau = \frac{V}{v} = \frac{C_{A0} - C_A}{-r_A}$$

ou

$$V = \frac{v(C_{A0} - C_A)}{-r_A} = \frac{(100/4)(1,00 - 0,25)}{0,025 + 0,2(0,25) + 0,4(0,25)^2}$$
$$= 187,5 \, \ell$$

Conseqüentemente, para o sistema com quatro reatores:

$$V_{total} = 187,5 \times 4 = \underline{\underline{750 \, \ell}}$$

EXEMPLO 10.2 PROGRAMAÇÃO DE TEMPERATURA PARA REAÇÕES MÚLTIPLAS

Considere o seguinte esquema de reações elementares:

$$A \underset{2}{\overset{1}{\rightarrow}} \begin{matrix} R \overset{3}{\rightarrow} U \\ \downarrow 5 \\ T \overset{4}{\rightarrow} S \end{matrix} \quad \begin{cases} E_1 = 79 \text{ kJ/mol} \\ E_2 = 113 \text{ kJ/mol} \\ E_3 = 126 \text{ kJ/mol} \\ E_4 = 151 \text{ kJ/mol} \\ E_5 = 0 \end{cases}$$

Que programação de temperatura você recomendaria, se o produto desejado fosse:

(a) R, **(b)** S, **(c)** T, **(d)** U

e se a capacidade do reator não fosse importante?

Esse esquema reacional, industrialmente importante, foi reportado por Binns *et al.* (1969) e usado por Husain e Gangiah (1976, página 245). Neste problema, nós trocamos dois dos valores reportados de **E**, de modo a tornar o problema mais interessante.

SOLUÇÃO

(a) *O Intermediário R é Desejado.* Nós queremos que a etapa 1 seja rápida comparada à etapa 2 e que a etapa 1 seja rápida comparada à etapa 3.

Uma vez que $E_1 < E_2$ e $E_1 < E_3$ use uma temperatura baixa e escoamento pistonado.

(b) *O Produto Final S é Desejado.* Aqui, velocidade é tudo que importa.

Logo, use uma temperatura alta e escoamento pistonado.

(c) *O Intermediário T é Desejado.* Nós queremos que a etapa 2 seja rápida comparada à etapa 1 e que a etapa 2 seja rápida comparada à etapa 4.

Uma vez que $E_2 > E_1$ e $E_2 < E_4$ use uma temperatura decrescente e escoamento pistonado.

(d) *O Intermediário U é Desejado.* Nós queremos que a etapa 1 seja rápida comparada à etapa 2 e que a etapa 3 seja rápida comparada à etapa 5.

Uma vez que $E_1 < E_2$ e $E_3 > E_3$ use uma temperatura crescente e escoamento pistonado.

REFERÊNCIAS

Binns, D. T., Kantyka, T. A., and Welland, R. C., *Trans. I. Chem. E.*, **47**, T53 (1969).

Husain A., and Gangiah, K., *Optimization Techniques for Chemical Engeineers*, Macmillan of India, Delhi (1976).

Trambouze, P. J., and Piret, E. L., *AIChE J*, **5**, 384 (1959).

Van der Vusse, J. G., *Chem. Eng. Sci.*, 19, 994 (1964).

PROBLEMAS

10.1 Dadas as duas reações:

$$A + B \xrightarrow{1} R \qquad -r_1 = k_2 C_A C_B$$
$$R + B \xrightarrow{2} S \qquad -r_2 = k_2 C_R C_B$$

R é o produto desejado, que deve ser maximizado. Classifique os quatro esquemas mostrados na Fig. P10.1 como "bom" ou "não tão bom". Por favor, sem cálculos complicados; só justifique.

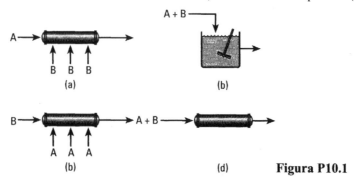

Figura P10.1

10.2 Repita o Problema 1, apenas mudando:
$$-r_2 = k_2 C_R C_B^2$$

10.3 Repita o Problema 1, apenas mudando:
$$-r_2 = k_1 C_R^2 C_B$$

10.4 Para as reações:
$$A + B \rightarrow R \quad -r_1 = k_1 C_A C_B$$
$$R + B \rightarrow S \quad -r_2 = k_2 C_R C_B^2$$

em que R é o produto desejado, qual das seguintes maneiras de operar o reator em batelada é favorável e qual não é? Ver a Fig. P10.4.

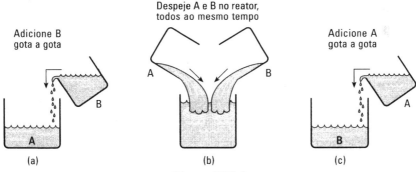

Figura P10.4

10.5 *A Oxidação de Xileno.* A oxidação violenta de xileno produz simplesmente CO_2 e H_2O; todavia, quando a oxidação for suave e cuidadosamente controlada, ela poderá produzir também quantidades significativas do valioso anidrido ftálico, como mostrado na Fig. P10.5. Também, por causa do perigo de explosão, a fração de xileno na mistura reacional tem de ser mantida abaixo de 1%. Naturalmente, o problema neste processo é obter uma distribuição favorável de produtos.

(a) Em um reator pistonado, que valores das três energias de ativação exigiriam uma operação à máxima temperatura permitida ?

(b) Sob que circunstâncias, o reator pistonado tem uma programação decrescente de temperatura?

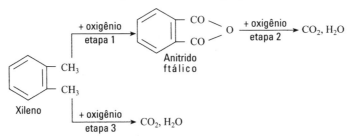

Figura P10.5

10.6 *As Reações de Trambouze* — Reações em paralelo. Dada uma série de reações elementares com uma alimentação de $C_{A0} = 1$ mol/ℓ e $\upsilon = 100$ ℓ/min, desejamos maximizar o rendimento fracionário, mas não a produção de S, em um arranjo de reatores de sua escolha.

$$A \begin{matrix} \nearrow^0 R_{desejado} \\ \xrightarrow{1} S \\ \searrow_2 T \end{matrix} \quad \begin{matrix} \cdots & r_R = k_0 & k_0 = 0,025 \text{ mol}/\ \ell \cdot \text{min} \\ \cdots & r_S = k_1 C_A & k_1 = 0,2 \text{ min}^{-1} \\ \cdots & r_T = k_2 C_A^2 & k_2 = 0,4 \ \ell/\text{ mol} \cdot \text{min} \end{matrix}$$

O computador, por meio de uma busca multidimensional [ver problema 3, *Chem. Eng. Sci.*, **45**, 595–614 (1990)], sugeriu o arranjo da Figura P10.6, que os autores afirmam ser um ótimo LOCAL ou um PONTO ESTACIONÁRIO. Nós não estamos interessados nos ótimos LOCAIS, se tais coisas existem; estamos interessados em encontrar o ótimo GLOBAL. Assim, com isto em mente,

(a) você julga que o arranjo da Figura P10.6 seja o melhor?

(b) se não, sugira um esquema melhor. Faça o seu esquema e calcule o volume dos reatores que você planeja usar.

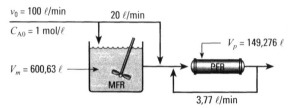

Figura P10.6

10.7 Para a série de reações elementares do Problema 10.6, com uma alimentação de $C_{A0} = 1$ mol/ℓ e $\upsilon = 100$ ℓ/min, desejamos maximizar a taxa de produção do intermediário S (não o rendimento fracionário) em um arranjo de reatores de sua escolha. Esboce seu esquema escolhido e determine o $C_{S,\,máx}$ obtido.

10.8 *Anticongelante de Automóvel.* Etileno glicol e dietileno glicol são usados como anticongelantes em automóveis, sendo produzidos pelas reações de óxido de etileno com água, como segue:

$$H_2O + \underset{CH_2-CH_2}{\overset{O}{\diagup\diagdown}} \rightarrow \underset{\underset{\text{etileno glicol}}{\underline{\quad\quad\quad\quad}}}{O{\diagdown \overset{CH_2-CH_2OH}{\atop H}}}$$

$$O{\diagdown \overset{CH_2-CH_2OH}{\atop H}} + \underset{CH_2-CH_2}{\overset{O}{\diagup\diagdown}} \rightarrow \underset{\underset{\text{dietileno glicol}}{\underline{\quad\quad\quad\quad}}}{O{\diagdown \overset{CH_2-CH_2OH}{\atop CH_2-CH_2OH}}}$$

Um mol de um destes glicóis em água é tão eficaz quanto o outro na redução do ponto de solidificação da água; no entanto, na base molar, o dietileno glicol é duas vezes mais caro que o etileno glicol. Por conseguinte, queremos maximizar o etileno glicol e minimizar o dietileno glicol na mistura.

Um dos maiores fornecedores norte-americanos produz anualmente milhões de quilogramas de anticongelante, em reatores mostrados na Fig. P10.8a. Um dos engenheiros da empresa sugeriu que eles trocassem seus reatores por um dos tipos mostrados na Fig. P10.8b. O que você pensa desta sugestão?

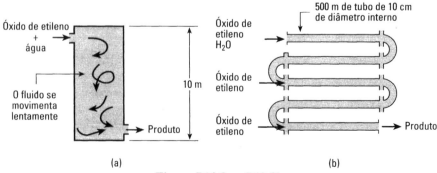

Figura P10.8a e P10.8b

10.9 *A Reação Catalítica Homogênea.* Considere a reação elementar:

$$A + B \xrightarrow{k} 2B, \quad -r_A = kC_AC_B \quad \text{com} \quad k = 0,4 \; \ell/\text{mol}\cdot\text{min}$$

Para a seguinte alimentação e tempo espacial do reator

Vazão volumétrica $\quad v = 100 \; \ell/\text{min}$

Composição na alimentação $\quad \begin{cases} C_{A0} = 0,45 \text{ mol}/\ell \\ C_{B0} = 0,55 \text{ mol}/\ell \end{cases}$

Tempo espacial $\quad \tau = 1 \text{ min}$

nós queremos maximizar a concentração de B na corrente do produto. Nosso inteligente computador [ver problema 8, *Chem. Eng. Sci.*, **45**, 595-614 (1990)] fornece o projeto da Fig. P10.9 como sua melhor tentativa.

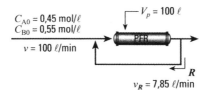

Figura P10.9

Você pensa que esta é a melhor maneira para processar a reação? Se não, sugira um esquema melhor. Não se preocupe em calcular a capacidade do reator, taxa de reciclo, etc. Indique somente o melhor esquema.

10.10 *Colorir Bebidas Cola.* Quando xarope de milho, viscoso, é aquecido, ele carameliza (torna-se um marrom escuro forte). No entanto, se for aquecido um pouco mais do que o necessário, ele se transformará em carbono.

$$\text{xarope de milho} \xrightarrow{\text{calor}} \text{caramelo} \xrightarrow{\text{mais calor}} \text{partículas de carbono}$$

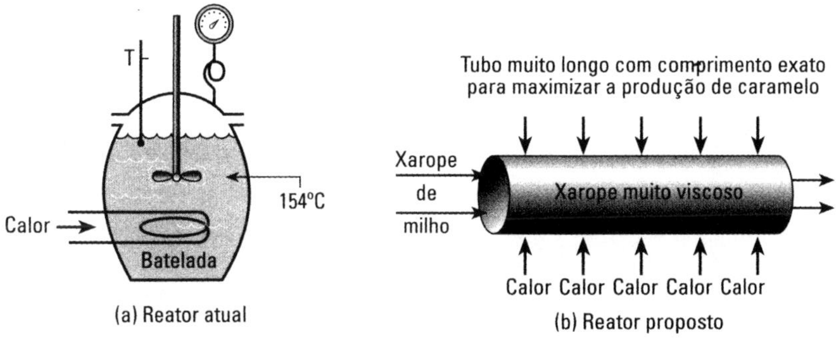

Figura P10.10 (*a*) Reator atual; (*b*) Projeto proposto.

O líquido caramelizado é enviado em vagões-tanque por ferrovia para formuladores de xarope cola, que testam então a qualidade da solução. Se a solução for muito clara na cor, haverá uma penalidade; se ela tiver muitas partículas de carbono por unidade de volume, então o vagão-tanque inteiro será rejeitado. Há assim um delicado balanço entre reagir menos e mais.

Agora, uma batelada de xarope de milho é aquecida a 154°C em um tanque, durante um tempo preciso. Então, o reator é rapidamente descarregado e resfriado, sendo o tanque totalmente limpo (trabalho manual muito intenso) e então recarregado.

A empresa quer reduzir custos e trocar esse oneroso trabalho intensivo que requer uma operação em batelada por um sistema contínuo. Naturalmente, será um reator pistonado (regra 2). O que você pensa desta idéia? Por favor, comente quando você sentar e beber um gole de Coca ou Pepsi.

10.11 As Reações de Denbigh. Pretendemos processar as reações abaixo

$$A \xrightarrow{1} R \xrightarrow{3} S \quad\quad \begin{array}{l} k_1 = 1{,}0\ \ell/\text{mol}\cdot\text{s} \quad 2.^\circ \text{ ordem} \\ k_2 = k_3 = 0{,}6\ \text{s}^{-1} \quad 1.^\circ \text{ ordem} \\ k_4 = 0{,}1\ \ell/\text{mol}\cdot\text{s} \quad 2.^\circ \text{ ordem} \end{array}$$
$$\ \ \downarrow 2\quad \downarrow 4$$
$$\ \ T\quad U$$

em um sistema contínuo, nas seguintes condições:

Vazão volumétrica da alimentação $\quad v = 100\ \ell/\text{s}$

Composição de alimentação $\quad \begin{cases} C_{A0} = 6\ \text{mols}/\ell \\ C_{R0} = 0{,}6\ \text{mol}/\ell \end{cases}$

Nós queremos maximizar a razão de concentrações de C_R/C_T na corrente de produto.

Como reportado [ver problema 7, *Chem. Eng. Sci.*, **45**, 595-614 (1990)], a investida neste problema usou 2.077 variáveis contínuas, 204 variáveis inteiras, 2.108 restrições e forneceu como solução ótima o projeto mostrado na Fig. P10.11.

(a) Você pensa que faria melhor? Se afirmativo, que projeto de reator você sugeriria e que razão C_R/C_T você esperaria obter?

(b) Se você desejasse minimizar a razão C_R/C_T, como faria isto?

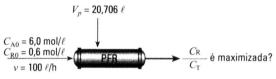

Figura P10.11

10.12 Para a reação homogênea catalítica:

$$A + B \to B + B, \quad -r_A = kC_A C_B$$

com uma alimentação de $C_{A0} = 90$ mols/m³, $C_{B0} = 10$ mols/m³, queremos cerca de 44% de conversão do reagente A. Qual reator contínuo ou combinação de reatores contínuos é melhor no tocante ao menor volume total necessário de reatores? Não há necessidade de tentar calcular a capacidade necessária de reatores; determine somente o tipo de sistema de reatores que seria o melhor e o tipo de escoamento que deveria ser usado.

10.13 Repita o Problema 10.12 com somente uma mudança. Nós necessitamos de 90% de conversão do reagente A.

10.14 Repita o Problema 10.12 com somente uma mudança. Nós necessitamos somente de 20% de conversão do reagente A.

10.15 Queremos produzir R a partir de A, em um reator em batelada com um tempo máximo de corrida de 2 horas, em alguma temperatura na faixa de 5 a 90°C. A cinética deste sistema de reação de primeira ordem, em fase líquida, é dada por:

$$A \xrightarrow{1} R \xrightarrow{2} S, \quad \begin{cases} k_1 = 30\ e^{-20\,000/RT} \quad k = [\text{min}^{-1}] \\ k_2 = 1{,}9\ e^{-15\,000/RT} \quad R = 8{,}314\ \text{J}/\text{mol}\cdot\text{K} \end{cases}$$

Determine a temperatura ótima (para dar $C_{R,\text{máx}}$), o tempo de corrida e a conversão correspondente de A para R.

10.16 *Sistema Reator-Separador-Reciclo — Cloração de Benzeno.* Para este caso, as reações elementares são:

$$C_6H_6 + Cl_2 \xrightarrow{1} C_6H_5Cl + HCl \quad k_1 = 0{,}412\ \ell/\text{kmol}\cdot\text{h}$$
$$C_6H_5Cl + Cl_2 \xrightarrow{2} C_6H_4Cl_2 + HCl \quad k_2 = 0{,}055\ \ell/\text{kmol}\cdot\text{h}$$

O produto desejado é monoclorobenzeno. Suponha também que qualquer benzeno não reagido na corrente do produto pode ser separado sem impurezas e reutilizado quando desejado.

Com a imposição que usemos somente PFR, a Fig. P10.16 mostra um mínimo de três reatores, em qualquer arranjo, mais o separador e o reciclo do reagente não utilizado, onde o melhor arranjo foi determinado pelo computador [ver caso 3, *Chem. Eng. Sci.*, **46**, 1361-1383 (1991)].

Você pode fazer melhor? Não há necessidade de calcular os volumes e as taxas de escoamento (vazões volumétricas). Apenas proponha um esquema melhor.

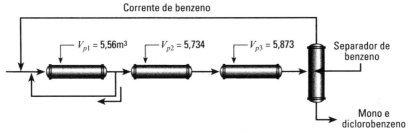

Figura P10.16

10.17 *Produção de Acroleína.* Adams *et al.* [*J. Catalysis*, **3**, 379 (1964)] estudaram a oxidação catalítica de propileno, em catalisador de molibdato de bismuto, para formar acroleína. Com uma alimentação de propileno e oxigênio e reação a 460°C, as três reações seguintes ocorrem:

$$C_3H_6 + O_2 \xrightarrow{1} C_3H_4O + H_2O$$
$$C_3H_6 + 4,5O_2 \xrightarrow{2} 3CO_2 + 3H_2O$$
$$C_3H_4O + 3,5O_2 \xrightarrow{3} 3_2 + 2H_2O$$

As reações são todas de primeira ordem em olefina e independentes de oxigênio e dos produtos de reação, sendo as razões de taxas de reação dadas por:

$$\frac{k_2}{k_1} = 0,1, \quad \frac{k_3}{k_1} = 0,25$$

Se não houver necessidade de resfriamento para manter a reação próxima de 460°C e se não houver nenhuma separação e reciclo de C_3H_6 não usado, que tipo de reator você poderá sugerir e qual deverá ser a taxa de produção máxima esperada de acroleína neste reator?

10.18 *Reações Não Isotérmicas de van der Vusse (1964).* Considere as seguintes reações:

$$A \xrightarrow{1} R \xrightarrow{2} S$$
$$\downarrow 3$$
$$\tfrac{1}{2}T$$

com
$$\begin{cases} k_1 = 5,4 \times 10^8 \exp(-66275/\mathbf{R}T) & [s^{-1}] \\ k_2 = 3,6 \times 10^3 \exp(-33137/\mathbf{R}T) & [s^{-1}] \\ k_3 = 1,6 \times 10^{10} \exp(-99412/\mathbf{R}T) & [\ell/\text{mol} \cdot s] \end{cases}$$

em que a energia de ativação de Arrhenius é dada em unidades de J/mol, C deve ser maximizado e $C_{A0} = 1$ mol/ℓ.

Insistindo em usar três MFR com τ_i entre 0,1 e 20 s (ver exemplo 2, *AIChE J.*, **40**, 849, (1994)], com possível resfriamento e uma faixa de temperatura entre 360 K e 396 K, o melhor esquema calculado pelo computador é mostrado na Fig. 10.18.

(a) Você gosta deste projeto? Se não, o que sugere que devemos fazer com este sistema de 3 reatores? Por favor, mantenha os três MFR.

(b) Que valor de C_R/C_{A0} poderia ser obtido e qual t deveria ser usado com o melhor esquema de reator (pistonado, de mistura perfeita ou uma combinação) e com uma transferência ideal de calor?

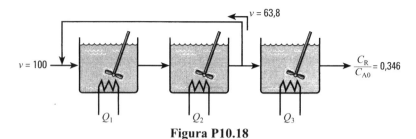

Figura P10.18

10.19 *Anidrido Ftálico a Partir de Naftaleno.* O mecanismo aceito para a oxidação altamente exotérmica de naftaleno, catalisada por sólido, para produzir anidrido ftálico é:

$$\begin{array}{c} \text{A} \xrightarrow{1} \text{R} \xrightarrow{3} \\ \xrightarrow{2} \text{S} \xrightarrow{4} \text{T} \end{array} \quad \text{onde} \quad \begin{cases} k_1 = k_2 = 2 \times 10^{13} \exp(-159000/\mathbf{R}T) & [\text{h}^{-1}] \\ k_3 = 8{,}15 \times 10^{17} \exp(-209000/\mathbf{R}T) & [\text{h}^{-1}] \\ k_4 = 2{,}1 \times 10^{5} \exp(-83600/\mathbf{R}T) & [\text{h}^{-1}] \end{cases}$$

onde

A = naftaleno (reagente)
R = naftaquinona (intermediário postulado)
S = anidrido ftálico (produto desejado)
T = CO_2 + H_2O (subprodutos)

e a energia de ativação de Arrhenius é dada em unidades de J/mol. Esta reação deve ocorrer entre 900 K e 1200 K.

Um arranjo de reatores com ótimo local, descoberto pelo computador [ver exemplo 1, *Chem. Eng. Sci.*, **49**, 1037-1051 (1994)], é mostrado na Fig. P10.19.

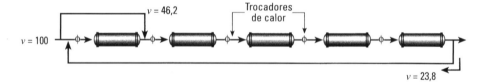

Figura P10.19

(a) Você gosta deste projeto? Poderia fazer melhor? Se afirmativo, como?

(b) Se você pudesse manter todo o corpo de seus reatores a qualquer valor desejado de temperatura e de τ e se fosse permitido reciclo, quanto anidrido ftálico poderia ser produzido por mol de naftaleno reagido?

Sugestão: Por que não determinar os valores de k_1, k_2, k_3 e k_4 para os extremos de temperatura, analisar os valores e prosseguir então com a solução?

10.20 O Professor Turton não gosta de usar reatores em paralelo e ele se arrepiou todo quando viu, no Exemplo 1, o projeto que recomendei como sendo o melhor. Ele prefere bem mais o uso de reatores em série e assim, para aquele exemplo, sugere usar o projeto da Fig. E10.1a, *mas sem reciclo* de fluido.

Determine o rendimento fracionário de S, Φ(S/A), que pode ser obtido pelo projeto de Turton e veja se coincide com aquele encontrado no Exemplo 10.1.

PARTE II
MODELOS DE ESCOAMENTO, CONTATOS E ESCOAMENTOS NÃO IDEAIS

Capítulo 11 Fundamentos do Escoamento Não Ideal 214
Capítulo 12 Modelos Compartimentados 237
Capítulo 13 O Modelo de Dispersão 246
Capítulo 14 O Modelo de Tanques em Série 271
Capítulo 15 O Modelo de Convecção para Escoamento Laminar 286
Capítulo 16 Antecipação de Mistura, Segregação e RTD 296

Fundamentos do Escoamento Não Ideal

Até agora, tratamos de dois tipos de escoamento: o escoamento pistonado e o escoamento com mistura perfeita. Eles podem proporcionar comportamentos muito diferentes (capacidade do reator, distribuição de produtos). Gostamos destes tipos de escoamento e, na maioria dos casos, tentamos projetar equipamentos que usem um ou outro tipo, porque:

- freqüentemente, um ou outro é o ótimo, independente do que estejamos projetando.
- esses dois tipos são simples de tratar.

Porém, os equipamentos reais sempre se desviam dos ideais. Como considerar este fato? Este capítulo e os próximos abordarão este assunto.

Três fatores globais, um pouco interligados, compõem o tipo de escoamento ou contato:

1. a **RTD** (sigla proveniente do nome em inglês, *residence time distribution*) ou distribuição do tempo de residência do material que está escoando através do vaso;
2. o **estado de agregação** do material em escoamento, sua tendência a aglomerar e, para um grupo de moléculas, sua tendência a se moverem juntas;
3. a **antecipação e o retardo de mistura** de material no vaso.

Primeiramente, vamos discutir qualitativamente estes três fatores e depois, neste e nos próximos capítulos, vamos mostrar como eles afetam o comportamento de um reator.

A Distribuição do Tempo de Residência, RTD

Os desvios dos dois modos de escoamento ideal podem ser causados pela formação de canais preferenciais de fluido, pela reciclagem de fluido ou pela criação de regiões de estagnação no vaso. A Fig. 11.1 mostra este comportamento. Em todos os tipos de equipamentos de processo, tais como trocadores de calor, colunas de recheio e reatores, este tipo de escoamento deve ser evitado, uma vez que ele sempre diminui o desempenho da unidade.

Se conhecermos precisamente o que está acontecendo no interior do vaso, ou seja, se tivermos um mapa completo da distribuição de velocidades para o fluido no vaso, então deveremos, em princípio, ser capazes de prever o comportamento de um vaso como um reator. Infelizmente, esta abordagem não é prática, mesmo na era atual de computadores.

Figura 11.1 — Tipos de escoamento não ideal, que podem existir em equipamentos de processo

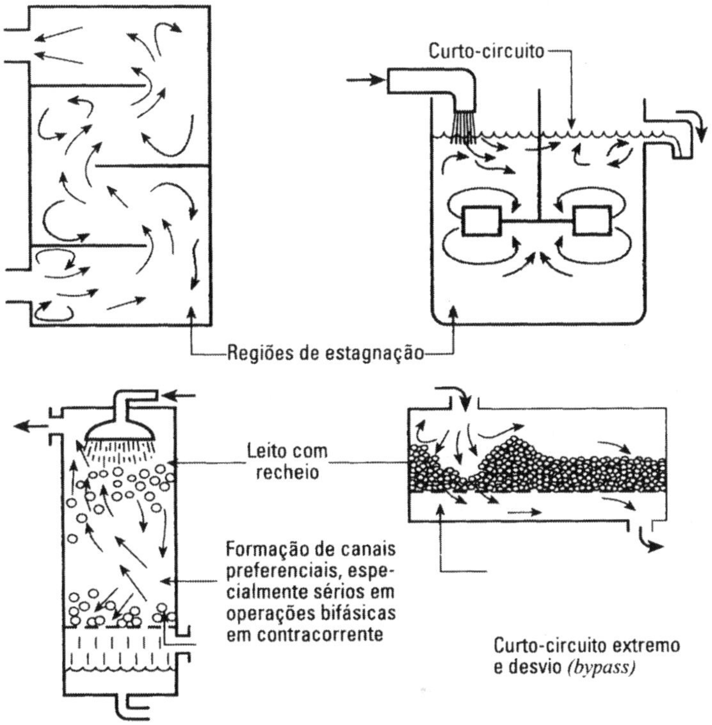

Colocando de lado o objetivo de conhecer completamente o escoamento, vamos ser menos ambiciosos e ver o que realmente necessitamos saber. Em muitos casos, não necessitamos realmente conhecer muito, bastando simplesmente saber quanto tempo as moléculas individuais permanecem no vaso, ou mais precisamente, a distribuição do tempo de residência do fluido escoando. Esta informação pode ser determinada fácil e diretamente através de um método largamente usado de investigação, o experimento de estímulo-resposta.

Grande parte deste capítulo aborda a distribuição do tempo de residência (ou RTD) para escoamento não ideal. Mostramos quando ele pode ser legitimamente usado, como usá-lo e que alternativas adotar quando ele não for aplicável.

No desenvolvimento da "linguagem" para esse tratamento de escoamento não ideal (ver Danckwerts, 1953), consideraremos apenas o escoamento estacionário, sem reação e sem variação da densidade de um único fluido através do vaso.

Estado de Agregação da Corrente em Escoamento

O material em escoamento está em algum estado de agregação, dependendo de sua natureza. Nos extremos, estes estados podem ser chamados de *microfluidos* e *macrofluidos*, conforme esquematizado na Fig. 11.2.

Sistemas de uma Única Fase. Estes estão localizados em algum ponto entre os extremos de microfluidos e macrofluidos.

Sistemas com Duas Fases. Uma corrente de sólidos sempre se comporta como um macrofluido, porém para gás reagindo com líquido, cada fase pode ser um micro ou macrofluido, dependendo do esquema de contato que estiver sendo usado. Os esquemas da Fig. 11.3 mostram comportamentos completamente opostos. Nós trataremos estes reatores bifásicos em capítulos posteriores.

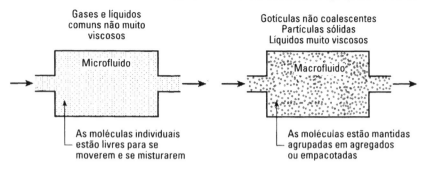

Figura 11.2 — Dois extremos de agregação de fluido

Antecipação de Mistura

Os elementos de fluido de uma única corrente escoando podem se misturar entre si tanto com antecipação como com retardado, em seu escoamento através do vaso. Por exemplo, ver a Fig. 11.4.

Geralmente, esse fator tem pouco efeito no comportamento global para um único fluido escoando. No entanto, para um sistema com duas correntes de entrada de reagentes, ele pode ser muito importante. Ver, por exemplo, a Fig. 11.5.

Papel da RTD, do Estado de Agregação e da Antecipação de Mistura na Determinação do Comportamento do Reator

Enquanto em algumas situações um dos três fatores pode ser ignorado, em outras ele pode ser crucial. Freqüentemente, isto depende muito do tempo de reação, $\bar{t}_{rx}$, do tempo de mistura, $\bar{t}_{mistura}$, e do tempo de permanência no vaso, $\bar{t}_{permanência}$. Embora $\bar{t}_{permanência}$ tenha um significado mais amplo, em muitos casos, ele é bem parecido com $\bar{t}_{mistura}$.

11.1 E, A DISTRIBUIÇÃO DE IDADE DO FLUIDO, A RTD

É evidente que os elementos de fluido que adotem rotas diferentes através do reator possam levar tempos diferentes para passar através do vaso. A distribuição destes tempos para a corrente de fluido

Figura 11.3 — Exemplos de comportamento de macro e microfluido

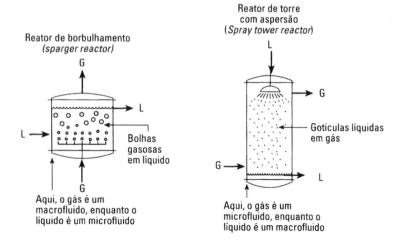

11.1 — E, a Distribuição de Idade do Fluido, a RTD

Figura 11.4 — Exemplos de antecipação e retardo de mistura de fluido

saindo do vaso é chamada de distribuição de idade de saída, **E** (do inglês, exit), ou distribuição do tempo de residência (RTD) do fluido. **E** tem a unidade de tempo^{-1}.

Nós achamos conveniente representar a RTD de modo que a área sob a curva seja igual à unidade; ou seja:

$$\int_0^\infty \mathbf{E}\, dt = 1 \quad [-]$$

A Fig. 11.6 mostra este procedimento, que é chamado de normalização da distribuição.

Devemos notar uma restrição na curva E: o fluido entra e sai do vaso apenas uma única vez. Isto significa que não deve haver escoamento ou difusão ou redemoinhos ascendentes na entrada ou na saída do vaso. Chamamos a isto de condição de contorno de vaso *fechado*. Quando os elementos de fluido puderem cruzar mais de uma vez o contorno do vaso, chamamos isto de condição de contorno de vaso *aberto*.

Com essa representação, a fração da corrente de saída com idade* entre t e $t + dt$ é:

$$\mathbf{E}\, dt \quad [-]$$

A fração mais nova que a idade t_1 é:

$$\int_0^{t_1} \mathbf{E}\, dt \quad [-] \tag{1}$$

enquanto que a fração de material mais velha que t_1, mostrada como área sombreada na Fig. 11.6, é:

$$\int_{t_1}^\infty \mathbf{E}\, dt = 1 - \int_0^{t_1} \mathbf{E}\, dt \quad [-] \tag{2}$$

A curva **E** é a distribuição necessária para considerar o escoamento não ideal.

Métodos Experimentais (Não Químicos) para Determinação de E

A maneira mais simples e direta de determinar a curva **E** usa um traçador físico ou não reativo. Para finalidades especiais, no entanto, podemos querer usar um traçador reativo. Este capítulo lida em

Figura 11.5 — A antecipação ou o retardado de mistura afetam o comportamento do reator

---

* O termo "idade", para um elemento da corrente de saída, refere-se ao tempo gasto por aquele elemento no vaso.

Figura 11.6 — A curva de distribuição de idade de saída **E**, para um fluido escoando através do vaso. Essa curva também é chamada de distribuição do tempo de residência ou RTD

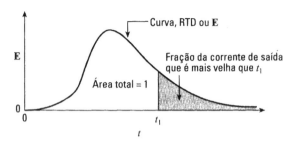

detalhes com um traçador não reativo, podendo-se usar, neste caso, todos os tipos de experimentos. A Fig. 11.7 mostra alguns deles. Consideramos aqui somente os experimentos com as funções pulso e degrau, pelo fato de que com estas funções os experimentos são mais fáceis de interpretar enquanto que as funções periódicas e aleatórias são mais difíceis.

Vamos discutir agora esses dois métodos experimentais de determinação da curva **E**. Mostramos então como encontrar o comportamento do reator, conhecendo a sua curva **E**.

O Experimento com a Função Pulso

Vamos encontrar a curva **E** para um vaso com volume V m³, através do qual um fluido escoa com v m³/s. Para isto, introduza instantaneamente, no fluido que está entrando no vaso, M unidades de um traçador (kg ou mols) e registre a concentração e o tempo do traçador ao deixar o vaso. Esta é a curva C_{pulso}. A partir do balanço de material para o vaso, encontramos:

$$\begin{pmatrix} \text{Área sob a curva} \\ \text{de } C_{pulso} \end{pmatrix}: \quad A = \int_0^\infty C\, dt \cong \sum_i C_i \Delta t_i = \frac{M}{v} \quad \left[\frac{\text{kg}\cdot\text{s}}{\text{m}^3}\right] \tag{3}$$

$$\begin{pmatrix} \text{Média da curva} \\ \text{de } C_{pulso} \end{pmatrix}: \quad \bar{t} = \frac{\int_0^\infty tC\, dt}{\int_0^\infty C\, dt} \cong \frac{\sum_i t_i C_i \Delta t_i}{\sum_i C_i \Delta t_i} = \frac{V}{v} \quad [\text{s}] \tag{4}$$

Tudo isto é mostrado na Fig. 11.8.

Para encontrar a curva **E** a partir da curva C_{pulso}, simplesmente mude a escala de concentração, de modo a fazer com que a área sob a curva seja igual à unidade. Assim, simplesmente divida as leituras de concentração por M/v, como mostrado na Fig. 11.9.

$$\mathbf{E} = \frac{C_{pulso}}{M/v} \tag{5a}$$

Figura 11.7 — Várias maneiras de estudar o tipo de escoamento em vasos

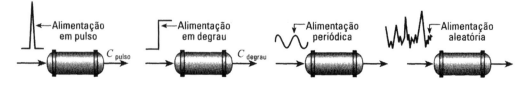

Figura 11.8 — Informação útil obtida a partir do experimento com função pulso de traçador

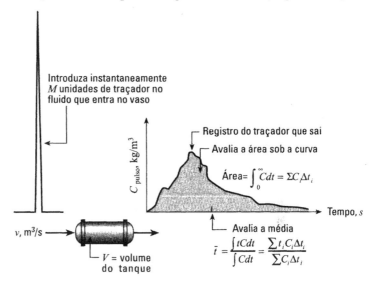

Temos uma outra função RTD: E_θ. Aqui, o tempo é medido em termos do tempo médio de residência $\theta = t/\bar{t}$. Logo:

$$E_\theta = \bar{t}\, E = \frac{V}{v} \cdot \frac{C_{pulso}}{M/v} = \frac{V}{M} C_{pulso} \tag{5b}$$

E_θ é uma medida útil, quando se lida com modelos de escoamento que aparecem nos Capítulos 13, 14 e 15. A Fig. 11.10 mostra como transformar E em E_θ.

Um último lembrete: a relação entre as curvas de C_{pulso} e E somente se mantém de forma exata para condição de contorno de vaso fechado.

O Experimento com a Função Degrau

Considere v m³/s de um fluido escoando através de um vaso de volume V. No tempo $t = 0$, troque o fluido normal por outro com um traçador de concentração $C_{máx}$ = [(kg ou mol)/m³] e meça a concentração do traçador na saída, C_{degrau}, com o tempo, t, como mostrado na Fig. 11.11.

Um balanço de material relaciona as diferentes quantidades medidas da curva de saída de uma alimentação em degrau.

Figura 11.9 — Transformando uma curva experimental C_{pulso} em uma curva E

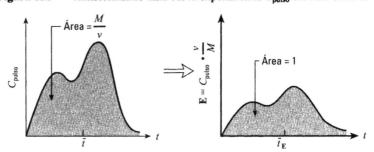

Figura 11.10 — Transformando uma curva **E** em uma curva **E**$_\theta$

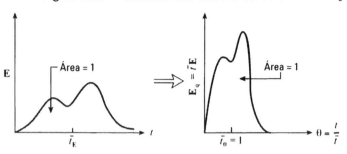

$$\left(\begin{array}{c}\text{Área sombreada}\\ \text{da Fig. 11.11}\end{array}\right) = C_{\text{máx}} \cdot \bar{t} = \dfrac{\dot{m}V}{v^2}\left[\dfrac{\text{kg/s}}{\text{m}^3}\right]$$

$$C_{\text{máx}} = \dfrac{\dot{m}}{v^2}\left[\dfrac{\text{kg}}{\text{m}^3}\right]$$

$$\bar{t} = \dfrac{\int_0^{C_{\text{máx}}} t\, dC_{\text{degrau}}}{\int_0^{C_{\text{máx}}} dC_{\text{degrau}}} = \dfrac{1}{C_{\text{máx}}}\int_0^{C_{\text{máx}}} t\, dC_{\text{degrau}} \quad (6)$$

em que $\dot{m}$ [kg/s] é a taxa mássica de escoamento do traçador no fluido que entra.

A forma adimensional da curva C_{degrau} é chamada de curva **F**. Ela é encontrada elevando-se a concentração do traçador de zero até a unidade, como mostrado na Fig. 11.12.

Relação ente as Curvas E e F

Para relacionar **E** com **F**, imagine um escoamento estacionário de um fluido branco. Então, no tempo $t = 0$, troque esse fluido por outro vermelho e registre a elevação da concentração do fluido vermelho na corrente de saída — a curva **F**. Em qualquer tempo $t > 0$, o fluido vermelho, e somente o fluido vermelho, na corrente de saída, é mais novo que a idade t. Desta forma, nós temos:

$$\left(\begin{array}{c}\text{fração do fluido vermelho}\\ \text{na corrente de saída}\end{array}\right) = \left(\begin{array}{c}\text{fração da corrente de saída,}\\ \text{mais nova que a idade } t\end{array}\right)$$

Porém, o primeiro termo é simplesmente o valor **F**, enquanto que o segundo termo é dado pela Eq.

Figura 11.11 — Informação que pode ser obtida a partir de um experimento com função degrau de traçador

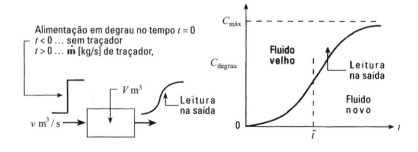

Figura 11.12 — Transformando uma curva experimental C_{degrau} em uma curva **F**

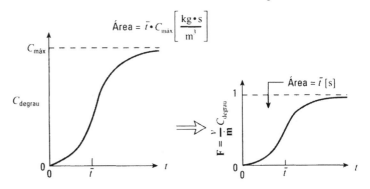

Porém, o primeiro termo é simplesmente o valor **F**, enquanto que o segundo termo é dado pela Eq. (1). Por conseguinte, nós temos no tempo t:

$$\mathbf{F} = \int_0^t \mathbf{E}\, dt \tag{7}$$

e diferenciando, obtemos:

$$\frac{d\mathbf{F}}{dt} = \mathbf{E} \tag{8}$$

A Fig. 11.13 apresenta essa relação na forma gráfica.

Figura 11.13 — Relação entre as curvas **E** e **F**

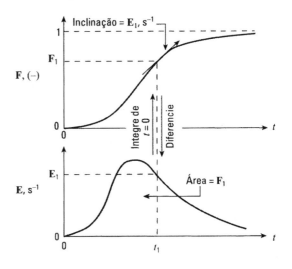

Essas relações mostram como os experimentos de estímulo e resposta, usando tanto a alimentação em pulso como em degrau, podem dar, convenientemente, a RTD e a taxa média de escoamento do fluido no vaso. Devemos lembrar que essas relações somente se mantêm para vasos fechados. Quando esta condição de contorno não for encontrada, então as curvas de C_{pulso} e **E** diferirão. As curvas de C_{pulso} do modelo de convecção (ver Capítulo 15) mostram claramente isto.

Figura 11.14 — Propriedades das curvas de **E** e **F** para vários escoamentos. As curvas são desenhadas em termos de unidades comuns e adimensionais de tempo. A relação entre as curvas é dada pelas Eqs. (7) e (8)

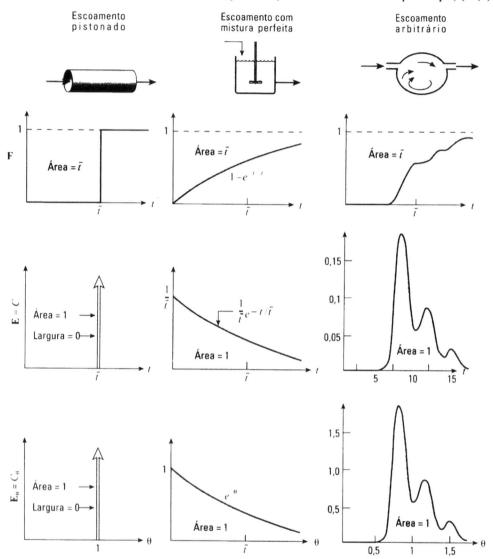

A Fig. 11.14 apresenta as formas dessas curvas para vários tipos de escoamento.
Em qualquer tempo, essas curvas estão relacionadas por:

$$\mathbf{E} = \frac{v}{\dot{m}} \cdot C_{pulso}, \quad \mathbf{F} = \frac{v}{m} \cdot C_{degrau}, \quad \mathbf{E} = \frac{d\mathbf{F}}{dt},$$

$$\bar{t} = \frac{V}{v}, \quad \theta = \frac{t}{\bar{t}}, \quad \bar{\theta}_\mathbf{E} = 1, \quad \mathbf{E}_\theta = \bar{t}\,\mathbf{E}$$

$$\theta, \quad \mathbf{E}_\theta, \quad \mathbf{F} \ldots \text{todos adimensionais}, \quad \mathbf{E} = [\text{tempo}^{-1}]$$

(9)

11.1 — E, a Distribuição de Idade do Fluido, a RTD **223**

EXEMPLO 11.1 ENCONTRANDO A RTD POR MEIO DE EXPERIMENTO

As concentrações na Tabela 11.1 representam uma resposta contínua para uma alimentação em pulso no interior de um vaso fechado, que deve ser usado como um reator químico. Calcule o tempo médio de residência, $\bar{t}$, do fluido no vaso e faça uma tabela e um gráfico da distribuição de idade de saída **E**.

Tabela E11.1

Tempo t, min	Concentração de saída do traçador, C_{pulso} g/ℓ de fluido
0	0
5	3
10	5
15	5
20	4
25	2
30	1
35	0

SOLUÇÃO

O tempo médio de residência, a partir da Eq. (4), é:

$$\bar{t} = \frac{\sum t_i C_i \Delta t_i}{\sum C_i \Delta t_i} \quad \underset{\Delta t = constante}{=\!=\!=\!=} \quad \frac{\sum t_i C_i}{\sum C_i}$$

$$= \frac{5 \times 3 + 10 \times 5 + 15 \times 5 + 20 \times 4 + 25 \times 2 + 30 \times 1}{3 + 5 + 5 + 4 + 2 + 1} = 15 \text{ min}$$

A área sob a curva de concentração-tempo,

$$\text{Área} = \sum C \, \Delta t = (3 + 5 + 5 + 4 + 2 + 1)5 = 100 \text{ g} \cdot \text{min/l}$$

fornece a quantidade total de traçador introduzido. Para encontrar **E**, a área sob esta curva deve ser unitária; conseqüentemente, cada leitura de concentração deve ser dividida pela área total, dando:

$$\mathbf{E} = \frac{C}{\text{área}}$$

Assim, nós temos:

t, min	0	5	10	15	20	25	30
$\mathbf{E} = \dfrac{C}{\text{área}}$, min^{-1}	0	0,03	0,05	0,05	0,04	0,02	0,01

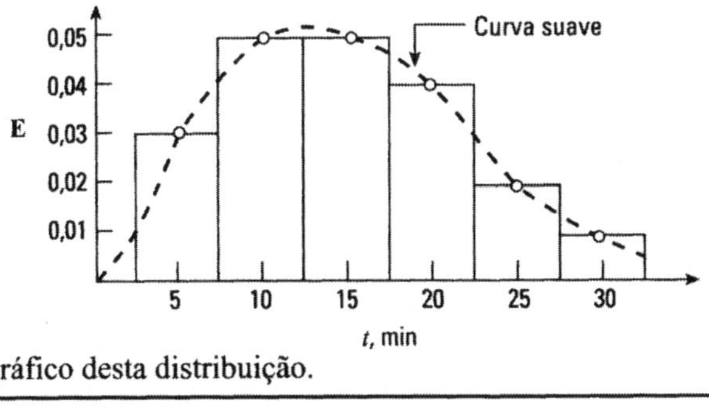

Figura E11.1

A Fig. E11.1 é um gráfico desta distribuição.

EXEMPLO 11.2 ENCONTRANDO A CURVA E PARA UM LÍQUIDO ESCOANDO ATRAVÉS DE UM VASO

Um tanque grande (860 l) é usado como um dispositivo de contato gás-líquido. Bolhas de gás sobem através do vaso, saindo pelo topo, enquanto o líquido entra por uma parte e sai por outra, a 5 ℓ/s. Para se ter uma idéia do tipo de escoamento do líquido no vaso, um pulso de traçador (M = 150 g) é injetado na entrada do líquido e medido na saída, como mostrado na Fig.E11.2a.

(a) Você acha que este experimento está sendo executado apropriadamente?
(b) Se afirmativo, encontre a fração de líquido no vaso.
(c) Determine a curva E para o líquido.
(d) De forma qualitativa, o que você acha que está acontecendo no vaso?

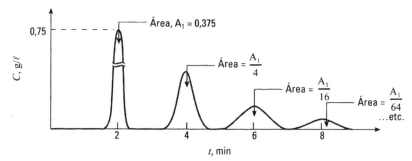

Figura E11.2a

SOLUÇÃO

(a) Compare o balanço de material com a curva do traçador. Do balanço de material, Eq. (3), devemos ter:

$$\text{Área} = \frac{M}{v} = \frac{150 \text{ g}}{5 \, \ell/\text{s}} = 30 \frac{\text{g} \cdot \text{s}}{\ell} = 0,5 \frac{\text{g} \cdot \text{min}}{\ell}$$

Da curva do traçador:

$$\text{Área} = A_1 \left(1 + \frac{1}{4} + \frac{1}{16} + \cdots \right) = 0,375 \left(\frac{4}{3}\right) = 0,5 \frac{\text{g} \cdot \text{min}}{\ell}$$

Estes valores são concordantes, sendo então os resultados consistentes.

Estes valores são concordantes, sendo então os resultados consistentes **(a)**

(b) Para o líquido, a Eq. (4) fornece:

$$\bar{t}_l = \frac{\int tC \, dt}{\int C \, dt} = \frac{1}{0,5}\left[2A_1 + 4 \times \frac{A_1}{4} + 6 \times \frac{A_1}{16} + 8 \times \frac{A_1}{64} + \cdots \right] = 2,67 \text{ min}$$

Deste modo, o volume de líquido no vaso é:

$$V_l = \bar{t}_l v_l = 2,67(5 \times 60) = 800 \, \ell$$

e a fração volumétrica das fases é:

$$\text{Fração de líquido} = \frac{800}{860} = 93\%$$
$$\text{Fração de gás} = 7\%$$

(b)

(c) Finalmente, da Eq. (5), nós encontramos a curva **E**; ou seja:

$$E = \frac{C_{pulso}}{M/v} = \frac{1}{0,5}C = 2C$$

Logo, a curva **E** para o líquido é mostrada na Fig. E11.2b (c)

(d) O vaso tem uma forte recirculação de líquido, provavelmente induzida pelas bolhas ascendentes. (d)

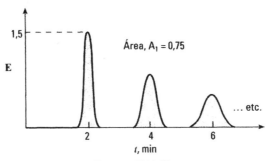

Figura E11.2b

A Integral de Convolução

Suponha que introduzamos no vaso uma injeção de traçador, cuja variação de $C_{entrada}$ com o tempo t seja aquela mostrada na Fig. 11.15. Ao passar através do vaso, o sinal será modificado de modo a dar um sinal de saída $C_{saída}$ variável com o tempo t. Uma vez que o escoamento com esta RTD particular é responsável por esta modificação, vamos relacionar $C_{entrada}$, **E** e $C_{saída}$.

Preste atenção no traçador que deixa o vaso no tempo em torno de t. Isto é mostrado como o retângulo estreito B na Fig. 11.15. Podemos escrever então:

$$\begin{pmatrix} \text{traçador que deixa} \\ \text{o retângulo } B \end{pmatrix} = \begin{pmatrix} \text{Todo traçador que entra } t' \text{ segundos antes de } t \\ \text{e que permanece no vaso por um tempo } t' \end{pmatrix}$$

O retângulo estreito A representa o traçador que entra t' antes de t. Em termos deste retângulo, a equação acima pode ser escrita como:

$$\begin{pmatrix} \text{traçador que deixa} \\ \text{o retângulo } B \end{pmatrix} = \sum_{\substack{\text{todos os retângulos} \\ A \text{ que entram antes} \\ \text{do tempo}}} \begin{pmatrix} \text{traçador no} \\ \text{retângulo } A \end{pmatrix} \begin{pmatrix} \text{fração de traçador em } A, \\ \text{que permanece no vaso por} \\ \text{cerca de } t' \text{ segundos} \end{pmatrix}$$

Em símbolos e tomando os limites (encolhendo os retângulos), nós obtemos a relação desejada, que é chamada de integral de convolução:

$$C_{saída}(t) = \int_0^t C_{entrada}(t')\mathbf{E}(t-t')dt' \qquad (10a)$$

que pode ser representada de forma equivalente como:

$$C_{saída}(t) = \int_0^t C_{entrada}(t-t')\mathbf{E}(t')dt' \qquad (10b)$$

Dizemos que $C_{saída}$ é a convolução de **E** com $C_{entrada}$ que, escrevendo de forma concisa, resulta em:

$$C_{saída} = \mathbf{E} * C_{entrada} \quad \text{ou} \quad C_{saída} = C_{entrada} * \mathbf{E} \qquad (10c)$$

Figura 11.15 — Esquema mostrando a dedução da integral de convolução

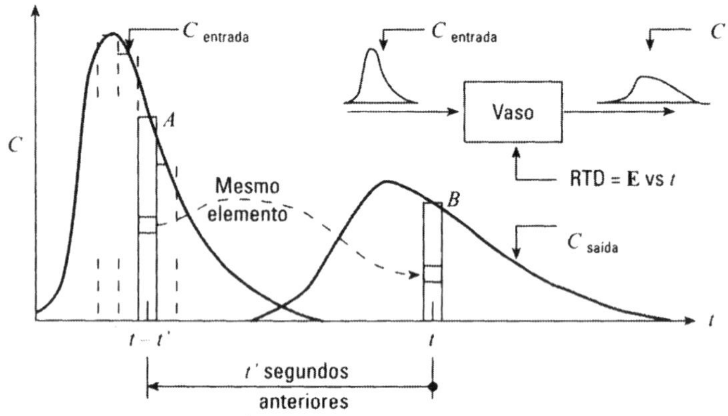

Aplicação dessas Ferramentas. Para ilustrar os usos dessas ferramentas matemáticas, considere três unidades independentes,* a, b e c, que são fechadas e conectadas em série (ver Fig. 11.16).

Problema 1. Se o sinal de alimentação C_{entrada} for medido e as distribuições da idade de saída $\mathbf{E}_a$, $\mathbf{E}_b$ e $\mathbf{E}_c$ forem conhecidas, então C_1 será a convolução de $\mathbf{E}_a$ com C_{entrada} e assim por diante; por conseguinte:

$$C_1 = C_{\text{entrada}} * \mathbf{E}_a, \quad C_2 = C_1 * \mathbf{E}_b, \quad C_{\text{saída}} = C_2 * \mathbf{E}_c$$

e combinando, temos:

$$C_{\text{saída}} = C_{\text{entrada}} * \mathbf{E}_a * \mathbf{E}_b * \mathbf{E}_c \tag{11}$$

Desta forma, podemos determinar a saída a partir de uma unidade de escoamento com múltiplas regiões.

Figura 11.16 — Modificação de um sinal de alimentação de traçador, C_{entrada}, passando através de três regiões sucessivas

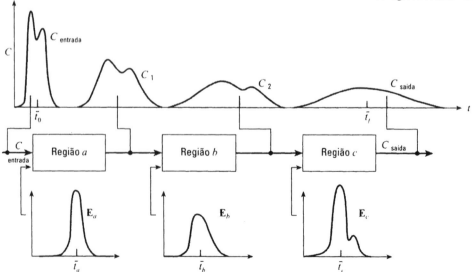

---

* Por independência entendemos que o fluido perde sua memória à medida que ele passa de vaso a vaso. Logo, um elemento de fluido que se mova mais rápido em um vaso não se lembrará deste fato no próximo vaso e não escoará, preferencialmente, mais rápido (ou mais lento) aí. O escoamento laminar não satisfaz, freqüentemente, este requisito de independência; no entanto, a mistura completa (ou lateral) de fluido entre as unidades satisfaz esta condição.

Problema 2. Se nós medirmos $C_{entrada}$ e $C_{saída}$ e conhecermos $\mathbf{E}_a$ e $\mathbf{E}_c$, poderemos então extrair $\mathbf{E}_b$ desconhecida. Este tipo de problema é de particular importância em experimentos em que as regiões de entrada e de coleta do traçador são ambas largas quando comparadas à seção experimental.

A convolução é uma operação direta; no entanto, a desconvolução, a determinação de uma das funções de distribuição sob a integral, é difícil. Deste modo, o Problema 2 é mais difícil de tratar do que o Problema 1, requerendo o uso de um computador.

Em alguns casos, entretanto, nós podemos, em essência, fazer a desconvolução. Esta situação especial será considerada no final do Capítulo 14, mediante de um exemplo.

O Exemplo 11.3 ilustra a convolução, enquanto que o Exemplo 11.4 ilustra a desconvolução.

EXEMPLO 11.3 CONVOLUÇÃO

Vamos ilustrar o uso da equação de convolução, Eq. (10), com um exemplo bem simples, em que queremos encontrar $C_{saída}$, dadas $C_{entrada}$ e a curva $\mathbf{E}$ para o vaso, como mostrado na Fig. E11.3a.

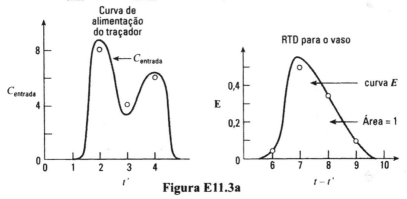

Figura E11.3a

SOLUÇÃO

Primeiro, considere intervalos de tempo de 1 min. Os dados fornecidos são então:

t'	$C_{entrada}$	$t-t'$	E
0	0	5	0
1	0	6	0,05
2	8	7	0,50
3	4	8	0,35
4	6	9	0,10
5	0	10	0

Nota: A área sob a curva E é unitária.

A primeira porção de traçador sai em 8 min e a última em 13 min. Assim, aplicando a integral de convolução, na forma discreta, nós temos:

t	$C_{saída}$	
7	0	$= 0$
8	$8 \times 0,5$	$= 0,4$
9	$8 \times 0,5 + 4 \times 0,05$	$= 4,2$
10	$8 \times 0,35 + 4 \times 0,5 + 6 \times 0,05$	$= 5,1$
11	$8 \times 0,10 + 4 \times 0,35 + 6 \times 0,5$	$= 5,2$
12	$4 \times 0,10 + 6 \times 0,35$	$= 2,5$
13	$6 \times 0,10$	$= 0,6$
14		$= 0$

As curvas de $C_{entrada}$, **E** e $C_{saída}$, nas formas discreta e contínua, são mostradas na Fig. E11.3b. Note que a área sob a curva $C_{saída}$ iguala a área sob a curva $C_{entrada}$.

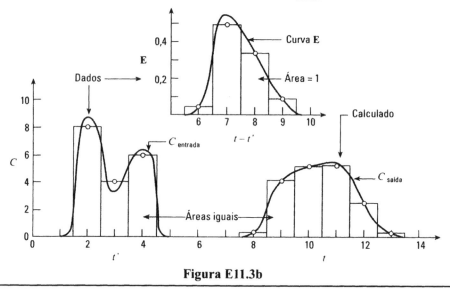

Figura E11.3b

11.2 CONVERSÃO EM REATORES COM ESCOAMENTO NÃO IDEAL

Para avaliar o comportamento geral de um reator, temos de conhecer quatro fatores:
1. a cinética da reação;
2. a RTD do fluido no reator;
3. se há antecipação ou retardo de mistura de fluido no reator;
4. se o fluido é um micro ou um macrofluido.

Para *microfluidos* em escoamento pistonado ou com mistura perfeita, desenvolvemos as equações nos capítulos anteriores. Para escoamento intermediário, nós desenvolveremos os modelos apropriados nos Capítulos 12, 13 e 14.

De modo a considerar a *antecipação e retardo de mistura um microfluido*, suponha os dois tipos de escoamento mostrados na Fig. 11.17, para um reator processando uma reação de segunda ordem. Em (*a*), o reagente começa com uma concentração alta e reage rapidamente, uma vez que $n > 1$. Em (*b*), a concentração do fluido cai imediatamente. Uma vez que a taxa de reação cai mais rapidamente que a concentração, você terá no final uma concentração mais baixa. Assim, para microfluidos:

$$\boxed{\begin{array}{l}\text{Retardo de mistura favorece reações onde } n > 1 \\ \text{Antecipação de mistura favorece reações onde } n < 1\end{array}} \quad (12)$$

Para macrofluidos, imagine pequenos aglomerados de fluido permanecendo no reator durante tempos diferentes (dados pela função **E**). Cada aglomerado reage como um pequeno reator em batelada; conseqüentemente, os elementos de fluido terão composições diferentes. Logo, a composição média na corrente de saída terá de considerar estes dois fatores: a cinética e a RTD. Em palavras:

$$\begin{pmatrix}\text{concentração média} \\ \text{de reagente na} \\ \text{corrente de saída}\end{pmatrix} = \sum_{\substack{\text{todos os elementos} \\ \text{da corrente de saída}}} \begin{pmatrix}\text{concentração de reagente} \\ \text{que permanece em um} \\ \text{elemento de fluido, de} \\ \text{idade entre } t \text{ e } t + dt\end{pmatrix} \begin{pmatrix}\text{fração da corrente} \\ \text{de saída, de idade} \\ \text{entre } t \text{ e } t + dt\end{pmatrix}$$

11.2 — Conversão em Reatores com Escoamento Não Ideal

Figura 11.17 — Esta figura mostra a maior antecipação e o maior retardo que podemos ter para uma dada RTD

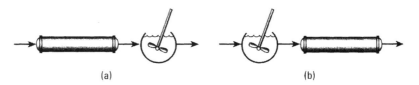

(a)   (b)

Em símbolos, isto se torna:

$$\left(\frac{\overline{C}_A}{C_{A0}}\right)_{\text{na saída}} = \int_0^\infty \left(\frac{C_A}{C_{A0}}\right)_{\substack{\text{para um elemento ou uma pequena}\\\text{batelada de fluido com idade } t}} \cdot \mathbf{E}\, dt$$

ou em termos de conversão

$$\overline{X}_A = \int_0^\infty (X_A)_{\text{elemento}} \cdot \mathbf{E}\, dt \qquad (13)$$

ou em uma forma adequada para integração numérica

$$\frac{\overline{C}_A}{C_{A0}} = \sum_{\substack{\text{todos os}\\\text{intervalos}\\\text{de idade}}} \left(\frac{C_A}{C_{A0}}\right)_{\text{elemento}} \cdot \mathbf{E}\, \Delta t$$

Do Capítulo 3 sobre reatores em batelada, temos:

- para reações de primeira ordem $\qquad \left(\dfrac{C_A}{C_{A0}}\right)_{\text{elemento}} = e^{-kt}$ (14)

- para reações de segunda ordem $\qquad \left(\dfrac{C_A}{C_{A0}}\right)_{\text{elemento}} = \dfrac{1}{1+kC_{A0}t}$ (15)

- para reações de ordem n $\qquad \left(\dfrac{C_A}{C_{A0}}\right)_{\text{elemento}} = [1+(n-1)C_{A0}^{n-1}kt]^{1/1-n}$ (16)

Estes são os termos que devem ser introduzidos na equação de desempenho, Eq. (13). Mais adiante neste capítulo, mostraremos que, para as reações de primeira ordem, a equação do macrofluido é idêntica à equação do microfluido ou do reator em batelada.

Continuaremos essa discussão no Capítulo 16.

A Função Delta de Dirac, $\delta(t-t_0)$. Uma curva **E** que pode nos confundir é aquela que representa o escoamento pistonado. Nós a chamamos de função delta de Dirac (δ), e, em símbolos, temos:

$$\delta(t-t_0) \qquad (17)$$

que diz que o pulso ocorre em $t = t_0$, como visto na Fig. 11.18.

As duas propriedades dessa função que necessitamos saber são:

Área sob a curva: $\qquad \int_0^\infty \delta(t-t_0)\,dt = 1$ (18)

Qualquer integração com uma função δ: $\int_0^\infty \delta(t-t_0)f(t)\,dt = f(t_0)$ (19)

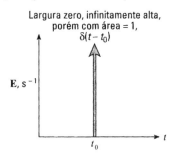

Figura 11.18 — A função **E** para o escoamento pistonado

Uma vez tendo entendido o que isto significa, veremos que é mais fácil integrar com a função δ do que com qualquer outra. Por exemplo:

$$\int_0^\infty \delta(t-5)t^6 dt = 5^6 \quad \text{(apenas troque } t_0 \text{ por 5)}$$

$$\int_0^\infty \delta(t-5)t^6 dt = 0$$

EXEMPLO 11.4 CONVERSÃO EM REATORES COM ESCOAMENTO NÃO IDEAL

O vaso do Exemplo 11.1 deve ser usado como um reator para um líquido que se decompõe a uma taxa de:

$$-r_A = kC_A, \quad k = 0,307 \text{ min}^{-1}$$

Encontre a fração de reagente não convertido no reator real e compare-a com a fração não convertida em um reator pistonado, com mesma capacidade.

SOLUÇÃO

Para o *reator pistonado* com variação desprezível de densidade, nós temos:

$$\tau = C_{A0} \int_0^{X_A} \frac{dX_A}{-r_A} = -\frac{1}{k}\int_{C_{A0}}^{C_A} \frac{dC_A}{C_A} = \frac{1}{k}\ln\frac{C_{A0}}{C_A}$$

e com *t* do Exemplo 11.1:

$$\frac{C_A}{C_{A0}} = e^{-k\tau} = e^{-(0,307)(15)} = e^{-4,6} = \underline{\underline{0,01}}$$

Assim, a fração de reagente não convertido no reator pistonado é igual a 1%.

Para o *reator real*, a fração não convertida, dada pela Eq. (13) para macrofluidos, é encontrada na Tabela 11.4. Conseqüentemente, a fração de reagente não convertido no reator real é:

$$\frac{C_A}{C_{A0}} = \underline{\underline{0,047}}$$

Tabela E11.4

t	**E**	kt	e^{-kt}	$e^{-kt}\mathbf{E}\,\Delta t$
5	0,03	1,53	0,2154	$(0,2154)(0,03)(5) = 0,0323$
10	0,05	3,07	0,0464	0,0116
15	0,05	4,60	0,0100	0,0025
20	0,04	6,14	0,0021	0,0004
25	0,02	7,68	0,005	0,0001
30	0,01	9,21	0,0001	0
dados				$\dfrac{C_A}{C_{A0}} = \sum e^{-kt}\mathbf{E}\,\Delta t = \underline{\underline{0,0469}}$

Da tabela, vemos que o material não convertido é, em grande parte, proveniente da porção anterior da curva **E**. Isto sugere que a formação de canais preferenciais e o curto-circuito podem impedir seriamente tentativas para alcançar uma concentração alta nos reatores.

Note que, uma vez que essa é uma reação de primeira ordem, podemos tratá-la como um microfluido ou macrofluido. Nesse problema, resolvemos o caso de escoamento pistonado como um microfluido e resolvemos o caso não ideal como um macrofluido.

EXEMPLO 11.5 REAÇÃO DE UM MACROFLUIDO

Gotículas não coalescentes e dispersas ($C_{A0} = 2$ mols/ℓ) reagem (A → R, $-r_A = kC_A^2$, $k = 0,5$ ℓ/mol · min) à medida que passam através de um dispositivo de contato. Encontre a concentração média de A que permanece nas gotículas saindo do dispositivo, se sua RTD for dada pela curva da Fig. E11.5.

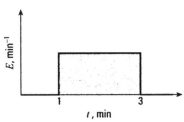

Figura E11.5

SOLUÇÃO

A Eq. (13) é a equação pertinente de desempenho. Avalie os termos nesta expressão. Para

$$-r_A = kC_A^2, \quad k = 0,5\,\ell/\text{mol}\cdot\text{min}$$

a equação de desempenho para batelada, proveniente do Capítulo 3, é:

$$\frac{C_A}{C_{A0}} = \frac{1}{1 + kc_{A0}t} = \frac{1}{1 + 0,5(2)t} = \frac{1}{1+t}$$

Com **E** = 0,5 para 1 < t < 3, a Eq. (13) torna-se:

$$\frac{\overline{C}_A}{C_{A0}} = \int_0^\infty \left(\frac{C_A}{C_{A0}}\right)_{\text{batelada}} \mathbf{E}\, dt = \int_1^3 \frac{1}{1+t}\cdot(0,5)dt = 0,5\ln 2 = 0,347$$

Assim:
$$\overline{X}_A = 1 - 0,347 = 0,653, \quad \text{ou} \quad \underline{65\%}$$

REFERÊNCIA

Danckwerts, P. V., *Chem. Eng. Sci.*, **2**, 1 (1953).

PROBLEMAS

11.1 Um vaso recebe uma alimentação em forma de pulso, obtendo-se os seguintes resultados mostrados na Fig. P11.1.
  (a) Compare o balanço de material com a curva do traçador, para ver se os resultados são consistentes.
  (b) Se o resultado for consistente, determine $\overline{t}$, V e esquematize a curva **E**.

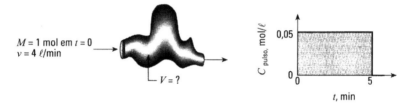

Figura P11.1

11.2 Repita o Problema P11.1 com uma alteração: a curva do traçador é dada agora pela Fig. P11.2.

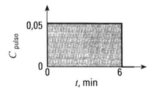

Figura P11.2

11.3 Um vaso recebe uma alimentação em forma de pulso, obtendo-se os seguintes resultados mostrados na Fig. P11.3.
  (a) Os resultados são consistentes? (Compare o balanço de material com a curva experimental do traçador).
  (b) Se os resultados forem consistentes, determine a quantidade introduzida de traçador, M, e a curva **E**.

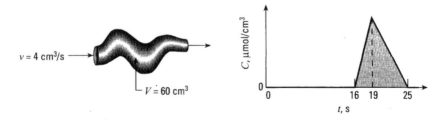

Figura P11.3

11.4 Um experimento, usando a função degrau, foi realizado em um reator. Os resultados são mostrados na Fig. P11.4.

(a) O balanço de material é consistente com a curva do traçador?

(b) Se afirmativo, determine o volume do vaso V, $\bar{t}$ e as curvas **F** e **E**.

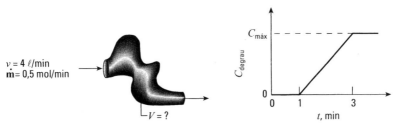

Figura P11.4

11.5 Uma batelada de material radiativo é descarregada no rio Columbia, em Hanford, Washington. Na cidade de Bonneville Dam, cerca de 400 km a jusante do ponto de descarga, a água do rio (6.000 m³/s) é monitorada com relação a um determinado radioisótopo ($t_{1/2} > 10$ anos), sendo os dados apresentados na Fig. P11.5.

(a) Quantas unidades deste traçador foram introduzidas no rio?

(b) Qual é o volume de água do rio Columbia entre a cidade de Bonneville Dam e o ponto de introdução do traçador?

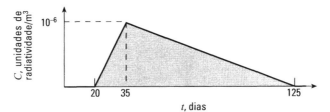

Figura P11.5

11.6 Um tubo (diâmetro interno de 10 cm e comprimento de 19,1 m) transporta, simultaneamente, gás e líquido entre dois pontos. As vazões volumétricas de gás e líquido são 60.000 cm³/s e 300 cm³/s, respectivamente. A Fig. P11.6 apresenta os resultados de testes feitos com os fluidos escoando através do tubo, em que um traçador foi introduzido utilizando uma função pulso. Que fração do tubo é ocupada pelo gás e que fração é ocupada pelo líquido?

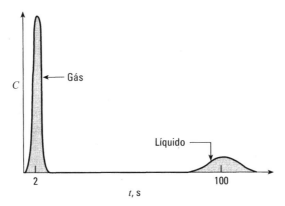

Figura P11.6

Um macrofluido líquido reage de acordo com A → R, ao escoar através de um vaso. Encontre a conversão de A para as cinéticas apresentadas nos problemas P11.7 a P11.11 e para os tipos de escoamento das Figs. P11.7 a P11.11.

11.7 $C_{A0} = 1$ mol/ℓ
$-r_A = kC_A^{0,5}$
$k = 2$ mol$^{0,5}/\ell^{0,5} \cdot$ min

11.8 $C_{A0} = 2$ mol/ℓ
$-r_A = kC_A^2$
$k = 2$ mol/$\ell \cdot$ min

11.9 $C_{A0} = 6$ mol/ℓ
$-r_A = k$
$k = 3$ mol/$\ell \cdot$ min

11.10 $C_{A0} = 4$ mol/ℓ
$-r_A = k$
$k = 1$ mol/$\ell \cdot$ min

11.11 $C_{A0} = 0,1$ mol/ℓ
$-r_A = k$
$k = 20,03$ mol/$\ell \cdot$ min

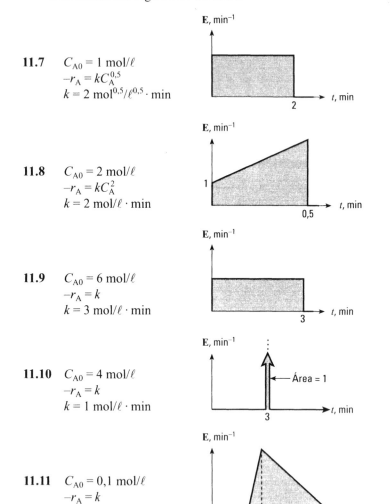

Figuras P11.7, P11.8, P11.8, P11.10 e P11.11

11.12 – P11.14 Sulfeto de hidrogênio é removido do gás de coqueria, através do contato com um leito móvel de partículas de óxido férrico, que são convertidas a sulfeto, como mostrado:

$$Fe_2O_3 \rightarrow FeS$$

Em nosso reator, a fração de óxido convertido em qualquer partícula é determinada pelo seu tempo de residência t e o tempo necessário, τ, para a conversão completa da partícula, sendo dada por:

$$1 - X = \left(1 - \frac{t}{\tau}\right)^3 \quad \text{quando } t < 1 \text{ h} \quad \text{e com } \tau = 1 \text{ h}$$

e
$$X = 1 \quad \text{quando } t \geq 1 \text{ h}$$

Encontre a conversão de óxido férrico a sulfeto, se a RTD dos sólidos no equipamento for aproximada pela curva das Figs. P11.12, P11.13 e P11.14.

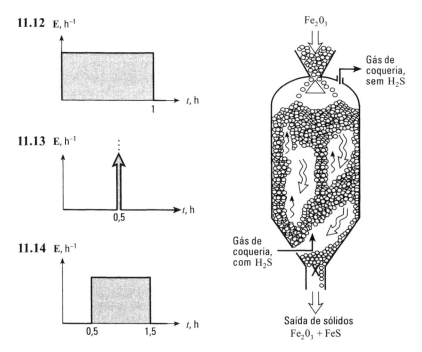

Figuras P11.12, P11.13 e P11.14

11.15 Sólidos frios escoam continuamente para o interior de um leito fluidizado, onde eles se dispersam tão rapidamente que podem ser considerados como bem misturados. Eles são então aquecidos, liberam lentamente gases voláteis e depois saem do equipamento. Este processo libera a substância gasosa A, que se decompõe por uma cinética de primeira ordem, conforme atravessa o leito. Quando o gás deixa o leito, a decomposição do gás A pára. A partir da informação dada a seguir, determine a fração do gás A que se decompôs.

Dados: Uma vez que este é um leito fluidizado de partículas grandes, contendo bolhas sem nuvem, considere escoamento pistonado para o gás que atravessa a unidade. Suponha também que o volume de gases liberados pelos sólidos é pequeno comparado ao volume de gás de fluidização passando através do leito.

Tempo médio de residência no leito:
$\bar{t}_s = 15$ min, $\bar{t}_g = 2$ s, para o gás de fluidização
Para a reação: A $\rightarrow$ produtos, $-r_A = kC_A$, $k = 1$ s^{-1}

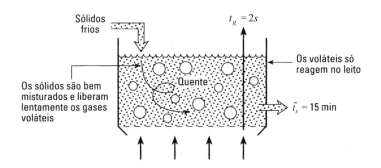

Figura P11.15

236 *Capítulo 11 — Fundamentos do Escoamento Não Ideal*

11.16 O reagente A (C_{A0} = 64 mols/m^3) escoa através de um reator tubular (τ = 50 s), reagindo como segue:

$$A \rightarrow R, \quad -r_A = 0,005\ C_A^{1,5},\ \text{mol/m}^3 \cdot \text{s}$$

Determine a conversão de A, se a corrente for:

(a) um microfluido;

(b) um macrofluido.

CAPÍTULO 12

Modelos Compartimentados

Os modelos de escoamento podem ser de diferentes níveis de sofisticação, sendo os modelos compartimentados, deste capítulo, o próximo estágio além dos muito mais simples, que são aqueles que assumem os extremos: escoamentos pistonado e com mistura perfeita. Nos modelos compartimentados, consideramos o vaso e o escoamento através dele como mostrado abaixo:

$$\begin{matrix} \text{Volume} \\ \text{total} \\ V \end{matrix} \cdots \left\{ \begin{matrix} V_p \text{ — região de escoamento pistonado} \\ V_m \text{ — região de escoamento com mistura perfeita} \\ V_d \text{ — região de estagnação ou morta, no interior do vaso} \end{matrix} \right\} V_a \text{ — volume ativo}$$

$$\begin{matrix} \text{Total} \\ \text{vazão} \\ v \end{matrix} \cdots \left\{ \begin{matrix} v_a \text{ — escoamento ativo, aquele através das regiões} \\ \phantom{v_a \text{ — }} \text{de escoamento pistonado e com mistura perfeita} \\ v_b \text{ — escoamento com desvio (}bypass\ flow\text{)} \\ v_r \text{ — escoamento com reciclo} \end{matrix} \right.$$

Comparando a curva **E** para o vaso real com as curvas teóricas dos modelos obtidos para várias combinações de compartimentos e vazão, podemos encontrar que modelo melhor se ajusta ao comportamento real. Naturalmente, o ajuste não será perfeito; no entanto, modelos deste tipo são freqüentemente uma aproximação razoável para com o vaso real.

A Fig. 12.1, que está nas próximas três páginas, mostra o aspecto das curvas **E** para várias combinações dos elementos acima —— certamente não todas as combinações.

Dicas, Sugestões e Possíveis Aplicações

(a) Se nós conhecermos M (quilogramas de traçador introduzido na forma de um pulso), poderemos verificar o balanço de material. Lembre-se que $M = v$ (área da curva). No entanto, se medirmos somente C na saída, em uma escala arbitrária, não poderemos encontrar M ou verificar este balanço de material.

(b) Teremos de conhecer tanto V como v, se quisermos avaliar apropriadamente todos os elementos de um modelo, incluindo os espaços mortos. Se só medirmos $\bar{t}_{obs}$, não poderemos encontrar o tamanho destas regiões de estagnação, tendo de ignorá-las na construção de nosso modelo.

Figura 12.1 — Vários modelos compartimentados de escoamento

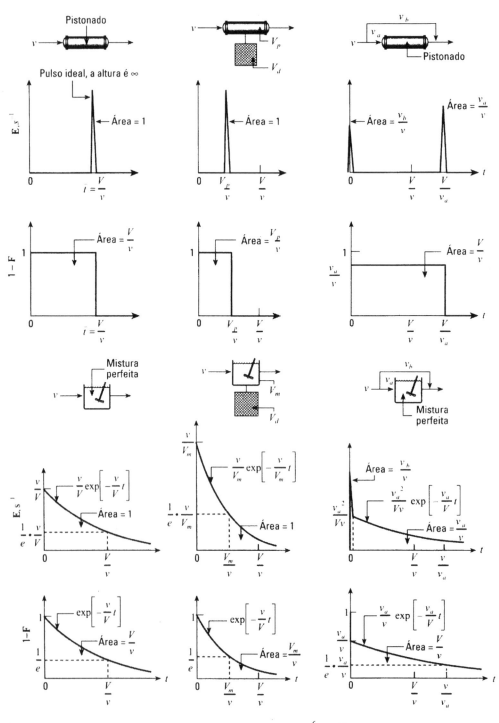

Assim:

Se o vaso real tiver espaços mortos $\quad \bar{t}_{obs} < \bar{t} \quad \ldots \quad \begin{cases} \bar{t} = \dfrac{V}{v} \\ \bar{t}_{obs} = \dfrac{V_{ativo}}{v} \end{cases}$

Se o vaso real não tiver espaços mortos $\quad \bar{t}_{obs} = \bar{t}$

Capítulo 12 — Modelos Compartimentados

Figura 12.1 — (Continuação)

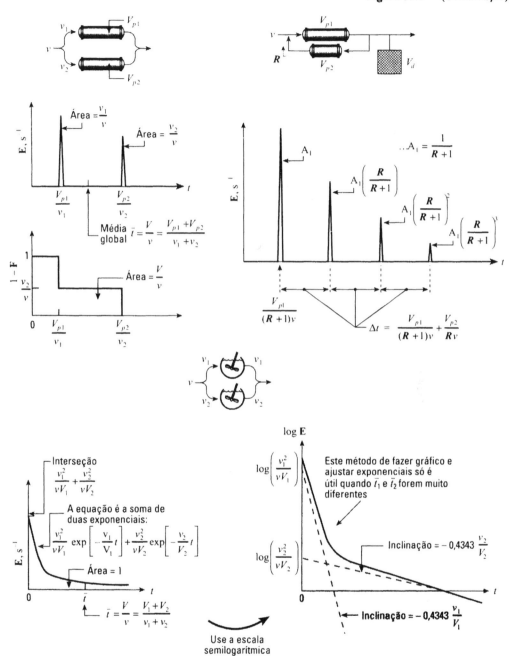

(c) O gráfico semilog é uma ferramenta conveniente para avaliar os parâmetros de escoamento de um compartimento com mistura perfeita. Você só precisa desenhar, no gráfico, a curva de resposta do traçador e encontrar a inclinação e o coeficiente linear, obtendo assim as quantidades A, B e C, como mostrado na Fig. 12.2.

240 Capítulo 12 — Modelos Compartimentados

Figura 12.1 — (Continuação)

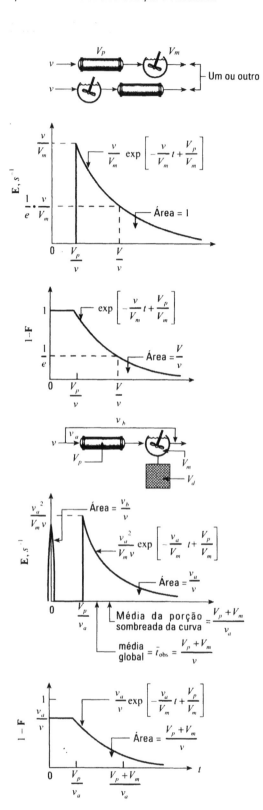
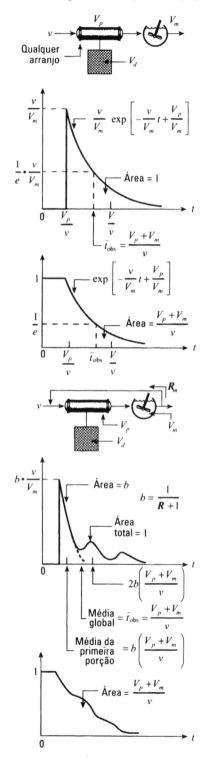

Capítulo 12 — Modelos Compartimentados

Figura 12.2 — Propriedades das curvas do traçador, com decaimento exponencial

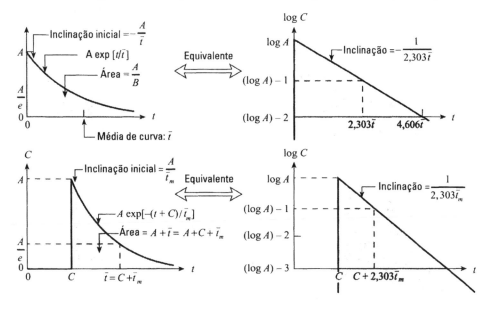

Diagnosticando Doenças nos Reatores

Esses modelos combinados são úteis para finalidades de diagnóstico, para apontar com precisão um escoamento defeituoso e para sugerir as causas. Por exemplo, se você espera escoamento pistonado e você sabe que $\bar{t} = V/v$, a Fig. 12.3 mostra o que pode encontrar.

Se você espera escoamento com mistura perfeita, a Fig. 12.4 mostra o que você encontrar.

Figura 12.3 — Reatores com comportamento divergindo do escoamento pistonado

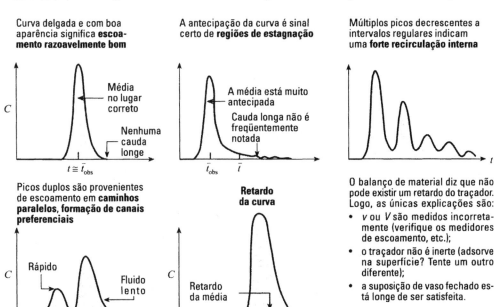

Figura 12.4 — Reatores com comportamento divergindo do escoamento com mistura perfeita

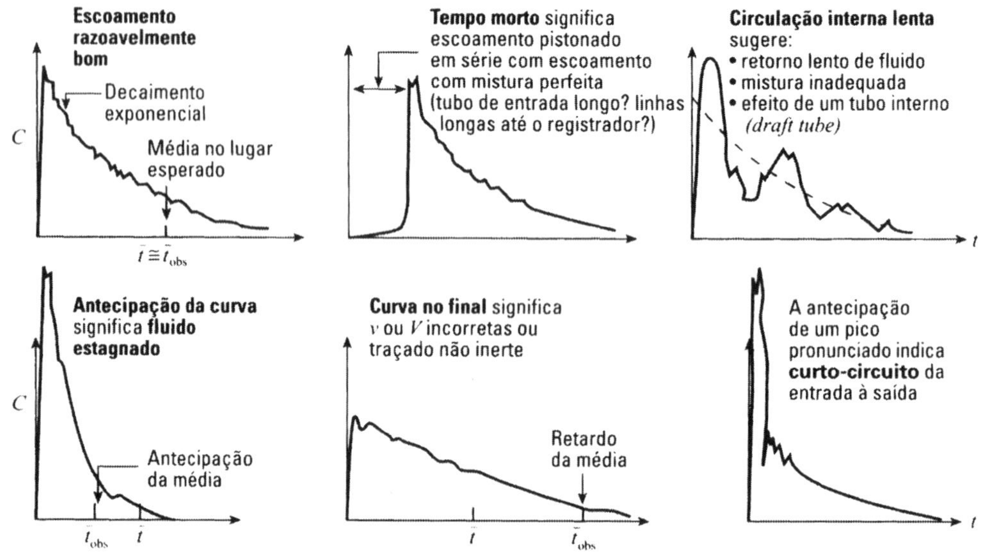

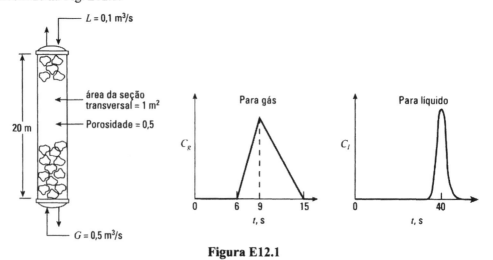

EXEMPLO 12.1 COMPORTAMENTO DE UM DISPOSITIVO DE CONTATO G/L

A partir das curvas medidas de resposta para um traçador introduzido em forma de um pulso (ver figura), encontre a fração de gás, de líquido escoando e de líquido estagnado no dispositivo mostrado na Fig. E12.1.

Figura E12.1

SOLUÇÃO

Para encontrar V_g, V_l e $V_{estagnado}$, calcule primeiro $\bar{t}_g$ e $\bar{t}_l$ a partir das curvas do traçador. Logo, da Fig. E12.1, temos:

$$\bar{t}_g = \frac{\sum tC}{\sum C} = \frac{8(9-6)(h/2)+11(15-9)(h/2)}{(15-6)(h/2)} = 10 \text{ s}$$

e
$$\bar{t}_l = 40 \text{ s}$$

Conseqüentemente:
$$V_g = \bar{t}_g v_g = (10)(0,5) = 5 \text{ m}^3$$
$$V_l = \bar{t}_l v_l = 40(0,1) = 4 \text{ m}^3$$

Em termos de volume de vazios:
$$\left.\begin{array}{r}\% \text{ G} = 50\% \\ \%\text{L} = 40\% \\ \% \text{ de estagnação } = 10\%\end{array}\right\} \leftarrow$$

EXEMPLO 12.2 "CURANDO" UM COMPORTAMENTO DEFEITUOSO DE UM REATOR

No momento, nosso reator-tanque, de 6 m³, dá uma conversão de 75% para uma reação de primeira ordem A → R. Mas, uma vez que o reator é agitado por uma turbina com uma pá não tão potente, suspeitamos que haja uma mistura incompleta, resultando em um escoamento ruim do fluido no vaso. Um pulso de traçador mostra que isto é verdade, apresentando o modelo de escoamento esquematizado na Fig. E12.2. Que conversão podemos esperar se trocarmos o agitador por outro mais potente, de modo a assegurar o escoamento com mistura perfeita?

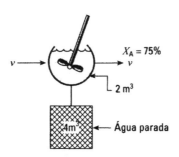

Figura E12.2

SOLUÇÃO

O subscrito 1 representa o reator atual e o subscrito 2 representa o reator "curado". Do Capítulo 5 para MFR, temos:

$$k\tau_1 = \frac{C_{A0} - C_A}{C_A} = \frac{C_{A0}}{C_A} - 1 = \frac{1}{0,25} - 1 = 3$$

Porém, $k\tau_2 = 3k\tau_1 = 3 \times 3 = 9$. Conseqüentemente:

$$\frac{C_{A2}}{C_{A0}} = \frac{1}{k\tau_2 + 1} = \frac{1}{9+1} = 0,1$$

ou
$$\underline{X_{A2} = 90\%}$$

PROBLEMAS

12.1 a 12.6 Um pulso de uma solução concentrada de NaCl é introduzido como um traçador em um fluido entrando no vaso ($V = 1$ m^3, $v = 1$ m^3/min). A concentração do traçador é medida no fluido que deixa o vaso. Desenvolva um modelo de escoamento para representar o vaso, a partir dos dados de saída do traçador que estão esquematizados nas Figs. 12.1 a 12.6.

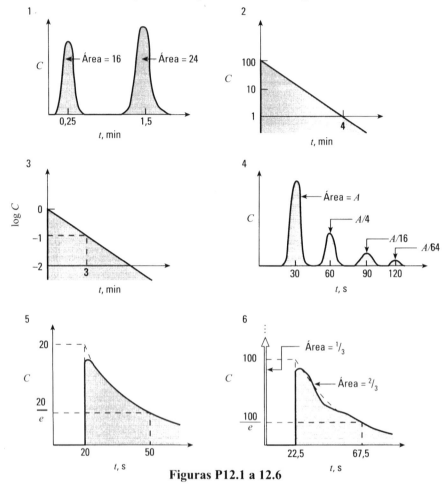

Figuras P12.1 a 12.6

12.7 a 12.10 Um teste, que utiliza um traçador com uma alimentação em degrau (mudar água da torneira para água salgada, medindo a condutividade do fluido que deixa o vaso), é usado para explorar o tipo de escoamento do fluido através de um vaso ($V = 1$ m^3, $v = 1$ m^3/min). Escolha um modelo de escoamento para representar este vaso, a partir dos dados das Figs. 12.7 a 12.10.

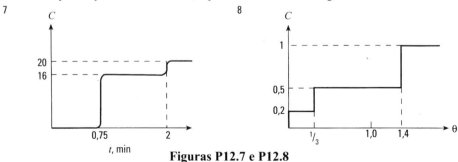

Figuras P12.7 e P12.8

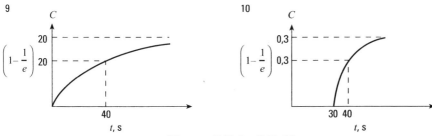

Figuras P12.9 e P12.10

12.11 A reação aquosa de segunda ordem, A + B → R + S, ocorre em um reator-tanque muito grande ($V = 6$ m^3). Para uma corrente equimolar de alimentação ($C_{A0} = C_{B0}$), a conversão dos reagentes é de 60%. Infelizmente, a agitação em nosso reator não é adequada e os testes com o escoamento do traçador no interior do vaso dão o modelo de escoamento esquematizado na Fig. P12.11. Que capacidade do reator de mistura perfeita igualará o desempenho da nossa unidade?

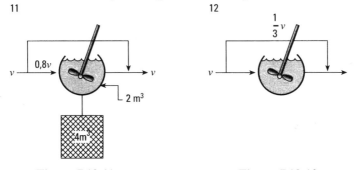

Figura P12.11   **Figura P12.12**

12.12 Repita o Exemplo 12.2, com uma variação: o modelo para o presente escoamento é mostrado na Fig. P12.12.

CAPÍTULO 13 — O Modelo de Dispersão

Escolha de Modelos

Os modelos são úteis para representar escoamentos em vasos reais, para fazer o aumento de escala (*scale up*) e para diagnosticar um escoamento ruim. Temos diferentes tipos de modelos, que dependem de quão próximo o escoamento esteja do escoamento pistonado, do escoamento com mistura perfeita ou de algum outro escoamento entre estes dois modos.

Os Capítulos 13 e 14 tratam, principalmente, de desvios pequenos do escoamento pistonado. Há dois modelos neste caso: o **modelo da dispersão** e o **modelo de tanques-em-série**. Use aquele que for confortável para você. Eles são aproximadamente equivalentes. Estes modelos se aplicam a escoamento turbulento em tubos, escoamento laminar em tubos muito longos, escoamento em leitos recheados, altos-fornos, canais longos, transportadores em parafuso, etc.

Para escoamento laminar em tubos curtos ou escoamento laminar de materiais viscosos, esses modelos podem não se aplicar; talvez o perfil parabólico de velocidade seja a causa principal do desvio de escoamento pistonado. Estudamos esta situação, chamada de **modelo de convecção pura**, no Capítulo 15.

Se você estiver inseguro sobre qual modelo usar, vá ao diagrama no começo do Capítulo 15. Ele lhe dirá que modelo deve ser usado para representar o seu arranjo.

13.1 DISPERSÃO AXIAL

Suponha que um pulso ideal de traçador seja introduzido no fluido que entra em um vaso. O pulso se espalha à medida que passa através do vaso; para caracterizar o espalhamento de acordo com este modelo (ver Fig. 13.1), consideramos que um processo parecido com a difusão seja imposto ao escoamento pistonado. Nós chamamos isto de **dispersão** ou dispersão longitudinal, de modo a distingui-la da difusão molecular. O coeficiente de dispersão D (m^2/s) representa este processo de espalhamento. Assim:

- **D** grande significa um espalhamento rápido da curva de traçador;
- **D** pequeno significa um espalhamento lento;
- **D** = 0 significa espalhamento inexistente; logo, escoamento pistonado.

Figura 13.1 — Espalhamento do traçador, de acordo com o modelo de dispersão

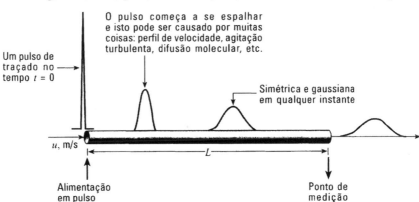

Também:

$\left(\dfrac{D}{uL}\right)$ é o grupo adimensional que caracteriza o espalhamento em todo o vaso.

Nós avaliamos **D** ou **D**/*uL* registrando a forma da curva do traçador ao passar pela saída do vaso. Em particular, medimos:

$\bar{t}$ = tempo médio de passagem ou tempo em que a curva passa pela saída
σ^2 = variância ou medida do espalhamento da curva

Essas medidas, $\bar{t}$ e σ^2, estão diretamente ligadas pela teoria a **D** ou a **D**/*uL*. A média, para dados contínuos ou discretos, é definida como:

$$\bar{t} = \dfrac{\int_0^\infty t\, C\, dt}{\int_0^\infty C\, dt} = \dfrac{\Sigma\, t_i C_i \Delta t_i}{\Sigma\, C_i \Delta t_i} \tag{1}$$

A variância é definida como:

$$\sigma^2 = \dfrac{\int_0^\infty (t-\bar{t})^2 C\, dt}{\int_0^\infty C\, dt} = \dfrac{\int_0^\infty t^2 C\, dt}{\int_0^\infty C\, dt} - \bar{t}^2 \tag{2}$$

Ou na forma discreta:

$$\sigma^2 \cong \dfrac{\Sigma(t_i - \bar{t})^2 C_i \Delta t_i}{\Sigma\, C_i \Delta t_i} = \dfrac{\Sigma\, t_i^2 C_i \Delta t_i}{\Sigma\, C_i \Delta t_i} - \bar{t}^2 \tag{3}$$

A variância, cuja unidade é (tempo)^2, representa o quadrado do espalhamento da distribuição à medida que esta passa através da saída do vaso. Ela é particularmente útil para fazer coincidir as curvas experimentais com uma das famílias de curvas teóricas. A Fig. 13.2 ilustra estes termos.

Considere o escoamento pistonado de um fluido, em cuja frente de escoamento se sobrepõe algum grau de mistura, com magnitude independente da posição no interior do vaso. Esta condição implica na inexistência de bolsões estagnantes e de desvio (*bypassing*) total ou curto-circuito do fluido no vaso. Isto é chamado de modelo de escoamento pistonado com dispersão ou, simplesmente, **modelo de dispersão**. A Fig. 13.3 mostra estas condições visualizadas. Note que, com intensidades variáveis

Figura 13.2

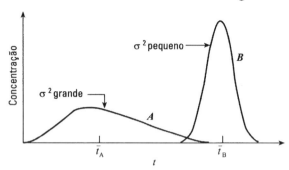

de turbulência ou de mistura, as estimativas deste modelo deveriam oscilar entre escoamento pistonado em um extremo e escoamento com mistura perfeita em outro. Como resultado, o volume do reator para este modelo estará entre aquele calculado para o escoamento pistonado e para o escoamento com mistura perfeita.

Uma vez que o processo de mistura envolve um embaralhamento ou redistribuição de material devido à intrusão ou vórtices, e visto que isto se repete muitas e muitas vezes durante o escoamento de fluido através do vaso, podemos considerar estes distúrbios como sendo acontecimentos estatísticos, como na difusão molecular. A difusão molecular na direção x é governada pela equação diferencial dada pela lei de Fick:

$$\frac{\partial C}{\partial t} = \mathcal{D}\frac{\partial^2 C}{\partial x^2} \quad (4)$$

em que $\mathcal{D}$, o coeficiente de difusão molecular, é um parâmetro que caracteriza unicamente o processo. De forma análoga, podemos considerar que todas as contribuições à mistura do fluido na direção x sejam descritas por uma forma similar de expressão; ou seja:

$$\frac{\partial C}{\partial t} = \mathbf{D}\frac{\partial^2 C}{\partial x^2} \quad (5)$$

onde o parâmetro **D**, que chamamos de *coeficiente de dispersão axial* ou *longitudinal*, caracteriza unicamente o grau de mistura completa durante o escoamento. Usamos o termo *longitudinal* ou *axial* porque desejamos distinguir entre mistura na direção de escoamento e mistura na direção lateral ou radial, que não é a nossa principal preocupação. Estas duas quantidades podem ser bem diferentes em magnitude. Por exemplo, no escoamento laminar de fluidos através de tubos, a mistura axial acontece principalmente devido aos gradientes de velocidade, enquanto que a mistura radial ocorre devido apenas à difusão molecular.

Figura 13.3 — Representação do modelo de dispersão (modelo de escoamento pistonado com dispersão)

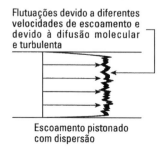

Na forma adimensional, onde $z = (ut + x)/L$ e $\theta = t/\bar{t} = tu/L$, a equação diferencial básica que representa este modelo de dispersão se torna:

$$\frac{\partial C}{\partial \theta} = \left(\frac{\mathbf{D}}{uL}\right) \frac{\partial^2 C}{\partial z^2} - \frac{\partial C}{\partial z} \qquad (6)$$

onde o grupo adimensional ($\mathbf{D}/uL$), chamado de número de dispersão do vaso, é o parâmetro que mede a extensão (ou grau) da dispersão axial. Assim:

$\dfrac{\mathbf{D}}{uL} \to 0$ dispersão negligenciável; logo, escoamento pistonado

$\dfrac{\mathbf{D}}{uL} \to \infty$ grande dispersão; logo, escoamento com mistura perfeita

Este modelo geralmente representa, de forma bem satisfatória, escoamentos que não se desviem em demasia do escoamento pistonado; ou seja, leitos recheados reais e tubos (longos, se o escoamento for laminar).

Ajustando o Modelo de Dispersão para Pequenas Extensões de Dispersão, D/uL < 0,01

Se impusermos um pulso idealizado a um fluido escoando, então a dispersão modificará esse pulso, como mostrado na Fig. 13.1. Para pequenas extensões de dispersão (se $\mathbf{D}/uL$ for pequeno), a forma do espalhamento na curva do traçador não muda significativamente à medida que o traçador passa pelo ponto de medição (durante o tempo em que ele estiver sendo medido). Nestas circunstâncias, a solução da Eq. (6) não é difícil, dando uma curva simétrica, Eq.(7), apresentada nas Figs. 13.1 e 13.4.

Figura 13.4 — Relação entre $\mathbf{D}/uL$ e a curva adimensional $\mathbf{E}_\theta$, para pequenas extensões de dispersão, Eq. (7)

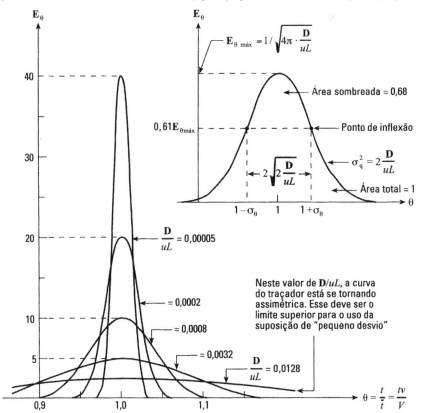

$$C = \frac{1}{2\sqrt{\pi(\mathbf{D}/uL)}} \exp\left[-\frac{(1-\theta)^2}{4(\mathbf{D}/uL)}\right] \tag{7}$$

Isto representa uma família de curvas gaussianas, também chamadas de curvas Normais ou de erro.

As equações que representam esta família são:

$$\boxed{\begin{aligned}
&\mathbf{E}_\theta = \bar{t} \cdot \mathbf{E} = \frac{1}{\sqrt{4\pi(\mathbf{D}/uL)}} \exp\left[-\frac{(1-\theta)^2}{4(\mathbf{D}/uL)}\right] \\
&\mathbf{E} = \sqrt{\frac{u^3}{4\pi \mathbf{D}L}} \exp\left[-\frac{(L-ut)^2}{4\mathbf{D}L/u}\right] \\
&\bar{t}_{\mathbf{E}} = \frac{V}{v} = \frac{L}{u} \quad \text{ou} \quad \bar{\theta}_{\mathbf{E}} = 1 \quad \text{média da curva } \mathbf{E} \\
&\sigma_\theta^2 = \frac{\sigma_t^2}{\bar{t}^2} = 2\left(\frac{\mathbf{D}}{uL}\right) \quad \text{ou} \quad \sigma^2 = 2\left(\frac{\mathbf{D}L}{u^3}\right)
\end{aligned}} \tag{8}$$

Note que $\mathbf{D}/uL$ é o parâmetro das curvas. A Fig. 13.4 mostra várias maneiras de avaliar este parâmetro a partir de uma curva experimental: pelo cálculo de sua variância, pela medição de sua altura máxima ou sua largura no ponto de inflexão ou ainda encontrando a largura que inclui 68% da área.

Note também como o traçador se espalha ao se mover ao longo do vaso. Da expressão de variância da Eq. (8), encontramos que:

$$\sigma^2 \propto L \quad \text{ou} \quad \left(\begin{array}{c}\text{largura da curva}\\ \text{do traçador}\end{array}\right)^2 \propto L$$

Felizmente, para pequenas extensões de dispersão, são possíveis numerosas simplificações e aproximações na análise das curvas do traçador. A primeira delas é: a forma da curva do traçador é indiferente à condição de contorno imposta ao vaso, que pode ser fechado ou aberto (ver Fig. 4). Assim, tanto para vasos fechados como abertos, podemos usar a Eq. (8).

Para uma *série de vasos*, $\bar{t}$ e σ^2 de vasos individuais são aditivos; deste modo, referindo-se à Fig. 13.5, temos:

$$\bar{t}_{\text{global}} = \bar{t}_a + \bar{t}_b + \cdots = \frac{V_a}{v} + \frac{V_b}{v} + \cdots = \left(\frac{L}{u}\right)_a + \left(\frac{L}{u}\right)_b + \cdots \tag{9}$$

e

$$\sigma_{\text{global}}^2 = \sigma_a^2 + \sigma_b^2 + \cdots = 2\left(\frac{\mathbf{D}L}{u^3}\right)_a + 2\left(\frac{\mathbf{D}L}{u^3}\right)_b + \cdots \tag{10}$$

A aditividade dos tempos é esperada, porém a aditividade das variâncias não é geralmente esperada. Esta é uma propriedade útil, uma vez que ela nos permite subtrair a distorção da curva medida, causada por correntes de alimentação, condutores longos de medida, etc.

Figura 13.5 — Ilustração de aditividade de médias e variâncias das curvas E dos vasos $a, b \ldots, n$

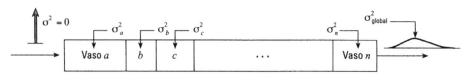

13.1 — Dispersão Axial

Figura 13.6 — O aumento na variância é o mesmo em ambos os casos; ou seja, $\sigma^2 = \sigma^2_{saida} - \sigma^2_{entrada} = \Delta\sigma^2$

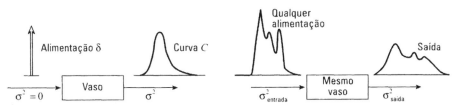

Essa propriedade de aditividade de variâncias nos permite também tratar qualquer alimentação de traçador em uma única injeção, não importando qual seja a sua forma, assim como extrair a variância da curva **E** do vaso. Assim, com referência à Fig. 13.6, se nós escrevermos para uma alimentação na forma de uma injeção

$$\Delta\sigma^2 = \sigma^2_{saida} - \sigma^2_{entrada} \tag{11}$$

Aris (1959) mostrou que, para pequenas extensões de dispersão:

$$\frac{\sigma^2_{saida} - \sigma^2_{entrada}}{(\bar{t}_{saida} - \bar{t}_{entrada})^2} = \frac{\Delta\sigma^2}{(\Delta\bar{t})^2} = \Delta\sigma^2_\theta = 2\left(\frac{D}{uL}\right) \tag{12}$$

Deste modo, não importa a forma da curva de alimentação, o valor de **D**/u*L* para o vaso pode ser encontrado.

A boa qualidade de ajuste para esse simples tratamento só pode ser avaliada pela comparação com as soluções mais exatas, porém mais complexas. A partir de tal comparação, nós constatamos que o erro máximo na estimativa de **D**/u*L* é dado por:

$$\text{erro} < 5\% \text{ quando } \frac{D}{uL} < 0,01$$

Grande Desvio do Escoamento Pistonado, $\frac{D}{uL} > 0,01$

Aqui, a resposta ao pulso é espalhada, passando pelo ponto de medição de modo suficientemente lento para provocar a mudança em sua forma — ela se espalha — à medida que está sendo medida. Isto dá uma curva **E** não simétrica.

Uma complicação adicional aparece para **D**/u*L* grande: o que acontece exatamente na entrada e na saída do vaso afeta fortemente a forma da curva do traçador, assim como a relação entre **D**/u*L* e os parâmetros da curva.

Vamos considerar dois tipos de condições de contorno: ou você tem o escoamento não sendo perturbado ao passar pelos contornos de entrada e de saída (nós chamamos isto de condições de contorno abertas), ou você tem escoamento pistonado no lado de fora do vaso até os seus contornos (nós chamamos isto de condições de contorno fechadas). Isto leva a quatro combinações de condições de contorno: fechada-fechada, aberta-aberta, e misturadas. A Fig.13.7 ilustra os extremos, fechadas e abertas, cujas curvas RTD são designadas como **E**$_{cc}$ e **E**$_{oo}$.

Somente a condição de contorno de vaso fechado fornece uma curva de traçador que seja idêntica à função **E** e aceita toda a matemática do Capítulo 11. Para todas as outras condições de contorno, você não consegue uma RTD apropriada.

Em todos os casos, você pode avaliar **D**/u*L* a partir dos parâmetros das curvas do traçador; entretanto, cada curva tem sua própria matemática. Vamos olhar as curvas do traçador para as condições de contorno fechadas e abertas.

Figura 13.7 — Várias condições de contorno, usadas com o modelo de dispersão

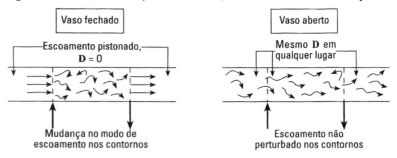

Vaso Fechado. Aqui, não se dispõe de uma expressão analítica para a curva E. Contudo, podemos construir a curva por métodos numéricos, ver Fig. 13.8, ou avaliar exatamente sua média e sua variância, como foi feito pela primeira vez por van der Laan (1958). Deste modo:

$$\boxed{\begin{aligned} \bar{t}_E = \bar{t} = \frac{V}{v} \quad &\cdots \text{ou} \cdots \quad \bar{\theta}_E = \frac{\bar{t}_E}{\bar{t}} = \frac{\bar{t}_E v}{V} = 1 \\ \sigma_\theta^2 = \frac{\sigma_t^2}{\bar{t}^2} &= 2\left(\frac{D}{uL}\right) - 2\left(\frac{D}{uL}\right)^2 [1 - e^{-uL/D}] \end{aligned}} \qquad (13)$$

Figura 13.8 — Curvas de resposta do traçador para vasos fechados e grandes desvios do escoamento pistonado

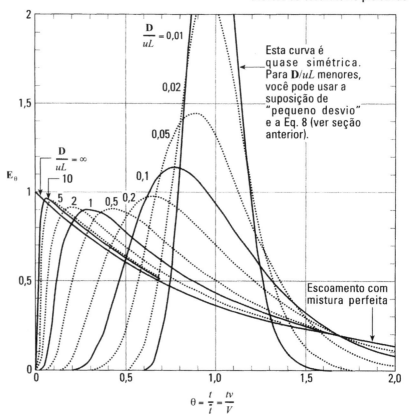

$$\theta = \frac{t}{\bar{t}} = \frac{tv}{V}$$

Figura 13.9 — A condição de contorno de vaso aberto-aberto

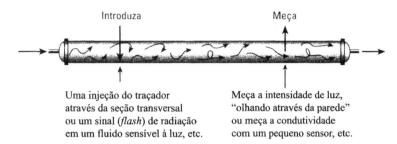

Uma injeção do traçador através da seção transversal ou um sinal (*flash*) de radiação em um fluido sensível à luz, etc.

Meça a intensidade de luz, "olhando através da parede" ou meça a condutividade com um pequeno sensor, etc.

Vaso Aberto. Uma seção de tubo longo (ver Fig. 13.9) representa um dispositivo conveniente e comumente usado em experimentos. Ele é também a única situação física (além daquela para baixos valores de **D**/*uL*), em que a expressão analítica para a curva E não é complexa. Os resultados são dados pelas curvas de resposta mostradas na Fig. 13.10 e pelas seguintes equações, deduzidas pela primeira vez por Levenspiel e Smith (1957):

vaso aberto-aberto

$$E_{\theta,oo} = \frac{1}{\sqrt{4\pi(\mathbf{D}/\mathbf{uL})\theta}} \exp\left[-\frac{(1-\theta)^2}{4\theta(\mathbf{D}/uL)}\right] \tag{14}$$

$$E_{t,oo} = \frac{u}{\sqrt{4\pi \mathbf{D}t}} \exp\left[-\frac{(L-ut)^2}{4\mathbf{D}t}\right]$$

$$\bar{\theta}_{E,oo} = \frac{\bar{t}_{Eoo}}{\bar{t}} = 1 + 2\left(\frac{\mathbf{D}}{uL}\right) \quad \tfrac{1}{2}\ldots\text{ou}\ldots\tfrac{1}{2} \quad \bar{t}_{E\,oo} = \frac{V}{v}\left(1 + 2\frac{\mathbf{D}}{uL}\right) \tag{15}$$

$$\sigma^2_{\theta,oo} = \frac{\sigma^2_{t,oo}}{\bar{t}^2} = 2\frac{\mathbf{D}}{uL} + 8\left(\frac{\mathbf{D}}{uL}\right)^2$$

Comentários

(a) Para baixos valores de **D**/*uL*, todas as curvas para diferentes condições de contorno se aproximam da curva de "baixo desvio" da Eq. (8). Para valores grandes de **D**/*uL*, as curvas diferem mais e mais entre si.

(b) Para avaliar **D**/*uL*, faça a correspondência da curva medida do traçador, ou da σ² medida, com a teoria. Fazer a correspondência com σ² é o mais simples, embora não seja necessariamente o melhor; no entanto, isto é o mais usado. Mas, esteja certo de usar as condições de contorno corretas.

(c) Se o escoamento se desviar bastante do pistonado (altos valores de **D**/*uL*), há chances de que o vaso real não obedeça à suposição do modelo (muitas flutuações aleatórias e independentes). Neste caso, torna-se questionável se o modelo deveria mesmo ser usado. Eu hesito quando **D**/*uL* > 1.

(d) Você deve sempre perguntar se o modelo deve ser usado. Você pode sempre fazer a correspondência dos valores de σ², mas se a forma parecer errada, como a mostrada nos diagramas abaixo, não use este model

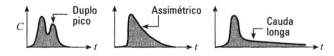

254 Capítulo 13 — O Modelo de Dispersão

Figura 13.10 — Curvas de resposta do traçador para vasos "abertos", tendo grandes desvios do escoamento pistonado

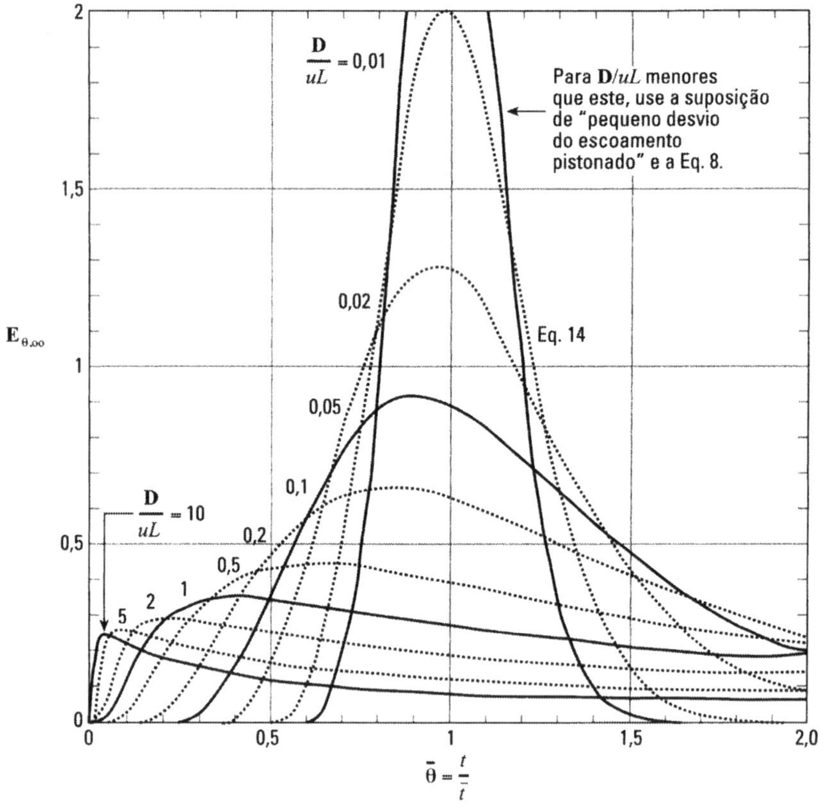

(e) Para valores altos de D/uL, a literatura é vasta e conflitante, principalmente por causa das suposições não estabelecidas e não claras acerca do que está acontecendo nos contornos do vaso. O tratamento destas condições está cheio de sutilezas matemáticas, como notado anteriormente, e a aditividade de variâncias é questionável. Por causa de tudo isto, devemos ser cuidadosos ao usar o modelo de dispersão onde a mistura completa for grande, particularmente se o sistema não for fechado.

(f) Nós não discutiremos as equações e as curvas para as condições de contorno aberta-fechada ou fechada-aberta. Isto pode ser encontrado em Levenspiel (1996).

Alimentação do Traçador, Utilizando a Função Degrau

Aqui, a curva **F** de saída tem a forma de S, sendo obtida pela integração da curva **E** correspondente. Assim, em qualquer tempo t ou θ:

$$\mathbf{F} = \int_0^\infty \mathbf{E}_\theta \, d\theta = \int_0^t \mathbf{E} \, dt \tag{16}$$

A forma da curva **F** depende de D/uL e das condições de contorno para o vaso. Expressões analíticas não são disponíveis para qualquer das curvas **F**; contudo, seus gráficos podem ser construídos. Dois casos típicos são dispostos a seguir, nas Figs. 13.11 e 13.13.

Figura 13.11 — Curvas de resposta ao degrau para pequenos desvios do escoamento pistonado

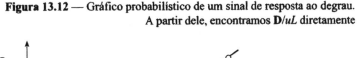

Pequeno Desvio do Escoamento Pistonado, D/uL < 0,01. Das Eqs. (8) e (16), nós podemos encontrar as curvas da Fig. 13.11, como mostrado. Para estes pequenos desvios do escoamento pistonado, podemos encontrar **D**/uL de forma direta, fazendo um gráfico dos dados experimentais em uma escala probabilística, como indicado na Fig. 13.12. O Exemplo 13.2 apresenta detalhadamente como fazer isto.

Resposta ao Degrau para Grande Desvio, D/uL > 0,01. Para grandes desvios do escoamento pistonado, o problema de condições de contorno tem de ser considerado; as curvas de resposta em forma de S não são simétricas, suas equações não são disponíveis e elas são melhor analisadas quando as equações são diferenciadas uma vez para dar a curva C_{pulso} correspondente. A Fig. 13.13 mostra um exemplo desta família de curvas.

Comentários

(a) Uma aplicação comercial direta do experimento com a função degrau é encontrar a zona de mistura — a largura contaminada — entre dois fluidos, com propriedades um pouco similares, escoando um em seguida ao outro, em um longo tubo. Dado **D**/uL, encontramos esta zona a

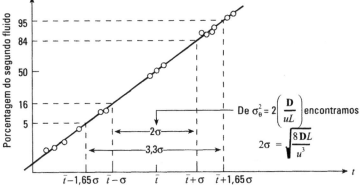

Figura 13.12 — Gráfico probabilístico de um sinal de resposta ao degrau. A partir dele, encontramos **D**/uL diretamente

Figura 13.13 — Curvas de resposta ao degrau para grandes desvios do escoamento pistonado em vasos fechados

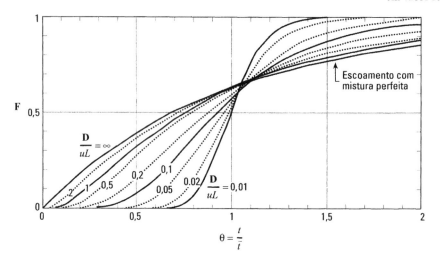

partir do gráfico de probabilidade da Fig. 13.12. Gráficos construídos para facilitar os cálculos são dados por Levenpiel (1958a).

(b) Nós deveríamos usar um experimento com injeção em forma de pulso ou degrau? Algumas vezes, um tipo de experimento é naturalmente mais conveniente por uma das muitas razões. Em tal situação, esta questão não aparece. Mas, quando você realmente tem uma escolha, então o experimento com a função pulso é preferido, porque o resultado é mais "honesto". A razão é que a curva **F** integra efeitos; ela dá uma curva suave e com boa aparência, que pode esconder bem os efeitos reais. Por exemplo, a Fig. 13.14 mostra as curvas **E** e **F** correspondentes, para um dado vaso.

Figura 13.14 — Sensibilidade das curvas **E** e **F** para o mesmo escoamento

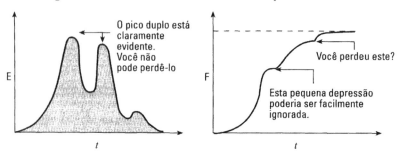

13.1 — Dispersão Axial **257**

EXEMPLO 13.1 D/uL A PARTIR DA CURVA C_{pulso}

Supondo que o vaso fechado do Exemplo 11.1, Capítulo 11, seja bem representado pelo modelo de dispersão, calcule o número de dispersão do vaso, D/uL. Para este vaso, a resposta do traçador é dada na forma de C versus t:

t, min	0	5	10	15	20	25	30	35
C_{pulso}, g/ℓ	0	3	5	5	4	2	1	0

SOLUÇÃO

Visto que a curva C para este vaso é larga e assimétrica, ver Fig. E11.1, vamos supor que a dispersão seja muito grande de modo a permitir o uso das simplificações que levaram à Fig. 13.4. É assim que iniciamos o procedimento de fazer a correspondência das variâncias da Eq. (18). A média e a variância de uma distribuição contínua, medida em um número finito de locações equidistantes, é dada pelas Eqs. (3) e (4) como:

$$\bar{t} = \frac{\Sigma\, t_i C_i}{\Sigma\, C_i}$$

e

$$\sigma^2 = \frac{\Sigma\, t_i^2 C_i}{\Sigma\, C_i} - \bar{t}^2 = \frac{\Sigma\, t_i^2 C_i}{\Sigma\, C_i} - \left[\frac{\Sigma\, t_i C_i}{\Sigma\, C_i}\right]^2$$

Usando os dados originais de concentração do traçador-tempo, nós encontramos:

$$\Sigma\, C_i = 3 + 5 + 5 + 4 + 2 + 1 = 20$$
$$\Sigma\, t_i C_i = (5\times 3) + (10\times 5) + \cdots + (30\times 1) = 300 \text{ min}$$
$$\Sigma\, t_i^2 C_i = (25\times 3) + (100\times 5) + \cdots + (900\times 1) = 5.450 \text{ min}^2$$

Conseqüentemente:

$$\bar{t} = \frac{300}{20} = 15 \text{ min}$$

$$\sigma^2 = \frac{5.450}{20} - \left(\frac{300}{20}\right)^2 = 47,5 \text{ min}^2$$

e

$$\sigma_\theta^2 = \frac{\sigma^2}{\bar{t}^2} = \frac{47,5}{(15)^2} = 0,211$$

Agora, para um vaso fechado, a Eq. (13) relaciona a variância a D/uL. Logo:

$$\sigma_\theta^2 = 0,211 = 2\frac{D}{uL} - 2\left(\frac{D}{uL}\right)^2 (1 - e^{-uL/D})$$

Ignorando o segundo termo do lado direito, nós temos, como uma primeira aproximação:

$$\frac{D}{uL} \cong 0,106$$

Considerando a equação completa, incluindo o termo desprezado, encontramos, por tentativa e erro, que:

$$\frac{D}{uL} = 0{,}120$$

A nossa suposição original estava correta: este valor de D/uL está bem acima do limite onde a simples aproximação gaussiana deve ser usada.

EXEMPLO 13.2 D/uL A PARTIR DE UMA CURVA F

Von Rosenberg (1956) estudou o deslocamento do benzeno pelo n-butirato, em uma coluna recheada, com 38 mm de diâmetro e 1.219 mm de comprimento. Ele mediu a fração de n-butirato na corrente de saída pelos métodos de índice de refração. Quando colocou a fração de n-butirato versus tempo em um gráfico, ele encontrou uma curva em forma de S. Esta é a curva **F**, mostrada na Fig. E13.2a, para as corridas de von Rosenberg, na mais baixa taxa de escoamento, 0,5 m/dia, onde $u = 0{,}0067$ mm/s. Encontre o número de dispersão do vaso para esse sistema.

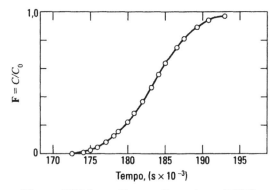

Figura E13.2a — De von Rosenberg (1956)

SOLUÇÃO

Em vez de tomar inclinações da curva **F** para obter a curva **E** e aí então determinar o espalhamento (ou dispersão) desta curva, vamos usar o método do papel de probabilidade. Desta maneira, um gráfico dos dados neste papel realmente fornece uma linha próxima da reta, como mostrado na Fig. E13.2b.

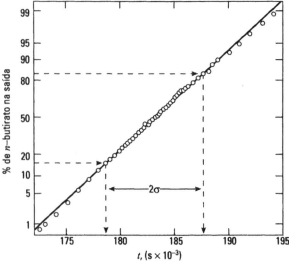

Figura E13.2b — De Levenspiel e Smith (1957)

Encontrar a variância e **D**/*uL* a partir do gráfico de probabilidade é simples. Siga somente o procedimento ilustrado na Fig. 13.12. Assim, a Fig. E13.2*b* mostra que:

o ponto que corresponde a 16% cai em *t* = 178.550 s
o ponto que corresponde a 84% cai em *t* = 187.750 s

e este intervalo de tempo representa 2σ. Conseqüentemente, o desvio-padrão é:

$$\sigma = \frac{187.750 - 178.500}{2} = 4.600 \text{ s}$$

Nós necessitamos deste desvio-padrão em unidades adimensionais de tempo, se quisermos encontrar **D**. Por conseguinte:

$$\sigma_\theta = \frac{\sigma}{\bar{t}} = (4.600 \text{ s}) \left(\frac{0,0067 \text{ mm/s}}{1.219 \text{ mm}} \right) = 0,0252$$

Logo, a variância é:

$$\sigma_\theta^2 = (0,0252)^2 = 0,00064$$

e da Eq. (8):

$$\frac{\mathbf{D}}{uL} = \frac{\sigma_\theta^2}{2} = \underline{0,00032}$$

Note que o valor de **D**/*uL* está bem abaixo de 0,01, justificando o uso da aproximação gaussiana para a curva do traçador e todo o procedimento adotado.

EXEMPLO 13.3 D/uL A PARTIR DE UMA UMA ALIMENTAÇÃO DE TRAÇADOR EM UMA ÚNICA INJEÇÃO

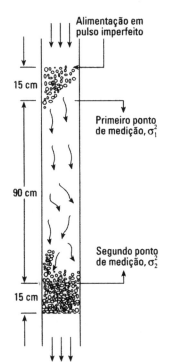

Figura E13.3

Encontre o número de dispersão em um reator de leito fixo, recheado com pastilhas de catalisador de 0,625 cm. Para esta finalidade, experimentos com traçador são feitos no equipamento mostrado na Fig. E13.3.

O catalisador é colocado aleatoriamente acima da tela, até uma altura de 120 cm; o fluido escoa para baixo através do recheio. Um pulso imperfeito (*sloppy pulse*) de um traçador radiativo é injetado diretamente acima do leito, sendo os sinais de saída registrados por contadores Geiger em dois pontos do leito, que estão afastados por 90 cm.

Os seguintes dados se aplicam a uma corrida experimental específica: porosidade do leito = 0,4, velocidade superficial do fluido (baseada no tubo vazio) = 1,2 cm/s e variâncias dos sinais de saída iguais a $\sigma_1^2 = 39 \text{ s}^2$ e $\sigma_2^2 = 64 \text{ s}^2$. Encontre **D**/*uL*.

260 Capítulo 13 — O Modelo de Dispersão

SOLUÇÃO

Bischoff e Levenspiel (1962) mostraram que desde que as medidas sejam tomadas no interior do leito a uma distância mínima, a partir da entrada e saída do leito, de dois ou três diâmetros de partícula, então as condições de contorno de vaso aberto praticamente se mantêm. Este é o caso, porque as medidas são feitas em 15 cm no interior do leito, resultando em um experimento que corresponde a uma alimentação em forma de uma injeção para um vaso aberto, para o qual a Eq. (12) se mantém. Assim:

$$\Delta\sigma^2 = \sigma_2^2 - \sigma_1^2 = 64 - 39 = 25 \text{ s}^2$$

ou na forma adimensional:

$$\Delta\sigma_\theta^2 = \Delta\sigma^2\left(\frac{v}{V}\right)^2 = (25 \text{ s}^2)\left[\frac{1,2 \text{ cm/s}}{(90 \text{ cm})(0,4)}\right]^2 = \frac{1}{36}$$

a partir da qual, o número de dispersão é:

$$\frac{\mathbf{D}}{uL} = \frac{\Delta\sigma_\theta^2}{2} = \frac{1}{\underline{\underline{72}}}$$

13.2 CORRELAÇÕES PARA DISPERSÃO AXIAL

O número de dispersão do vaso, $\mathbf{D}/uL$, é o produto de dois termos:

$$\frac{\mathbf{D}}{uL} = \left(\begin{array}{c}\text{intensidade}\\\text{de dispersão}\end{array}\right)\left(\begin{array}{c}\text{fator}\\\text{geométrico}\end{array}\right) = \left(\frac{\mathbf{D}}{ud}\right)\left(\frac{d}{L}\right)$$

onde

$$\frac{\mathbf{D}}{ud} = f\left(\begin{array}{c}\text{propriedades}\\\text{do fluido}\end{array}\right)\left(\begin{array}{c}\text{dinâmica do}\\\text{escoamento}\end{array}\right) = f\left[\left(\begin{array}{c}\text{número}\\\text{de Schmidt}\end{array}\right)\left(\begin{array}{c}\text{número de}\\\text{Reynolds}\end{array}\right)\right]$$

e onde d é o comprimento característico $= d_{\text{tubo}}$ ou d_p

Os experimentos mostram que o modelo de dispersão representa bem o escoamento em leitos recheados e em tubos. Deste modo, a teoria e o experimento dão $\mathbf{D}/uL$ para estes vasos. Nós resumiremos as correlações nos próximos três capítulos.

As Figs. 13.15 e 13.16 mostram os resultados encontrados para escoamento em tubos. Este modelo representa o escoamento turbulento, mas somente representará o escoamento laminar em tubos, quando o tubo for suficientemente longo de modo a se alcançar a uniformidade radial de um pulso de traçador. Para líquidos, isto pode requerer um tubo razoavelmente longo e a Fig. 13.16 mostra estes resultados. Note que a difusão molecular afeta fortemente a taxa de dispersão no escoamento laminar. A baixos valores da taxa de escoamento, a difusão promove a dispersão; a altos valores da taxa de escoamento, o efeito é oposto.

Correlações similares a essas são disponíveis ou podem ser obtidas para escoamento em leitos de sólidos porosos e/ou adsorventes, em tubos espiralados, em canais flexíveis, para escoamento pulsante, para fluidos não newtonianos e assim por diante. Estas correlações são dadas no Capítulo 64 de Levenspiel (1996).

13.2 — Correlações para Dispersão Axial

Figura 13.15 — Correlação para a dispersão de fluidos escoando em tubos; adaptada de Levenspiel (1958b)

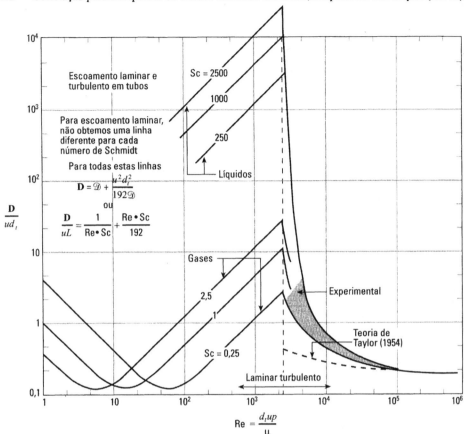

Figura 13.16 — Correlação para a dispersão para escoamento laminar em tubos; preparada a partir de Taylor (1953, 1954a) e Aris (1956)

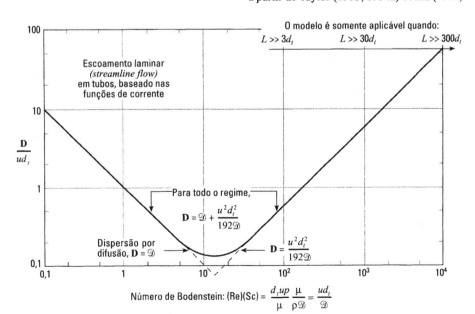

Figura 13.17 — Evidências experimentais sobre a dispersão de fluidos escoando com velocidade média axial u, em leitos recheados; preparada, em parte, a partir de Bischoff (1961)

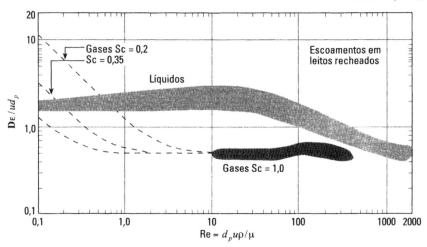

A Figura 13.17 mostra os resultados encontrados para leitos recheados.

13.3 REAÇÃO QUÍMICA E DISPERSÃO

Nossa discussão tem nos conduzido à medida da dispersão pelo grupo adimensional $\mathbf{D}/uL$. Vamos agora ver como isto afeta a conversão em reatores.

Considere um reator químico, de comprimento L e em estado estacionário, através do qual um fluido está escoando a uma velocidade constante u, sendo o material misturado axialmente com um coeficiente de dispersão $\mathbf{D}$. Suponha que uma reação de ordem n esteja ocorrendo:

$$A \rightarrow \text{produtos}, \qquad -r_A = kC_A^n$$

Referindo-se a qualquer seção elementar do reator, conforme mostrado na Fig. 13.18, o balanço básico de material para qualquer componente da reação

$$\text{entrada} = \text{saída} + \text{consumo devido à reação} + \text{acúmulo} \qquad (4.1)$$

torna-se, para o componente A e em estado estacionário:

$$(\text{saída} - \text{entrada})_{\substack{\text{escoamento}\\\text{global}}} + (\text{saída} - \text{entrada})_{\text{dispersão axial}} + \text{consumo devido à reação} + \text{acúmulo} = 0 \quad (17)$$

Os termos individuais (em mols de A/tempo) são:

que entra devido ao escoamento global (*bulk flow*) $= \left(\dfrac{\text{mol de A}}{\text{volume}}\right)\left(\dfrac{\text{velocidade do}}{\text{escoamento}}\right)\left(\dfrac{\text{área da seção}}{\text{transversal}}\right) = C_{A,l}uS$, [mol/s]

que sai devido ao escoamento global (*bulk flow*) $= C_{A,l+\Delta l}uS$

que entra pela disposição axial $= \dfrac{dN_A}{dt} = -\left(\mathbf{D}S\dfrac{dC_A}{dl}\right)_l$

13.3 — Reação Química e Dispersão

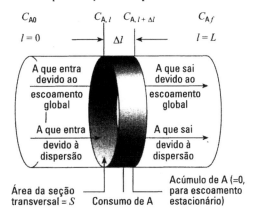

Figura 13.18 — Variáveis para o vaso fechado, em que a reação e a dispersão estão ocorrendo

que sai pela dispersão axial
$$= \frac{dN_A}{dt} = -\left(\mathbf{D}S\frac{dC_A}{dl}\right)_{l+\Delta l}$$

consumo devido à reação
$$= (-r_A)\,V = (-r_A)S\,\Delta l, \ [\text{mol}/\text{s}]$$

Note que a diferença entre esse balanço de material e aquele para reatores pistonados do Capítulo 5 é a inclusão dos dois termos de dispersão, uma vez que material entra e sai da seção diferencial não somente devido ao escoamento (*bulk flow*), mas também devido à dispersão. Substituindo todos esses termos na Eq. (17) e dividindo por $S\,\Delta l$, temos:

$$u\frac{(C_{A,l+\Delta l} - C_{A,l})}{\Delta l} - \mathbf{D}\frac{\left[\left(\dfrac{dC_A}{dl}\right)_{l+\Delta l} - \left(\dfrac{dC_A}{dl}\right)_l\right]}{\Delta l} + (-r_A) = 0$$

O processo básico de limite estabelece que para qualquer quantidade Q que seja uma função contínua de l,

$$\lim_{l_2 \to l_1}\frac{Q_2 - Q_1}{l_2 - l_1} = \lim_{\Delta l \to 0}\frac{\Delta Q}{\Delta l} = \frac{dQ}{dl}$$

Logo, tomando os limites quando $\Delta l \to 0$, obtemos:

$$u\frac{dC_A}{dl} - \mathbf{D}\frac{d^2 C_A}{dl^2} + kC_A^n = 0 \tag{18a}$$

Na forma adimensional, onde $z = l/L$ e $\tau = \bar{t} = L/u = V/v$, esta expressão se torna:

$$\frac{\mathbf{D}}{uL}\frac{d^2 C_A}{dz^2} - \frac{dC_A}{dz} - k\tau C_A^n = 0 \tag{18b}$$

ou em termos de fração de conversão:

$$\frac{\mathbf{D}}{uL}\frac{d^2 X_A}{dz^2} - \frac{dX_A}{dz} + k\tau C_{A0}^{n-1}(1 - X_A)^n = 0 \tag{18c}$$

Figura 13.19 — Comparação entre reatores reais e pistonados para reação de primeira ordem A → produtos, assumindo expansão negligenciável; Levenspiel e Bischoff (1959, 1961)

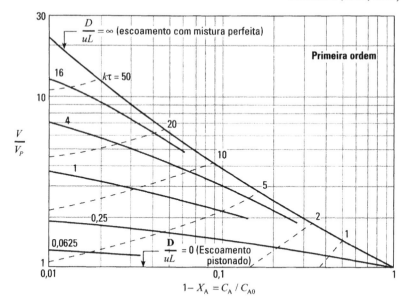

Esta expressão mostra que a fração de conversão do reagente A em sua passagem através do reator é governada por três grupos adimensionais: o grupo de taxa de reação, $k\tau\, C_{A0}^{n-1}$, o grupo de dispersão, D/uL, e a ordem de reação n.

Reação de Primeira Ordem. A Eq. (18) foi resolvida analiticamente por Wehner e Wilhelm (1956) para reações de primeira ordem. Para vasos com qualquer tipo de condições de entrada e de saída, a solução é:

$$\boxed{\frac{C_A}{C_{A0}} = 1 - X_A = \frac{4a\exp\left(\frac{1}{2}\frac{uL}{D}\right)}{(1+a)^2 \exp\left(\frac{a}{2}\frac{uL}{D}\right) - (1-a)^2 \exp\left(-\frac{a}{2}\frac{uL}{D}\right)} \\ a = \sqrt{1 + 4k\tau(D/uL)}} \qquad (19)$$

A Fig. 13.19, que foi preparada combinando-se as Eqs. (19) e (5.17), representa graficamente, e em uma forma útil, esses resultados. Ela permite uma comparação entre as capacidades de reatores para escoamento pistonado e pistonado com dispersão.

Para *pequenos desvios do escoamento pistonado*, D/uL torna-se pequeno e a curva **E** se aproxima da gaussiana; por conseguinte, expandindo a exponencial e desprezando os termos de ordens mais altas, a Eq. (19) se reduz a:

$$\frac{C_A}{C_{A0}} = \exp\left[-k\tau + (k\tau)^2 \frac{D}{uL}\right] \qquad (20)$$

$$= \exp\left[-k\tau + \frac{k^2\sigma^2}{2}\right] \qquad (21)*$$

---

* Deve ser notado que a Eq. (21) se aplica a qualquer RTD gaussiana com variância σ^2.

Figura 13.20 — Comparação entre reatores reais e pistonados, para reações de segunda ordem:
$$A + B \rightarrow \text{produtos}, C_{A0} = C_{B0}$$
$$\text{ou} \ldots \quad 2A \rightarrow \text{produtos},$$
assumindo expansão negligenciável; a partir de Levenspiel e Bishoff (1959, 1961).

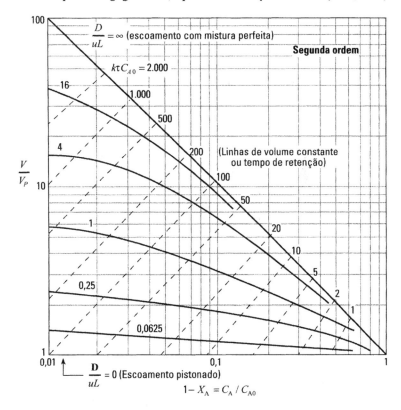

A partir das Eqs. (20) e (5.17), comparamos o desempenho de reatores reais, que se aproximam de escoamento pistonado, com reatores pistonados. Assim, a razão necessária de capacidades para conversões idênticas é dada por:

$$\frac{L}{L_p} = \frac{V}{V_p} = 1 + (k\tau)\frac{D}{uL} \quad \text{para a mesma } C_{A \text{ saída}} \tag{22}$$

enquanto que a razão de concentrações de saída para capacidades idênticas dos reatores é dada por:

$$\frac{C_A}{C_{Ap}} = 1 + (k\tau)^2 \frac{D}{uL} \quad \text{para o mesmo } V \text{ e } \tau \tag{23}$$

Reações de Ordem *n*. A Fig. 13.20 é uma representação gráfica da solução da Eq. (18) para reações de segunda ordem em vasos fechados. Ela é usada de maneira similar ao gráfico para reações de primeira ordem. Para estimar o desempenho de um reator para reações de ordem diferente de um e de dois, podemos extrapolar ou interpolar entre as Figs. 13.19 e 13.20.

EXEMPLO 13.4 CONVERSÃO A PARTIR DO MODELO DE DISPERSÃO

Refaça o Exemplo 11.3 do Capítulo 11, assumindo que o modelo de dispersão seja uma boa representação do escoamento no reator. Compare a conversão calculada pelos dois métodos e comente.

SOLUÇÃO

Fazendo a correspondência entre a variância encontrada experimentalmente com aquela calculada pelo modelo de dispersão, nós encontramos do Exemplo 13.1:

$$\frac{D}{uL} = 0,12$$

A conversão no reator real é encontrada mediante a Fig. 13.19. Assim, movendo-se ao longo da linha $k\tau = (0,307)(15) = 4,6$, de $C/C_0 = 0,01$ até $D/uL = 0,12$, nós encontramos que a fração de reagente não convertido é aproximadamente:

$$\frac{C}{C_0} = 0,035 \quad \text{ou} \quad \underline{\underline{3,5\%}}$$

Comentários. A Fig. E13.4 mostra que, exceto pela longa cauda, a curva do modelo de dispersão tem, para a maior parte, uma tendência central maior que a curva real. Por outro lado, a curva real tem mais material de vida curta deixando o vaso.

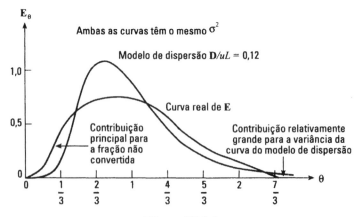

Figura E13.4

Pelo fato de isso contribuir mais para que o reagente permaneça não convertido, o resultado

$$\left(\frac{C}{C_0}\right)_{\text{real}} = 4,7\% > \left(\frac{C}{C_0}\right)_{\text{modelo de dispersão}} = 3,5\%$$

é esperado.

Extensões

Levenspiel (1996), Capítulo 64, discute e apresenta as equações de desempenho para várias extensões desse tratamento. Uma exposição muito mais detalhada deste assunto é dada por Westerterp *et al.* (1984), Capítulo 4.

REFERÊNCIAS

Aris, R., *Proc. Roy. Soc. (London),* **A235**, 67 (1956).

Aris, R., *Chem. Eng. Sci.,* **9**, 266 (1959).

Bischoff, K. B., *Ph.D. Thesis,* Chemical Engineering Department, Illinois Insitute os Technology, (1961).

Bischoff, K. B., and Levenspiel, O., *Chem. Eng. Sci.,* **17**, 245 (1962).

Levenspiel, O., *Petroleum Refiner,* March (1958a).

Levenspiel, O., *Ind. Eng. Chem.,* **50**, 343 (1958b).

Levenspiel, O., *The Chemical Reactor Omnibook,* Chap. 64, OSU Bookstores, Corvallis, OR 97339, 1996.

Levenspiel, O., and Bischoff, K. B., *Ind. Eng. Chem.,* **51**, 1431 (1959); **53**, 313 (1961).

Levenspiel, O., and Smith, W. K., *Chem. Eng. Sci.,* **6**, 227 (1957).

Taylor, G. I., *Proc. Roy. Soc. (London),* **219A**, 186 (1953); **225A**, 473 (1954).

Van der Laan, E. T., *Chem. Eng. Sci.,* **7**, 187 (1958).

Von Rosenberg, D. U., *AIChE J.,* **2**, 55 (1956).

Wehner, J. F., and Wilhelm, R. H., *Chem Eng. Sci.,* **6**, 89 (1956).

Westerterp, K. R., Van Swaaij, W. P. M., and Beenackers, A. A. C. M., *Chemical Reactor Design and Operations,* John Wiley, Nova York 1984.

PROBLEMAS

13.1 O modo de escoamento de um gás através de altos-fornos foi estudado por VDEh (Veren Deutscher Eisenhüttenleute Betriebsforshungsinstitut), injetando Kr-85 em uma corrente de ar, que entra nos tubos de um forno com 688 m³. A Fig. P13.1 apresenta um esboço e uma lista de quantidades pertinentes da corrida de 12/9/1969. Considerando que o modelo de dispersão axial se aplica ao escoamento de gás em altos-fornos, compare o valor de **D**/u*L* para a seção do meio do alto-forno da Fig. P13.1 com aquele esperado em um leito recheado comum.
From Standish and Polthier, *Blast Furnace Aerodinamics,* p. 99, N. Standish, ed., Australian I. M. Symp., Wollongong, 1975.

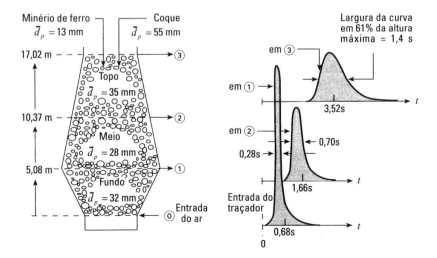

Figura P13.1

268 *Capítulo 13 — O Modelo de Dispersão*

13.2 O maior e mais longo rio da Dinamarca, Gudenaa, certamente merece um estudo. Assim, testes com traçador em forma de pulso foram feitos em vários trechos do rio, através do uso de Br-82 radiativo. Encontre o coeficiente de dispersão axial no trecho superior do rio, entre Tørring e Udlum, distantes entre si por 8,7 km, a partir das seguintes medidas reportadas.

t, h	C, arbitrária	t, h	C, arbitrária
3,5	0	5,75	440
3,75	3	6	250
4	25	6,25	122
4,25	102	6,5	51
4,5	281	6.75	20
4,75	535	7	9
5	740	7,25	3
5,25	780	7,5	0
5,5	650		

Dados do Danish Isotope Center, relatório de novembro de 1976.

13.3 Estudos de RTD foram realizados por Jagadeesh e Satyanarayana (IEC/PDD **11**, 520, 1972) em um reator tubular ($L = 1,21$ m e diâmetro interno = 35 mm). Uma solução de NaCl (5 N), colocada em uma seringa, foi rapidamente injetada na entrada do reator. Medidas, com uma cápsula de mistura perfeita, foram feitas na saída do reator. Utilizando os seguintes resultados, calcule o número de dispersão do vaso. Calcule também a fração do volume do reator que é ocupada pelos defletores.

t, s	NaCl na amostra
0-20	0
20-25	60
25-30	210
30-35	170
35-40	75
40-45	35
45-50	10
50-55	5
55-70	0

($v = 1.300$ ml/min)

13.4 Um pulso de Ba-140 radiativo foi injetado em uma tubulação, com 10 polegadas (25,5 cm) de diâmetro interno e 293 km de comprimento, usada para bombear produtos petrolíferos ($u = 81,7$ cm/s, Re = 24.000) de Rangely, Colorado, até Salt Lake City, Utah. Estime o tempo de passagem do fluido tendo mais de $^1/_2 \, C_{máx}$ de traçador e compare este valor com o tempo reportado de 895 s, valor este obtido pela média de cinco corridas. Da tabela de valores para a distribuição gaussiana, $C > C_{máx}/2$ ocorre entre $\bar{\theta} \pm 1,18 \, \sigma_\theta$ Esta pode ser uma informação útil. Dados de Hull e Kent, *Ind. Eng. Chem.*, **44**, 2745 (1952).

13.5 Uma porção injetada de material traçador flui, juntamente com o fluido transportador, com escoamento pistonado com dispersão, através de um tubo longo e reto. No ponto A do tubo, o espalhamento do traçador é 16 m, enquanto no ponto B, distante 1 km do ponto A, o espalhamento é de 32 m. Qual é a sua estimativa para o espalhamento em um ponto C, distante 2 km do ponto A?

13.6 Uma refinaria bombeia, através de uma tubulação com 10 cm de diâmetro interno e 100 km de comprimento, os produtos A e B, sucessivamente, para estações receptoras. As propriedades médias de A e B são: $\rho = 850$ kg/m^3, $\mu = 1,7 \times 10^{-3}$ kg/m·s, $\mathcal{D} = 10^{-9}$ m^2/s. O fluido escoa a u = 20 cm/s e não há reservatórios, vasos de retenção ou tubos de recirculação na linha; existem apenas umas

Problemas **269**

poucas curvas na tubulação. Estime a largura de contaminação que corresponde a 16—84%, na saída do tubo. Adaptado de *Petroleum Refiner*, **37**, 191 (março de 1958); *Pipe Line Industry*, p. 51 (maio de 1958).

13.7 Querosene e gasolina são bombeados sucessivamente, a 1,1 m/s, através de uma tubulação com 25,5 cm de diâmetro interno e 1.000 km de comprimento. Calcule a largura de contaminação que corresponde a 5/95%—95/5%, na saída do tubo, dado que a viscosidade cinemática para a mistura 50/50% é:

$$\mu/\rho = 0,9 \times 10^{-6} \text{ m}^2/\text{s}$$

(Dados e problema de Sjenitzer, *Pipeline Engineer*, dezembro de 1958.)

13.8 Água, que é retirada de um lago, escoa através de uma bomba e ao longo de um tubo, em escoamento turbulento. Uma porção de traçador (uma alimentação em forma de pulso que não é ideal) é injetado na linha de entrada do lago, sendo registrado a jusante, em dois pontos de um tubo, distantes L m. O tempo médio de residência do fluido no tubo entre os dois pontos de registros é 100 s e a variância dos dois sinais registrados é:

$$s_1^2 = 800 \text{ s}^2$$
$$s_2^2 = 900 \text{ s}^2$$

Qual seria a dispersão de uma resposta ao pulso ideal, para uma seção desse tubo, que esteja livre dos efeitos de entrada e saída e que tenha comprimento $L/5$?

13.9 No último outono, nosso gabinete recebeu reclamações a respeito de uma grande mortandade de peixes ao longo do rio Ohio, indicando que alguém teria descarregado material altamente tóxico no rio. Nossa estação de monitorização de águas em Cincinnati e Portsmouth (190 quilômetros de distância uma da outra), Ohio, reportou que uma grande mancha de fenol estava se dirigindo corrente abaixo no rio. Nós suspeitamos fortemente que essa fosse a causa da poluição. A mancha levou 9 horas para passar pela estação de Portsmouth, tendo sua concentração atingido o pico às 8 h da manhã de segunda-feira. Cerca de 24 h mais tarde, a concentração máxima ocorreu em Cincinnati, levando 12 horas para passar por esta estação.

O fenol é usado em muitas localizações no rio Ohio, cujas distâncias a montante de Cincinnati são:

Ashland, KY – 241 quilômetros corrente acima	Marietta, OH—487
Huntington, WV – 270	Wheeling, WV—618,6
Pomeroy, OH – 357	Steubenville, OH—683
Parkersburg, WV – 466	Pittsburgh, PA—803,3

O que você poderia dizer acerca da provável fonte de poluição?

13.10 Um tubo com 12 m de comprimento é recheado com 1 m de material de 2 mm, com 9 m de material de 1 cm e com 2 m de material de 4 mm. Estime a variância na curva C de saída, para uma alimentação em forma de pulso neste leito recheado, se o fluido leva 2 minutos para escoar através do leito. Suponha uma porosidade constante de leito e uma intensidade constante de dispersão, dada por $\mathbf{D}/ud_p = 2$.

13.11 As cinéticas de uma reação líquida homogênea são estudadas em um reator contínuo. De modo a se aproximar de escoamento pistonado, o reator, com 48 cm de comprimento, é recheado com pastilhas não porosas de 5 mm. Se a conversão for de 99%, para um tempo médio de residência de 1 s, calcule a constante de taxa para a reação de primeira ordem

(a) considerando que o líquido flui com escoamento pistonado através do reator;

(b) levando em conta o desvio do escoamento real em relação ao escoamento pistonado;

(c) Qual é o erro no k calculado, se o desvio do escoamento pistonado não for considerado?

Dados: Porosidade do leito $\varepsilon = 0,4$

Número de Reynolds da partícula $Re_p = 200$

13.12 Reatores tubulares para craqueamento térmico são projetados supondo escoamento pistonado. Suspeitando-se que escoamento não ideal possa ser um fator importante, que agora está sendo ignorado, vamos fazer uma estimativa aproximada de seu papel. Para isto, considere operações isotérmicas em um reator tubular ideal, com 2,5 cm de diâmetro interno, usando um número de Reynolds de 10.000 para um fluido em escoamento. A reação de craqueamento é aproximadamente de primeira ordem. Se os cálculos mostrarem que 99% de decomposição podem ser obtidos em um reator pistonado com 3 m de comprimento, qual deverá ser o comprimento do reator real, se o escoamento não ideal for levado em consideração?

13.13 Os cálculos mostram que um reator pistonado daria 99% de conversão de uma solução aquosa, utilizada como reagente. No entanto, nosso reator tem uma RTD conforme mostrado na Fig. P13.13. Se $C_{A0} = 1.000$, que concentração de saída poderíamos esperar em nosso reator, se a reação fosse de primeira ordem? De mecânica, temos que $\sigma^2 = a^2/24$ para um triângulo simétrico, com base a, que gira em torno de seu centro de gravidade.

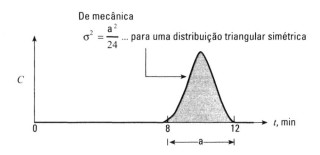

Figura P13.13

CAPÍTULO 14

O Modelo de Tanques–em–Série

Este modelo pode ser usado toda vez que o modelo de dispersão for usado; para um desvio não tão grande do escoamento pistonado, ambos os modelos dão resultados idênticos para todas as finalidades práticas. Qual dos dois modelos você deve usar, depende de seu humor e gosto.

O modelo de dispersão tem a vantagem de que todas as correlações para escoamento em reatores reais usam invariavelmente este modelo. Por outro lado, o modelo de tanques-em-série é simples, pode ser usado com qualquer cinética e pode ser estendido, sem muita dificuldade, para qualquer arranjo de compartimentos, com ou sem reciclo.

14.1 EXPERIMENTOS DE RESPOSTA AO PULSO E A FUNÇÃO RTD

A Fig. 14.1 mostra o sistema que estamos considerando. Definimos também:

$$\theta_i = \frac{t}{\bar{t}_i} = \quad \text{tempo adimensional, baseado no tempo médio de residência, } \bar{t}, \text{ por tanque}$$

$$\theta = \frac{t}{\bar{t}} = \quad \text{tempo adimensional, baseado no tempo médio de residência, } \bar{t}, \text{ em todos os } N \text{ tanques}$$

Então:

$$\theta_i = N\theta \cdots \text{ e } \cdots \bar{\theta}_i = 1, \quad \bar{\theta} = 1$$

e para qualquer tempo particular, da Eq. (11) do Capítulo 11, temos:

$$\mathbf{E}_\theta = \bar{t}\mathbf{E}$$

Para o primeiro tanque. Considere o escoamento (com v m³/s), em regime estacionário, de um fluido que entra e sai da primeira dessas unidades ideais de escoamento com mistura perfeita. Suponha que esta unidade tenha volume V_1. No tempo $t = 0$, injete um pulso de traçador no vaso. Quando esse pulso estiver igualmente distribuído no vaso (e ele estará), sua concentração será C_0.

Em qualquer instante depois da introdução do traçador, faça um balanço de material, obtendo:

$$\begin{pmatrix} \text{taxa de consumo} \\ \text{do traçador} \end{pmatrix} = \begin{pmatrix} \text{taxa de} \\ \text{alimentação} \end{pmatrix} - \begin{pmatrix} \text{taxa de} \\ \text{saída} \end{pmatrix}$$

Figura 14.1 — O modelo de tanques-em-série

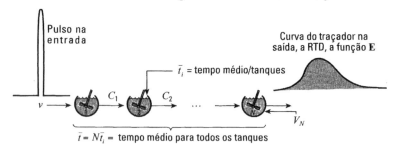

Em símbolos, esta expressão se torna:

$$V_1 \frac{dC_1}{dt} = 0 - vC_1 \quad \left[\frac{\text{mol de traçador}}{\text{s}}\right]$$

onde C_1 é a concentração do traçador no tanque "1". Separando e integrando, obtemos:

$$\int_{C_0}^{C_1} \frac{dC_1}{C_1} = -\frac{1}{\bar{t}_1}\int_0^t dt$$

ou

$$\frac{C_1}{C_0} = e^{-t/\bar{t}_1}$$

Uma vez que a área sob a curva de C/C_0 em função de t é $\bar{t}_1$ (verifique se desejar), isto permite que você encontre a curva **E**; assim, podemos escrever:

$$\bar{t}_1 \mathbf{E}_1 = e^{-t/\bar{t}_1} \quad [-] \quad N = 1 \tag{1}$$

Para o segundo tanque onde C_1 entra e C_2 sai, um balanço de material fornece:

$$V_2 \frac{dC_2}{dt} = v \cdot \underbrace{C_0 e^{t/\bar{t}_1}}_{C_1} \quad \left[\frac{\text{mol de traçador}}{\text{s}}\right]$$

Separando, temos uma equação diferencial de primeira ordem, que, ao ser integrada, fornece:

$$\bar{t}_2 \mathbf{E}_2 = \frac{t}{\bar{t}_2} e^{-t/\bar{t}_2} \quad [-] \quad N = 2 \tag{2}$$

Para o N-ésimo tanque. A integração para o terceiro, quarto, ..., N-ésimo tanque se torna mais complicada, sendo mais simples fazer tudo isto por meio das transformadas de Laplace.

As funções RTD, as médias e as variâncias em unidades de tempo e em unidades adimensionais de tempo foram deduzidas primeiramente por MacMullin e Weber (1935), sendo resumidas pela Eq. (3).

$$\boxed{\begin{aligned} \bar{t}\,\mathbf{E} &= \left(\frac{t}{\bar{t}}\right)^{N-1} \frac{N^N}{(N-1)!} e^{-tN/\bar{t}} & \cdots \bar{t} &= N\bar{t}_i & \cdots \sigma^2 &= \frac{\bar{t}^2}{N} \\ \bar{t}_i \mathbf{E} &= \left(\frac{t}{\bar{t}_i}\right)^{N-1} \frac{1}{(N-1)!} e^{-t/\bar{t}_i} & \cdots \bar{t}_i &= \frac{\bar{t}}{N} & \cdots \sigma^2 &= N\bar{t}_i^2 \\ \mathbf{E}_{\theta_i} &= \bar{t}_i \mathbf{E} = \frac{\theta_i^{N-1}}{(N-1)!} e^{-\theta_i} & \cdots \sigma_{\theta_i}^2 &= N \\ \mathbf{E}_\theta &= (N\bar{t}_i)\,\mathbf{E} = N\frac{(N\theta)^{N-1}}{(N-1)!} e^{-N\theta} & \cdots \sigma_\theta^2 &= \frac{1}{N} \end{aligned}} \tag{3}$$

Figura 14.2 — Curvas RTD para o modelo de tanques-em-série, Eq (3)

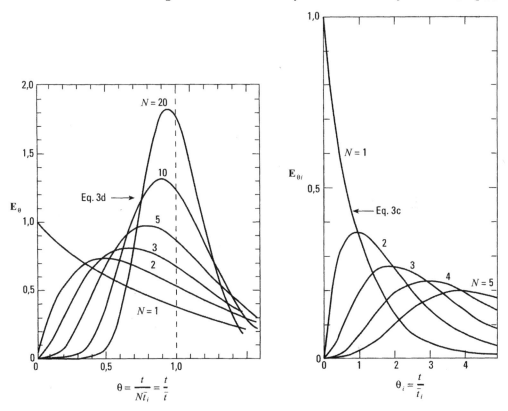

Graficamente, estas equações são mostradas na Fig. 14.2. As propriedades das curvas de RTD estão esquematizadas na Fig. 14.3.

Figura 14.3 — Propriedades da curva RTD para o modelo de tanques-em-série

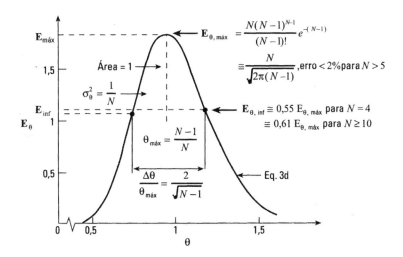

Comentários e Extensões

Independência.* Se M tanques são conectados a mais N tanques (todos com mesma capacidade), então as médias e as variâncias individuais (em unidades usuais de tempo) são aditivas; ou seja:

$$\bar{t}_{M+N} = \bar{t}_M + \bar{t}_N \ldots \quad \text{e} \quad \ldots \sigma^2_{M+N} = \sigma^2_M + \sigma^2_N \tag{4}$$

Devido a esta propriedade, nós podemos juntar as correntes de entrada com as correntes de reciclo. Desta forma, este modelo se torna útil para tratar sistemas com recirculação.

Alimentação com uma Única Injeção de Traçador. Se introduzirmos qualquer alimentação com uma única injeção de traçador em N tanques, como mostrado na Fig. 14.4, poderemos escrever então a partir das Eqs. (3) e (4):

$$\Delta \sigma^2 = \sigma^2_{\text{saída}} - \sigma^2_{\text{entrada}} = \frac{(\Delta \bar{t})^2}{N} \tag{5}$$

Por causa da independência dos estágios, é fácil avaliar o que acontece à curva C quando os tanques são adicionados ou retirados. Logo, este modelo se torna útil para tratar escoamento com reciclo e sistemas com recirculação fechada. Vamos examinar brevemente estas aplicações.

Sistema Fechado com Recirculação. Se introduzirmos um sinal δ em um sistema com N estágios, como ilustrado na Fig. 14.5, o registrador medirá o traçador à medida que ele escoar pela primeira vez, segunda vez e assim por diante. Em outras palavras, ele mede o traçador que tenha passado através dos N tanques, $2N$ tanques e assim por diante. Na verdade, ele mede a superposição de todos estes sinais.

De modo a obter o sinal de saída para estes sistemas, simplesmente some as contribuições da primeira, da segunda e das passagens sucessivas. Se m for o número de passagens, nós temos então, da Eq. (3):

$$\bar{t}_i C_{\text{pulso}} = e^{-t/\bar{t}_i} \sum_{m=1}^{\infty} \frac{(t/\bar{t}_i)^{mN-1}}{(mN-1)!} \tag{6a}$$

$$C_{\theta i, \text{pulso}} = e^{-\theta_i} \sum_{m=1}^{\infty} \frac{\theta_i^{mN-1}}{(mN-1)!} \tag{6b}$$

$$C_{\theta, \text{pulso}} = N e^{-N\theta} \sum_{m=1}^{\infty} \frac{(N\theta)^{mN-1}}{(mN-1)!} \tag{6c}$$

Figura 14.4 — Para qualquer alimentação com uma única injeção de traçador, a Eq. (4) relaciona entrada, saída e o número de tanques

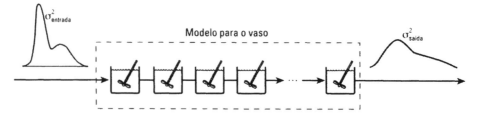

---

* Por independência entendemos que o fluido perde sua memória à medida que ele passa de tanque a tanque. Logo, um elemento de fluido que se mova mais rápido em um vaso não se lembrará deste fato no próximo tanque e não escoará, preferencialmente, mais rápido (ou mais lento) aí. O escoamento laminar não satisfaz, freqüentemente, esse requisito de independência; no entanto, mistura completa (ou lateral) de fluido entre as unidades satisfaz esta condição.

14.1 — Experimentos de Resposta ao Pulso e a Função RTD

Figura 14.5 — Sinal do traçador em um sistema com recirculação

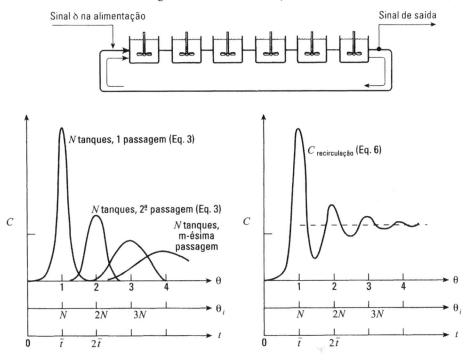

A Figura 14.5 apresenta a curva C resultante. Como um exemplo da forma expandida da Eq. (6), nós temos, para os cinco tanques em série:

$$C_{pulso} = \frac{5}{\bar{t}} e^{-5t/\bar{t}} \left[\frac{(5t/\bar{t})^4}{4!} + \frac{(5t/\bar{t})^9}{9!} + \cdots \right] \quad (7a)$$

$$C_{\theta_i, pulso} = e^{-\theta_i} \left[\frac{\theta_i^4}{4!} + \frac{\theta_i^9}{9!} + \frac{\theta_i^{14}}{14!} + \cdots \right] \quad (7b)$$

$$C_{\theta, pulso} = 5e^{-5\theta} \left[\frac{(5\theta)^4}{4!} + \frac{(5\theta)^9}{9!} + \cdots \right] \quad (7c)$$

onde os termos entre colchetes representam o sinal do traçador da primeira, da segunda e das sucessivas passagens.

Os sistemas com recirculação podem ser representados igualmente bem pelo modelo de dispersão [ver van der Vusse (1962), Vonken *et al.* (1964) e Harrell e Perona (1968)]. Qual abordagem adotar, é simplesmente uma questão de gosto, estilo e humor.

Sistema Aberto com Recirculação. Para recirculação relativamente rápida comparada ao escoamento principal, o sistema como um todo age como um grande tanque agitado; conseqüentemente, o sinal observado de traçador é simplesmente a superposição do modo de recirculação e o decaimento exponencial de um tanque ideal agitado. Isto é mostrado na Fig. 14.6, onde C_0 será a concentração de traçador, se ele estiver igualmente distribuído no sistema.

Essa forma de curva é encontrada em sistemas fechados com recirculação, em que o traçador é desativado pelo processo de primeira ordem, ou em sistemas usando traçador radiativo. A injeção de

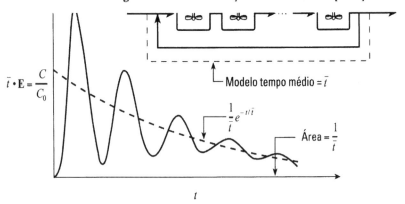

Figura 14.6 — Recirculação com escoamento principal lento

drogas nos organismos vivos dá este tipo de superposição, porque as drogas estão constantemente sendo eliminadas pelo organismo.

Experimentos com Resposta ao Degrau e a Curva F. A curva **F** na saída de uma série de N tanques ideais agitados é, em suas formas variadas, dada pela Eq. (8).

$$\mathbf{F} = 1 - e^{-N\theta}\left[1 + N\theta + \frac{(N\theta)^2}{2!} + \cdots + \frac{(N\theta)^{N-1}}{(N-1)!} + \cdots\right]$$

$$\mathbf{F} = 1 - e^{-\theta_i}\left[1 = \theta_i + \frac{\theta_i^2}{2!} + \cdots + \frac{\theta_i^{N-1}}{(N-1)!} + \cdots\right]$$

(8)

Número de tanques:
- Para um tanque use o primeiro termo
- Para $N = 2$
- Para $N = 3$
- Para N tanques

Isto é apresentado em forma gráfica na Fig. 14.7.

Figura 14.7 — A curva **F** para o modelo de tanques-em-série, de MacMullin e Weber (1935)

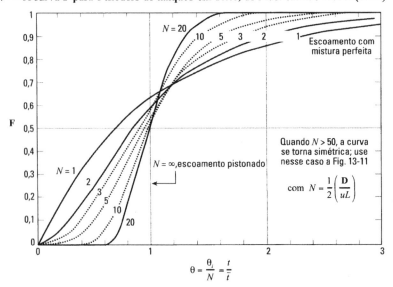

14.2 CONVERSÃO QUÍMICA

Reação de Primeira Ordem

A equação de conversão foi desenvolvida no Capítulo 6. Assim, para reações de primeira ordem em um tanque:

$$\frac{C_A}{C_{A0}} = \frac{1}{1+k\bar{t}_i} = \frac{1}{1+k\bar{t}}$$

para N tanques em série:

$$\frac{C_A}{C_{A0}} = \frac{1}{(1+k\bar{t}_i)^N} = \frac{1}{\left(1+\dfrac{k\bar{t}}{N}\right)^N} \qquad (9)$$

Uma comparação com o desempenho do escoamento pistonado é dada na Fig. 6.5.

Para pequenos desvios do escoamento pistonado (N grande), uma comparação com este fornece:

$$\text{para a mesma } C_{A\,final}: \frac{V_{N\,tanques}}{V_p} = 1 + k\bar{t}_i = 1 + \frac{k\bar{t}}{2N}$$

$$\text{para o mesmo volume } V: \frac{C_{A,\,N\,tanques}}{C_{Ap}} = 1 + \frac{(k\bar{t})^2}{2N}$$

Estas equações se aplicam a micro e a macrofluidos.

Reação de Segunda Ordem de um Microfluido, A → R ou A + B R, com $C_{A0} = C_{B0}$

Para um microfluido escoando através de N tanques em série, a Eq. (6.8) fornece:

$$C_N = \frac{1}{4k\tau_i}\left(-2 + 2\sqrt{-1 \cdots +2\sqrt{-1+2\sqrt{1+4C_0 k\tau_i}}}\right\}N \qquad (10)$$

A Fig. 6.6 compara este desempenho com o do escoamento pistonado.

Todas as Outras Cinéticas de Reação de Microfluidos

Podemos resolver a equação de escoamento com mistura perfeita para tanque após tanque,

$$\bar{t}_i = \frac{C_{Ai-1} - C_{Ai}}{-r_i}$$

um processo bem tedioso, porém sem problemas atualmente, face ao nosso escravo hábil, o computador. Podemos usar também o procedimento gráfico mostrado na Fig. 14.8.

Figura 14.8 — Método gráfico de avaliação do desempenho de N tanques em série, para qualquer cinética

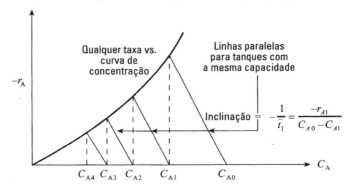

Conversão Química de Macrofluidos

Há pouca aplicação para as equações de macrofluidos para reações homogêneas. No entanto, se você precisar delas, combine a Eq. (11.13) com a Eq. (3) para N tanques em série, de modo a obter:

$$\frac{C_A}{C_{A0}} = \frac{N^N}{(N-1)! \cdot \bar{t}_N} \int_0^\infty \left(\frac{C_A}{C_{A0}}\right)_{\text{batelada}} \cdot t^{N-1} e^{-tN/\bar{t}} dt \tag{11}$$

Estas equações podem não ser de uso prático para sistemas homogêneos; todavia, elas são de importância primária para sistemas heterogêneos, especialmente para sistemas G/S.

EXEMPLO 14.1 MODIFICAÇÕES PARA UMA VINÍCOLA

Um tubo, com diâmetro pequeno e com 32 m de comprimento, vai de uma sala de fermentação de uma vinícola até o setor de engarrafamento. Algumas vezes, vinho tinto é bombeado através do tubo, outras vezes, é o vinho branco. Toda vez que esta mudança é feita, uma pequena quantidade de "mistura caseira", resultando em vinho rosé, é produzida (8 garrafas). Por causa de uma construção na vinícola, o comprimento da tubulação terá de ser aumentado para 50 m. Para a mesma taxa de escoamento de vinho, quantas garrafas de vinho rosé podemos obter agora, cada vez que invertermos o tipo de vinho produzido?

SOLUÇÃO

A Fig. E14.1 esquematiza o problema. Relacione o número de garrafas e a dispersão (ou espalhamento) com σ.

Original: $L_1 = 32$ m $\sigma_1 = 8$ $\sigma_1^2 = 64$
Tubo mais longo: $L_2 = 50$ m $\sigma_2 = ?$ $\sigma_2^2 = ?$

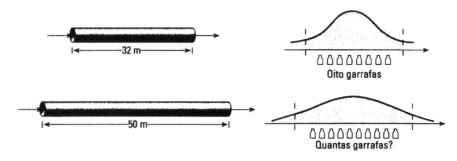

Figura E14.1

Porém, para pequenos desvios de escoamento pistonado, temos da Eq. (3) que $\sigma^2 \propto N$ ou $\sigma^2 \propto L$.

$$\therefore \frac{\sigma_2^2}{\sigma_1^2} = \frac{L_2}{L_1} = \frac{50}{32}$$

$$\therefore \sigma_2^2 = \frac{50}{32}(64) = 100$$

$$\therefore \sigma_2 = 10 \ldots \text{ ou seja, podemos esperar } \underline{10 \text{ garrafas de vinho rosé}}.$$

EXEMPLO 14.2 UMA FÁBULA SOBRE POLUIÇÃO EM UM RIO

Na última primavera, nosso gabinete recebeu reclamações a respeito de uma grande mortandade de peixes ao longo do rio Ohio, indicando que alguém teria descarregado material altamente tóxico no rio. Nossa estação de monitorização de águas em Cincinnati e Portsmouth (119 milhas de distância uma da outra), Ohio, reportou que uma grande mancha de fenol estava se dirigindo corrente abaixo no rio. Nós suspeitamos fortemente que esta seja a causa da poluição. A mancha levou 9 horas para passar pela estação de Portsmouth, tendo sua concentração atingido o pico às 8 h da manhã de segunda-feira. Cerca de 24 h mais tarde, a concentração máxima ocorreu em Cincinnati, levando 12 horas para passar por esta estação.

Fenol é usado em um número de localizações no Rio Ohio, cujas distâncias a montante de Cincinnati são:

Ashland, KY—150 milhas corrente acima   Marietta, OH—303
Huntington, WV—168   Wheeling, WV—385
Pomeroy, OH—222   Steubenville, OH—425
Parkersburg, WV—290   Pittsburgh, PA—500

O que você poderia dizer acerca da provável fonte de poluição?

SOLUÇÃO

Vamos primeiro esquematizar o que é conhecido, como mostrado na Fig. E14.2. Para começar, suponha que um pulso perfeito seja injetado. De acordo com qualquer modelo razoável de escoamento, dispersão ou tanques-em-série, nós temos:

$$\sigma^2_{\text{curva do traçador}} \propto \left(\begin{array}{c} \text{distância do} \\ \text{ponto à origem} \end{array} \right)$$

ou

$$\left(\begin{array}{c} \text{espalhamento} \\ \text{da curva} \end{array} \right) \propto \sqrt{\begin{array}{c} \text{distância a} \\ \text{partir da origem} \end{array}}$$

∴ a partir de Cincinnati: $14 = k\, L^{1/2}$
∴ a partir de Portsmouth: $10,5 = k(L-119)^{1/2}$

Dividindo um pelo outro, temos:

$$\frac{14}{10,5} = \sqrt{\frac{L}{L-119}} \quad \ldots \text{o que fornece } \underline{L = 272 \text{ milhas}}$$

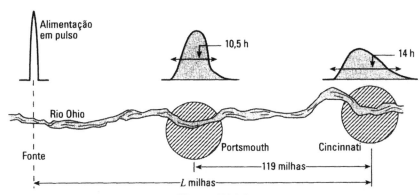

Figura E14.2

Comentário. Uma vez que o derramamento do fenol tóxico pode não ter ocorrido instantaneamente, qualquer localidade onde $L \leq 272$ milhas é suspeita; ou seja:

$$\left.\begin{array}{l}\underline{\text{Ashland}}\\ \underline{\text{Huntington}}\\ \underline{\text{Pomeroy}}\end{array}\right\} \leftarrow$$

Esta solução considera que diferentes esquemas do rio Ohio têm as mesmas características de escoamento e de dispersão (razoável) e que nada suspeito seja adicionado ao rio neste trecho de 272 milhas de Cincinnati. Esta é uma suposição ruim; verifique em um mapa, a localização de Charleston, WV, no rio Kanawah (Estados Unidos).

EXEMPLO 14.3 MODELOS DE ESCOAMENTO A PARTIR DE CURVAS RTD

Vamos desenvolver um modelo de tanques-em-série de modo a ajustar a RTD mostrada na Fig. E14.3a.

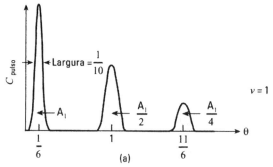

Figura E14.3a

SOLUÇÃO

Como uma primeira observação, considere que todas as curvas de traçador sejam pulsos ideais. Mais adiante, iremos abandonar esta suposição. Note que o primeiro pulso aparece no início. Isto sugere um modelo como o mostrado na Fig. E14.3b, onde $v = 1$ e $V_1 + V_2 + V_d = 1$. No Capítulo 12, nós vimos as características deste modelo; assim, vamos ajustá-lo. Deve ser mencionado que temos um grande número de abordagens. Aqui está uma:

- Olhe a razão de áreas dos dois primeiros picos:

$$\frac{A_2}{A_1} = \frac{1}{2} = \frac{R}{R+1} \quad \cdots \quad \underline{\underline{R = 1}}$$

- A partir da localização do primeiro pico:

$$\frac{V_1}{(R+1)v} = \frac{V_1}{(1+1)} = \frac{1}{6} \quad \cdots \quad \underline{\underline{V_1 = \frac{1}{3}}}$$

- A partir do tempo entre os picos:

$$\Delta t = \frac{5}{6} = \frac{(1/3)}{(1+1)1} + \frac{V_2}{1(1)} \quad \cdots \quad \underline{\underline{V_2 = \frac{2}{3}}}$$

Uma vez que $V_1 + V_2$ pode ser no máximo igual a um, não há volume morto; logo, neste ponto, nosso modelo se reduz ao da Fig. E14.3c. Agora, desconsidere a suposição de escoamento pistonado e adote o modelo de tanques-em-série. Da Fig. 14.3:

$$\frac{\Delta\theta}{\theta_{máx}} = \frac{1/10}{1/6} = \frac{2}{\sqrt{N-1}} \quad \cdots \quad \underline{\underline{N = 12}}$$

Deste modo, nosso modelo finalmente é mostrado na Fig. E14.3d.

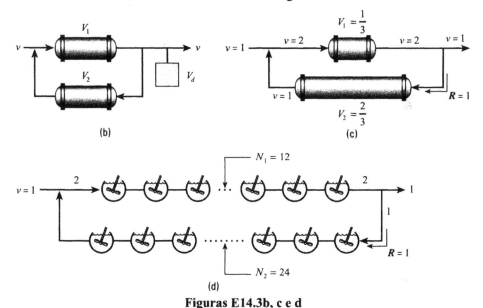

Figuras E14.3b, c e d

Contornando o Processo Complexo de Desconvolução

Suponha que nós meçamos a alimentação em pulso imperfeito (*sloppy pulse input*) e as curvas de saída do traçador em um vaso de processo, com a finalidade de estudar o escoamento através do vaso, de modo a encontrar a curva **E** para o vaso. Em geral, isto requer desconvolução (ver Capítulo 11); no entanto, se tivermos em mente um modelo de escoamento, cujo parâmetro tenha uma relação única com sua variância, então, nós podemos usar uma maneira mais simples e rápida para encontrar a curva **E** para o vaso.

O Exemplo 14.4 ilustra esse método.

EXEMPLO 14.4 ENCONTRANDO A CURVA E DO VASO, PELO USO DE UMA ALIMENTAÇÃO DE TRAÇADOR EM PULSO IMPERFEITO

Dados $C_{entrada}$ e $C_{saída}$, assim como a localização e a dispersão destas curvas do traçador, conforme mostrado na Fig. E14.4a, estime a curva **E** do vaso. Nós suspeitamos que o modelo de tanques-em-série representa razoavelmente o escoamento no vaso.

SOLUÇÃO

Da Fig. E14.4a, temos para o vaso:

$$\Delta \bar{t} = 280 - 220 = 60 \text{ s}$$
$$\Delta(\sigma^2) = 1.000 - 100 = 900 \text{ s}^2$$

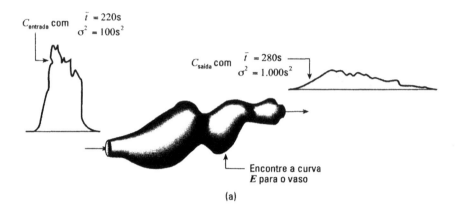

Figura E14.4a

A Eq. (3) representa o modelo de tanques-em-série e fornece:

$$N = \frac{(\Delta \bar{t})^2}{\Delta(\sigma^2)} = \frac{60^2}{900} = 4 \text{ tanques}$$

Por conseguinte, da Eq. (3a), para N tanques em série, temos:

$$\mathbf{E} = \frac{t^{N-1}}{\bar{t}^N} \cdot \frac{N^N}{(N-1)!} e^{-tN/\bar{t}}$$

e para $N = 4$:

$$\mathbf{E} = \frac{t^3}{60^4} \cdot \frac{4^4}{3 \times 2} e^{-4t/60}$$
$$\underline{\underline{\mathbf{E} = 3,2922 \times 10^{-6} t^3 e^{-0,0667t}}}$$

A Fig. E14.4b mostra a forma desta curva **E**.

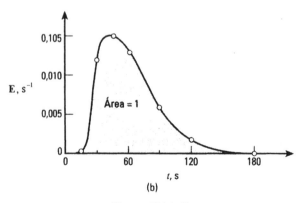

Figura E14.4b

Problemas **283**

REFERÊNCIAS

Harrell, J. E., Jr., and Perona, J. J., *Ind. Eng. Chem. Process Design Develop.*, **7**, 464 (1968).

MacMullin, R. B., and Weber, M. Jr., *Trans. AIChE*, **31**, 4090 (1935).

van der Vusse, J. G., *Chem. Eng. Sci.*, **17**, 507 (1962).

Vonken, R. M., Holmes, D. B., and den Hartog, H. W., *Chem. Eng. Sci.*, **19**, 209 (1964).

PROBLEMAS

14.1 Ajuste o modelo de tanques-em-série aos seguintes dados de saída de uma cápsula de mistura, com uma alimentação em pulso.

t	0–2	2–4	4–6	6–8	8–10	10–12
C	2	10	8	4	2	0

14.2 Um fluido escoa, a uma taxa estacionária, através de 10 bem comportados tanques em série. Um pulso de traçador é introduzido no primeiro tanque e no instante em que este traçador deixa o sistema, temos:

$$\text{concentração máxima} = 100 \text{ mmols}$$
$$\text{espalhamento (dispersão) do traçador} = 1 \text{ min.}$$

Se mais 10 tanques forem conectados em série com os 10 tanques originais, qual seria

(a) a concentração máxima do traçador que sai?

(b) o espalhamento do traçador?

(c) Como o espalhamento relativo varia com o número de tanques?

14.3 Do *New York Times Magazine*, 25 de dezembro de 1955, podemos ler: "O Tesouro dos Estados Unidos reportou que imprimir notas de dólar custa oito centavos e que de um bilhão e um quarto que estão agora em circulação, um bilhão devem ser substituídas anualmente." Imagine que as notas sejam colocadas continuamente em circulação, a uma taxa constante, e que elas sejam retiradas de circulação, de forma aleatória, independentemente de suas condições.

Suponha que uma nova série de notas seja colocada em circulação, em um determinado instante, em substituição às notas originais.

(a) Quantas notas novas estarão em circulação em qualquer tempo?

(b) Quantas notas velhas estarão em circulação 21 anos mais tarde?

14.4 Referindo-se ao problema anterior, suponha que durante um dia de trabalho, uma gangue de malfeitores coloque em circulação um milhão de dólares em notas falsas de um dólar.

(a) Se não forem detectadas, qual será o número de notas em circulação em função do tempo?

(b) Depois de 10 anos, quantas dessas notas ainda estariam em circulação?

14.5 Repita o Problema 13.13, porém resolva-o usando o modelo de tanques-em-série, em vez do modelo de dispersão.

14.6 Uma corrente de sólidos finos ($v = 1 \text{ m}^3/\text{min}$), completamente suspensos, passa através de dois reatores de mistura em série, cada um contendo 1 m^3 de lama. Tão logo uma partícula entra nos reatores, a conversão a produto começa, completando-se depois de dois minutos dentro dos reatores. Quando uma partícula sai dos reatores, a reação pára. Neste sistema, que fração de partículas é completamente convertida a produto?

14.7 Ajuste a função RTD da Fig. 14.7 com o modelo de tanques-em-série.

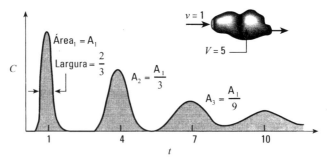

Figura P14.7

14.8 Da alimentação em pulso para um vaso, nós obtivemos o seguinte sinal de saída:

Tempo, min	1	3	5	7	9	11	13	15
Concentração (arbitrária)	0	0	10	10	10	10	0	0

Queremos representar o escoamento através do vaso, usando o modelo de tanques-em-série. Determine o número de tanques em série que deve ser usado.

14.9 Fluidos residuais, extremamente radiativos, são estocados em tanques de segurança, que são simplesmente tubos longos, com diâmetros pequenos (por exemplo, 20 m por 10 cm) e levemente inclinados. O fluido é recirculado nestes tubos, de modo a evitar sedimentação e desenvolvimento de "pontos quentes", e também para assegurar uniformidade antes da amostragem do conteúdo.

Para modelar o escoamento nesses tanques, um pulso de traçador é introduzido, sendo a curva da Fig. P14.9 registrada. Desenvolva um modelo adequado a este sistema e avalie os parâmetros.

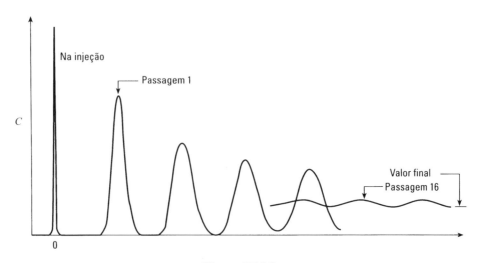

Figura P14.9

14.10 Um reator, com muitos defletores divisórios, é usado para processar a reação:

$$A \rightarrow R \quad \text{com} \quad -r_A = 0{,}05\, C_A \text{ mol}/\ell \cdot \text{min}$$

Um teste, usando um pulso de traçador, fornece a seguinte curva de saída:

Tempo, min	0	10	20	30	40	50	60	70
Leitura da Concentração	35	38	40	40	39	37	36	35

(a) Encontre a área sob a curva de C versus t.

(b) Encontre a curva de **E** versus t.

(c) Calcule a variância da curva **E**.

(d) A quantos tanques em série este vaso é equivalente?

(e) Calcule X_A, considerando escoamento pistonado.

(f) Calcule X_A, considerando escoamento com mistura perfeita.

(g) Calcule X_A, considerando o modelo de tanques-em-série.

(h) Calcule X_A, diretamente dos dados.

14.11 Um reator tem as características dadas pela curva C não normalizada da Tabela P14.11. Pela forma desta curva, nós sentimos que os modelos de dispersão e de tanques-em-série devem representar satisfatoriamente o escoamento no reator.

(a) Encontre a conversão esperada nesse reator, considerando que o modelo de dispersão se mantém.

(b) Encontre a conversão esperada e o número de tanques em série que representará o reator, considerando que o modelo de tanques-em-série se mantém.

(c) Encontre a conversão pelo uso direto da curva do traçador.

(d) Comente a diferença nesses resultados e estabeleça qual deles você pensa ser o mais confiável.

Tabela P14.11

Tempo	Concentração do traçador	Tempo	Concentração do traçador
0	0	10	67
1	9	15	47
2	57	20	32
3	81	30	15
4	90	41	7
5	90	52	3
6	86	67	1
8	77	70	0

Dados. A reação elementar em fase líquida que está ocorrendo é A + B → produtos, com um grande excesso de B, de tal modo que a reação é essencialmente de primeira ordem. Além disto, se o escoamento pistonado existisse a conversão seria de 99% no reator.

CAPÍTULO 15
O Modelo de Convecção para Escoamento Laminar

Quando um tubo é suficientemente longo e o fluido não é muito viscoso, então os modelos de dispersão e de tanques-em-série podem ser usados para representar o escoamento nestes vasos. Para um fluido viscoso, tem-se o escoamento laminar, com seu característico perfil parabólico de velocidades. Além disto, por causa da alta viscosidade, há uma leve difusão radial entre os camadas mais lentas e mais rápidas de fluido. No extremo, nós temos o *modelo de convecção pura*. Ele assume que cada elemento de fluido desliza sobre o seu vizinho, sem haver interação pela difusão molecular. Assim, a dispersão nos tempos de residência é causada somente por variações na velocidade. Este escoamento é mostrado na Fig. 15.1. O presente capítulo lida com este modelo.

15.1 O MODELO DE CONVECÇÃO E SUA RTD

Como Dizer Qual Modelo Usar a Partir da Teoria

A primeira pergunta a se formular é: "Qual modelo deve ser usado em uma dada situação?" O diagrama seguinte, adaptado de Ananthakrishnan *et al.* (1965), diz qual o modelo usar, dependendo do regime que você tenha. Localize apenas o ponto na Fig. 15.2 que corresponde ao fluido usado (número de Schmidt), às condições de escoamento (número de Reynolds) e à geometria do vaso (L/dt). Mas esteja certo de verificar que seu sistema não está em escoamento turbulento. Lembre-se que este diagrama somente tem significado se você tiver escoamento laminar. Neste diagrama, $\mathcal{D}/ud_t$ é a recíproca do número de Bodenstein. Ele mede a contribuição da difusão molecular ao escoamento. Ele NÃO é o número de dispersão axial, D/ud_t, exceto no regime de difusão pura. O regime de difusão pura não é muito interessante, porque representa um escoamento demasiadamente lento.

Os gases estão provavelmente no regime de dispersão e não no regime de convecção pura. Os líquidos podem estar bem em um ou outro regime. Os líquidos muito viscosos, tais como polímeros, estão provavelmente no regime de convecção pura. Se o seu sistema cair em uma região incerta entre regimes, calcule o comportamento do reator baseado nos dois regimes limítrofes e, em seguida, tente obter uma média. A solução numérica é impraticavelmente complexa para ser utilizada.

Finalmente, é muito importante usar o tipo correto de modelo porque as curvas RTD são completamente diferentes para regimes diferentes. Como ilustração, a Fig. 15.3 mostra as curvas RTD típicas destes regimes.

15.1 — O Modelo de Convecção e sua RTD

Figura 15.1 — Escoamento de fluido, de acordo com o modelo de convecção

Figura 15.2 — Diagrama mostrando quais modelos de escoamento devem ser usados em qualquer situação

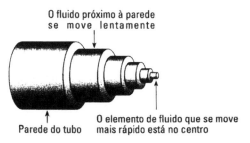

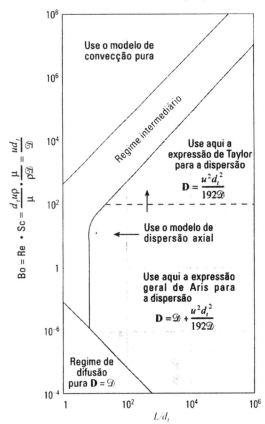

Como Dizer Qual Modelo Usar, a Partir de Experimento

A maneira mais rápida de distinguir experimentalmente entre os modelos é notar como uma alimentação em pulso ou em pulso imperfeito de traçador se espalha à medida que ele se move ao longo de um canal de escoamento. Por exemplo, considere o escoamento como mostrado na Fig. 15.4. Os modelos de dispersão e de tanques-em-série são ambos estocásticos; logo, das Eqs. (13.8) ou (14.3), nós vemos que a *variância cresce linearmente com a distância*; ou seja:

Figura 15.3 — Comparação da RTD de três modelos

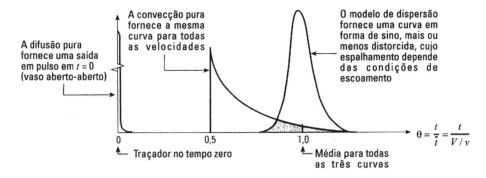

Figura 15.4 — A variação da dispersão de uma curva de traçador diz qual é o modelo correto a ser utilizado

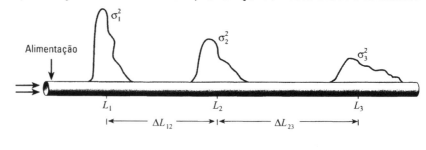

$$\sigma^2 \propto L \quad (1)$$

O modelo convectivo é um modelo determinístico; por conseguinte, a *dispersão do traçador cresce linearmente com a distância*; ou seja:

$$\sigma \propto L \quad (2)$$

Quando você tiver medidas de s em 3 pontos, use este teste para dizer qual modelo usar. Na Fig. 15.4, veja apenas se:

$$\frac{\Delta\sigma_{12}^2}{\Delta L_{12}} = \frac{\Delta\sigma_{23}^2}{\Delta L_{23}} \quad \text{ou se} \quad \frac{\Delta\sigma_{12}}{\Delta L_{12}} = \frac{\Delta\sigma_{23}}{\Delta L_{12}} \quad (3)$$

Experimento com Resposta ao Pulso e a Curva E para Escoamento Laminar em Tubos

A forma da curva de resposta é fortemente influenciada pela maneira como o traçador é introduzido no fluido em escoamento e pelo modo como ele é medido. Você pode injetar ou medir o traçador de duas maneiras diferentes, conforme mostrado na Fig. 15.5. Nós temos, conseqüentemente, quatro combinações de condições de contorno, como apresentado na Fig. 15.6, cada uma com sua própria curva **E** particular. Estas curvas **E** são mostradas na Fig. 15.7.

Como pode ser visto na Figura 15.7, as curvas **E**, **E*** e **E**** são bem diferentes uma da outra.

- **E** é a curva apropriada de resposta para uma análise de reator; ela é a curva tratada no Capítulo 11 e representa a RTD no vaso.
- **E*** e ***E** são sempre idênticas; logo, nós as chamaremos **E*** a partir de agora. Uma correção para a condição de contorno planar transformará esta curva na RTD apropriada.
- **E**** requer duas correções — uma para a entrada e outra para a saída — de modo a transformá-la em uma RTD apropriada.

Pode ser mais simples determinar **E*** ou **E**** do que **E**. Isto é perfeitamente correto. No entanto, lembre-se de transformar estas curvas medidas de traçador na curva **E**, antes de chamá-la de RTD. Vamos ver como fazer esta transformação.

Figura 15.5 — Várias maneiras de introduzir e medir o traçador

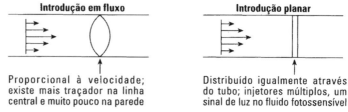

15.1 — O Modelo de Convecção e sua RTD

Figura 15.5 — continuação

Medida em fluxo

Medida com a cápsula de mistura; pegue todo o fluido na saída. Em essência, isto mede $\overline{v \cdot C}$

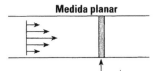

Medida planar

Isto poderia ser uma medida através da parede, tal como um medidor de luz ou um contador de radioatividade; também, uma série de sensores (por exemplo condutividade) através do tubo. Isto mede $\overline{C}$ em um instante

Figura 15.6 — Várias combinações de métodos de entrada-saída

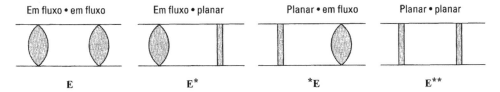

Em fluxo • em fluxo	Em fluxo • planar	Planar • em fluxo	Planar • planar
E	E*	*E	E**

Para tubos com seus perfis parabólicos de velocidade, as várias curvas de resposta ao pulso são dadas a seguir:

Figura 15.7 — Note quão diferentes são as curvas de saída, dependendo de como você introduz e mede o traçador

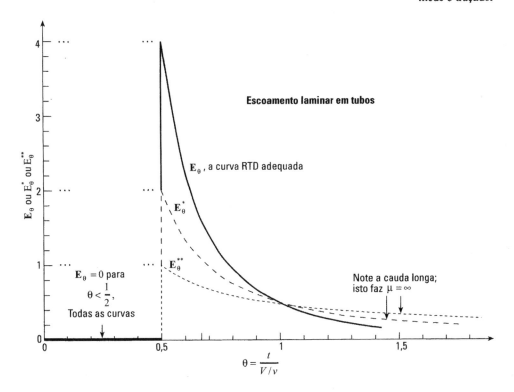

$$\left.\begin{array}{ll}
\mathbf{E} = \dfrac{\bar{t}^2}{2t^3} \quad \text{para} \quad t \geq \dfrac{\bar{t}}{2} \\
\mathbf{E}_\theta = \dfrac{\bar{t}}{2\theta^3} \quad \text{para} \quad \theta \geq \dfrac{1}{2}
\end{array}\right\} \text{e} \left.\begin{array}{l} \mu_t = \bar{t} = \dfrac{V}{v} \\ \mu_\theta = 1 \end{array}\right\}$$

$$\left.\begin{array}{ll}
\mathbf{E}^* = \dfrac{\bar{t}}{2t^2} \quad \text{para} \quad t \geq \dfrac{\bar{t}}{2} \\
\mathbf{E}^*_\theta = \dfrac{1}{2\theta^2} \quad \text{para} \quad \theta \geq \dfrac{1}{2}
\end{array}\right\} \text{e} \left.\begin{array}{l} \mu^* = \infty \\ \bar{t} = \dfrac{V}{v} \\ \theta = t \Big/ \dfrac{V}{v} \end{array}\right\} \quad (4)$$

$$\left.\begin{array}{ll}
\mathbf{E}^{**} = \dfrac{1}{2t} \quad \text{para} \quad t \geq \dfrac{\bar{t}}{2} \\
\mathbf{E}^{**}_\theta = \dfrac{1}{2\theta} \quad \text{para} \quad \theta \geq \dfrac{1}{2}
\end{array}\right\} \text{e} \left.\begin{array}{l} \mu^{**} = \infty \\ \bar{t} = \dfrac{V}{v} \\ \theta = t \Big/ \dfrac{V}{v} \end{array}\right\}$$

onde μ, μ^* e μ^{**} são os valores médios das curvas medidas.

Note a relação simples entre **E**, **E*** e **E****. Assim, podemos escrever em qualquer instante:

$$\left.\begin{array}{l}
\mathbf{E}^{**}_\theta = \theta \, \mathbf{E}^*_\theta = \theta^2 \, \mathbf{E}_\theta \\
\mathbf{E}^{**} = \dfrac{t}{\bar{t}} \mathbf{E}^* = \dfrac{t^2}{\bar{t}^2} \mathbf{E}
\end{array}\right\} \quad \text{onde} \quad \bar{t} = \dfrac{V}{v} \quad (5)$$

Experimento com Resposta ao Degrau e a Curva F para Escoamento Laminar em Tubos

Quando fazemos o experimento com a função degrau através da troca de um fluido para outro, obtemos uma curva C_{degrau} (ver Capítulo 11), a partir da qual devemos ser capazes de encontrar a curva **F**. Mas, esta alimentação representa sempre aquela em fluxo, enquanto a saída pode ser tanto planar como em fluxo. Deste modo, temos somente duas combinações, conforme mostrado na Fig. 15.8. Com essas duas combinações de condições de contorno, suas equações e gráficos são dadas na Eq. (6) e na Fig. 15.9.

$$\left.\begin{array}{l}
\mathbf{F} = 1 - \dfrac{1}{4\theta^2} \quad \text{para} \quad \theta \geq \dfrac{1}{2} \\
\mathbf{F}^* = 1 - \dfrac{1}{2\theta} \quad \text{para} \quad \theta \geq \dfrac{1}{2}
\end{array}\right\} \quad \text{onde} \quad \theta = t \Big/ \dfrac{V}{v} \quad (6)$$

Além disto, cada curva **F** está relacionada à sua curva **E** correspondente. Logo, para qualquer tempo t_1 ou θ_1:

Figura 15.8 — Duas maneiras diferentes de medir as curvas de saída

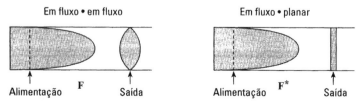

Figura 15.9 — Diferentes maneiras de medir a saída fornecem diferentes curvas F

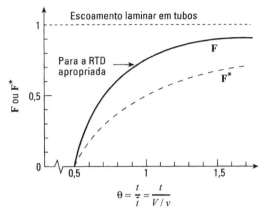

$$F^* = \int_0^{t_1} E_t^* \, dt = \int_0^{\theta_1} E_\theta^* d\theta \quad e \quad E_t^* = \left.\frac{dF^*}{dt}\right|_{t_1} \quad ou \quad E_\theta^* = \left.\frac{dF^*}{d\theta}\right|_{\theta_1} \tag{7}$$

A relação é similar entre **E** e **F**.

Curvas E para Fluidos Não Newtonianos e para Canais Não Circulares

Uma vez que plásticos e fluidos não newtonianos são freqüentemente muito viscosos, eles geralmente devem ser tratados pelo modelo convectivo deste capítulo. As curvas **E**, **E*** e **E**** para várias situações, além daquelas para fluidos newtonianos em tubos circulares, têm sido desenvolvidas; por exemplo:

- para fluidos que obedecem à lei de potência (power law);
- para plásticos de Bingham.

As curvas **E** têm sido também desenvolvidas

- para filmes descentes;
- para escoamento entre placas paralelas;
- onde as medidas em linha são realizadas preferencialmente àquelas obtidas através de toda a seção transversal do vaso.

Essas equações de **E**, os diagramas correspondentes e as fontes para várias outras análises podem ser encontradas em Levenspiel (1996).

15.2 CONVERSÃO QUÍMICA EM REATORES COM ESCOAMENTO LAMINAR

Reações Simples de Ordem n

No regime de convecção pura (difusão molecular negligenciável), cada elemento de fluido escoa em sua própria linha de corrente, sem haver mistura entre os elementos vizinhos. Em essência, isto fornece o comportamento de um macrofluido. Do Capítulo 11, a expressão de conversão é então:

292 Capítulo 15 — O Modelo de Convecção para Escoamento Linear

$$\frac{C_A}{C_{A0}} = \int_0^\infty \left(\frac{C_A}{C_{A0}} \right)_{\substack{\text{elemento} \\ \text{de fluido}}} \cdot \mathbf{E}\, dt$$

para reação de ordem zero $\qquad \dfrac{C_A}{C_{A0}} = 1 - \dfrac{kt}{C_{A0}} \quad$ para $\;t \le \dfrac{C_{A0}}{k}$

para reação de primeira ordem $\qquad \dfrac{C_A}{C_{A0}} = e^{-kt}$

para reação de segunda ordem $\qquad \dfrac{C_A}{C_{A0}} = \dfrac{1}{1 + kC_{A0}t}$

Para uma *reação de ordem zero* de um fluido newtoniano em escoamento laminar em um tubo, a integração da Eq. (8) dá:

$$\frac{C_A}{C_{A0}} = \left(1 - \frac{k\bar{t}}{2C_{A0}} \right)^2 \tag{9}$$

Para uma *reação de primeira ordem* de um fluido newtoniano em escoamento laminar em um tubo:

$$\frac{C_A}{C_{A0}} = \frac{\bar{t}^2}{2} \int_{\bar{t}/2}^\infty \frac{e^{-kt}}{t^3}\, dt = y^2 \mathrm{ei}(y) + (1-y)e^{-y}, \quad y = \frac{k\bar{t}}{2} \tag{10}$$

onde ei(y) é a integral da exponencial, ver Capítulo 16.

Para uma *reação de segunda ordem* de um fluido newtoniano em escoamento laminar em um tubo:

$$\frac{C_A}{C_{A0}} = 1 - kC_{A0}\bar{t}\left[1 - \frac{kC_{A0}\bar{t}}{2}\ln\left(1 + \frac{2}{kC_{A0}\bar{t}} \right) \right] \tag{11}$$

Estas expressões de desempenho foram primeiro desenvolvidas por Bosworth (1948) para reações de ordem zero, por Denbigh (1951) para reações de segunda ordem e por Cleland e Wilhelm (1956) para reações de primeira ordem. Para outras cinéticas, outras formas de canais ou outros tipos de fluidos, insira os termos apropriados na expressão geral de desempenho e integre.

Comentários

(a) *Teste para a curva RTD.* Curvas adequadas RTD têm de satisfazer os balanços de materiais (o momento zero e o primeiro momento calculados devem concordar com os valores medidos).

$$\int_0^\infty \mathbf{E}_\theta\, d\theta = 1 \quad \text{e} \quad \int_0^\infty \theta\mathbf{E}_\theta\, d\theta = 1 \tag{12}$$

Todas as curvas $\mathbf{E}$ deste capítulo, para fluidos não newtonianos e todas as formas de canais, satisfazem esse requisito. O mesmo não acontece para todas as curvas $\mathbf{E}^*$ e $\mathbf{E}^{**}$ deste capítulo, muito embora as suas transformadas para $\mathbf{E}$ o façam.

(b) *A variância e outros parâmetros descritivos de RTD.* A variância de todas as curvas E deste capítulo é finita, sendo porém infinita para todas as curvas $\mathbf{E}^*$ e $\mathbf{E}^{**}$. Assim, esteja certo de que você sabe com qual curva está lidando.

Figura 15.10 — O escoamento convectivo diminui a conversão quando comparada com o escoamento pistonado

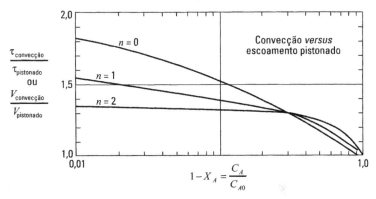

Em geral, a curva **E** do modelo de convecção tem uma cauda longa. Isto torna a medida de sua variância não confiável. Logo, σ_2 não é um parâmetro útil para os modelos de convecção, não sendo apresentado aqui.

O tempo de ruptura (*breakthrough time*), θ_0 é provavelmente o parâmetro descritivo medido mais confiável e mais útil para modelos de convecção; deste modo, ele é largamente usado.

(c) A comparação com o escoamento pistonado para reação de ordem n é mostrada na Fig. 15.10. Este gráfico mostra que, mesmo para uma alta X_A, o escoamento convectivo não diminui drasticamente o desempenho do reator. Este resultado difere dos modelos de dispersão e de tanques-em-série (ver Capítulos 13 e 14).

Reação Múltipla em Escoamento Laminar

Considere uma reação irreversível de primeira ordem, com duas etapas em série:

$$A \xrightarrow{k_1} R \xrightarrow{k_2} S$$

Figura 15.11 — Curvas típicas de distribuição de produtos para escoamento laminar, comparadas às curvas para escoamento pistonado (Fig. 8.13) e para escoamento com mistura perfeita (Fig. 8.14)

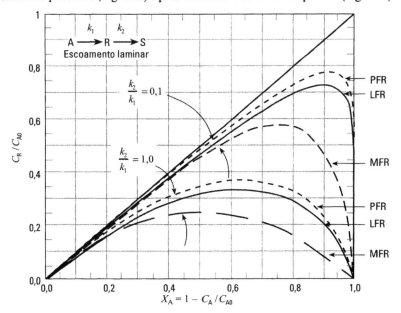

294 Capítulo 15 — O Modelo de Convecção para Escoamento Linear

Devido ao fato de o escoamento laminar representar um desvio do escoamento pistonado, a quantidade de intermediário formado será um pouco menor que no caso do escoamento pistonado. Vamos examinar esta situação.

O consumo de A é dado pela complicada Eq. (10), enquanto a formação e o consumo de R são dados por uma equação ainda mais complicada. A Fig. 15.11 é o resultado do desenvolvimento de uma relação de distribuição de produtos, da resolução numérica e da comparação dos resultados com aqueles para escoamento pistonado e para escoamento com mistura perfeita; ver Johnson (1970) e Levien e Levenspiel (1998).

Esse gráfico mostra que o LFR (*laminar flow reactor*) fornece um pouco menos intermediário do que o PFR, cerca de 80% da diferença das concentrações obtidas no PFR e no MFR.

Devemos ser capazes de generalizar estes resultados para outros sistemas reacionais mais complexos, tais como reações com múltiplas etapas para dois componentes, polimerizações e fluidos não newtonianos que obedeçam à lei de potência.

REFERÊNCIAS

Ananthakrishnan, V., Gill, W. N., and Barduhn, A. J., *AIChE J.* **11**, 1063 (1965).

Bosworth, R. C. L., *Phil. Mag.*, **39**, 847 (1948).

Cleland, F. A., and Wilhelm, R. H., *AIChE J.*, **2**, 489 (1956).

Denbigh, K. G., *J. Appl. Chem.*, **1**, 227 (1951).

Johnson, M. M., *Ind. Eng. Chem. Fundamentals*, **9**, 681 (1970).

Levenspiel, O., *Chemical Reactor Omnibook*, Chap. 68, OSU Bookstores, Corvallis, OR 97339, 1996.

Levien, K. L., and Levenspiel, O., Comunicação pessoal.

PROBLEMAS

Um líquido viscoso deve reagir ao passar através de um reator tubular. Espera-se que o escoamento siga o modelo de convecção. Que conversão podemos esperar neste reator, sabendo que um escoamento pistonado no reator fornece 80% de conversão?

15.1 A reação segue uma cinética de ordem zero.

15.2 A reação é de segunda ordem.

15.3 Considerando escoamento pistonado, nós calculamos que um reator tubular, com 12 m de comprimento, daria uma conversão de 96% de A, para a reação de segunda ordem A $\rightarrow$ R. No entanto, o fluido é muito viscoso, sendo o escoamento fortemente laminar. Desta forma, esperamos que o modelo de convecção, e não o modelo de escoamento pistonado, represente bem o escoamento. Qual é o comprimento do reator de modo a assegurar uma conversão de 96% de A?

15.4 Uma solução aquosa contendo A ($C_{A0} = 1$ mol/ℓ), com propriedades físicas similares às da água ($\rho = 1.000$ kg/m^3, $\mathcal{D} = 10^{-9}$ m^2/s), reage segundo uma reação homogênea de primeira ordem (A $\rightarrow$ R, $k = 0,2$ s^{-1}), à medida que ele escoa a 100 mm/s, através de um reator tubular ($d_t = 50$ mm, $L = 5$ m). Encontre a conversão de A no fluido que sai deste reator.

15.5 Uma solução aquosa contendo A ($C_{A0} = 50$ mols/m^3), com propriedades físicas similares às da água ($\rho = 1.000$ kg/m^3, $\mathcal{D} = 10^{-9}$ m^2/s), reage segundo uma reação homogênea de segunda ordem ($k = 10^{-3}$ m^3/mol $\cdot$ s), ao escoar a 10 mm/s, através de um reator tubular ($d_t = 10$ mm, $L = 20$ m). Encontre a conversão do reagente A neste reator.

15.6 Queremos modelar o escoamento de um fluido em um canal de escoamento. Para isto, nós localizamos, ao longo do canal, os três pontos de medição A, B e C, 100 m de distância entre si. Nós injetamos traçador a montante do ponto A e, ao passar pelos três pontos de medição, o fluido apresentou os seguintes resultados:

    no ponto A, a largura do traçador foi 2 m;

    no ponto B, a largura do traçador foi 10 m;

    no ponto C, a largura do traçador foi 14 m.

Que tipo de modelo de escoamento você tentaria usar para representar este escoamento: dispersão, convecção, tanques-em-série ou nenhum destes? Dê uma justificativa para sua resposta.

CAPÍTULO 16
Antecipação de Mistura, Segregação e RTD

O problema associado com a mistura de fluidos durante a reação é importante para reações extremamente rápidas em sistemas homogêneos, assim como para todos os sistemas heterogêneos. Esse problema tem dois aspectos sobrepostos: primeiro, o *grau de segregação de um fluido*; ou seja, se a mistura ocorre em nível microscópico (mistura de moléculas individuais) ou em nível macroscópico (mistura de blocos, grupos ou agregados de moléculas); segundo, a *antecipação de mistura*; ou seja, se há antecipação ou retardo de mistura de fluido à medida que ele escoa através do vaso.

Esses dois conceitos estão interligados com o conceito de RTD; assim, torna-se bem difícil entender suas interações. Por favor, releia algumas páginas iniciais do Capítulo 11, onde esses conceitos foram introduzidos e discutidos.

Neste capítulo, primeiro trataremos de sistemas em que apenas um fluido está reagindo. Depois, trataremos de sistemas em que dois fluidos estão em contato e reagindo.

16.1 AUTOMISTURA DE UM ÚNICO FLUIDO

Grau de Segregação

O estado normalmente aceito de um líquido ou gás é aquele de um microfluido. Todas as discussões prévias sobre reações homogêneas têm sido baseadas nesta suposição. Vamos agora considerar um único macrofluido reagente sendo processado por vez, em reatores em batelada, pistonado e de mistura perfeita. Vamos ver como este estado de agregação pode resultar em um comportamento diferente daquele de um microfluido.

Reator em Batelada. Encha o reator em batelada com um macrofluido, contendo o reagente A. Uma vez que cada agregado ou pacote de macrofluido atua como um pequeno reator em batelada, a conversão é a mesma em todos os agregados, sendo de fato idêntica àquela que seria obtida com um microfluido. Logo, para operações em batelada, o grau de segregação não afeta a conversão ou a distribuição de produtos.

Reator Pistonado. Visto que o escoamento pistonado pode ser visualizado como um escoamento de pequenos reatores em batelada em série passando através do vaso, macro e microfluidos agem de forma semelhante. Conseqüentemente, o grau de segregação não influencia a conversão e a distribuição de produtos.

Figura 16.1 — Diferença no comportamento de microfluidos e macrofluidos em reatores de mistura

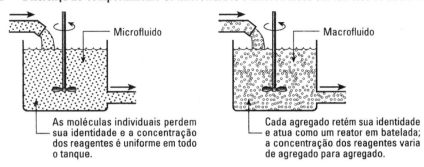

Reator de Mistura-Microfluido. Quando um microfluido, contendo um reagente A, é tratado conforme mostrado na Fig. 16.1, a concentração do reagente em qualquer lugar cai para o valor mais baixo existente no reator. Nenhum bloco de moléculas retém sua concentração inicial alta de A. Nós podemos caracterizar isto, dizendo que cada molécula perde sua identidade e não tem uma história que possa ser determinada. Em outras palavras, examinando os seus vizinhos, nós não podemos dizer se uma molécula é recém-chegada ou antiga no reator.

Para esse sistema, a conversão de reagente é encontrada pelos métodos usuais para reações homogêneas; ou seja:

$$X_A = \frac{(-r_A)V}{F_{A0}} \tag{5.11}$$

ou, sem variações de densidade:

$$\frac{C_A}{C_{A0}} = 1 - \frac{(-r_A)\bar{t}}{C_{A0}} \tag{1}$$

onde $\bar{t}$ é o tempo médio de residência do fluido no reator.

Reator de Mistura-Macrofluido. Quando um macrofluido entra em um reator de mistura, a concentração de reagente em um agregado não cai imediatamente a um valor baixo, porém diminui da mesma forma que faria em um reator em batelada. Deste modo, uma molécula em um macrofluido não perde sua identidade, sua história é conhecida e sua idade pode ser estimada pelo exame de suas moléculas vizinhas.

A equação de desempenho para um macrofluido em um reator de mistura é dada pela Eq. (11.13) como:

$$1 - \bar{X}_A = \frac{\bar{C}_A}{C_{A0}} = \int_0^\infty \left(\frac{C_A}{C_{A0}}\right)_{batelada} \mathbf{E}\, dt \tag{11.13 ou 2}$$

onde

$$\mathbf{E}\, dt = \frac{v}{V} e^{-vt/V} dt = \frac{e^{-t/\bar{t}}}{\bar{t}} \tag{3}$$

Substituindo a Eq. (3) na Eq. (2), temos:

$$1 - \bar{X}_A = \frac{\bar{C}_A}{C_{A0}} = \int_0^\infty \left(\frac{C_A}{C_{A0}}\right)_{batelada} \frac{e^{-t/\bar{t}}}{\bar{t}} dt \tag{4}$$

Esta é a equação geral para determinar a conversão de macrofluidos em reatores de mistura, podendo ser resolvida desde que a cinética de reação seja dada. Considere várias ordens de reação.

298 *Capítulo 16 — Antecipação de Mistura, Segregação e RTD*

Para uma *reação de ordem zero* em um reator em batelada, o Capítulo 3 dá:

$$\left(\frac{C_A}{C_{A0}}\right)_{batelada} = 1 - \frac{kt}{C_{A0}} \tag{3.31}$$

Inserindo-a na Eq. (4) e integrando, obtemos:

$$\boxed{\frac{\overline{C}_A}{C_{A0}} = 1 - \frac{kt}{C_{A0}}(1 - e^{-C_{A0}/k\overline{t}})} \tag{5}$$

Para uma *reação de primeira ordem* em um reator em batelada, o Capítulo 3 dá:

$$\left(\frac{C_A}{C_{A0}}\right)_{batelada} = e^{-kt} \tag{3.11}$$

Substituindo-a na Eq. (4), nós obtemos:

$$\frac{\overline{C}_A}{C_{A0}} = \frac{1}{\overline{t}}\int_0^\infty e^{-kt}e^{-t/\overline{t}}\,dt$$

que integrando dá a expressão para conversão de um macrofluido em um reator de mistura:

$$\boxed{\frac{\overline{C}_A}{C_{A0}} = \frac{1}{1 + k\overline{t}}} \tag{6}$$

Esta equação é idêntica àquela obtida para um microfluido; por exemplo, ver Eq. (5.14a). Assim, concluímos que o grau de segregação não tem efeito na conversão de reações de primeira ordem.

Para uma *reação de segunda ordem* de um único reagente em um reator em batelada, a Eq. (3.16) dá:

$$\left(\frac{C_A}{C_{A0}}\right)_{batelada} = \frac{1}{1 + C_{A0}kt} \tag{7}$$

Substituindo-a na Eq. (4), nós encontramos:

$$\frac{\overline{C}_A}{C_{A0}} = \frac{1}{\overline{t}}\int_0^\infty \frac{e^{-t/\overline{t}}}{1 + C_{A0}kt}\,dt$$

e, fazendo $\alpha = 1/C_{A0}\,k\overline{t}$ e convertendo para unidades reduzidas de tempo, $\theta = t/\overline{t}$, esta expressão se torna:

$$\boxed{\frac{\overline{C}_A}{C_{A0}} = \alpha e^\alpha \int_0^\infty \frac{e^{-(\alpha+\theta)}}{\alpha + \theta}d(\alpha + \theta) = \alpha e^\alpha ei(\alpha)} \tag{8}$$

Esta é a expressão de conversão para a reação de segunda ordem de um macrofluido em um reator de mistura. A integral, representada por ei(α) é chamada de integral de exponencial. Ela é uma função somente de α e seu valor é tabelado em algumas tabelas de integrais. A Tabela 16.1 apresenta uma série muito abreviada de valores para ei(x) e Ei(x). Iremos nos referir a esta tabela mais adiante no livro.

Tabela 16.1 — Duas Integrais da Família de Integrais de Exponencial

Aqui estão duas integrais de exponenciais que são úteis

$$Ei(x) = \int_{-\infty}^{x} \frac{e^u}{u}\, du = 0,57721 + \ln x + x + \frac{x^2}{2 \cdot 2!} + \frac{x^3}{3 \cdot 3} + \cdots$$

$$ei(x) = \int_{x}^{\infty} \frac{e^{-u}}{u}\, du = -0,57721 - \ln x + x - \frac{x^2}{2 \cdot 2!} + \frac{x^3}{3 \cdot 3} - \cdots$$

x	$Ei(x)$	$ei(x)$	x	$Ei(x)$	$ei(x)$	x	$Ei(x)$	$ei(x)$
0	$-\infty$	$+\infty$	0,2	−0,8218	1,2227	2,0	4,9542	0,04890
0,01	−4,0179	4,0379	0,3	−0,3027	0,9057	2,5	7,0738	0,02491
0,02	−3,3147	3,3547	0,5	0,4542	0,5598	3,0	9,9338	0,01305
0,05	−2,3679	2,4679	1,0	1,8951	0,2194	5,0	40,185	0,00115
0,1	−1,6228	1,8229	1,4	3,0072	0,1162	7,0	191,50	0,00012

para $x \geq 10$

$$Ei(x) = e^x \left[\frac{1}{x} + \frac{1}{x^2} + \frac{2!}{x^3} + \frac{3!}{x^4} + \cdots \right]$$

$$ei(x) = e^{-x} \left[\frac{1}{x} - \frac{1}{x^2} + \frac{2!}{x^3} - \frac{3!}{X^4} + \cdots \right]$$

Referência: "Tables of Sines, Cosines and Exponential Integrals", Vols. I e II, por WPA, para NBS (1940).

A Eq. (8) pode ser comparada com a expressão correspondente para microfluidos, Eq. (5.14):

$$\frac{C_A}{C_{A0}} = \frac{-1 + \sqrt{1 + 4C_{A0}k\bar{t}}}{2C_{A0}k\bar{t}} \tag{9}$$

Para uma *reação de ordem n*, a conversão em um reator em batelada pode ser encontrada pelos métodos do Capítulo 3, como sendo:

$$\left(\frac{C_A}{C_{A0}} \right)_{batelada} = [1 - (n-1)C_{A0}^{n-1}kt]^{1/(1-n)} \tag{10}$$

A inserção na Eq. (4) dá a conversão para uma reação de ordem n de um macrofluido.

Diferença no Desempenho: Antecipação ou Retardo de Mistura, Macro ou Microfluido, PFR ou MFR

A Fig. 16.2 ilustra a diferença no desempenho de macrofluidos e microfluidos em reatores de mistura, mostrando claramente que um aumento na segregação melhora o desempenho do reator para reações de ordens maiores que um, porém piora o desempenho para reações de ordens menores que um. A Tabela 16.2 foi usada na preparação destes diagramas.

Antecipação e Retardo de Mistura de Fluidos

Cada modo de escoamento de fluido através de um vaso tem associado a ele uma distribuição claramente definida de tempos de residência (RTD) ou distribuição de idades na saída, função E. Entretanto, o contrário não é verdade. Cada RTD não define um modo específico de escoamento; por conseguinte, muitos modos de escoamento — alguns com antecipação de mistura de fluidos e outros com retardo de mistura de fluidos — podem ser capazes de fornecer a mesma RTD.

Tabela 16.2 — Equações de Conversão para macrofluidos e microfluidos com $\varepsilon = 0$ em Reatores Ideais

	Escoamento pistonado	Escoamento com mistura perfeita	
	Microfluido ou Macrofluido	Microfluido	Macrofluido
Cinética Geral	$\tau = \int_{C_0}^{C} \frac{dC}{-r}$	$\tau = \frac{C_0 - C}{-r}$	$\frac{\bar{C}}{C_0} = \frac{1}{\tau}\int_0^\infty \left(\frac{C}{C_0}\right)_{batelada} e^{-t/\tau}\, dt$
Reação de ordem n $(R = C_0^{n-1}k\tau)$	$\frac{C}{C_0} = [1+(n-1)R]^{1/(1-n)}$ $R = \frac{1}{n-1}\left[\left(\frac{C}{C_0}\right)^{1-n} - 1\right]$	$\left(\frac{C}{C_0}\right)^n R + \frac{C}{C_0} - 1 = 0$ $R = \left(1-\frac{C}{C_0}\right)\left(\frac{C_0}{C}\right)^n$	$\frac{\bar{C}}{C_0} = \frac{1}{\tau}\int_0^\infty [1+(n-1)C_0^{n-1}kt]^{1/(1-n)}\, e^{-t/\tau}\, dt$
Reação de ordem zero $\left(R = \dfrac{k\tau}{C_0}\right)$	$\frac{C}{C_0} = 1-R, \quad R \leq 1$ $C=0, \quad R \geq 1$	$\frac{C}{C_0} = 1-R, \quad R \leq 1$ $C=0, \quad R \geq 1$	$\frac{\bar{C}}{C_0} = 1 - R + Re^{-1/R}$
Reação de primeira ordem $(R = k\tau)$	$\frac{C}{C_0} = e^{-R}$ $R = \ln\frac{C_0}{C}$	$\frac{C}{C_0} = \frac{1}{1+R}$ $R = \frac{C_0}{C} - 1$	$\frac{\bar{C}}{C_0} = \frac{1}{1+R}$ $R = \frac{C_0}{C} - 1$
Reação de segunda ordem $(R = C_0 k\tau)$	$\frac{C}{C_0} = \frac{1}{1+R}$ $R = \frac{C_0}{C} - 1$	$\frac{C}{C_0} = \frac{-1+\sqrt{1+4R}}{2R}$ $R = \left(\frac{C_0}{C} - 1\right)\frac{C_0}{C}$	$\frac{\bar{C}}{C_0} = \frac{e^{1/R}}{R}\,\text{ei}\left(\frac{1}{R}\right)$

$R = C_0^{n-1}\, k\tau$, grupo de taxa de reação para reação de ordem n, um fator de tempo ou de capacidade, $\tau = \bar{t}$ uma vez que $\varepsilon = 0$, em todo o reator.

Figura 16.2 — Comparação do desempenho de reatores de mistura tratando micro e macrofluidos, para reações de ordem zero e de segunda ordem, com $\varepsilon_A = 0$

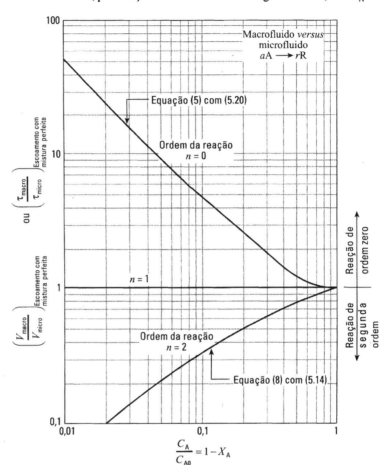

RTD com Pulso Idealizado. Uma reflexão mostra que o único modo de escoamento consistente com essa RTD é aquele em que não há mistura de fluidos com idades diferentes; isto é, o escoamento pistonado. Conseqüentemente, é indiferente se temos um micro ou macrofluido. Além disto, a questão de antecipação ou retardo de mistura de fluidos é irrelevante, uma vez que não há mistura de fluidos com idades diferentes.

RTD com Decaimento Exponencial. O reator de mistura pode dar esta RTD. Contudo, outros modos de escoamento podem também fornecer esta RTD, como por exemplo uma série de reatores pistonados paralelos, com comprimento apropriado, um reator pistonado com correntes laterais ou uma combinação destes. A Fig. 16.3 mostra alguns destes modos. Note que nos modos *a* e *b*, os elementos de fluido que entram se misturam imediatamente com o material com idades diferentes, enquanto nos modos *c* e *d*, tal mistura não ocorre. Assim, os modos *a* e *b* representam o microfluido, enquanto os modos *c* e *d* representam o macrofluido.

RTD Arbitrária. Estendendo este argumento, vemos que quando a RTD for próxima daquela do escoamento pistonado, então o estado de agregação do fluido, assim como a antecipação ou retardo de mistura de fluido, têm pouco efeito na conversão. Todavia, quando a RTD se aproxima do decaimento exponencial de um escoamento com mistura, então o estado de segregação e a antecipação de mistura vão se tornando importantes.

Figura 16.3 — Quatro modos de contato que podem dar uma RTD com o mesmo decaimento exponencial. Os casos *a* e *b* representam a mistura de fluidos com diferentes idades, que ocorre o mais antecipado possível, enquanto os casos *c* e *d* representam a mistura com o maior retardo possível

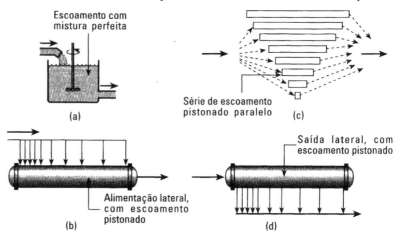

Para qualquer RTD, um extremo no comportamento é representado pelo macrofluido e pelo microfluido com retardo de mistura. A Eq. (2) fornece a expressão de desempenho para este caso. O outro extremo é representado pelo microfluido misturado antecipadamente. A expressão de desempenho para este caso foi desenvolvida por Zweitering (1959), sendo de difícil uso. Embora estes extremos forneçam os limites superior e inferior para a conversão esperada nos vasos reais, é geralmente mais simples e preferível desenvolver um modelo para aproximar, de forma razoável, o vaso real e então calcular as conversões provenientes deste modelo. Isto foi realmente feito no desenvolvimento da Fig. 13.20 para uma reação de segunda ordem com dispersão axial. Nós supomos que a mesma extensão de mistura ocorre ao longo de todo o vaso.

Sumário dos Resultados Obtidos para um Único Fluido

1. *Fatores que afetam o desempenho de um reator.* Em geral, nós podemos escrever:

$$\text{Desempenho: } X_A \text{ ou } \varphi\left(\frac{R}{A}\right) = f\left(\begin{array}{c}\text{cinética, RTD, grau de} \\ \text{segregação, antecipação de mistura}\end{array}\right) \quad (11)$$

2. *Efeito da cinética ou ordem de reação.* A segregação e a antecipação de mistura afetam a conversão de reagente, conforme mostrado a seguir:

$$\text{Para } n > 1 \ldots X_{\text{macro}} \text{ e } X_{\text{micro, retardo}} > X_{\text{micro, antecipada}}$$

Para $n < 1$, a desigualdade é trocada e para $n = 1$, a conversão não é afetada por estes fatores. Este resultado mostra que a segregação e o retardo de mistura aumentam a conversão para $n > 1$ e diminui a conversão quando $n < 1$.

3. *Efeito de fatores de mistura para reações que não sejam de primeira ordem.* A segregação não tem efeito no escoamento pistonado; todavia, o seu efeito no desempenho do reator vai crescendo à medida que a RTD muda de escoamento pistonado para escoamento com mistura perfeita.

4. *Efeito do nível de conversão.* Em níveis baixos de conversão, X_A é insensível à RTD, à antecipação de mistura e à segregação. Em níveis intermediários de conversão, a RTD começa a influenciar X_A; entretanto, a antecipação de mistura e a segregação têm pouco efeito. Este é o caso do Exemplo 16.1. Finalmente, em níveis altos de conversão, todos estes fatores podem desempenhar um papel importante.

5. *Efeito na distribuição de produtos.* Embora a segregação e a antecipação de mistura possam geralmente ser ignoradas para reações simples, isto não é freqüentemente o caso para reações múltiplas, em que o efeito destes fatores na distribuição de produtos pode ser de importância dominante, mesmo em níveis baixos de conversão.

Como um exemplo, considere a polimerização com radicais livres. Quando um radical livre é formado ocasionalmente aqui e ali, ele dispara uma cadeia extremamente rápida de reações, freqüentemente milhares de etapas em uma fração de um segundo. A taxa local de reação e a conversão local podem ser muito altas. Nesta situação, as adjacências imediatas das moléculas que estão reagindo e crescendo — e conseqüentemente o estado de agregação do fluido — podem afetar grandemente o tipo de polímero formado.

EXEMPLO 16.1 EFEITO DA SEGREGAÇÃO E DA MISTURA ANTECIPADA NA CONVERSÃO

Uma reação de segunda ordem ocorre em um reator, cuja RTD é dada na Figura E16.1. Calcule a conversão para os esquemas de escoamento mostrados nesta figura. Por simplicidade, faça $C_0 = 1$, $k = 1$ e $\tau = 1$, para cada unidade.

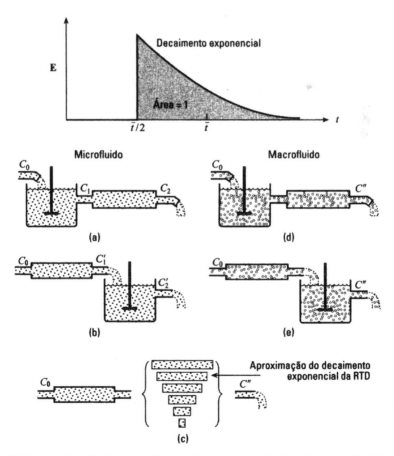

Figura E16.1 (*a*) Microfluido, antecipação de mistura a nível molecular; (*b*) Microfluido, razoável retardo de mistura em nível molecular; (*c*) Microfluido, retardo de mistura em nível molecular; (*d*) Macrofluido, antecipação de mistura de elementos; (*e*) Macrofluido, retardo de mistura de elementos.

304 Capítulo 16 — Antecipação de Mistura, Segregação e RTD

SOLUÇÃO

Esquema A. Referindo-nos à Fig. E16.1a, nós temos para o reator de mistura:

$$\tau = 1 = \frac{C_0 - C_1}{kC_1^2} = \frac{1 - C_1}{C_1^2}$$

ou

$$C_1 = \frac{-1 + \sqrt{1+4}}{2} = 0,618$$

Para o reator pistonado:

$$\tau = 1 = -\int_{C_1}^{C_2} \frac{dC}{kC^2} = \frac{1}{k}\left(\frac{1}{C_2} - \frac{1}{C_1}\right)$$

ou

$$\underline{\underline{\text{Micro - antecipação}: \ C_2 = \frac{C_1}{C_1 + 1} = \frac{0,618}{1,168} = 0,382}}$$

Esquema B. Referindo-nos à Fig. E16.1b, nós temos para o reator pistonado:

$$\tau = 1 = -\int_{C_0}^{C_1'} \frac{dC}{kC^2} = \frac{1}{C_1'} - 1$$

ou

$$C_1' = 0,5$$

Para o reator de mistura:

$$\tau = 1 = \frac{C_1' - C_2'}{kC_2'^2} = \frac{0,5 - C_2'}{C_2'^2}$$

ou

$$\underline{\underline{\text{Micro com razoável retardo}: \ C_2' = 0,366}}$$

Esquemas C, D e E. Da Fig. 12.1, a função distribuição de idades de saída para um sistema com dois reatores, pistonado-mistura perfeita, com mesma capacidade, é dada por:

$$\mathbf{E} = \frac{2}{\bar{t}}e^{1-2t/\bar{t}}, \quad \text{quando } \frac{t}{\bar{t}} > \frac{1}{2}$$

$$= 0, \quad \text{quando } \frac{t}{\bar{t}} < \frac{1}{2}$$

Assim, a Eq. (3) torna-se:

$$C'' = \int_{\bar{t}/2}^{\infty} \frac{1}{1 + C_0 kt} \cdot \frac{2}{\bar{t}} e^{1-2t/\bar{t}} dt$$

Com o tempo médio de residência no sistema de dois vasos, $\bar{t} = 2$ min, esta equação se torna:

$$C'' = \int_1^{\infty} \frac{e^{1-t}}{1+t} dt$$

e trocando $1 + t$ por x, nós obtemos a integral da exponencial:

$$C'' = \int_2^{\infty} \frac{e^{2-x}}{x} dx = e^2 \int_2^{\infty} \frac{e^{-x}}{x} dx = e^2 \text{ei}(2)$$

Da tabela de integrais na Tabela 16.1, encontramos ei(2) = 0,04890, tendo-se então:

$$\underline{\underline{\text{Micro - retardo e macro - retardo ou antecipação}: \ C'' = 0,362}}$$

16.1 — Automistura de um Único Fluido **305**

Os resultados desse exemplo confirmam as afirmações feitas anteriormente: que os macrofluidos e os microfluidos com retardo de mistura dão conversão mais altas que os microfluidos com antecipação de mistura, para reações de ordens maiores que a unidade. A diferença aqui é pequena porque os níveis de conversão são baixos; entretanto, esta diferença se torna mais importante à medida que a conversão se aproxima da unidade.

Graus de Segregação para um Único Fluido

Segregação Parcial. Há várias maneiras de tratar os graus intermediários de segregação, como por exemplo:

Modelo da intensidade de segregação – Danckwerts (1958);
Modelo da coalescência – Curl (1963), Spielman e Levenspiel (1965);
Modelos dos dois ambientes e do cubo de gelo derretendo – Ng e Rippin (1965) e Suzuki (1970);

Essas abordagens são discutidas em Levenspiel (1972).

A Vida de um Elemento de Fluido. Vamos estimar por quanto tempo um elemento de fluido mantém sua identidade. Primeiro, todos os elementos grandes são quebrados em elementos menores, pelo esticamento ou pela dobra (comportamento laminar) ou pela turbulência gerada pelos defletores, agitadores, etc. A teoria de misturas estima o tempo necessário para esta quebra.

Pequenos elementos perdem sua identidade pela ação da difusão molecular. A análise do passeio aleatório de Einstein estima este tempo como sendo:

$$t = \frac{(\text{tamanho do elemento})^2}{(\text{coeficiente de difusão})} = \frac{d_{\text{elemento}}^2}{\mathcal{D}} \tag{12}$$

Logo, um elemento de água, com tamanho de 1 mícron, perderia sua identidade em um tempo muito curto, aproximadamente:

$$t = \frac{(10^{-4}\,\text{cm})^2}{10^{-5}\,\text{cm}^2/\text{s}} = 10^{-3}\,\text{s} \tag{13a}$$

enquanto que um elemento de um polímero viscoso, com 1,0 mm de tamanho e 100 vezes mais viscoso que a água (óleo de motor 10—30 W, à temperatura ambiente), reteria sua identidade por um período mais longo, aproximadamente:

$$t = \frac{(10^{-1}\,\text{cm})^2}{10^{-7}\,\text{cm}^2/\text{s}} = 10^5\,\text{s} \approx 30\,\text{h} \tag{13b}$$

Em geral então, fluidos comuns se comportam como microfluidos, exceto materiais muito viscosos e sistemas em que reações muito rápidas estejam ocorrendo.

O conceito de micro e macrofluidos é de particular importância em sistemas heterogêneos, porque uma das duas fases de tais sistemas se aproxima, geralmente, de um macrofluido. Por exemplo, a fase sólida de sistemas sólido-fluido pode ser tratada exatamente como um macrofluido, porque cada partícula de sólido é um agregado distinto de moléculas. Para tais sistemas então, a Eq. (2), com a expressão cinética adequada, é o ponto de partida para o projeto.

Nos capítulos que se seguem, aplicaremos esses conceitos de micro e macrofluidos a sistemas heterogêneos de vários tipos.

16.2 MISTURA DE DOIS FLUIDOS MISCÍVEIS

Aqui, nós consideramos o tópico: o papel do processo de mistura, quando dois fluidos reagentes A e B, completamente miscíveis, são colocados juntos. Quando dois fluidos miscíveis A e B são misturados, normalmente consideramos que primeiro eles formam uma mistura homogênea que reage em seguida. Todavia, quando o tempo requerido para A e B se tornarem homogêneos não for curto com relação ao tempo necessário para a reação ocorrer, a reação acontece durante o processo de mistura, tornando assim importante o problema de mistura. Este é o caso para reações muito rápidas ou com fluidos reagentes muito viscosos.

Para ajudar a entender o que ocorre, imagine que nós tenhamos A e B disponíveis, cada um sendo inicialmente um microfluido e depois sendo um macrofluido. Em um béquer, misture micro A com micro B e em outro béquer, misture macro A com macro B e deixe-os reagir. O que encontraremos? Micro A e micro B se comportam da maneira esperada e a reação ocorre. Mas, na mistura de macrofluidos, nenhuma reação ocorre, porque as moléculas de A não podem entrar em contato com as moléculas de B. Estas duas situações estão ilustradas na Fig. 16.4. Isto mostra o tratamento dos dois extremos de comportamento.

Um sistema real atua conforme mostrado na Fig. 16.5, com regiões de fluido ricas em A e regiões de fluido ricas em B.

Embora a segregação parcial requeira um aumento na capacidade do reator, esta não é a única conseqüência. Por exemplo, quando os reagentes são fluidos viscosos, sua mistura em um tanque agitado ou em um reator em batelada, coloca freqüentemente camadas ou "listras" de um fluido próximas às do outro. Como resultado, a reação ocorre a diferentes taxas, de ponto a ponto no reator, dando um produto não uniforme, que pode ser inaceitável comercialmente. Este é o caso de reações de polimerização, em que o monômero tem de ser intimamente misturado com um catalisador. Para tais reações, uma mistura adequada é de importância primária e freqüentemente a taxa de reação e a uniformidade nos produtos se correlacionam diretamente com a energia gasta para misturar o fluido.

Para reações rápidas, o aumento na capacidade necessária do reator devido à segregação é de importância secundária, enquanto outros efeitos se tornam importantes. Por exemplo, se o produto de reação for um precipitado sólido, o tamanho das partículas precipitadas pode ser influenciado pela taxa de mistura dos reagentes, fato este bem conhecido em laboratório analítico. Como outro exemplo, temos as misturas de reações de gases quentes que podem conter quantidades apreciáveis de um composto desejado, por causa do equilíbrio termodinâmico favorável em tais temperaturas. Para recuperar este componente, o gás pode ter de ser resfriado. Porém, como é geralmente o caso, uma queda na temperatura causa um deslocamento desfavorável no equilíbrio, com consumo praticamente completo do material desejado. Para evitar isto e para "congelar" a composição dos gases quentes, o resfriamento tem de ser muito rápido. Quando o método de arrefecimento usado envolver mistura de gases quentes com um gás inerte frio, o sucesso de tal procedimento dependerá principalmente da

Figura 16.4 — Diferença no comportamento de microfluidos e macrofluidos, na reação de A e B

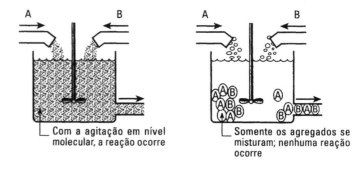

Figura 16.5 — Segregação parcial na mistura de dois fluidos miscíveis, em um reator

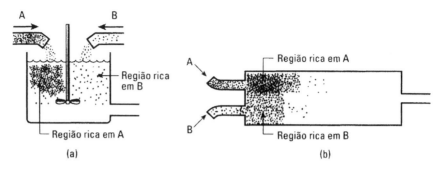

(a)　　　　　　　　　　　　　(b)

taxa à qual a segregação puder ser destruída. Finalmente, há alguns dos muitos fenômenos que são intimamente influenciados pela taxa e pela intimidade da mistura fluida, quais sejam: o tamanho, o tipo e a temperatura de uma chama, os produtos obtidos de combustão, os níveis de barulho dos motores a jato e as propriedades físicas dos polímeros quando elas são afetadas pela distribuição de pesos moleculares do material.

Distribuição de Produtos em Reações Múltiplas

A segregação é importante e pode afetar a distribuição de produtos quando reações múltiplas ocorrem em uma mistura de dois fluidos reagentes e quando essas reações procedem até um grau apreciável antes de a homogeneidade ser atingida.

Considere as reações consecutivas e competitivas, em fase homogênea,

$$A + B \xrightarrow{k_1} R$$
$$R + B \xrightarrow{k_2} S \tag{14}$$

ocorrendo quando A e B são vertidos em um reator em batelada. Se as reações forem lentas o suficiente, de modo que os conteúdos do vaso sejam uniformes antes de a reação acontecer, a quantidade máxima de R formado será governada pela razão k_2/k_1. Esta situação, tratada no Capítulo 8, é uma em que podemos supor comportamento de microfluido. Se, no entanto, os fluidos forem muito viscosos ou se as reações forem suficientemente rápidas, elas ocorrerão nas zonas estreitas entre regiões de alta concentração de A e alta concentração de B. Isto é ilustrado na Fig. 16.6. A zona de alta taxa de reação conterá uma concentração mais alta de R do que o fluido ao redor. Mas, a partir do tratamento

Figura 16.6 Quando a taxa de reação for muito alta, existirão zonas de heterogeneidade em um reator. Esta condição é prejudicial à obtenção de altos rendimentos do intermediário R a partir das reações:

$$A + B \xrightarrow{k_1} R$$
$$R + B \xrightarrow{k_2} S$$

Zona de alta taxa de reação, contendo uma concentração alta de R

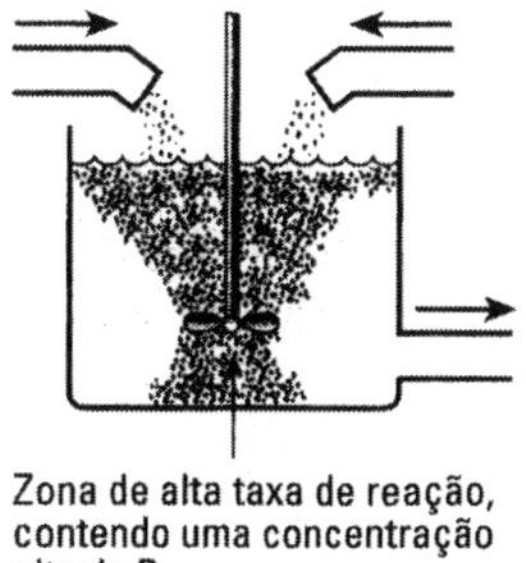

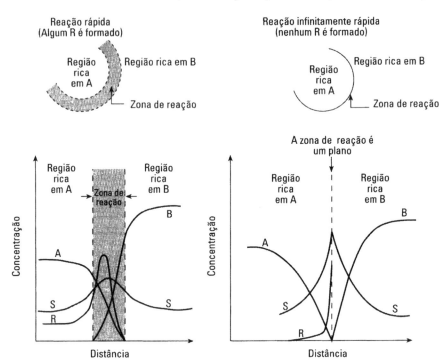

Figura 16.7 — Perfis de concentrações dos componentes das reações
$$A + B \to R$$
$$R + B \to S$$
em um ponto representativo no reator, entre o fluido rico em A e em B, para uma reação muito rápida e para uma reação infinitamente rápida

qualitativo desta reação no Capítulo 8, nós sabemos que qualquer heterogeneidade em A e em R diminuirá a formação de R. Assim, a segregação parcial de reagentes diminuirá a formação do intermediário.

Para um aumento na taxa de reação, a zona de reação se estreita e, no limite para uma reação infinitamente rápida, torna-se uma superfície de contorno entre as regiões ricas em A e em B. Agora, R será formado apenas neste plano. O que acontecerá a ele? Considere uma única molécula formada de R no plano de reação. Se ela começar a vagar (difundir) de forma aleatória na zona de A e nunca voltar à zona B, ela não mais reagirá e será salva. Entretanto, se ela começar a se difundir para a zona B ou se, a qualquer tempo durante seu "passeio", ela se mover através do plano de reação em direção à zona B, será atacada por B para formar S. Bastante interessante; a partir das probabilidades associadas com um jogo de apostas tratado por Feller (1957), podemos mostrar que a probabilidade de R nunca entrar na zona B se torna cada vez menor conforme se torna maior o número de etapas de difusão tomadas para a molécula. Esta evidência se mantém, não importa que tipo de "passeio" seja escolhido para as moléculas de R. Deste modo, concluímos que nenhum R é formado. Olhado do ponto de vista do Capítulo 8, uma reação infinitamente rápida fornece uma máxima heterogeneidade de A e R na mistura, resultando em nenhuma formação de R. A Fig. 16.7 apresenta a concentração de materiais em uma típica interface de reação ilustrando estes pontos.

Esse comportamento de reação múltipla poderia prover uma poderosa ferramenta no estudo de segregação parcial em sistemas homogêneos. Esta ferramenta foi usada por Paul e Treybal (1971), que simplesmente verteram o reagente puro B em um béquer contendo A e mediram a quantidade de R formado para uma reação muito rápida, Eq. (14).

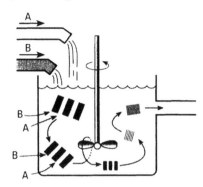

Figura 16.8 — Esticamento, dobra e afinamento de lençóis dos reagentes muito viscosos A e B

Ottino (1989, 1994) discutiu todo o problema de mistura dos fluidos A e B, em termos de esticamento, dobra e afinamento e, finalmente, de mistura difusional de elementos de fluido. A Figura 16.8 tenta ilustrar este mecanismo; contudo, agora temos de abandonar este fascinante assunto.

Essas observações serviram como um guia para a seleção e o projeto de equipamentos que favoreçam a formação de intermediários quando a reação for muito rápida. O ponto importante é encontrar homogeneidade em A e em R através de toda a mistura reacional, antes que a reação ocorra até qualquer grau significante. Isto é feito:

(a) fazendo a zona de reação ser tão grande quanto possível, através de uma agitação vigorosa;

(b) dispersando B em A, da melhor forma possível, preferencialmente à dispersão de A em B;

(c) diminuindo a reação.

REFERÊNCIAS

Curl, R. L., *AIChE J.*, **9**, 175 (1963).

Danckwerts, P. V., *Chem. Eng. Sci.*, **8**, 93 (1958).

Feller, W., *An Introduction to Probatility Theory and its Applications*, Vol I, 2nd ed., John Wiley & Sons, Nova York, 1957, p. 254.

Levenspiel, O., *Chemical Reactions Engineering*, 2nd ed., Chap. 10, John Wiley & Sons, Nova York, 1972.

Ng, D. Y. C., and Rippin, D. W. T., *Third Symposium on Chemical Reaction Engineering*, Pergamon Press, Oxford, 1965.

Ottino, J. M., *Scientific American*, **56**, Jan. 1989.

————, *Chem. Eng. Sci.*, **49**, 4005 (1994).

Paul, E. L. and Treybal, R. E., *AIChE J.*, **17**, 718 (1971).

Spielman, L. A., and Levenspiel, O., *Chem. Eng. Sci.*, **20**, 247 (1965).

Suzuki, M., comunicação pessoal, 1970.

Zweitering, Th. N., *Chem. Eng. Sci.*, **11**, 1 (1959).

PARTE III
REAÇÕES CATALISADAS POR SÓLIDOS

Capítulo 17 Reações Heterogêneas — Introdução   312
Capítulo 18 Reações Catalisadas por Sólidos   318
Capítulo 19 O Reator Catalítico de Leito Recheado   362
Capítulo 20 Reatores com Catalisadores Sólidos Suspensos,
Reatores Fluidizados de Vários Tipos   380
Capítulo 21 Desativação de Catalisadores   403
Capítulo 22 Reações L/G em Catalisadores Sólidos:
Leitos com Gotejamento, Reatores de Fase
Semifluida e Leitos Fluidizados Trifásicos   425

CAPÍTULO 17

Reações Heterogêneas – Introdução

A segunda metade deste livro aborda a cinética e o projeto de reatores químicos para sistemas heterogêneos de vários tipos. Cada capítulo considera um sistema diferente (ver Capítulo 1 para discussão de sistemas homogêneos e heterogêneos). Para estes sistemas, há dois fatores complicadores que têm de ser levados em conta, além daqueles normalmente considerados em sistemas homogêneos. O primeiro deles é a complicação da expressão de taxa e o segundo é a complicação dos modos de contato para sistemas bifásicos. Vamos discutir brevemente cada um deles.

As Complicações da Equação de Taxa. Uma vez que mais de uma fase está presente, o movimento de um material de uma fase para outra tem de ser considerado na equação de taxa. Logo, a expressão de taxa, em geral, irá incorporar os termos de transferência de massa além do termo usual de cinética química. Estes termos de transferência de massa são diferentes em tipo e em números, nos diferentes tipos de sistemas heterogêneos; conseqüentemente, nenhuma expressão simples de taxa tem aplicação geral. Apresentaremos aqui alguns exemplos simples.

EXEMPLO 17.1 A QUEIMA DE UMA PARTÍCULA DE CARBONO NO AR

Diga quantas etapas de taxa estão envolvidas. A cinética é dada por:

$$C + O_2 \rightarrow CO_2$$

e ignore a possível formação de CO.

SOLUÇÃO

Da Fig. 17.1, vemos que duas etapas em série estão envolvidas — transferência de massa de oxigênio para a superfície, seguida pela reação na superfície da partícula.

Capítulo 17 — Reações Heterogêneas — Introdução **313**

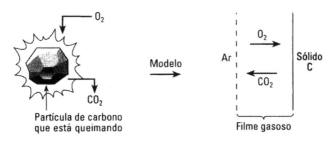

Figura E17.1

EXEMPLO 17.2 FERMENTAÇÃO AERÓBICA

Diga quantas etapas de taxa estão envolvidas, quando ar, que borbulha ao passar através de um tanque de líquido contendo microrganismos dispersos, for tomado por microrganismos para produzir um material.

SOLUÇÃO

Da Fig. E17.2, nós vemos que há até sete etapas possíveis de resistência, mas somente uma envolve a reação. Quantas etapas você deve considerar, depende de você e da situação.

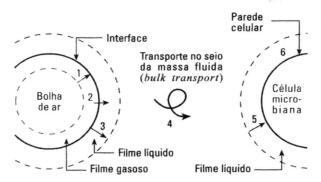

Figura E17.2

Para conseguir uma expressão global de taxa, escreva as etapas individuais de taxa na mesma base (superfície unitária de partícula queimando, volume unitário de fermentador, volume unitário de células, etc.).

$$-r_A = -\frac{1}{V}\frac{dN_A}{dt} = \frac{\text{mol de A reagido}}{\text{volume de fluido no reator} \cdot \text{tempo}}$$

ou

$$-r'_A = -\frac{1}{W}\frac{dN_A}{dt} = \frac{\text{mol de A reagido}}{\text{massa de sólido} \cdot \text{tempo}}$$

ou

$$-r''_A = -\frac{1}{S}\frac{dN_A}{dt} = \frac{\text{mol de A reagido}}{\text{superfície interfacial} \cdot \text{tempo}}$$

Agora, coloque todas as etapas de transferência de massa e de reação em uma mesma forma de taxa e então combine-as. Assim:

$$\frac{\text{mol de A reagido}}{\text{tempo}} = (-r_A)V = (-r'_A)W = (-r''_A)S$$

ou

$$r_A = \frac{W}{V}r'_A, \quad r''_A = \frac{V}{S}r_A, \quad r'_A = \frac{S}{W}r''_A.$$

e se as etapas estiverem em série, como nos Exemplos 17.1 e 17.2:

$$r_{global} = r_1 = r_2 = r_3$$

Se elas forem paralelas:

$$r_{global} = r_1 + r_2$$

Considere as etapas em série. Geralmente, se todas as etapas forem lineares na concentração, então será fácil combiná-las. Todavia, se qualquer uma das etapas não for linear, então você obterá uma expressão global confusa. Conseqüentemente, você pode tentar contornar esta etapa não linear, por meio de uma das várias maneiras possíveis. Aproximar a curva de r_A versus C_A por uma expressão de primeira ordem é, provavelmente, o procedimento mais útil.

Um outro ponto: quando combinamos taxas, normalmente não conhecemos a concentração dos materiais nas condições intermediárias; logo, estas são as concentrações que devemos eliminar na combinação de taxas. O Exemplo 17.3 mostra isto.

EXEMPLO 17.3 TAXA GLOBAL PARA UM PROCESSO LINEAR

O reagente diluído A se difunde através de um filme líquido estagnado, para uma superfície plana, consistindo em B. A reage na superfície de B para produzir R, que se difunde de volta à corrente principal. Desenvolva uma expressão geral de taxa, para a reação L/S:

$$A(l) + B(s) \rightarrow R(l)$$

que ocorre nesta superfície plana, conforme mostrado na Fig. E17.3.

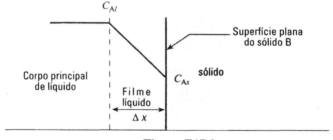

Figura E17.3

SOLUÇÃO

Pela difusão, o fluxo de A para a superfície é:

$$r''_{A1} = \frac{D}{\Delta x}(C_{Al} - C_{As}) = k_l(C_{Al} - C_{As}) \tag{i}$$

Capítulo 17 — Reações Heterogêneas — Introdução **315**

A reação é de primeira ordem com relação a A; deste modo, baseando-nos na superfície unitária, temos:

$$r''_{A2} = \frac{1}{S}\frac{dN_A}{dt} = k''C_{As} \tag{ii}$$

No estado estacionário, a taxa de escoamento para a superfície é igual à taxa de reação na superfície (etapas em série). Por conseguinte:

$$r''_{A1} = r''_{A2}$$

e das Eqs. (i) e (ii), temos:

$$k_l(C_{Al} - C_{As}) = k''C_{As}$$

da qual:

$$C_{As} = \frac{k_l}{k_l + k''}C_{Al} \tag{iii}$$

Substitua a Eq. (iii) na Eq. (i) ou (ii) e então elimine CAs, que não pode ser medido, obtendo:

$$r''_{A1} = r''_{A2} = r''_A = -\frac{1}{\dfrac{1}{k_l} + \dfrac{1}{k''}}C_{Al} = -k_{global}C_{Al}, \qquad \left[\frac{mol}{m^2 \cdot s}\right]$$

Comentário. Este resultado mostra que $1/k_l$ e $1/k''$ são resistências aditivas. Acontece que a adição de resistências para obter uma resistência global é permitida somente quando a taxa for uma função linear da força motriz e quando o processo ocorrer em série.

EXEMPLO 17.4 TAXA GLOBAL PARA UM PROCESSO NÃO LINEAR

Repita o Exemplo 17.3, mudando apenas uma coisa: faça a etapa de reação ser de segunda ordem com relação a A; ou seja:

$$r''_{A2} = -k''C_A^2$$

SOLUÇÃO

Combinar as etapas de reação para eliminar C_{As}, como foi feito no Exemplo 17.3, não é agora tão simples e dá:

$$-r''_A = -r''_{A1} = -r''_{A2} = \frac{k_l}{2k''}\left(2k''C_{Al} + k_l - \sqrt{k_l^2 + 4k''k_lC_{Al}}\right), \qquad \left[\frac{mol}{m^2 \cdot s}\right]$$

Modos de Contato para Sistemas Bifásicos

Há muitas maneiras pelas quais duas fases podem estar em contato; para cada uma delas, a equação de projeto será única. Equações de projeto para os modos ideais de escoamento podem ser desenvolvidas sem muita dificuldade. Entretanto, quando escoamentos reais se desviam considera-velmente daqueles ideais, podemos fazer uma de duas coisas: podemos desenvolver modelos que espelhem muito bem escoamentos reais ou podemos calcular o desempenho com modos ideais que descrevam os escoamentos reais. Felizmente, a maioria dos reatores reais para sistemas heterogêneos podem ser satisfatoriamente aproximados por um dos cinco modos de escoamento ideal da Fig. 17.1. Exceções notáveis são as reações que ocorrem em leitos fluidizados. Neste caso, modelos especiais têm que ser desenvolvidos.

Figura 17.1 — Modos ideais de contato para dois fluidos em escoamento

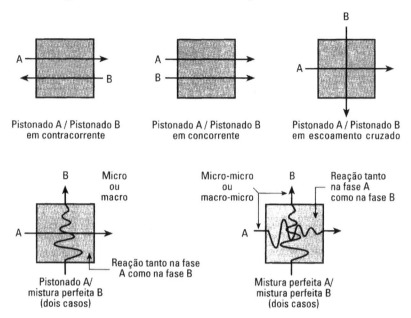

Considerações Finais sobre Modelagem de Escoamento

Em projeto e aumento de escala de reatores, é essencial selecionar um modelo de escoamento que represente, de forma razoável, nosso arranjo. Muito freqüentemente, damos pouca atenção a este ponto, escolhendo sem cuidado um modelo não representativo e então fazendo cálculos no computador até o n-ésimo grau de acurácia. Somos então surpreendidos quando o projeto ou o aumento de escala não concordam com as nossas estimativas. Um modelo razoavelmente simples é muito melhor do que um modelo preciso e detalhado, mas que não representa o contato. Freqüentemente, a escolha de um bom modelo de escoamento e o conhecimento de como o modo de escoamento varia com o aumento de escala, dita a diferença entre o sucesso e a falha.

Essas considerações nos guiarão em nossa abordagem de reação heterogênea, que iremos considerar no resto do livro.

PROBLEMAS

17.1 O reagente gasoso A se difunde através de um filme gasoso e reage na superfície de um sólido, de acordo com uma taxa reversível de primeira ordem:

$$-r_A'' = k''(C_{AS} - C_{Ae})$$

onde C_{Ae} é a concentração de A em equilíbrio com a superfície sólida. Desenvolva uma expressão para a taxa de reação de A, considerando as etapas de reação e de transferência de massa.

17.2 O Exemplo 17.4 dá uma expressão final de taxa para a transferência de massa no filme, seguida por uma expressão de taxa de segunda ordem, para reação em uma superfície plana. Deduza esta expressão e mostre que ela está correta.

17.3 Em reatores de fase semifluida ou de lama (*slurry reactors*), um reagente gasoso puro é borbulhado através de um líquido contendo partículas suspensas de catalisador. Vamos ver estas cinéticas em termos da teoria de filme, conforme ilustrado na Fig. P17.3. Logo, para alcançar a superfície do sólido, o reagente gasoso que entra no líquido tem de se difundir pelo filme líquido, em direção ao corpo principal de líquido, e então através do filme que circunda a partícula de catalisador. Na superfície da partícula, o reagente se transforma em produto, de acordo com uma cinética de primeira ordem. Deduza uma expressão para a taxa de reação, em termos destas resistências.

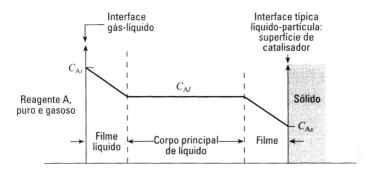

Figura P17.3

CAPÍTULO 18
Reações Catalisadas por Sólidos

As taxas de muitas reações são afetadas por materiais que não são nem reagentes e nem produtos. Tais materiais, chamados de *catalisadores*, podem acelerar uma reação, por um fator de um milhão ou muito mais, ou podem retardar uma reação (catalisadores negativos).

Há duas amplas classes de catalisadores: aqueles que operam com sistemas biológicos, a uma temperatura próxima à da ambiente, e os catalisadores sintéticos, que operam em alta temperatura.

Os catalisadores biológicos, chamados de *enzimas*, são encontrados em qualquer lugar no mundo bioquímico e nas criaturas vivas; sem a sua ação, eu duvido que a vida pudesse existir. Além disto, em nossos corpos, centenas de diferentes enzimas e outros catalisadores estão trabalhando durante o tempo todo, mantendo-nos vivos. Nós trataremos destes catalisadores no Capítulo 27.

Os catalisadores sintéticos, a maioria são sólidos, geralmente objetivam provocar a ruptura de uma ligação em alta temperatura ou a síntese de materiais. Estas reações desenvolvem um papel importante em muitos processos industriais, tais como a produção de metanol, ácido sulfúrico, amônia e vários produtos petroquímicos, polímeros, tintas e plásticos. Estima-se que bem mais de 50% de todos os produtos químicos produzidos hoje em dia sejam feitos com o uso de catalisadores. Estes materiais, suas taxas de reação e os reatores que os usam são a preocupação deste capítulo e dos Capítulos 19 a 22.

Considere o petróleo. Uma vez que ele consiste em uma mistura de muitos componentes, principalmente hidrocarbonetos, seu tratamento sob condições extremas causará a ocorrência simultânea de várias mudanças, produzindo um espectro de compostos, sendo alguns desejados, outros não. Embora um catalisador possa acelerar facilmente a taxa de reações em milhares ou milhões de vezes, quando uma variedade de reações é encontrada, a característica mais importante de um catalisador é sua *seletividade*. Queremos dizer com este termo que o catalisador somente muda as taxas de certas reações, freqüentemente uma reação simples, deixando o resto inalterado. Assim, na presença de um catalisador apropriado, os produtos contendo predominantemente os materiais desejados podem ser obtidos a partir de uma dada alimentação.

A seguir, temos algumas observações gerais:

1. A seleção de um catalisador para promover a reação não é bem entendida; conseqüentemente, na prática, podemos necessitar um longo procedimento de tentativa e erro de modo a produzir um catalisador satisfatório.

2. A duplicação da constituição química de um bom catalisador não é garantia de que o sólido produzido terá qualquer atividade catalítica. Esta observação sugere que seja a estrutura física ou cristalina que, de algum modo, confira atividade catalítica ao material. Esta opinião é reforçada pelo fato de que quando aquecemos um catalisador acima de uma certa temperatura crítica, podemos causar a perda de sua atividade, geralmente, de forma permanente. Logo, a pesquisa atual em catalisadores está fortemente centrada na estrutura da superfície de sólidos.

3. Para explicar a ação de catalisadores, podemos pensar que as moléculas dos reagentes são, de certa forma, modificadas, energizadas ou afetadas para formar intermediários nas regiões próximas à superfície do catalisador. Várias teorias têm sido propostas para explicar os detalhes desta ação. Em uma teoria, o intermediário é visto como uma associação de uma molécula de reagente com uma região da superfície; em outras palavras, as moléculas são, de algum modo, presas à superfície. Em uma outra teoria, imaginamos que as moléculas se movam em direção à atmosfera próxima da superfície e que fiquem sob a influência de forças da superfície. Sob este ponto de vista, as moléculas estão ainda móveis, porém são modificadas. Na terceira teoria, pensamos que um complexo ativo, um radical livre, seja formado na superfície do catalisador. Esse radical livre retorna então à corrente principal de gás e inicia uma cadeia de reações com as moléculas recém-chegadas, antes de serem finalmente destruídos. Em contraste com as duas primeiras teorias, que consideram que a reação ocorre na vizinhança da superfície, esta teoria vê a superfície do catalisador como simplesmente um gerador de radicais livres, com a reação ocorrendo no corpo principal do gás.

4. Em termos da teoria do estado de transição, o catalisador reduz a barreira de energia potencial sobre a qual os reagentes têm de passar para formar os produtos. Este abaixamento na barreira de energia é mostrado na Fig. 18.1.

5. Embora um catalisador possa acelerar uma reação, ele nunca determina o equilíbrio ou o ponto final de uma reação. Isto é governado somente pela termodinâmica. Desta forma, com ou sem catalisador, a constante de equilíbrio para a reação é sempre a mesma.

6. Uma vez que a superfície do sólido é responsável pela atividade catalítica, deseja-se que os materiais facilmente manuseáveis tenham uma superfície grande que seja prontamente acessível. Mediante vários métodos, áreas superficiais ativas, que sejam do tamanho de campos de futebol, podem ser obtidas por centímetro cúbico de catalisador.

Figura 18.1 — Representação da ação de um catalisador

320 *Capítulo 18 — Reações Catalisadas por Sólidos*

Embora haja muitos problemas relacionados aos catalisadores sólidos, consideramos somente aqueles que estejam associados ao desenvolvimento das equações cinéticas de taxa necessárias em projetos. Nós simplesmente supomos que temos um catalisador disponível para promover uma reação específica. Nós desejamos avaliar o comportamento cinético dos reagentes na presença deste material e então usar esta informação para o projeto.

O Espectro dos Regimes Cinéticos

Considere uma partícula de catalisador poroso, banhada por um reagente A. A taxa de reação de A para a partícula como um todo pode depender da:

① Cinética de superfície ou o que acontece nas superfícies, no interior ou no exterior da partícula. Isto pode envolver a adsorção do reagente A na superfície, a reação na superfície ou a dessorção do produto de volta à corrente principal de gás.

② Resistência à difusão nos poros, que pode fazer com que o interior da partícula fique ávido por reagente.

③ ΔT na partícula ou gradientes de temperatura no interior da partícula. Isto é causado pela grande quantidade de calor liberado ou absorvido pela reação.

④ ΔT no filme, entre a superfície externa da partícula e a corrente principal de gás. Por exemplo, a partícula pode ser uniforme na temperatura, porém mais quente que o gás circundante.

⑤ Resistência à difusão no filme ou gradientes de concentração através do filme gasoso que circunda a partícula.

Para sistemas gás/catalisadores porosos, as reações lentas são influenciadas somente por ①; em reações mais rápidas, ② se impõe para retardar a reação; então, ③ e ④ entram em ação e é improvável que ⑤ limite a taxa global. Em sistemas líquidos, a ordem na qual estes efeitos se impõem é ①, ② e ⑤ e, raramente, ③ e/ou ④.

Em diferentes áreas de aplicação (fora também de cinética catalítica), combinações diferentes destes cinco fatores entram em ação. A Tabela 18.1 mostra o que nós normalmente encontramos.

Tabela 18.1 — Fatores que influenciam a taxa de reação de partículas				
Fator que influencia a taxa	Partícula porosa de catalisador	Superfície revestida com catalisador	Queima de uma gota de combustível	Células e criaturas vivas simples
① Reação na superfície	Sim	Sim	Não	Sim
② Difusão nos poros	Sim	Não	Não	Talvez
③ ΔT na partícula	Não muito provável	Não	Não	Não
④ ΔT no filme	Algumas vezes	Raramente	Sempre importante	Não
⑤ Transferência de massa no filme	Não	Sim	Sempre importante	Poderia ser

Embora tenhamos introduzido aqui todos os fenômenos que afetam a taxa, o mundo real nunca é tão excitante a ponto de nos preocuparmos com todos os cinco fatores ao mesmo tempo. De fato, na

18.1 — A Equação de Taxa para Cinética na Superfície **321**

maioria das situações com partículas de catalisadores porosos, somente temos de considerar os fatores ① e ②.

Vamos tratar os fatores ① e ② e em seguida os fatores ③ e ④, brevemente.

18.1 A EQUAÇÃO DE TAXA PARA CINÉTICA NA SUPERFÍCIE

Devido à grande importância industrial das reações catalíticas, esforço considerável tem sido feito em desenvolver teorias a partir das quais equações cinéticas possam ser racionalmente desenvolvidas. A mais útil, para todas as finalidades, supõe que a reação aconteça em um sítio ativo na superfície do catalisador. Assim, ocorrem, sucessivamente, três etapas na superfície.

Etapa 1. Uma molécula é adsorvida na superfície e é presa ao sítio ativo.

Etapa 2. Ela então reage ou com uma outra molécula no sítio adjacente (mecanismo de duplo sítio), ou com uma molécula proveniente da corrente principal de gás (mecanismo de único sítio), ou ela simplesmente se decompõe enquanto estiver no sítio (mecanismo de único sítio).

Etapa 3. Os produtos são dessorvidos da superfície, livrando assim os sítios.

Todas as espécies de moléculas, reagentes livres e produtos livres, assim como reagentes presos a sítios, intermediários e produtos participando nesses três processos, são considerados estar em equilíbrio.

Expressões de taxa, deduzidas a partir de vários mecanismos postulados, são todas da forma:

$$\text{taxa de reação} = \frac{(\text{termo cinético})(\text{força - motriz ou deslocamento do equilíbrio})}{(\text{termo de resistência})} \tag{1}$$

Por exemplo, para a reação

$$A + B \rightleftarrows R + S, \quad K$$

ocorrendo na presença de um material transportador inerte U, a expressão de taxa, quando a adsorção de A for o fator controlador, será:

$$-r_A'' = \frac{k(p_A - p_R p_S / K p_B)}{(1 + K_A p_R p_S / K p_B + K_B p_B + K_R p_R + K_S p_S + K_U p_U)^2}$$

Quando a reação entre moléculas de A e B, presas em sítios adjacentes, controlar o processo, a expressão de taxa será:

$$-r_A'' = \frac{k(p_A p_B - p_R p_S / K)}{(1 + K_A p_A + K_B p_B + K_R p_R + K_S p_S + K_U p_U)^2}$$

e quando for a dessorção de R, teremos:

$$-r_A'' = \frac{k(p_A p_B / p_S - p_R / K)}{1 + K_A p_A + K_B p_B + K K_R p_A p_B / p_S + K_S p_S + K_U p_U}$$

Cada mecanismo detalhado de reação, com seu fator controlador, tem sua equação correspondente de taxa, envolvendo, em algum lugar, três a sete constantes arbitrárias: os valores de *K*. Por razões a serem esclarecidas, não pretendemos usar equações tais como estas. Conseqüentemente, nós não as deduziremos, fato este apresentado por Hougen e Watson (1947), Corrigan (1954, 1955), Walas (1959) e outros.

322 *Capítulo 18 — Reações Catalisadas por Sólidos*

Em termos do tempo de contato ou tempo espacial, a maioria dos dados de conversão catalítica pode ser ajustada adequadamente pelas expressões relativamente simples de taxa de primeira ordem ou de ordem *n* (ver Prater e Lago, 1956). Uma vez que isto acontece, por que devemos nos preocupar em selecionar uma de um grande número de expressões bem complicadas de taxa que ajustem satisfatoriamente os dados?

A seguinte discussão resume os argumentos a favor e contra o uso de equações cinéticas empíricas simples.

Verdade e Previsibilidade. O argumento mais forte a favor da busca por um mecanismo real é que se nós encontrarmos um que pensemos representar o que realmente ocorre, a extrapolação para condições operacionais novas e mais favoráveis será feita de modo muito mais seguro. Este é um argumento poderoso. Outros argumentos, tais como aumentar o conhecimento do mecanismo de catálise com o objetivo final de produzir catalisadores melhores no futuro, não interessam a um engenheiro projetista que tem um catalisador específico em mãos.

Problemas em Achar o Mecanismo. Para provar que dispomos de tal mecanismo, temos de mostrar que a família de curvas representando o tipo de equação de taxa do mecanismo preferido ajusta os dados *de modo muito melhor que outras famílias, de modo que todas as outras podem ser rejeitadas*. Com o grande número de parâmetros (três a sete) que pode ser achado arbitrariamente para cada mecanismo controlador da taxa, exige-se um programa experimental muito amplo, usando dados muito precisos e reprodutíveis, o que é um problema. Devemos ter em mente que não é suficiente selecionar o mecanismo que ajuste bem, ou mesmo ajuste melhor, os dados. Diferenças no ajuste podem ser inteiramente explicadas em termos de erros experimentais. Em termos estatísticos, tais diferenças podem não ser "significantes". Infelizmente, se muitos mecanismos alternativos se ajustarem igualmente bem aos dados, teremos de reconhecer que a equação selecionada somente pode ser considerada como uma de ajuste bom e não uma que represente a realidade. Admitindo-se isto, não há razão para não usarmos a equação mais simples e a mais fácil de manusear, que tenha um ajuste satisfatório. De fato, a menos que haja boas razões positivas para usar a mais complicada de duas equações, deveremos sempre selecionar a mais simples das duas, se ambas se ajustarem igualmente bem aos dados. As análises estatísticas e os comentários de Chou (1958), no exemplo da hidrogenação de uma mistura de iso-octenos [em Hougen e Watson (1947)] em que 18 mecanismos foram examinados, ilustram a dificuldade de encontrar o mecanismo correto a partir de dados cinéticos e mostram que, mesmo nos programas experimentais conduzidos mais cuidadosamente, a magnitude do erro experimental irá, muito provavelmente, mascarar as diferenças previstas pelos vários mecanismos.

Desse modo, quase nunca é possível determinar, com uma confiança razoável, qual é o mecanismo correto.

Problemas de Resistências Combinadas. Suponha que tenhamos encontrado o mecanismo correto e a equação resultante de taxa para o fenômeno de superfície. A combinação desta etapa com qualquer uma das outras etapas de resistências, tais como difusão nos poros e no filme, torna-se bem impraticável. Quando isto tiver de ser feito, será melhor trocar a equação multiconstante de taxa pela expressão equivalente de primeira ordem, que pode então ser combinada com as outras etapas de reação, de modo a resultar uma expressão global de taxa.

Sumário da Cinética de Superfície. A partir dessa discussão, concluímos que, para representar a reação na superfície, é suficiente usar a expressão mais simples disponível correlacionando a taxa; ou seja, a cinética de primeira ordem ou de ordem *n*.

Ver diferentes pontos de vista, apresentados por Weller (1956) e Boudart (1956), para comentários adicionais questionando a validade da abordagem de sítio ativo, sugestões de formas de equações cinéticas a serem usadas em projetos de reatores e sugestões sobre a utilidade real da teoria de sítio ativo.

Figura 18.2 — Representação de um poro cilíndrico de catalisador

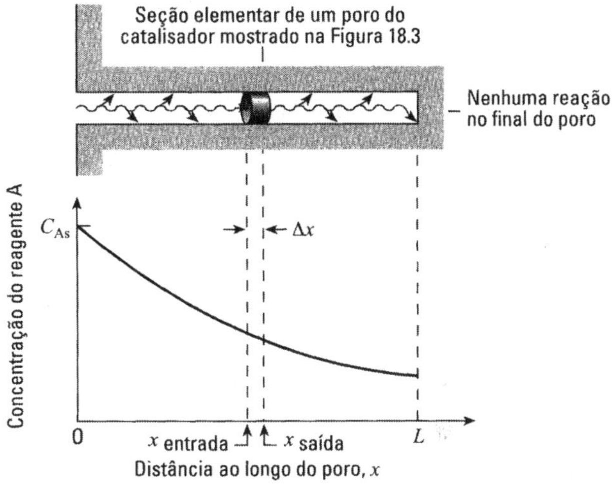

18.2 RESISTÊNCIA À DIFUSÃO NO PORO, COMBINADA COM A CINÉTICA DE SUPERFÍCIE

Um Único Poro Cilíndrico, Reação de Primeira Ordem

Primeiro, considere um único poro cilíndrico de comprimento L, com o reagente A se difundindo para o interior do poro e reagindo na superfície, através de uma reação de primeira ordem:

$$A \rightarrow \text{produto} \quad \text{e} \quad -r''_A = -\frac{1}{S}\frac{dN_A}{dt} = k''C_A \tag{2}$$

ocorrendo nas paredes do poro. O produto se difunde para fora do poro, como mostrado na Fig. 18.2. Este modelo simples será ampliado posteriormente.

O escoamento de materiais entrando e saindo de qualquer seção do poro é mostrado na Fig. 18.3.

Figura 18.3 — Estabelecendo o balanço de material para uma fatia elementar de um poro de catalisador

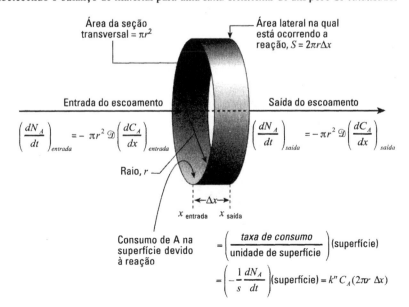

324 *Capítulo 18 — Reações Catalisadas por Sólidos*

No estado estacionário, um balanço de material para o reagente A, para esta seção elementar, fornece:

$$\text{saída} - \text{entrada} + \text{consumo pela reação} = 0 \tag{4.1}$$

ou com as quantidades mostradas na Fig. 18.3.

$$-\pi r^2 \mathscr{D}\left(\frac{dC_A}{dx}\right)_{\text{saída}} + \pi r^2 \mathscr{D}\left(\frac{dC_A}{dx}\right)_{\text{entrada}} + k''C_A(2\pi r \Delta x) = 0$$

Rearranjando, temos:

$$\frac{\left(\dfrac{dC_A}{dx}\right)_{\text{saída}} - \left(\dfrac{dC_A}{dx}\right)_{\text{entrada}}}{\Delta x} - \frac{2k''}{\mathscr{D}r}C_A = 0$$

e tomando o limite quando Δx tende a zero [ver a equação Eq. (13.8)], obtemos:

$$\frac{d^2C_A}{dx^2} - \frac{2k''}{\mathscr{D}r}C_A = 0 \tag{3}$$

Note que a reação química de primeira ordem é expressa em termos da unidade de área superficial da parede do poro de catalisador; conseqüentemente, k'' tem a unidade de comprimento por tempo [ver Eq. (1.4)]. Em geral, a interseção entre as constantes de taxa, nas diferentes bases, é dada por:

$$kV = k'W = k''S \tag{4}$$

Logo, para catalisador com poro cilíndrico:

$$k = k''\left(\frac{\text{superfície}}{\text{volume}}\right) = k''\left(\frac{2\pi rL}{\pi r^2 L}\right) = \frac{2k''}{r} \tag{5}$$

Assim, em termos de unidades volumétricas, a Eq. (3) se torna:

$$\frac{d^2C_A}{dx^2} - \frac{k}{\mathscr{D}}C_A = 0 \tag{6}$$

Esta é uma equação diferencial de primeira ordem, freqüentemente encontrada, cuja solução geral é:

$$C_A = M_1 e^{mx} + M_2 e^{-mx} \tag{7}$$

onde
$$m = \sqrt{\frac{k}{\mathscr{D}}} = \sqrt{\frac{2k''}{\mathscr{D}r}}$$

e onde M_1 e M_2 são constantes. É na avaliação destas constantes que restringimos a solução para apenas este sistema. Fazemos isto especificando aquilo que é particular acerca do modelo selecionado; este procedimento requer uma clara visão do que o modelo deve representar. Estas especificações são chamadas as condições de contorno do problema. Uma vez que duas constantes devem ser avaliadas, temos de encontrar e especificar duas condições de contorno. Examinando os limites físicos do poro idealizado, encontramos que as seguintes afirmações podem sempre ser feitas. Primeiro, na entrada do poro

$$C_A = C_{As}, \quad \text{em} \quad x = 0 \tag{8a}$$

Segundo, porque não há fluxo ou movimento de material através da parte interior final do poro

$$\frac{dC_A}{dx} = 0, \quad \text{em} \quad x = L \tag{8b}$$

18.2 — Resistência à Difusão no Poro Combinada com a Cinética de Superfície

Figura 18.4 — Distribuição e valor médio da concentração de reagente no interior de um poro de catalisador, como uma função do parâmetro $mL = L\sqrt{k/\mathcal{D}}$

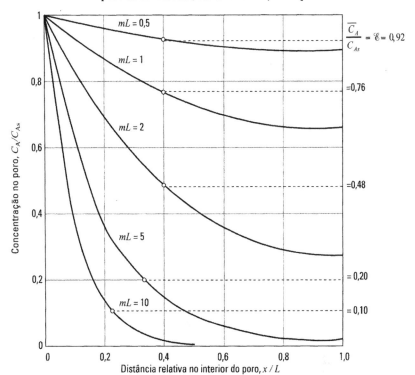

Com as manipulações matemáticas apropriadas das Eqs. (7) e (8), nós então obtemos:

$$M_1 = \frac{C_{As}e^{-mL}}{e^{mL} + e^{-mL}}, \quad M_2 = \frac{C_{As}e^{mL}}{e^{mL} + e^{-mL}} \qquad (9)$$

Conseqüentemente, a concentração do reagente no interior do poro é:

$$\frac{C_A}{C_{As}} = \frac{e^{m(L-x)} + e^{-m(L-x)}}{e^{mL} + e^{-mL}} = \frac{\cosh m(L-x)}{\cosh mL} \qquad (10)$$

A Fig. 18.4 mostra esta queda progressiva na concentração à medida que o reagente se move para o interior do poro. Vemos que esta queda depende da quantidade adimensional mL ou M_T, chamada de *módulo de Thiele*.

Para medir o quanto a taxa de reação diminui por causa da resistência à difusão no poro, defina a quantidade $\mathcal{E}$, chamada de fator de efetividade, como segue:

$$\text{Fator efetividade, } \mathcal{E} = \frac{\text{(taxa média real de reação no interior do poro)}}{\text{(taxa se não for retardada pela difusão)}}$$

$$= \frac{\bar{r}_{A,\,\text{com difusão}}}{r_{A,\,\text{sem resistência a difusão}}} \qquad (11)$$

Em particular, para reações de primeira ordem $\mathcal{E} = \overline{C_A}/C_{As}$, porque a taxa é proporcional à concentração. Avaliando a taxa média no poro, a partir da Eq. (10), temos a relação:

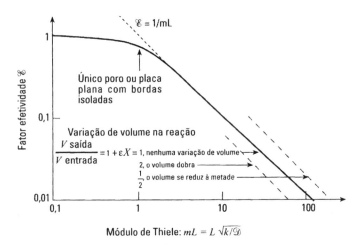

Figura 18.5 — O fator efetividade como uma função do parâmetro mL ou M_T, chamado de módulo de Thiele, preparado a partir de Aris (1957) e Thiele (1939)

$$\mathscr{E}_{\text{primeira ordem}} = \frac{\overline{C}_A}{C_{As}} = \frac{\text{tgh } mL}{mL} \tag{12}$$

a qual é mostrada como uma linha sólida, na Fig. 18.5. Com esta figura, podemos dizer se a difusão no poro modifica a taxa de reação; uma inspeção mostra que isto depende do fato de mL ser grande ou pequeno.

Para valores baixos de mL, ou seja $mL < 0,4$, vemos que $\mathscr{E} \cong 1$ e que a concentração do reagente não cai de forma apreciável no interior do poro. Assim, a difusão nos poros oferece resistência desprezível. Isto pode ser verificado notando que um valor baixo de $mL = L\sqrt{k/\mathscr{D}}$ significa um poro curto ou uma reação lenta ou uma difusão rápida. Todos os três fatores tendem a baixar a resistência à difusão.

Para valores grandes mL, ou seja $mL > 0,4$, encontramos que $\mathscr{E} = 1/mL$ e que a concentração do reagente cai rapidamente a zero, à medida ele que se move em direção ao poro; logo, a difusão influencia fortemente a taxa de reação. Chamamos isto de regime de *forte resistência à difusão no poro*.

18.3 PARTÍCULAS POROSAS DE CATALISADOR

Os resultados para um poro simples podem aproximar o comportamento de partículas de várias formas — esferas, cilindros, etc. Para estes sistemas, aplicamos o seguinte:

1. *Uso do coeficiente adequado de difusão.* Substitua o coeficiente de difusão molecular, $\mathscr{D}$, pelo coeficiente efetivo de difusão de fluido na estrutura porosa. Valores representativos de $\mathscr{D}_e$ para gases e líquidos em sólidos porosos são dados por Weisz (1959).

2. *Medida apropriada de tamanho de partícula.* Para encontrar a profundidade efetiva do gás para atingir todas as superfícies interiores, definimos um tamanho característico de partícula:

$$L = \begin{cases} = \left(\dfrac{\text{volume de partícula}}{\begin{array}{c}\text{superfície exterior disponível}\\\text{para a entrada de reagente}\end{array}} \right), \text{ qualquer forma de partícula} \\[20pt] = \dfrac{\text{espessura}}{2}, \text{ para placas planas} \\[12pt] = \dfrac{R}{2}, \text{ para cilindros} \\[12pt] = \dfrac{R}{3}, \text{ para esferas} \end{cases} \qquad (13)$$

3. **Medidas de taxas de reação.** Em sistemas catalíticos, a taxa de reação pode ser expressa em uma das muitas formas equivalentes. Por exemplo, para cinética de primeira ordem:

Baseada no volume de vazios no reator

$$-r_A = -\frac{1}{V}\frac{dN_A}{dt} = kC_A, \quad \left[\frac{\text{mols reagidos}}{\text{m}^3 \text{ de vazios} \cdot \text{s}}\right] \qquad (14)$$

Baseada no peso de pastilhas do catalisador

$$-r_A' = -\frac{1}{W}\frac{dN_A}{dt} = k'C_A, \quad \left[\frac{\text{mols reagidos}}{\text{kg de catalisador} \cdot \text{s}}\right] \qquad (15)$$

Baseada na superfície de catalisador

$$-r_A'' = -\frac{1}{S}\frac{dN_A}{dt} = k''C_A, \quad \left[\frac{\text{mols reagidos}}{\text{m}^2 \text{ de superfície de catalisador} \cdot \text{s}}\right] \qquad (16)$$

Baseada no volume de pastilhas do catalisador

$$-r_A''' = -\frac{1}{V_p}\frac{dN_A}{dt} = k'''C_A, \quad \left[\frac{\text{mols reagidos}}{\text{m}^3 \text{ de sólido} \cdot \text{s}}\right] \qquad (17)$$

Baseada no volume total do reator

$$-r_A'''' = -\frac{1}{V_r}\frac{dN_A}{dt} = k''''C_A, \quad \left[\frac{\text{mols reagidos}}{\text{m}^3 \text{ de reator} \cdot \text{s}}\right] \qquad (18)$$

Use a definição que for conveniente. No entanto, para partículas porosas de catalisador, taxas baseadas na unidade de massa e na unidade de volume de partículas, r' e r''' são as medidas úteis. Desta forma, para reações de ordem n:

$$-r_A'\left[\frac{\text{mol de A}}{\text{kg de catalisador} \cdot \text{s}}\right] = k'C_A^n \quad \text{onde} \quad k' = \left[\frac{(\text{m}^3 \text{ de gás})^n}{(\text{mol de A})^{n-1}(\text{kg de catalisador} \cdot \text{s})}\right]$$

$$-r_A'''\left[\frac{\text{mol de A}}{\text{m}^3 \text{ de catalisador} \cdot \text{s}}\right] = k'''C_A^n \quad \text{onde} \quad k''' = \left[\frac{(\text{m}^3 \text{ de gás})^n}{(\text{mol de A})^{n-1}(\text{m}^3 \text{ de catalisador} \cdot \text{s})}\right] \qquad (19)$$

4. De modo similar àquele que foi feito para um único poro cilíndrico, Thiele (1939) e Aris (1957) relacionaram $\mathscr{D}$ com M_T para várias formas de partículas, como segue:

$$\left.\begin{array}{c} A \to R \\[6pt] -r_A''' = k'''C_A\mathscr{E} \end{array}\right\} \quad \text{onde} \quad \mathscr{E} = \begin{cases} = \dfrac{1}{M_T} \cdot \text{tgh } M_T \\[12pt] = \dfrac{1}{M_T} \cdot \dfrac{I_1(2M_T)}{I_0(2M_T)} \quad \text{\small Função de Bessel} \\[12pt] = \dfrac{1}{M_T}\left(\dfrac{1}{\text{tgh } 3M_T} - \dfrac{1}{3M_T}\right) \end{cases} \qquad (20)$$

($-r_A'''$ em mol/m³ de catalisador · s)

328 *Capítulo 18 — Reações Catalisadas por Sólidos*

Figura 18.6 — Fator efetividade *versus* M_T para partículas porosas de várias formas

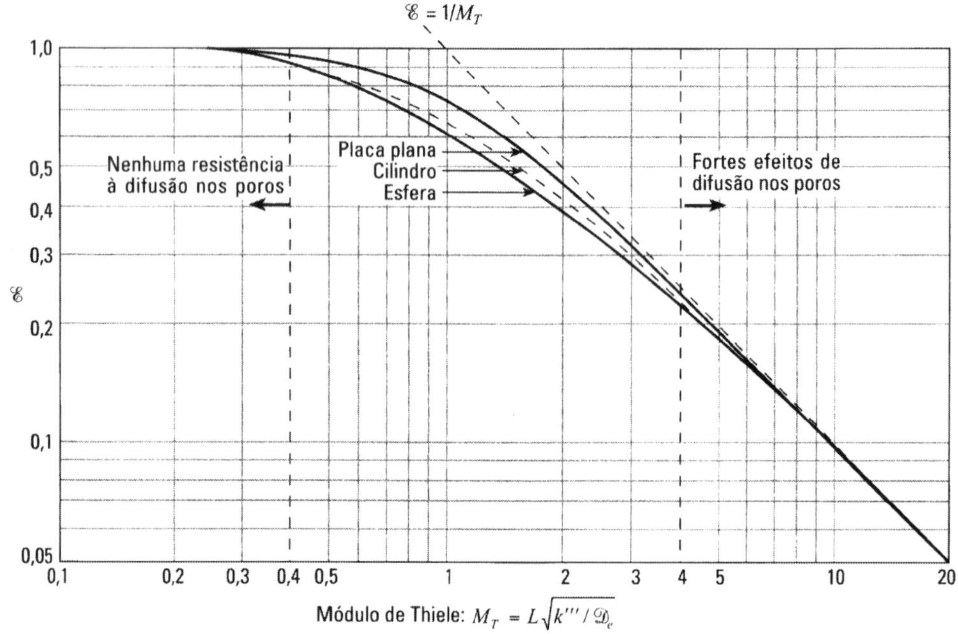

onde
$$M_T = L\sqrt{k''' / \mathscr{D}_e} \tag{23}$$

Estas relações são mostradas na Fig. 18.6. Se você conhecer $\mathscr{D}_e$, k''' e L, poderá encontrar a taxa de reação a partir de M_T e da Fig. 18.6. Entretanto, o que acontecerá se você quiser avaliar k''' a partir de um experimento em que você meça uma taxa que poderia ter sido retardada pela resistência difusional, mas você não está seguro disto?

5. **Encontrando os efeitos de resistência no poro, a partir de um experimento.** Aqui nós temos um truque simples para nos ajudar. Defina um outro módulo que inclua somente quantidades observáveis e mensuráveis. Este é conhecido como o módulo de Wagner-Weisz-Wheeler, M_W (sorte nossa que os três pesquisadores que primeiro lidaram com este problema tinham o sobrenome começando com a mesma letra!).

$$M_W = M_T^2 \mathscr{E} = L^2 \frac{(-r_A''' / C_A)_{obs}}{\mathscr{D}_e} \tag{24}$$

Nós vamos chamá-lo de módulo de Wagner.

6. **Limites de resistência no poro.** Quando um reagente invade completamente a partícula e banha todas as superfícies, então a partícula está no regime livre de resistência à difusão. Isto ocorre quando $M_T < 0,4$ ou $M_W < 0,15$.

No outro extremo, quando o centro da partícula está ávido por reagente e não é usado, então a partícula está no regime de forte resistência à difusão nos poros. Isto ocorre quando $M_T > 4$ ou $M_W > 4$.

As Figs. 18.6 e 18.7 mostram esses limites.

7. **Partículas de diferentes tamanhos.** Comparando o comportamento de partículas de tamanhos R_1 e R_2, nós estamos no regime livre de resistência à difusão se:

Figura 18.7 — Esta figura mostra os limites para resistência desprezível e para forte resistência à difusão nos poros

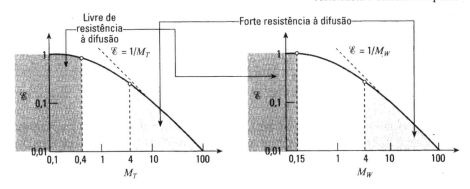

$$\frac{r'_{A1}}{r'_{A2}} = \frac{\mathscr{E}_1 k' C_A}{\mathscr{E}_2 k' C_A} = \frac{\mathscr{E}_1}{\mathscr{E}_2} = 1$$

no regime de forte resistência à difusão nos poros se:

$$\frac{r'_{A1}}{r'_{A2}} = \frac{\mathscr{E}_1}{\mathscr{E}_2} = \frac{M_{T2}}{M_{T1}} = \frac{R_2}{R_1} \qquad (25)$$

Assim, a taxa é inversamente proporcional ao tamanho da partícula.

Extensões

Há muitas extensões para este tratamento básico. Aqui, mencionamos algumas.

Mistura de Partículas de Várias Formas e Tamanhos. Para um leito catalítico, consistindo em uma mistura de partículas de várias formas e tamanhos, Aris (1957) mostrou que a média correta do fator efetividade seria:

$$\overline{\mathscr{E}} = \mathscr{E}_1 f'_1 + \mathscr{E}_2 f'_2 + \cdots$$

onde $f'_1, f'_2, \ldots$ são as frações volumétricas de partículas de tamanhos 1, 2, ... na mistura.

Variação no Volume Molar. Com a diminuição na densidade do fluido (expansão) durante a reação, o aumento no fluxo de moléculas que saem dos poros dificulta a difusão dos reagentes para o interior dos poros, baixando assim $\mathscr{E}$. Por outro lado, a concentração volumétrica resulta em um escoamento molar líquido para dentro do poro, aumentando assim $\mathscr{E}$. Para uma reação de primeira ordem, Thiele (1939) encontrou que este escoamento simplesmente deslocava a curva de $\mathscr{E}$ versus M_T, conforme mostrado na Fig. 18.5.

Cinética Arbitrária de Reação. Se o módulo de Thiele for generalizado como segue [ver Froment e Bischoff (1962)]

$$M_T = \frac{(-r'''_{As})L}{\left[2\mathscr{D}_e \int_{C_{Ae}}^{C_{As}} (-r'''_A) dC_A\right]^{1/2}}, \quad C_{Ae} = \begin{pmatrix} \text{concentração} \\ \text{de equilíbrio} \end{pmatrix} \qquad (26)$$

então as curvas de $\mathscr{E}$ versus M_T, para todas as formas de equação de taxa, seguem aproximadamente a curva para a reação de primeira ordem. Este módulo generalizado se torna:

330 *Capítulo 18 — Reações Catalisadas por Sólidos*

para reações reversíveis de primeira ordem:

$$M_T = L\sqrt{\frac{k'''}{\mathscr{D}_e X_{Ae}}} \tag{27}$$

para reações irreversíveis de ordem n:

$$M_T = L\sqrt{\frac{(n+1)k'''C_{As}^{n-1}}{2\mathscr{D}_e}} \tag{28}$$

As reações de ordem n se comportam de uma maneira inesperada na região de forte resistência à difusão nos poros. Combinando a taxa de ordem n com o módulo generalizado da Eq. (28), nós obtemos:

$$-r_A''' = k'''C_{As}^n \mathscr{E} = k'''C_{As}^n \cdot \frac{1}{M_T} = k'''C_{As}^n \cdot \frac{1}{L}\sqrt{\frac{2\mathscr{D}_e}{(n+1)k'''C_{As}^{n-1}}}$$

$$= \left(\frac{2}{n+1} \cdot \frac{k'''\mathscr{D}_e}{L^2}\right)^{1/2} C_{As}^{(n+1)/2} \tag{29}$$

Assim, no regime de forte difusão nos poros, uma reação de ordem n se comporta como uma reação de ordem $(n+1)/2$; ou seja:

a ordem zero torna-se ordem $^1/_2$;
a primeira ordem continua primeira ordem;
a segunda ordem torna-se ordem $^3/_2$;
a terceira ordem torna-se segunda ordem.

$\tag{30}$

Além disso, a dependência das reações para com a temperatura é afetada pela forte resistência a difusão nos poros. Da Eq. (29), a constante de taxa, observada para reações de ordem n, é:

$$k_{obs}''' = \left(\frac{2}{n+1} \cdot \frac{k'''\mathscr{D}_e}{L^2}\right)^{1/2}$$

Tomando os logaritmos e diferenciando com relação à temperatura e notando que tanto a taxa de reação como o processo difusional, este em menor grau, dependem da temperatura, temos:

$$\frac{d(\ln k_{obs}''')}{dT} = \frac{1}{2}\left[\frac{d(\ln k''')}{dT} + \frac{d(\ln \mathscr{D}_e)}{dT}\right] \tag{31}$$

Com as dependências para com a temperatura dadas por Arrhenius para a reação e a difusão, temos:

$$k''' = k_0'''e^{-\mathbf{E}_{verdadeiro}/\mathbf{R}T} \quad e \quad \mathscr{D}_e = \mathscr{D}_{e0}e^{-\mathbf{E}_{difusão}/\mathbf{R}T}$$

e substituindo na Eq. (31), resulta em:

$$\boxed{\mathbf{E}_{obs} = \frac{\mathbf{E}_{verdadeiro} + \mathbf{E}_{difusão}}{2}} \tag{32}$$

Uma vez que a energia de ativação para reações em fase gasosa é normalmente bem alta, em torno de $80 \sim 240$ kJ, enquanto que para difusão ela é pequena (cerca de 5 kJ em temperatura ambiente ou 15 kJ à $1.000°C$), podemos escrever aproximadamente:

$$E_{obs} \cong \frac{E_{verdadeiro}}{2} \qquad (33)$$

Estes resultados mostram que a energia de ativação, observada para reações influenciadas pela forte resistência à difusão nos poros, é aproximadamente metade da energia verdadeira de ativação.

Sumário — Resistência à Difusão nos Poros

A Eq. (34) apresenta uma forma compacta dos nossos resultados para reações de primeira ordem na superfície.

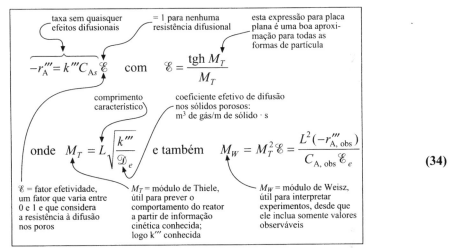

Para encontrar como a resistência à difusão nos poros influencia a taxa, avalie M_T ou M_W, determine então $\mathscr{E}$ a partir das equações ou das figuras dadas anteriormente e substitua $\mathscr{E}$ na equação de taxa.

Faixa desejável de processamento: sólidos finos estão livres de resistência à difusão nos poros, mas são difíceis de usar (imagine a queda de pressão em um leito recheado de pó facial). Por outro lado, um leito de partículas grandes tem um pequena queda de pressão, mas está sujeito ao regime de forte difusão nos poros, onde a maior parte do interior das *pastilhas* não é usada.

Para a maioria das operações efetivas, o que queremos é usar o maior tamanho de partícula, que ainda esteja livre da resistência difusional; ou seja:

$$M_T \cong 0{,}4 \quad \text{ou} \quad M_W \cong 0{,}15 \qquad (35)$$

18.4 EFEITOS TÉRMICOS DURANTE A REAÇÃO

Efeitos não isotérmicos aparecem quando uma reação for tão rápida que o calor liberado (ou absorvido) na pastilha não possa ser removido suficientemente rápido de modo a manter a pastilha próxima da temperatura do fluido. Em tal situação, dois tipos diferentes de efeitos térmicos podem ser encontrados:

ΔT no interior da partícula. Pode haver uma variação de temperatura no interior da pastilha.
ΔT no filme. A pastilha pode estar mais quente (ou mais fria) que o fluido circundante.

Para reação exotérmica, é liberado calor e as partículas estão mais quentes que o fluido circundante; conseqüentemente, a taxa não isotérmica é sempre maior que a taxa isotérmica quando medida pelas condições no seio da corrente. Contudo, para reações endotérmicas, a taxa não isotérmica é menor que a taxa isotérmica, porque a partícula está mais fria que o fluido circundante.

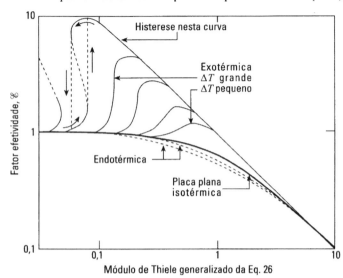

Figura 18.8 — Curva do fator efetividade não isotérmico, para variação de temperatura no interior dos poros. Adaptado de Bischoff (1967)

Desse modo, temos nossa primeira conclusão: se os efeitos prejudiciais de choque térmico ou a sinterização da superfície do catalisador ou a queda na seletividade, não ocorrerem com as partículas quentes, nós então estimularemos o comportamento não isotérmico em reações exotérmicas. Por outro lado, gostaríamos de desestimular tal comportamento para reações endotérmicas.

Perguntamos agora que forma de efeito não isotérmico, se existe algum, pode estar presente. Os seguintes cálculos simples nos dizem.

Para ΔT no filme, nós igualamos a taxa de remoção de calor através do filme com a taxa de geração de calor pela reação no interior da pastilha. Assim:

$$Q_{\text{gerado}} = (V_{\text{pastilha}})(-r'''_{A,\text{obs}})(-\Delta H_r)$$

$$Q_{\text{removido}} = hS_{\text{pastilha}}(T_g - T_s)$$

e combinando, encontramos:

$$\boxed{\Delta T_{\text{filme}} = (T_g - T_s) = \frac{L(-r'''_{A,\text{obs}})(-\Delta H_r)}{h}} \qquad (36)$$

onde L é o tamanho característico da pastilha.

Para ΔT no interior da partícula, a análise simples de Prater (1958), para qualquer geometria de partícula e qualquer cinética, fornece a expressão desejada. Visto que a temperatura e a concentração dentro da partícula são representadas pela mesma forma de equação diferencial (equação de Laplace), Prater mostrou que as distribuições de T e C_A têm de ter a mesma forma; logo, em qualquer ponto $\mathscr{E}$ na pastilha:

$$-k_{\text{ef}} \frac{dT}{dx} = \mathscr{D}_e \frac{dC_A}{dx}(-\Delta H_r) \qquad (37)$$

e para a pastilha como um todo, temos:

$$\boxed{\Delta T_{\text{partícula}} = (T_{\text{centro}} - T_s) = \frac{\mathscr{D}_e(C_{As} - C_{A,\text{centro}})(-\Delta H_r)}{k_{\text{ef}}}} \qquad (38)$$

em que k_{ef} é a condutividade térmica efetiva no interior da pastilha.

Para gradientes de temperatura dentro das partículas, as curvas correspondentes do fator efetividade não isotérmico foram calculadas por Carberry (1961), Weisz e Hicks (1962), e outros [ver Bischoff (1967) para referências]. A Fig. 18.8 ilustra estas curvas na forma adimensional e mostra que a forma é muito similar à curva isotérmica da Fig. 18.6, com a seguinte exceção. Apenas para reações exotérmicas, onde a resistência nos poros passa a se impor, o fator efetividade pode se tornar maior que um. Em vista da recente discussão, esta conclusão é esperada.

Todavia, para sistemas gás-sólido, Hutchings e Carberry (1966) e McGreavy e co-autores (1969, 1970) mostraram que se uma reação for suficientemente rápida para introduzir efeitos não térmicos, então ocorrerá um gradiente de temperatura, principalmente através do filme gasoso e não no interior da partícula. Desta maneira, esperamos encontrar um significante ΔT no filme, antes que qualquer ΔT no interior da partícula se torne evidente.

Ver Capítulo 22 de Levenspiel (1996) para versões detalhadas da Fig. 18.8, mostrando $\mathcal{E}$ versus M_T e $\mathcal{E}$ versus M_W, discussão e problemas lidando com reatores não isotérmicos.

18.5 EQUAÇÕES DE DESEMPENHO PARA REATORES CONTENDO PARTÍCULAS POROSAS DE CATALISADOR

Para Escoamento Pistonado. Considere uma fina fatia de um PFR. Seguindo então a análise do Capítulo 5 para reações homogêneas, temos a situação mostrada na Fig. 18.9.

Em estado estacionário, um balanço de material para o reagente A fornece:

$$\text{entrada} = \text{saída} + \text{acúmulo} \cdots \left[\frac{\text{mol de A}}{\text{s}}\right] \tag{39}$$

em símbolos: $\quad F_{A0} - F_{A0}X_{A\,\text{entrada}} = F_{A0} - F_{A0}X_{A\,\text{saída}} + (-r'_A)\Delta W$

Na forma diferencial:

$$F_{A0}dX_A = (-r'_A)dW = (-r'''_A)dV_s \tag{40}$$

Integrando sobre todo o reator, temos:

$$\boxed{\frac{W}{D_{A0}} = \int_0^{X_{A\,\text{saída}}} \frac{dX_A}{-r'_A} \quad \text{ou} \quad \frac{V_s}{F_{A0}} = \int_0^{X_{A\,\text{saída}}} \frac{dX_A}{-r'''_A}} \tag{41}$$

Note a similaridade desta equação com a Eq. (5.13) para reações homogêneas. Para tornar esta analogia mais próxima, faça:

$$\frac{WC_{A0}}{F_{A0}} = \tau' \quad \left[\frac{\text{kg}\cdot\text{s}}{\text{m}^3}\right] \tag{42}$$

Figura 18.9 — Fatia elementar de um reator pistonado com catalisadores sólidos

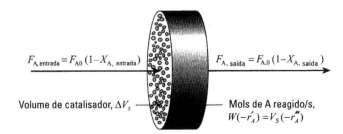

$$\frac{V_s C_{A0}}{F_{A0}} = \tau''' \quad \left[\frac{m^3 s \cdot s}{m^3}\right] \tag{43}$$

Não temos nome para estas duas grandezas, mas se nós quiséssemos, poderíamos chamá-las pelos feios termos de *tempo-peso* e *tempo-volume*, respectivamente. Assim, para reações catalíticas de primeira ordem, a Eq. (41) se torna:

$$k'\tau' = k'''\tau''' = (1+\varepsilon_A)\ln\frac{1}{1-X_{A\,saída}} - \varepsilon_A X_{A\,saída} \quad [-] \tag{44}$$

Para Escoamento com Mistura Perfeita. Seguindo a análise do Capítulo 5, temos aqui, para qualquer valor de ε_A:

$$\boxed{\frac{W}{F_{A0}} = \frac{X_{A\,saída} - X_{A\,entrada}}{(-r'_{A\,saída})} \quad \text{ou} \quad \frac{V_s}{F_{A0}} = \frac{X_{A\,saída} - X_{A\,entrada}}{(-r'''_{A\,saída})}} \tag{45}$$

Para reações de primeira ordem, com $C_{A\,entrada} = C_{A0}$ e $\varepsilon_A \neq 0$:

$$k'\tau' = k'''\tau''' = \frac{X_{A\,saída}(1+\varepsilon_A X_{A\,saída})}{1-X_{A\,saída}} \tag{46}$$

Para um Reator Contendo uma Batelada de Catalisador e uma Batelada de Gás

$$\frac{t}{C_{A0}} = \frac{V}{W_s}\int\frac{dX_A}{-r'_A} \quad \text{ou} \quad \frac{t}{C_{A0}} = \frac{V}{V_s}\int\frac{dX_A}{-r'''_A} \quad \left[\frac{m^3 \cdot s}{mol}\right] \tag{47}$$

Extensões das Equações Simples de Desempenho. Há numerosas aplicações de reações catalíticas em que a fração de sólidos f varia com a altura z no reator (ver Fig. 18.10).

Para essas situações, as equações de desempenho poderiam ser escritas de forma diferente e mais útil. Com u_0 como a velocidade superficial de gás (velocidade se os sólidos estiverem ausentes) através do reator vertical, a Fig. 18.11 mostra o que acontece em uma fina fatia transversal de reator. Um balanço de material, em estado estacionário, fornece:

Entrada de A = saída de A + consumo de A

Figura 18.10 — Reatores catalíticos onde a fração de sólidos, f, varia com a altura

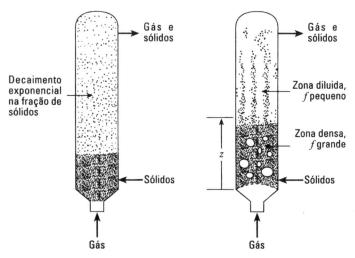

Figura 18.11 — Seção de um reator catalítico que tem uma fração de sólido, f

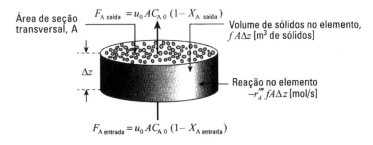

Em símbolos:

$$u_0 A C_{A0}(1 - X_{A\,entrada}) = u_0 A C_{A0}(1 + X_{A\,saída}) + (-r_A''') fA\,\Delta z$$

Na forma diferencial:

$$\frac{C_{A0}\,dX_A}{-r_A'''} = \frac{f\,dz}{u_0} \qquad (48)$$

Integrando:

$$\boxed{C_{A0}\int_0^{X_A}\frac{dX_A}{(-r_A''')} = \frac{1}{u_0}\int_0^H f\,dz} \qquad (49)$$

Para reações de primeira ordem, esta expressão se reduz a:

$$(1+\varepsilon_A)\ln\frac{1}{1-X_A} - \varepsilon_A X_A = \frac{k'''}{u_0}\int_0^H f\,dz \qquad (50)$$

Para o caso especial onde $\varepsilon_A = 0$, f é constante e a altura do leito catalítico é H, temos:

$$-\frac{dC_A}{dz} = f\,\frac{k'''C_A}{u_0} \quad \text{ou} \quad \ln\frac{C_{A0}}{C_A} = \frac{k'''fH}{u_0} \qquad (51)$$

A dedução original levando às Eqs. (40) a (47) será usada no próximo capítulo sobre leitos recheados. A extensão conduzindo às Eqs. (48) a (51) será usada no Capítulo 20, quando trataremos os reatores de sólidos suspensos.

18.6 MÉTODOS EXPERIMENTAIS PARA A DETERMINAÇÃO DE TAXAS

Qualquer tipo de reator com modos conhecidos de contato pode ser usado para explorar a cinética de reações catalíticas. Uma vez que somente uma fase fluida está presente nestas reações, as taxas podem ser encontradas da mesma forma que para as reações homogêneas. A única precaução especial a ser observada é estar certo de que a equação usada de desempenho é dimensionalmente correta e que seus termos são cuidadosa e precisamente definidos.

A estratégia experimental no estudo da cinética catalítica geralmente envolve a medição do grau de conversão do gás passando, em escoamento estacionário, através de uma batelada de sólidos. Qualquer modo de escoamento pode ser usado, desde que o modo selecionado seja conhecido; se este não for o caso, então a cinética *não poderá ser encontrada*. Um reator em batelada pode ser também usado. Nós vamos discutir, um de cada vez, os seguintes dispositivos experimentais:

- Reator diferencial (contínuo)
- Reator de mistura perfeita
- Reator integral (pistonado)
- Reator em batelada para sólido e sólido

336 *Capítulo 18 — Reações Catalisadas por Sólidos*

Reator Diferencial. Nós teremos um reator diferencial contínuo quando considerarmos a taxa constante em todos os pontos dentro do reator. Visto que as taxas dependem da concentração, esta suposição é geralmente razoável somente para pequenas conversões ou para reatores de pequena profundidade. Porém, isto não é sempre necessário, como por exemplo, reações lentas onde o reator pode ser grande, ou para cinética de ordem zero, onde a variação na composição pode ser grande.

Para cada corrida em um reator diferencial, a equação de desempenho do escoamento pistonado se torna:

$$\frac{W}{F_{A0}} = \int_{X_{A\,entrada}}^{X_{A\,saida}} \frac{dX_A}{-r'_A} = \frac{1}{(-r'_A)_{médio}} \int_{X_{A\,entrada}}^{X_{A\,saida}} dX_A = \frac{X_{A\,saida} - X_{A\,entrada}}{(-r'_A)_{médio}} \tag{52}$$

a partir da qual, a taxa média para cada corrida é encontrada. Logo, cada corrida fornece diretamente um valor para a taxa na concentração média do reator. Uma série de corridas fornece uma série de dados de taxa-concentração, que pode ser então analisada para a equação de taxa.

O Exemplo 18.2 ilustra o procedimento sugerido.

Reator Integral. Quando a variação na taxa de reação no interior do reator for tão grande que prefiramos considerar estas variações no método de análise, então nós teremos um reator integral. Uma vez que as taxas dependem das concentrações, grandes variações na taxa podem ocorrer quando a composição do fluido reagente variar significativamente ao passar pelo reator. Podemos seguir um dos dois procedimentos na busca por uma equação de taxa.

Análise Integral. Aqui, um mecanismo específico, com sua correspondente equação de taxa, é testado, integrando-se a equação básica de desempenho para dar, de forma similar à Eq. (5.17):

$$\frac{W}{F_{A0}} = \int_0^{X_A} \frac{dX_A}{-r'_A} \tag{53}$$

As Eqs. (5.20) e (5.23) são as formas integradas da Eq. (5.17), para equações cinéticas simples, e o Exemplo 18.3a ilustra este procedimento.

Análise Diferencial. A análise integral provê um procedimento direto e rápido para testar algumas das mais simples expressões de taxa. Entretanto, com expressões mais complicadas de taxa, as formas integradas destas expressões se tornam difíceis de se trabalhar. Nestas situações, o método diferencial de análise se torna mais conveniente. O procedimento é muito análogo ao método diferencial descrito no Capítulo 3. Deste modo, diferenciando a Eq. (53), obtemos:

$$-r'_A = \frac{dX_A}{dW / F_{A0}} = \frac{dX_A}{d(W / F_{A0})} \tag{54}$$

O Exemplo 18.3b ilustra este procedimento.

Reator de Mistura Perfeita. Um reator de mistura perfeita requer uma composição uniforme de fluido em qualquer ponto. Embora de início possa parecer difícil, tal modo de contato é de fato prático para aproximar sistemas sólido-gás do comportamento ideal (exceto para contato diferencial). Um dispositivo experimental simples, que se aproxima bastante deste escoamento ideal, foi projetado por Carberry (1964). Ele é chamado de *reator de mistura perfeita, tipo cesta*, ilustrado na Fig. 18.12. Carberry (1969) apresentou os usos de reatores de cesta (*basket reactor*) e referências para variações de projeto. Berty (1974) desenvolveu o projeto de um outro dispositivo que se aproxima do escoamento com mistura perfeita, sendo ilustrado na Fig. 18.13. Um outro projeto se refere ao reator com reciclo, tendo R = ∞. Este será considerado na próxima seção.

Para o reator de mistura perfeita, a equação de desempenho se torna:

$$\frac{W}{F_{A0}} = \frac{X_{A\,saida}}{-r'_{A\,saida}}$$

Figura 18.12 — Esboço de um reator experimental com mistura perfeita, tipo cesta, proposto por Carberry

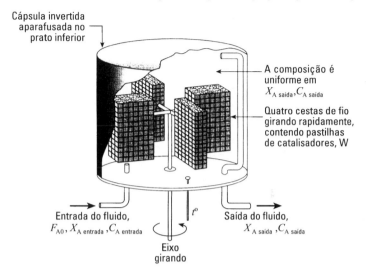

a partir da qual a taxa é:

$$-r'_{A\,saída} = \frac{F_{A0} X_{A\,saída}}{W} \qquad (55)$$

Deste modo, cada corrida fornece, diretamente, um valor para a taxa na concentração de saída do fluido.

Os Exemplos 5.1, 5.2, 5.3 e 18.6 mostram como tratar tais dados.

Reator com Reciclo. Como no caso da análise integral de um reator integral, quando usamos um reator de reciclo, temos de testar uma equação cinética específica. O procedimento requer a substituição da equação cinética na equação de desempenho para reatores com reciclo:

$$\frac{W}{F_{A0}} = (\mathbf{R}+1) \int_{(\mathbf{R}/\mathbf{R}+1)X_{Af}}^{X_{Af}} \frac{dX_A}{-r'_A} \qquad (6.21)$$

e integrá-las. Então, um gráfico do lado esquerdo versus o lado direito da equação testa a linearidade. A Fig. 18.14 esquematiza um reator experimental com reciclo.

Figura 18.13 — Princípio do reator experimental de mistura perfeita proposto por Berty

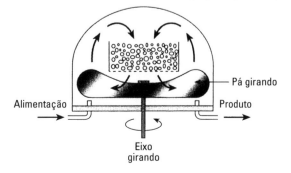

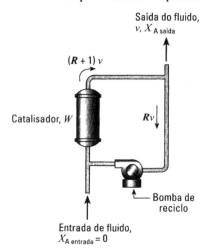

Figura 18.14 — Reator experimental com reciclo. Quando a razão de reciclo for suficientemente grande, o escoamento se aproximará bem daquele com mistura perfeita

Infelizmente, tais dados seriam difíceis de interpretar quando obtidos usando uma baixa ou intermediária razão de reciclo. Assim, nós ignoramos este regime. Mas com uma razão suficientemente grande de reciclo, o escoamento se aproxima daquele com mistura perfeita, podendo-se usar neste caso os métodos de reator de mistura perfeita (avaliação direta da taxa a partir de cada corrida). Assim, uma alta razão de reciclo provê um modo de aproximar um dispositivo essencialmente com escoamento pistonado, em um equipamento com escoamento com mistura perfeita. Porém, fique ciente de que os problemas de decidir quão grande deve ser a razão de reciclo podem ser sérios. Wedel e Villadsen (1983) e Broucek (1983) discutiram as limitações deste reator.

Reator em Batelada. A Fig. 18.15 esquematiza as principais características de um reator experimental que usa uma batelada de catalisador e uma batelada de fluido. Neste sistema, nós seguimos a variação da composição com o tempo e interpretamos os resultados usando a equação de desempenho do reator em batelada.

$$\frac{t}{C_{A0}} = \int_0^{X_A} \frac{dX_A}{-r_A} = \frac{V}{W} \int \frac{dX_A}{-r'_A} \quad V = \binom{\text{volume}}{\text{de gás}} \tag{56}$$

O procedimento é análogo ao usado para reator homogêneo em batelada. De modo a assegurar resultados significativos, a composição do fluido tem de ser uniforme em todo o sistema, em qualquer instante. Isto requer uma baixa conversão por passagem através do catalisador.

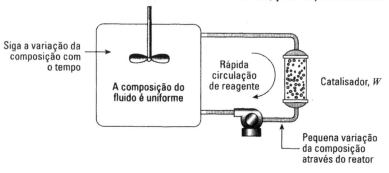

Figura 18.15 — Reator em batelada (batelada de catalisador e batelada de fluido) para reações catalíticas

18.6 — Métodos Experimentais para a Determinação de Taxas **339**

Um reator com reciclo sem correntes de entrada e saída se torna um reator em batelada. Este tipo de reator descontínuo foi usado por Butt *et al.* (1962).

Comparação entre Reatores Experimentais

1. O reator integral pode apresentar variações significantes na temperatura, de ponto a ponto, especialmente com sistemas sólido-gás, mesmo com resfriamento nas paredes. Na busca por expressões de taxa, este reator pode tornar as medidas cinéticas completamente sem valor. O reator de cesta é o melhor neste caso.

2. O reator integral é útil para modelar as operações de unidades maiores de leitos recheados, com todos os seus efeitos de transferência de calor e massa, particularmente para sistemas onde a alimentação e o produto consistem em vários materiais.

3. Uma vez que os reatores diferencial e de mistura perfeita fornecem diretamente a taxa, eles são mais úteis na análise de sistemas reacionais complexos. O teste para qualquer modelo cinético que não seja simples pode se tornar inconveniente e impraticável com o reator integral.

4. Em relação aos outros tipos de reatores, os diferenciais requerem medidas mais acuradas de composição, pelo fato de trabalharem com baixas conversões.

5. O reator com reciclo, tendo um grande reciclo, atua como um reator de mistura, dividindo suas vantagens. Na verdade, para minimizar efeitos térmicos, o catalisador não necessita estar todo em um mesmo local, podendo estar distribuído ao longo de todo o reciclo.

6. Explorando os fatores físicos de transferência de energia e massa, quanto maior for o leito fixo, melhor será a modelagem usando o reator integral. Contudo, os reatores de cesta, com reciclo e em batelada S/G são mais adequados para determinar os limites para tais efeitos térmicos, para evitar o regime onde estes efeitos se impõem e para estudar a cinética da reação sem os efeitos destes fenômenos.

7. O reator em batelada S/G, assim como o reator integral, dá efeitos cumulativos; desta forma, ele é útil para seguir o progresso de reações múltiplas. Nestes reatores, é mais fácil estudar reações livres de resistências térmica e mássica (simplesmente aumente a taxa de recirculação) e também é simples retardar o progresso de reações (use uma batelada maior de fluido ou menos catalisador). Entretanto, a modelagem direta do leito recheado com toda a sua complexidade é feita de melhor forma com o reator integral contínuo.

8. Por causa da facilidade de interpretação de seus resultados, o reator de mistura é provavelmente o dispositivo mais atrativo para estudar a cinética de reações catalisadas por sólidos.

Determinando as Resistências Controladoras e a Equação de Taxa

A interpretação de experimentos se torna difícil quando mais de uma resistência afeta a taxa. De modo a evitar este problema, deveríamos primeiro achar, com corridas preliminares, os limites de operações onde as várias resistências se tornam importantes. Isto nos permitirá selecionar as condições operacionais nas quais as resistências podem ser estudadas separadamente.

Resistência no Filme. Primeiro de tudo, é melhor ver se a resistência no filme de qualquer tipo (para a transferência de massa ou de calor) necessita ser considerada. Isto pode ser feito utilizando-se algumas maneiras.

1. Experimentos podem ser projetados para ver se a conversão varia a diferentes velocidades do gás, porém a idênticos tempo-peso. Isto é feito, usando-se diferentes quantidades de catalisador em reatores integrais ou diferenciais, para idênticos valores de tempo-peso, ou então variando a taxa de rotação nos reatores de cesta ou ainda variando a taxa de circulação em reatores com reciclo ou em batelada.

340 *Capítulo 18 — Reações Catalisadas por Sólidos*

2. Se os dados estiverem disponíveis, poderemos calcular se a resistência à transferência de calor no filme é importante, usando a Eq. (36). Podemos também determinar se a resistência no filme à transferência de massa é importante, pela comparação do valor observado da constante de taxa de primeira ordem, baseado no volume de partícula e no coeficiente de transferência de massa para aquele tipo de escoamento.

Para um fluido escoando através de uma única partícula, a uma velocidade relativa u, Froessling (1938) fornece:

$$\frac{k_g d_p}{\mathcal{D}} = 2 + 0,6\, \text{Re}^{1/2}\text{Sc}^{1/3} = 2 + 0,6\left(\frac{d_p u \rho}{\mu}\right)^{1/2}\left(\frac{\mu}{\rho\mathcal{D}}\right)^{1/3}$$

enquanto para um fluido escoando através de um leito recheado de partículas, Ranz (1952) fornece:

$$\frac{k_g d_p}{\mathcal{D}} = 2 + 1,8\, \text{Re}^{1/2}\text{Sc}^{1/3}, \quad \text{Re} > 80$$

Assim, nós temos aproximadamente:

$$\left.\begin{aligned}
k_g &\sim \frac{1}{d_p} \quad \text{para } d_p \text{ e } u \text{ pequenos} \\
k_g &\sim \frac{u^{1/2}}{d_p^{1/2}} \quad \text{para } d_p \text{ e } u \text{ grandes}
\end{aligned}\right\} \tag{57}$$

Logo, para ver se a resistência à transferência de massa no filme é importante, compare

$$k_{obs}''' V_p \text{ versus } k_g S_{ex} \tag{58}$$

Se os dois termos forem da mesma ordem de grandeza, poderemos suspeitar que a resistência no filme gasoso afeta a taxa. Por outro lado, se $k_{obs}'''V_p$ for muito menor que $k_g S_{ex}$, poderemos ignorar a resistência ao transporte de massa através do filme. O Exemplo 18.1 ilustra este tipo de cálculo. Os resultados deste exemplo confirmam nossa afirmação anterior de que a resistência à transferência de massa no filme provavelmente não é importante com catalisador poroso.

Efeitos Não Isotérmicos. Nós podemos esperar a ocorrência de gradientes de temperatura através do filme gasoso e no interior da partícula. Contudo, a discussão anterior indica que, para sistemas sólido-gás, o efeito mais provável a interferir na taxa é o gradiente de temperatura através do filme gasoso. Conseqüentemente, se o experimento mostrar que a resistência no filme gasoso está ausente, então podemos esperar que a partícula esteja na temperatura do fluido circundante. Deste modo, podemos considerar que as condições isotérmicas prevalecem. Ver novamente o Exemplo 18.1.

Resistência no Poro. O fator efetividade considera esta resistência. Desta forma, baseados na unidade de massa do catalisador, nós temos:

$$-r_A''' = k''' C_A^n \mathcal{E} \quad \text{onde} \quad \mathcal{E} = \frac{1}{M_T}$$

A existência de resistência no poro pode ser determinada por:

1. Cálculo, se $\mathcal{D}_e$ for conhecido.
2. Comparação de taxas para pastilhas de diferentes tamanhos.
3. Observação da queda na energia de ativação da reação com o aumento de temperatura, acoplada a uma possível mudança na ordem de reação.

18.7 DISTRIBUIÇÃO DE PRODUTOS EM REAÇÕES MÚLTIPLAS

Muito freqüentemente, reações catalisadas por sólidos são reações múltiplas. Da variedade de produtos formados, somente um, geralmente, é desejado e é o rendimento deste material que deve ser maximizado. Em casos tais como estes, a questão da distribuição de produtos é de importância primária.

Aqui, nós examinamos o quanto a difusão nos poros modifica o verdadeiro rendimento fracionário instantâneo para vários tipos de reações. No entanto, nós deixamos para o Capítulo 7 os cálculos de rendimento fracionário global em reatores com seus modos particulares de escoamento de fluido. Além disto, não consideraremos a resistência à transferência de massa no filme, visto que este efeito provavelmente não influencia a taxa.

Decomposição de um Único Reagente por Dois Caminhos

Nenhuma resistência à difusão nos poros. Considere a decomposição em caminhos paralelos:

$$A \begin{cases} \nearrow R \text{ (desejado)}, & r_R = k_1 C_A^{a_1} \\ \searrow S \text{ (indesejado)}, & r_S = k_2 C_A^{a_2} \end{cases} \tag{59}$$

Aqui, o rendimento fracionário instantâneo, em qualquer elemento da superfície do catalisador, é dado por:

$$\varphi_{\text{verdadeiro}}\left(\frac{R}{R+S}\right) = \frac{r_R}{r_R + r_S} = \frac{1}{1 + (k_2/k_1)C_A^{a_2-a_1}} \tag{60}$$

ou para reações de primeira ordem:

$$\varphi_{\text{verdadeiro}} = \frac{1}{1 + (k_2/k_1)} \tag{61}$$

Forte resistência à difusão nos poros. Sob estas condições, nós temos:

$$r_R = k_1 C_{Ag}^{a_1} \cdot \mathscr{E}_1 = k_1 C_{Ag}^{a_1} \cdot \frac{1}{M_T}$$

e com a Eq. (29):

$$r_R \cong k_1 C_{Ag}^{a_1} \cdot \frac{1}{L}\left[\frac{4\mathscr{D}_e}{(a_1 + a_2 + 2)(k_1 + k_2)C_{Ag}^{a_1-1}}\right]^{1/2}$$

Usando uma expressão similar para rS e substituindo ambas as expressões na equação de definição de φ, temos:

$$\varphi_{\text{obs}} = \frac{r_R}{r_R + r_S} \cong \frac{1}{1 + (k_2/k_1)C_{Ag}^{(a_2-1_1)/2}} \tag{62}$$

para reações de igual ordem ou para primeira ordem:

$$\varphi_{\text{obs}} = \frac{1}{1 + (k_2/k_1)} \tag{63}$$

Este resultado é esperado, uma vez que as regras do Capítulo 7 sugerem que a distribuição de produtos, para reações competitivas de mesma ordem, não deve ser afetada pela variação na concentração de A nos poros ou no reator.

342 *Capítulo 18 — Reações Catalisadas por Sólidos*

Reações em Série

Como característica de reações em que o produto desejado pode continuar se decompondo, considere as decomposições sucessivas de primeira ordem:

$$A \to R \to S$$

Quando C_A não diminui no interior das partículas de catalisador, taxas verdadeiras são observadas; assim:

$$\varphi_{obs} = \varphi_{verdadeiro} \quad ou \quad \left(\frac{k_2}{k_1}\right)_{obs} = \left(\frac{k_2}{k_1}\right)_{verdadeiro} \tag{64}$$

Forte resistência à difusão nos poros. Uma análise similar àquela começando com a Eq. (2), usando as expressões apropriadas de taxa cinética, fornece a razão de concentrações de materiais na corrente principal de gás (ou nas "bocas" do poro), em qualquer ponto no reator. Logo, a expressão diferencial (ver Wheeler, 1951, para detalhes) é:

$$\frac{dC_{Rg}}{dC_{Ag}} = -\frac{1}{1+\gamma} + \gamma \frac{C_{Rg}}{C_{Ag}}, \quad \gamma = \left(\frac{k_2}{k_1}\right)^{1/2} \tag{65}$$

Para escoamento com mistura perfeita, com C_A variando de C_{A0} a C_{Ag}, Eq. (65), e com $C_{R0} = 0$, temos:

$$C_{Rg} = \frac{1}{1+\gamma} \cdot \frac{C_{Ag}(C_{A0} - C_{Ag})}{C_{Ag} + \gamma(C_{A0} - C_{Ag})} \tag{66}$$

Para escoamento pistonado, a integração com $C_{R0} = 0$ fornece:

$$\frac{C_{Rg}}{C_{A0}} \frac{1}{1+\gamma} \cdot \frac{1}{1-\gamma} \left[\left(\frac{C_{Ag}}{C_{A0}}\right)^{\gamma} - \frac{C_{Ag}}{C_{A0}} \right] \tag{67}$$

A comparação das Eqs. (66) e (67) com as expressões correspondentes para nenhuma resistência no poro, Eqs. (8.41) e (8.37), mostra que, neste caso, as distribuições de A e R são dadas por uma reação tendo a raiz quadrada da verdadeira razão de k, com a modificação adicional de C_{Rg} dividida por $1 + \gamma$. O rendimento máximo de R é provavelmente afetado. Deste modo, para escoamento pistonado, a Eq. (8.8) ou (8.38) é modificada para dar:

$$\frac{C_{Rg.\,máx}}{C_{A0}} = \frac{\gamma^{\gamma/(1-\gamma)}}{1+\gamma}, \quad \gamma = \left(\frac{k_2}{k_1}\right)^{1/2} \tag{68}$$

e para escoamento com mistura perfeita, a Eq. (8.15) ou Eq. (8.41) é modificada para dar:

$$\frac{C_{Rg.\,máx}}{C_{A0}} = \frac{1}{(1+\gamma)(\gamma^{1/2}+1)^2} \tag{69}$$

A Tabela 18.2 mostra que o rendimento de R é reduzido à metade, aproximadamente, na presença de forte resistência à difusão nos poros.

Tabela 18.2 — O papel da difusão nos poros, para reações de primeira ordem em série

	$C_{Rg, máx}/C_{A0}$ para Escoamento Pistonado			$C_{Rg, máx}/C_{A0}$ para Escoamento com Mistura Perfeita		
k_2/k_1	Sem Resistência	Forte Resistência	Descréscimo Percentual	Sem Resistência	Forte Resistência	Descréscimo Percentual
1/64	0,936	0,650	30,6	0,790	0,486	38,5
1/16	0,831	0,504	39,3	0,640	0,356	44,5
1/4	0,630	0,333	47,6	0,444	0,229	48,5
1	0,368	0,184	50,0	0,250	0,125	50,0
4	0,157	0,083	47,2	0,111	0,057	48,5
16	0,051	0,031	38,2	0,040	0,022	44,5

Ver Wheeler (1951) para mais discussão sobre o assunto de deslocamento na distribuição de produtos causado por efeitos difusionais.

Extensões para Catalisadores Reais

Até agora, temos considerado pastilhas de catalisadores tendo somente um tamanho de poro. Catalisadores reais, no entanto, têm poros de vários tamanhos. Um bom exemplo disto são as pastilhas preparadas pela compressão de um pó poroso. Neste caso, há grandes aberturas entre as partículas aglomeradas e os poros pequenos no interior de cada partícula. Como uma primeira aproximação, podemos representar esta estrutura por dois tamanhos de poro, conforme mostrado na Fig. 18.16. Se definirmos o grau de ramificação de uma estrutura porosa por α, onde

$\alpha = 0$ representa uma partícula não porosa,
$\alpha = 1$ representa uma partícula com um tamanho de poro,
$\alpha = 2$ representa uma partícula com dois tamanhos de poro,

então, cada pastilha porosa real pode ser caracterizada por algum valor de α.

Agora, para uma forte resistência à difusão em um tamanho de poro, já sabemos que a ordem observada de reação, a energia de ativação e a razão de k para reações múltiplas diferirão do valor verdadeiro. Assim, das Eqs. (30) e (32):

Figura 18.16 — Estrutura porosa com dois tamanhos de poros como modelo para uma pastilha de pó poroso e comprimido

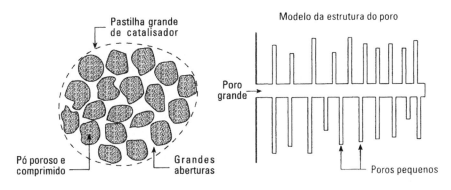

344 Capítulo 18 — Reações Catalisadas por Sólidos

$$\text{para } \alpha = 1 \begin{cases} \mathbf{E}_{obs} = \dfrac{1}{2}\mathbf{E}_{difusão} + \dfrac{1}{2}\mathbf{E} \\[2mm] n_{obs} = 1 + \dfrac{n-1}{2} \\[2mm] \left(\dfrac{k_2}{k_1}\right)_{obs} = \left(\dfrac{k_2}{k_1}\right)^{1/2} \cdots \text{ para reações laterais} \end{cases} \tag{70}$$

Carberry (1962a, b), Tartarelli (1968) e outros estenderam este tipo de análise para outros valores de α e para reações reversíveis. Logo, para dois tamanhos de poros, em que a reação ocorre principalmente nos poros menores (porque existe muito mais área aí), enquanto ambos os tamanhos de poros oferecem uma forte resistência difusional nos poros, nós encontramos:

$$\text{para } \alpha = 2 \begin{cases} \mathbf{E}_{obs} = \dfrac{3}{4}\mathbf{E}_{difusão} + \dfrac{1}{4}\mathbf{E} \\[2mm] n_{obs} = 1 + \dfrac{n-1}{4} \\[2mm] \left(\dfrac{k_2}{k_1}\right)_{obs} = \left(\dfrac{k_2}{k_1}\right)^{1/4} \cdots \text{ para reações laterais} \end{cases} \tag{71}$$

Mais genericamente, para uma estrutura porosa arbitrária:

$$\text{para qualquer } \alpha \begin{cases} \mathbf{E}_{obs} = \left(1 - \dfrac{1}{2^{\alpha}}\right)\mathbf{E}_{difusão} + \dfrac{1}{2^{\alpha}}\mathbf{E} \\[2mm] n_{obs} = 1 + \dfrac{n-1}{2^{\alpha}} \\[2mm] \left(\dfrac{k_2}{k_1}\right)_{obs} = \left(\dfrac{k_2}{k_1}\right)^{1/2^{\alpha}} \cdots \text{ para reações laterais} \end{cases} \tag{72}$$

Essas evidências mostram que para valores altos de α, a difusão tem uma importância crescente, que o valor observado da energia de ativação diminui até o valor da energia de difusão e que a ordem de reação se aproxima da unidade. Desta maneira, para uma dada estrutura porosa com α desconhecido, a única estimativa confiável da razão verdadeira de k seria proveniente de experimentos realizados sob condições em que difusão nos poros não fosse importante. Por outro lado, a determinação da razão experimental dos valores de k, nas condições de forte e desprezível resistências nos poros, deve resultar no valor de α. Por sua vez, isto deve esclarecer a geometria da estrutura do poro do catalisador.

EXEMPLO 18.1 BUSCA DO MECANISMO CONTROLADOR DA TAXA

Uma medição experimental da taxa de decomposição de A é feita com um catalisador particular (ver dados pertinentes listados abaixo).

(a) É provável que a resistência à transferência de massa no filme influencie a taxa?

(b) Esta corrida poderia ter sido feita no regime de forte resistência à difusão nos poros?

(c) Você esperaria ter variações na temperatura no interior da pastilha ou através do filme gasoso?

18.7 — Distribuição de Produtos em Reações Múltiplas **345**

Dados:

Para a partícula esférica:

d_p = 2,4 mm ou $L = R/3$ = 0,4 mm = 4×10^{-4} m de catalisador.

$\mathscr{D}_e$ = 5×10^{-5} m³/h · m de catalisador (condutividade mássica efetiva)

k_{ef} = 1,6 kJ/h · m de catalisador · K (condutividade térmica efetiva)

Para o filme gasoso circundando a pastilha (a partir das correlações da literatura):

h = 160 kJ/ h · m² de catalisador · K (coeficiente de transferência de calor)

k_g = 300 m³/h · m² de catalisador (coeficiente de transferência de massa)

Para a reação:

ΔH_r = – 160 kJ/mol de A (exotérmica)

C_{Ag} = 20 mols/m³ (à pressão de 1 atm e a 336°C)

$-r'''_{\text{A, obs}}$ = 10^5 mols/h · m³ de catalisador

Considere que a reação é de primeira ordem.

SOLUÇÃO

(a) *Transferência de massa no filme*. Da Eq. (58) e introduzindo os valores numéricos, obtemos:

$$
\frac{\text{taxa observada}}{\begin{array}{c}\text{taxa se a resistência}\\ \text{no filme fosse a}\\ \text{etapa controladora}\end{array}} = \frac{k'''_{\text{obs}}V_p}{k_g S_{\text{ex}}} = \frac{(-r'''_{\text{A, obs}} / C_{\text{Ag}})(\pi d_p^3 / 6)}{k_g (\pi d_p^2)} = \frac{-r'''_{\text{A, obs}}}{C_{\text{Ag}} k_g} \cdot \frac{d_p}{6}
$$

$$
= \frac{10^5 \text{ mols} / \text{ h} \cdot \text{m}^3 \text{ de catalisador}}{\dfrac{20 \text{ mols}}{/\text{m}^3} \cdot \dfrac{300 \text{ m}^3}{\text{h} \cdot \text{m}^2 \text{ de catalisador}}} \cdot \frac{2,4 \times 10^{-3} \text{m de catalisador}}{6} = \frac{1}{150}
$$

A taxa observada é muito mais lenta que a taxa limitante de transferência de massa no filme. Assim, a resistência à transferência de massa no filme não deve, certamente, influenciar a taxa de reação.

(b) *Forte resistência à difusão nos poros*. A Eq. (24) e a Fig. 18.7 são usadas para testar a hipótese de forte resistência à difusão nos poros. Logo:

$$
M_W = \frac{(-r'''_{\text{A}})_{\text{obs}} L^2}{\mathscr{D}_e C_{\text{Ag}}} = \frac{10^5 \text{mols} / \text{h} \cdot \text{m}^3 \text{ de catalisador}}{(20 \text{ mols} / \text{m}^3)(5 \times 10^{-5} \text{m}^3 / \text{h} \cdot \text{m de catalisador})} \cdot (4 \times 10^{-4} \text{m de catalisador})^2 = 16
$$

Esta quantidade, M_W, é maior que 4; por conseguinte, a difusão nos poros está influenciando e retardando a taxa de reação.

(c) *Operações não isotérmicas*. A estimativa para o limite superior para variações na temperatura é dada pelas Eqs. (38) e (36). Deste modo, no interior da pastilha:

$$
\Delta T_{\text{máx, pastilha}} = \frac{\mathscr{D}_e (C_{\text{Ag}} - 0)(-\Delta H_r)}{k_{\text{efetivo}}}
$$

$$
= \frac{(20 \text{ mols} / \text{m}^3)(5 \times 10^{-5} \text{m}^3 / \text{h} \cdot \text{m de catalisador})(160 \text{ kJ} / \text{mol})}{(1,6 \text{ kJ} / \text{h} \cdot \text{m de catalisador} \cdot \text{K})}
$$

$$
= 0,1°C
$$

346 *Capítulo 18 — Reações Catalisadas por Sólidos*

Através do filme gasoso:

$$\Delta T_{\text{máx, filme}} = \frac{L(-r'''_{\text{A, obs}})(-\Delta H_r)}{h}$$

$$= \frac{(4 \times 10^{-4}\,\text{m})(10^5\,\text{mols / h} \cdot \text{m}^3)(160\,\text{kJ / mol})}{(160\,\text{kJ / h} \cdot \text{m}^2\,\text{de catalisador} \cdot \text{K})}$$

$$= 40°\text{C}$$

Estas estimativas mostram que a pastilha está praticamente com temperatura uniforme, porém poderia estar muito bem a uma temperatura mais quente que o fluido ambiente.

Usamos neste exemplo coeficientes próximos daqueles observados em sistemas reais sólido-gás (ver o apêndice). As conclusões comprovam a discussão deste capítulo.

EXEMPLO 18.2 A EQUAÇÃO DE TAXA PROVENIENTE DE UM REATOR DIFERENCIAL

A reação catalítica

$$A \rightarrow 4R$$

é realizada à pressão de 3,2 atm e a 117°C em um reator pistonado, que contém 0,01 kg de catalisador e usa uma alimentação, consistindo num produto parcialmente convertido, de 20 ℓ/h de A puro não reagido. Os resultados são dados a seguir:

Corrida	1	2	3	4
$C_{\text{A, entrada}}$, mol/ℓ	0,100	0,080	0,060	0,040
$C_{\text{A, saída}}$, mol/ℓ	0,084	0,070	0,055	0,038

Encontre a equação de taxa que representa esta reação.

SOLUÇÃO

Visto que a variação máxima em torno da concentração média é 8% (corrida 1), podemos considerar isto como sendo um reator diferencial e podemos aplicar a Eq. (52) para encontrar a taxa de reação.

Baseados na conversão de A puro para todas as corridas a 3,2 atm e 117°C, temos:

$$C_{\text{A0}} \frac{N_{\text{A0}}}{V} = \frac{p_{\text{A0}}}{RT} = \frac{3,2\,\text{atm}}{(0,082\,\ell \cdot \text{atm / mol} \cdot \text{K})(390\,\text{K})} = 0,1\,\frac{\text{mol}}{\ell}$$

e

$$F_{\text{A0}} = C_{\text{A0}} v = \left(0,1\,\frac{\text{mol de A}}{\ell}\right)\left(20\,\frac{\ell}{\text{h}}\right) = 2\,\frac{\text{mols}}{\text{h}}$$

Pelo fato de a densidade variar durante a reação, as concentrações e as conversões estão relacionadas por:

$$\frac{C_{\text{A}}}{C_{\text{A0}}} = \frac{1 - X_{\text{A}}}{1 + \varepsilon_{\text{A}} X_{\text{A}}} \quad \text{ou} \quad X_{\text{A}} = \frac{1 - C_{\text{A}} / C_{\text{A0}}}{1 + \varepsilon_{\text{A}}(C_{\text{A}} / C_{\text{A0}})}$$

onde $\varepsilon_{\text{A}} = 3$ para a base selecionada (A puro).

A Tabela E18.2 mostra os detalhes dos cálculos.

18.7 — Distribuição de Produtos em Reações Múltiplas

Tabela E18.2

$\dfrac{C_{A\,entrada}}{C_{A0}}$	$\dfrac{C_{A\,saida}}{C_{A0}}$	$C_{A\,média}$ mol / ℓ	$X_{A\,entrada} = \dfrac{1 - \dfrac{C_{A\,entrada}}{C_{A0}}}{1 + \varepsilon_A \dfrac{C_{A\,entrada}}{C_{A0}}}$	$X_{A\,saida} = \dfrac{1 - \dfrac{C_{A\,saida}}{C_{A0}}}{1 + \varepsilon_A \dfrac{C_{A\,saida}}{C_{A0}}}$	$\Delta X_A = X_{A\,saida} - X_{A\,entrada}$	$-r'_A = \dfrac{\Delta X_A}{W / F_{A0}}$
1	0,84	0,092	$\dfrac{1-1}{1+3}=0$	$\dfrac{1-0,84}{1+3(0,84)}=0,0455$	0,0455	$\dfrac{0,0455}{0,01/2}=9,1$
0,8	0,70	0,075	0,0588	0,0968	0,0380	7,6
0,6	0,55	0,0575	0,1429	0,1698	0,0269	5,4
0,4	0,38	0,039	0,2727	0,2897	0,0171	3,4

A Fig. E18.2 mostra que o gráfico de $-r'_A$ com C_A é uma reta que passa pela origem, indicando uma decomposição de primeira ordem. A taxa em termos de mols de A reagido/h · kg de catalisador é então encontrada a partir desta figura como sendo:

$$-r'_A = -\frac{1}{W}\frac{dN_A}{dt} = \left(96 \frac{\ell}{h \cdot kg \text{ de catalisador}}\right)\left(C_A \frac{mol}{\ell}\right)$$

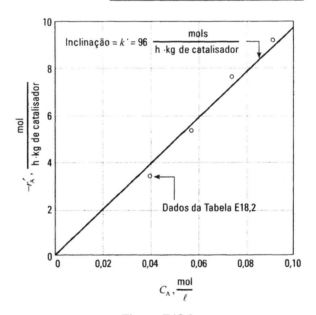

Figura E18.2

EXEMPLO 18.3 A EQUAÇÃO DE TAXA PROVENIENTE DE UM REATOR INTEGRAL

A reação catalítica

$$A \rightarrow 4R$$

é estudada em um reator pistonado, usando várias quantidades de catalisador e uma alimentação consistindo em 20 ℓ de A puro/h, à pressão de 3,2 atm e a 117°C. As concentrações de A na corrente efluente são registradas para várias corridas, como dado a seguir:

348 *Capítulo 18 — Reações Catalisadas por Sólidos*

Corrida	1	2	3	4
Catalisador usado, kg	0,020	0,040	0,080	0,160
$C_{A, saída}$, mol/ℓ	0,074	0,060	0,044	0,029

(a) Encontre a equação de taxa para esta reação, usando o método integral de análise.

(b) Repita a parte (a), usando o método diferencial de análise.

SOLUÇÃO

(a) *Análise Integral.* Do Exemplo 18.2, nós temos para todas as corridas:

$$C_{A0} = 0,1 \text{ mol} / \ell, \quad F_{A0} = 2 \text{ mols} / \text{h}, \quad \varepsilon_A = 3$$

Uma vez que a concentração varia significativamente durante as corridas, o reator experimental deve ser considerado como um reator integral.

Como uma primeira estimativa, tente uma expressão de taxa de primeira ordem. Então, para escoamento pistonado, a Eq. (44) fornece:

$$k' \frac{C_{A0} W}{F_{A0}} = (1 + \varepsilon_A) \ln \frac{1}{1 - X_A} - \varepsilon_A X_A$$

e colocando-se os valores numéricos de ε_A, C_{A0} e F_{A0}, temos:

$$\left(4 \ln \frac{1}{1 - X_A} - 3 X_A \right) = k' \left(\frac{W}{20} \right) \tag{i}$$

Os dois termos entre parênteses devem ser proporcionais entre si, com a constante de proporcionalidade igual a k'. Avaliando esses termos na Tabela E18.3a para os pontos dados e colocando em forma gráfica, como mostrado na Fig. 18.3a, nós vemos que não há razão para suspeitarmos de que não tenhamos uma relação linear. Conseqüentemente, podemos concluir que a equação de taxa de primeira ordem ajusta satisfatoriamente os dados. Com k' avaliado pela Fig. 18.3a, nós temos então:

$$-r_A' = \left(95 \frac{\ell}{\text{h} \cdot \text{hg de catalisador}} \right) \left(C_A, \frac{\text{mol}}{\ell} \right)$$

Tabela E18.3a — Cálculos necessários para testar o ajuste da Eq. **(i)** pela análise integral

$X_A = \dfrac{C_{A0} - C_A}{C_{A0} + 3 C_A}$	$4 \ln \dfrac{1}{1 - X_A}$	$3 X_A$	$\left(4 \ln \dfrac{1}{1 - X_A} - 3 X_A \right)$	W, kg	$\dfrac{W}{20}$
0,0808	0,3372	0,2424	0,0748	0,02	0,001
0,1429	0,6160	0,4287	0,1873	0,04	0,002
0,2415	1,1080	0,7245	0,3835	0,08	0,004
0,379	1,908	1,137	0,771	0,16	0,008

(b) *Análise Diferencial.* A Eq. (54) mostra que a taxa de reação é dada pela inclinação da curva de X_A *versus* W/F_{A0}. A Tabela E18.3b, baseada nas inclinações medidas na Fig. E18.3b, mostra como a taxa de reação é encontrada para vários valores de C_A. A relação linear entre e C_A, conforme ilustrado na Fig. E18.3b, fornece a equação de taxa:

18.7 — Distribuição de Produtos em Reações Múltiplas **349**

Figura E18.3a

Figura E18.3b

Figura E18.3c

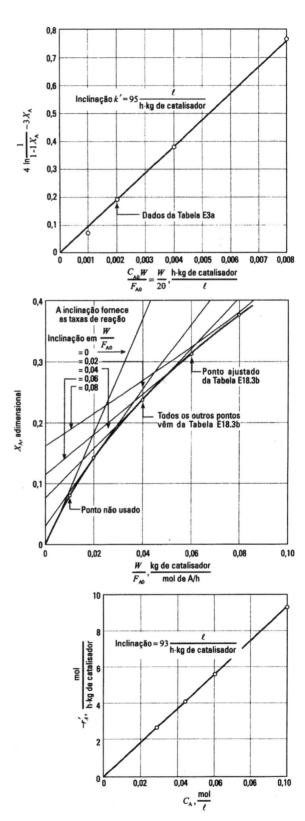

$$-r_A' = \left(93\,\frac{\ell}{h \cdot \text{kg de catalisador}}\right)\left(C_A, \frac{\text{mol}}{\ell}\right)$$

Tabela E18.3b — Cálculos usados para a análise diferencial

W	$\dfrac{W}{F_{A0}}$	$\dfrac{C_{A\,\text{saida}}}{C_{A0}}$	$X_A = \dfrac{1-\dfrac{C_A}{C_{A0}}}{1+\varepsilon_A\dfrac{C_A}{C_{A0}}}$	$-r_A' = \dfrac{dX_A}{d\left(\dfrac{W}{F_{A0}}\right)}$ (da Fig. E18.3b)
0	0	1	0	$\dfrac{0,4}{0,043}=9,3$
0,02	0,01	0,74	0,0808	não usado
0,04	0,02	0,60	0,1429	5,62
0,08	0,04	0,44	0,2415	4,13
0,16	0,08	0,29	0,379	2,715

EXEMPLO 18.4 CAPACIDADE DE UM REATOR PISTONADO, A PARTIR DE UMA EQUAÇÃO DE TAXA

Considere a reação catalítica do Exemplo 18.2. Usando a equação de taxa encontrada para esta reação, determine a quantidade necessária de catalisador em um reator de leito recheado (suponha escoamento pistonado), para uma conversão de 35% de A em R e uma alimentação de 2.000 mols de A puro/h, a 3,2 atm e 117°C.

SOLUÇÃO

A quantidade necessária de catalisador é dada pela expressão de taxa de primeira ordem para escoamento pistonado, Eq. (44). Assim:

$$W = \frac{F_{A0}}{kC_{A0}}\left[(1+\varepsilon_A)\ln\frac{1}{1-X_A}-\varepsilon_A X_A\right]$$

Substituindo todos os valores conhecidos do Exemplo 18.2 nesta expressão, temos o resultado final de:

$$W = \frac{2.000\,\dfrac{\text{mols de A}}{h}}{\left(90\,\dfrac{\ell}{h \cdot \text{kg de catalisador}}\right)\left(0,1\,\dfrac{\text{mol de A}}{\ell}\right)}\left(4\ln\frac{1}{0,65}-1,05\right)$$

$$= 140 \text{ kg de catalisador}$$

EXEMPLO 18.5 CAPACIDADE DE UM REATOR PISTONADO, A PARTIR DE DADOS DE CONCENTRAÇÃO versus TAXA

Para a reação do Exemplo 18.2, suponha os seguintes dados de concentração-taxa:

C_A, mol/ℓ	0,039	0,0575	0,075	0,092
$-r_A'$, mol de A/h · kg de catalisador	3,4	5,4	7,6	9,1

Diretamente destes dados e sem usar uma equação de taxa, encontre a capacidade necessária do leito recheado para tratar 2.000 mols de A puro/h, a 117°C (ou $C_{A0} = 0,1$ mol/ℓ, $\varepsilon_A = 3$), para uma conversão de 35%, tudo a 3,2 atm.

Nota: Informação de taxa tal qual esta pode ser obtida a partir de um reator diferencial (ver Tabela E18.2) ou de outros tipos de reatores experimentais.

SOLUÇÃO

Para encontrar a quantidade necessária de catalisador, sem usar uma expressão analítica para a relação entre a concentração e a taxa, precisamos uma integração gráfica da equação de desempenho do escoamento pistonado; ou seja:

$$\frac{W}{F_{A0}} = \int_0^{0,35} \frac{dX_A}{-r'_A}$$

Os dados necessários de $-r'_A$ versus X_A são determinados na Tabela E18.5 e são apresentados na Fig. E18.5. Integrando graficamente, temos então:

$$\int_0^{0,35} \frac{dX_A}{-r'_A} = 0,0735$$

Conseqüentemente:

$$\underline{W} = \left(2.000 \frac{\text{mols de A}}{\text{h}}\right)\left(0,0735 \frac{\text{h} \cdot \text{kg de catalisador}}{\text{mol de A}}\right) = \underline{\underline{147 \text{ kg de catalisador}}}$$

Tabela E18.5

$-r'_A$ (dado)	$\frac{1}{-r'_A}$	C_A (dado)	$X_A = \frac{1 - C_A/0,1}{1 + 3C_A/01}$
3,4	0,294	0,039	0,2812
5,4	0,186	0,0575	0,1563
7,6	0,1316	0,075	0,0778
9,1	0,110	0,092	0,02275

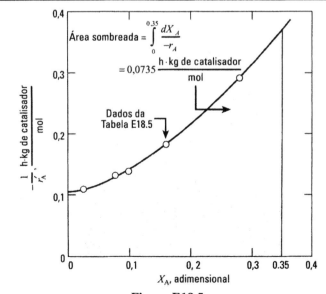

Figura E18.5

352 *Capítulo 18 — Reações Catalisadas por Sólidos*

EXEMPLO 18.6 CAPACIDADE DE UM REATOR DE MISTURA PERFEITA

Para a reação do Exemplo 18.2, determine a quantidade necessária de catalisador em um reator de leito recheado, tendo uma taxa muito grande de reciclo (considere escoamento com mistura perfeita), para uma conversão de 35% de A em R. A taxa de alimentação é de 2.000 mols de A puro/h, a 3,2 atm e 117°C. Para a reação a esta temperatura:

$$A \rightarrow 4R, \quad -r'_A = 96\,C_A, \quad \text{mol / h} \cdot \text{kg de catalisador}$$

Do Exemplo 18.2, $C_{A0} = 0,1$ mol/ℓ e $\varepsilon_A = 3$.

SOLUÇÃO

A 35% de conversão, a concentração do reagente é:

$$C_A = C_{A0}\left(\frac{1-X_A}{1+\varepsilon_A X_A}\right) = 0,1\left(\frac{1-0,35}{1+3(0,35)}\right) = 0,0317$$

Para o escoamento com mistura perfeita, a Eq. (45) dá:

$$\frac{W}{F_{A0}} = \frac{X_{A\,\text{saída}} - X_{A\,\text{entrada}}}{-r'_{A\,\text{saída}}} = \frac{X_{A\,\text{saída}} - X_{A\,\text{entrada}}}{k'C_{A\,\text{saída}}}$$

ou

$$\underline{\underline{W}} = 2.000\left(\frac{0,35-0}{96(0,0317)}\right) = \underline{\underline{230\ \text{kg}}}$$

Nota: Como esperado, um reator de mistura perfeita requer mais catalisador do que um reator pistonado.

EXEMPLO 18.7 RESISTÊNCIAS À TRANSFERÊNCIA DE MASSA

Qual é a interpretação mais razoável, em termos de resistências controladoras, dos dados cinéticos da Tabela E18.7, obtidos em um reator de mistura perfeita, tipo cesta, se nós soubermos que o catalisador é poroso? Considere comportamento isotérmico.

Tabela E18.7

Diâmetro da pastilha	Concentração de saída do reagente	Taxa de rotação dos cestos	Taxa medida de reação, $-r'_A$
1	1	alta	3
3	1	baixa	1
3	1	alta	1

SOLUÇÃO

Vamos ver se a resistência no filme ou a resistência no poro poderia estar diminuindo a taxa de reação.

As corridas 2 e 3 usam diferentes taxas de rotação, porém têm a mesma taxa de reação. Por conseguinte, a difusão no filme é regulada pelas pastilhas maiores. Mas a Eq. (57) mostra que se a resistência no filme não for importante para pastilhas grandes, ela não o será para pastilhas pequenas. Conseqüentemente, a resistência no filme não influencia a taxa.

18.7 — Distribuição de Produtos em Reações Múltiplas **353**

Comparando a corrida 1 com a corrida 2 ou 3, temos que:

$$-r_A' \propto \frac{1}{R}$$

A Eq. (25) diz então que estamos no regime de forte resistência no poro. Assim, nossa conclusão final é:

* resistência desprezível do filme
* forte resistência à difusão nos poros

REFERÊNCIAS

Aris, R., *Chem. Eng. Sci.*, **6**, 262 (1957).

Berty, J., *Chem. Eng. Prog.*, **70** (5), 78 (1974).

Bischoff, K. B., *Chem. Eng. Sci.*, **22**, 525 (1967).

Boudart, M., *AIChE J.*, **2**, 62 (1956).

Broucek, R., *Chem. Eng. Sci.*, **38**, 1349 (1983).

Butt, J. B., Bliss, H., and Walker, C. A., *AIChE J.*, **8**, 42 (1962).

Carberry, J. J., *AIChE J.*, **7**, 350 (1961).

_____, *AIChE J.*, **8**, 557 (1962a).

_____, *Chem. Eng. Sci.*, **17**, 675 (1962b).

_____, *Ind. Eng. Chem.*, **56**, 39 (Nov. 1964).

_____, *Catalysis Reviews*, **3**, 61 (1969).

Chou, C. H., *Ind. Eng. Chem.*, **50**, 799 (1958).

Corrigan, T. E., *Chem. Eng.*, **61**, 236 (November 1954); **61**, 198 (December 1954); **62**, 199 (January 1955); **62**, 195 (February 1955); **62**, 203 (May 1955); **62**, 227 (July 1955).

Froessling, N., *Gerland Beitr. Geophys.*, **52**, 170 (1938).

Froment, G. F., and Bischoff, K. B., *Chemical Reactor Analysis and Design*, p. 162, John Wiley and Sons, Nova York, 1990.

Hougen, O .A., and Watson, K. M., *Chemical Process Principles*, Part III, John Wiley & Sons, Nova York, 1947.

Hutchings, J., and Carberry, J. J., *AIChE J.*, **12**, 20 (1966).

Levenspiel, O., *Chemical Reactor Omnibook*, Chap. 22, OSU Bookstore, Corvallis, OR, 1996.

McGreavy, C., and Cresswell, D. L., *Can. J. Ch. E.*, **47**, 583 (1969a).

_____. and _____, *Chem. Eng. Sci.*, **24**, 608 (1969b).

McGreavy, C., and Thornton, J. M., *Can. J. Ch. E.*, **48**, 187 (1970a).

_____, *Chem, Eng. Sci.*, **25**, 303 (1970b).

Prater, C. C., *Chem. Eng. Sci.*, **8**, 284 (1958).

_____, and Lago, R. M., *Advances ind Catalysis*, **8**, 293 (1956).

Ranz, W. E., *Chem Eng. Prog.*, **48**, 247 (1952).

Satterfield, C. N., *Mass Tranfer in Heterogeneuos Catalysis*, M.I.T. Press, 1970.

Tartarelli, R., *Chim. Ind. (Milan)*, **50**, 556 (1968).

Thiele, E. W., *Ind. Eng. Chem.*, **31**, 916 (1939).

354 Capítulo 18 — Reações Catalisadas por Sólidos

Walas, S., *Reaction Kinetics for Chemical Engineers*, McGraw-Hill, Nova York, 1959.

Wedel, S., and Villadsen, J., *Chem Eng. Sci.*, **38**, 1346 (1983).

Weisz, P. B., *Chem. Eng. Prog. Symp. Series*, No. 25, **55**, 29 (1959).

_____, and Hicks, J. S., *Chem. Eng. Sci.*, **17**, 265 (1962).

Weller, S., *AIChE J.*, **2**, 59 (1956).

Wheeler, A.,. *Advances in Catalysis*, **3**, 250 (1951).

PROBLEMAS

Estes problemas são agrupados como segue:

Problemas 1–19: Aplicação direta das equações de desempenho. Tente primeiro estes problemas.
Problemas 20–30: Cinética da difusão nos poros.
Problemas 31–40: Capacidade do reator + difusão nos poros.

18.1 Enquanto está vendo os Laboratórios Tropicana, você para de modo a olhar um reator usado para obter dados cinéticos. Ele consiste em uma coluna de vidro, com 5 cm de diâmetro interno, recheada com catalisadores ativos, até uma altura de 30 cm. Este é um reator diferencial ou integral?

18.2 Uma reação de primeira ordem, catalisada por sólido, $\varepsilon = 0$, ocorre em um reator de mistura perfeita, tipo cesta, tendo 50% de conversão. Qual será a conversão, se a capacidade do reator for triplicada e se todo o resto — temperatura, quantidade de catalisador, composição da alimentação e taxa de escoamento — for mantido constante?

18.3 Os seguintes dados cinéticos da reação A → R são obtidos em um reator experimental de leito recheado, usando várias quantidades de catalisador e uma taxa fixa de alimentação $F_{A0} = 10$ kmols/h.

W, kg de catalisador	1	2	3	4	5	6	7
X_A	0,12	0,20	0,27	0,33	0,37	0,41	0,44

(a) Encontre a taxa de reação para uma conversão de 40%.

(b) No projeto de um grande reator de leito recheado, com taxa de alimentação $F_{A0} = 400$ kmols/h, quanto catalisador seria necessário para uma conversão de 40%?

(c) Quanto catalisador seria necessário na parte (b), se o reator empregasse um reciclo muito grande da corrente de produto?

Um gás contendo A (2 mols/m$_3$) é alimentado (1 m^3/h) em um reator tubular ideal com reciclo (0,02 m^3 de volume reciclado e 3 kg de catalisador), sendo medida a composição de saída (0,5 mol de A/m^3) do sistema de reator. Encontre a equação de taxa para a decomposição de A nos casos seguintes. Esteja certo de dar as unidades de $-r'_A$, C_A e k' em sua expressão final.

18.4 Reciclo muito grande, A → R, $n = 1/2$.

18.5 Reciclo muito grande, A → 3R, $n = 1$, 50% de A e 50% de inertes na alimentação.

18.6 Sem reciclo, A → 3R, $n = 2$, 25% de A e 75% de inertes na alimentação.

O reagente gasoso A reage (A → R) em um reator experimental. A partir dos seguintes dados de conversão, em várias condições, encontre a equação de taxa que representa a reação.

18.7

v_0, m^3/h	3	2	1,2	Escoamento com mistura perfeita
				$C_{A0} = 10$ mols/m^3
X_A	0,2	0,3	0,5	$W = 4$ g

18.8

W, g	0,5	1,0	2,5	Escoamento Pistonado
C_A	30	20	10	$C_{A0} = 60$ mols/m^3
				$v = 3$ ℓ/min

Os seguintes dados cinéticos são obtidos em um reator experimental de Carberry, tipo cesta, usando 100 g de catalisador nas pás e diferentes taxas de escoamento de corrida a corrida:

A → R F_{A0}, mol/min
$C_{A0} = 10$ mols/m^3 C_A, mol/m^3

F_{A0}, mol/min	0,14	0,42	1,67	2,5	1,25
C_A, mol/m^3	8	6	4	2	1

18.9 Determine a quantidade necessária de catalisador em um reator de leito recheado, para uma conversão de 75% de 1.000 mols de A/min e com uma alimentação de $C_{A0} = 8$ mols/m^3.

18.10 Encontre W para o escoamento com mistura perfeita, $X_A = 0,90$, $C_{A0} = 10$ mols/m^3 e $F_{A0} = 1.000$ mols/min.

Quanto catalisador é necessário em um reator de leito recheado, para uma conversão de 80% de 1.000 m^3 do gás puro A/h ($C_{A0} = 100$ mols/m^3), se a estequiometria e a taxa forem dadas por:

18.11 A → R, $-r_A' = \dfrac{50C_A}{1+0,02C_A} \dfrac{\text{mol}}{\text{kg} \cdot \text{h}}$

18.12 A → R, $-r_A' = 8C_A^2 \dfrac{\text{mol}}{\text{kg} \cdot \text{h}}$

18.13 Uma alimentação gasosa, contendo A e B ($v_0 = 10$ m^3/h), passa através de um reator experimental, recheado com catalisador ($W = 4$ kg). A reação ocorre da seguinte forma:

$$A + B \rightarrow R + S, \quad -r_A' = 0,6C_A C_B \frac{\text{mol}}{\text{kg} \cdot \text{h}}$$

Encontre a conversão dos reagentes, para uma alimentação contendo $C_{A0} = 0,1$ mol/m^3 e $C_{B0} = 10$ mols/m^3.

18.14 Gasóleo do oeste texano é craqueado em um reator tubular contendo sílica-alumina como o catalisador de craqueamento. A alimentação líquida (peso molecular, $mw = 0,255$) é vaporizada, aquecida, entra no reator a 630°C e 1 atm e, com um controle adequado de temperatura, mantém-se aproximadamente nesta temperatura no interior do reator. A reação de craqueamento segue a cinética de primeira ordem e dá vários produtos com peso molecular médio igual a $mw = 0,070$. Metade da alimentação é craqueada com uma taxa de alimentação de 60 m^3 de líquido/ m^3 de reator · h. Na indústria, esta medida de taxa de alimentação é chamada de *velocidade espacial horária de líquido* (*liquid hourly space velocity, LHSV*). Assim, LHSV = 60 h^{-1}. Encontre as constantes de taxa de primeira ordem, k' e k''', para esta reação de craqueamento.

Dados: Densidade da alimentação líquida: $\rho_l = 869$ kg/m^3
Densidade aparente do leito recheado: $\rho_b = 700$ kg/m^3
Densidade das partículas de catalisador: $\rho_s = 950$ kg/m^3

Este problema foi preparado a partir de Satterfield (1970).

18.15 Experimentos cinéticos sobre a reação A → 3R, catalisada por sólido, são conduzidos a 8 atm e 700°C, em um reator de mistura perfeita, tipo cesta, com 960 cm^3 de volume e contendo 1 g de catalisador de diâmetro $d_p = 3$ mm. A alimentação, consistindo em A puro, é introduzida a várias taxas no reator. A pressão parcial de A na corrente de saída é medida para cada taxa de alimentação. Os resultados são dados a seguir.

Taxa de alimentação, ℓ/h	100	22	4	1	0,6
$p_{A,\,saida}/p_{A,\,entrada}$	0,8	0,5	0,2	0,1	0,05

Encontre a equação para representar a taxa de reação no catalisador deste tamanho.

18.16 "El jefe" (o chefe) decidiu fazer algo para melhorar a baixa conversão ($X_A = 0,80$) de nossa reação de primeira ordem, em fase líquida e catalisada por sólido. Em vez de comprar mais catalisador caro para encher o reator que estava metade vazio, ele decidiu economizar dinheiro, adicionando um tubo externo (pensando em levar vantagem) ao reator vertical de leito recheado. Quando eu vi o que os mecânicos estavam construindo para ele (ver Fig. P18.16), eu disse ao "el jefe" que aquilo não parecia correto. Eu pude sentir imediatamente que o que eu havia falado o deixara chateado, mas tudo que ele disse foi: "Tudo bem, jovem senhora. Por que a senhora não me diz que conversão esperar com este arranjo?". Por favor, faça isto.

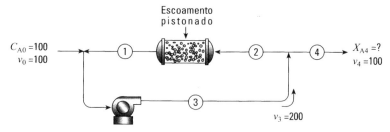

Figura P18.16

18.17 A reação de segunda ordem, A → R, é estudada em um reator com reciclo, tendo uma razão muito grande de reciclo. Os seguintes dados foram registrados:

Volume de vazios do reator: 1 litro
Peso de catalisador usado: 3 g
Alimentação para o reator: $C_{A0} = 2$ mols/ℓ
$v_0 = 1$ ℓ/h
Condição da corrente de saída: $C_{A,\,saida} = 0,5$ mol/ℓ

(a) Encontre a constante de taxa para esta reação (dê as unidades).

(b) Quanto catalisador é necessário, no reator de leito recheado, para uma conversão de 80% de 1.000 ℓ/h e uma concentração de alimentação $C_{A0} = 1$ mol/ℓ? Não há reciclo.

(c) Repita a parte (b), considerando agora que o reator é recheado com 1 parte de catalisador e 4 partes de sólido inerte. Esta adição de inertes ajuda a manter as condições isotérmicas e reduz os possíveis pontos quentes.

Nota: Suponha condições isotérmicas em todo o reator.

18.18 Um pequeno reator experimental de leito recheado ($W = 1$ kg), usando um reciclo muito grande da corrente de produto, fornece os seguintes dados cinéticos:

A → R	C_A, mol/m^3	1	2	3	6	9
$C_{A0} = 10$ mols/m^3	v_0, ℓ/h	5	20	65	133	540

Encontre a quantidade necessária de catalisador para 75% de conversão de uma alimentação com $C_{A0} = 8$ mols/m^3 e taxa de escoamento igual a 1.000 mols de A/h

(a) em um reator de leito recheado, sem reciclo do fluido de saída.
(b) em um reator de leito recheado, com reciclo muito grande.

18.19 Um reator em batelada S/G, com circuito fechado (ver Fig. P18.19), é usado para estudos de taxas catalíticas. Com esta finalidade, uma alimentação em fase gasosa contendo um reagente é introduzida no sistema, sendo rapidamente circulada através do circuito do catalisador. A partir dos seguintes dados de composição-tempo, encontre a equação cinética em unidades de mol/ g · min para representar esta equação.

t, min	0	4	8	16	36	A puro a 609 K
π_0, atm	1	0,75	0,67	0,6	0,55	$2A \to R$

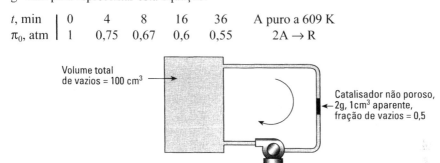

Figura P18.19

18.20 A reação em fase gasosa $A \to R$ ocorre no nosso reator de leito recheado, que opera a 10 atm e 336°C, dando uma conversão de 90% de uma alimentação contendo A puro. No entanto, o vendedor de catalisador garante que na ausência de qualquer resistência à difusão nos poros e usando o seu novo e melhorado catalisador poroso ($\mathscr{D}_e = 2 \times 10^{-6}$ m³/m de catalisador · s), nossa reação ocorrerá a uma taxa dada por:

$$-r_A''' = 0,88 C_A \quad \frac{\text{mol}}{\text{m}^3 \text{ de catalisador} \cdot \text{s}}$$

que é muito melhor do que aquilo que podemos fazer agora. O catalisador é bem caro, visto que ele é formulado com excrementos compactados de um grande pássaro, chamado martim-pescador,* sendo vendido por peso. Nós tentaremos este novo catalisador quando tivermos de trocar o nosso. Qual o diâmetro das bolas de catalisador que devemos comprar?

18.21 Uma reação $A \to R$ deve ocorrer em uma pastilha de catalisador poroso ($d_p = 6$ mm, $\mathscr{D}_e = 10^{-6}$ m³/ m de catalisador · s). De quanto a taxa será retardada pela resistência à difusão nos poros, se a concentração do reagente que envolve a partícula for igual a 100 mols/m³ e a cinética livre de resistência à difusão for dada por:

$$-r_A''' = 0,1 C_A^2 \quad \frac{\text{mol}}{\text{m}^3 \text{ de catalisador} \cdot \text{s}}$$

18.22 Na ausência de resistência à difusão nos poros, uma reação particular de primeira ordem, em fase gasosa, ocorre como reportado a seguir:

$$-r_A''' = 10^{-6} \quad \frac{\text{mol}}{\text{cm}^3 \text{ de catalisador} \cdot \text{s}}$$

com $C_A = 10^{-5}$ mol/cm³, a 1 atm e 400°C. Que tamanho das pastilhas esféricas de catalisador ($\mathscr{D}_e = 10^{-3}$ cm³/cm de catalisador · s) assegura que os efeitos de resistência no poro não interferem na diminuição da taxa de reação?

A decomposição de primeira ordem de A ocorre em um reator experimental de mistura perfeita. Para estas corridas, encontre o papel desempenhado pela difusão nos poros. Determine se as corridas foram realizadas sob as condições de: forte, intermediária ou nula resistência à difusão.

* N.T.: Em inglês, *kookaburra*. Este pássaro é nativo da Austrália.

358 *Capítulo 18 — Reações Catalisadas por Sólidos*

18.23

d_p	W	C_{A0}	v	X_A	
3	1	100	9	0,4	A → R
12	4	300	8	0,6	

18.24

d_p	W	C_{A0}	v	X_A	
4	1	300	60	0,8	A → R
8	3	100	160	0,6	

18.25

d_p	W	C_{A0}	v	X_A	
2	4	75	10	0,2	A → R
1	6	100	5	0,6	

18.26 Encontre a energia de ativação da reação de primeira ordem, a partir dos seguintes dados:

d_p	C_A	$-r'_A$	T, K	
1	20	1	480	A → R
2	40	1	480	$C_{A0} = 50$
2	40	3	500	

18.27 O que você pode dizer a respeito da influência das resistências para o catalisador poroso, usando os dados da Tabela P18.27, obtidos em um reator de mistura perfeita com reciclo? Em todas as corridas, a corrente de saída tem a mesma composição; as condições são isotérmicas no reator todo.

Tabela P18.27

Quantidade de Catalisador	Diâmetro da Pastilha	Taxa de Escoamento da Alimentação	Taxa de Reciclo	Taxa Medida de Reação, $-r'_A$
1	1	1	Alta	4
4	1	4	Ainda mais alta	4
1	2	1	Ainda mais alta	3
4	2	4	Alta	3

18.28 Os resultados apresentados a seguir são obtidos por experimentos a 300°C, em um reator de leito recheado com uma corrente muito grande de reciclo, para a decomposição catalítica de primeira ordem A → R → S. Sob as melhores condições possíveis (sempre a 300°C), que $C_{R, máx}/C_{A0}$ podemos esperar? Como você sugere que nós consigamos esta razão (que modo de escoamento e tamanho de partícula — grande ou pequena)?

d_p	W/F_{A0}	$C_{R, máx}/C_{A0}$	
4	1	0,5	Sem reciclo
8	2	0,5	

18.29 A Tabela P18.29 apresenta os resultados de experimentos realizados em um reator de mistura perfeita, tipo cesta, em que ocorre a reação de decomposição A → R → S, catalisada por sólido. Sob as melhores condições possíveis de reação (sempre à 300°C), qual é a máxima concentração de R que podemos esperar? Como você sugere que esta concentração seja obtida?

Tabela P18.29

Tamanho das Pastilhas	Temperatura	W/F_{A0}	$C_{R,máx}/C_{A0}$
6 mm	300°C	25	23%
12 mm	300°C	50	23%

18.30 O reagente A, $C_{A0} = 10$ mols/m³, passa através de um reator catalítico de leito recheado, decompondo-se em R ou S. De modo a maximizar a formação de R e para uma conversão de 90% de A, determine:

- se devemos operar o reator no regime de forte resistência à difusão nos poros ou no regime livre de resistência à difusão;
- se devemos usar o escoamento pistonado ou com mistura perfeita (alto reciclo);
- C_R esperado na corrente de saída.

A cinética de decomposição, quando livre da resistência à difusão nos poros, é dada por:

$$A \begin{array}{l} \nearrow R \quad r'_R = 2C_A \\ \searrow S \quad r'_S = 3C_A \end{array}$$

18.31 Um reator de leito recheado converte A em R, por uma reação catalítica de primeira ordem, A → R. Com pastilhas de 9 mm, o reator opera no regime de forte resistência à difusão nos poros, dando uma conversão de 63,2%. Se estas pastilhas forem trocadas por outras de 18 mm (para reduzir a queda de pressão), como isto afetará a conversão?

18.32 Queremos construir um reator de leito recheado, cheio com partículas porosas de catalisador de 1,2 cm ($\rho_s = 2.000$ kg/m³, $\mathscr{D}_e = 2 \times 10^{-6}$ m³/m de catalisador · s), para tratar 1 m³/s de uma alimentação gasosa (1/3 de A, 1/3 de B e 1/3 de inerte), a 336°C e 1 atm. O reator deve converter 80% de A. Experimentos com partículas finas de catalisador, que estão livres de resistência difusional, mostram que:

$$A + B \to R + S, \quad n = 2, \quad k' = 0,01 \text{ m}^6/\text{mol} \cdot \text{kg} \cdot \text{s}$$

Que quantidade de catalisador temos de usar?

18.33 Em um reator experimental de mistura perfeita, com 10 g de partículas de catalisador de 1,2 mm e uma alimentação de 4 cm³ de A puro/s, a 1 atm e 336°C, nós conseguimos uma conversão de 80% para a reação de primeira ordem:

$$A \to R, \quad \Delta H_r = 0$$

Nós queremos projetar um reator em escala comercial para tratar grandes quantidades de uma alimentação, de modo a obter uma conversão de 80% na temperatura e pressão dadas anteriormente. Nossa escolha está entre um leito fluidizado, com partículas de 1 mm (suponha o gás tendo um escoamento com mistura perfeita), e um leito recheado com partículas de 1,5 cm. Qual destes reatores devemos escolher, de modo a minimizar a quantidade necessária de catalisador? Qual a vantagem que há nesta escolha?

Dados Adicionais: Para as partículas de catalisador:

$$\rho_s = 2.000 \text{ kg/m}^3 \quad \mathscr{D}_e = 10^{-6} \text{ m}^3/\text{m de catalisador} \cdot \text{s}$$

Em uma solução aquosa e em contato com o catalisador correto, o reagente A é convertido ao produto R, pela reação elementar A → 2R. Encontre a massa necessária de catalisador no reator de leito recheado, para uma conversão de 90% de 104 mols de A/h de uma alimentação contendo $C_{A0} = 103$ mol/m³. Para esta reação:

18.34 $k'''' = 8 \times 10^{-4}$ m³/m³ de leito · s.

18.35 $k'''' = 2$ m³/m³ de leito · s.

Dados Adicionais:
   Diâmetro das pastilhas de catalisador poroso = 6 mm
   Coeficiente efetivo de difusão de A nas pastilhas = 4×10^{-8} m³/m de catalisador · s
   Porosidade do leito recheado = 0,5
   Densidade aparente do leito recheado = 2.000 kg/m³ de leito

---

18.36 Uma reação catalítica de primeira ordem $A(l) \rightarrow R(l)$ ocorre em um reator vertical longo e estreito, com fluxo ascendente de líquido através de um leito fluidizado de partículas de catalisador. A conversão é de 95% no começo da operação, quando as partículas de catalisador têm 5 mm de diâmetro. O catalisador é quebradiço e lentamente se desgasta, as partículas encolhem e o pó fino produzido é retirado do reator. Depois de uns poucos meses, cada uma das esferas de 5 mm encolheu para esferas de 3 mm. Qual deve ser a conversão neste tempo? Suponha escoamento pistonado de líquido.

(a) As partículas são porosas e permitem facilidade de acesso para os reagentes (nenhuma resistência à difusão nos poros).

(b) As partículas são porosas e, em todos os tamanhos, ocasionam uma forte resistência à difusão nos poros.

18.37 No momento, estamos realizando experimentos em um reator de leito recheado, cheio de partículas de tamanho uniforme de 6 mm, impregnadas com platina. Ocorre, neste reator, uma reação catalítica de primeira ordem, no regime de forte resistência à difusão nos poros. Um fabricante de catalisador sugere que troquemos nosso catalisador por pastilhas de 6 mm, consistindo em grãos fundidos de 0,06 mm. A porosidade entre os grãos na pastilha de catalisador seria cerca de 25%. Como esta mudança afetaria o peso necessário de catalisador e o volume do reator, se os grandes vazios (entre os grãos) destas novas pastilhas estivessem livres da resistência à difusão, porém os poros pequenos dos grãos estivessem ainda no regime de forte resistência difusional?

18.38 Em vez de impregnar uniformemente toda a partícula porosa com platina (ver Problema P18.37), suponha que impregnemos somente a camada externa da partícula esférica até uma espessura de 0,3 mm. Quanta platina economizamos com esta mudança? Considere que nós estejamos integralmente no regime de forte resistência à difusão nos poros.

18.39 Pelo fato de a reação catalítica $A \rightarrow R$ ser altamente isotérmica, com taxa altamente dependente da temperatura, um longo reator tubular, imerso em uma cuba de água, conforme mostrado na Fig. P18.39, é usado para obter dados cinéticos essencialmente isotérmicos. A puro, a 0°C e 1 atm, escoa através deste tubo a 10 cm³/s. A composição da corrente é analisada em várias localizações.

Distância a partir do ponto de alimentação, m	0	12	24	36	48	60	72	84	(∞)
Pressão parcial de A, mm de Hg	760	600	475	390	320	275	240	215	150

Determine qual a capacidade do reator pistonado, operando a 0°C e 1 atm, que daria uma conversão de 50% de A em R, para uma taxa de alimentação de 100 kmols de A puro/h.

Figura P18.39

18.40 Um sistema experimental S/G em batelada, em circuito fechado, como esquematizado na Fig. P18.19, é usado para estudar a cinética de uma reação catalítica $A \rightarrow 2R$. A puro é introduzido nos sistemas e circulado a 0°C, 1 atm e 10 cm³/s. A corrente é analisada ocasionalmente, obtendo-se os seguintes resultados:

Tempo, min Pressão parcial de A, mm de Hg	0	2	4	6	8	10	12	14	(∞)
	760	600	475	390	320	275	240	215	150

(a) Determine a capacidade de um reator pistonado, operando a 0°C, 1 atm, necessária para efetuar uma conversão de 50% de A em R, com uma taxa de alimentação de 100 kmols de A/h.

(b) Repita a parte (a), com a seguinte modificação: um inerte, à pressão parcial de 1 atm, está presente no circuito fechado, de modo que a pressão total no começo seja de 2 atm.

CAPÍTULO 19

O Reator Catalítico de Leito Recheado

Existem várias maneiras de se promover um contato entre um gás reagente e um catalisador sólido, cada uma delas tendo suas vantagens e desvantagens. A Fig. 19.1 ilustra alguns destes modos de contato. Eles podem ser divididos em dois grandes tipos: os reatores de leito fixo, das Figs. 19.1a, b e c, e os reatores de leito fluidizado, das Figs. 19.1d, e e f. O reator de leito deslizante da Fig. 19.1g é um caso intermediário, que engloba algumas das vantagens e algumas das desvantagens dos reatores de leito fixo e fluidizado. Vamos comparar os méritos destes tipos de reatores.

1. O escoamento de gases através de leitos fixos se aproxima do pistonado. É bem diferente no caso de leitos fluidizados borbulhantes, onde o escoamento é complexo e não bem conhecido, mas certamente está longe do escoamento pistonado, tendo considerável desvio (*by pass*). Este comportamento é insatisfatório do ponto de vista de contato efetivo, requerendo muito mais catalisador para alta conversão de gás e diminuindo grandemente a quantidade de intermediário que pode ser formado nas reações em série. Conseqüentemente, se contato eficiente em um reator for de importância primária, então o leito fixo é preferido.

2. Um controle efetivo de temperatura em grandes leitos fixos pode ser difícil porque tais sistemas são caracterizados por uma baixa condutividade térmica. Assim, em reações altamente exotérmicas, pontos quentes ou frentes quentes móveis provavelmente se desenvolvem, podendo arruinar o catalisador. Em contraste com isto, a rápida mistura de sólidos em leitos fluidizados permite operações praticamente isotérmicas, com fácil sistema de controle. Logo, se as operações devem ser restritas a uma estreita faixa de temperatura, tanto devido à natureza explosiva da reação como pelas considerações de distribuição de produtos, então o leito fluidizado é preferido.

3. Os leitos fixos não podem usar partículas muito pequenas de catalisador, por causa de obstrução, acarretando uma alta queda de pressão. Os leitos fluidizados, por sua vez, são bem adequados às partículas pequenas. Deste modo, para reações muito rápidas, em que as resistências à difusão nos poros e no filme podem influenciar a taxa, o leito fluidizado, com partículas pequenas e vigoroso contato gás-sólido, permitirá um uso muito mais efetivo do catalisador.

4. Se o catalisador tiver de ser tratado (regenerado) freqüentemente porque ele se desativa rapidamente, então o estado fluidizado (como se fosse um líquido) permitirá que ele seja bombeado de unidade a unidade. Para tais sólidos, esta característica de contato em leito fluidizado oferece vantagens irresistíveis sobre as operações em leito fixo.

Com estes pontos em mente, vamos analisar a Fig. 19.1. A Fig. 19.1a é um reator típico de leito recheado, englobando todas as suas vantagens e desvantagens. A Fig. 19.1b mostra como o problema

Figura 19.1 — Vários tipos de reatores catalíticos

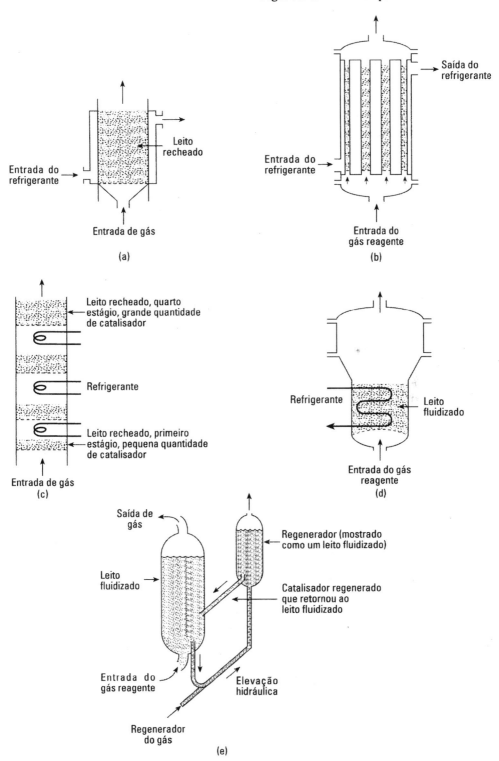

Figura 19.1 — Continuação

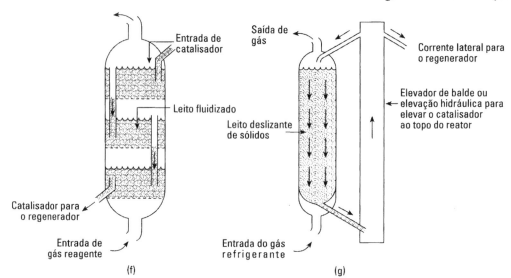

de pontos quentes poderá ser substancialmente reduzido se a superfície de resfriamento for aumentada. A Fig. 19.1c mostra como o resfriamento entre estágios pode controlar ainda mais a temperatura. Note que no primeiro estágio onde a reação é mais rápida, a conversão é mantida baixa devido à menor presença de catalisador em relação aos outros estágios. Unidades como estas podem ser todas incorporadas em uma única carcaça ou podem ser mantidas separadas, com trocadores de calor entre os estágios.

A Fig. 19.1d mostra um reator fluidizado para um catalisador estável, que não necessita ser regenerado. Os tubos do trocador de calor são imersos no leito para remover ou adicionar calor e para controlar a temperatura. A Fig. 19.1e mostra as operações com um catalisador se desativando, que tem de ser continuamente removido e regenerado. A Fig. 19.1f mostra uma unidade em contracorrente com três estágios, que é projetada para superar as deficiências de leitos fluidizados com relação ao contato ruim. A Fig. 19.1g mostra um reator de leito deslizante. Tais unidades dividem com os leitos fixos as vantagens do escoamento pistonado e as desvantagens de partículas grandes; porém elas também compartilham com os leitos fluidizados as vantagens de baixos custos de manuseamento do catalisador.

Muitos fatores têm de ser ponderados para se obter o projeto ótimo e pode ser que o melhor projeto seja aquele que use dois tipos diferentes de reatores em série. Por exemplo, para uma conversão alta de uma reação muito exotérmica, podemos usar um reator de leito fluidizado, seguido de um leito fixo.

As principais dificuldades de projeto de reatores catalíticos se reduzem a duas questões: (1) Como consideraremos o comportamento não isotérmico de leitos recheados? e (2) Como consideraremos o escoamento não ideal de gás em leitos fluidizados?

Considere um leito recheado com troca de calor (Figs. 19.1a e 19.1b). Para uma reação exotérmica, a Fig. 19.2 mostra os tipos de movimento térmico e mássico que ocorrerão quando o leito recheado for resfriado nas paredes. A linha central estará mais quente do que as paredes, a reação será mais rápida e os reagentes serão consumidos mais rapidamente lá; logo, serão estabelecidos gradientes radiais de todos os tipos.

A análise detalhada dessa situação deve incluir a dispersão radial simultânea de calor e matéria e também, talvez, a dispersão axial. Ao se estabeler o modelo matemático, que simplificações seriam razoáveis? Os resultados modelariam adequadamente a situação real? A solução indicaria um comportamento instável e pontos quentes? Estas questões têm sido consideradas por um grande

Figura 19.2 — O campo de temperatura em um reator de leito recheado, para uma reação exotérmica, cria um movimento radial de calor e matéria

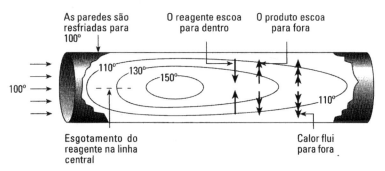

número de pesquisadores e muitas soluções precisas têm sido apresentadas. Entretanto, do ponto de vista de estimação e de projeto, a situação hoje em dia ainda não é aquela que desejamos. O tratamento deste problema é bem difícil e não vamos considerá-lo aqui. Uma boa revisão do estado da arte é dada por Froment (1970) e Froment e Bischoff (1990).

O reator adiabático de leito recheado com estágios da Fig. 19.1c apresenta uma situação diferente. Visto que não há transferência de energia na zona de reação, a temperatura e a conversão estão relacionadas de forma simples; portanto, os métodos do Capítulo 9 podem ser aplicados diretamente. Examinaremos numerosas variações de estágios e de transferência de calor, de modo a mostrar que este é um arranjo versátil que pode se aproximar muito bem do ótimo.

O leito fluidizado e outros tipos de reatores com sólidos suspensos serão considerados no próximo capítulo.

Reatores Adiabáticos de Leito Recheado com Estágios

Com uma adequada troca de calor e um adequado escoamento de gás, os leitos recheados adiabáticos com estágios se tornam um sistema versátil, que é capaz de aproximar praticamente toda programação desejada de temperatura. O cálculo e o projeto de tal sistema são simples e podemos esperar que as operações reais sigam muito aproximadamente estas estimativas.

Ilustraremos o procedimento de projeto através da reação simples A → R, com qualquer cinética. Esse procedimento pode ser estendido, sem dificuldade, a outros tipos de reação. Primeiro consideraremos diferentes maneiras de operar estes reatores e, por comparação, definiremos quando uma ou outra maneira é preferível.

Leitos recheados com estágios (escoamento pistonado) e com resfriamento* entre os estágios.
As evidências no Capítulo 9 mostraram que gostaríamos que as condições de reação seguissem a programação ótima de temperatura. Com muitos estágios disponíveis, esta programação pode ser aproximada muito bem, conforme mostrado na Fig. 19.3.

Para qualquer número preestabelecido de estágios, a otimização das condições de operação se reduz a minimizar a quantidade total necessária de catalisador para alcançar uma dada conversão. Vamos ilustrar o procedimento para operações em dois estágios, com *reações reversíveis exotérmicas*. O método de ataque é mostrado na Fig. 19.4. Nesta figura, desejamos minimizar a área total sob a curva de $1/-r_A$ versus X_A, indo de $X_A = 0$ até X_{A2} igual a alguma conversão fixa ou requerida. Na procura deste ótimo, temos três variáveis as quais podemos estabelecer à vontade: a temperatura de entrada (ponto T_a), a quantidade usada de catalisador no primeiro estágio (localize o ponto b ao longo da linha adiabática) e a quantidade de resfriamento entre os estágios (localize o ponto c ao longo da

---
* Esta seção é uma conseqüência direta das páginas 180-197 do Capítulo 9. Logo, sugerimos que o leitor se familiarize com aquela seção antes de continuar aqui.

Figura 19.3 — Esquema mostrando como leitos recheados com estágios podem aproximar muito bem a programação ótima de temperatura

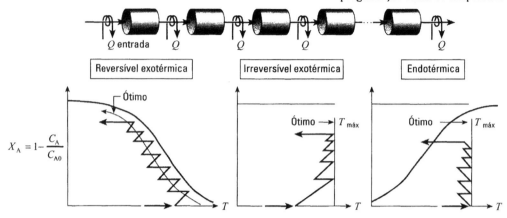

linha *bc*). Felizmente, nós somos capazes de reduzir esta busca tridimensional (cinco dimensões para três estágios, etc.) para uma busca unidimensional quando somente T_a for especificado. O procedimento é dado a seguir:

1. Suponha T_a;
2. Mova-se ao longo da linha adiabática até que a seguinte condição seja satisfeita:

$$\int_{\text{entrada}}^{\text{saída}} \frac{\partial}{\partial T}\left(\frac{1}{-r'_A}\right) dX_A = 0 \quad (1)$$

Isto fornece o ponto *b* na Fig. 19.4; portanto, a quantidade necessária de catalisador no primeiro estágio, assim como a temperatura de saída daquele estágio. Especialmente no projeto preliminar, pode não ser conveniente usar o critério da Eq. (1). Uma alternativa simples é uma busca usando o processo de tentativa e erro. Geralmente, duas ou três tentativas, cuidadosamente escolhidas, longe das condições de taxa baixa, resultarão em um bom projeto, próximo do ótimo.

3. Resfrie até o ponto *c*, que tem a mesma taxa de reação que o ponto b; logo:

$$(-r'_A)_{\text{saindo do reator}} = (-r'_A)_{\text{entrando no próximo reator}} \quad (2)$$

4. Mova-se ao longo da linha adiabática, do ponto *c* até que o critério da Eq. (1) seja satisfeito, resultando no ponto *d*.

5a. Se o ponto *d* estiver na conversão final desejada, então nós supusemos T_a corretamente.

5b. Se o ponto *d* não estiver na conversão final desejada, tente uma temperatura diferente de entrada, T_a. Geralmente, em três tentativas, o resultado se aproximará muito bem do ótimo.

Para três ou mais estágios, o procedimento é uma extensão direta daquele que foi apresentado aqui, sendo ainda uma busca unidimensional. Este procedimento foi primeiro desenvolvido por Konoki (1956a) e, mais tarde, independentemente, por Horn (1961a).

Considerações de custo global determinarão o número de estágios a ser usado. Na prática, nós examinamos 1, então 2, etc. estágios até que um custo mínimo seja obtido.

Vamos considerar agora dois outros casos da Fig. 19.3. Para *reações irreversíveis exotérmicas*, o critério para operações ótimas tem sido também apresentado por Konoki (1956b). Para *reações*

Figura 19.4 — Reator ótimo de leito recheado com 2 estágios

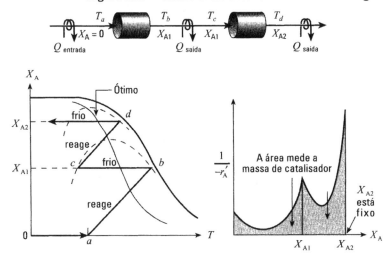

endotémicas, o critério ótimo ainda tem de ser desenvolvido. Em todos estes casos, recomendamos uma busca de tentativa e erro longe das regiões com taxas baixas.

Reatores de Mistura Perfeita com Estágios. Para reciclo muito alto, os reatores com reciclos e com estágios se aproximam do reator de mistura perfeita. Como mostrado na Figura 19.5, os reatores devem operar, neste caso, na linha da programação ótima de temperatura, sendo a melhor distribuição de catalisadores entre os estágios encontrada pela maximização de retângulos (ver Figs. 6.9 a 6.11). Na verdade, necessitamos escolher a distribuição de catalisadores de modo a maximizar a área KLMN, que minimiza então a área sombreada na Fig. 19.5.

Leitos Recheados com Estágios e com Reciclo. Aqui, temos um sistema flexível que pode se aproximar do escoamento com mistura perfeita e, como tal, ser capaz de evitar regiões de taxas baixas. A Fig. 19.6 ilustra as operações com dois estágios, com uma razão de reciclo $R = 1$ e com uma temperatura de alimentação T_f. A extensão para três ou mais estágios é feita de forma direta.

Figura 19.5 — Arranjo ótimo de reatores de mistura perfeita com dois estágios (reciclo infinito para leitos recheados com estágios)

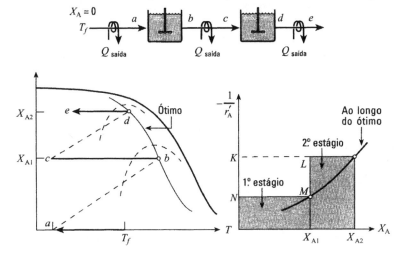

Figura 19.6 — Reator ótimo de leito recheado com dois estágios e com reciclo. As conversões mostradas representam uma razão de reciclo $R = 1$ em ambos os estágios

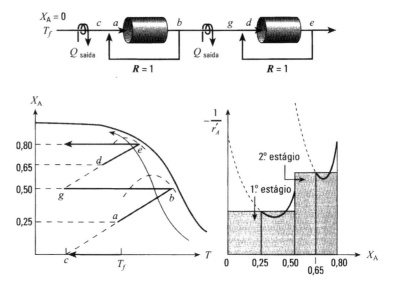

Konobi (1961) apresentou o critério para a condição ótima de operação. No entanto, em um projeto preliminar, algumas boas tentativas são suficientes para se aproximar muito bem da condição ótima de operação.

Em operações com reciclo, os trocadores de calor podem ser localizados em vários lugares, sem afetar o que está acontecendo no reator. A Fig. 19.6 ilustra um destes locais, enquanto a Fig. 19.7 mostra outras alternativas. A melhor localização dependerá da conveniência para o início (*startup*) da operação e de qual localização fornece o maior coeficiente de transferência de calor (note que o arranjo de trocadores da Fig. 19.7*a* tem um maior escoamento principal de fluido do que o arranjo da Fig. 19.7*b*).

Resfriamento com Jato Frio. Uma maneira de eliminar os trocadores de calor entre os estágios é adicionar, de forma adequada, uma alimentação fria diretamente no segundo e subseqüentes estágios do reator. O procedimento é mostrado na Fig.19.8. O critério para condições ótimas de operação de tal arranjo é dado por Konoki (1960) e por Horn (1961b), em uma forma um pouco diferente. Eles descobriram que o grau de resfriamento entre estágios é dado pela Eq. (2), sendo mostrado na Fig. 19.8.

Com um resfriamento com jato frio, o cálculo dos volumes do reator pela curva de $1/-r_A$ versus X_A se torna mais complicado porque diferentes quantidades de alimentação estão envolvidas em cada estágio. Em vez da alimentação fria, podemos usar também o fluido inerte. Isto afetará as curvas de $1/-r_A$ versus X_A e de T versus X_A.

A Escolha do Sistema de Contato. Com tantas alternativas de contato, vamos sugerir quando uma ou outra é preferível.

1. Para reações endotérmicas, a taxa sempre diminui com a conversão; logo, devemos sempre usar o escoamento pistonado sem reciclo (ver Capítulo 9). Para reações exotérmicas, a inclinação da linha adiabática determina qual é o melhor esquema de contato. O resto destes comentários diz respeito ao caso de reações exotérmicas.

2. Todo o resto sendo igual, o resfriamento com jato frio tem a vantagem de diminuir o custo, visto que não necessitamos mais dos trocadores de calor entre os estágios. Contudo, o

Capítulo 19 — O Reator Catalítico de Leito Recheado **369**

Figura 19.7 — Diferente localização para os trocadores de calor, mantendo as mesmas condições do reator da Fig. 19.6

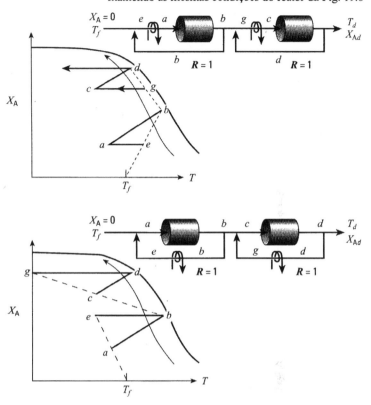

resfriamento com jato frio só é prático quando a temperatura de alimentação estiver muito abaixo da temperatura de reação e quando a temperatura não variar muito durante a reação. Estas condições podem ser resumidas a seguir.

Figura 19.8 — O resfriamento com jato frio elimina os trocadores de calor entre estágios

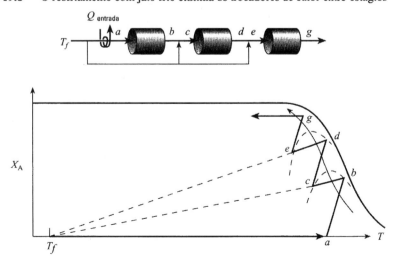

Figura 19.9 — Situações em que o resfriamento com jato frio pode ser útil e onde ele não deve ser usado

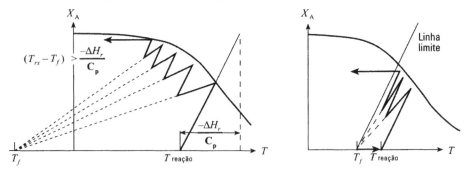

O resfriamento com jato frio é prático quando:

$$T_{\text{reação}} - T_f > \frac{-\Delta H_r}{C_p}$$

Duas situações, uma quando o resfriamento com jato frio for prático e outra quando ele não for, são mostradas na Fig. 19.9.

3. Para reações exotérmicas, se a inclinação da linha adiabática for baixa (grande aumento de temperatura durante a reação), é vantajoso evitar o regime de baixa temperatura onde a taxa for muito baixa. Assim, use um reciclo alto, aproximando-se do escoamento com mistura perfeita. Por outro lado, se a inclinação for alta (pequeno aumento de temperatura durante a reação), a taxa diminui com a conversão e o escoamento pistonado deve ser usado. Tipicamente, para reagentes gasosos puros, a inclinação da linha adiabática é pequena, enquanto para um gás diluído ou para um líquido, a inclinação é grande. Como um exemplo, considere um reagente, tendo $C_p = 40$ J/mol · K e $\Delta H_r = -120.000$ J/mol, e inertes com $C_p = 40$ J/mol · K:

Para uma corrente com reagente gasoso puro, temos:

$$\text{inclinação} = \frac{C_p}{-\Delta H_r} = \frac{40}{120.000} = \frac{1}{3.000}$$

Figura 19.10 — Esquema mostrando porque o escoamento pistonado é usado para linhas adiabáticas com grande inclinação, enquanto que o escoamento com mistura perfeita (leitos recheados com grande reciclo) é usado para linhas com pequena inclinação

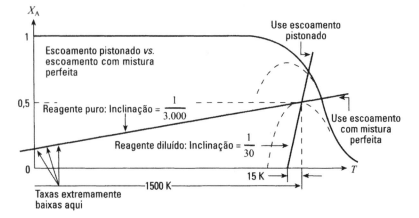

Para uma corrente com reagente gasoso, com 1% de diluição, temos:

$$\text{inclinação} = \frac{C_p}{-\Delta H_r} = \frac{4.000}{120.000} = \frac{1}{30}$$

Para uma solução líquida 1 molar:

$$\text{inclinação} = \frac{C_p}{-\Delta H_r} = \frac{4.000}{120.000} = \frac{1}{30}$$

As linhas adiabáticas para estes casos são esquematizadas na Fig. 19.10 e ilustram este ponto.

4. Para reações exotérmicas em reatores com estágios, a discussão acima pode ser resumida da seguinte forma:

> Para gás puro, use reciclo alto, aproximando-se do escoamento com mistura perfeita.
>
> Para gás diluído (ou um líquido), requerendo pouco preaquecimento da alimentação, use escoamento pistonado.
>
> Para gás diluído (ou uma solução), requerendo muito preaquecimento para deixar a corrente com a temperatura de reação, use as operações com jato frio.

(3)

Considerações Preliminares para uma Série de Problemas Lidando com um Único Reator de Leito Recheado

Um único reator catalítico de leito recheado deve ser projetado para tratar 100 mols/s de um reagente A e produzir o produto R. O gás de alimentação entra à pressão de 2,49 MPa e a 300 K, sendo a máxima temperatura permitida igual a 900 K. A menos que o contrário seja dito, deseja-se que a corrente do produto esteja a 300 K. A termodinâmica e a cinética da reação exotérmica são dadas na Fig. 19.11. Prepare um esboço mostrando os seguintes detalhes do sistema que você pretende usar:

*   tipo de reator: pistonado, com reciclo ou de mistura perfeita (reciclo ∞);
*   quantidade necessária de catalisador;
*   taxa de calor antes do reator, no reator e depois do reator;
*   a temperatura de todas as correntes em escoamento.

O Exemplo 19.1 trata um caso; os Problemas 19.13 a 19.16 tratam quatro outros casos. Em todos estes problemas, considere que:

*   estamos lidando com gases ideais;
* $C_p = 40$ J/mol · K para todos os materiais e em todas as temperaturas. Isto significa (ver Exemplo 9.1) que ΔH_r tem o mesmo valor em todas as temperaturas.

Figura 19.11

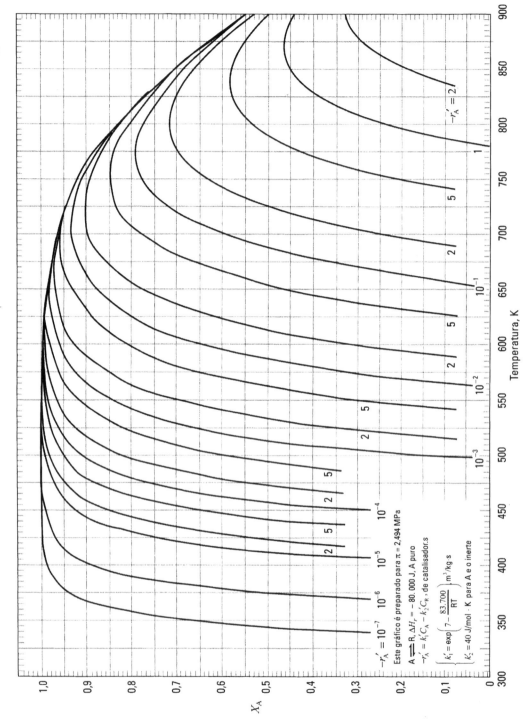

EXEMPLO 19.1 PROJETO DE UM ÚNICO SISTEMA ADIABÁTICO DE LEITO RECHEADO

Teste um bom projeto para uma conversão de 80% de uma alimentação consistindo em 1 mol de A e 7 mols de inerte.

SOLUÇÃO

Primeiro determine a inclinação da linha adiabática. Para isto, note que 8 mols entram para cada mol de A. Assim:

$$C_p = (40 \text{ J/mol} \cdot \text{K})(8) = 320 \text{ J/(mol de A + inertes)} \cdot \text{K}$$

Logo, a inclinação da linha adiabática é:

$$\frac{C_p}{-\Delta H_r} = \frac{320}{80.000} = 0,004 = \frac{1}{250}$$

Desenhando várias linhas adiabáticas na Fig. 19.11, parece que aquela mostrada na Fig. E19.1a é a melhor. Desta forma, faça uma tabela de X_A versus $1/(-r_A)$, a partir da Fig. 19.11, obtendo:

X_A	$-r'_A$	$1/(-r'_A)$
0,8	0,05	20
0,78	0,1	10
0,70	0,2	5
0,60	0,225	4,4
0,50	0,2	5
0,26	0,1	10
0,10	0,05	20
0	0,03	33

(÷8 na coluna do meio, ×8 na última coluna)

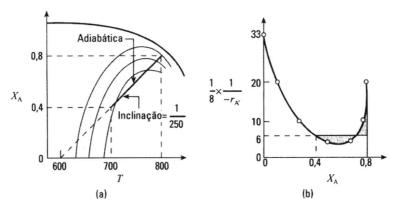

Figura E19.1a, b

Fazendo um gráfico de $1/-r'_A$ versus X_A, obtemos a Fig. E19.1b, que diz imediatamente que um reator com reciclo deve ser usado. Assim:

$$\frac{W}{F_{A0}} = \frac{X_A}{-r'_A} = 0,8(6 \times 8) = 38,4 \text{ kg} \cdot \text{s/mol}$$

ou $\quad\quad\quad\quad\quad\quad\quad W = F_{A0}(38,4) = (100)(38,4) = \underline{\underline{3.840 \text{ kg}}}$

Da Fig. E19.1b, vemos que a razão de reciclo é $\underline{R = 1}$.

A alimentação é disponível a 300 K, mas entra no reator a 600 K (da Fig. E19.1a), tendo então de ser aquecida. Logo:

$$Q_1 = n\, C_p \Delta T = (800 \text{ mols/s})(40 \text{ J/mol} \cdot \text{K})(600 - 300 \text{ K}) = 9,6 \times 10^6 \text{ J/s}$$
$$= \underline{\underline{9,6 \text{ MW}}}$$

A corrente de produto deixa o reator a 800 K, tendo de ser resfriada para 300 K. Deste modo:

$$Q_2 = n\, C_p \Delta T = (800 \text{ mols/s})(40 \text{ J/mol} \cdot \text{K})(300 - 800 \text{ K}) = -16 \times 10^6 \text{ J/s}$$
$$= \underline{\underline{-16 \text{ MW}}}$$

A Fig. E19.1c apresenta o nosso projeto recomendado.

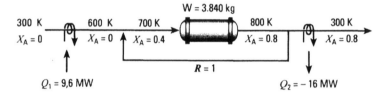

Figura E19.1c

Considerações Preliminares para uma Série de Problemas Lidando com Dois Reatores de Leito Recheado em Série

Dois reatores de leito recheado, cheios com catalisador, devem ser projetados para processar 100 mols do reagente A/s, de modo a produzir o produto R. O gás de alimentação entra a 2,49 MPa e a 300 K, a máxima temperatura permitida é igual a 900 K, a menos que o contrário seja dito, $T_{min} = 300$ K e deseja-se que a corrente do produto esteja a 300 K. A termodinâmica e a cinética da reação exotérmica são dadas na Fig. 19.11. Prepare um esboço de seu projeto e mostre nele:

- o arranjo selecionado de escoamento: pistonado, com reciclo (dê o valor de *R*) ou com mistura perfeita (toda vez que *R* > 5). Não considere a injeção de fluido frio entre os estágios, a menos que o problema estabeleça que você pode fazer isto;
- peso necessário de catalisador em cada estágio;
- localização e taxa dos trocadores de calor;
- a temperatura de todas as correntes em escoamento.

EXEMPLO 19.2 PROJETO DE UM SISTEMA COM DOIS LEITOS RECHEADOS ADIABÁTICOS

Teste um bom projeto para uma conversão de 85% de uma alimentação para o primeiro reator consistindo de A puro.

SOLUÇÃO

Primeiro determine a inclinação da linha adiabática e desenhe-a levemente sobre a Fig. 19.11.

Capítulo 19 — O Reator Catalítico de Leito Recheado **375**

$$\text{inclinação} = \frac{C_p}{-\Delta H_r} = \frac{40}{80.000} = \frac{1}{2.000}$$

Isto dá uma linha adiabática com muito pouca inclinação, conforme esquematizado na Fig. E19.2a. A taxa aumenta continuamente à medida que você se move ao longo desta linha adiabática. Desta maneira, use um reator de mistura perfeita operando no ótimo.

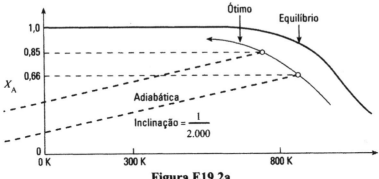

Figura E19.2a

Para minimizar a quantidade necessária de catalisador, o Capítulo 6 diz para usar o método de maximização de retângulos. Assim, faça uma tabela de X_A versus $1/(-r'_A)_{ótimo}$:

X_A	$(-r'_A)_{ótimo}$	$1/(-r'_A)_{ótimo}$
0,85	0,05	20
0,785	0,1	10
0,715	0,2	5
0,66	0,28	3,6
0,58	0,5	2
0,46	1,0	1

Use o método de maximização de retângulos, conforme mostrado na Fig. E19.2b. Então, a partir da equação de desempenho

$$\frac{W}{F_0} = (X_A)\frac{1}{(-r_A)_{ótimo}} = \begin{pmatrix} \text{área sombreada} \\ \text{na Fig. E19.2}B \end{pmatrix}$$

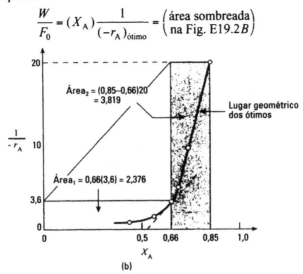

(b)

Figura E19.2b

nós temos:

$$W_1 = F_{A0}(\text{área})_1 = 100\,(2,376) = 237,6 \text{ kg}$$

e

$$W_2 = F_{A0}(\text{área})_2 = 100\,(3,819) = 381,9 \text{ kg}$$

Agora, para trocadores de calor:

Para o primeiro reator. Se quisermos resfriar a alimentação antes de introduzi-la no primeiro reator, teremos de resfriá-la para:

$$820 - 2.000\,(0,6) = -380 \text{ K}$$

que está bem abaixo do zero absoluto, o que é impossível. Assim, temos de resfriar a alimentação em algum lugar dentro do circuito do reator com reciclo, conforme mostrado na Fig. E19.2c. Mas, onde quer que você coloque o trocador, a quantidade necessária de aquecimento ou resfriamento será a mesma.

Desse modo, para ter 66% de conversão a 820°C, a quantidade necessária de calor por mol de A é:

$$\underbrace{(820-300)40}_{\text{calor que entra}} + \underbrace{0,66(-80.000)}_{\text{calor que sai}} = -32.000 \text{ J/mol}$$

Mas, para 100 mols de alimentação/s:

$$Q_1 = (32.000 \text{ J/mol})(100 \text{ mols/s}) = -3,2 \text{ MW (resfriamento)}$$

Para o segundo reator. Para ir de $X_A = 0,66$ à 820 K a $X_A = 0,85$ a 750 K, necessitamos, por mol:

$$(750 - 820)\,40 + (0,85 - 0,66)(-80.000) = -18.000 \text{ J/mol}$$

Logo, para 100 mols/s:

$$Q_2 = (-18.000)(100) = -1,8 \text{ MW (resfriamento)}$$

Similarmente, para o trocador necessário para resfriar a corrente de saída de 750 K para 300 K:

$$Q_3 = 100(40)(300 - 750) = -1,8 \text{ MW}$$

Dessa forma, nosso projeto recomendado é mostrado na Fig. E19.2c.

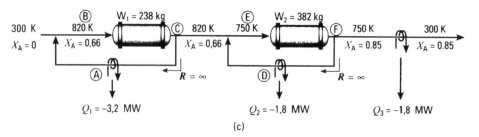

Figura E19.2c Nota: O trocador Q_1 pode ser colocado em A, B ou C e o trocador Q_2 pode ser colocado em D, E ou F.

REFERÊNCIAS

Froment, G. F., First Symp. on C.R.E., Washington, D.C., June 1970, Advances in Chemistry Series No. 109, A.C.S., 1972.

_____ and Bischoff, K. B., *Chemical Reactor Analysis and Design*, 2nd ed., John Wiley & Sons, 1990.

Horn, F., *Z. Electrochemie*, **65**, 195 (1961a).

_____, *Chem. Eng. Sci.*, **14**, 20 (1961b).

Konoki, K. K., *Chem. Eng.* (Japan), **21**, 408 (1956a).

_____, *Chem. Eng.* (Japan), **21**, 780 (1956b).

_____, *Chem. Eng.* (Japan), **24**, 569 (1960).

_____, *Chem. Eng.* (Japan), **25**, 31 (1961).

PROBLEMAS

19.1 a 19.8 Esquematize o fluxograma para o sistema de dois reatores representados pelos diagramas de X_A em função de T, Figs. P19.1 a P19.8. Neste esquema, mostre:

- a taxa de escoamento de todas as correntes para cada 100 mols de fluido entrando e, onde pertinente, forneça as razões de reciclo;
- a localização dos trocadores de calor e indique se eles resfriam ou aquecem a corrente.

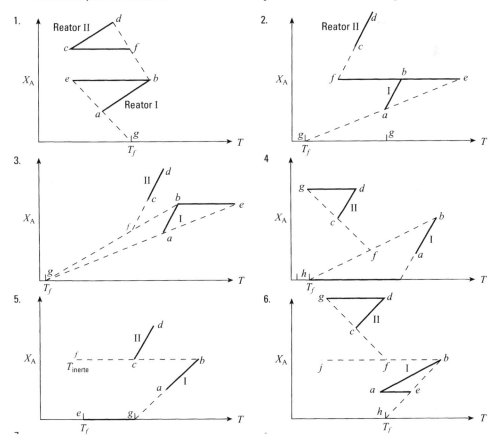

Figuras P19.1 a P19.6

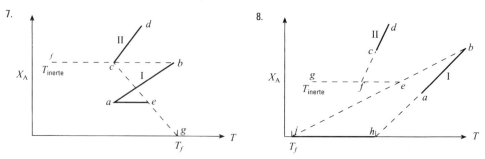

Figuras P19.7 a P19.8

19.9 a 19.12 Esquematize o diagrama de X_A em função de T, para o sistema de dois reatores de leito recheado mostrado nas Figs. P19.9 a P19.12, para uma reação exotérmica, onde:

- conversão: $X_{A1} = 0,6$ e $X_{A2} = 0,9$.
- razão de reciclo: $R_1 = 2$ e $R_2 = 1$.
- todos os trocadores de calor resfriam o fluido reagente.

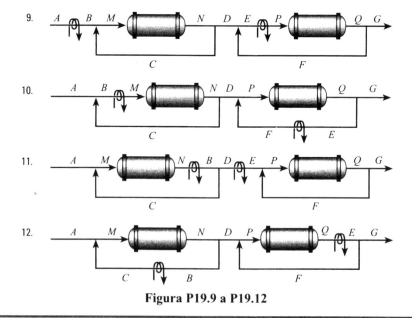

Figura P19.9 a P19.12

Para a situação de um único reator, descrita no texto e seguida do Exemplo 19.1, vamos considerar aqui quatro alternativas. Nós pretendemos usar:

19.13 …uma alimentação com A puro, $X_A = 0,85$, em um reator que segue a programação ótima de temperatura.

19.14 …uma alimentação com 50% de A e 50% de inertes, $X_A = 0,70$, em um reator adiabático de sua escolha.

19.15 …uma alimentação com 20% de A e 80% de inertes, para um reator de sua escolha, cuja saída está a $X_A = 0,75$ e T = 825 K.

19.16 …uma alimentação com 5% de A e 95% de inertes, $X_A = 0,5$, em um reator adiabático de sua escolha.

Para a situação de dois reatores, descrita no texto e seguida do Exemplo 19.2, vamos considerar aqui cinco alternativas:

19.17 ...uma alimentação com A puro e $X_A = 0,85$.

19.18 ...uma alimentação com A puro, $X_A = 0,85$ e $T_{máx} = 550$ K. Neste problema, não se preocupe com a possibilidade de um ponto operacional instável. Mas antes de construir tal unidade, é melhor você verificar isto; do contrário estará em apuros.

19.19 ...uma alimentação com 20% de A e 80% de inertes e $X_A = 0,85$.

19.20 ...uma alimentação com 40% de A e 60% de inertes e $X_A = 0,95$.

19.21 ...uma alimentação com 5% de A e 95% de inertes e $X_A = 0,95$ (tente uma injeção de alimentação fria).

CAPÍTULO 20

Reatores com Catalisadores Sólidos Suspensos, Reatores Fluidizados de Vários Tipos

A formação de anidrido ftálico é altamente exotérmica e, mesmo com o projeto mais cuidadoso, a remoção de calor dos reatores de leito recheado pode se tornar incontrolável, conduzindo a descontroles na temperatura, superaquecimentos locais e mesmo explosões. Se pedissem para o engenheiro chefe destes reatores sentar em algum deles durante o início da operação, existiriam menos engenheiros chefes.*

A invenção de leito fluidizado, com seus sólidos suspensos e rapidamente misturados, superou completamente essa situação perigosa. Isto ocorre porque a rápida mistura de sólidos e a grande fonte de calor (sólidos) apenas permitirão que a temperatura do leito varie muito lentamente, podendo ser facilmente controlada.

Um outro problema — os formuladores de catalisadores (aqueles mágicos) têm tido sucesso na criação de catalisadores cada vez melhores, aqueles que proporcionam taxas de reação cada vez mais altas. Porém, para usar de modo efetivo todo o volume de catalisador, temos de manter o módulo de Thiele

$$M_T = L\sqrt{\frac{k'''}{\mathcal{D}_e}} < 0,4$$

Isto significa usar partículas cada vez menores quando k''' for cada vez maior.

Isso nos conduz a usar sólidos suspensos. Note também que com esses catalisadores muito efetivos, o tempo requerido de residência do gás reagente se torna muito pequeno; isto é, uns poucos segundos para um reator grande, com 30 m de altura.

A Fig. 20.1 mostra a transição de reatores fixos para reatores BFB, TF, FF e PC.

20.1 INFORMAÇÕES BÁSICAS SOBRE OS REATORES COM SÓLIDOS SUSPENSOS

Este é um vasto assunto, porém temos de ser breves, podendo tocar somente nos pontos de mais interesse. Veja Kunii e Levenspiel (1991) para uma apresentação muito mais completa.

Primeiro, Geldart (1973) e Geldart e Abrahamson (1978) observaram como diferentes tipos de sólidos se comportavam quando fluidizados e propuseram a seguinte classificação simples de sólidos

---

* "Deveriam dar medalhas para quem faz ftálicos." *Chem. Week*, **70**, 40 (1952).

Figura 20.1 — Regimes de contato S/G, com velocidade de gás variando de baixa a muito alta

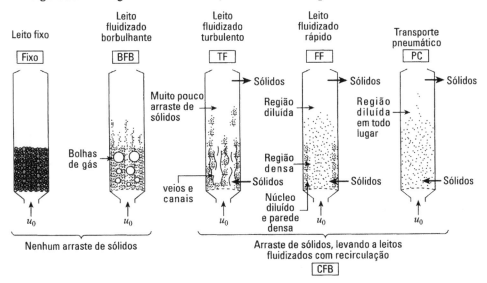

a serem fluidizados, que chamamos agora de classificação de Geldart: Geldart A, B, C e E. A Fig. 20.2 apresenta esta classificação.

Considere agora a distribuição de sólidos em um vaso vertical. Faça f ser a fração volumétrica de sólidos na altura z do vaso. Como mostrado na Fig. 20.3, quando temos velocidades de gás cada vez maiores, os sólidos se espalham por todo o vaso.

Regimes de Contato S/G. Para desenvolver a linguagem que diz qual o regime de contato que temos em mãos, considere sólidos com tamanho d_p, em um leito de área de seção transversal A, que seja alimentado por um gás a uma velocidade superficial u_0, conforme mostrado na Fig. 20.4.

Para simplificar as equações, vamos começar definindo duas quantidades adimensionais:

Figura 20.2 — Classificação de Geldart para sólidos em BFB

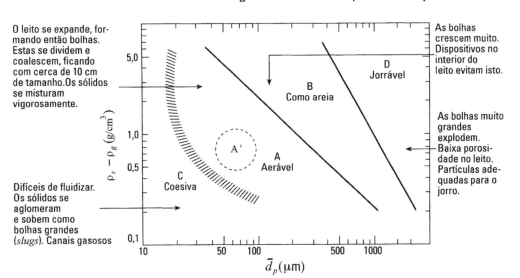

Figura 20.3 — Distribuição de sólidos nos vários regimes de contato

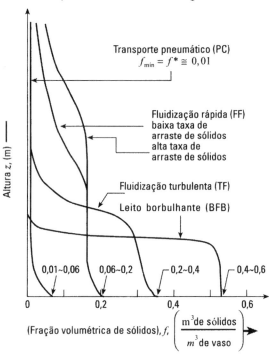

$$d_p^* = d_p \left[\frac{\rho_g (\rho_s - \rho_g) g}{\mu^2} \right]^{1/3}$$

$$u^* = u \left[\frac{\rho_g^2}{\mu(\rho_s - \rho_g) g} \right]^{1/3} = \frac{(\text{Re}_p)}{d_p^*}$$

$$\text{Re}_p = u^* d_p^* \quad (1)$$

Velocidade de Mínima Fluidização. Os sólidos serão suspensos quando a queda de pressão exceder o peso dos sólidos. Isto acontece quando a velocidade do gás exceder a velocidade de mínima fluidização, u_{mf}. Essa velocidade é dada por Ergun (1952), pela seguinte forma adimensional:

Figura 20.4 — Notação para um leito com sólidos suspensos

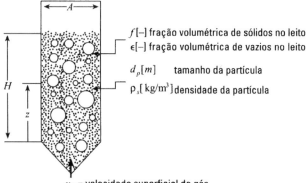

$$150(1 - \epsilon_{mf})u_{mf}^* + 1,75(u_{mf}^*)^2 d_p^* = \epsilon_{mf}^3 (d_p^*)^2 \tag{3}$$

Velocidade Terminal, u_t. Partículas individuais são sopradas para fora do leito quando a velocidade do gás exceder o que é chamado de velocidade terminal, u_t. Haider e Levenspiel (1989) expressaram esta velocidade para *partículas esféricas* como sendo:

$$u_t^* = \left[\frac{18}{(d_p^*)^2} + \frac{0,591}{(d_p^*)^{1/2}} \right]^{-1} \tag{4}$$

e para *partículas com forma irregular*, de esfericidade ϕ_s:

$$u_t^* = \left[\frac{18}{(d_p^*)^2} + \frac{2,335 - 1,744\phi_s}{(d_p^*)^{1/2}} \right]^{-1} \tag{5}$$

onde a esfericidade da partícula ϕ_s é definida como:

$$\phi_s = \left(\frac{\text{superfície de uma esfera}}{\text{superfície de uma partícula}} \right)_{\text{mesmo volume}} \tag{6}$$

Para partículas finas, nós avaliamos o tamanho através de uma análise de peneiras, que fornece d#. Infelizmente, não há uma relação geral entre $d_\#$ e d_p. O melhor que podemos dizer para considerações sobre queda de pressão é:

- $d_p = \phi_s\, d_\#$ para partículas irregulares com nenhuma dimensão aparentemente mais curta ou mais longa.
- $d_p \cong d_\#$ para partículas irregulares com uma dimensão um pouco mais longa, mas com uma razão de comprimentos não maior do que 2:1 (ovos, por exemplo).
- $d_p \cong \phi_s^2\, d_\#$ para partículas irregulares com uma dimensão mais curta, mas com uma razão de comprimentos não menor do que 1:2 (travesseiros, por exemplo).

Embora uma partícula isolada seja arrastada por uma corrente de gás que escoe mais rápido do que u_t, esta evidência não se estende para um leito fluidizado de partículas. No BFB, a velocidade do gás pode ser muitas vezes maior que u_t, com muito pouco arraste de sólidos. Assim, a velocidade terminal de uma partícula sólida isolada não é muito útil para estimar quando o arraste de sólidos se tornará apreciável.

Diagrama Geral, Mostrando os Regimes de Contato S/G. Grace (1986) preparou um diagrama para mostrar o comportamento esperado de sistemas S/G, em todo o caminho de BFB para CFB. A Fig. 20.5 mostra uma versão um pouco modificada deste diagrama. Nele, você verá as Eqs. (3), (4) e (5), que nos dizem quando o leito fluidizará e quando os sólidos começarão a ser arrastados do vaso.

Agora analisaremos, em detalhes, vários regimes de contato e veremos quais previsões são disponíveis para cada comportamento considerado de reator.

20.2 O LEITO FLUIDIZADO BORBULHANTE – BFB

Faça um gás escoar de forma ascendente através de um leito de partículas finas. Para velocidades superficiais (ou de entrada) do gás, u_0, bem acima da velocidade de mínima fluidização, o leito fica com a aparência de um líquido em ebulição, com grandes bolhas subindo rapidamente pelo leito. Neste estado, nós temos o *leito fluidizado borbulhante*, BFB. Reatores industriais, particularmente para reações em fase gasosa catalisadas por sólidos, operam freqüentemente como leitos borbulhantes, com velocidades de gás $u_0 = 5 \sim 30\ u_{mf}$.

Figura 20.5 — Diagrama geral dos regimes de escoamento para a faixa inteira de contato S/G

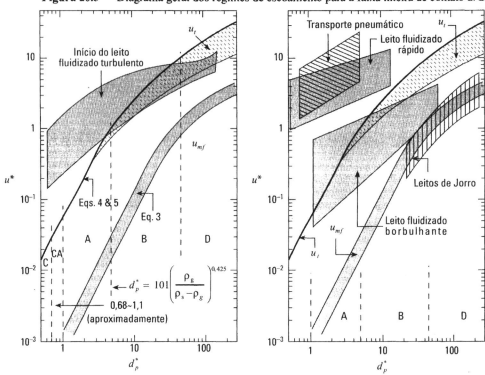

Cálculos mostram que a conversão em leitos borbulhantes pode variar daquela de escoamento pistonado para bem abaixo daquela de escoamento com mistura perfeita; ver Fig. 20.6. Por muitos anos, o fato perplexo e embaraçoso sobre isto foi que, constantemente, não podíamos estimar ou imaginar, de forma confiável, que conversão seria obtida em uma dada situação nova. Por causa disto, o aumento de escala era cuidadoso e incerto e, preferencialmente, deixado para outros.

Logo foi reconhecido que essa dificuldade apareceu devido à falta de conhecimento do modo de contato e escoamento no leito; de fato, o desvio (*bypass*) de muitos sólidos pelas bolhas ascendentes de gás parece ser importante. Isto levou à percepção de que a previsão adequada do comportamento do reator tinha de esperar por um modelo fluidodinâmico razoável de escoamento para o leito.

Visto que o leito borbulhante representa tais desvios sérios do contato ideal, e não somente aqueles menores como o que acontece com outros reatores com um único fluido (leitos recheados, tubos, etc.), seria instrutivo ver como este problema de caracterização de escoamento tem sido atacado. Uma grande variedade de abordagens tem sido tentada. Consideraremos uma de cada vez.

Modelo de Dispersão e de Tanques-em-Série. As primeiras tentativas de modelar o reator usaram naturalmente os modelos simples de um parâmetro. No entanto, esses modelos não podem considerar um valor observado de conversão bem abaixo do escoamento com mistura perfeita. Logo, esta abordagem tem sido descartada por muitos autores.

Modelos RTD. A próxima classe de modelos usa a função RTD para calcular as conversões. Porém, uma vez que a taxa da reação catalítica de um elemento de gás depende da quantidade de sólidos na sua vizinhança, a constante efetiva de taxa é baixa para a bolha de gás e alta para a emulsão gasosa. Assim, qualquer modelo que tente simplesmente calcular a conversão a partir da RTD e de uma constante fixa de taxa supõe na verdade que todos os elementos de gás, tanto os que se movem lentamente como os que o fazem rapidamente, gastam a mesma fração de tempo em cada uma das

Figura 20.6 — A conversão de um reagente em BFB é geralmente pior do que para os escoamentos pistonado e com mistura perfeita. Adaptado de Kunii e Levenspiel (1991)

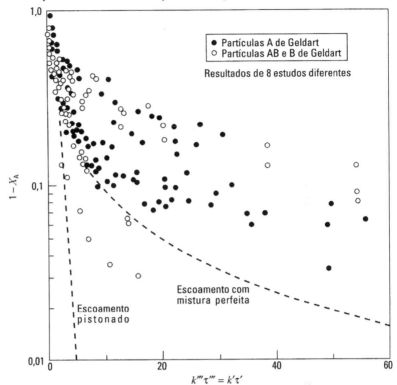

fases. Como mostraremos quando tratarmos dos detalhes do contato de gás em leitos fluidizados, esta suposição é duvidosa. Conseqüentemente, o uso direto da função RTD para prever conversões, como desenvolvido para sistemas lineares no Capítulo 11, é bem inadequado.

Modelos de Distribuição de Tempos de Contato. Para superar essa dificuldade e ainda usar a informação dada pela RTD, foram propostos modelos considerando que o gás mais rápido ficava principalmente na fase da bolha e o mais lento na emulsão. Gilliland e Knudsen (1971) usaram esta abordagem e propuseram que a constante efetiva de taxa dependesse do tempo de permanência do elemento de gás no leito:

$$\left. \begin{array}{l} \text{curta permanência significa pequeno valor de } k \\ \text{longa permanência significa grande valor de } k \end{array} \right\} \quad \text{ou} \quad k = \mathbf{k}_0 t^m$$

onde m é um parâmetro a ser ajustado. Desta maneira, combinando com a Eq. (11.13), encontramos para a conversão:

$$\frac{\overline{C}_A}{C_{A0}} = \int_0^\infty e^{-kt} \mathbf{E}\, dt = \int_0^\infty e^{-k_0 t^{(m+1)}} \mathbf{E}\, dt \tag{7}$$

O problema com essa abordagem envolve a obtenção, a partir da curva C medida, de uma função E significativa, a ser usada na Eq. (7). Tal abordagem também tem sido descartada.

Modelos com Duas Regiões. Reconhecendo que o leito borbulhante consiste em duas zonas bem distintas, a fase bolha e a fase emulsão, experimentalistas se esforçaram muito no desenvolvimento de modelos baseados neste fato. Visto que tais modelos contêm seis parâmetros — ver Fig. 20.7 — muitas simplificações e casos especiais têm sido explorados (oito em torno de 1962, 15 em torno de

386 Capítulo 20 — Reatores com Catalisadores Sólidos Suspensos, Reatores Fluidizados de Vários Tipos

Figura 20.7 — Modelo bifásico para representar o leito fluidizado borbulhante, com seus seis parâmetros a serem ajustados, v_1, V_1, $(D/uL)_1$, $(D/uL)_2$, m_1 e K

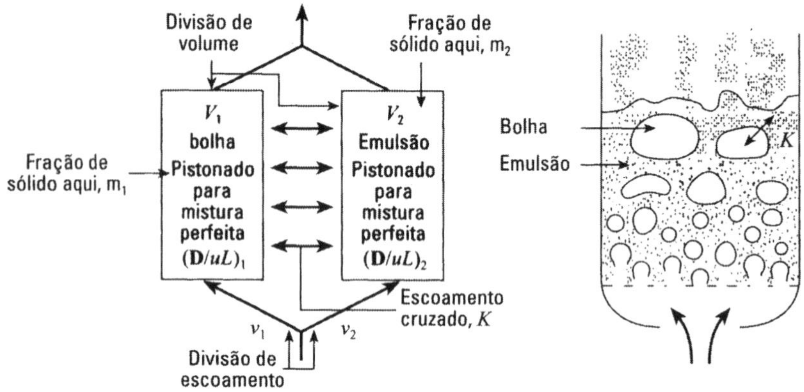

1972 e cerca de duas dúzias até hoje) e mesmo o modelo completo com seis parâmetros, da Fig. 20.7, tem sido usado. Os usuários deste modelo, aqueles que lidam com reatores FCC, dizem que ele se ajusta muito bem aos seus dados. No entanto, eles tiveram que escolher séries diferentes de valores dos parâmetros para cada alimentação de óleo cru, em cada um de seus reatores FCC. Além disto, alguns dos valores de seus parâmetros não tiveram sentido físico, como por exemplo um valor negativo para V_1 ou v_2.

Sendo essa a situação, devemos descartar também esse tipo de modelo que propicia um ajuste perfeito, porém nada prevê e não proporciona entendimento sobre o processo. A razão é que não temos idéia de como designar valores para os parâmetros no caso de novas condições. Assim, esse é apenas um modelo de ajuste de curvas e devemos ser capazes de fazer melhor.

Modelos de Escoamento Hidrodinâmico. O resultado desencorajador dos modelos anteriores nos conduz, relutantemente, à conclusão de que temos de conhecer mais acerca do que acontece no leito, se quisermos desenvolver um modelo que preveja, de forma razoável, o escoamento. Em particular, temos de aprender mais sobre o comportamento das bolhas ascendentes de gás, uma vez que elas, provavelmente, causam a maior parte da dificuldade.

Dois desenvolvimentos são de particular importância nesse aspecto. O primeiro é o notável desenvolvimento teórico e a verificação experimental de Davidson [ver Davidson e Harrison (1963) para detalhes] do escoamento na vizinhança de um única bolha ascendente em um leito fluidizado, que está em condições diversas daquela de mínima fluidização. Ele descobriu que a velocidade de ascensão da bolha, u_{br}, depende do tamanho da bolha e que o comportamento do gás na vizinhança da bolha depende somente da velocidade relativa entre a bolha ascendente e o gás na emulsão ascendente, u_e. Nos extremos, ele achou um comportamento completamente diferente, conforme mostrado na Fig. 20.8. Para reações catalíticas, estamos interessados somente em leitos de partículas finas; logo, a partir de agora, vamos ignorar o extremo das partículas grandes.

Para o leito de partículas finas, o gás circula pelo interior da bolha e através de uma nuvem fina que circunda a bolha. Deste modo, a bolha de gás forma um anel de vórtice e permanece no leito, segregada do resto do gás. A teoria diz que:

$$\left(\frac{\text{espessura da nuvem}}{\text{diâmetro da bolha}} \right) \cong \frac{u_e}{u_{br}} \tag{8}$$

Como um exemplo, se a bolha ascender 25 vezes mais rápido do que o gás na emulsão (o que não é tão incomum, porque esta razão é igual a 100 ou mais em algumas operações industriais), então a espessura da nuvem será somente 2% do diâmetro da bolha. Este é o regime que nos interessa.

Figura 20.8 — Extremos do escoamento de gás na vizinhança das bolhas ascendentes de gás em BFB

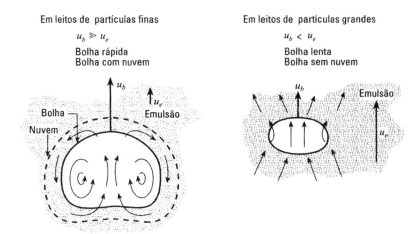

A segunda evidência sobre bolhas individuais é que cada bolha ascendente de gás carrega, atrás dela, um rastro de sólidos. Designamos este rastro por α, onde:

$$\alpha = \left(\frac{\text{volume do rastro}}{\text{volume da bolha}}\right) \quad \ldots \quad \begin{cases} \alpha \text{ varia entre } 0{,}2 \text{ e } 2{,}0, \\ \text{dependendo da pesquisa} \end{cases} \tag{9}$$

Ver em Rowe e Partridge (1962, 1965) o estudo original que descobriu isto.

20.3 O MODELO K-L PARA BFB

Diferentes tipos de modelos de escoamento hidrodinâmico podem ser desenvolvidos para representar o BFB, baseados nas duas evidências, aparentemente simples, descritas anteriormente. Vamos considerar e desenvolver o mais simples deles: o modelo K-L para BFB.

Faça um excesso de gás escoar de forma ascendente através de um leito de partículas finas. Com um leito de diâmetro suficientemente grande, conseguimos um leito borbulhante, livre de bolhas rápidas. Como simplificações, considere o seguinte:

- As bolhas são todas esféricas, todas do mesmo tamanho d_b e todas seguem o modelo de Davidson. Desta forma, o leito contém bolhas circundadas por nuvens finas, ascendendo através da emulsão. Ignoramos o escoamento ascendente do gás através da nuvem, porque o volume desta é pequeno comparado àquele das bolhas. Este é o regime onde $u_b \gg u_e$ (ver Fig. 20.8).

- A emulsão permanece nas condições de mínima fluidização; assim, a velocidade relativa S/G permanece constante na emulsão.

- Cada bolha arrasta para cima um rastro de sólidos atrás dela. Isto gera uma circulação de sólidos no leito: ascendente atrás das bolhas e descendente em qualquer outro lugar do leito. Se o escoamento descendente dos sólidos for suficientemente rápido, então o escoamento ascendente de gás na emulsão é impedido, podendo realmente parar ou mesmo reverter o fluxo. Tal escoamento descendente de gás tem sido observado e registrado, ocorrendo quando:

$$u_0 > (3 \text{ a } 11)\, u_{mf}$$

Ignoramos qualquer escoamento ascendente ou descendente de gás na emulsão. Nós mostramos este modelo na Fig. 20.9.

Figura 20.9 — Modelo e símbolos usados para descrever o leito fluidizado K-L, com gás borbulhante

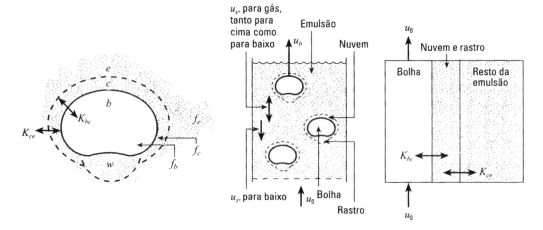

Faça:

u_0 = velocidade superficial do gás no leito, m³ de gás/m² de leito · s;

d = diâmetro, m;

ϵ = fração de vazios no leito;

os subscritos b, c, e, w se referem à bolha, nuvem, emulsão e rastro, respectivamente;

os subscritos m, mf, f se referem às condições de leito recheado, de mínima fluidização e de leito fluidizado borbulhante, respectivamente.

Em essência, dados $u_{mf}, \epsilon_{mf}, u_0$, a e o tamanho efetivo da bolha no leito, d_b, este modelo diz a você todas as outras propriedades do leito — escoamentos, volumes das regiões, taxas de troca interna e conseqüentemente o comportamento do reator.

Balanço de Material para o Gás e para os Sólidos

De Kunii e Levenspiel (1991), um balanço de material no leito fornece:

$$u_{br} = 0,711(gd_b)^{1/2} \quad \text{m/s} \ldots \text{velocidade de ascensão de uma única bolha,} \atop \text{em um leito nas condições diferentes de } u_{mf} \tag{10}$$

aceleração da gravidade = 9,8 m/s²

$$u_b = u_0 - u_{mf} + u_{br}, \text{m/s} \quad \text{velocidade de ascensão das bolhas em um leito borbulhante} \tag{11}$$

$$\delta = \text{fração de bolhas no leito,} \quad \frac{\text{m}^3 \text{ de bolhas}}{\text{m}^3 \text{ de leito}} \tag{12}$$

$$\delta = \frac{u_0 - u_{mf}}{u_b} = 1 - \frac{u_{br}}{u_b}, \text{ e para } u_b \gg u_{mf} \text{ podemos usar } \delta \cong \frac{u_0}{u_b}$$

Relações úteis:

$$H_m(1 - \epsilon_m) = H_{mf}(1 - \epsilon_{mf}) = H_f(1 - \epsilon_f)$$

$$1 - \delta = \frac{1 - \epsilon_f}{1 - \epsilon_{mf}} = \frac{H_{mf}}{H_f} \quad \cdots \quad H = \text{altura}$$

$$u_s = \frac{\alpha \delta \, u_b}{1 - \delta - \alpha \delta}, \text{m/s} \ldots \begin{array}{l}\text{escoamento descendente de} \\ \text{sólidos na fase emulsão}\end{array}$$

$$u_e = \frac{u_{mf}}{\epsilon_{mf}} - u_s, \text{ m/s} \ldots \quad \begin{array}{l}\text{velocidade de ascensão do gás}\\ \text{na fase emulsão (pode ser + ou } -)\end{array}$$

Usando a expressão teórica de Davidson para a circulação nuvem-bolha e a teoria de Higbie para a difusão em nuvem-emulsão, a troca de gás entre a bolha e a nuvem é dada por:

$$K_{bc} = 4{,}50\left(\frac{u_{mf}}{d_b}\right) + 5{,}85\left(\frac{\mathcal{D}^{1/2} g^{1/4}}{d_b^{5/4}}\right) = \frac{\text{(volume de troca entre } b \text{ e } c \text{ ou } c \text{ e } b)/s}{\text{volume da bolha}}, \text{ s}^{-1} \quad (13)$$

e entre a nuvem-rastro e a emulsão:

$$K_{ce} = 6{,}77\left(\frac{\epsilon_{mf}\mathcal{D} u_{br}}{d_b^3}\right)^{1/2} = \frac{\text{volume de troca / s}}{\text{volume da bolha}} \quad (14)$$

$$f_b = 0{,}001 \sim 0{,}01 = \frac{\text{volume de sólidos na bolha}}{\text{volume do leito}} \ldots \begin{array}{l}\text{estimativa aproximada}\\\text{a partir do experimento}\end{array} \quad (15)$$

$$f_c = \delta(1 - \epsilon_{mf})\left[\frac{3 u_{mf}/\epsilon_{mf}}{u_{br} - u_{mf}/\epsilon_{mf}} + \alpha\right] = \frac{\text{volume de sólidos na nuvem e no rastro}}{\text{volume de leito}} \quad (16)$$

$$f_e = \overbrace{(1-\epsilon_{mf})(1-\delta)}^{(1-\epsilon_f)} - f_c - f_b = \frac{\text{volume de sólidos no resto da emulsão}}{\text{volume de leito}} \quad (17)$$

$$f_b + f_c + f_e = f_{\text{total}} = 1 - \epsilon_f \quad (18)$$

$$H_{\text{BFB}} = H_f = W/\rho_s A(1-\epsilon_f) \quad (19)$$

Aplicação a Reações Catalíticas

Em nosso desenvolvimento, nós fizemos duas suposições questionáveis:

- Ignoramos o escoamento de gás através da nuvem, visto que o volume da nuvem é muito pequeno para bolhas rápidas.
- Ignoramos o escoamento de gás, tanto ascendente como descendente, através da emulsão, visto que este escoamento é muito menor do que o escoamento através das bolhas.

Na realidade, consideramos o gás estagnado na emulsão. Naturalmente, expressões mais gerais podem ser desenvolvidas para leitos onde as bolhas tenham nuvens espessas (bolhas não muito grandes e não muito rápidas) ou onde o escoamento através da emulsão seja significativo (u_0 próximo de u_{mf}; logo, $u_0 \cong 1$–$2\,u_{mf}$). Contudo, para bolha rápida e leitos de partículas finas, vigorosamente borbulhantes, as suposições mencionadas anteriormente são razoáveis.

Agora veremos como calcular o desempenho em tal leito.

Reação de Primeira Ordem. Considere a reação:

$$A \to R, \quad r_A''' = k''' C_A, \quad \underbrace{\frac{\text{mol}}{\text{m}^3 \text{ de sólidos} \cdot \text{s}}}_{\text{m}^3/\text{m}^3 \text{ de sólidos} \cdot \text{s}} \quad (20)$$

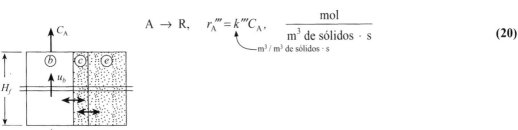

Então, para qualquer fatia do leito, nós temos:

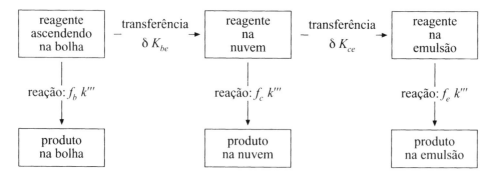

Considerando estas cinco resistências em série-paralelo, eliminando as concentrações na nuvem e na emulsão e integrando do fundo ao topo do leito, temos:

$$\ln\frac{C_{A0}}{C_A} = K'''\tau''' = \underbrace{\left[f_b k''' + \cfrac{1}{\cfrac{1}{\delta \cdot K_{bc}} + \cfrac{1}{f_c k''' + \cfrac{1}{\cfrac{1}{\delta \cdot K_{ce}} + \cfrac{1}{f_e k'''}}}}\right]}_{\substack{\text{cinco resistências} \\ K''' \text{ constante efetiva de taxa para leito fluidizado,} \\ m^3/m^3 \text{ de sólidos} \cdot s}} \cdot \underbrace{\frac{f_{total} H_{BFB}}{u_0}}_{\tau''' m^3 \text{ de sólidos} \cdot s/m^3} \quad (21)$$

Também encontramos que a composição média do gás, "vista" pelos sólidos, é aproximadamente (de S. Kimura, comunicação pessoal):

$$\overline{C}_{A,\,\text{banhando os sólidos}} = \frac{C_{A0} - C_A}{K'''\tau'''} = \frac{C_{A0} X_A v_0}{K''' V_s} = \frac{C_{A0} X_A v_0}{K' W} \quad (22)$$

(somente de sólidos, W/ρ_s)

Esta quantidade é importante para reações não catalíticas S/G, porque é este $\overline{C}_A$ que os sólidos vêem e reagem com ele.

Vamos agora olhar para os reatores de leito recheado. Supondo escoamento pistonado, $K_{bc} \to \infty$ e $K_{ce} \to \infty$; assim, a Eq. (21) se reduz a:

para escoamento pistonado
$$\begin{cases} \ln\dfrac{C_{A0}}{C_{Ap}} = k'''\tau''' = \dfrac{k''' H_p (1-\epsilon_p)}{u_0} = k'\tau' = \dfrac{k'W}{u_0 A_t} & (23) \\[2ex] \overline{C}_{Ap} = \dfrac{C_{A0} - C_{Ap}}{k'''\tau'''} & (24) \end{cases}$$

A comparação da Eq. (21) com a Eq. (23) e da Eq. (22) com a Eq. (24) mostra que um leito fluidizado poderá ser tratado como um reator pistonado, se

$$K''' \text{ for trocado por } k'''$$

Comentários. Os cinco termos entre colchetes da equação de desempenho, Eq. (21), representam as resistências complexas em série-paralelo à transferência de massa e à reação; ou seja:

Figura 20.10 — Desempenho de um leito fluidizado como uma função do tamanho da bolha, como determinado pela Eq. (21). Compare com os resultados obtidos para os escoamentos pistonado e com mistura perfeita

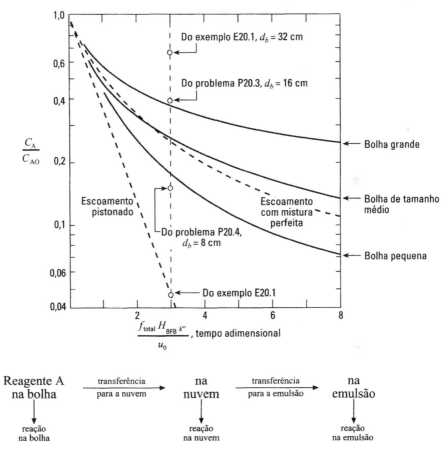

Para uma reação muito rápida (alto valor de k'''), muito pouco A consegue ir tão longe quanto a emulsão e os dois primeiros termos dominam. Para uma reação lenta, os últimos termos se tornam crescentemente importantes.

Uma vez que o tamanho da bolha é a grandeza que governa todas as quantidades de taxa, com exceção de k''', nós podemos colocar em um gráfico o desempenho de um leito fluidizado em função de d_b, como mostrado na Fig. 20.10. Note que um alto valor de d_b resulta em um desempenho ruim, por causa do extenso desvio (*bypass*) das bolhas de gás, podendo cair consideravelmente abaixo daquele do escoamento com mistura perfeita.

Para reações múltiplas, o efeito desse escoamento é ainda mais sério. Logo, para reações em série, o abaixamento na quantidade formada de intermediário pode ser, e geralmente é, bem drástico.

Mantivemos essa apresentação muito breve. Para ajudar a entender como usá-la, por favor, olhe o seguinte exemplo ilustrativo.

EXEMPLO 20.1 REAÇÃO CATALÍTICA DE PRIMEIRA ORDEM EM UM BFB

Um gás reagente ($u_0 = 0,3$ m/s, $v_0 = 0,3\,\pi$ m^3/s) escoa, de forma ascendente, através de um leito fluidizado, com diâmetro de 2 m ($u_{mf} = 0,03$ m/s, $e_{mf} = 0,5$), contendo 7 t de catalisador ($W =$ 7.000 kg, $\rho_s = 2.000$ kg/m^3). A reação ocorre da seguinte forma:

$$A \rightarrow R, \quad -r_A''' = k'''C_A \ldots \text{com } k''' = 0,8 \frac{m^3}{m^3 \text{ de sólido} \cdot s}$$

(a) Calcule a conversão do reagente.
(b) Encontre a concentração média adequada de A, "vista" pelos sólidos.
(c) Se o gás escoasse de forma descendente através dos sólidos, teríamos um leito recheado. Supondo escoamento pistonado do gás, encontre a conversão do reagente para esta situação.

Dados Adicionais

$C_{A0} = 100$ mols/m^3, $\mathcal{D} = 20 \times 10^{-6}$ m^2/s, $\alpha = 0,33$.
Tamanho estimado da bolha no leito: $d_b = 0,32$ m.

Ver Fig. E20.1, que representa este sistema.

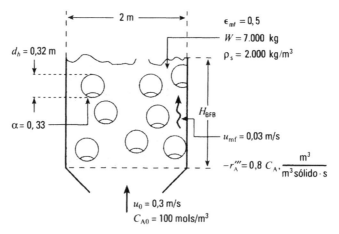

Figura E20.1

SOLUÇÃO

Preliminar. Determine a velocidade de ascensão das bolhas:

$$u_{br} = 0,711 \, (9,8 \times 0,32)^{1/2} = 1,26 \text{ m/s}$$
$$u_b = 0,30 - 0,03 + 1,26 = 1,53 \text{ m/s}$$

Agora, veja se o modelo da bolha rápida, apresentado neste capítulo, se aplica:

- Verifique se há formação de bolhas grandes (*slugging*): o tamanho da bolha (32 cm) é pequeno comparado ao tamanho do leito (200 cm); conseqüentemente, não há formação de bolhas grandes.
- Verifique a suposição de bolha rápida: considere a razão de velocidades:

$$\frac{u_b}{u_f} = \frac{u_b}{u_{mf}/\varepsilon_{mf}} = \frac{1,53}{0,03/0,5} = 25,5$$

Visto que as bolhas ascendentes são, aproximadamente, 25 vezes mais rápidas do que o gás na emulsão, temos uma bolha rápida com uma nuvem fina — menos de 1 cm de espessura. Assim, podemos usar, seguramente, o **modelo de leito borbulhante** deste capítulo.

(a) Calcule X_A. Colocando os valores numéricos nas expressões deste modelo, temos:

$$\delta = \frac{0,30}{1,53} = 0,196$$

$$\epsilon_f = 1 - (1 - \epsilon_{mf})(1 - \delta) = 1 - 0,51(1 - 0,196) = 0,60$$

$$K_{bc} = 4,50\left(\frac{0,33}{0,32}\right) + 5,85\left(\frac{(20\times10^{-6})^{1/2}(9,8)^{1/4}}{(0,32)^{5/4}}\right) = 0,614 \text{ s}^{-1}$$

$$K_{ce} = 6,77\left(\frac{0,5(20\times10^{-6})\,1,26}{(0,32)^3}\right)^{1/2} = 0,133 \text{ s}^{-1}$$

$$\left.\begin{array}{l} f_b = 0,001 \sim 0,01, \text{ escolha-o como sendo } 0,001 \\ f_c = 0,196(1-0,5)\left(\frac{3\times0,03/0,5}{1,26-0,03/05}+0,33\right) = 0,047 \\ f_e = (1-0,6)-0,047-0,001 = 0,352 \end{array}\right\} f_b + f_c + f_e = (1-\epsilon_f) = 0,4$$

$$H_{BFB} = \frac{7.000}{2.000(\pi)(1-0,6)} = 2,785 \text{ m}$$

$$\ln\frac{C_{A0}}{C_A} = \frac{\left[0,001(0,8) + \cfrac{1}{\cfrac{1}{0,196(0,614)} + \cfrac{1}{0,047(0,8) + \cfrac{1}{\cfrac{1}{0,196(0,133)} + \cfrac{1}{0,354(0,8)}}}}\right]}{(0,001+0,047+0,352)} \cdot \frac{2,785(0,4)}{0,3}$$

$$= [0,0415]\cdot(9,284) = 0,385$$

Conseqüentemente:

$$\frac{C_A}{C_{A0}} = 0,68 \ldots \text{ ou } \underline{\underline{X_A = 32\%}} \text{ (ver Fig. 20.10)}$$

(b) *Encontre* $\overline{C}_A$ *"vista"pelos sólidos*. Uma vez que cada partícula amostra todo o gás estagnado no leito, $\tau''' = (C_{A0} - C_A)/(-r_A''')$; ou seja:

$$\overline{C}_A = \frac{(C_{A0}-C_A)v_0}{k'''V_s} = \frac{(100-68)0,3\,\pi}{(0,8)(3,5)} = \underline{\underline{11 \text{ mols}/\text{m}^3}}$$

(c) *Calcule* X_A *para um leito fixo*. Da Eq. (11.44) ou (11.51), para escoamento pistonado:

$$\ln\frac{C_{A0}}{C_{Ap}} = k'''\tau''' = k'''\frac{f_{total}H_{BFB}}{u_0} = k'''\frac{V_s}{v_0} = (0,8)\left(\frac{3,5}{0,3\,\pi}\right) = 2,97$$

Por conseguinte:

$$\frac{C_{Ap}}{C_{A0}} = 0,05 \quad \ldots \text{ ou } \quad \underline{\underline{X_A = 95\%}}$$

Este ponto é mostrado na Fig. 20.10.

Comentários

• A conversão no leito fluidizado é drasticamente menor do que no leito fixo (32% contra 95%) e muito abaixo do escoamento com mistura perfeita (75%). Isto vem do sério desvio (*bypass*)

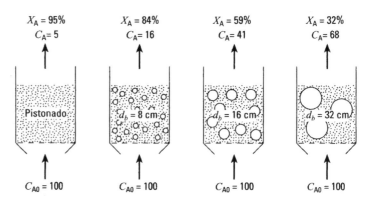

Figura 20.11 — Diferentes tamanhos de bolha resultam em diferentes desempenhos no reator. Dados do Exemplo 20.1 e Problemas 20.3 e 20.4

do gás reagente que ocorre nas bolhas grandes de gás. Reduza o tamanho das bolhas no leito e a conversão subirá espetacularmente.

- O gás entra a $C_{A0} = 100$ e sai a $C_A = 68$. No entanto, os sólidos vêem uma concentração muito mais baixa de A; ou seja: $C_A = 11$. Deste modo, os sólidos, a maioria em emulsão, estão ávidos por gás reagente. Este tipo de descoberta, bem geral para leitos com bolhas rápidas, é de grande importância em reações S/G. Logo, na combustão e na queima de sólidos finos, estes podem estar ávidos por O_2, muito embora o gás que sai do leito possa conter uma quantidade significativa de oxigênio.

- O Exemplo 20.1 e as soluções para os Problemas 20.1 e 20.2, no final deste capítulo, dizem como a conversão é afetada pelo tamanho da bolha, de acordo com o modelo K-L. Isto é mostrado na Fig. 20.11. Em todos os quatro casos, a constante de taxa é a mesma e o catalisador é fixado em 7 t; desta forma, $k''' \tau''' = f_{\text{total}} H_{\text{BFB}}$ e $k'''/u_0 = 2{,}97$.

Reações Múltiplas e Distribuição de Produtos em Leitos Fluidizados

Uma dedução similar àquela para reações simples de primeira ordem pode ser desenvolvida para o sistema de reação de Denbigh:

$$A \xrightarrow{1} R \xrightarrow{3} S$$
$$\searrow_2 \searrow_4$$
$$T U$$

e seus casos especiais:

$$A \to R \to S, \quad A\begin{smallmatrix}\nearrow R \\ \searrow S\end{smallmatrix}, \quad \begin{smallmatrix}R \\ \nwarrow\end{smallmatrix} A \to S, \quad A \to R \to S, \quad A \to R\begin{smallmatrix}\nearrow S \\ \searrow T\end{smallmatrix}$$

Estas deduções são bem tediosas e não as apresentaremos aqui, podendo ser encontradas em Levenspiel (1996), Capítulo 25. Todavia, para ilustrar as conclusões gerais, vamos considerar um exemplo:

$$A \xrightarrow{k_1'''} R \xrightarrow{k_3'''} S \quad \begin{cases} k_1''' = 0{,}8 \text{ m}^3 / \text{(m de sólido)}^3 \cdot \text{s} \\ k_3''' = 0{,}025 \text{ m}^3 / \text{(m de sólido)}^3 \cdot \text{s} \end{cases}$$

Figura 20.12 — Diferentes tamanhos de bolha resultam em diferentes tamanhos de leito, para uma produção máxima de intermediário

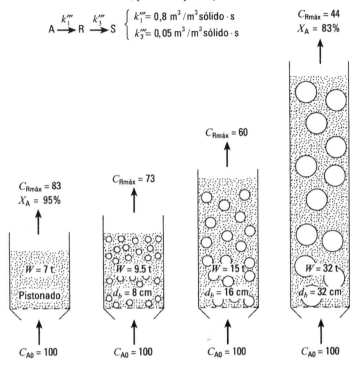

Suponhamos que estas reações ocorram em um reator BFB, tendo uma taxa de escoamento de gás similar àquela do Exemplo 20.1.

Vamos ver quanto catalisador é necessário para atingir $C_{R,máx}$ para diferentes tamanhos de bolhas no BFB. Os resultados são mostrados na Fig. 20.12.

Os resultados dos cálculos confirmam as conclusões gerais sobre leitos fluidizados borbulhantes (BFB).

- O BFB sempre necessita de mais catalisador do que o leito fixo, para atingir uma dada conversão de reagente; ou seja, para alcançar $C_{R,máx}$.

- Para reações em série, o BFB sempre fornece um menor rendimento de intermediário, quando comparado ao leito fixo.

- Para reações em paralelo com mesma ordem de reação, a distribuição de produtos é a mesma no leito fixo e no BFB.

Observações Finais Sobre BFB

As expressões desenvolvidas neste capítulo mostraram que se conhecermos e_{mf}, estimarmos α e medirmos u_{mf} e u_0, então todas as quantidades de escoamento e volumes das regiões poderão ser determinados em termos de um parâmetro, o tamanho da bolha. A Fig. 20.9 representa então o modelo como visualizado. O uso desse modelo para calcular o comportamento de um reator químico é rápido e direto. A característica especial do modelo é que seu único parâmetro pode ser testado contra o que é medido e o que é observado.

Vários outros modelos hidrodinâmicos têm sido propostos recentemente, usando outras combinações de suposições, tais como:

Variando o tamanho da bolha com a altura no leito;
Desprezando a resistência bolha-nuvem;
Desprezando a resistência nuvem-emulsão;
Bolhas não esféricas.

Em todos os casos, o fundamento importante para estes modelos hidrodinâmicos está na observação de que leitos com sólidos idênticos e mesmas taxas de escoamento de gás podem desenvolver tanto bolhas grandes como bolhas pequenas, dependendo do diâmetro do leito, do projeto do distribuidor, do arranjo dos defletores, etc. Assim, o tamanho da bolha tem de entrar neste modelo como o parâmetro primário. Uma conseqüência deste argumento é que *modelos que não aceitem diferentes tamanhos de bolha*, em certas condições impostas no leito, *certamente não são adequados*.

A potencialidade dessa classe de modelo deve ser aparente. Por exemplo, mesmo o mais simples destes modelos, o que consideramos aqui, resulta em previsões inesperadas (por exemplo, que a maioria do gás no leito pode estar escoando de forma descendente), que serão verificadas posteriormente. Mais importante ainda, este tipo de modelo pode ser testado; se ele estiver errado poderá ser rejeitado, porque seu único parâmetro, o tamanho da bolha, pode ser comparado com valores observados.

20.4 O LEITO FLUIDIZADO RECIRCULANTE – CFB

Usando velocidades de gás maiores do que aquelas para BFB, encontramos, sucessivamente, os regimes turbulento (TB), de fluidização rápida (FF) e de transporte pneumático (PC). Nestes regimes de contato, os sólidos são arrastados para fora do leito e têm de ser substituídos. Logo, em operações contínuas, temos o CFB, mostrado na Fig. 20.1.

Os modelos de escoamento são muito esquemáticos para estes regimes de escoamento. Vamos ver o que é conhecido.

O Leito Turbulento (TB)

A velocidades maiores, o BFB se transforma em um TB — não há bolhas distintas, há muita agitação e movimento violento dos sólidos. A superfície do leito denso enfraquece e há um aumento crescente de sólidos na região diluída de sólidos acima da região densa.

A concentração de sólidos na região superior diluída pode ser representada, razoavelmente, por uma função de decaimento exponencial, que começa a partir do valor na região inferior, f_d, e cai para f^*, o valor limite em um vaso infinitamente alto. Este é o valor para o transporte pneumático.

O escoamento de gás na região densa está entre os escoamentos BFB e pistonado. O TB é mostrado na Fig. 20.13.

Figura 20.13 — O TB e sua distribuição de sólidos

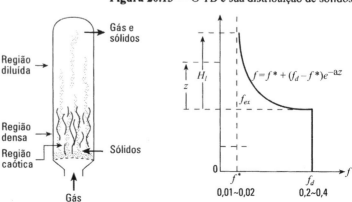

Figura 20.14 — Comportamento de um TB de partículas grandes e pequenas

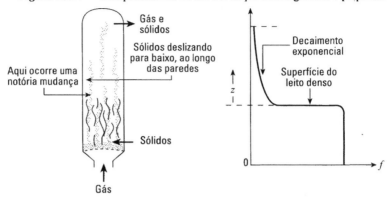

Infelizmente, nenhum modelo razoável de escoamento tem sido desenvolvido para a região densa de um TB, necessitando-se de mais pesquisas.

Em leitos de sólidos grossos e finos, podemos observar uma distribuição um pouco diferente com a altura — uma diferença acentuada entre as regiões densa e diluída e uma superfície pronunciada da fase densa, conforme mostrado na Fig. 20.14. Este comportamento é mais típico em combustores fluidizados e não em sistemas com reações catalíticas.

O Leito Fluidizado Rápido (FF)

A velocidades de gás ainda mais altas (ver Fig. 20.5), o leito entra no regime FF. Uma característica desta transição é que o arraste de sólidos aumenta drasticamente neste ponto. Bi *et al.* (1995) descobriram que esta transição ocorre em:

$$u_{\text{TB-FF}} = 1,53 \sqrt{\frac{(\rho_s - \rho_g) g d_p}{\rho_g}}$$

No regime FF, o movimento de sólidos na região inferior do vaso se torna menos caótico e parece apresentar um núcleo diluído em sólido, rodeado por uma zona anular (zona próxima à parede) mais densa. A região superior retém o seu comportamento com decaimento exponencial.

A Fig. 20.15 mostra a distribuição de sólidos em todo o leito FF e em uma seção transversal. O modelo que representa o leito FF é mostrado na Fig. 20.16.

Figura 20.15 — Comportamento de um leito FF

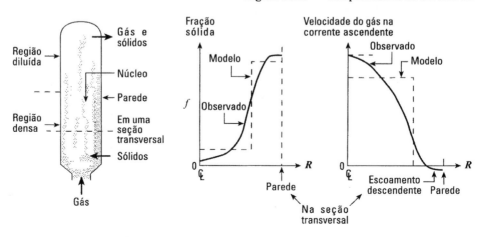

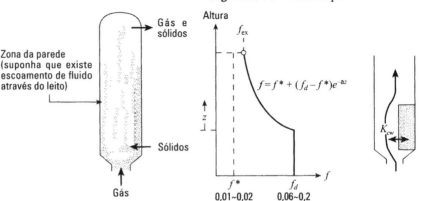

Figura 20.16 — Modelo para um reator FF

As quantidades que necessitam ser conhecidas para prever o comportamento do reator FF são "a", K_{cw}, f^* e f_d. Medidas mostram que:

$u_0 \mathbf{a} = 2 - 4 \text{ s}^{-1}$ para sólidos A de Geldart
$\phantom{u_0 \mathbf{a}} = 5 \text{ s}^{-1}$ para sólidos AB de Geldart
$\phantom{u_0 \mathbf{a}} = 7 \text{ s}^{-1}$ para sólidos B de Geldart

Valores medidos de f^* e f_d foram resumidos por Kunii e Levenspiel (1995). Valores de K_{cw} ainda têm de ser medidos. O melhor que podemos fazer hoje é estimar suas ordens de grandeza a partir K_{bc} e K_{ce} do BFB. Logo, neste momento, não podemos prever o comportamento do reator. Entretanto, para ver como fazer o balanço de material e os cálculos de conversão, observe o exemplo numérico dado por Kunii e Levenspiel (1997).

Transporte Pneumático (PC)

Finalmente, a velocidades de gás muito mais altas, excedemos o que chamamos de *velocidade de choque*. Acima deste valor, o leito está em transporte pneumático. A velocidade de transição depende da taxa de escoamento do sólido e, de acordo com Bi e Fan (1991), ocorre em:

$$\frac{u_{\text{FF-PC}}}{\sqrt{g\,d_p}} = 2,16 \left(\frac{G_s}{\rho_g u_{\text{FF-PC}}} \right)^{0,542} (d_p^*)^{0,315}$$

No regime PC (ver Fig. 20.17), as partículas estão bem distribuídas no reator, sem zona próxima à parede ou zona com escoamento descendente, mas com uma leve diminuição na fração de sólidos com a altura. Assim, podemos supor escoamento pistonado de sólidos e de gás na direção ascendente do vaso.

CFB com Escoamento Descendente

Os reatores fluidizados de craqueamento catalítico, chamados de reatores FCC (ou *cat crackers*), são um dos mais importantes reatores em larga escala. Em média, cada unidade processa cerca de 6.000 m³/dia (40.000 barris/dia) de petróleo para produzir gasolina, diesel e combustível para avião a jato, de modo a prover de energia os motores de hoje em dia. Atualmente, há cerca de 420 reatores FCC no mundo, operando dia e noite para satisfazer as necessidades de nossas sociedades insaciáveis.

Esses reatores quebram longas cadeias de hidrocarbonetos para produzir um grande número de cadeias mais curtas de hidrocarbonetos. Para ilustrar:

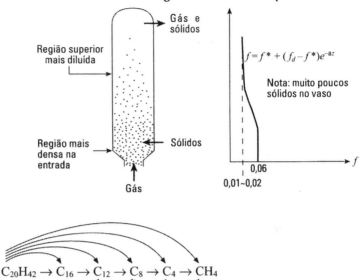

Figura 20.17 — Modelo para um reator PC

O FCC original foi inventado no início dos anos 40 e foi uma das mais importantes contribuições da engenharia química à Segunda Guerra Mundial. No entanto, aquelas primeiras unidades não usaram catalisadores muito seletivos e, com seus grandes desvios do escoamento pistonado, forneceram muito pouco de qualquer intermediário que fosse desejado.

Nos anos 60, catalisadores melhores (mais seletivos) e mais ativos foram criados e o tempo necessário de reação para processar o vapor de óleo foi conseqüentemente reduzido para segundos. Assim, os reatores FF com fluxo ascendente foram inventados. A maior aproximação com o escoamento pistonado deu ao projetista um controle melhor da distribuição de produtos e permitiu uma produção de uma fração maior do produto desejado; por exemplo, octano para combustível de automóvel.

Com esse desenvolvimento, a maioria dos BFB no mundo foi cortada em pedaços para sucata. Os BFB foram substituídos por reatores FF, com escoamento ascendente.

Hoje, chegados ao ano 2000, os engenheiros querem fazer ainda melhor. Por quê? Porque aumentando em 1% a produção do produto desejado, o lucro por reator aumentaria em cerca de $ 1 milhão a $ 2 milhões de dólares/ano. Como mostra a Fig. 20.16, o reator FCC, com escoamento ascendente, tem uma zona de catalisador e de gás, praticamente estagnada ou com escoamento descendente próximo à parede. Isto resulta no desvio do escoamento pistonado.

Como evitar isso? A resposta óbvia é: usar um reator FCC, com escoamento descendente. Eles podem ser operarados a velocidades muito altas de gás e permanecerem próximos do escoamento pistonado.

Hoje em dia, muitas pesquisas excitantes estão sendo realizadas nessa área e nós, em algum dia não tão longe no futuro, podemos ver muitas unidades de FCC, com escoamento ascendente e tempo curto de contato, serem trocadas por unidades com escoamento descendente. O retorno financeiro disto seria enorme.

Observações sobre CFB

Aqui, temos esquematizados os três regimes de CFB e seus comportamentos gerais. Contudo, não

400 *Capítulo 20 — Reatores com Catalisadores Sólidos Suspensos, Reatores Fluidizados de Vários Tipos*

apresentamos as suas equações de desempenho, devido à incerteza que ainda hoje se tem nos parâmetros de seus modelos. Conseqüentemente, as estimativas baseadas nestes modelos serão, provavelmente, incertas. Os balanços gerais de material e a forma das equações de desempenho são disponíveis: ver Kunii e Levenspiel (1991, 1997).

20.5 O REATOR COM JATO DE IMPACTO

A idéia aqui é forçar a colisão de duas correntes, uma de reagente e outra, muito quente, de catalisador ou de um transportador de calor, a uma velocidade muito alta, provocando assim uma mistura intensa e uma reação a alta temperatura.

Enquanto uma corrente de produtos gasosos é rapidamente arrefecida, uma corrente de produto gás-sólido é separada em duas fases, por meio de um ciclone; depois disto, o gás é rapidamente resfriado. A palavra "rapidamente" significa que a operação inteira — mistura, reação, separação e arrefecimento — é feita em 0,1 a 0,3 s.

Esse tipo de reator objetiva desafiar a fluidização rápida, que tem um tempo de residência do gás entre 1 a 10 s, como o principal reator para o craquemaneto catalítico de petróleo. A intenção é que a temperatura mais alta de craqueamento e o tempo mais curto de residência forneçam uma distribuição muito diferente — e melhor — de produtos da reação.

Uma outra aplicação é para ultrapirolisar celulose e outros resíduos de biomassa. Testes comerciais mostram que podemos transformar cerca de 75% de madeira em óleo e cerca de 70% de serragem em óleo — líquidos úteis, tendo a consistência de óleo leve para motor. Muita pesquisa está ocorrendo nesta aplicação (de Bergougnou, 1998).

REFERÊNCIAS

Bergougnou, M. A., comunicação pessoal, 1998.

Bi, H. T., and Fan, L. S., Paper 101e, A.ICh.E. Annual Meeting, Los Angeles, 1991.

Bi, H. T., Grace, J. R., and Zhu, J. X., *Trans. I. Chem. E.*, **73**, 154 (1995).

Davidson, J. F., and Harrison, D., *Fluidized Particles*, Cambridge Univ. Press, Nova York, 1963.

Ergun, S., *Chem. Eng. Prog.*, **48**, 89 (1952).

Geldart, D., *Powder Technol.*, **7**, 285 (1973).

_____, and Abrahamson, A. A., *Powder Technol.*, **19**, 133 (1978).

Gilliland, E. R., and Knudsen, C. W., *Chem. Eng. Prog. Symp. Ser.* **67 (116)**, 168 (1971).

Grace, J. R., *Can. J. Chem. Eng.*, **64**, 353 (1986).

Haider, A., and Levenspiel, O., *Powder Technol.*, **58**, 63 (1989).

Kimura, S., comunicação pessoal.

Kunni, D., and Levenspiel, O., *Fluidization Engineering*, 2nd ed., Butterworth-Heinemann, Boston, MA, 1991.

_____,in *Fluidization VIII*, Tours, p. 17 (1995).

_____, *Chem, Eng. Sci.*, **52**, 2471, (1997).

Levenspiel, O., *Chemical Reactor Omnibook*, OSU Bookstores, Corvallis, OR, 1996.

Rowe, P. N., and Partridge, B. A., *Proc. Symp. on Interaction between Fluids and Particles*, p. 135, I. Chem. E. (1962): *Trans. I. Chem. E.*, **43**, 157 (1965).

Problemas **401**

PROBLEMAS

Uma sugestão para elevar a conversão no Exemplo 20.1 foi usar mais sólidos. Assim, para o mesmo diâmetro de leito (2 m) e mesmo tamanho médio de bolha (0,32 m), encontre X_A e a concentração média de gás "vista" pelos sólidos, $\overline{C}_A$, se nós usarmos:

20.1 …14 t de catalisador.

20.2 …21 t de catalisador.

No Exemplo 20.1, a conversão foi muito baixa e insatisfatória. Uma sugestão para melhorar foi inserir defletores dentro do leito e assim reduzir o tamanho efetivo de bolha. Encontre X_A, se:

20.3 …d_b = 16 cm.

20.4 …d_b = 8 cm.

No Exemplo 20.1, uma outra sugestão para melhorar o desempenho foi usar um leito menos profundo, mantendo W constante, diminuindo, deste modo, a velocidade superficial do gás. Encontre X_A se dobrarmos a área da seção transversal do leito (ou seja, u_0 = 15 cm/s) e:

20.5 …se mantivermos d_b constante e igual a 32 cm.

20.6 …se fizermos d_b = 8 cm, através do uso de defletores adequados.

20.7 No Exemplo 20.1, uma outra sugestão foi usar um leito mais estreito e mais alto, mantendo W constante. Seguindo esta sugestão, encontre X_A se reduzirmos à metade a área da seção transversal do leito (ou seja, u_0 = 60 cm/s) e mantivermos d_b = 32 cm.

20.8 O Exemplo 20.1 mostrou que um leito de 7 t, com bolhas de 32 cm, forneceu uma conversão de 32%. Suponha que diluímos o catalisador com sólidos inertes, na proporção 1:1, terminando com um leito de 14 t. Como isto afetaria a conversão do reagente? A conversão seria maior ou menor do que 32%?

20.9 Mathis e Watson, em *AIChE J.*, 2, 518 (1956), reportaram uma conversão catalítica de cumeno nos leitos fluidizado e fixo com catalisador:

$$\underset{\text{cumeno}}{C_9H_{12}} + O_2 \xrightarrow{\text{catalisador}} \underset{\text{fenol}}{C_6H_5OH} + \underset{\text{acetona}}{(CH_3)_2O} + C$$

Em misturas muito diluídas de cumeno e ar, a cinética é essencialmente reversível e de primeira ordem com relação ao cumeno, tendo uma conversão de equilíbrio de 94%.

Em experimentos com leito fixo (H_m = 76,2 mm), usando escoamento descendente de gás (u_0 = 64 mm/s), a conversão de cumeno foi 60%. No entanto, com escoamento ascendente de gás, à mesma taxa de escoamento no mesmo leito, os sólidos fluidizaram (u_{mf} = 6,1 mm/s) e foram observadas bolhas de gás de aproximadamente 13,5 mm de diâmetro. Sob estas condições, qual é a conversão que você espera encontrar?

Valores estimados:

$$e_m = 0,4 \qquad D_{\text{cumeno-ar}} = 2 \times 10^{-5} \text{ m}^2/\text{s}$$
$$e_{mf} = 0,5 \qquad \alpha = 0,33$$

20.10 Calcule a conversão, em um reator de leito fluidizado, para a hidrogenação catalítica de nitrobenzeno a anilina.

402 Capítulo 20 — Reatores com Catalisadores Sólidos Suspensos, Reatores Fluidizados de Vários Tipos

$$C_6H_5NO_2(g)+3\ H_2(g) \xrightarrow[270°C]{\text{catalisador}} C_6H_5NH_2(g)+2\ H_2O(g)$$
$$(A) \qquad\qquad\qquad\qquad (R)$$

Dados: $H_m = 1,4$ m $\qquad \rho_c = 2,2$ g/m^3 $\qquad d_b = 10$ cm

$\qquad\qquad d_t = 3,55$ m $\qquad \mathcal{D}_{ef} = 0,9$ cm^2/s $\qquad \alpha = 0,33$

$\qquad\qquad T = 270°C \qquad u_{mf} = 2$ cm/s $\qquad \epsilon_m = 0,4071$

Pretendemos usar um excesso de hidrogênio, podendo ignorar assim a expansão e supor uma cinética simples de primeira ordem:

$$A \to R \quad -r_A''' = k'''C_A \quad \text{com} \quad k''' = 1,2 \text{ cm}^3/\text{cm}^3 \text{ de catalisador} \cdot s$$

20.11 Em um reator de leito fixo, escala de laboratório, ($H_m = 10$ cm e $u_0 = 2$ cm/s), a conversão é de 97%, para a reação de primeira ordem $A \to R$.

(a) Determine a constante de taxa k''' para esta reação.

(b) Qual seria a conversão em um reator maior de leito fluidizado, planta piloto ($H_m = 100$ cm e $u_0 = 20$ cm/s), se o tamanho estimado da bolha fosse 8 cm?

(c) Qual seria a conversão em um leito fixo, sob as condições do item (b)?

Dados: Do experimento: $u_{mf} = 3,2$ cm/s $\quad \epsilon_{mf} \cong \epsilon_m = 0,5$

$\qquad\qquad$ Da literatura: $\mathcal{D} \cong \mathcal{D}_e = 3 \times 10^{-5}$ cm^2/s $\qquad \alpha = 0,34$

CAPÍTULO 21
Desativação de Catalisadores

Os capítulos anteriores consideraram que a efetividade dos catalisadores em promover reações continuava inalterada com o tempo. Freqüentemente, isto não é verdade, uma vez que a atividade geralmente diminui à medida que o catalisador é usado. Algumas vezes, esta queda é muito rápida, da ordem de alguns segundos; outras vezes, ela é tão lenta que a regeneração ou a troca são necessárias somente depois de meses de uso. Em qualquer caso, de tempos em tempos, necessitamos regenerar ou trocar os catalisadores desativados.

Se a desativação for rápida e causada por uma deposição e um bloqueio físico da superfície, este processo é freqüentemente denominado *incrustação* (*fouling*). A remoção deste sólido é chamada de *regeneração*. A deposição de carbono durante o craqueamento catalítico é um exemplo comum de incrustação:

$$C_{10}H_{22} \rightarrow C_5H_{12} + C_4H_{10} + C \downarrow_{\text{no catalisador}}$$

Se a superfície do catalisador for lentamente modificada pela quimissorção nos sítios ativos por materiais que não sejam facilmente removíveis, então o processo é freqüentemente chamado de *envenenamento*. A restauração da atividade, onde possível, é denominada *reativação*. Se a adsorção for *reversível*, então uma mudança nas condições operacionais poderá ser suficiente para reativar o catalisador. Se a adsorção não for reversível, temos então o envenenamento *permanente*. Isto pode requerer um novo tratamento químico da superfície ou uma completa substituição do catalisador gasto.

A desativação pode ser também *uniforme* para todos os sítios ou pode ser *seletiva*, caso este em que os sítios mais ativos (aqueles que proporcionam a maior parte da atividade do catalisador) são preferencialmente atacados e desativados.

Usaremos o termo *desativação* para todos os tipos de decaimento catalítico, seja ele rápido ou lento, e chamaremos de *veneno*, qualquer material que se deposite na superfície do catalisador com o objetivo de baixar a sua atividade.

Este capítulo é uma breve introdução às operações com desativação de catalisadores. Consideraremos cada uma por vez.

- Os mecanismos de decaimento catalítico;
- A forma da equação de taxa para o decaimento catalítico;
- Como desenvolver a equação adequada de taxa a partir de experimento;

404 *Capítulo 21 — Desativação de Catalisadores*

- Como descobrir o mecanismo a partir de experimento;
- Algumas conseqüências para o projeto.

Embora este assunto seja bem complicado, a sua importância, do ponto de vista prático, requer ao menos um tratamento introdutório.

21.1 MECANISMOS DE DESATIVAÇÃO DE CATALISADORES

A desativação observada de uma pastilha porosa de catalisador depende de um número de fatores: as verdadeiras reações de decaimento, a presença ou ausência de redução de difusão nos poros, a maneira como os venenos agem na superfície, etc. Consideraremos cada fator por vez.

Reações de Decaimento. De forma geral, o decaimento pode ocorrer de quatro maneiras. Primeiro, o reagente pode produzir um subproduto que se deposite na superfície, desativando-a. Isto é chamado de *desativação paralela*. Segundo, o produto de reação pode se decompor ou continuar a reagir para produzir um material que então se deposita na superfície, desativando-a. Isto é denominado *desativação em série*. Terceiro, uma impureza na alimentação pode se depositar na superfície, desativando-a. Isto é chamado de *desativação lateral*.

Se chamarmos de P o material que se deposita na superfície desativando-a, poderemos representar estas reações da seguinte forma:

Desativação paralela:
$$A \rightarrow R + P\downarrow \quad \text{ou} \quad A \overset{\nearrow R}{\underset{\searrow P\downarrow}{}} \tag{1}$$

Desativação em série:
$$A \rightarrow R \rightarrow P\downarrow \tag{2}$$

Desativação lateral:
$$\left.\begin{array}{l} A \rightarrow R \\ P \rightarrow R\downarrow \end{array}\right\} \tag{3}$$

A diferença-chave entre essas três formas de reações de decaimento está no fato de que a deposição depende, respectivamente, da concentração do reagente, do produto e de alguma outra substância na alimentação. Visto que a distribuição destas substâncias vai variar com a posição na pastilha, a localização da desativação dependerá da reação de decaimento que estiver ocorrendo.

Um quarto processo de decaimento catalítico envolve a modificação estrutural ou a sinterização da superfície do catalisador, causada pela exposição do catalisador a condições extremas. Este tipo de decaimento depende do tempo que o catalisador permanece em um meio ambiente de alta temperatura. Já que o decaimento não é afetado pelos materiais na corrente gasosa, chamamos este caso de *desativação independente*.

Difusão nos Poros. Para uma pastilha, a difusão nos poros pode influenciar fortemente o progresso do decaimento catalítico. Primeiro, considere a desativação paralela. Do Capítulo 18, sabemos que o reagente tanto pode ser igualmente distribuído em toda a pastilha ($M_T < 0,4$ e $\xi = 1$), como pode ser encontrado próximo à superfície externa ($M_T > 0,4$ e $\xi < 1$). Assim, o veneno será depositado de maneira similar – uniformemente, para o caso de nenhuma resistência à difusão nos poros, e no exterior, no caso de forte resistência à difusão nos poros. No extremo de resistência difusional muito forte, uma fina casca no lado de fora da pastilha se torna envenenada. Esta casca se espessa com o tempo e a frente de desativação se move para o interior. Denominamos isto de *modelo de casca* para envenenamento.

Por outro lado, considere uma desativação em série. No regime de forte resistência à difusão nos poros, a concentração do produto R é maior dentro da pastilha do que no exterior. Uma vez que R é a fonte do veneno, este último se deposita em uma concentração maior no interior da pastilha. Conseqüentemente, podemos ter envenenamento de dentro para fora na desativação em série.

21.2 — As Equações de Taxa e de Desempenho **405**

Finalmente, considere a desativação lateral. Qualquer que seja a concentração dos reagentes e produtos, a taxa à qual o veneno proveniente da alimentação reage com a superfície determina onde ele se deposita. Para uma pequena constante de taxa de envenenamento, o veneno penetra uniformemente na pastilha e desativa, da mesma maneira, todos os elementos da superfície catalítica. Para uma grande constante de taxa, o envenenamento ocorre no exterior da pastilha, tão logo o veneno atinja a superfície.

A discussão anterior mostra que o progresso da desativação pode ocorrer de diferentes maneiras, dependendo do tipo de reação de decaimento que esteja ocorrendo e do valor do fator de difusão nos poros. Para o envenenamento em paralelo e em série, o módulo de Thiele para a reação principal é o parâmetro pertinente da difusão nos poros. Para as reações laterais, o módulo de Thiele para a desativação é o parâmetro principal.

Efeitos não isotérmicos no interior do catalisador poderão também causar variações na desativação com a localização, especialmente quando a desativação for causada por modificações na superfície devido às altas temperaturas.

Fatores Adicionais que Influenciam o Decaimento. Inúmeros outros fatores podem influenciar a variação observada na atividade de catalisadores. Tais fatores incluem o bloqueio da entrada do poro por sólido depositado, o envenenamento em equilíbrio ou reversível, onde alguma atividade sempre permanece, e a ação de regeneração (esta freqüentemente deixa o catalisador com o exterior ativo, mas com o núcleo inativo).

O mais importante de tudo é que a desativação observada pode ser o resultado de numerosos processos ocorrendo simultaneamente. Por exemplo, a rápida imobilização dos sítios mais ativos pelo veneno P_1 e depois o ataque mais lento dos sítios restantes pelo P_2.

Embora a possível influência de todos esses fatores deva ser examinada em um caso real, neste tratamento introdutório nos concentraremos nos dois primeiros deles: a reação de decaimento e a difusão nos poros. Há aqui lições suficientes para ilustrar como se aproximar do problema mais completo.

21.2 AS EQUAÇÕES DE TAXA E DE DESEMPENHO

A atividade de uma pastilha de catalisador, em qualquer instante, é definida por:

$$\mathbf{a} = \frac{\text{taxa à qual a pastilha converte o reagente A}}{\text{taxa de reação de A, com uma pastilha nova}} = \frac{-r_A'}{-r_{A0}'} \tag{4}$$

em termos do fluido que banha a pastilha, a taxa de reação de A deve ser dada por:

$$\begin{pmatrix} \text{taxa de} \\ \text{reação} \end{pmatrix} = f_1\begin{pmatrix} \text{temperatura da} \\ \text{corrente principal} \end{pmatrix} \cdot f_3\begin{pmatrix} \text{concentração da} \\ \text{corrente principal} \end{pmatrix} \cdot f_5\begin{pmatrix} \text{atividade atual da} \\ \text{pastilha de catalisador} \end{pmatrix} \tag{5}$$

Similarmente, a taxa à qual a pastilha de catalisador se desativa pode ser escrita como:

$$\begin{pmatrix} \text{taxa de} \\ \text{desativação} \end{pmatrix} = f_2\begin{pmatrix} \text{temperatura da} \\ \text{corrente principal} \end{pmatrix} \cdot f_4\begin{pmatrix} \text{concentração da} \\ \text{corrente principal} \end{pmatrix} \cdot f_6\begin{pmatrix} \text{estado atual da} \\ \text{pastilha de catalisador} \end{pmatrix} \tag{6}$$

Em termos da cinética de ordem n, da dependência com a temperatura, tipo Arrhenius, e das condições isotérmicas, a Eq. (5) se torna, para a reação principal:

$$-r_A' = k' \cdot C_A^n \cdot \mathbf{a} = k_0' e^{-E/RT} \cdot C_A^n \cdot \mathbf{a} \tag{7}$$

e para a desativação, que em geral depende da concentração das espécies na fase gasosa, a Eq. (6) se torna:

406 Capítulo 21 — Desativação de Catalisadores

$$-\frac{d\mathbf{a}}{dt} = k_d \cdot C_i^m \cdot \mathbf{a}^d = k_{d0}e^{-\mathbf{E}_d/\mathbf{R}T} \cdot C_i^m \cdot \mathbf{a}^d \tag{8}$$

onde d é chamado de *ordem de desativação*, m mede a dependência com a concentração e $\mathbf{E}_d$ é a energia de ativação ou a dependência da desativação com a temperatura.

Para diferentes reações de decaimento, nós podemos esperar diferentes formas para as equações anteriores. Logo:

Para desativação paralela
(A → R; A → P↓)
$$\left.\begin{array}{l} -r'_A = k' C_A^n \mathbf{a} \\ -\dfrac{d\mathbf{a}}{dt} = k_d C_A^m \mathbf{a}^d \end{array}\right\} \tag{9}$$

Para desativação em série
(A → R → P↓)
$$\left.\begin{array}{l} -r'_A = k' C_A^n \mathbf{a} \\ -\dfrac{d\mathbf{a}}{dt} = k_d C_R^m \mathbf{a}^d \end{array}\right\} \tag{10}$$

Para desativação lateral
(A → R; P → P↓)
$$\left.\begin{array}{l} -r'_A = k' C_A^n \mathbf{a} \\ -\dfrac{d\mathbf{a}}{dt} = k_d C_P^m \mathbf{a}^d \end{array}\right\} \tag{11}$$

Para desativação independente
(independente da concentração)
$$\left.\begin{array}{l} -r'_A = k' C_A^n \mathbf{a} \\ -\dfrac{d\mathbf{a}}{dt} = k_d \mathbf{a}^d \end{array}\right\} \tag{12}$$

Em certas reações, tais como isomerizações e craqueamento, a desativação pode ser causada tanto pelo reagente como pelo produto; ou seja:

$$\begin{array}{l} A \to R \\ A \to P\downarrow \\ R \to P\downarrow \end{array} \quad e \quad -\frac{d\mathbf{a}}{dt} = k_d(C_A + C_R)^m \mathbf{a}^d \tag{13}$$

Uma vez que a soma $C_A + C_R$ permanece constante para uma alimentação específica, este tipo de desativação se reduz à desativação independente — de simples tratamento — da Eq. (12).

Embora as expressões anteriores, de ordem n, sejam bem simples, elas são em geral suficientes para abranger muitas das equações de decaimento usadas até hoje [ver Szepe e Levenspiel (1968)].

A Equação de Taxa a Partir de Experimento

Os dispositivos experimentais para estudar a desativação de catalisadores são de duas classes: aqueles que usam uma batelada de sólidos e aqueles que usam um escoamento contínuo de sólidos. A Fig. 21.1 mostra alguns destes dispositivos.

Devido à facilidade de realizar experimentos com batelada de sólidos, esses dispositivos são mais preferidos; entretanto, eles só podem ser usados quando a desativação for suficientemente lenta (da ordem de minutos ou mais), de modo que dados suficientes, relativos à composição variável de fluido, possam ser obtidos antes da exaustão do catalisador. Quando a desativação for muito rápida (da ordem de segundos ou menos), então o sistema contínuo tem de ser usado. Catalisadores de craqueamento, cujos períodos de meia-vida de atividade podem ser tão curtos quanto 0,1 s, são desta classe.

O método de busca de uma equação de taxa é análogo àquele para reações homogêneas: comece com a forma cinética mais simples e veja se ela se ajusta aos dados. Se isto não ocorrer, tente uma nova forma cinética e assim por diante. A principal complicação é que temos um fator extra a considerar:

Figura 21.1 — Uma desativação lenta pode usar uma batelada de sólidos nos experimentos; uma desativação rápida requer um escoamento de sólidos

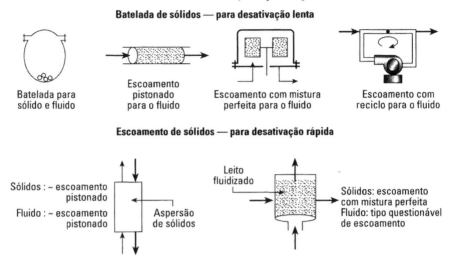

a atividade. Ainda assim, a estratégia é a mesma; sempre comece tentando ajustar a expressão mais simples de taxa.

Nas seções seguintes, trataremos, com alguns detalhes, dos dispositivos descontínuos e depois consideraremos brevemente o sistema contínuo.

O tipo de reator descontínuo e contínuo que achemos conveniente usar depende de a expressão de desativação, da/dt, depender ou não da concentração. Quando ela for independente da concentração, qualquer tipo de sistema descontínuo poderá ser usado e poderá ser analisado de forma simples; porém, quando ela depender da concentração, então, a menos que um tipo particular de reator seja usado (aquele em que C_A é forçada a ficar inalterada com o tempo), a análise dos resultados experimentais se tornará tremendamente inconveniente e difícil.

Trataremos sucessivamente essas duas classes de dispositivos experimentais.

Batelada de Sólidos: Determinando a Taxa para a Desativação Independente

Vamos ilustrar como interpretar os experimentos dos vários reatores descontínuos da Fig. 21.1 e como manipular as equações básicas de desempenho para estes reatores, através de testes de ajuste usando a mais simples das formas de equação para a desativação independente.

$$\left.\begin{aligned}-r'_A &= k' C_A \mathbf{a} \quad \text{com} \quad \varepsilon_A = 0 \\ -\frac{d\mathbf{a}}{dt} &= k_d \mathbf{a}\end{aligned}\right\} \quad (14a) \\ (14b)$$

Isto representa a reação de primeira ordem e a desativação de primeira ordem que, além disto, é independente da concentração.

Sólidos em Batelada, Fluido em Batelada. Aqui, necessitamos desenvolver uma expressão relacionando a concentração variável de gás e o tempo. Usando tempo como uma variável independente ao longo da corrida, as expressões cinéticas da Eq. (14) se tornam:

$$-\frac{dC_A}{dt} = \frac{W}{V}\left(-\frac{1}{W}\frac{dN_A}{dt}\right) = \frac{W}{V}(-r'_A) = \frac{W}{V} k' C_A \mathbf{a} \quad (15)$$

$$-\frac{d\mathbf{a}}{dt} = k_d \mathbf{a} \tag{16}$$

A integração da Eq. (16) resulta em:

$$\mathbf{a} = \mathbf{a}_0 e^{-k_d t} \tag{17}$$

e para uma atividade inicial unitária, a0 = 1, temos:

$$\mathbf{a} = e^{-k_d t} \tag{18}$$

Substituindo a Eq. (18) na Eq. (15), encontramos:

$$-\frac{dC_A}{dt} = \frac{Wk'}{V} e^{-k_d t} C_A \tag{19}$$

e, separando e integrando, ficamos com:

$$\ln \frac{C_{A0}}{C_A} = \frac{Wk'}{Vk_d}(1 - e^{-k_d t}) \tag{20}$$

Esta expressão mostra que mesmo em um tempo infinito, a concentração do reagente na reação irreversível não cai a zero, porém é governada pela taxa de reação e de desativação; ou seja:

$$\ln \frac{C_{A0}}{C_{A\infty}} = \frac{Wk'}{Vk_d} \tag{21}$$

Combinando as duas expressões anteriores e rearranjando, temos:

$$\boxed{\ln\ln \frac{C_A}{C_{A\infty}} = \ln \frac{Wk'}{Vk_d} - k_d t} \tag{22}$$

Um gráfico, como mostrado na Fig. 21.2, provê um teste para esta forma de taxa.

O reator em batelada-batelada se torna um dispositivo prático quando os tempos característicos para a reação e desativação são de mesma ordem de grandeza. Se eles não forem e se a desativação for muito mais lenta, então o valor de $C_{A\infty}$ se tornará muito baixo e difícil de medir acuradamente. Felizmente, esta razão pode ser controlada pelo experimentalista, através da escolha apropriada de W/V.

Figura 21.2 — Teste das expressões cinéticas da Eq. (14), usando um reator em batelada de sólidos e em batelada de fluido

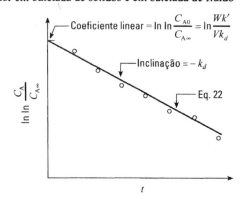

Batelada de Sólidos, Escoamento Constante e com Mistura Perfeita de Fluido. Inserindo a taxa da Eq. (14a) na expressão de desempenho para escoamento com mistura perfeita, temos:

$$\tau' = \frac{WC_{A0}}{F_{A0}} = \frac{W}{v} = \frac{C_{A0} - C_A}{k'aC_A} \tag{23}$$

que com rearranjos se transforma em:

$$\frac{C_{A0}}{C_A} = 1 + k'a\tau' \tag{24}$$

Na Eq. (24), a atividade varia com o tempo cronológico. Para eliminar esta quantidade, integre a Eq. (14b) [ver Eq. (18)] e substitua na Eq. (24), obtendo:

$$\frac{C_{A0}}{C_A} = 1 + k'e^{-k_d t}\tau' \tag{25}$$

Depois de rearranjos, obtemos a seguinte forma mais útil:

$$\boxed{\ln\left(\frac{C_{A0}}{C_A} - 1\right) = \ln(k'\tau') - k_d t} \tag{26}$$

Esta expressão mostra como a concentração de reagente na saída aumenta com o tempo, enquanto o gráfico da Fig. 21.3 provê o teste da equação cinética. Se os dados se encontrarem sobre uma linha reta, então a inclinação e o coeficiente linear resultam nas duas constantes de taxa da Eq. (14).

Devemos mencionar que essa e as subseqüentes deduções para batelada de sólidos são baseadas na suposição de estado pseudo-estacionário. Ele considera que as condições variam com o tempo, de modo suficientemente lento, podendo assim o sistema estar no estado estacionário em qualquer instante. Visto que uma batelada de sólidos só poderá ser usada se a desativação não for muito rápida, esta suposição é razoável.

Batelada de Sólidos, Escoamento Variável e com Mistura Perfeita de Fluidos (manter C_A fixo). Para escoamento estacionário em um reator com mistura perfeita, encontramos:

$$\frac{C_{A0}}{C_A} = 1 + k'e^{-k_d t}\tau' \tag{25}$$

Para manter C_A constante, a taxa de escoamento tem de variar lentamente com o tempo. De fato, ela tem de diminuir porque o catalisador está se desativando. Por conseguinte, as variáveis nesta situação são τ' e t. Assim, rearranjando temos:

Figura 21.3 — Teste das expressões cinéticas da Eq. (14), usando uma batelada de sólidos e escoamento estacionário com mistura perfeita de fluidos

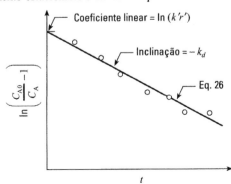

Figura 21.4 — Teste das expressões cinéticas da Eq. (14), usando uma batelada de sólidos e escoamento variável de fluidos, em um reator de mistura perfeita de fluidos, de modo a manter C_A constante

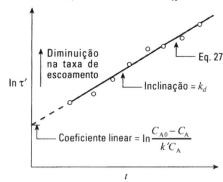

$$\boxed{\ln\tau' = k_d t + \ln\left(\frac{C_{A0} - C_A}{k'C_A}\right)} \qquad (27)$$

A Fig. 21.4 mostra como testar as expressões cinéticas da Eq. (14) por este procedimento.

Na verdade, não há uma particular vantagem em usar escoamento variável em relação ao escoamento constante para testar a cinética da Eq. (14) ou qualquer outra desativação independente. Entretanto, para outras cinéticas de desativação, este sistema de reator é — de longe — o mais útil, porque nos permite desacoplar os três fatores C, T e **a**, estudando cada par por vez.

Batelada de Sólidos, Escoamento Constante e Pistonado de Fluidos. Para escoamento pistonado, a equação de desempenho, combinada com a taxa da Eq. (14a), torna-se:

$$\frac{W}{F_{A0}} = \int \frac{dX_A}{-r'_A} = \int \frac{dX_A}{k'\mathbf{a}C_A} = \frac{1}{k'\mathbf{a}} \int \frac{dX_A}{C_A} \qquad (28)$$

Integrando-a e substituindo **a** pela expressão da Eq. (18), temos:

$$\frac{WC_{A0}}{F_{A0}} = \tau' = \frac{1}{k'\mathbf{a}} \ln \frac{C_{A0}}{C_A} = \frac{1}{k'e^{-k_d t}} \ln \frac{C_{A0}}{C_A} \qquad (29)$$

que se torna, depois de rearranjos:

$$\boxed{\ln\ln \frac{C_{A0}}{C_A} = \ln(k'\tau') - k_d t} \qquad (30)$$

A Fig. 21.5 mostra como testar a cinética da Eq. (14) e como avaliar as constantes de taxa com os dados provenientes deste tipo de reator.

Batelada de Sólidos, Escoamento Variável e Pistonado de Fluidos (manter $C_{A,\text{saída}}$ fixo). Em qualquer instante, a Eq. (29) se aplica a um reator pistonado. Desta maneira, notando que τ' e t são as duas variáveis que obtemos, depois de rearranjos, ficamos com:

$$\ln\tau' = k_d t + \ln\left(\frac{1}{k'}\ln\frac{C_{A0}}{C_A}\right) \qquad (31)$$

A Fig. 21.4, com uma modificação (o coeficiente linear dado pelo último termo da Eq. 31), mostra como testar, com este dispositivo, as expressões cinéticas da Eq. (14).

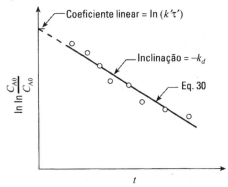

Figura 21.5 — Teste das expressões cinéticas da Eq. (14), usando uma batelada de sólidos e escoamento pistonado e em estado estacionário de fluidos

Até agora, ilustramos como usar uma batelada, um escoamento pistonado ou um escoamento com mistura perfeita de fluido para determinar as constantes de taxa de uma forma particular de taxa, Eq. (14).

Desde que a desativação seja independente da concentração, os efeitos da atividade e da concentração podem ser desacoplados e qualquer um dos dispositivos experimentais apresentados anteriormente dará resultados de fácil interpretação. Logo, as análises anteriores podem ser estendidas sem dificuldade para qualquer reação de ordem n e qualquer ordem d de desativação, desde que $m = 0$ ou para:

$$\left.\begin{array}{l} -r'_A = k' C_A^n \mathbf{a} \\ -\dfrac{d\mathbf{a}}{dt} = k_d \mathbf{a}^d \end{array}\right\} \tag{32}$$

Por outro lado, se a desativação depender da concentração, ou $m \neq 0$, então os efeitos da concentração e da atividade não se desacoplarão e a análise se tornará difícil, a menos que o dispositivo experimental adequado seja utilizado — aquele deliberadamente escolhido para desacoplar estes fatores. Tais dispositivos são aqueles reatores que mantêm C_A constante pela diminuição da taxa de escoamento da alimentação, como tratado antes. Eles podem ser usados para determinar as constantes de velocidade para as reações:

$$\left.\begin{array}{l} -r'_A = k' C_A^n \mathbf{a} \\ -\dfrac{d\mathbf{a}}{dt} = k_d C_A^m \mathbf{a}^d \end{array}\right\} \tag{33}$$

assim como para a desativação em paralelo, em série e lateral [ver Levenspiel (1972, 1996)].

Como a Resistência à Difusão nos Poros Distorce a Cinética de Reações com Desativação de Catalisadores

Considere o seguinte esquema de taxas para reações nas partículas esféricas:

$$\left.\begin{array}{l} -r'_A = k' C_A \mathbf{a} \\ -\dfrac{d\mathbf{a}}{dt} = k_d \mathbf{a}^d \end{array}\right\} \text{ em que } k'\rho_s = k''' \tag{34}$$

Para *nenhuma desativação*, porém com ou sem resistência à difusão nos poros, estas expressões de taxa se tornam:

$$\left.\begin{array}{r} -r'_A = k' C_A \mathscr{E} \\ \mathbf{a} = 1 \end{array}\right\} \quad (35)$$

onde
$$\left.\begin{array}{l} \mathscr{E} = 1 \quad \text{para nenhuma resistência difusional} \\ \mathscr{E} = \dfrac{1}{M_T}, \quad M_T = L\sqrt{\dfrac{k'''}{\mathscr{D}_e}}, \quad \text{para forte resistência difusional} \end{array}\right\} \quad (36)$$

Com *desativação*, a Eq. (34) se torna:

$$\left.\begin{array}{r} -r'_A = k'\mathbf{a} C_A \mathscr{E} \\ -\dfrac{d\mathbf{a}}{dt} = k_d \mathbf{a}^d \end{array}\right\} \quad (37)$$

onde
$$\left.\begin{array}{l} \mathscr{E} = 1 \quad \text{para nenhuma resistência difusional} \\ \mathscr{E} = \dfrac{1}{M_{Td}}, \quad M_{Td} = L\sqrt{\dfrac{k'''\mathbf{a}}{\mathscr{D}_e}} = M_T \mathbf{a}^{1/2}, \quad \text{para forte resistência difusional} \end{array}\right\} \quad (38)$$

À medida que o tempo passa, da Eq. (37) temos:

$$\left.\begin{array}{ll} \mathbf{a} = \exp(-k_d t) & \text{para} \quad d = 1 \\ \mathbf{a} = [1 + (d-1)k_d t]^{1/(1-d)} & \text{para} \quad d \neq 1 \end{array}\right\} \quad (39)$$

Estas expressões mostram que, no regime de forte resistência à difusão nos poros, **a** diminui [ver Eq. (39)], causando também uma diminuição em M_{Td}. Isto significa que ξ aumenta com o tempo, conforme mostrado na Fig. 21.6. Contudo, **a** diminui mais rápido do que ξ aumenta; assim, a taxa de reação diminui com o tempo.

Equações de Desempenho no Regime de Forte Resistência à Difusão nos Poros.

Há tantas formas diferentes de taxa de desativação que não vale a pena tentar apresentar suas equações de desempenho. Vamos ilustrar o que acontece com somente uma forma de taxa, a mais simples:

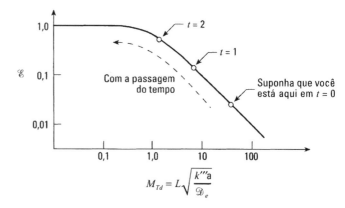

Figura 21.6 — O fator efetividade aumenta com o tempo à medida que o catalisador se desativa: batelada para S/escoamento pistonado para G

$$\left.\begin{array}{l}-r'_A = k' C_A \mathbf{a} \\ -\dfrac{d\mathbf{a}}{dt} = k_d \mathbf{a}\end{array}\right\} \qquad (14)$$

No caso de batelada para S/escoamento pistonado para G, a integração dos vários regimes difusionais de desativação fornece os valores da Tabela 21.1.

Tabela 21.1 — Equações de desempenho para escoamento pistonado para G/batelada para S, com o sistema simples de primeira ordem da Eq. (14).

	Nenhuma resistência à difusão nos poros	Forte resistência à difusão nos poros
Sem desativação	$\ln \dfrac{C_{A0}}{C_A} = k'\tau'$ ...(40) (Capítulos 5, 18)	$\ln \dfrac{C_{A0}}{C_A} = \dfrac{k'\tau'}{M_T}$ ...(41) (Capítulo 18)
Com desativação	$\ln \dfrac{C_{A0}}{C_A} = (k'\mathbf{a})\tau'$ ...(42) $= k'\tau' \cdot \exp(-k_d t)$	$\ln \dfrac{C_{A0}}{C_A} = \dfrac{(k'\mathbf{a})\tau'}{M_{Td}}$ ...(43) $= \dfrac{k'\tau'}{M_T} \cdot \exp\left(-\dfrac{k_d t}{2}\right)$

Para um dado valor de $k'\tau'$, em outras palavras, para uma dada taxa de tratamento, a Fig. 21.7 mostra que C_A na saída aumenta com o tempo ou que a conversão diminui com o tempo.

Comentários

(a) Para escoamento com mistura perfeita, conseguimos equações e diagramas idênticos ao da Fig. 21.7, exceto pela seguinte mudança:

$$\ln \dfrac{C_{A0}}{C_A} \Rightarrow \dfrac{C_{A0} - C_A}{C_A}$$

(b) Para outras ordens de reação e de desativação, equações similares podem ser desenvolvidas para os quatro regimes cinéticos anteriores. Por exemplo, para uma reação de segunda ordem,

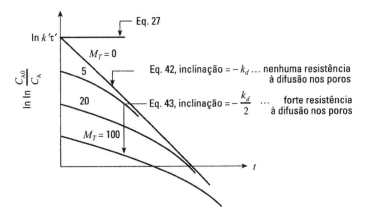

Figura 21.7 — Com desativação e resistência à difusão nos poros, o desempenho de um reator diminui com o tempo

414 Capítulo 21 — Desativação de Catalisadores

batelada para S/escoamento com mistura perfeita para G, nós temos, juntamente com a Eq. (18.28):

$$\tau''' = \frac{C_{A0} - C_A}{k'''\mathbf{a}C_A^2 \mathscr{E}} \quad \text{com } \mathbf{a} = e^{-k_d t} \quad \cdots \quad \text{e com } M_T = L\sqrt{\frac{3}{2}\frac{k'''C_{A0}}{\mathscr{D}_e}}$$

(c) A Fig. 21.7, para sistemas de primeira ordem, mostra que a conversão diminui mais lentamente na presença de forte resistência à difusão nos poros do que no regime livre de resistência à difusão nos poros. Este resultado deve ser aplicado geralmente a todos os tipos de reatores e a todas as cinéticas de reação.

EXEMPLO 21.1 INTERPRETANDO DADOS CINÉTICOS NA PRESENÇA DE RESISTÊNCIA À DIFUSÃO NOS POROS E DE DESATIVAÇÃO

A decomposição catalítica do reagente $(A \rightarrow R)$ é estudada em um reator de leito recheado, cheio com pastilhas de 2,4 mm. Usa-se uma taxa muito alta de reciclo dos gases produzidos (suponha escoamento com mistura perfeita). Os resultados de uma longa corrida, assim como dados adicionais, são dadas a seguir:

t, h	0	2	4	6
X_A	0,75	0,64	0,52	0,39

$\mathscr{D}_e = 5 \times 10^{-10}$ m^3/m de catalisador · s
$\rho_s = 1.500$ kg/m^3 de catalisador
$\tau' = 4.000$ kg · s/m^3

Encontre as cinéticas de reação e de desativação, ambas nos regimes sem resistência e com forte resistência à difusão nos poros.

SOLUÇÃO

Antes de mais nada, note que a desativação ocorre durante a corrida; assim, adivinhe ou tente ajustar os dados com a forma mais simples de taxa para tais situações; ou seja:

$$\left.\begin{array}{r} -r'_A = k' C_A \mathbf{a} \\[2mm] -\dfrac{d\mathbf{a}}{dt} = k_d \mathbf{a} \end{array}\right\}$$

As equações de desempenho, para esta forma da taxa e escoamento com mistura perfeita, são análogas àquelas para escoamento pistonado, mostradas na Tabela 21.1.

Em regime livre de resistência à difusão

$$\cdots \left(\frac{C_{A0}}{C_A} - 1\right) = k'\tau'\mathbf{a} = k'\tau'e^{-k_d t} \tag{i}$$

Em regime de forte resistência à difusão

$$\cdots \left(\frac{C_{A0}}{C_A} - 1\right) = k'\tau'\mathbf{a}\mathscr{E} = \frac{k'\tau'}{M_{Td}}\underbrace{\mathbf{a}}_{\text{ver Eq. 38}} = \frac{k'\tau'}{M_T} \cdot e^{-k_d t/2} \begin{cases} e^{-k_d t} \\ \underline{} \\ \mathbf{a}^{1/2} \end{cases} \tag{ii}$$

Se esta forma de taxa for correta, então para os efeitos de ausência de resistência e de forte resistência à difusão, um gráfico de $\left(\dfrac{C_{A0}}{C_A} - 1\right)$ em função de t deve dar uma linha reta. Fazendo esta tabela e o gráfico, como mostra a Fig. E21.1, percebe-se que a forma de taxa apresentada ajusta os dados.

21.2 — As Equações de Taxa e de Desempenho

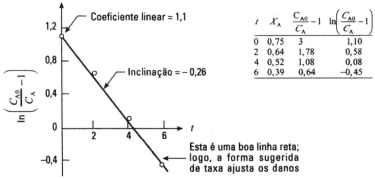

Figura E21.1

Vamos agora ver se o reator está operando no regime livre de resistência à difusão ou no regime de forte resistência à difusão.

Suposição: Nenhuma Interferência das Resistências à Difusão. Da Eq. (i), nós temos:

$$\ln\left(\frac{C_{A0}}{C_A} - 1\right) = \ln(k'\tau') - k_d t$$

Da Fig.E21.1, vemos que:

$$\left.\begin{array}{l}\text{o coeficiente linear } = 1,1 \\ \text{a inclinação } = -0,26\end{array}\right\} \text{assim} \begin{cases} k' = 7,5 \times 10^{-4} \dfrac{\text{m}^3}{\text{kg} \cdot \text{s}} \\ k_d = 0,26 \text{ h}^{-1} \end{cases}$$

Agora, calcule o módulo de Thiele para verificar que nós realmente estamos no regime livre de resistência à difusão. Logo, em $t = 0$:

$$M_T = L\sqrt{\frac{k'''}{\mathcal{D}_e}} = \frac{2,4 \times 10^{-3}}{6} \sqrt{\frac{(7,5 \times 10^{-4})(1500)}{5 \times 10^{-10}}} = 18,9!!!$$

Infelizmente, este valor indica uma forte resistência à difusão nos poros. Isto contradiz nossa suposição inicial, o que nos leva a concluir que ela estava errada.

Suposição: As Corridas foram Realizadas no Regime de Forte Resistência à Difusão nos Poros.
A Eq. (ii) então se torna:

$$\ln\left(\frac{C_{A0}}{C_A} - 1\right) = \ln\left(\frac{k'\tau'}{M_T}\right) - \frac{k_d}{2} t$$

Da Fig. E21.1, temos:

$$\left.\begin{array}{l}\text{o coeficiente linear } = 1,1 \\ \text{a inclinação } = -0,26\end{array}\right\} \text{assim} \begin{cases} \ln\left(\dfrac{k'\tau'}{M_T}\right) = 1,1 \\ k_d = 0,52 \text{ h}^{-1} \end{cases}$$

Do valor para o coeficiente linear,

$$\frac{k'\tau'}{M_T} = 3,0$$

416 *Capítulo 21 — Desativação de Catalisadores*

encontramos que:

$$k' = 9\frac{L^2\rho_s}{(\tau')^2\mathcal{D}_e} = (9)\cdot\frac{(2,4\times10^{-3}/6)^2(1.500)}{(4.000)^2(5\times10^{-10})} = 0,27\frac{m^3}{kg\cdot s}$$

Calcule o módulo de Thiele em $t = 0$:

$$M_T = L\sqrt{\frac{k'\rho_s}{\mathcal{D}_e}} = \frac{2,4\times10^{-3}}{6}\sqrt{\frac{(0,27)(1.500)}{5\times10^{-10}}} = 360$$

Este valor do módulo de Thiele representa uma forte resistência à difusão nos poros. Isto é consistente com nossa suposição inicial. Conseqüentemente, as equações finais de taxa são:

(a) *No regime livre de resistência à difusão (para dp muito pequeno), com desativação:*

$$-r'_A = 0,27\,C_A\mathbf{a}, \quad \frac{mol}{kg\cdot s} \cdots com \cdots -\frac{d\mathbf{a}}{dt} = 0,52\,\mathbf{a},\ h^{-1}$$

(b) *No regime de forte resistência à difusão nos poros (para dp grande), com desativação:*

$$-r'_A = 0,27\,C_A\mathbf{a}\mathscr{E} \quad \tfrac{1}{2}\ com\ \tfrac{1}{2} -\frac{d\mathbf{a}}{dt} = 0,52\,\mathbf{a}$$

$$\mathscr{E} = \frac{1}{M_{TD}} = \frac{1}{L}\sqrt{\frac{5\times10^{-10}}{0,27(1.500)\mathbf{a}}} = \frac{1,11\times10^{-6}}{L\mathbf{a}^{1/2}}$$

Combinando tudo, ficamos com:

$$-r'_A = \frac{3\times10^{-7}}{L}C_A\mathbf{a}^{1/2}, \quad \frac{mol}{kg\cdot s} \cdots com \cdots -\frac{d\mathbf{a}}{dt} = 0,52\,\mathbf{a},\ h^{-1}$$

Nota: No regime de forte resistência à difusão nos poros, a taxa é menor, porém o catalisador se desativa mais lentamente. Na realidade, para o catalisador usado aqui, se pudéssemos ter ficado livres das resistências difusionais, as taxas de reação teriam sido 360 vezes mais rápidas que aquelas medidas.

Uma reflexão neste exemplo nos conduz à impressão de que mesmo com a mais simples das formas de taxa, a análise é bem complicada. Isto sugere que não vale a pena, neste texto geral, tentar tratar formas mais complicadas de taxa.

21.3 PROJETO

Quando um fluido reagente escoa através de uma batelada de catalisadores se desativando, a conversão cai progressivamente durante a corrida e as condições de estado estacionário não podem ser mantidas. Se as condições variarem lentamente com o tempo, então a conversão média durante uma corrida poderá ser encontrada, calculando-se a conversão de estado estacionário, em vários tempos e somando-as no tempo. Em símbolos:

$$\bar{X}_A = \frac{\int_0^{t_{corrida}} X_A(t)\,dt}{t_{corrida}} \tag{40}$$

Quando uma conversão cai a valores muito baixos, a corrida termina, o catalisador é descartado ou regenerado e o ciclo é repetido. O Exemplo 21.2 ilustra este tipo de cálculo.

Há dois problemas importantes e reais com a desativação de catalisadores.

O *problema operacional*: como operar da melhor maneira um reator durante uma corrida. Uma vez que a temperatura é a mais importante variável a afetar a reação e a desativação, este problema se reduz a achar a melhor progressão de temperatura durante a corrida.

O *problema de regeneração*: quando se deve parar uma corrida e descartar ou regenerar o catalisador. Este problema é fácil de tratar uma vez que o primeiro problema tenha sido resolvido, para uma faixa de tempos de corrida e atividades finais de catalisador. (*Nota*: cada par de valores para tempo e atividade final resulta na conversão média correspondente.)

O problema operacional tem sido resolvido analiticamente para uma família bem geral de equações cinéticas:

$$-r'_A = k' C_A^n \mathbf{a} = (k'_0 e^{-E/RT}) C_A^n \mathbf{a} \tag{41}$$

$$-\frac{d\mathbf{a}}{dt} = k_d \mathbf{a}^d = (k_{d0} e^{-E_d/RT}) \mathbf{a}^d \tag{42}$$

Note a restrição aqui, que a desativação seja independente da concentração.

Considere o problema operacional. Para a desativação bem lenta, podemos usar uma batelada de catalisadores, podendo operar o reator em uma das três maneiras, conforme mostrado na Fig. 21.8. Qualquer que seja o plano de ação escolhido, as equações de desempenho para as taxas das Eqs. (41) e (42) são obtidas resolvendo as seguintes expressões:

$$\frac{W}{F_{A0}} = \int_0^{X_A} \frac{dX_A}{k_0 e^{E/RT} C_A^n \mathbf{a}} \tag{43}$$

com

$$\int_1^{\mathbf{a}} \frac{d\mathbf{a}}{\mathbf{a}^d} = k \int_0^t dt \tag{44}$$

As equações integradas de desempenho adquirem, em geral, um grande número de formas

- para escoamento pistonado ou com mistura perfeita;
- para $n = 1, 2, \ldots$;
- para $d = 0, 1, 2, 3$.

Algumas destas formas são dadas no Capítulo 32 de Levenspiel (1996). Nós não as apresentamos aqui.

Em geral, podemos avaliar $\overline{X}_A$, resolvendo a Eq. (40) com as Eqs. (43) e (44). Referindo-nos à Fig. 21.8, vemos que para o caso Ⓚ $\mathbf{a}$ diminui com o tempo, o mesmo acontecendo com X_A. Para o caso Ⓛ, $\mathbf{a}$ diminui com o tempo; assim, a taxa de alimentação tem de ser diminuída, de modo que em qualquer tempo:

Figura 21.8 — Três possíveis planos de ação no reator, para uma batelada de catalisadores se desativando

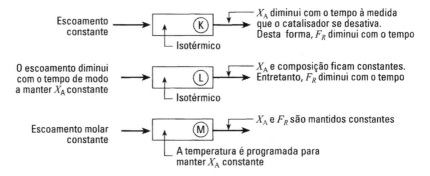

$$\frac{F_{A0}}{a} = f_{A0,\ inicial} \tag{45}$$

Quase sempre, constatamos que o caso Ⓜ é ótimo. A Eq. (43) se torna:

$$\underbrace{\frac{W}{F_{A0}}}_{\text{constante}} = \frac{1}{k'aC_{A0}} \int_0^{X_A} \underbrace{\frac{dX_A}{(1-X_A)^n}}_{\text{constante}} \tag{46}$$

logo, $k'aC_{A0}$ deve permanecer constante à medida que a temperatura aumenta. Isto significa que, no regime de *nenhuma resistência à difusão nos poros*, temos de variar T com o tempo tal que:

$$\boxed{k'a = \text{constante} \ \cdots \ \text{para todos os sistemas líquidos}} \tag{47}$$

$$\boxed{\frac{k'a}{T^n} = \text{constante} \ \cdots \ \text{para} \begin{cases} \text{gases ideais com reações} \\ \text{de ordem } n \end{cases}} \tag{48}$$

No regime de *forte resistência à difusão nos poros*, temos de variar T com o tempo tal que:

$$\boxed{k'a\mathscr{D}_e = \text{constante} \ \cdots \ \text{para líquidos}} \tag{49}$$

$$\boxed{\frac{k'a\mathscr{D}_e}{T^{n+1}} = \text{constante} \ \cdots \ \text{para} \begin{cases} \text{gases ideais com} \\ \text{reações de ordem } n \end{cases}} \tag{50}$$

Discussão

O problema global é encontrar qual plano de ação, Ⓚ, Ⓛ, Ⓜ, é o melhor. Temos as seguintes evidências:

(a) *Para o tempo mais longo de corrida*, para uma dada $\overline{X}_A$ e para qualquer a_{final}, se a desativação for muito sensível à temperatura comparada com a reação, então o plano ótimo de ação será elevar a temperatura com o tempo, *de modo a manter constante a conversão no reator*; assim, use o plano de ação Ⓜ terminando a corrida na máxima temperatura permitida T^*, como mostrado na Fig. 21.9; ver Szepe (1966, 1968, 1971).

(b) *Se a desativação for menos sensível à temperatura* quando comparada à reação, use o plano de ação Ⓚ ou Ⓛ, o que for mais conveniente, mas realize a corrida na máxima temperatura permitida T^*.

(c) *Para desativações que dependam da concentração*, a atividade do catalisador vai variar com a posição no reator. O ótimo requer que a temperatura varie com a posição ao longo do reator, assim como com o tempo. Isto é uma situação difícil de analisar.

(d) Para catalisadores que se desativam muito rapidamente, os reatores de leito recheado não são práticos, tendo-se de usar os sistemas com escoamento de sólidos. Não tratamos disto aqui. Tais sistemas são tratados no Capítulo 33 de Levenspiel (1996).

Figura 21.9 — Estes esboços mostram as temperaturas iniciais corretas e incorretas para o plano de ação Ⓜ

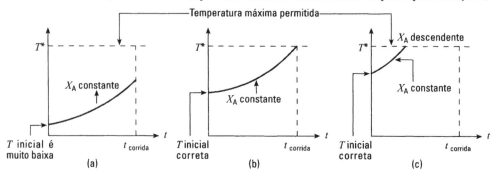

EXEMPLO 21.2 DESATIVAÇÃO EM UM REATOR DE LEITO RECHEADO

Nós planejamos realizar uma isomerização de A para R, em um reator de leito recheado (alimentação com A puro, $F_{A0} = 5$ kmols/h, $W = 1$ t de catalisador, $\pi = 3$ atm, $T = 730$ K). O catalisador se desativa; deste modo, pretendemos realizar corridas de 120 dias, regenerando em seguida o catalisador.

(a) Para a corrida, faça um gráfico da conversão e da atividade em função do tempo..

(b) Encontre $\overline{X}_A$ para a corrida de 120 dias.

A taxa de reação com C_A em mol/m^3 é descrita por:

$$-r'_A = 0,2\ C_A^2 \mathbf{a}\ \frac{\text{mol de A}}{\text{kg de catalisador}\cdot\text{h}}$$

e a taxa de desativação é dada por:

(a) $\quad -\dfrac{d\mathbf{a}}{dt} = 8,3125 \times 10^{-3},\quad \text{dia}^{-1}$

Esta expressão representa o envenenamento pela impureza na alimentação.

(b) $\quad -\dfrac{d\mathbf{a}}{dt} = 10^{-3}(C_A + C_R)\mathbf{a},\quad \text{dia}^{-1}$

Isto representa o envenenamento pelo reagente e pelo produto; logo, a resistência à difusão nos poros não influencia a taxa de desativação.

(c) $\quad -\dfrac{d\mathbf{a}}{dt} = 3,325\ \mathbf{a}^2,\quad \text{dia}^{-1}$

Esta expressão representa uma resistência moderada à difusão nos poros.

(d) $\quad -\dfrac{d\mathbf{a}}{dt} = 666,5\ \mathbf{a}^3,\quad \text{dia}^{-1}$

Esta expressão representa uma forte resistência à difusão nos poros.

SOLUÇÃO

Em geral, para as partes (a), (b), (c) e (d), podemos escrever:

$$-r'_A = 0,2\ C_A^2 \mathbf{a}\ \frac{\text{mol de A}}{\text{kg de catalisador}\cdot\text{h}}$$

$$C_{A0} = \frac{p_{A0}}{\mathbf{R}T} = \frac{3\ \text{atm}}{\left(82,06 \times 10^{-6}\ \dfrac{\text{m}^3\cdot\text{atm}}{\text{mol}\cdot\text{K}}\right)(730\ \text{K})} = 50\ \frac{\text{mols}}{\text{m}^3}$$

$$\tau' = \frac{WC_{A0}}{F_{A0}} = \frac{(1.000\ \text{kg})\left(50\ \dfrac{\text{mols}}{\text{m}^3}\right)}{\left(5.000\ \dfrac{\text{mols}}{\text{h}}\right)} = 10\ \frac{\text{k}\cdot\text{h}}{\text{m}^3}$$

$$= \int_{C_{A0}}^{C_A} \frac{dC_A}{0,2\ C_A^2 \mathbf{a}} = \frac{1}{0,2\mathbf{a}}\left(\frac{1}{C_A} - \frac{1}{C_{A0}}\right)$$

ou, rearranjando:

$$X_A = 1 - \frac{C_A}{C_{A0}} \frac{100\,\mathbf{a}}{1 + 100\,\mathbf{a}} \quad \text{(i)}$$

Vamos agora substituir o termo de atividade na Eq. (i).

Parte (a)

$$-\int_1^{\mathbf{a}} d\mathbf{a} = 8{,}3125 \times 10^{-3} \int_0^t dt$$

ou
$$\mathbf{a} = 1 - 8{,}3125 \times 10^{-3}\, t \quad \text{(ii)}$$

Substituindo a Eq. (ii) na Eq. (i) e avaliando X_A, em vários valores de t, temos a curva mais alta mostrada na Fig. E21.2.

Parte (b) Separando e integrando $-\dfrac{d\mathbf{a}}{dt} = 10^{-3}(C_A + C_R)\mathbf{a}$, temos:

$$\int_\mathbf{a}^1 \frac{d\mathbf{a}}{\mathbf{a}} = 0{,}05 \int_0^t dt$$

ou
$$\mathbf{a} = e^{-0{,}05\,t} \quad \text{(iii)}$$

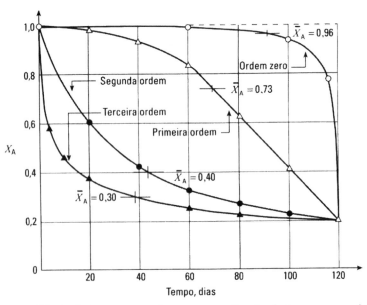

Figura E21.2 — Diminuição na conversão como uma função do tempo, para várias ordens de desativação.

Substituindo a Eq. (iii) na Eq. (i) e avaliando X_A, em vários valores de t, temos a curva correspondente na Fig. E21.2.

Parte (c) Separando e integrando $-\dfrac{d\mathbf{a}}{dt} = 3{,}325\,\mathbf{a}^2$, temos:

$$\int_1^{\mathbf{a}} \frac{d\mathbf{a}}{\mathbf{a}^2} = 3{,}325 \int_0^t dt$$

ou
$$a = \frac{1}{1 + 3,325\,t}$$
(iv)

Novamente, a substituição da Eq. (iv) na Eq. (i) resulta na curva correspondente na Fig. E21.2.

Parte (d) Separando e integrando $-\dfrac{da}{dt} = 666,5\,a^3$, temos:

$$a = \frac{1}{\sqrt{1 + 1333\,t}}$$

A substituição da Eq. (v) na Eq. (i) resulta na curva mais baixa da Fig. E21.2.

Da Fig. E21.2, encontramos, por integração gráfica, que para um período de 120 dias, $X_{A,\,\text{no início}}$ = 0,99, $X_{A,\,\text{no final}}$ = 0,20 para:

$$d = 0 \text{ a conversão média é } \overline{X}_A = 0,96$$
$$d = 1 \text{ a conversão média é } \overline{X}_A = 0,73$$
$$d = 2 \text{ a conversão média é } \overline{X}_A = 0,40$$
$$d = 3 \text{ a conversão média é } \overline{X}_A = 0,30$$

É também claramente mostrado quão diferente é o progresso da reação com as diferentes ordens de desativação.

REFERÊNCIAS

Levenspiel, O., *J. Catal.*, **25**, 265 (1972).

_____, *Chemical Reactor Omnibook*, OSU Bookstores, Corvallis, OR, 1996.

Szepe, S., Ph.D. Thesis, Illinois Institute of Technology, 1966; also see Szepe, S., and O. Levenspiel, *Chem. Eng. Sci.*, **23**, 881 (1968); "Catalyst Deactivation", p. 265, Fourth European Symposium en Chemical Reaction Engineering, Brussels, September 1968, Pergamon, Londres, 1971.

PROBLEMAS

As cinéticas de uma reação catalítica particular A → R são estudadas a uma temperatura T, em um reator de cesta (batelada de sólidos e escoamento de gás com mistura perfeita), sendo a composição do gás mantida constante apesar da desativação do catalisador. O que você pode dizer a respeito das taxas de reação e de desativação, a partir dos resultados das seguintes corridas? *Nota*: para manter constante a concentração do gás no reator, a taxa de escoamento do reagente teve de ser diminuída para cerca de 5% do valor inicial.

21.1 Corrida 1

$C_{A0} = 1$ mol/ℓ	t, tempo a partir do começo da corrida, h	0	1	2	3
$X_A = 0,5$	τ', g de catalisador $\cdot$ min/ℓ	1	e	e^2	e^3

Corrida 2

$C_{A0} = 2$ mols/ℓ	t, tempo a partir do começo da corrida, h	0	1	2	3
$X_A = 0,667$	τ', g de catalisador $\cdot$ min/ℓ	2	2e	$2e^2$	$2e^3$

422 *Capítulo 21 — Desativação de Catalisadores*

21.2 Corrida 1

$C_{A0} = 2$ mols/ℓ	t, tempo a partir do começo da corrida, h	0	1	2	3
$X_A = 0,5$	τ', g de catalisador · min/ℓ	1	e	e^2	e^3

Corrida 2

$C_{A0} = 20$ mols/ℓ	t, tempo a partir do começo da corrida, h	0	0,5	1	1,5
$X_A = 0,8$	τ', g de catalisador · min/ℓ	1	e	e^2	e^3

21.3 Em um conversor catalítico de um automóvel, CO e hidrocarbonetos presentes nos gases de exaustão são oxidados. Infelizmente, a efetividade destas unidades diminui com o uso. O fenômeno foi estudado por Summers e Hegedus em *J. Catalysis*, **51**, 185 (1978), por meio de um teste acelerador de idade em conversor de leito recheado contendo pastilhas porosas impregnadas com paládio. A partir dos dados reportados de conversão de hidrocarbonetos (ver tabela a seguir), desenvolva uma expressão para representar a taxa de desativação deste catalisador.

t, h	5	10	15	20	25	30	35	40
$X_{\text{hidrocarboneto}}$	0,57	0,53	0,52	0,50	0,48	0,45	0,43	0,41

Este problema foi preparado por Dennis Timberlake.

21.4 Um reator com reciclo, com uma razão muito grande de reciclo, é usado para estudar a cinética de uma reação catalítica irreversível particular, A → R. Para uma taxa constante de escoamento da alimentação ($\tau' = 2$ kg · s/ℓ), os seguintes dados foram obtidos:

Tempo depois do início da operação, h	1	2	4
X_A	0,889	0,865	0,804

A progressiva queda na conversão sugere que o catalisador se desativa com o uso. Encontre as equações de taxa para a reação e para a desativação, que se ajustam a estes dados.

21.5 A reação catalítica reversível

$$A \rightleftarrows R, \quad X_{Ae} = 0,5$$

ocorre com decaimento catalítico, em um reator em batelada (batelada de sólidos, batelada de fluido). O que você pode dizer sobre a cinética de reação e desativação, a partir dos seguintes dados:

t, h	0	0,25	0,5	1	2	(∞)
C_{A0}, mol/ℓ	1,000	0,901	0,830	0,766	0,711	0,684

21.6 Os seguintes dados, sobre uma reação irreversível, foram obtidos com decaimento catalítico, em um reator em batelada (batelada de sólidos, batelada de fluido). O que você pode dizer sobre a cinética.

t, h	0	0,25	0,5	1	2	(∞)	?
C_A	1,000	0,802	0,675	0,532	0,422	0,363	

21.7 Com um catalisador novo, um reator de leito recheado é operado a 600 K. Quatro semanas depois, quando a temperatura alcança 800 K, o reator é parado para reativar o catalisador. Em qualquer instante, o reator é isotérmico. Supondo operações ótimas, qual será a atividade do catalisador no momento da reativação?

Dados: A taxa de reação com o catalisador novo é:

$$-r_A = kC_A^2, \quad k = k_0 e^{-7.200/T}$$

A taxa de desativação é desconhecida.

Nossa reação A → R ocorre isotermicamente em um leito recheado, contendo grandes partículas de catalisador, que se desativam lentamente. O desempenho do reator é bom no regime de forte resistência à difusão nos poros. Com pastilhas novas, a conversão é de 88%; no entanto, depois de 250 dias, a conversão cai para 64%. Quanto tempo poderemos operar o reator antes que a conversão caia para

21.8 50%?

Foi sugerido que troquemos estas partículas grandes por partículas muito pequenas, de modo a operar o reator no regime totalmente livre resistência à difusão e, assim, usar menos catalisador para as mesmas conversões. Quanto tempo de corrida podemos esperar antes que a conversão caia de 88% para 64%, se o catalisador for usado em

21.9 ...um reator de leito recheado?

21.10 ...um reator de sólidos fluidizados (considere escoamento com mistura perfeita de fluido)?

21.11 Sob condições de forte resistência à difusão nos poros, a reação A → R ocorre a 700°C em um catalisador que se desativa lentamente, através de uma taxa de primeira ordem:

$$-r'_A = 0,030 \, C_A a, \quad [\text{mol} / g \cdot \text{min}]$$

A desativação é causada pela forte absorção de inevitáveis e irremovíveis traços de impurezas na alimentação, levando a uma cinética de desativação de terceira ordem; ou seja:

$$-\frac{da}{dt} 3a^3, \quad [1 / \text{dia}]$$

Planejamos alimentar o reator de leito recheado ($W = 10$ kg) com $\upsilon = 100 \, \ell$ de A fresco/min a 8 atm e 700°C, até que a atividade do catalisador caia para 10% daquela do catalisador novo. O catalisador é então regenerado e o ciclo é repetido.

(a) Qual é o tempo de corrida desta operação?

(b) Qual é a conversão média para esta corrida?

21.12 Em uma desidrogenação catalítica de hidrocarbonetos, a atividade do catalisador decai com o uso, devido à deposição de carbono nas superfícies ativas. Vamos estudar este processo em um sistema específico.

Uma alimentação em fase gasosa (10% C_4H_{10} – 90% de inertes, $\pi = 1$ atm, $T = 555$°C) escoa ($\tau' = 1,1$ kg $\cdot$ h/m^3) através de um leito recheado com catalisador de Cr_2O_3—alumina. O butano se decompõe por uma reação de primeira ordem:

$$C_4H_{10} \rightarrow C_4H_8 \rightarrow \text{carbono}$$
$$\searrow \text{outros gases}$$

e o comportamento com o tempo é:

t, h	0	1	2	3	4	5
X_A	0,89	0,78	0,63	0,47	0,34	0,26

Uma análise nas pastilhas de 0,55 mm mostra o mesmo grau de deposição de carbono na entrada e na saída do reator, sugerindo que a desativação seja independente da concentração. Desenvolva equações de taxa para a reação e para a desativação.

Este problema foi elaborado a partir de informações dadas por Kunugita *et al.*, *J. Chem. Eng.* (Japão), **2**, 75 (1969).

424 *Capítulo 21 — Desativação de Catalisadores*

A enzima catalase decompõe, de modo efetivo, o peróxido de hidrogênio:

$$H_2O_2 \xrightarrow{\text{catalase}} H_2O + \frac{1}{2}O_2$$

As cinéticas desta reação devem ser avaliadas a partir de um experimento em que H_2O_2 diluído escoa por um leito recheado de partículas de sílicas (*kieselguhr*), impregnadas com enzima imobilizada.

Dos seguintes dados, reportados por Krishnaswamy e Kitterell, *AIChE J.*, **28**, 273 (1982), desenvolva expressões de taxa para representar esta decomposição ocorrendo nos regimes sem e com forte resistência à difusão nos poros, para o catalisador em questão. Note que, para todas as corridas, a conversão diminui com o tempo, mostrando que o catalisador se desativa com o uso.

21.13 ...corrida E (modificada)

$\tau' = 4.100$ kg de atalisador $\cdot$ s / m^3

$\bar{d}_p = 72 \times 10^{-6}$ m

$\rho_s = 630$ kg / m^3 de catalalisador

$\mathscr{D}_e = 5 \times 10^{-10}$ m^3 / m de catalisador $\cdot$ s

Tempo decorrido, h	X_A
0	0,795
1,25	0,635
2,0	0,510
3,0	0,397
4,25	0,255
5,0	0,22
6,0	0,15
7,0	0,104

21.14 ...corrida B

$\tau' = 4.100$ kg de catalisador $\cdot$ s / m^3

$\bar{d}_p = 1,45 \times 10^{-3}$ m

$\rho_s = 630$ kg / m^3 de catalisador

$\mathscr{D}_e = 5 \times 10^{-10}$ m^3 / m de catalisador $\cdot$ s

Tempo decorrido, h	X_A
0,25	0,57
1,0	0,475
2,0	0,39
3,0	0,30
4,0	0,23
5,0	0,186
6,0	0,14
7,0	0,115

21.15 A 730 K, a isomerização de A em R (rearranjo de átomos na molécula), que ocorre em um catalisador que se desativa lentamente, tem uma taxa de segunda ordem:

$$-r_A' = k' C_A^2 \mathbf{a} = 200\, C_A^2 \mathbf{a}, \quad [\text{mol de A / h} \cdot \text{g de catalisador}]$$

Uma vez que as moléculas de reagente e produto são similares na estrutura, a desativação é causada por A e R. Com efeitos difusionais ausentes, a taxa de desativação é:

$$-\frac{d\mathbf{a}}{dt} = k_d(C_A + C_R)\mathbf{a} = 10(C_A + C_R)\mathbf{a}, \quad [\text{dia}^{-1}]$$

Pretendemos operar um reator de leito recheado, contendo $W = 1$ t de catalisador, por 12 dias, usando uma alimentação estacionária de A puro, $F_{A0} = 5$ kmol/h, à 730 K e 3 atm ($C_{A0} = 0,05$ mol/ℓ).

(a) Avalie primeiro – $d\mathbf{a}/dt$, τ' e então a expressão geral para $1 - X_A$.

(b) Qual é a conversão no início da corrida?

(c) Qual é a conversão no final da corrida?

(d) Qual é a conversão média durante os 12 dias de corrida?

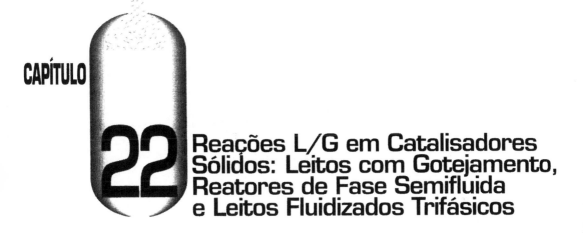

CAPÍTULO 22

Reações L/G em Catalisadores Sólidos: Leitos com Gotejamento, Reatores de Fase Semifluida e Leitos Fluidizados Trifásicos

Estas reações múltiplas são do tipo:

$$A(g \xrightarrow{dissolve} l) + B(l) \xrightarrow{\text{no catalisador sólido}} \text{produtos}$$

podendo ocorrer de diferentes maneiras, como mostra a Fig. 22.1. Os leitos recheados (*packed beds*) usam grandes partículas sólidas, os reatores de fase semifluida ou reatores de lama (*slurry reactors*) usam sólidos suspensos muito finos, enquanto os leitos fluidizados podem usar um ou outro tipo de partícula, dependendo das taxas de escoamento.

Modo de contato: no global, com todas as outras coisas iguais (que não são), o escoamento pistonado/pistonado em contracorrente é o modo de escoamento mais desejado, enquanto o pior de todos, em termos de forças-motrizes, é o escoamento com mistura perfeita/mistura perfeita.

22.1 A EQUAÇÃO GERAL DE TAXA

Considere a seguinte reação e estequiometria:

$$A(g \to l) + bB(l) \xrightarrow{\text{na superfície do catalisador}} \text{produtos} \cdots b = \left(\frac{\text{mol de B}}{\text{mol de A}}\right) \quad (1)$$

$$\left.\begin{array}{l} -r_A''' = k_A''' C_A C_B \\ -r_A''' = k_B''' C_A C_B \end{array}\right\} \text{onde} \quad \left.\begin{array}{l} -r_A''' = -r_B'''/b \cdots \text{mol de A}/\text{m}^3 \text{ de catalisador} \cdot \text{s} \\ k_A''' = k_B'''/b \cdots \text{m}_l^6/\text{mol de B} \cdot \text{m}^3 \text{ de catalisador} \cdot \text{s} \end{array}\right\}$$

O reagente gasoso tem de primeiro se dissolver em L, então ambos os reagentes têm de se difundir ou se mover em direção à superfície do catalisador para que a reação ocorra. Desta forma, as resistências às transferências através da interface L/G e daí para a superfície do sólido têm de estar presentes na expressão geral de taxa.

Para desenvolver a equação de taxa, vamos considerar a teoria de filme e vamos usar a seguinte nomenclatura:

426 Capítulo 22 — Reações L/G em Catalisadores Sólidos

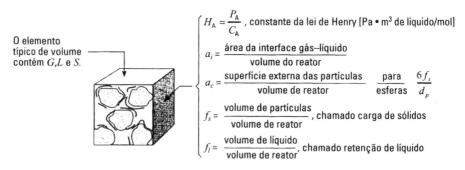

O elemento típico de volume contém G, L e S.

$H_A = \dfrac{P_A}{C_A}$, constante da lei de Henry [Pa • m³ de líquido/mol]

$a_i = \dfrac{\text{área da interface gás–líquido}}{\text{volume do reator}}$

$a_c = \dfrac{\text{superfície externa das partículas}}{\text{volume de reator}}$ para esferas $\dfrac{6f_s}{d_p}$

$f_s = \dfrac{\text{volume de partículas}}{\text{volume de reator}}$, chamado carga de sólidos

$f_l = \dfrac{\text{volume de líquido}}{\text{volume de reator}}$, chamado retenção de líquido

A Fig. 22.2 apresenta graficamente as resistências. Podemos escrever então as seguintes equações gerais de taxa:

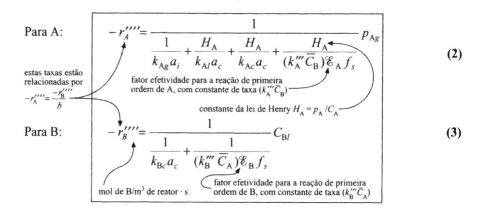

Para A:

$$-r_A'''' = \dfrac{1}{\dfrac{1}{k_{Ag}a_i} + \dfrac{H_A}{k_{Al}a_c} + \dfrac{H_A}{k_{Ac}a_c} + \dfrac{H_A}{(k_A''' \overline{C}_B)\mathscr{E}_A f_s}} p_{Ag} \qquad (2)$$

estas taxas estão relacionadas por

$-r_A'''' = \dfrac{-r_B''''}{b}$

fator efetividade para a reação de primeira ordem de A, com constante de taxa $(k_A''' \overline{C}_B)$

constante da lei de Henry $H_A = p_A / C_A$

Para B:

$$-r_B'''' = \dfrac{1}{\dfrac{1}{k_{Bc}a_c} + \dfrac{1}{(k_B''' \overline{C}_A)\mathscr{E}_B f_s}} C_{Bl} \qquad (3)$$

mol de B/m³ de reator · s

fator efetividade para a reação de primeira ordem de B, com constante de taxa $(k_B''' \overline{C}_A)$

Figura 22.1 — Várias maneiras de realizar reações L/G catalisadas por sólidos

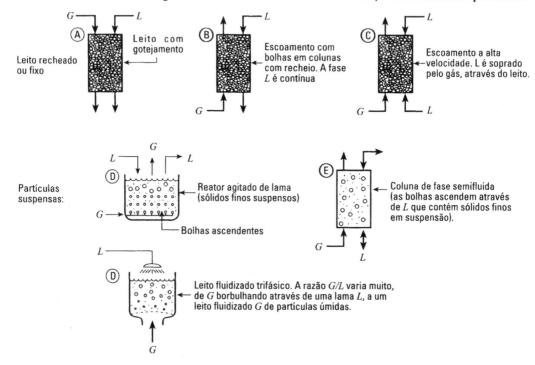

Ⓐ Leito recheado ou fixo — Leito com gotejamento

Ⓑ Escoamento com bolhas em colunas com recheio. A fase L é contínua

Ⓒ Escoamento a alta velocidade. L é soprado pelo gás, através do leito.

Partículas suspensas:

Ⓓ Reator agitado de lama (sólidos finos suspensos) — Bolhas ascendentes

Ⓔ Coluna de fase semifluida (as bolhas ascendem através de L que contém sólidos finos em suspensão).

Ⓓ Leito fluidizado trifásico. A razão G/L varia muito, de G borbulhando através de uma lama L, a um leito fluidizado G de partículas úmidas.

Figura 22.2 — Esquema mostrando as resistências envolvidas em uma reação L/G na superfície de um catalisador

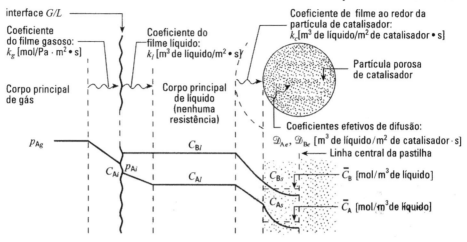

Tanto a Eq. (2) como a Eq. (3) devem fornecer a taxa de reação. Infelizmente, mesmo conhecendo todos os parâmetros (k, a, f, etc.) do sistema, ainda não podemos resolver essas expressões sem utilizar o método de tentativa e erro, porque $\overline{C}_B$ e $\overline{C}_A$ não são conhecidos nas Eqs. (2) e (3), respectivamente. Contudo, nós geralmente encontramos um dos dois casos extremos de simplificação, que são muito úteis.

Extremo 1: $C_{Bl} \gg C_{Al}$. Em sistemas com um líquido puro B e um gás levemente solúvel A, podemos considerar:

$$C_{Bs} = \overline{C}_{B,\text{ dentro da pastilha}} = C_{Bl} \quad \cdots \text{ mesmo valor em qualquer lugar}$$

Com C_B constante, a reação se torna de primeira ordem, no global, com relação a A e as expressões anteriores de taxa, com o procedimento requerido de tentativa e erro, reduzem-se todas a uma expressão de resolução direta:

$$-r_A''' = \frac{1}{\dfrac{1}{k_{Ag}a_i} + \dfrac{H_A}{k_{Al}a_i} + \dfrac{H_A}{k_{Ac}a_c} + \dfrac{H_A}{(k_A''' \overline{C}_{Bl})\mathscr{E}_A f_s}} p_{Ag} \qquad (4)$$

constante de taxa de primeira ordem para A

Extremo 2: $C_{Bl} \ll C_{Al}$. Em sistemas com um reagente líquido diluído B, um gás altamente solúvel A e alta pressão, podemos considerar:

$$C_{Al} = \frac{p_{Ag}}{H_A} \quad \cdots \text{ através de todo o reator}$$

A taxa se torna então de primeira ordem com relação a B e se reduz a:

$$r_B'''' = \frac{1}{\dfrac{1}{k_{Bc}a_c} + \dfrac{1}{\left(\dfrac{k_B''' p_{Ag}}{H_A}\right)\mathscr{E}_B f_s}} C_{Bl} \qquad (5)$$

mol de B/m³ de reator · s

constante de taxa de primeira ordem, que é usada para calcular $\mathscr{E}_B$

Como Testar se Estes Extremos se Aplicam e Outros Comentários

(a) Pelos sinais de desigualdade $\gg$ ou $\ll$, queremos dizer duas ou três vezes maior ou menor.

(b) Compare, de forma mais geral, as taxas calculadas a partir das Eqs. (4) e (5) e use a menor delas. Assim:

- se $r'''_{Eq.\ 4} \ll r'''_{Eq.\ 5}$, então C_{Bl} está em excesso e o extremo 1 se aplica.
- se $r'''_{Eq.\ 4} \gg r'''_{Eq.\ 5}$, então a Eq. (5) fornece a taxa de reação.

(c) Quase sempre um ou outro dos extremos se aplica.

22.2 EQUAÇÕES DE DESEMPENHO PARA UM EXCESSO DE B

Todos os tipos de dispositivos de contato — leitos com gotejamento (*trickled beds*), reatores de fase semifluida e leitos fluidizados — podem ser tratados ao mesmo tempo. O que é importante é reconhecer os modos de escoamento das fases que estão em contato e que componente, A ou B, está em excesso. Primeiro, considere um excesso de B. Neste caso, o modo de escoamento do líquido não é importante. Temos de considerar somente o modo de escoamento da fase gasosa. Logo, temos os seguintes casos.

Escoamento com Mistura Perfeita para G/Qualquer Escoamento para L (excesso de B)

Aqui, temos a situação mostrada na Fig. 22.3. Um balanço de material em todo o reator resulta em:

$$\underbrace{F_{A0} X_A}_{\substack{\text{I}\\ \text{taxa}\\ \text{de perda}\\ \text{de A}}} = \underbrace{\frac{1}{b} F_{B0} X_B}_{\substack{\text{II}\\ \text{taxa}\\ \text{de perda}\\ \text{de B}}} = \underbrace{(-r'''_A) V_r}_{\substack{\text{III}\\ \text{taxa}\\ \text{de reação}}} \qquad (6)$$

A solução é direta. Combine apenas I e III ou II e III.

Escoamento Pistonado para G/Qualquer Escoamento para L (excesso de B)

Com um grande excesso de B, C_B permanece aproximadamente constante em qualquer ponto dos reatores mostrados na Fig. 22.4, muito embora a concentração de A na fase gasosa varie à medida que o gás escoa através dos reatores. Para uma fina fatia do reator, conforme mostrado na Fig. 22.4, podemos escrever:

$$F_{A0} dX_A = (-r'''_A) dV_r \qquad (7)$$

onde
$$1 - X_A = \frac{p_A(\pi_0 - p_{A0})}{p_{A0}(\pi - p_A)} \xrightarrow{\text{somente}\atop\text{diluído}} \frac{p_A \pi_0}{p_{A0}\pi} \xrightarrow{\text{diluído}\atop \pi=\text{constante}} \frac{p_A}{p_{A0}} \qquad (8)$$

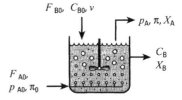

Figura 22.3 — Bolhas de gás "nadam" no interior do leito; logo, o gás escoa com mistura perfeita

22.2 — Equações de Desempenho para um Excesso de B

Figura 22.4 — O gás ascende em escoamento pistonado nestes dois dispositivos de contato

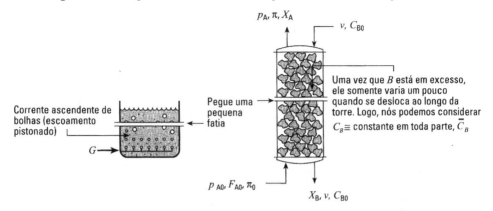

e
$$-dX_A = \frac{\pi(\pi_0 - p_{A0})dp_A}{p_{A0}(\pi - p_A)^2} \xrightarrow{\text{diluído}} \frac{\pi_0 dp_A}{p_{A0}\pi} \xrightarrow[\pi=\text{constante}]{\text{diluído}} \frac{dp_A}{p_{A0}} \qquad (9)$$

No global, ao longo de todo o reator:

$$\boxed{\frac{V_r}{F_{A0}} = \int_0^{X_A} \frac{dX_A}{(-r_A'''')} \quad \ldots \text{com} \ldots \quad F_{A0}X_A = \frac{F_{B0}}{b} X_B} \qquad (10)$$

— use $\bar{C}_B$ aqui
— $\frac{v}{b}C_{B0} - C_B$

Escoamento com Mistura Perfeita para G/Batelada para L (excesso de B)

Com escoamento contínuo de L, sua composição permanece aproximadamente constante para um excesso de B. Entretanto, com uma batelada de L, sua composição varia lentamente com o tempo, à medida que B for sendo consumido. Porém, B é praticamente constante ao longo do reator, em qualquer instante, como mostra a Fig. 22.5. Neste caso, o balanço de material, em qualquer tempo t, torna-se:

$$\boxed{F_{A0}X_{A,\text{saída}} = \frac{V_l}{b}\left(-\frac{dC_B}{dt}\right) = (-r_A'''')V_r} \qquad (11)$$

mol de A/m³ de reator · s

I   II   III

Figura 22.5 — Bolhas de gás através de uma batelada de líquido, com B em excesso

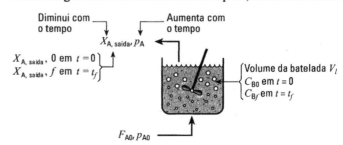

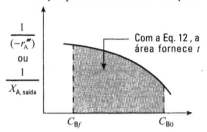

Figura 22.6 — Avaliação do tempo de reação para uma batelada de líquido

O procedimento geral para encontrar o tempo de processamento é:

Escolha um número entre os valores de C_B	De III, calcule	De I e II, calcule
C_{B0}	$(-r_A)_0$	$X_{A, \text{saída}, 0}$
—	—	—
—	—	—
C_{Bf}	$(-r_A)_f$	$X_{A, \text{saída}, f}$

Então, de II e III ou de I e II, resolva para t:

$$t = \frac{V_l}{bV_r}\int_{C_{Bf}}^{C_{B0}} \frac{dC_B}{(-r_A''')} = \frac{V_l}{bF_{A0}}\int_{C_{Bf}}^{C_{B0}} \frac{dC_B}{X_{A, \text{saída}}} \qquad (12)$$

conforme mostra a Fig. 22.6.

Escoamento Pistonado para G/Batelada para L (excesso de B)

Como no caso anterior, C_B varia lentamente com o tempo; contudo, qualquer elemento de gás "vê" o mesmo C_B à medida que ele escoa através do reator, conforme mostra a Fig. 22.7.

Considere uma fatia do dispositivo de contato em um curto intervalo de tempo, em que C_B é praticamente constante. O balanço de material resulta então em:

$$F_{A0}dX_A = (-r_A'''')dV_r \qquad (13)$$

Integrando, temos a conversão de saída de A:

$$\frac{V_r}{F_{A0}} = \int_0^{X_{A, \text{saída}}} \frac{dX_A}{(-r_A'''')} \qquad (14)$$

Figura 22.7 — Escoamento pistonado de gás através de uma batelada de líquido

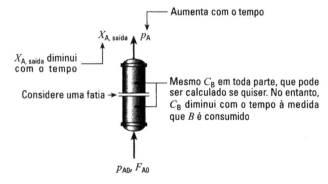

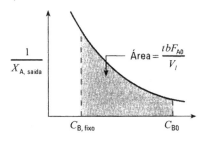

Figura 22.8 — Avaliação do tempo de reação, em um reator com uma batelada L

Considerando B, agora podemos escrever:

$$F_{A0} X_{A,\,saída} = \frac{V_l}{b}\left(-\frac{dC_B}{dt}\right), \quad \left[\frac{mol}{s}\right]$$

e integrando, encontramos o tempo de processamento como sendo:

$$t = \frac{V_l}{bF_{A0}} \int_{C_{Bf}}^{C_{B0}} \frac{dC_B}{X_{A,\,saída}} \qquad (15)$$

O procedimento é dado a seguir:

Escolha C_B	Resolva a Eq. (14) para obter $X_{A,\,saída}$
C_{B0}	$X_{A,\,saída}(t=0)$
—	—
—	—
C_{Bf}	$X_{A,\,saída}(\text{em } t)$

Resolva então graficamente a Eq. (15) de modo a determinar o tempo, como mostra a Fig. 22.8.

Caso Especial de Gás Puro A (excesso de B)

Freqüentemente, encontramos esta situação, especialmente em hidrogenações. Aqui, geralmente reciclamos o gás, mantendo p_A e C_A constantes. Conseqüentemente, as equações anteriores para sistemas descontínuos e contínuos se simplificam enormemente — ver Fig. 22.9. Quando resolvendo problemas, sugere-se que se escrevam os balanços básicos de material e então, cuidadosamente, vejam que simplificações se aplicam ...p_A é constante? ...e assim por diante.

Figura 22.9 — O gás puro A pode ser recomprimido e reciclado

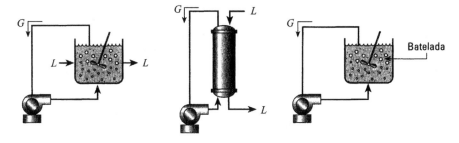

432 *Capítulo 22 — Reações L/G em Catalisadores Sólidos*

Comentários. As expressões de taxa, usadas até agora, têm sido de primeira ordem com relação a A e de primeira ordem com relação a B. Mas, como lidamos com formas mais gerais de taxa, como por exemplo:

$$A(g) + bB(l) \xrightarrow{\text{no catalisador sólido}} \ldots, \quad -r_A''' = -\frac{r_B'''}{b} = k_A''' C_A^n C_B^m \tag{16}$$

Para ser capaz de combinar, de um modo simples, a etapa química com as etapas de transferência de massa, temos de trocar a inconveniente equação de taxa, Eq. (16), por uma aproximação de primeira ordem:

$$-r_A''' = k_A''' C_A^n C_B^m \Rightarrow -r_A''' = [(k_A'' \overline{C}_B^m) \overline{C}_A^{n-1}] C_A \tag{17}$$

valores médios nos locais
onde a reação ocorre

Essa aproximação não é completamente satisfatória, mas é o melhor que podemos fazer. Deste modo, em vez da Eq. (4), a forma de taxa a ser usada em todas as expressões de desempenho será:

$$-r_A'''' = \cfrac{1}{\cfrac{1}{H_A k_{Ag} a_i} + \cfrac{1}{k_{Al} a_i} + \cfrac{1}{k_{Ac} a_c} + \cfrac{1}{(k_A''' \overline{C}_A^m \overline{C}_A^{n-1}) \mathscr{E}_A f_s}} \cdot \frac{p_A}{H_A} \tag{18}$$

22.3 EQUAÇÕES DE DESEMPENHO PARA UM EXCESSO DE A

Neste caso, o modo de escoamento de gás não tem importância. Tudo que precisamos é nos preocuparmos com o modo de escoamento do líquido.

Escoamento Pistonado para L/Qualquer Escoamento para G (operações em torre e em leito recheado)

Fazendo os balanços de material e integrando, obtemos:

$$\frac{V_r}{F_{B0}} = \int_0^{X_B} \frac{dX_B}{-r_B''''} \quad \text{onde} \quad 1 - X_B \cong \frac{C_B}{C_{B0}} \tag{19}$$

dado pela Eq. 5

Escoamento com Mistura Perfeita para L/Qualquer Escoamento para G (operações em tanques de todos os tipos)

Aqui, a equação de desempenho é simplesmente:

$$\frac{V_r}{F_{B0}} = \frac{X_B}{-r_B''''} \quad 1 - \frac{C_B}{C_{B0}} \tag{20}$$

dado pela Eq.5

Batelada para L/Qualquer Escoamento para G

Notando que $C_A \cong$ constante em todo o tempo (porque ele está em excesso), a equação de desempenho para B se torna:

$$-\frac{dC_B}{dt} = -r_B = \frac{V_r}{V_l}(-r_B'''') \cdots \quad \text{ou} \quad \cdots \quad t = \int_0^t \frac{dC_B}{-r_B} \tag{21}$$

22.4 QUAL TIPO DE DISPOSITIVO DE CONTATO UTILIZAR

A seleção de um bom dispositivo de contato depende:
- de onde a resistência controladora está na expressão de taxa;
- das vantagens de um modo de contato sobre o outro e
- da diferença nos equipamentos auxiliares necessários.

A análise econômica global que considera estes três fatores determinará que arranjo e tipo de reatores são os melhores. Vamos discutir brevemente estes fatores, um de cada vez.

A Taxa: Devemos escolher o dispositivo que favorece a etapa mais fraca na taxa. Por exemplo:
- se a principal resistência estiver no filme L/G, use um dispositivo com grande área de superfície interfacial.
- se a resistência estiver no contorno L/S, use uma grande superfície exterior de sólido; por conseguinte, um grande f^s ou partículas pequenas.
- se a resistência à difusão nos poros se impuser, use partículas bem pequenas.

A partir de previsões, podemos encontrar a etapa mais fraca, por meio da substituição de todos os coeficientes de transferência (k_g, k_l, ...) e parâmetros do sistema (a_i, a_s, ...) na equação de taxa e então ver que termo de resistência domina. Infelizmente, os valores para estas quantidades geralmente não são bem conhecidos.

A partir de experimentos, podemos variar um ou outro fator na expressão de taxa; por exemplo:
- carga de sólidos (isto altera somente f_s; logo, somente altera o último termo de resistência na expressão de taxa).
- tamanho da partícula de catalisador (afeta ξ e a_s).
- intensidade de agitação do líquido (afeta os termos de transferência de massa na taxa).
- π, C_B e p_A.

Isto deve dizer que fatores afetam fortemente a taxa e aqueles que não afetam.

Reforçando a etapa mais fraca na taxa por meio de uma escolha apropriada do tamanho de partícula, a carga de sólidos e o tipo de reator podem afetar fortemente a análise econômica global do processo.

Contato: O escoamento pistonado para o componente limitante, aquele que não está em excesso, é certamente melhor que o escoamento com mistura perfeita. Entretanto, exceto para conversões muito altas, este fator é de menor importância.

Equipamento de Suporte: Reatores de fase semifluida podem usar partículas muito finas de catalisadores, levando a problemas, como a necessidade de separar o catalisador do líquido. Os leitos com gotejamento não têm este problema, sendo esta a sua grande vantagem. Infelizmente, as partículas grandes em leitos com gotejamento significam taxas muito menores de reação. Com respeito à taxa, os reatores de leito com gotejamento podem somente manter suas características próprias
- para reações muito lentas em sólidos porosos, onde as limitações à difusão nos poros não apareçam, mesmo para partículas grandes e
- para reações muito rápidas em partículas recobertas com catalisadores não porosos.

Em geral, o reator de leito com gotejamento é mais simples, o reator de fase semifluida (reator de lama) tem geralmente uma taxa maior e o reator de leito fluidizado está entre estes dois.

22.5 APLICAÇÕES

Aqui está uma curta lista de aplicações desses reatores.
- A hidrogenação catalítica de frações de petróleo para remover impurezas de enxofre. O hidrôgenio é muito solúvel no líquido; alta pressão é usada, enquanto a impureza estiver presente

434 Capítulo 22 — Reações L/G em Catalisadores Sólidos

no líquido a baixa concentração. Todos estes fatores tendem a conduzir ao extremo 2 (excesso de A).

- A oxidação catalítica dos hidrocarbonetos líquidos com ar ou oxigênio. Uma vez que o oxigênio não é muito solúvel no líquido, enquanto o hidrocarboneto poderia estar presente em alta concentração, poderíamos terminar no extremo 1 (excesso de B).
- A remoção de orgânicos dissolvidos a partir de água residual industrial por oxidação catalítica, como uma alternativa à biooxidação. Neste caso, o oxigênio não é muito solúvel em água, porém o lixo orgânico está presente também em baixa concentração. Não é claro pois sob qual regime a cinética está. A oxidação catalítica de fenol é um exemplo de tal operação.
- A remoção de poluentes atmosféricos pela adsorção e/ou reação. Estas operações conduzem geralmente ao extremo 1 (excesso de B).
- Os exemplos ilustrativos e muitos dos problemas que se seguem são adaptados ou extensões de problemas preparados por Ramachandran e Choudhary (1980).

EXEMPLO 22.1 HIDROGENAÇÃO DE ACETONA EM UMA COLUNA RECHEADA COM BORBULHAMENTO (*PACKED BUBBLE COLUMN*)

Acetona aquosa (C_{B0} = 1.000 mols/m³ de líquido, v_l = 10⁻⁴ m³ de líquido/s) e hidrogênio (1 atm, v_g = 0,04 m³ de gás/s, H_A = 36.845 Pa · m³ de líquido/mol) são alimentados no fundo de uma longa e delgada coluna (5 m de altura, 0,1 m² de seção transversal), recheada com catalisador poroso de níquel Raney (d_p = 5 × 10⁻³ m de catalisador, ρ_s = 4.500 kg/m³ de catalisador, f_s = 0,6, $\mathcal{D}_e$ = 8 × 10⁻¹⁰ m³ de líquido/m de catalisador · s), e mantida a 14°C, conforme mostra a Fig. E22.1. Nestas condições, a acetona é hidrogenada a propanol, de acordo com a reação:

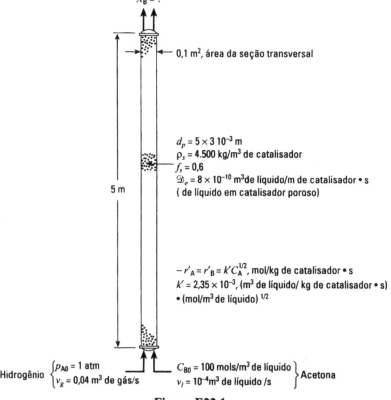

Figura E22.1

$$H_2\ (g \to l) + CH_3COCH_3(l) \xrightarrow{\text{no catalisador}} CH_3CHOHCH_3$$

$$\underbrace{}_{(A)} \quad \underbrace{}_{(B)}$$

com a taxa dada por:

$$-r'_A = -r'_B = k'C_A^{1/2}C_B^0 \quad \text{e} \ldots k' = 2,35 \times 10^{-3}\ \frac{\text{m}^3 \text{ de líquido}}{\text{kg}\cdot\text{s}}\left(\frac{\text{mol}}{\text{m}^3 \text{ de líquido}}\right)^{1/2}$$

Qual será a conversão de acetona nesta unidade?

Dados Adicionais

As constantes de taxa de transferência de massa são estimadas como sendo:

$$(k_{A_i}a_i)_{g+l} = 0,02\ \frac{\text{m}^3 \text{ de líquido}}{\text{m}^3 \text{ de reator}\cdot\text{s}} \qquad k_{Ac}a_c = 0,05\ \frac{\text{m}^3 \text{ de líquido}}{\text{m}^3 \text{ de reator}\cdot\text{s}}$$

a soma das condutâncias dos filmes líquido e gasoso

SOLUÇÃO

Antes de correr para as nossas equações de modo a fazer as integrações apropriadas necessárias para o escoamento pistonado, vamos considerar a situação:

- $C_{B0} = 1.000$, enquanto C_A é dado pela lei de Henry como:

$$C_A = \frac{p_A}{H_A} = \frac{101.325}{36.845} = 2,75 \text{ mols / m}^3 \text{ de líquido}$$

A comparação dos valores mostra que $C_B \gg C_A$; por conseguinte, estamos no extremo 1 (excesso de B).

- Estamos lidando com hidrogênio puro; assim, pA é constante em toda a coluna. Visto que a taxa depende de C_A e não de C_B, isto significa que a taxa de reação é constante em toda a coluna.

Vamos agora olhar esta taxa. Da Eq. (18.28), nós temos, para uma reação com ordem igual a 1/2:

$$M_T = L\sqrt{\frac{n+1}{2}\cdot\frac{k'C_A^{n-1}\rho_s}{\mathcal{D}_e}}$$

$$= \frac{5\times10^{-3}}{6}\sqrt{\frac{1,5}{2}\cdot\frac{(2,35\times10^{-3})(2,75)^{-1/2}(4.500)}{8\times10^{-10}}} = 64,4$$

$$\therefore \mathcal{E} = \frac{1}{64,4} = 0,0155$$

Substituindo todos os valores numéricos conhecidos na Eq. (18), temos:

$$-r'''^{l}_A = \cfrac{1}{\cfrac{1}{\underset{58\%}{0,02}} + \cfrac{1}{\underset{23\%}{0,05}} + \cfrac{1}{\underset{19\%}{(2,35\times10^{-3})\,(1)\,(2,75)^{-1/2}\,(0,0155)\,(0,6)\,(4.500)}}}\ \cfrac{101.325}{36.845}$$

$$= 0,0317 \text{ mol/m}^3 \text{ de reator}\cdot\text{s}$$

Para o balanço de material da Eq. (11), com taxa constante, obtemos:

$$F_{A0}X_A = \underbrace{\frac{F_{B0}X_B}{b}}_{\text{particularmente não é útil}} = \underbrace{(-r'''_A)V_r}_{\substack{\text{use este termo em que}\\ F_{B0} = v_l C_{B0} = 10^{-4}(1.000) = 0{,}1 \text{ mol/s}}}$$

Rearranjando:

$$X_B = \frac{b(-r''''_A)V_r}{F_{B0}} = \frac{(1)(0{,}0317)(5\times 0{,}1)}{0{,}1}$$

$$= 0{,}158, \text{ ou } \underline{16\% \text{ de conversão}}$$

EXEMPLO 22.2 HIDROGENAÇÃO DE UMA BATELADA DE BUTINODIOL EM UM REATOR DE FASE SEMIFLUIDA

Gás hidrogênio é borbulhado em um tanque agitado ($V_r = 2$ m³ de reator), contendo butinodiol líquido ($C_{B0} = 2.500$ mols/m³ de líquido) e uma suspensão diluída de pastilhas porosas de catalisadores ($d_p = 5\times 10^{-5}$ m de catalisador, $\rho_s = 1.450$ kg/m³ de catalisador, $f_s = 0{,}0055$, $\mathcal{D}_e = 5 \times 10^{-10}$ m³ de líquido/m de catalisador · s), impregnadas com paládio. O hidrogênio se dissolve no líquido ($H_A = 148.000$ Pa · m³ de líquido/mol) e reage com o butinodiol na superfície do catalisador, da seguinte forma (ver Fig. E22.2a):

$$\underbrace{H_2(g\to l)}_{(A)} + \underbrace{\text{butinodiol }(l)}_{(B)} \xrightarrow{\text{no catalisador}} \text{butenodiol}$$

e a 35°C:

$$k'_A = k'C_A C_B \quad \text{e} \quad k' = 5\times 10^{-5} \text{ m}^6 \text{ de líquido / kg · mol de catalisador}$$

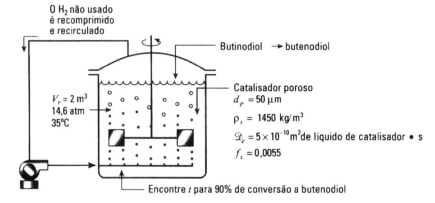

Figura 22.2a

Hidrogênio não usado é recomprimido e recirculado e a operação inteira ocorre a 1,46 atm e 35°C.

Encontre o tempo necessário para que haja uma conversão de 90% do reagente.

Dados Adicionais:

As taxas de transferência de massa são dadas como:

$$(k_{Ai}a_i)_{g+l} = 0,277 \frac{\text{m}^3 \text{ de líquido}}{\text{m}^3 \text{ de reator} \cdot \text{s}} \qquad k_{Ac} = 4,4 \times 10^{-4} \frac{\text{m}^3 \text{ de líquido}}{\text{m}^3 \text{ de reator} \cdot \text{s}}$$

— a soma dos filmes gasoso e líquido

SOLUÇÃO

Primeiro compare C_A e C_B:

$$C_A = \frac{p_A}{H_A} = \frac{1,46\,(101.325)}{148.000} = 10 \text{ mols / m}^3 \text{ de líquido}$$

$$C_{B0} = 2.500 \text{ e } C_{Bf} = 250 \text{ mols / m}^3 \text{ de líquido}$$

Tanto no início como no final da corrida, $C_B \gg C_A$; logo, o sistema está no extremo 1.

Embora C_A permaneça constante durante toda a batelada, C_B vai variar; desta maneira, teremos uma taxa variável com o tempo e com C_B. Conseqüentemente, vamos avaliar a taxa em qualquer valor particular de C_B.

$$a_c = \frac{6f_s}{d_p} = \frac{6(0,0055)}{5 \times 10^{-5}} = 660 \text{ m}^2 \text{ de catalisador / m}^3 \text{ de líquido}$$

por conseguinte:

$$k_{Ac}a_c = 4,4 \times 10^{-4}(660) = 0,29 \frac{\text{m}^3 \text{ de líquido}}{\text{m}^3 \text{ de reator} \cdot \text{s}}$$

e

$$M_T = L\sqrt{\frac{k'C_B\rho_s}{\mathcal{D}_e}} = \frac{5 \times 10^{-5}}{6}\sqrt{\frac{(5 \times 10^{-5})C_B(1450)}{5 \times 10^{-10}}} = 0,1C_B^{1/2} \tag{i}$$

Substituindo na expressão de taxa da Eq. (18), temos:

$$-r_A'''' = \frac{1}{\dfrac{1}{0,277} + \dfrac{1}{0,29} + \dfrac{1}{(5 \times 10^{-5})C_B(1450)\,(\mathcal{E}_A)\,(0,0055)}} \quad \frac{14,6(101.325)}{148.000}$$

$$= \frac{1}{0,705\,84 + \dfrac{250,8}{C_B(\mathcal{E}_A \text{ em } M_T = 0,1C_B^{1/2})}} \tag{ii}$$

Escolha um número dos valores de C_B	M_T da Eq. (i)	$\mathcal{E}_A$ da Eq. 18.6	$-r_A''''$ da Eq. (ii)	$1/(-r_A'''')$
2.500	5	0,19	0,8105	1,23
1.000	3,16	0,29	0,6367	1,57
250	1,58	0,5	0,3687	2,71

Agora, da Eq. (12), o tempo de reação é dado por:

$$t = \frac{V_l}{bV_r}\int_{C_{Bf}}^{C_{B0}} \frac{dC_B}{(-r_A'''')} \tag{12}$$

Com $b = 1$ e $V_l \cong V_r$, fazendo o gráfico da Fig. E22.2b e calculando a área sob a curva, ficamos com:

$$t = 3460 \text{ s, ou } \underline{58 \text{ min}}$$

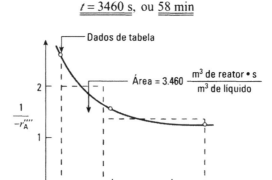

Figura E22.2b

REFERÊNCIAS

Ramachandran, P A., and Choudry, V. R., *Chem. Eng.*, p. 74 (December 1, 1980).

PROBLEMAS

22.1 *Oxidação em leito com gotejamento*. Etanol diluído em água (cerca de 2—3%) é oxidado a ácido acético, pela ação de oxigênio puro a 10 atm, em um reator de leito com gotejamento, recheado com pastilhas de catalisador de paládio-alumina e mantido a 30°C. De acordo com Sato *et al.*, *Proc. First Pacific Chem. Eng. Congress*, Kyoto, p. 197, 1972, a reação ocorre como segue:

$$\underset{(A)}{O_2(g \to l)} + \underset{(B)}{CH_3CH_2OH(l)} \xrightarrow{\text{no catalisador}} CH_3COOH(l) + H_2O$$

com taxa:

$$-r'_A = k'C_A, \quad k' = 1{,}77 \times 10^{-5} \text{ m}^3/\text{kg} \cdot \text{s}$$

Encontre a fração de conversão do etanol em ácido acético, se o gás e o líquido forem alimentados no topo de um reator, com as seguintes características:

Corrente gasosa: $v_g = 0{,}01 \text{ m}^3/\text{s}, \quad H_A = 86.000 \text{ Pa} \cdot \text{m}^3/\text{mol}$

Corrente líquida: $v_l = 2 \times 10^{-4} \text{ m}^3/\text{s}, \quad C_{B0} = 400 \text{ mols/m}^3$

Reator: 5 m de altura, 0,1 m² de seção transversal, $f_s = 0{,}58$

Catalisador: $d_p = 5\text{mm}, \quad \rho_s = 1.800 \text{ kg/m}^3$
$\mathcal{D}_e = 4{,}16 \times 10^{-10} \text{ m}^3/\text{m de catalisador} \cdot \text{s}$

Cinética: $k_{Ag}a_i = 3 \times 10^{-4} \text{ mol/m}^3 \cdot \text{Pa} \cdot \text{s}, \quad k_{Al}a_i = 0{,}02 \text{ s}^{-1}$
$k_{Ac} = 3{,}86 \times 10^{-4} \text{ m/s}$

22.2 *Oxidação em uma coluna de fase semifluida*. Em vez de usar um reator de leito com gotejamento para a oxidação do etanol (ver problema anterior), vamos usar um reator de fase semifluida. Para este tipo de unidade:

$$(k_{Ag}a_i)_{g+l} = 0{,}052 \text{ s}^{-1} \qquad k_{Ac} = 4 \times 10^{-4} \text{ m/s}$$

$$d_p = 10^{-4} \text{ m}, \quad f_g = 0{,}05, \quad f_l = 0{,}75, \quad f_s = {,}02$$

Considere todos os escoamentos e os outros valores do problema anterior e então encontre a fração esperada de conversão de etanol neste reator.

22.3 ***Hidrogenação em tanque de fase semifluida***. Estime a conversão de glicose em sorbitol, em um reator agitado de fase semifluida, que usa o gás hidrogênio puro a 200 atm e a 150°C. O catalisador usado foi níquel Raney e, sob estas condições, Brahme e Doraiswamy, *IEC/PDD*, **15**, 130 (1976) reportaram que a reação ocorre como segue:

$$H_2(g \rightarrow l) + \text{glicose, } C_6H_{12}O_6(l) \xrightarrow{\text{catalisador sólido}} \text{sorbitol, } C_6H_{14}O_6(l)$$
$$\text{(A)} \qquad\qquad \text{(B)}$$

com

$$-r'_A = -r'_B = k'C_A^{0,6}C_B, \quad k' = 5,96 \times 10^{-6} \frac{\text{mol}}{\text{kg} \cdot \text{s}} \left(\frac{\text{m}^3}{\text{mol}}\right)^{1,6}$$

Dados:

Corrente gasosa: $v_g = 0,2$ m³/s, $H_A = 277.600$ Pa · m³/mol

Corrente líquida: $v_l = 0,01$ m³/s, $C_{B0} = 2.000$ mol/m³

Reator: $V_r = 2$ m³, $f_s = 0,056$

Catalisador: $d_p = 10$ μm, $\rho_s = 8.900$ kg/m³, $\mathcal{D}_e = 2 \times 10^{-9}$ m³/m de catalisador · s

Cinética: $(k_{Ag}a_i)_{g+l} = 0,05$ s⁻¹, $k_{Ac} = 10^{-4}$ m/s

22.4 ***Hidrogenação em coluna multiestágio com borbulhamento***. No problema anterior, a conversão de sorbitol não foi tão alta quanto desejada. Vamos então considerar um projeto alternativo, que usa escoamento ascendente de gás e líquido através de uma longa e estreita coluna multiestágio, com 0,25 m2 de área de seção transversal e 8 m de altura. Esta coluna contém sólidos suspensos ($d_p = 10^{-3}$ m e $f_s = 0,4$). Qual será a conversão neste caso?

Dados: $(k_{Ag}a_i)_{g+l} = 0,025$ s⁻¹, $k_{Ac} = 10^{-5}$ m/s.

Todos os outros valores são os mesmos do problema anterior.

22.5 ***Hidrogenação em um leito fluidizado trifásico***. Anilina deve ser hidrogenada em um leito fluidizado trifásico de partículas porosas de argila, impregnadas com catalisador de níquel. A batelada bem agitada de líquido é mantida a 130°C, por meio de tubos trocadores de calor, que passam através do leito fluidizado, e pelo borbulhamento vigoroso, a uma alta taxa de hidrogênio através do leito à 1 atm. Segundo Govindarao e Murthy, *J. Appl. Chem. Biotechnol.*, **25**, 196 (1975), nestas condições, a reação ocorre como segue:

$$3H_2(g \rightarrow l) + 2C_6H_5NH_2(l) \xrightarrow[\text{catalizador}]{\text{Ni}} C_6H_{11}NHC_6H_5 + NH_3$$
$$\text{(A)} \qquad\qquad \text{(B)} \qquad\qquad\qquad \text{ciclohexil-anilina}$$

com taxa:

$$-r'_A = k'C_A, \quad k' = 0,05 \text{ m}^3/\text{kg de catalisador} \cdot \text{s}$$

Encontre o tempo necessário para haver uma conversão de 90% desta batelada de anilina.

Dados:

Corrente gasosa: H_2 puro à 1 atm, $H_A = 28.500$ Pa · m³/mol

Batelada de líquido: $C_{B0} = 1.097$ mols/m³

Reator: $f_g = 0,10$, $f_l = 0,65$, $f_s = 0,25$

Catalisador: $d_p = 300$ μm, $\rho_s = 750$ kg/m³
$\mathcal{D}_e = 8,35 \times 10^{-10}$ m³/m de catalisador · s

Cinética: $(k_{Ag}a_i)_{g+l} = 0,04$ s⁻¹, $k_{Ac} = 10^{-5}$ m/s

Suponha que a fração de NH_3 na corrente gasosa é muita pequena em qualquer tempo.

440 *Capítulo 22 — Reações L/G em Catalisadores Sólidos*

22.6 ***Hidrogenação em uma coluna com borbulhamento***. Considere um projeto diferente para efetuar a hidrogenação do problema anterior. Agora, temos uma longa e estreita coluna de borbulhamento, com partículas (3 mm) semi-suspensas de catalisador ($f_s = 0,4$, $f_l = 0,5$ e $f_g = 0,1$). A batelada de anilina líquida circula através de um trocador de calor externo (o volume de líquido no circuito externo do reator é igual ao volume total do reator), sendo o hidrogênio borbulhado através da coluna. Encontre o tempo necessário para converter 90% de anilina nesta unidade.

Dados: $(k_{Ag}a_i)_{g+l} = 0,02$ s^{-1}, $k_{Ac} = 7 \times 10^{-5}$ m/s.

Todos os outros valores são os mesmos do problema anterior.

22.7 ***Reator-absorvedor de gás de leito com gotejamento***. Dióxido de enxofre deve ser removido de um gás, fazendo passar este gás e água através de um leito de carbono poroso, altamente ativado, mantido a 25°C. Neste sistema, o dióxido de enxofre e o oxigênio se dissolvem em água e reagem no sólido de modo a produzir trióxido de enxofre:

$$SO_2(g \to l) + \frac{1}{2}O_2(g \to l) \xrightarrow{\text{no sólido}} SO_3(l)$$

onde

$$-r_{SO_2} = k'C_{\text{oxigênio}}, \qquad k' = 0,015\,53 \text{ m}^3 / \text{kg} \cdot \text{s}$$

Encontre a fração de óxido de enxofre que foi removida da corrente gasosa, sob as seguintes condições:

Corrente gasosa: $v_g = 0,01$ m^3/s, $\pi = 101.325$ Pa
$\quad$ SO_2 que entra = 0,2%,   H = 380.000 Pa $\cdot$ m^3/mol
$\quad$ O_2 que entra = 21%,   H = 87.000 Pa $\cdot$ m^3/mol

Corrente líquida: $v_l = 2 \times 10^{-4}$ m^3/s

Reator: 2 m de altura,   0,1 m^2 de seção transversal, $f_s = 0,6$

Catalisador: $d_p = 5$ mm, $\rho_s = 850$ kg/m^3
$\quad$ $\mathcal{D}_e = 5,35 \times 10^{-10}$ m^3/m de sólido $\cdot$ s

Cinética: $(k_i a_i)_{g+l} = 0,01$ s^{-1}, $k_c = 10^{-5}$ m/s

22.8 ***Hidrogenação em um reator de fase semifluida***. A hidrogenação em batelada do Exemplo 22.2 levou cerca de uma hora de corrida. Vamos supor que, em operações práticas, possamos processar oito bateladas de fluido por dia nesta unidade. Assim, em uma corrida longa, uma batelada de fluido é processada a cada três horas.

Uma outra maneira de processar essa reação é alimentar o reator, continuamente agitado, a uma taxa tal que consigamos uma conversão de 90% de butinodiol. Como estas duas taxas de processamento se comparam na corrida longa? Dê a sua resposta como $F_{B0, \text{ continuo}} / F_{B0, \text{ batelada}}$. Suponha que a composição da alimentação líquida, a composição e a pressão do gás, as taxas de transferência de massa e de reação sejam as mesmas nas operações contínua e em batelada.

PARTE IV
SISTEMAS NÃO CATALÍTICOS

Capítulo 23 Reações Fluido–Fluido: Cinética   442
Capítulo 24 Reatores Fluido–Fluido: Projeto   456
Capítulo 25 Reações Fluido–Partícula: Cinética   477
Capítulo 26 Reatores Fluido–Partícula: Projeto   496

Capítulo 23
Reações Fluido–Fluido: Cinética

As reações heterogêneas fluido-fluido podem existir devido a uma de três razões. Primeiro, o produto de reação pode ser um material desejado. Tais reações são numerosas e podem ser encontradas em praticamente todas as áreas da indústria química onde sínteses orgânicas sejam empregadas. Um exemplo de reação líquido-líquido é a nitração de compostos orgânicos com uma mistura de ácidos nítrico e sulfúrico, para formar materiais como nitroglicerina. A cloração de benzeno liquído e de outros hidrocarbonetos com cloro gasoso é um exemplo de reação líquido-gás. No campo inorgânico, temos a manufatura de amido sódico (um sólido), a partir de amônia gasosa e sódio líquido:

$$NH_3(g) + Na(l) \xrightarrow{250°C} NaNH_2(s) + \frac{1}{2}H_2$$

A segunda razão para a existência de reações fluido-fluido se deve à facilidade de remoção de um componente indesejado de um fluido. Assim, a absorção de um soluto gasoso pela água pode ser acelerada por meio da adição à água de um material adequado, que reagirá com o soluto que, desta forma, será absorvido. A Tabela 23.1 mostra os reagentes usados para vários solutos gasosos.

A terceira razão para usar sistemas fluido-fluido é obter-se uma bem melhor distribuição de produtos para reações homogêneas múltiplas, em relação àquela obtida com o uso de apenas uma única fase. Vamos voltar às duas primeiras razões, ambas concernentes à reação de materiais originalmente presentes em diferentes fases.

Os seguintes fatores determinarão como abordaremos este processo.

A Expressão Global de Taxa. Uma vez que os materiais presentes nas duas fases separadas têm de entrar em contato entre si de modo a haver uma reação, as taxas química e de transferência de massa entrarão na expressão global de taxa de reação.

Solubilidade no Equilíbrio. A solubilidade dos componentes reacionais limitará os seus movimentos de fase a fase. Este fator certamente influenciará a forma da equação de taxa, visto que ele determinará se a reação ocorre em uma ou em ambas as fases.

O Esquema de Contato. Em sistemas gás-líquido, os esquemas de contato em contracorrente e semicontínuo (semibatelada) predominam. Em sistemas líquido-líquido, a batelada e o escoamento com mistura perfeita (misturadores-decantadores) são utilizados além dos contatos em contracorrente e em concorrente.

Muitas permutações possíveis de taxa, equilíbrio e modo de contato podem ser imaginadas; no entanto, somente algumas delas são importantes, no sentido de seu amplo uso em escala técnica.

Tabela 23.1 — Sistemas de absorção com reação química[a]

Soluto Gasoso	Reagente
CO_2	Carbonatos
CO_2	Hidróxidos
CO_2	Etanolaminas
CO	Complexos de cobre (I) e aminas
CO	Cloreto de cobre (I) e amônio
SO_2	$Ca(OH)_2$
SO_2	Ozônio—H_2O
SO_2	$HCrO_4$
SO_2	KOH
Cl_2	H_2O
Cl_2	$FeCl_2$
H_2S	Etanolaminas
H_2S	$Fe(OH)_3$
SO_3	H_2SO_4
C_2H_4	KOH
C_2H_4	Trialquil fosfatos
Olefinas	Complexos amin cuprosos
NO	$FeSO_4$
NO	$Ca(OH)_2$
NO	H_2SO_4
NO_2	H_2O

[a] Adaptado de Teller (1960).

23.1 A EQUAÇÃO DE TAXA

Por conveniência na notação, vamos nos referir às reações L/G, muito embora o que estejamos dizendo seja igualmente válido para reações L/L. Além disto, vamos supor que A gasoso seja solúvel no líquido, mas que B não esteja presente na fase gasosa. Logo, A tem de se mover para o interior da fase líquida para poder reagir; a reação ocorre somente na fase líquida.

A expressão global de taxa para a reação terá de considerar a resistência à transferência de massa (para colocar os reagentes em contato) e a resistência das etapas das reações químicas. Uma vez que a magnitude relativa destas resistências pode variar grandemente, temos todo um espectro de possibilidades a considerar.

Nossa análise considera a seguinte reação de segunda ordem:

Para notação, considere um volume unitário do dispositivo de contato, V_r, contendo seu gás, líquido e sólido.

$$f_l = \frac{V_l}{V_r}, \quad f_g = \frac{V_g}{V_r}, \quad \epsilon = f_l + f_g,$$

$$a_l = \frac{S}{V_l}, \quad a = \frac{S}{V_r}$$

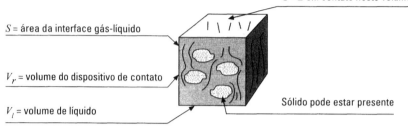

A taxa de reação é usualmente escrita de várias formas, como segue:

$$\left.\begin{array}{l} -r_A'''' = -\dfrac{1}{V_r}\dfrac{dN_A}{dt} \\[6pt] -r_{Al} = -\dfrac{1}{V_l}\dfrac{dN_A}{dt} \\[6pt] -r_A'' = -\dfrac{1}{S}\dfrac{dN_A}{dt} \end{array}\right\} \tag{1}$$

Estas taxas estão relacionadas por:

$$r''''V_r = r_l V_l = r''S$$

ou

$$r'''' = f_l r_l = a r''$$

Visto que o reagente A tem de se mover do gás para o líquido para que a reação ocorra, as resistências difusionais entram na taxa global. Aqui, desenvolveremos tudo em termos da teoria de duplo filme. Outras teorias podem e têm sido usadas; entretanto, elas dão essencialmente o mesmo resultado, porém com uma matemática mais expressiva.

A Equação de Taxa para a Transferência de Massa de A (Absorção) Sem Reação Química

Neste caso, temos duas resistências em série: a do filme gasoso e a do filme líquido. Desta maneira, como mostra a Fig. 23.1, a taxa de transferência de A do gás para o líquido é dada pelas expressões de taxa:

• para o filme gasoso:

$$r_A'' = k_{Ag}(p_A - p_{Ai}) \quad \tfrac{1}{2}\text{ou} \quad -r_A'''' = k_{Ag}a(p_A - p_{Ai}) \tag{2}$$

onde k_{Ag} tem unidades de $\frac{\text{mol}}{\text{m}^2 \cdot \text{Pa} \cdot \text{s}}$ e $k_{Ag}a$ tem unidades de $\frac{\text{mol}}{\text{m}^3 \text{ do dispositivo de contato} \cdot \text{Pa} \cdot \text{s}}$

• para o filme líquido:

$$r_A'' = k_{Al}(C_{Ai} - C_A) \quad \tfrac{1}{2}\text{ou} \quad -r_A'''' = k_{Al}a(C_{Ai} - C_A) \tag{3}$$

onde k_{Al} tem unidades de $\frac{\text{m}^3 \text{ de líquido}}{\text{m}^2 \text{ de superfície} \cdot \text{s}}$ e $k_{Al}a$ tem unidades de $\frac{\text{m}^3 \text{ de líquido}}{\text{m}^3 \text{ do dispositivo de contato} \cdot \text{s}}$

Figura 23.1 — Como estabelecer a equação de taxa para a transferência de massa sem reação química, baseando-se na teoria de duplo filme

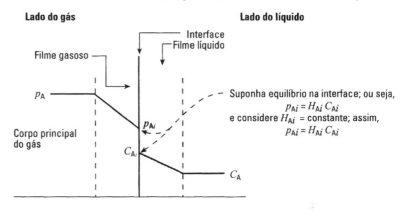

Combinando as Eqs. (2) e (3) com a lei de Henry, $p_{Ai} = H_A C_{Ai}$, de modo a eliminar as condições desconhecidas na interface, p_{Ai} e C_{Ai}, obtemos a expressão final de taxa para a transferência de massa sem reação química, em qualquer ponto no absorvedor.

$$-r_A''' = \frac{1}{\dfrac{1}{k_{Ag}a} + \dfrac{H_A}{k_{Al}a}} (p_A - H_A C_A) \quad \left[\frac{Pa \cdot m^3 \text{ de líquido}}{mol}\right] \tag{4}$$

A Equação de Taxa para a Reação e a Transferência de Massa

Aqui, temos três fatores a considerar: o que acontece no filme gasoso, no filme líquido e no corpo principal de líquido, como ilustrado na Fig. 23.2.

Todo tipo de formas especiais da equação de taxa pode resultar, dependendo dos valores relativos das constantes de taxa, k, k_g e k_l, da razão de concentrações dos reagentes, p_A/C_B, e da constante da lei de Henry, H_A. Isto resulta então em oito casos a considerar, indo do extremo de taxa de reação infinitamente rápida (a transferência de massa é o fator controlador) ao extremo de taxa de reação muito lenta (não necessitamos considerar a resistência à transferência de massa).

Os oito casos especiais são dados a seguir, cada um com sua equação particular de taxa, da reação extremamente rápida à reação muito lenta:

Figura 23.2 — Como estabelecer a equação de taxa para a absorção de A no líquido, com reação no líquido, baseando-se na teoria de duplo filme

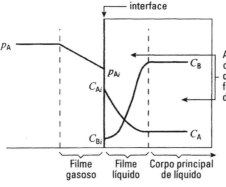

Caso **A**: Reação instantânea, com baixa C_B
Caso **B**: Reação instantânea, com alta C_B
Caso **C**: Reação rápida no filme líquido, com baixa C_B
Caso **D**: Reação rápida no filme líquido, com alta C_B
Casos **E** e **F**: Taxa intermediária, com reação no filme e no corpo principal do líquido
Caso **G**: Reação lenta no corpo principal, porém com resistência no filme
Caso **H**: Reação lenta, nenhuma resistência à transferência de massa

Mostramos esses oito casos na Fig. 23.3.

Mais adiante, discutiremos esses casos especiais e apresentaremos suas equações particulares de taxa, depois de apresentarmos a equação geral de taxa.

$$-r_A''''= \dfrac{1}{\underbrace{\dfrac{1}{k_{Ag}a}}_{\substack{\text{resistência} \\ \text{do filme} \\ \text{gasoso}}} + \underbrace{\dfrac{H_A}{k_{Al}aE}}_{\substack{\text{resistência} \\ \text{do filme} \\ \text{líquido}}} + \underbrace{\dfrac{H_A}{kC_B f_l}}_{\substack{\text{resistência} \\ \text{do seio da} \\ \text{massa} \\ \text{líquida}}}} p_A \tag{5}$$

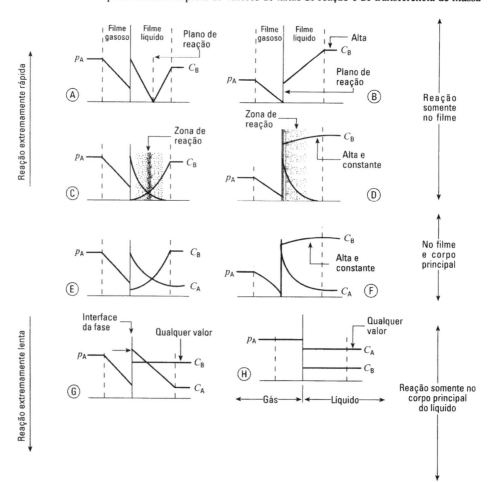

Figura 23.3 — Comportamento da interface para uma reação em fase líquida
A (do gás) + bB (líquido) → produtos (líquido)
para a faixa completa de valores de taxas de reação e de transferência de massa

A absorção de A proveniente do gás é maior quando a reação ocorre dentro do filme líquido do que para o caso de transferência de massa sem reação química. Deste modo, para as mesmas concentrações nos dois contornos do filme líquido, temos:

$$\begin{pmatrix} \text{Fator de aumento} \\ (\textit{enhacement factor}) \\ \text{de absorção} \\ \text{do filme líquido} \end{pmatrix}, E = \begin{pmatrix} \text{taxa de absorção de A,} \\ \text{quando ocorre a reação} \\ \hline \text{taxa de absorção de A} \\ \text{para a transferência de massa} \\ \text{sem reação química} \end{pmatrix}_{\substack{\text{mesmas } C_{Ai}, C_A, C_{Bi}, C_B \\ \text{nos dois casos}}} \quad (6)$$

O valor de E é sempre maior do que ou igual a um. O único problema agora é avaliar E, o fator de aumento. A Fig. 23.4 mostra que E depende de duas quantidades:

$$E_i = \begin{pmatrix} \text{o fator de aumento para reações} \\ \text{extremamente rápidas} \end{pmatrix} \quad (7)$$

$$M_H^2 = \begin{pmatrix} \text{máxima conversão possível no filme, comparada} \\ \text{com o transporte máximo através do filme} \end{pmatrix} \quad (8)$$

M_H representa o módulo de Hatta, em reconhecimento ao cientista que primeiro tratou deste problema, Hatta (1932).

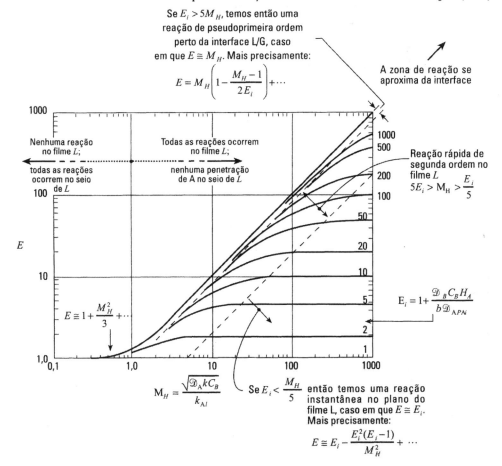

Figura 23.4 — O fator de aumento para reações fluido-fluido, como uma função de M_H e E_i, modificado a partir da solução numérica de van Krevelens e Hoftijzer (1954)

Vamos examinar agora os oito casos especiais.

Caso A: Reação Instantânea com Relação à Transferência de Massa. Uma vez que um elemento de líquido pode conter tanto A como B, mas não ambos, a reação ocorrerá em um plano entre o líquido contendo A e o líquido contendo B. Além disto, visto que os reagentes têm de se difundir para este plano de reação, a taxa de difusão de A e B determinará a taxa de reação, de modo que uma variação em p_A ou C_B moverá o plano de uma maneira ou de outra (ver Fig. 23.5). No estado estacionário, a taxa de escoamento de B em direção à zona de reação será b vezes a taxa de escoamento de A em direção à zona de reação. Logo:

$$-r_A'' = -\frac{r_B''}{b} = \underbrace{k_{Ag}(p_A - p_{Ai})}_{\text{A no filme gasoso}} = \underbrace{k_{Al}(C_{Ai} - 0)\frac{x_0}{x}}_{\text{A no filme líquido}} = \underbrace{\frac{k_{Bl}}{b}(C_B - 0)\frac{x_0}{x_0 - x}}_{\text{B no filme líquido}} \quad (9)$$

sendo k_{Ag} e k_{Al}, k_{Bl} os coeficientes de transferência de massa nas fases gasosa e líquida, respectivamente. Os coeficientes do lado líquido são para a transferência de massa sem reação química, sendo conseqüentemente baseados no escoamento através do filme inteiro de espessura x_0.

Na interface, a relação entre p_A e C_A é dada pelo coeficiente de distribuição, chamado constante da lei de Henry para sistemas gás-líquido. Assim:

$$p_{Ai} = H_A C_{Ai} \quad (10)$$

Além disto, visto que o movimento de material dentro do filme ocorre somente devido à difusão, os coeficientes de transferência para A e B estão relacionados por*:

$$\frac{k_{Al}}{k_{Bl}} = \frac{\mathcal{D}_{Al}/x_0}{\mathcal{D}_{Bl}/x_0} = \frac{\mathcal{D}_{Al}}{\mathcal{D}_{Bl}} \quad (12)$$

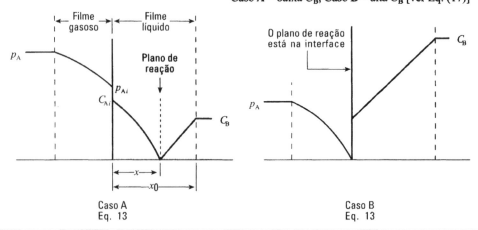

Figura 23.5 — Concentração de reagentes quando visualizada pela teoria de duplo filme, para reações irreversíveis infinitamente rápidas, de qualquer ordem, A + bB → produtos.
Caso **A** – baixa C_B, Caso **B** – alta C_B [ver Eq. (17)]

---

* As alternativas à teoria de duplo filme estão também em uso. Estes modelos [Higbie (1935); Danckwerts (1950, 1955)] consideram que o líquido na interface é continuamente removido e substituído por um líquido fresco, proveniente do corpo principal de líquido, e que este é o meio de transporte de massa. Todas estas teorias de renovação transiente da superfície prevêem que:

$$\frac{k_{Al}}{k_{Bl}} = \sqrt{\frac{\mathcal{D}_{Al}}{\mathcal{D}_{Bl}}} \quad (11)$$

em oposição `Eq. (12), para a teoria de filme.
Com a excessão dessa única diferença, esses modelos — tão diferentes do ponto de vista físico — fornecem estimativas essencialmente idênticas do comportamento do estado estacionário. Por causa disto e por ser a teoria de filme bem mais fácil de desenvolver e usar em comparação às outras teorias, lidamos exclusivamente com ela.

Eliminando os intermediários não mensuráveis, x, x_0, p_{Ai} e C_{Ai}, das Eqs. (9), (10) e (12), obtemos:

para o Caso A: $\left(k_{Ag}p_A > \dfrac{k_{Bl}C_B}{b} \right)$ $\boxed{-r_A'' = -\dfrac{1}{S}\dfrac{dN_A}{dt} = \dfrac{\dfrac{\mathscr{D}_{Bl}}{\mathscr{D}_{Al}}\dfrac{C_B}{b} + \dfrac{p_A}{H_A}}{\dfrac{1}{H_A k_{Ag}} + \dfrac{1}{k_{Al}}}}$ (13)

Para o caso especial de resistência desprezível na fase gasosa, por exemplo se você usou reagente puro A na fase gasosa, então $p_A = p_{Ai}$ ou $k_g \to \infty$. Neste caso, a Eq. (13) se reduz a:

$$-r_A'' = k_{Al}C_{Ai}\left(1 + \frac{\mathscr{D}_{Bl}C_B}{b\mathscr{D}_{Al}C_{Ai}} \right) \tag{14}$$

Caso B: Reação Instantânea; Alta C_B. Retornando à situação geral mostrada na Fig. 23.5, se a concentração de B for elevada, ou mais precisamente, se

$$k_{Ag}p_A \leq \frac{k_{Bl}}{b}C_B \tag{15}$$

então esta condição, combinada com a Eq. (5), vai requerer que a zona de reação se mova em direção à interface, permanecendo aí e não no filme líquido. Este fato é mostrado na Fig. 23.5. Quando isto acontece, a resistência na fase gasosa controla o processo e a taxa não é afetada por qualquer aumento adicional na concentração de B. Além disto, a Eq. (9) é simplificada, resultando

para o Caso B: $\left(k_{Ag}p_A \leq \dfrac{k_{Bl}C_B}{b} \right)$ $\boxed{-r_A'' = -\dfrac{1}{S}\dfrac{dN_A}{dt} = k_{Ag}p_A}$ (16)

A Eq. (17) diz quando o Caso A ou o Caso B devem ser aplicados. Assim:

$$\boxed{\begin{array}{l} \text{se } k_{Ag}p_A \geq \dfrac{k_{Bl}}{b}C_B, \text{ então use Eq. 13: Caso } \mathbf{A} \\[2mm] \text{se } k_{Ag}p_A \leq \dfrac{k_{Bl}}{b}C_B, \text{ então use Eq. 16: Caso } \mathbf{B} \end{array}} \tag{17}$$

Vamos agora olhar os outros casos.

Caso C: Reação Rápida; Baixa C_B. O plano de reação para o caso A se espalha em direção à zona de reação, na qual A e B estão ambos presentes. Contudo, a reação é suficientemente rápida, de modo que esta zona de reação permanece totalmente dentro do filme líquido. Desta forma, nenhum A entra no corpo principal de líquido para reagir lá.

Uma vez que o último termo de resistência na equação geral de taxa, Eq. (5), é desprezível (grande k), a forma da equação de taxa para este caso é:

$$-r_A''' = \frac{1}{\dfrac{1}{k_{Ag}a} + \dfrac{H_A}{k_{Al}aE}}\, p_A \tag{18}$$

Caso D: Reação Rápida; Alta C_B, Conseqüentemente, Taxa de Pseudoprimeira Ordem em Relação ao Componente A. Para o caso especial onde C_B não diminui de modo apreciável dentro do filme, C_B pode ser considerado constante em todo o filme; a taxa de reação de segunda ordem (Caso C) se simplifica para a expressão de taxa de primeira ordem, que é mais facilmente resolvida. Assim, a expressão geral de taxa, Eq. (5), reduz-se para:

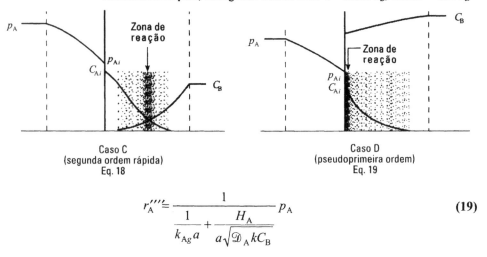

Figura 23.6 — Localização da reação no filme líquido para uma reação rápida (mas não infinitamente rápida) de segunda ordem. Caso C – baixa C_B, Caso D – alta C_B

$$r_A''''\cong \frac{1}{\dfrac{1}{k_{Ag}a}+\dfrac{H_A}{a\sqrt{\mathcal{D}_A k C_B}}}\, p_A \tag{19}$$

A Fig. 23.6 esquematiza os Casos C e D.

Casos E e F: Taxa Intermediária em Relação à Transferência de Massa. Neste caso, a reação é lenta o suficiente para permitir a difusão de algum A através do filme em direção ao corpo principal de fluido. Por conseguinte, A reage tanto dentro do filme como no corpo principal do fluido. Temos de usar aqui a expressão geral de taxa, com suas três resistências, Eq. (5).

Caso G: Reação Lenta em Relação à Transferência de Massa. Isto representa um caso um tanto curioso, onde toda a reação ocorre no corpo principal de líquido; todavia, o filme ainda oferece uma resistência à transferência de A em direção ao corpo principal de líquido. Deste modo, as três resistências entram na expressão de taxa e a Eq. (5) se reduz a:

$$-r_A''''\cong \frac{1}{\dfrac{1}{k_{Ag}a}+\dfrac{H_A}{k_{Al}a}+\dfrac{H_A}{kC_B f_l}}\, p_A \tag{20}$$

Caso H: Reação Infinitamete Lenta. Aqui, a resistência à transferência de massa é desprezível, as composições de A e B são uniformes no líquido e a taxa é determinada apenas pela cinética química.

$$-r_A''''\cong \frac{k f_l}{H_A}\, p_A C_B = k f_l C_A C_B \tag{21}$$

A Fig. 23.7 mostra os casos G e H.

Revisão do Papel do Número de Hatta, MH

Para dizer se uma reação é lenta ou rápida, concentramo-nos na superfície unitária de uma interface gás-líquido, consideramos que a resistência na fase gasosa é desprezível e definimos um parâmetro de conversão no filme:

$$M_H^2 = \frac{\text{conversão máxima possível no filme}}{\text{transporte difusional máximo através do filme}}$$

$$= \frac{k C_{Ai} C_B x_0}{\dfrac{\mathcal{D}_{Al}}{x_0}\cdot C_{Ai}} = \frac{k C_B \mathcal{D}_{Al}}{k_{Al}^2} \tag{22}$$

Figura 23.7 — O Caso **G**, reações lentas, ainda mostra resistência no filme. O Caso **H** não mostra resistência no filme

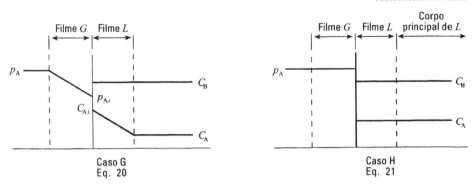

Se $M_H \gg 1$, a reação toda ocorrerá no filme e a área superficial será o fator controlador da taxa. Por outro lado, se $M_H \ll 1$, nenhuma reação ocorrerá no filme e o volume aparente se tornará o fator controlador da taxa. Mais precisamente, tem sido encontrado que:

1. Se $M_H > 2$, a reação ocorrerá no filme e teremos os Casos **A, B, C, D**.
2. Se $0,02 < M_H < 2$, teremos então os Casos intermediários **E, F, G**.
3. Se $M_H < 0,02$, teremos a reação infinitamente lenta do Caso **H**.

Quando M_H for grande, devemos escolher um dispositivo de contato que desenvolva ou crie grandes áreas interfaciais; a energia para agitação é geralmente uma consideração importante nestes esquemas de contato. Por outro lado, se M_H for muito pequeno, tudo que precisamos é um grande volume de fluido. A agitação para criar grandes áreas interfaciais não traz vantagens neste caso.

A Tabela 24.1 do próximo capítulo apresenta dados típicos para vários dispositivos de contato, a partir da qual podemos ver que as colunas de pulverização (spray) e de pratos devem ser dispositivos eficientes para sistemas com reações rápidas (ou grande M_H), enquanto os dispositivos com borbulhamento devem ser mais eficientes para reações lentas (ou pequeno M_H).

Dicas para o Regime Cinético, a Partir de Dados de Solubilidade

Para reações que ocorrem no filme, o coeficiente de distribuição nas fases, H, pode sugerir se a resistência na fase gasosa será provavelmente importante ou não. Para mostrar isto, escrevemos a expressão para a transferência de massa de A sem reação química, através dos filmes líquido e gasoso:

$$-\frac{1}{S}\frac{dN_A}{dt} = \frac{1}{\underbrace{\frac{1}{k_{Ag}}}_{\text{filme gasoso}} + \underbrace{\frac{H_A}{k_{Al}}}_{\text{filme líquido}}} \Delta p_A \tag{23}$$

Agora, para gases pouco solúveis, M_H é grande; conseqüentemente, com todos os outros fatores inalterados, a equação de taxa, Eq. (23), mostra que o termo de resistência no filme líquido é grande. O contrário se mantém para sólidos muito solúveis. Logo, vemos que:

A resistência no filme gasoso controla o processo, para gases muito solúveis.
A resistência no filme líquido controla o processo, para gases pouco solúveis.

A Tabela 23.2 apresenta alguns valores típicos de H_A para gases comuns solúveis em água.

452 *Capítulo 23 — Reações Fluido–Fluido: Cinética*

Tabela 23.2 — Valores típicos de $M_H = p_{Ai}/C_{Ai}$, Pa · m³/mol, para gases comuns em água						
	N_2	H_2	O_2	CO	CO_2	NH_3
20°C	$1{,}45 \times 10^5$	$1{,}23 \times 10^5$	$0{,}74 \times 10^5$	$0{,}96 \times 10^5$	2.600	0,020
60°C	$2{,}16 \times 10^5$	$1{,}34 \times 10^5$	$1{,}13 \times 10^5$	$1{,}48 \times 10^5$	6.300	0,096

gás pouco solúvel ←————————————————————→ gás muito solúvel

Note que gases são mais solúveis a temperaturas mais baixas. Valores adicionais para muitos gases diferentes podem ser extraídos, com dificuldade, de Perry e Green (1984) e das referências dadas por Danckwerts (1970).

Visto que um gás muito solúvel é fácil de absorver e tem sua principal resistência na fase gasosa, não necessitamos adicionar um reagente B na fase líquida para promover a absorção. Por outro lado, um gás pouco solúvel é difícil de absorver e tem sua principal resistência na fase líquida; por conseguinte, é este sistema que se beneficiaria grandemente de uma reação na fase líquida.

Comentários Finais

De modo a encontrar a capacidade da unidade de processo necessária para realizar uma dada tarefa (isto será discutido no próximo capítulo), necessitamos conhecer a taxa global de reação. Este capítulo explica como avaliar a taxa global de reação.

Muitas fontes reportam as constantes físicas e químicas usadas neste capítulo. Eu recomendo as seguintes:

- Doraiswamy e Sharma (1984): um tratamento extensivo de todo esse assunto.

- Shah (1979): avaliação dos coeficientes de transferência de massa em vários tipos de equipamento e dispositivos experimentais para determinação destes coeficientes.

- Danckwerts (1970): fácil de acompanhar a discussão, fontes para as constantes da lei de Henry, equações para determinação dos coeficientes de transferência de massa.

EXEMPLO 23.1 DETERMINAÇÃO DA TAXA DE UMA REAÇÃO L/G

Ar, com um gás A, borbulha através de um tanque contendo B aquoso. A reação ocorre como segue:

$$A(g \to l) + 2B(l) \to R(l), \quad -r_A = kC_A C_B^2, \quad k = 10^6 \text{ m}^6 / \text{mol}^2 \cdot \text{h}$$

Para este sistema:

$k_{Ag}a = 0{,}01 \text{ mol/h} \cdot \text{m}^3 \cdot \text{Pa}$ $\quad f_l = 0{,}98$

$k_{Al}a = 20 \text{ h}^{-1}$ $\quad H_A = 10^5 \text{ Pa} \cdot \text{m}^3/\text{mol}$, solubilidade muito baixa

$\mathscr{D}_{Al} = \mathscr{D}_{Bl} = 10^{-6} \text{ m}^2/\text{h}$ $\quad a = 20 \text{ m}^2/\text{m}^3$

Para um ponto no absorvedor-reator em que

$$p_A = 5 \times 10^3 \text{ Pa} \quad e \quad C_B = 100 \text{ mols} / \text{m}^3$$

(a) localize a resistência à reação (qual o percentual no filme gasoso, no filme líquido e no corpo principal de líquido);

(b) localize a zona de reação;

(c) determine o comportamento no filme líquido (se a reação é de pseudoprimeira ordem, instantânea, transporte físico, etc.);

(d) calcule a taxa de reação (mol/m³ · h).

SOLUÇÃO

Este capítulo tem analisado somente as reações de segunda ordem; no entanto, este problema lida com uma reação de terceira ordem. Uma vez que nenhuma análise é disponível para reações diferentes de segunda ordem, vamos trocar nossa reação de terceira ordem por uma aproximação para segunda ordem. Portanto:

$$kC_A C_B^2 \Rightarrow (kC_B)C_A C_B$$

De modo a encontrar a taxa a partir da expressão geral [Eq. (5)], necessitamos avaliar primeiro E_i e M_H. Vamos fazer isto:

$$
\left.
\begin{aligned}
M_H &= \frac{\sqrt{\mathscr{D}_A kC_B^2}}{k_{Al}} = \frac{\sqrt{10^{-6}\ 10^6\ 100^2}}{1} = 100 \\[2mm]
(E_i)_{\substack{\text{primeira}\\\text{tentativa}}} &= 1 + \frac{\mathscr{D}_B C_B H_A}{b\mathscr{D}_A p_{Ai}} = 1 + \frac{100 \times 10^5}{2(5 \times 10^5)} = 10^3
\end{aligned}
\right\}
$$

$$\text{tentativa } p_{Ai} = p_A$$

Visto que $(E_i)_{\text{primeira tentativa}} > 5\,M_H$, então para qualquer outra tentativa menor para p_{Ai}, teremos ainda $E_i > 5\,M_H$. Conseqüentemente, da Fig. 23.4, temos uma reação de pseudoprimeira ordem no filme, com

$$E = M_H = 100$$

Para a expressão de taxa, Eq. (5), temos:

$$
-r_A''' = \frac{p_A}{\dfrac{1}{k_{Ag}a} + \dfrac{H_A}{k_{Al}aE} + \dfrac{H_A}{kC_B^2 f_l}}
$$

$$
= \frac{5 \times 10^3}{\underbrace{\dfrac{1}{0,01}}_{\frac{2}{3}} + \underbrace{\dfrac{10^5}{20(100)}}_{\frac{1}{3}} + \underbrace{\dfrac{10^5}{(10^6)(100^2)(0,098)}}_{\sim 0}} = 33 \text{ mols / h} \cdot \text{m}^3 \text{ de reator}
$$

Assim:

(a) 2/3 da resistência está no filme gasoso e 1/3 está no filme líquido;

(b) a zona de reação está no filme líquido;

(c) a reação ocorre na interface, por uma reação de pseudoprimeira ordem de A;

(d) a taxa é $-r_A''' = 33$ mols/h $\cdot$ m³.

REFERÊNCIAS

Danckwerts, P. V., *Trans. Faraday Soc.*, **46**, 300 (1950).

_____, *AIChE J.*, **1**, 456 (1955).

_____, *Gas-Liquid Reactions*, McGraw-Hill, Nova York, 1970.

Doraiswamy, L. K., and Sharma, M. M., *Heterogeneous Reactions*, Vol. 2, John Wiley and Sons, Nova York, 1984.

Hatta, S., Technological Reports, Tôhoku University, **10**, 119 (1932); from Sherwood, T. K., and Pigford, R. L., *Absorption and Extraction*, McGraw-Hill, Nova York, 1952.

454 *Capítulo 23 — Reações Fluido–Fluido: Cinética*

Higbie, R., *Trans. A,I,Ch,E,*, **31**, 365 (1935).

Perry, R. H., and Green, D. W., *Chemical Engineers' Handbook*, 6th ed., Section 3, McGraw-Hill, Nova York, 1984.

Shah, Y, T., *Gas-Liquid-Solid Reactor Design*, McGraw-Hill, Nova York, 1979.

Teller, A. J., *Chem. Eng.*, **67**, 111 (July 11, 1960).

van Krevelens, D. W., and Hoftijzer, P. J., *Rec. Trav. Chim.*, **67**, 563 (1948); *Trans. I. Chem, E.*, **32**, 5360 (1954).

PROBLEMAS

Um reagente gasoso A absorve e reage com B em um líquido, de acordo com:

$$A(g \to l) + B(l) \to R(l), \quad -r_A = kC_A C_B$$

em um leito recheado, sob as seguintes condições:

$k_{Ag}a = 0,1$ mol/h $\cdot$ m^2 de reator $\cdot$ Pa $f_l = 0,01$ m^3 de líquido/m^3 de reator

$k_{Al}a = 100$ m^3 de líquido/m^3 de reator $\cdot$ h $\mathscr{D}_{Al} = \mathscr{D}_{Bl} = 10^{-6}$ m^2/h

$a = 100$ m^2/m^2 de reator

Em um ponto do reator onde $p_A = 100$ Pa e $C_B = 100$ mols/m^3 de líquido,

   (a) calcule a taxa de reação em mol/h $\cdot$ m^3 de reator;

   (b) descreva as seguintes características da cinética:

     • localização da maior resistência (filme gasoso, filme líquido, corpo principal de líquido);

     • comportamento no filme líquido (reação de pseudoprimeira ordem, instantânea, transporte físico),

para os seguintes valores da taxa de reação e da constante da lei de Henry:

	k, m^3 de líquido/mol $\cdot$ h	H_A, Pa $\cdot$ m^3 de líquido/mol
23.1	10	10^5
23.2	10^6	10^4
23.3	10	10^3
23.4	10^{-4}	1
23.5	10^{-2}	1
23.6	10^8	1

23.7 Refaça o Exemplo 23.1, fazendo apenas uma mudança. Vamos supor que o valor de C_B seja muito baixo; ou seja, $C_B = 1$.

23.8 A alta pressão, CO_2 é absorvido por uma solução de NaOH em uma coluna de recheio. A reação é dada por:

$$\underset{(A)}{CO_2} + 2\,\underset{(B)}{NaOH} \to Na_2CO_3 + H_2O \text{ com } -r_{Al} = kC_A C_B$$

Encontre a taxa de absorção, a resistência controladora e o que está acontecendo no filme líquido, em um ponto da coluna onde $p_A = 105$ Pa e $C_B = 500$ mols/m^3.

Dados: $k_{Ag}a = 10^{-4}$ mol/m$^2 \cdot$ s $\cdot$ Pa $H_A = 25.000$ Pa $\cdot$ m^3/mol

$k_{Al} = 1 \times 10^{-4}$ m/s $\mathcal{D}_A = 1,8 \times 10^{-9}$ m^2/s

$a = 100$ m^{-1} $\mathcal{D}_B = 3,06 \times 10^{-9}$ m^2/s

$k = 10$ m^3/mol $\cdot$ s $f_l = 0,1$

Este problema foi adaptado de Danckwerts (1970).

23.9 Sulfeto de hidrogênio é absorvido por uma solução de metanolamina (MEA) em uma coluna de recheio. No topo da coluna, o gás está a 20 atm e contém 0,1% de H$_2$S, enquanto o absorvente contém 250 mols/m^3 em base livre de MEA. A difusividade de MEA na solução é 0,64 vezes a difusividade de H$_2$S. A reação é normalmente considerada como irreversível e instantânea.

$$\underset{\text{(A)}}{H_2S} + \underset{\text{(B)}}{RNH_2} \rightarrow HS^- + RNH_3^+$$

Para as taxas de escoamento e recheio usados, temos:

$k_{Al}a = 0,03$ s^{-1}

$k_{Ag}a = 60$ mols/m$^3 \cdot$ s $\cdot$ atm

$H_A = 1 \times 10^{-4}$ m$^3 \cdot$ atm/mol, constante da lei de Henry para H$_2$S em água

(a) Encontre a taxa de absorção de H^{2}S na solução de MEA.

(b) Com o objetivo de saber se vale a pena usar o absorvente MEA, determine quão mais rápida é a absorção com MEA em comparação à absorção com água pura.

Este problema foi adaptado de Danckwerts (1970).

CAPÍTULO 24

Reatores Fluido-Fluido: Projeto

Primeiro, temos de escolher o tipo correto de dispositivo de contato e depois encontrar a capacidade necessária. Há dois tipos de dispositivos — torres e tanques. A Fig. 24.1 mostra alguns exemplos. Como se pode esperar, estes dispositivos têm valores bem diferentes de razões de volumes L/G, de áreas interfaciais, de k_g e k_l e de forças-motrizes de concentração. As propriedades particulares do sistema com que você está lidando, a solubilidade do reagente gasoso, a concentração dos reagentes, etc. — na verdade, a localização da principal resistência na equação de taxa — irão sugerir que você use uma classe de dispositivo e não a outra.

A Tabela 24.1 mostra algumas das características desses dispositivos de contato.

Fatores a Considerar na Seleção de um Dispositivo de Contato

(a) **Modo de Contato.** Nós os idealizamos da forma mostrada na Fig. 24.2.
  - Torres que se aproximam de escoamento pistonado para G/escoamento pistonado para L.
  - Tanques de borbulhamento que se aproximam do escoamento pistonado para G/escoamento com mistura perfeita para L.
  - Tanques agitados que se aproximam do escoamento com mistura perfeita para G/escoamento com mistura perfeita para L.

Como podemos ver, as torres têm a maior força-motriz de transferência de massa, tendo, em relação a isto, uma vantagem sobre os tanques. Tanques agitados têm a menor força-motriz.

(b) **k_g e k_l.** Para gotículas líquidas no gás, k_g é alto e k_l é baixo. Para bolhas de gás ascendendo no líquido, k_g é baixo e k_l é alto.

(c) **Taxas de escoamento.** Leitos recheados trabalham melhor com taxas relativas de escoamento de cerca de $F_l/F_g \cong 10$ a 1 bar. Outros dispositivos de contato são mais flexíveis pelo fato de trabalharem bem em uma faixa mais ampla de valores de F_l/F_g.

(d) **Se a resistência estiver no filme gasoso e/ou no filme líquido**, você desejará ter uma grande área interfacial, "a", implicando na maioria dos dispositivos de contato com agitação e na maioria das colunas. Se o filme L dominar, fique longe dos dispositivos de contato que usem pulverização (*spray*). Se o filme G dominar, fique longe dos dispositivos de contato com borbulhamento.

Figura 24.1 — Dispositivos de contato para reações L/G: torres e tanques

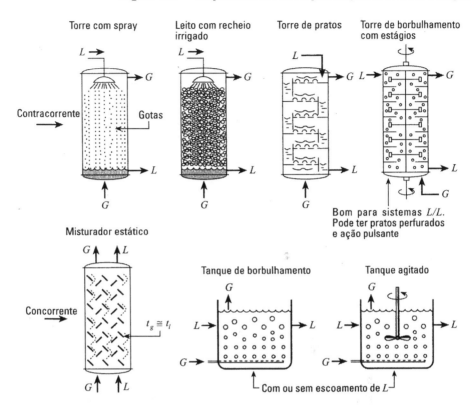

Figura 24.2 — Modos de contato para dispositivos L/G

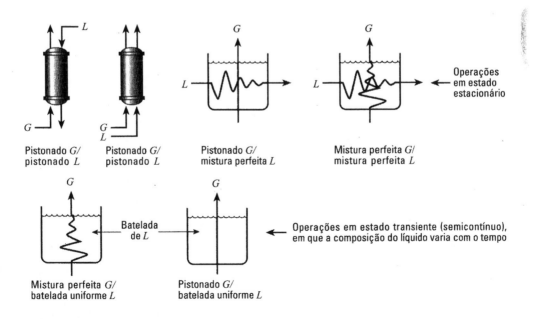

Tabela 24.1 — Características dos dispositivos de contato para L/G (a partir de Kramers e Westertep, 1961)

Modo de escoamento	Dispositivo de contato	a (m²/m³)	$f_l = \dfrac{V_l}{V}$ (—)	Capacidade	Comentários
Escoamento em contra corrente	Torre com spray	60	0,05	Baixa	Bom para gases muito solúveis k_g/k_l
	Leito recheado	100	0,08	Alta	Bom para todos os casos, mas tem de ter $F_l/F_g \cong 10$
	Torre de pratos	150	0,15	Média-alta	
	Coluna de borbulhamento com estágios	200	0,9	Baixa	Necessita misturador mecânico ou aparato pulsante. Bom para gases pouco solúveis e L_1/L_2; tem baixa razão k_g/k_l.
Escoamento concorrente	Misturador estático	200	0,2-0,8	Muito alta	Muito flexível; poucos dados reportados $\bar{t}_g \cong \bar{t}_l$
Escoamento com mistura perfeita	Tanque com borbulhamento	20	0,98	Média	Construção barata
	Tanque agitado	200	0,9	Média	Construção barata, mas necessita um agitador mecânico

24.1 — *Transferência de Massa sem Reação Química* **459**

(e) **Se a resistência estiver no corpo principal *de L***, você desejará ter um grande $f_l = V_l/V_r$. Fique longe das torres. Use os tanques.

(f) **Solubilidade**. Para gases muito solúveis, aqueles com um valor pequeno da constante da lei de Henry, H, (amônia em água, por exemplo), o filme gasoso controla o processo; desta forma, você deve evitar os dispositivos com borbulhamento. Para gases de baixa solubilidade no líquido, logo alto valor de H (O_2 e N_2 em água por exemplo), o filme líquido controla o processo, devendo-se evitar assim as torres com pulverização.

(g) **A reação baixa a resistência no filme líquido**; portanto:
*   Para absorção de gases muito solúveis, a reação química não ajuda.
*   Para absorção de gases pouco solúveis, a reação química ajuda e acelera a taxa.

Nomenclatura. Em nosso desenvolvimento, usaremos os seguintes símbolos:

A_{cs} = área da seção transversal da coluna.
a = área interfacial de contato por unidade de volume de reator (m^2/m^3).
f_l = fração volumétrica de líquido (–).
i = qualquer participante, reagente ou produto, na reação.
A, B, R, S = participantes na reação.
U = componente transportador ou inerte em uma fase; ou seja, nem reagente e nem produto.
T = número total de mols na fase reagente (ou líquida).
$\mathbf{Y}_A = p_A/p_U$, mols de A/mol de inerte no gás (–).
$\mathbf{X}_A = C_A/C_U$, mols de A/mol de inerte no líquido (–).
F'_g, F'_l = taxa molar de escoamento de todo o gás e de todo o líquido (mol/s).
$F_g = F'_g p_U/\pi$, taxa molar de escoamento ascendente de inertes no gás (mol/s).
$F_l = F'_l C_U/C_T$, taxa molar de escoamento descendente de inertes na fase líquida (mol/s).

Com esta nomenclatura, temos as seguintes relações entre as várias medidas de concentração:

$$\pi = p_A + p_B + \cdots + p_U$$
$$C_T = C_A + C_B + \cdots + C_U$$
$$d\mathbf{Y}_A = d\left(\frac{p_A}{p_U}\right) = \frac{p_U dp_A - p_A dp_U}{p_U^2} \overset{\text{diluído}}{\approx} \frac{dp_A}{p_U}$$
$$d\mathbf{X}_A = d\left(\frac{C_A}{C_U}\right) = \frac{C_U dC_A - C_A dC_U}{C_U^2} \overset{\text{diluído}}{\approx} \frac{dC_A}{C_U}$$

As equações de desempenho escritas em termos de F_g e F_l são úteis quando as correntes que estão escoando têm inertes que carregam o material. A equação escrita em termos de F'_g, e F'_l é útil quando as correntes em escoamento contêm somente materiais reativos e nenhum inerte.

24.1 TRANSFERÊNCIA DE MASSA SEM REAÇÃO QUÍMICA

Visto que a abordagem para sistemas reacionais é uma extensão direta da transferência de massa sem reação química, vamos primeiro desenvolver as equações para somente a absorção de A pelo líquido,

$$\text{A (gás)} \rightarrow \text{A (líquido)}$$

e depois ir para sistemas reacionais:

$$\text{A } (g \rightarrow l) + \text{B}(l) \rightarrow \text{produtos } (l)$$

Note a similaridade nas equações de desempenho.

460 *Capítulo 24 — Reatores Fluido-Fluido: Projeto*

Escoamento Pistonado para G/Escoamento Pistonado para L – Escoamento em Contracorrente em uma Torre

De modo a desenvolver a equação de desempenho, combinamos a equação de taxa com o balanço de material. Deste modo, para operações em estado estacionário e em contracorrente, temos para um elemento diferencial de volume:

$$(\text{A perdido pelo gás}) = (\text{A ganho pelo líquido}) = (-r_A''''\,)dV_r$$

$$F_g d\mathbf{Y}_A = F_l d\mathbf{X}_A = (-r_A''''\,)dV_r \tag{1}$$

ou

$$\frac{F_g \pi dp_A}{(\pi - p_A)^2} = d\left(\frac{F_g' p_A}{\pi}\right) = \frac{F_g dp_A}{\pi - p_A} \left.\frac{F_l C_T dC_A}{(C_T - C_A)^2}\right\} (-r_A'')a = k_{Ag}a(p_A - p_{Ai}) = k_{Al}a(C_{Ai} - p_A)$$

Integrando para a torre inteira, temos:

$$\boxed{\begin{aligned}
V_r &= \frac{F_g}{a}\int_{\mathbf{Y}_{A1}}^{\mathbf{Y}_{A2}}\frac{d\mathbf{Y}_A}{-r_A''} = \frac{F_l}{a}\int_{\mathbf{X}_{A1}}^{\mathbf{X}_{A2}}\frac{d\mathbf{X}_A}{-r_A''} \\[2mm]
&= F_g\pi\int_{p_{A1}}^{p_{A2}}\frac{dp_A}{k_{Ag}a(\pi - p_A)^2(p_A - p_{Ai})} = \int_{p_{A1}}^{p_{A2}}\frac{F_g' dp_A}{k_{Ag}a(\pi - p_A)(p_A - p_{Ai})} \\[2mm]
&= F_l C_T\int_{C_{A1}}^{C_{A2}}\frac{dC_A}{k_{Al}a(C_T - C_A)^2(C_{Ai} - C_A)} = \int_{C_{A1}}^{C_{A2}}\frac{F_g' dC_A}{k_{Al}a(C_T - C_A)(C_{Ai} - C_A)}
\end{aligned}} \tag{2}$$

Em breve, o procedimento de projeto será sumarizado na Fig. 24.3. Para sistemas diluídos, $C_A \ll C_T$ e $p_A \ll p$, resultando em $F_g' \cong F_g$ e $F_l' \cong F_l$. Nesta situação, o balanço diferencial de material se torna:

$$\frac{F_g}{\pi}dp_A = \frac{F_l}{C_T}dC_A = -r_A''''dV_r \tag{3}$$

e para quaisquer dois pontos no absorvedor:

$$p_{A2} - p_{A1} = \frac{F_l\pi}{F_g C_T}(C_{A2} - C_{A1}) \tag{4}$$

A expressão de taxa se reduz a:

$$-r_A''''=(-r_A'')a=\left(\frac{1}{\dfrac{1}{k_{Ag}a} + \dfrac{H_A}{k_{Al}a}}\right)(p_A - p_A^*)$$

$$= K_{Ag}a(p_A - p_A^*) = K_{Aj}a(C_A^* - C_A) \tag{5}$$

Logo, a expressão geral integrada de taxa da Eq. (2) se torna, com a Eq. (3):

$$\boxed{\begin{aligned}
V_r = hA_{cs} &= \frac{F_g}{\pi}\int_{p_{A1}}^{p_{A2}}\frac{dp_A}{-r_A''''} = \frac{F_l}{C_T}\int_{C_{A1}}^{C_{A2}}\frac{dC_A}{-r_A''''} \\[2mm]
&= \frac{F_g}{\pi K_{Ag}a}\int_{p_{A1}}^{p_{A2}}\frac{dp_A}{p_A - p_A^*} = \frac{F_l}{C_T K_{Al}a}\int_{C_{A1}}^{C_{A2}}\frac{dC_A}{C_A^* - C_A}
\end{aligned}} \tag{5}$$

coeficiente em base gasosa
$$\frac{1}{K_{Ag}} = \frac{q}{k_{Ag}} + \frac{H_A}{k_{Al}}$$

gás em equilíbrio com o líquido C_A; ou seja,
$$p_A^* = H_A C_A$$

coeficiente em base líquida
$$\frac{1}{K_{Al}} = \frac{1}{H_A k_{Ag}} + \frac{1}{k_{Al}}$$

líquido em equilíbrio com o gás p_A; ou seja,
$$C_A^* = p_A / H_A$$

Figura 24.3 — Ilustração do procedimento de projeto para a transferência de massa sem reação química, em torres em contracorrente

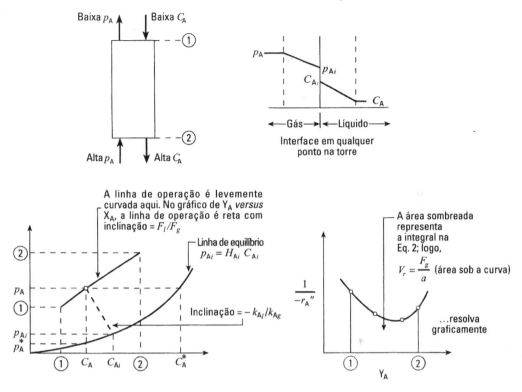

Para outros modos de contato da Fig. 24.2 — escoamento pistonado para G/escoamento pistonado e concorrente para L, escoamento com mistura perfeita para G/escoamento com mistura perfeita para L, escoamento pistonado para G/escoamento com mistura perfeita para L, escoamento com mistura perfeita para G/escoamento pistonado para L, escoamento com mistura perfeita para G/batelada para L — ver Levenspiel (1996), capítulo 42, ou lembre-se das equações e dos métodos, a partir de suas lições de transferência de massa e operações unitárias.

24.2 TRANSFERÊNCIA DE MASSA E REAÇÃO NÃO MUITO LENTA

Aqui, tratamos somente a reação $A(g \to l) + bB(l)$ produtos (l). Consideramos que a taxa seja suficientemente rápida de modo que A não entra no corpo principal do líquido. Isto considera que o módulo de Hatta não é muito menor do que um.

Escoamento Pistonado para G/Escoamento Pistonado para L – Transferência de Massa + Reação em uma Torre em Contracorrente

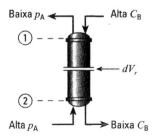

Para uma fatia diferencial do reator-absorvedor, escrevemos:

$$\underbrace{\begin{pmatrix} \text{A perdido} \\ \text{pelo gás} \end{pmatrix}}_{\text{I}} = \underbrace{\frac{1}{b}\begin{pmatrix} \text{B perdido} \\ \text{pelo líquido} \end{pmatrix}}_{\text{II}} = \underbrace{\begin{pmatrix} \text{consumo de A} \\ \text{pela reação} \end{pmatrix}}_{\text{III}}$$

ou
$$F_g d\mathbf{Y}_A = -\frac{F_l d\mathbf{X}_B}{b} = (-r_A''')dV_r \tag{7}$$

Para Sistemas Diluídos. $p_U \cong \pi$ e $C_U \cong C_T$, simplificando as expressões anteriores para:

$$\frac{F_g}{\pi} dp_A = -\frac{F_l}{bC_T} dC_B = (-r_A'')a\, dV_r \tag{8}$$

Rearranjando e integrando I e II, II e III, I e III, temos o seguinte resultado:

> Em geral
> $$V_r = F_g \int_{\mathbf{Y}_{A1}}^{\mathbf{Y}_{A2}} \frac{d\mathbf{Y}_A}{(-r_A'')a}$$
> $$= \frac{F_l}{b} \int_{\mathbf{X}_{B2}}^{\mathbf{X}_{B1}} \frac{d\mathbf{X}_B}{(-r_B'')a} \quad \text{½ com} \quad F_g(\mathbf{Y}_{A2} - \mathbf{Y}_{A1}) = \frac{F_l}{b}(\mathbf{X}_{B1} - \mathbf{X}_{B2}) \tag{9}$$
>
> Para sistemas diluídos — bom também do ponto 1 ao ponto *i* na torre
> $$V_r = \frac{F_g}{\pi} \int_{p_{A1}}^{p_{A2}} \frac{dp_A}{(-r_A'')a}$$
> $$= \frac{F_l}{bC_T} \int_{C_{B2}}^{C_{B1}} \frac{dC_B}{(-r_A'')a} \quad \text{½ com} \quad \frac{F_g}{\pi}(p_{A2} - p_{A1}) = \frac{F_l}{bC_T}(C_{B1} - C_{B2}) \tag{10}$$

Resolução para V_r

- escolha alguns valores de p_A; geralmente, p_{A1}, p_{A2} e um valor intermediário são suficientes, e para cada p_A, encontre o valor correspondente de C_B.
- avalie a taxa para cada ponto a partir de:

$$(-r_A'')a = \left[\frac{1}{\dfrac{1}{k_{Ag}a} + \dfrac{H_A}{k_{Al}aE} + \dfrac{H_A}{kC_B f_l}}\right] p_A$$

- integre graficamente a equação de desempenho:

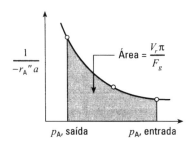

Escoamento Pistonado para G/Escoamento Pistonado para L – Transferência de Massa + Reação em uma Torre em Concorrente

Neste caso, mude simplesmente F_l por $-F_l$ (para escoamento ascendente de ambas as correntes) ou F_g por $-F_g$ (para escoamento descendente de ambas as correntes) nas equações para escoamento em contracorrente. Esteja certo de encontrar o valor apropriado de C_B para cada valor de p_A. O resto do procedimento permanece o mesmo.

Escoamento com Mistura Perfeita para G/Escoamento com Mistura Perfeita para L – Transferência de Massa + Reação em um Tanque Agitado

Uma vez que a composição correspondente é a mesma em qualquer ponto no interior do vaso, faça um balanço no vaso como um todo. Assim:

$$\begin{pmatrix} \text{A perdido} \\ \text{pelo gás} \end{pmatrix} = \frac{1}{b} \begin{pmatrix} \text{B perdido} \\ \text{pelo líquido} \end{pmatrix} = \begin{pmatrix} \text{consumo de A} \\ \text{pela reação} \end{pmatrix}$$

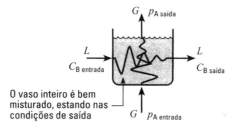

Em símbolos, estas igualdades se tornam:

$$F_g(\mathbf{Y}_{\text{A entrada}} - \mathbf{Y}_{\text{A saída}}) = \frac{F_l}{b}(\mathbf{X}_{\text{B entrada}} - \mathbf{X}_{\text{B saída}}) = (-r_A'''')\,|_{\substack{\text{nas condições de}\\\text{saída para }G\text{ e }L}} V_r \qquad (11)$$

e para sistemas diluídos

$$\frac{F_g}{\pi}(p_{\text{A entrada}} - p_{\text{A saída}}) = \frac{F_l}{bC_T}(C_{\text{B entrada}} - C_{\text{B saída}}) = (-r_A'''')\,|_{\text{na saída}} V_r \qquad (12)$$

Para encontrar V_r, a solução é direta: avalie a partir das composições conhecidas das correntes e resolva a Eq. (11) ou (12).

Para encontrar $C_{\text{B, saída}}$ **e** $p_{\text{A, saída}}$ **dado** V_r, suponha uma valor de $p_{\text{A, saída}}$, avalie $C_{\text{B, saída}}$ e em seguida $-R_A''''$ e V_r. Compare o valor calculado de V_r com o valor verdadeiro. Se forem diferentes, suponha um outro valor de $p_{\text{A, saída}}$.

Escoamento Pistonado para G/Escoamento com Mistura Perfeita para L – Transferência de Massa + Reação em um Tanque com Borbulhamento

Aqui, temos de fazer dois balanços: um diferencial para a perda de A proveniente do gás, porque G está em escoamento pistonado, e um balanço global para B, porque L está em escoamento com mistura perfeita.

Se focalizarmos uma pequena porção do gás ascendente, teremos:

$$\begin{pmatrix} \text{A perdido} \\ \text{pelo gás} \end{pmatrix} = \begin{pmatrix} \text{consumo de A} \\ \text{pela reação} \end{pmatrix} \ldots\text{ou}\ldots \quad F_g d\mathbf{Y}_A = (-r_A'''')\,|_{\substack{L\text{ nas condições}\\\text{de saída}}} dV_r \qquad (13)$$

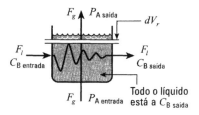

Para o líquido como um todo e para o gás como um todo, um balanço em todo o reator fornece:

$$\begin{pmatrix} \text{todo A perdido} \\ \text{pelo gás} \end{pmatrix} = \frac{1}{b} \begin{pmatrix} \text{todo B perdido} \\ \text{pelo líquido} \end{pmatrix} \quad \text{...ou...} \quad F_g \Delta Y_A = \frac{F_l}{b} \Delta X_B \quad (14)$$

Integrando a Eq. (13) ao longo do caminho da bolha e usando também a Eq. (14), temos:

$$\boxed{\begin{array}{l} \text{Em geral} \\[4pt] V_r = F_g \displaystyle\int_{Y_{A\,\text{saída}}}^{Y_{A\,\text{entrada}}} \frac{dY_A}{(-r_A'')a} \quad \text{...com...} \quad \tfrac{1}{2} F_g (Y_{A\,\text{entrada}} - Y_{A\,\text{saída}}) = \frac{F_l}{b}(X_{B\,\text{entrada}} - X_{B\,\text{saída}}) \quad (15) \\[10pt] \text{para líquido em } C_{B\,\text{saída}} \\[6pt] \text{para sistemas diluídos} \\[4pt] V_r = \dfrac{F_g}{\pi} \displaystyle\int_{p_{A\,\text{saída}}}^{p_{A\,\text{entrada}}} \frac{dp_A}{(-r_A'')a} \quad \tfrac{1}{2}\text{..com...} \quad \dfrac{F_g}{\pi}(p_{A\,\text{entrada}} - p_{A\,\text{saída}}) = \dfrac{F_l}{bC_T}(C_{B\,\text{entrada}} - C_{B\,\text{saída}}) \quad (16) \end{array}}$$

Se V_r tiver de ser determinado e as condições de saída forem conhecidas, então o procedimento será direto. Escolha alguns valores de p_A e integre graficamente.

Se $p_{A,\,\text{saída}}$ e $C_{B,\,\text{saída}}$ tiverem de ser determinados em um reator de volume V_r conhecido, então teremos uma solução de tentativa e erro. Suponha simplesmente um valor de $C_{B,\,\text{saída}}$ e então veja se $V_{\text{calculado}} = V_{\text{dado}}$.

Escoamento com Mistura Perfeita para G/Batelada Uniforme para L – Transferência de Massa + Reação em um Tanque Agitado

Visto que esta não é uma operação em estado estacionário, a composição e as taxas variam com o tempo, conforme mostrado na Fig. 24.4. Em qualquer instante, o balanço de material iguala as três quantidades mostradas a seguir, tendo-se em geral:

Figura 24.4 — História de uma batelada de líquido reagindo

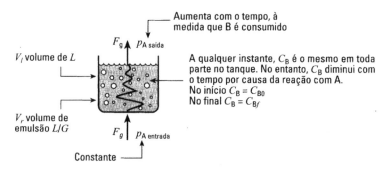

$$
F_g(Y_{A\text{ entrada}} - Y_{A\text{ saída}}) = \underbrace{-\frac{V_l}{b}\frac{dC_B}{dt}}_{} = (-r_A'''')V_r \tag{17}
$$

$$
\underbrace{}_{\substack{I\\ \text{perda de A}\\ \text{proveniente}\\ \text{do gás}}} \qquad \underbrace{}_{\substack{II\\ \text{diminuição}\\ \text{de B em } L\\ \text{com o tempo}}} \quad \underbrace{}_{\substack{III\\ \text{consumo de A ou B pela}\\ \text{reação. Na expressão de}\\ \text{taxa, use } p_{A\text{ saída}} \text{ uma vez}\\ \text{que G está em escoamento}\\ \text{com mistura perfeita}}}
$$

Para sistemas diluídos

$$
\frac{F_g}{\pi}(p_{A\text{ entrada}} - p_{A\text{ saída}}) = -\frac{V_l}{b}\frac{dC_B}{dt} = (-r_A'''')V_r \tag{18}
$$

Determinação do Tempo Necessário para uma Dada Operação

- Escolha alguns valores de C_B, por exemplo, C_{B0}, C_{Bf} e um valor intermediário de C_B. Para cada valor de C_B, suponha uma valor de $p_{A,\text{ saída}}$.

- Calcule agora M_H, E_i e então E e $-r_A''''$. Isto pode requerer um procedimento de tentativa e erro, não sendo porém freqüente.

- Veja se os termos I e III são iguais entre si

$$
(-r_A'''')V_r \stackrel{?}{=} F_g\left(\frac{p_{A\text{ entrada}}}{\pi - p_{A\text{ entrada}}} - \frac{p_{A\text{ saída}}}{\pi - p_{A\text{ saída}}}\right)
$$

e continue ajustando o valor de $p_{A,\text{ saída}}$ até que os termos I e III sejam iguais.

Maneira de acelerar o procedimento: se $p_A \ll \pi$ e se $E = M_H$, então E será independente de p_A, caso em que I e III se combinam para dar:

$$
-r_A'''' = p_{A\text{ entrada}} \left/ \left(\frac{\pi V_r}{F_g} + \frac{1}{k_{Ag}a} + \frac{H_A}{k_{Al}aE} + \frac{H_A}{kC_B f_l}\right)\right.
$$

- Combine agora os termos II e III para determinar o tempo de processamento:

$$
t = \frac{f_l}{b}\int_{C_{Bf}}^{C_{B0}} \frac{dC_B}{-r_A''''} \quad \text{...resolva graficamente} \tag{19}
$$

- Esse tempo pode ser comparado com o menor tempo possível, $t_{\text{mín}}$, necessário para que todo A reaja e não escape do vaso. Esta situação é representada por $p_{A,\text{ saída}} = 0$ em todos os tempos. Logo:

$$
t_{\text{mín}} = \frac{\dfrac{1}{b}V_l(C_{B0} - C_{Bf})}{F_g\left(\dfrac{p_{A\text{ entrada}}}{\pi - p_{A\text{ entrada}}}\right)} = \frac{\dfrac{1}{b}\left(\begin{array}{c}\text{quantidade de B}\\ \text{reagido no tanque}\end{array}\right)}{\left(\begin{array}{c}\text{quantidade de A que entra no}\\ \text{tanque na unidade de tempo}\end{array}\right)} \tag{20}
$$

- Combinando t e $t_{\text{mín}}$, temos a eficiência de utilização de A. Deste modo:

$$
\left(\begin{array}{c}\text{porcentagem de A}\\ \text{que entra e reage com B}\end{array}\right) = \frac{t_{\text{mín}}}{t} \tag{21}
$$

O Exemplo 24.6 ilustra este procedimento para reatores-absorvedores em batelada.

EXEMPLO 24.1 TORRES PARA ABSORÇÃO SEM REAÇÃO

A concentração de impureza indesejada no ar (à pressão de 1 bar = 105 Pa) deve ser reduzida de 0,1% (ou 100 Pa) para 0,02% (ou 20 Pa), pela absorção em água pura. Encontre a altura requerida da torre, para operações em contracorrente.

Dados

De modo a haver consistência, vamos usar as unidades SI, em todo o exemplo.

Para o recheio

$$k_{Ag}a = 0,32 \text{ mol} / \text{h} \cdot \text{m}^3 \cdot \text{Pa}$$
$$k_{Al}a = 0,1 / \text{h}$$

A solubilidade de A em água é dada pela constante da lei de Henry:

$$H_A = p_{Ai} / C_{Ai} = 12,5 \text{ Pa} \cdot \text{m}^3 / \text{mol}$$

As taxas de escoamento por metro quadrado de seção transversal da torre são:

$$F_g / A_{cs} = 1 \times 10^5 \text{ mols} / \text{h} \cdot \text{m}^2$$
$$F_l / A_{cs} = 7 \times 10^5 \text{ mols} / \text{h} \cdot \text{m}^2$$

A densidade molar do líquido, sob todas as condições, é:

$$C_T = 56.000 \text{ mols} / \text{m}^3$$

A Fig. E24.1 mostra as quantidades conhecidas até este ponto.

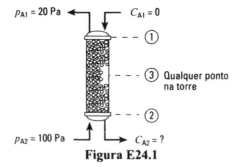

Figura E24.1

SOLUÇÃO

Nossa estratégia é resolver primeiro o balanço de material e determinar em seguida a altura da torre. Uma vez que estamos lidando com soluções diluídas, podemos usar a forma simplificada do balanço de material. Assim, para qualquer ponto na torre, p_A e C_A estão relacionadas pela Eq. (4).

$$p_{A3} - p_{A1} = \frac{(F_l / A_{cs})}{(F_g / A_{cs})} \frac{\pi}{C_T} (C_{A3} - C_{A1})$$

ou
$$p_{A3} - 20 = \frac{(7 \times 10^5)(1 \times 10^5)}{(1 \times 10^5)(56.000)} (C_{A3} - 0)$$

ou
$$C_{A3} = 0,08 p_{A3} - 1,6 \quad \text{(i)}$$

a partir da qual, a concentração de A no líquido que sai da torre é:

$$C_{A2} = 0.08(100) - 1,6 = 6,4 \text{ mols} / \text{m}^3 \quad \text{(ii)}$$

Da Eq. (6), a expressão para a altura da torre é:

$$h = \frac{V_r}{A_{cs}} = \frac{(F_g/A_{cs})}{\pi(K_{Ag}a)} \int_{20}^{100} \frac{dp_A}{p_A - p_A^*} \quad \text{(iii)}$$

Avalie agora os termos:

$$\frac{1}{(K_{Ag}a)} = \frac{1}{(k_{Ag}a)} + \frac{H_A}{(k_{Al}a)} = \frac{1}{0,32} + \frac{12,5}{0,1} = 3,125 + 125 = 128,125$$

Esta expressão mostra que:

Resistência no filme gasoso $= 3,125/128,125 = 0,024$, ou $2,4\%$
Resistência no filme líquido $= 125/128,125 = 0,976$, ou $97,6\%$

e
$$(K_{Ag}a) = 1/128,125 = 0,0078 \text{ mol}/\text{h} \cdot \text{m}^3 \cdot \text{Pa} \quad \text{(iv)}$$

Avalie $p_A - p_A^*$, que com a Eq. (i) fornece:

$$p_A - p_A^* = p_A - H_A C_A = p_A - 1,25(0,08 p_A - 1,6) \quad \text{(v)}$$
$$p_A = 20 \text{ Pa}$$

Substituindo as Eqs. (iv) e (v) na Eq. (iii), temos:

$$h = \frac{(1 \times 10^5 \text{ mols}/\text{h} \cdot \text{m}^2)}{(10^5 \text{ Pa})(0,0078 \text{ mol}/\text{h} \cdot \text{m}^3 \cdot \text{Pa})} \int_{20}^{100} \frac{dp_A}{20}$$

$$= (128,125)\left(\frac{100-20}{20}\right) = \underline{512,5 \text{ m}}$$

Comentário. Neste caso, a torre é muito alta; na verdade, inaceitavelmente alta. Note também que a maior parte da resistência (cerca de 97%) está no filme líquido, fazendo deste um processo controlado pela resistência no filme. Entretanto, se adicionássemos B ao líquido que reage com A, deveríamos ser capazes de acelerar o processo. Vamos ver se isto é verdade.

EXEMPLO 24.2 TORRES PARA ALTA CONCENTRAÇÃO DE REAGENTE LÍQUIDO

À água do Exemplo 24.1, adicione uma concentração alta do reagente B, $C_{B1} = 800$ mols/m³ ou aproximadamente 0,8 N. O material B reage com A, de forma extremamente rápida.

$$A(g \to l) + B(l) \to \text{produtos } (l), \quad k = \infty$$

Suponha que as difusividades de A e B em água sejam as mesmas; logo:

$$k_{Al} k_{Bl} = k_l$$

A Fig. E24.2 mostra o que é conhecido até este ponto.

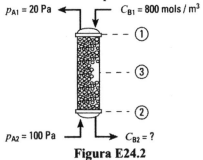

Figura E24.2

468 *Capítulo 24 — Reatores Fluido-Fluido: Projeto*

SOLUÇÃO

A estratégia em resolver o problema é dada a seguir:

Etapa 1. Expresse o balanço de material e determine C_{B2} na corrente de saída.
Etapa 2. Encontre qual das muitas formas de equação de taxa deve ser usada.
Etapa 3. Determine a altura da torre.

Etapa 1. *Balanço de material.* Para soluções diluídas, com reação rápida, a Eq. (6) fornece p_{A3} e C_{B3}, para qualquer ponto na torre:

$$(p_{A3} - p_{A1}) = \frac{(F_l / A_{cs})\pi}{(F_g / A_{cs})bC_T}(C_{B1} - C_{B3})$$

ou

$$(p_{A3} - 20) = \frac{(7 \times 10^5)(1 \times 10^5)}{(1 \times 10^5)(1)(56.000)}(800 - C_{A3})$$

ou

$$p_{A3} = 10.020 - 12,5C_{B3}$$

No fundo da torre, $p_{A3} = p_{A2}$, tendo-se então:

$$C_{B2} = \frac{1}{12,5}(10.020 - 100) = 793,6 \text{ mols} / \text{m}^3$$

Etapa 2. *Forma da equação de taxa a ser usada.* Verifique o topo e o fundo da torre:

$$\text{no topo} \begin{cases} k_{Ag}ap_A = (0,32)(20) = 6,4 \text{ mols} / \text{h} \cdot \text{m}^3 \\ k_l aC_B = (0,1)(800) = 80 \text{ mols} / \text{h} \cdot \text{m}^3 \end{cases}$$

$$\text{no fundo} \begin{cases} k_{Ag}ap_A = (0,32)(100) = 32 \\ k_l aC_B = (0,1)(793,6) = 79,36 \end{cases}$$

Tanto no topo como no fundo da torre, $k_{Ag}p_A < k_l C_B$; conseqüentemente, a resistência na fase gasosa controla o processo e temos uma reação de pseudoprimeira ordem, como dada pela Eq. (16) do Capítulo 23.

$$-r_A'''' = k_{Ag}ap_A = 0,32\, p_A$$

Etapa 3. *Altura da torre.* Da Eq. (10):

$$h = \frac{(F_g / A_{cs})}{\pi} \int_{p_{A1}}^{p_{A2}} \frac{dp_A}{(-r_A'''')} = \frac{10^5}{10^5} \int_{20}^{100} \frac{dp_A}{0,32\, p_A}$$

$$= \frac{1}{0,32} \ln \frac{100}{20} = \underline{\underline{5,03 \text{ m}}}$$

Comentário. Muito embora a fase líquida controle o processo na absorção física (ver Exemplo 24.1), isto não significa necessariamente que ela ainda deva controlar o processo quando ocorre reação. De fato, vimos no Exemplo 24.2 que foi somente a fase gasosa que influenciou a taxa do processo global. A reação serviu meramente para eliminar a resistência no filme líquido. Note também a marcante melhoria no desempenho: 5 contra 500 m.

EXEMPLO 24.3 TORRES PARA BAIXA CONCENTRAÇÃO DE REAGENTE LÍQUIDO; CASO A

Repita o Exemplo 24.2, usando uma alimentação com $C_{B1} = 32$ mols/m³, em vez de 800 mols/m³ (ver Fig. E24.3).

24.2 — *Transferência de Massa e Reação Não Muito Lenta* **469**

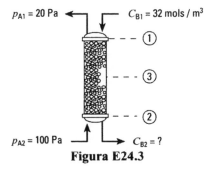
Figura E24.3

SOLUÇÃO

Como nos exemplos anteriores, faça um balanço de material, verifique a forma da equação de taxa a usar e então aplique a equação de desempenho para determinar a altura da torre.

Etapa 1. *Balanço de material.* Como no Exemplo E24.2, para qualquer ponto na torre:

$$p_{A3} = 420 - 12,5 C_{B3} \quad \text{ou} \quad C_{B3} = \frac{420 - p_{A3}}{12,5}$$

e para o fundo da torre, onde $p_A = 100$ Pa:

$$C_{B2} = \frac{320}{12,5} = 25,6 \text{ mols/m}^3$$

Etapa 2. *Forma da equação de taxa a ser usada.* Verifique o topo e o fundo da torre de modo a ver qual forma de taxa se aplica:

$$\text{no topo} \begin{cases} k_{Ag} a p_A = 0,32(20) = 6,4 \\ k_l a C_B = 0,1(32) = 3,2 \end{cases}$$

$$\text{no fundo} \begin{cases} k_{Ag} a p_A = 0,32(100) = 32 \\ k_l a C_B = 0,1(35,6) = 2,56 \end{cases}$$

Tanto no topo como no fundo da torre, $k_{Ag} a p_A > k_l a C_B$; conseqüentemente, a reação ocorre dentro do filme líquido e a Eq. (13) do Capítulo 23 deve ser usada.

$$-r_A'''' = \frac{H_A C_B + p_A}{\dfrac{1}{k_{Ag} a} + \dfrac{H_A}{k_l a}} = \frac{12,5 \left[\dfrac{420 - p_{A3}}{12,5} \right] + p_A}{\dfrac{1}{0,32} + \dfrac{12,5}{0,1}} = 3,278 \text{ mols/m}^3 \text{ de reator} \cdot \text{h}$$

Etapa 3. *Altura da torre.* Da Eq. (6):

$$h = \frac{V_r}{A_{cs}} = \frac{10^5}{10^5} \int_{20}^{100} \frac{dp_A}{3,278} = \frac{100 - 20}{3,278} = \underline{\underline{24,4 \text{ m}}}$$

EXEMPLO 24.4 TORRES PARA CONCENTRAÇÃO INTERMEDIÁRIA DE REAGENTE LÍQUIDO

Repita o Exemplo 24.2, usando uma alimentação com $C_B = 128$ mols/m³.

SOLUÇÃO

Refira-se à Figura E24.4 e aplique a mesma metodologia utilizada nos exemplos anteriores.

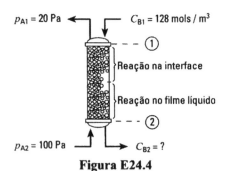

Figura E24.4

Etapa 1. Balanço de material. Como nos Exemplos E24.2 e E24.3, para qualquer ponto na torre:

$$p_{A3} = 1.620 - 12,5 C_{B3}$$

e para o fundo da torre:

$$C_{B2} = \frac{1.520}{12,5} = 121,6 \text{ mols / m}^3$$

Etapa 2. Forma da equação de taxa a ser usada. Verifique o topo e o fundo da torre:

$$\text{no topo } \begin{cases} k_{Ag} a p_A = 6,4 \text{ mols / h} \cdot \text{m}^3 \\ k_l a C_B = 12,8 \text{ mols / h} \cdot \text{m}^3 \end{cases}$$

$$\text{no fundo } \begin{cases} k_{Ag} a p_A = 32 \\ k_l a C_B = 12,16 \end{cases}$$

No topo, $k_{Ag} p_A < k_l C_B$; conseqüentemente, a Eq. (16) do Capítulo 23 tem de ser usada. No fundo, $k_{Ag} p_A > k_l C_B$; por conseguinte, a Eq. (13) do Capítulo 23 tem de ser usada.

Vamos agora determinar a condição na qual a zona de reação apenas alcança a interface e onde a forma da equação de taxa varia. Isto ocorre onde:

$$k_{Ag} p_A = k_l C_B \quad \text{ou} \quad 0,32 p_A = 0,1 C_B$$

Resolvendo com o balanço de material, encontramos que a variação ocorre em $p_A = 39,5$ Pa.

Etapa 3. Altura da torre. Escrevendo a equação de desempenho, temos da Eq. (6):

$$h = \frac{(F_g / A_{cs})}{\pi} \int_{p_{A1}}^{A2} \frac{dp_A}{-r_A''''} \tag{iii}$$

Notando que duas formas diferentes de taxa têm de ser usadas, temos:

$$h = \frac{(F_g / A_{cs})}{\pi} \int_{20}^{39,5} \frac{dp_A}{(k_{Ag} a) p_A} + \frac{F_g / A_{cs}}{\pi} \int_{39,5}^{100} \frac{(1/k_{Ag} a + H_A / k_l a)}{C_B H_A + p_A} dp_A$$

$$= \frac{10^5}{10^5 (0,32)} \ln \frac{39,5}{20} + \frac{10^5}{10^5} \int_{39,5}^{100} \frac{(1/0,32 + 12,5/0,1)}{(1.620 - p_A + p_A)} dp_A$$

$$= 2,1268 + \frac{128,125}{1.620} (100 - 39,5) = \underline{\underline{6,91 \text{ m}}}$$

Comentário. Neste exemplo, vimos que duas zonas distintas estão presentes. Podem ser encontradas situações onde mesmo uma outra zona pode estar presente. Por exemplo, se o líquido

24.2 — Transferência de Massa e Reação Não Muito Lenta **471**

que entra contiver reagente insuficiente, será atingido um ponto na torre, onde todo o reagente será consumido. Abaixo deste ponto, a absorção física ocorre somente no líquido livre de reagente. Os métodos destes exemplos, quando usados juntos, lidam, de uma maneira direta, com esta situação de três zonas. Van Krevelens e Hoftijzer (1948) discutiram situações reais, onde estas três zonas distintas estavam presentes.

Comparando as soluções para os quatro exemplos, vemos que a reação aumenta a eficiência do processo de absorção.

EXEMPLO 24.5 REFAÇA O EXEMPLO 24.2 PELO MÉTODO GERAL

No Exemplo 24.2, encontramos qual dos oito casos especiais (ver Fig. 23.3) se aplicava e então usamos sua equação correspondente de taxa [que foi a Eq. (23.16)]. Alternativamente, poderíamos ter usado a expressão geral de taxa [Eq. (23.5)]. É isto que vamos mostrar aqui.

SOLUÇÃO

Do Exemplo 24.2, um balanço de material dá as condições no fundo da torre, conforme mostrado na Fig. E24.5. Da Eq. (23.5), temos que a taxa de reação em qualquer ponto na torre é:

$$-r_A'''' = \left(\cfrac{1}{\cfrac{1}{0,32} + \cfrac{12,5}{0,1E} + \cfrac{12,5}{\infty(C_B)}} \right) p_A = \left(\cfrac{1}{3,125 + \cfrac{125}{E}} \right) p_A \qquad \text{(i)}$$

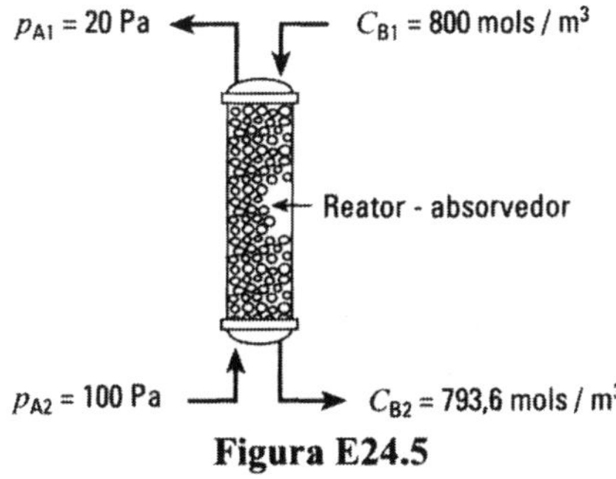

$p_{A1} = 20$ Pa $C_{B1} = 800$ mols / m^3

Reator - absorvedor

$p_{A2} = 100$ Pa $C_{B2} = 793,6$ mols / m^3

Figura E24.5

Avalie E em vários pontos na torre. Para isto, necessitamos calcular primeiro M_H e E_i.

No Topo da Torre. Da Fig. 23.4:

$$M_H = \frac{\sqrt{\mathscr{D}_B C_B k}}{k_{Al}} = \infty, \quad \text{porque } k = \infty$$

$$E_i = 1 + \frac{\mathscr{D}_B C_B H_A}{\mathscr{D}_A p_{Ai}} = 1 + \frac{800(12,5)}{p_{Ai}} = \frac{10^4}{p_{Ai}} \qquad \text{(ii)}$$

Temos que supor um valor para p_{Ai}. Pode ser qualquer um entre 0 Pa (o filme gasoso controla o processo) até 20 Pa (o filme líquido controla o processo). Vamos supor nenhuma resistência na fase gasosa. Então, $p_{Ai} = p_A$ e

$$E_i = \frac{10^4}{20} = 500$$

e da Fig. 23.4, para $M_H = \infty$, $E_i = 500$, vemos que:
$$E = 500$$

Substituindo este valor na Eq. (i), encontramos:

$$-r_A'''' = \frac{1}{3{,}125 + \dfrac{125}{500}} p_A = \frac{1}{3{,}125 + 0{,}25} p_A = 0{,}296 p_A$$

$\underbrace{\qquad}_{93\%}$ $\underbrace{\qquad}_{7\% \ldots \text{resistência}}$

Nossa suposição estava errada; logo, vamos tentar novamente. Vamos supor um outro extremo: $p_{Ai} = 0$, significando que a resistência total está no filme gasoso. Então, da Eq. (ii), vemos que $E_i = \infty$, $E = \infty$, o que torna a equação igual a:

$$-r_A'''' = \underbrace{\frac{1}{3{,}125 + 0}}_{\text{o filme gasoso controla a taxa}} p_A = 0{,}32 p_A \tag{iii}$$

Agora, nossa suposição está correta.

No Fundo da Torre. Seguimos o mesmo procedimento e encontramos o mesmo resultado. Assim, a taxa em todos os pontos na torre é dada pela Eq. (iii). Da Eq. (10), a altura da torre é então (ver a etapa 3 do Exemplo 24.2):

$$h = 5{,}03 \text{ m}$$

Sugestão. Toda vez que $M_H > E_i$, terminamos tendo de supor p_{Ai}, o que é tedioso. Nestes casos, tente usar as expressões dos casos especiais.

Em outros casos (e é este o que geralmente encontramos), a equação geral de taxa é mais fácil de usar.

EXEMPLO 24.6 REAÇÃO DE UMA BATELADA DE LÍQUIDO

Desejamos baixar a concentração de B no líquido ($V_l = 1{,}62$ m^3, $C_U = 55.555{,}6$ mols/m^3) contido em um reator de tanque agitado, por meio do borbulhamento de gás ($F_g = 9.000$ mols/h, $\pi = 105$ Pa), contendo A ($p_{A, \text{entrada}} = 1.000$ Pa), através do tanque. A e B reagem como segue:

$$A(g \to l) + B(l) \to \text{produto } (l), \quad -r_A'''' = k C_A C_B$$

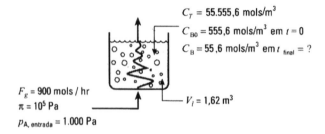

Figura E24.6

(a) Por quanto tempo temos de borbulhar gás através do vaso, de modo a baixar a concentração de $C_{B0} = 555{,}6$ para $C_{Bf} = 55{,}6$ mols/m^3?

24.2 — Transferência de Massa e Reação Não Muito Lenta **473**

(b) Que percentagem do A que entra no tanque passa através do vaso sem reagir?

Dados Adicionais

$k_{Ag}a = 0,72$ mol/h $\cdot$ m³ $\cdot$ Pa $\quad f_l = 0,9$ m³ de líquido/m³ total

$k_{Al}a = 144$ h⁻¹ $\quad\quad\quad \mathcal{D}_A = \mathcal{D}_B = 3,6 \times 10^{-6}$ m²/h, $\quad a = 100$ m²/m³

$H_A = 10^3$ Pa $\cdot$ m³/mol $\quad k = 2,6 \times 10^5$ m³/mp; $\cdot$ h

SOLUÇÃO

Vamos esquematizar na Fig. E24.6 o que conhecemos.

No início

$$M_H = \frac{\sqrt{\mathcal{D}_B k C_B}}{k_{Al}} = \frac{\sqrt{3,6 \times 10^{-6}(2,6 \times 10^5)(555,6)}}{144/100} = 15,84$$

$$E_i = 1 + \frac{C_B H_A}{p_{Ai}} = \frac{555,6(10^3)}{1.000} 555,6, \text{ ou maior}$$

$$\overset{\longleftarrow}{} \text{ou menor}$$

$$\therefore E = M_H = 15,84$$

Visto que $p_A \ll \pi$ e $E = M_H$, o texto diz que podemos usar o procedimento mais rápido, descrito acima da Eq. (19). Vamos fazer isto.

$$-r_A'''' = p_{A\,\text{entrada}} \Big/ \left(\frac{\pi V_r}{F_g} + \frac{1}{k_{Ag}a} + \frac{H_A}{k_{Al}aE} + \frac{H_A}{kC_B f_l} \right)$$

$$= 1.000 \Big/ \left(\frac{10^5(1,62)}{9.000} + \frac{1}{0,72} + \frac{10^3}{144(15,84)} + \frac{10^3}{2,6 \times 10^5(555,6)0,9} \right)$$

$$= 50,44 \text{ mols} / \text{m}^3 \cdot \text{h}$$

No final, seguindo um tratamento similar, encontramos:

$$\left. \begin{array}{l} M_H = 5 \\ E_i = 55,6, \text{ ou maior} \end{array} \right\} E = M_H = 5,0$$

$$-r_A'''' = 1.000 \Big/ \left(\frac{10^5(1,62)}{9.000} + \frac{1}{0,72} + \frac{10^3}{144(5)} + \sim 0 \right) = 48,13 \text{ mols} / \text{m}^3 \cdot \text{h}$$

A taxa de reação no começo e no final da corrida é praticamente a mesma; deste modo:

$$-r_{A,\,\text{média}}'''' = \frac{50,44 + 48,13}{2} = 49,28$$

Assim, o tempo necessário de corrida é:

$$t = \frac{f_l}{b} \int_{C_{Bf}}^{C_{B0}} \frac{dC_B}{-r_A''''} = \frac{0,9(555,6 - 55,6)}{49,28} = \underline{9,13 \text{ h}}$$

O tempo mínimo requerido é:

$$t_{\text{min}} = \frac{V_l(C_{B0} - C_{Bf})}{F_g(p_{A\,\text{entrada}} / (\pi - p_{A\,\text{entrada}}))} = \frac{1,62(555,6 - 55,6)}{9.000(1.000 / (10^5 - 100))} = \underline{8,91 \text{ h}}$$

Logo, a fração do reagente não tratado que passa através do tanque é:

$$\text{Fração} = \frac{9,13 - 8,91}{8,91} = 0,025 = \underline{\underline{2,5\%}}$$

REFERÊNCIAS

Van Krevelens, D. W., and Hoftijer, P., *Rec. TRav. Chim.*, **67**, 563 (1948).

Kramers, H., and Wertertep, K. R., *Elements of Chemical Reactor Design and Operation*.

PROBLEMAS

24.1 Os quatro esquemas de p_A versus C_A da Fig. 24.2 representam vários possíveis esquemas de contato ideal de gás com líquido. Esquematize o esquema de contato para absorção física, correspondente às linhas de operação XY da curva de p_A versus C_A, mostrada na Fig. P24.1.

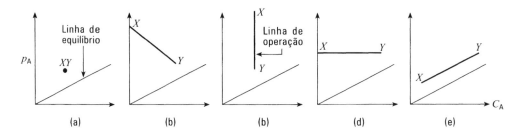

Figura P24.1

Pretendemos remover cerca de 90% de A que está presente em uma corrente de gás, por meio de absorção em água que contém o reagente B. Os compostos químicos A e B reagem no líquido da seguinte forma:

$$A(g \to l) + B(l) \to R(l), \quad -r_A = kC_A C_B$$

O composto B tem pressão de vapor desprezível; por conseguinte, ele não vai para a fase gasosa. Planejamos fazer esta absorção tanto em uma coluna recheada como em um tanque agitado.

(a) Qual é o volume necessário dos dois dispositivos de contato?

(b) Onde está a resistência do processo de absorção reativa?

Dados

Para a corrente gasosa: $F_g = 90.000$ mols/h em $\pi = 10^5$ Pa
$p_{A\ entrada} = 1.000$ Pa
$p_{A\ saída} = 100$ Pa

Dados físicos: $\mathcal{D} = 3{,}6 \times 10^{-6}$ m^2/h
$C_U = 55.556$ mols de H$_2$O/m^3 de líquido, em todos os valores de C_B

Para o leito recheado: $F_l = 900.000$ mols/h $\qquad k_{Al}a = 72$ h^{-1}
$C_{B\ entrada} = 55{,}56$ mols/m^3 $\qquad a = 100$ m^2/m^3
$k_{Ag}a = 0{,}36$ mol/h · m^3 · Pa $\qquad f_l = V_l/V = 0{,}08$

Para o tanque agitado: $F_l = 9.000$ mols/h $\qquad k_{Al}a = 144$ h^{-1}
$C_{B\ entrada} = 5.556$ mols/m^3 (sobre 10% de B) $\qquad a = 200$ m^2/m^3
$k_{Ag}a = 0{,}72$ mol/h · m^3 · Pa $\qquad f_l = V_l/V = 0{,}9$

Note que F_l e $C_{B,entrada}$ são muito diferentes em leitos recheados e em tanques e eis a razão para isto. Colunas recheadas necessitam $F_l/F_g \cong 10$ para operações satisfatórias. Isto significa grande

24.2 — Transferência de Massa e Reação Não Muito Lenta 475

valor de F_l e, de modo a não perder reagente B, ele é introduzido em baixa concentração. Por outro lado, tanques não têm esta restrição de escoamento. Desta forma, podemos usar um baixo valor de F_l e um alto valor de $C_{B, entrada}$, desde que introduzamos suficiente B para reagir com A.

	Constante da lei de Henry $Pa \cdot m^3/mol$	Para a reação $m^3/mol \cdot h$		Tipo de dispositivo de contato T = Torre, Contracorrente A = Tanque agitado
24.2	0,0	0	Nestes problemas de transferência de massa sem reação química, suponha que B não esteja presente no sistema	A
24.3	18	0		T
24.4	1,8	0		T
24.5	10^5	∞		T
24.6	10^5	26×10^7		A
24.7	10^5	$2,6 \times 10^5$		A
24.8	10^3	$2,6 \times 10^3$		T
24.9	10^5	$2,6 \times 10^7$		T
24.10	10^3	$2,6 \times 10^5$		T

24.11 Danckwerts e Gillham, em *Trans. I. Chem. E.*, **44**, 42, Março de 1966, estudaram a taxa de absorção de CO_2 em uma solução-tampão alcalina de K_2CO_3 e $KHCO_3$. A reação resultante pode ser representada como:

$$CO_2(g \to l) + OH^-(l) \to HCO_3^- \quad com \quad -r_A = kC_A C_B$$
$$\text{(A)} \qquad\qquad \text{(B)}$$

No experimento, CO_2 puro, a 1 atm, foi borbulhado em uma coluna recheada, irrigada por uma solução que recircula rapidamente, sendo mantida a 20°C e próxima de C_B constante. Do CO_2 que entrou, determine a fração que foi absorvida.

Dados Coluna: $V_r = 0,6041 \, m^3$ $\quad$ $f_l = 0,08$ $\quad$ $a = 120 \, m^2/m^3$
$\qquad\qquad$ Gás: $\quad$ $\pi = 101.325 \, Pa$ $\quad$ $H_A = 3.500 \, Pa \cdot m^3/mol$ $\quad$ $v_0 = 0,0363 \, m^3/s$
$\qquad\qquad$ Líquido: $\bar{C}_B = 300 \, mols/m^3$ $\quad$ $\mathscr{D}_{Al} = \mathscr{D}_{Bl} = 1,4 \times 10^{-9} \, m^2/s$
$\qquad\qquad$ Taxas: $\quad$ $k = 0,433 \, m^3/mol \cdot s$ $\quad$ $k_{Al}a = 0,025 \, s^{-1}$

Este problema foi elaborado por Barry Kelly.

24.12 Uma coluna recheada com selas ($a = 55 \, m^2/m^3$) de polipropileno de 5 cm está sendo projetada para a remoção de cloro proveniente de uma corrente de gás ($G = 100 \, mols/s \cdot m^2$, 2,36% de Cl_2). Esta remoção ocorre por meio de um contato em contracorrente com uma solução de NaOH ($L = 250 \, mols/s \cdot m^2$, 10% de NaOH, $C_B = 2.736 \, mols/m^3$), em torno de 40-45°C e 1 atm.

Qual a altura da torre de modo a remover 99% de cloro? Dobre a altura calculada para considerar os desvios do escoamento pistonado.

476 *Capítulo 24 — Reatores Fluido-Fluido: Projeto*

Dados

A reação $Cl_2 + 2NaOH \rightarrow$ produto é muitíssimo rápida e irreversível. Para taxas muito altas de escoamento (perto dos limites permitidos), uma extrapolação das correlações de Perry, 6.ª edição, seção 14, resulta em:

$k_g a = 133$ mols/h $\cdot$ m^3 $\cdot$ atm $H_A = 125 \times 10^6$ atm $\cdot$ m^3/mol

$k_l a = 45$ h^{-1} $\mathscr{D} = 1,5 \times 10^{-9}$ m^2/s

Repita o Exemplo 24.6 com as duas mudanças seguintes.

	Constante da Lei de Henry H_A, Pa $\cdot$ m^3/mol	Taxa de Reação de Segunda Ordem, Constante k, m^3/mol $\cdot$ h
24.13	10^5	$2,6 \times 10^5$
24.14	10^5	$2,6 \times 10^9$
24.15	10^5	$2,6 \times 10^3$
24.16	10^3	$2,6 \times 10^{11}$

CAPÍTULO 25

Reações Fluido–Partícula: Cinética

Este capítulo trata a classe de reações heterogêneas em que um gás ou um líquido entra em contato com um sólido e reage com ele, transformando-se em produto. Tais reações podem ser representadas por:

$$A \text{ (fluido)} + bB \text{ (sólido)} \rightarrow \text{produtos fluidos} \qquad (1)$$
$$\rightarrow \text{produtos sólidos} \qquad (2)$$
$$\rightarrow \text{produtos sólidos e fluidos} \qquad (3)$$

Como mostra a Fig. 25.1, o tamanho das partículas sólidas permanece inalterado durante a reação, devido a duas possibilidades: estas partículas contêm grandes quantidades de impurezas que permanecem como uma cinza não floculada ou elas formam um produto consistente pelas reações da Eq. (2) ou Eq. (3). As partículas encolhem em tamanho durante a reação, quando um floco de cinza ou um produto são formados ou quando B puro é usado na reação da Eq. (1).

Figura 25.1 — Diferentes tipos de comportamento de partículas sólidas reagindo

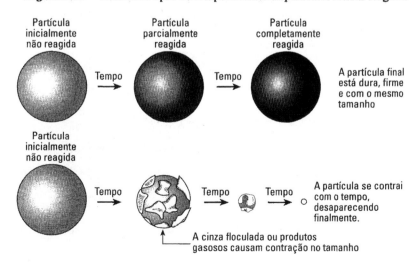

478 *Capítulo 25 — Reações Fluido–Partícula: Cinética*

As reações sólido-fluido são numerosas e de grande importância industrial. Aquelas em que o tamanho do sólido não varia de forma apreciável durante a reação são dadas a seguir.

1. A ustulação (ou oxidação) de minérios de enxofre para resultar em óxidos metálicos. Por exemplo, na preparação de óxido de zinco, o minério de enxofre é extraído, moído, separado da ganga por meio de flotação e então ustulado em um reator de modo a formar partículas duras e brancas de óxido de zinco, de acordo com a reação:

$$2ZnS(s) + 3O_2(g) \rightarrow 2ZnO(s) + 2SO_2(g)$$

Similarmente, piritas de ferro reagem como seguem:

$$4FeS_2(s) + 11O_2(g) \rightarrow 2Fe_2O_3(s) + 8SO_2(g)$$

2. A preparação de metais a partir de óxidos pela reação em atmosfera redutora. Por exemplo, ferro é preparado, a partir de magnetita moída e peneirada, em reatores de leito fluidizado, contínuos, em contracorrente e com três estágios, de acordo com a reação:

$$Fe_3O_4(s) + 4H_2(g) \rightarrow 3Fe(s) + 4H_2O(g)$$

3. A nitrogenação do carbeto de cálcio para produzir cianamina:

$$CaC_2(s) + N_2(g) \rightarrow CaCH_2(s) + C \text{ (amorfo)}$$

4. O tratamento protetor da superfície de sólidos, tais como a galvanização de metais.

Os exemplos mais comuns de reações sólido-fluido em que o tamanho do sólido varia são as reações de materiais carbonáceos, tais como briquetes de carvão, madeira, etc., com baixo teor de cinzas para produzir calor ou combustíveis de aquecimento. Por exemplo, com uma quantidade insuficiente de ar, o gás produzido é formado pelas reações:

$$C(s) + O_2(g) \rightarrow CO_2(g)$$
$$2C(s) + O_2(g) \rightarrow 2CO(g)$$
$$C(s) + CO_2(g) \rightarrow 2CO(g)$$

Com vapor, o gás de água é obtido pelas reações:

$$C(s) + H_2O(g) \rightarrow CO(g) + H_2(g)$$
$$C(s) + 2H_2O(g) \rightarrow CO_2(g) + 2H_2(g)$$

Outros exemplos de reações em que o tamanho dos sólidos varia são:

1. A fabricação de dissulfeto de carbono a partir dos elementos:

$$C(s) + 2S(g) \xrightarrow{750-1.000°C} CS_2(g)$$

2. A fabricação de cianeto de sódio a partir de amida sódica:

$$NaNH_2(l) + C(s) \xrightarrow{800°C} NaCN(l) + H_2(g)$$

3. A fabricação de tiossulfato de sódio a partir de enxofre e sulfito de sódio:

$$Na_2SO_{3\,(solução)} + S(s) \rightarrow Na_2S_2O_{3\,(solução)}$$

Outros exemplos são as reações de dissolução, o ataque de ácidos em lâminas de metais e a ustulação de ferro.

No Capítulo 17, salientamos que o tratamento de reações heterogêneas requer a consideração de dois fatores além daqueles normalmente encontrados nas reações homogêneas: a modificação das expressões cinéticas, resultantes do balanço de massa entre as fases, e os modos de contato das fases reagentes.

Neste capítulo, desenvolveremos as expressões de taxa para reações sólido-fluido. No próximo capítulo, usaremos então esta informação em projetos.

25.1 SELEÇÃO DE UM MODELO

Devemos entender claramente que todo aspecto ou modelo conceitual para o progresso de uma reação tem sua representação matemática, sua equação de taxa. Conseqüentemente, se escolhermos um modelo, teremos de aceitar sua equação de taxa e vice-versa. Se um modelo corresponder muito àquilo que realmente ocorre, então sua expressão de taxa estimará e descreverá muito bem a cinética real; se um modelo diferir muito da realidade, então suas expressões cinéticas não terão utilidade. Temos de nos lembrar que a análise matemática mais elegante e mais poderosa, baseada em um modelo que não corresponde à realidade, é inútil para o engenheiro que tem de fazer previsões para o projeto. O que dissemos aqui acerca do modelo se mantém não somente na dedução das expressões cinéticas, mas em todas as áreas de engenharia.

O requisito para um bom modelo de engenharia é que ele represente o mais próximo possível a realidade e que possa ser tratado sem excessivas complexidades matemáticas. É de pouco uso selecionar um modelo que reflita muito bem a realidade, mas que seja tão complicado que não possamos fazer nada com ele. Infelizmente, na era atual dos computadores, tudo isto acontece muito freqüentemente.

Para reações não catalíticas de partículas envolvidas por fluido, consideramos dois modelos ideais simples: o modelo de *conversão progressiva* e o modelo de *contração do núcleo não reagido* (ou simplesmente *modelo de núcleo não reagido*).

O Modelo de Conversão Progressiva (PCM).* Neste caso, vemos que o gás reagente entra e reage em toda a partícula, durante todo o tempo, provavelmente com diferentes taxas em diferentes locais dentro da partícula. Assim, o reagente sólido é convertido contínua e progressivamente em toda a partícula, conforme mostrado na Fig. 25.2.

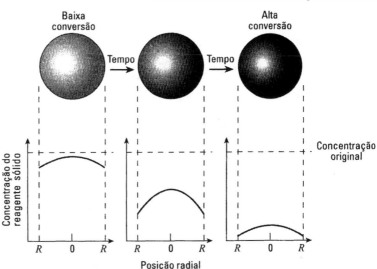

Figura 25.2 — De acordo com o modelo de conversão progressiva, a reação ocorre continuamente através da partícula sólida

---

* N.T.: Sigla proveniente do nome em inglês: *Progressive-Conversion Model*.

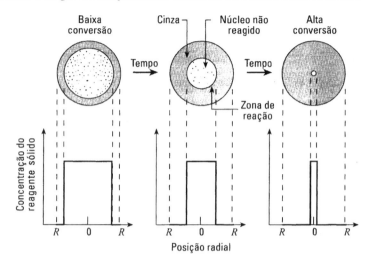

Figura 25.3 — De acordo com o modelo do núcleo não reagido, a reação ocorre em uma estreita frente que se move em direção ao interior da partícula sólida. O reagente é completamente convertido conforme a frente se desloca

Modelo do Núcleo Não Reagido (SCM).* Aqui, imaginamos que a reação ocorre primeiro na camada externa da partícula. A zona de reação se move então em direção ao interior do sólido, deixando para trás um material completamente convertido e um sólido inerte. Referimo-nos a este material como "cinza". Logo, a qualquer instante, existe um núcleo não reagido de material, que contrai em tamanho durante a reação, conforme mostrado na Fig. 25.3.

Comparação dos Modelos com Situações Reais. Fatiando e examinando a seção transversal de partículas sólidas parcialmente reagidas, geralmente encontramos material sólido não reagido envolvido por uma camada de cinza. O contorno deste núcleo não reagido pode não ser sempre tão bem definido como o modelo retrata; contudo, evidências provenientes de uma grande variedade de situações indicam que na maioria dos casos, o modelo do núcleo não reagido (SCM) se aproxima mais de partículas reais do que o modelo de conversão progressiva (PCM). Observações com queima de carvão, madeira, briquetes e fardos de jornais também favorecem o modelo do núcleo não reagido. Para mais discussões a respeito de muitos outros modelos usados (no mínimo dez), ver Capítulo 55 em Levenspiel (1996).

Uma vez que SCM parece representar razoavelmente a realidade em uma grande variedade de situações, desenvolveremos suas equações cinéticas na próxima seção. Fazendo isto, consideraremos o fluido envolvente como sendo um gás. No entanto, isto é feito somente por conveniência, visto que a análise se aplica igualmente bem a líquidos.

25.2 MODELO DO NÚCLEO NÃO REAGIDO, PARA PARTÍCULAS ESFÉRICAS DE TAMANHO CONSTANTE

Este modelo foi primeiro desenvolvido por Yagi e Kunii (1955, 1961), que imaginaram cinco etapas ocorrendo sucessivamente durante a reação (ver Fig. 25.4).

Etapa 1. Difusão do reagente gasoso A através do filme envolvendo a partícula em direção à superfície do sólido.

Etapa 2. Penetração e difusão de A através das camadas de cinza em direção à superfície do núcleo não reagido.

---

* N.T.: Sigla proveniente do nome em inglês: *Shrinking-Core Model*.

25.2 — Modelo do Núcleo não Reagido, para Partículas Esféricas de Tamanho Constante

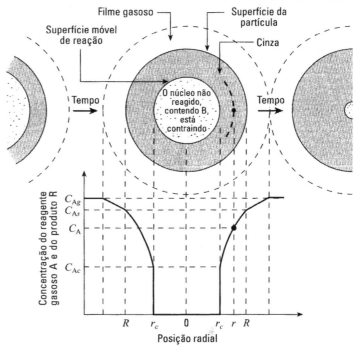

Figura 25.4 — Representação de concentrações de reagentes e produtos para a reação A(g) + bB(s) → produto sólido, considerando uma partícula de tamanho constante

Etapa 3. Reação do gás A com o sólido nesta superfície de reação.

Etapa 4. Difusão dos produtos gasosos através da cinza, de volta à superfície exterior do sólido.

Etapa 5. Difusão dos produtos gasosos através do filme gasoso, de volta ao corpo principal de fluido.

Em algumas situações, algumas dessas etapas não existem. Por exemplo, se nenhum produto gasoso for formado, as etapas 4 e 5 não contribuirão diretamente para a resistência à reação. Além disto, as resistências das diferentes etapas geralmente variam grandemente entre cada uma delas. Em tais casos, podemos considerar que a etapa com a maior resistência irá controlar a taxa.

Nesse tratamento, desenvolvemos as equações de conversão para partículas esféricas, em que as etapas 1, 2 e 3, por sua vez, são controladoras da taxa. Estendemos então a análise para partículas não esféricas e para situações onde o efeito combinado dessas três resistências tem de ser considerado.

Taxa Controlada Pela Difusão Através do Filme Gasoso

Toda vez que a resistência no filme gasoso controlar a taxa, o perfil de concentração para o reagente gasoso A será mostrado como na Fig. 25.5. A partir desta figura, vemos que nenhum reagente gasoso está presente na superfície da partícula; por conseguinte, a força-motriz da concentração, $C_{Ag} - C_{As}$, torna-se C_{Ag}, sendo constante por todo o tempo durante a reação da partícula. Uma vez que é conveniente deduzir as equações cinéticas baseadas na superfície disponível, prestamos atenção à superfície externa constante, S_{ex}, de uma partícula. A partir da estequiometria das Eqs. (1), (2) e (3), note que $dN_B = bdN_A$; por conseguinte, podemos escrever:

$$-\frac{1}{S_{ex}}\frac{dN_B}{dt} = -\frac{1}{4\pi R^2}\frac{dN_B}{dt} = -\frac{b}{4\pi R^2}\frac{dN_A}{dt} = bk_g(C_{Ag} - C_{As}) = bk_g C_{Ag} = \text{constante} \quad (4)$$

Figura 25.5 — Representação de uma partícula reagindo, quando a difusão através do filme gasoso for a resistência controladora

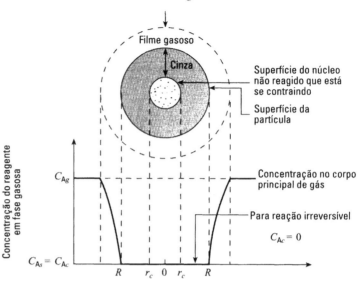

Se fizermos ρ_B ser a densidade molar de B no sólido e V ser o volume de uma partícula, a quantidade de B presente na partícula será:

$$N_B = \rho_B V = \left(\frac{\text{mols de B}}{\text{m}^3 \text{ de sólido}}\right)(\text{m}^3 \text{ de sólido}) \tag{5}$$

A diminuição no volume ou no raio do núcleo não reagido, que acompanha o desaparecimento de dN_B mols do reagente sólido, é então dada por:

$$-dN_B = -b\,dN_A = -\rho_B\,dV = -\rho_B\,d\left(\frac{4}{3}\pi r_c^3\right) = -4\pi\rho_B r_c^2\,dr_c \tag{6}$$

Substituindo a Eq. (6) na Eq. (4), temos a taxa de reação em termos do raio do núcleo não reagido; ou seja:

$$-\frac{1}{S_{ex}}\frac{dN_B}{dt} = -\frac{\rho_B r_c^2}{R^2}\frac{dr_c}{dt} = bk_g C_{Ag} \tag{7}$$

onde k_g é o coeficiente de transferência de massa entre o fluido e a partícula; veja a discussão que levou à Eq. (24). Rearranjando e integrando, encontramos como o núcleo não reagido se contrai com o tempo. Deste modo:

$$-\frac{\rho_B}{R^2}\int_R^{r_c} r_c^2\,dr_c = bk_g C_{Ag}\int_0^t dt$$

$$t = \frac{\rho_B R}{3bk_g C_{Ag}}\left[1 - \left(\frac{r_c}{R}\right)^3\right] \tag{8}$$

Faça τ ser o tempo para a conversão completa de uma partícula. Então, fazendo $r_c = 0$ na Eq. (8), encontramos:

$$\boxed{\tau = \frac{\rho_B R}{3bk_g C_{Ag}}} \tag{9}$$

O raio do núcleo não reagido, em termos da fração de tempo para a conversão completa, é obtido pela combinação das Eqs. (8) e (9); ou seja:

$$\frac{t}{\tau} = 1 - \left(\frac{r_c}{R}\right)^3$$

Isto pode ser escrito em termos de fração de conversão, notando que:

$$1 - X_B = \left(\frac{\text{volume do núcleo não reagido}}{\text{volume total da partícula}}\right) = \frac{\frac{4}{3}\pi r_c^3}{\frac{4}{3}\pi R^3} = \left(\frac{r_c}{R}\right)^3 \tag{10}$$

Conseqüentemente:

$$\boxed{\frac{t}{\tau} = 1 - \left(\frac{r_c}{R}\right)^3 = X_B} \tag{11}$$

Assim, obtemos a relação do tempo com o raio e com a conversão. A representação gráfica desta relação é mostrada nas Figs. 25.9 e 25.10, páginas 481 e 482.

Taxa Controlada Pela Difusão Através da Camada de Cinza

A Fig. 25.6 ilustra a situação em que a resistência à difusão através da cinza controla a taxa de reação. Para desenvolver uma expressão relacionando o tempo e o raio, tal como a Eq. (8) para a resistência no filme, necessitamos uma análise em duas etapas. Primeiro examine uma típica partícula parcialmente reagida e escreva as relações de fluxo para esta condição. Aplique em seguida esta relação para todos os valores de r_c; em outras palavras, integre r_c entre R e 0.

Considere uma partícula parcialmente reagida, conforme mostrado na Fig. 25.6. Tanto o reagente A como o contorno do núcleo não reagido se movem em direção ao centro da partícula. Porém, para sistemas S/G, a contração do núcleo não reagido é mais lenta do que a taxa de escoamento de A em direção ao núcleo não reagido, por um fator de cerca de 1.000, o que é aproximadamente a razão das

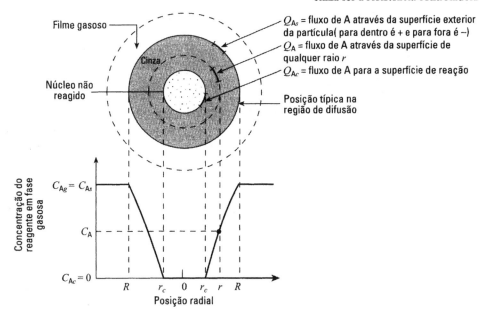

Figura 25.6 — Representação de uma partícula reagindo, quando a difusão através da camada de cinza for a resistência controladora

484 *Capítulo 25 — Reações Fluido–Partícula: Cinética*

densidades do sólido e do gás. Por causa disto, é razoável supor que o núcleo não reagido e o gradiente de concentração de A na camada de cinza sejam estacionários, em qualquer instante.

Com sistemas *S/L*, temos um problema devido à razão de velocidades ser mais próxima de um do que de 1.000. Yoshida *et al.* (1975) consideraram uma relaxação da suposição anterior.

Para sistemas *S/G*, o uso da suposição de estado estacionário permite uma grande simplificação na matemática que segue. Logo, a taxa de reação de A, em qualquer instante, é dada por sua taxa de difusão para a superfície de reação; ou seja:

$$-\frac{dN_A}{dt} = 4\pi r^2 Q_A = 4\pi R^2 Q_{As} = 4\pi r_c^2 Q_{Ac} = \text{constante} \tag{12}$$

Por conveniência, expresse o fluxo de A no interior da camada de cinza pela lei de Fick para contradifusão molar, embora outras formas desta equação de difusão darão o mesmo resultado. Então, notando que Q_A e dC_A/dr são positivos, temos:

$$Q_A = \mathscr{D}_e \frac{dC_A}{dr} \tag{13}$$

onde $\mathscr{D}_e$ é o coeficiente efetivo de difusão do reagente gasoso na camada de cinza. Freqüentemente, é difícil dar um valor de antemão a esta quantidade, porque a propriedade da cinza (suas qualidades para sinterização, por exemplo) pode ser muito sensível a pequenas quantidades de impurezas no sólido e a pequenas variações no ambiente da partícula. Combinando as Eqs. (12) e (13), obtemos para qualquer *r*:

$$-\frac{dN_A}{dt} = 4\pi r^2 \mathscr{D}_e \frac{dC_A}{dr} = \text{constante} \tag{14}$$

Integrando através da camada de cinza, de *R* até r_c, temos:

$$-\frac{dN_A}{dt} \int_R^{r_c} \frac{dr}{r^2} = 4\pi \mathscr{D}_e \int_{C_{Ag}=C_{As}}^{C_{Ac}=0} dC_A$$

ou

$$-\frac{dN_A}{dt}\left(\frac{1}{r_c} - \frac{1}{R}\right) = 4\pi \mathscr{D}_e C_{Ag} \tag{15}$$

Esta expressão representa as condições de uma partícula reagindo em qualquer tempo.

Na segunda parte da análise, variamos o tamanho do núcleo não reagido com o tempo. Para um dado tamanho de núcleo não reagido, dN_A/dt é constante; entretanto, à medida que o núcleo contrai, a camada de cinza se torna mais espessa, diminuindo a taxa de difusão de A. Conseqüentemente, a integração da Eq. (15), com relação ao tempo e a outras variáveis, deve resultar na relação requerida. Mas, notamos que esta equação contém três variáveis, *t*, N_A e r_c, uma das quais tem de ser eliminada ou escrita em termos das outras variáveis, antes de calcular a integral. Como no caso da difusão no filme, vamos eliminar a variável N_A, escrevendo-a em termos de r_c. Esta relação é dada pela Eq. (6), que substituindo na Eq. (15), separando as variáveis e integrando, resulta em:

$$-\rho_B \int_{r_c=R}^{r_c}\left(\frac{1}{r_c} - \frac{1}{R}\right)r_c^2\, dr_c = b\mathscr{D}_e C_{Ag} \int_0^t dt$$

ou

$$t = \frac{\rho_B R^2}{6b\mathscr{D}_e C_{Ag}}\left[1 - 3\left(\frac{r_c}{R}\right)^2 + 2\left(\frac{r_c}{R}\right)^3\right] \tag{16}$$

Para a conversão completa de uma partícula, $r_c = 0$ e o tempo requerido é:

$$\boxed{\tau = \frac{\rho_B R^2}{6b\mathscr{D}_e C_{Ag}}} \tag{17}$$

O progresso da reação, em termos do tempo requerido para a conversão completa, é encontrado dividindo-se a Eq. (16) pela Eq. (17); ou seja:

$$\frac{t}{\tau} = 1 - 3\left(\frac{r_c}{R}\right)^2 + 2\left(\frac{r_c}{R}\right)^3 \qquad (18a)$$

que, em termos de fração de conversão como dada na Eq. (10), torna-se:

$$\frac{t}{\tau} = 1 - 3(1 - X_B)^{2/3} + 2(1 - X_B) \qquad (18b)$$

Estes resultados são apresentados graficamente nas Figuras 25.9 e 25.10, páginas 481 e 482.

Taxa Controlada Pela Reação Química

A Fig. 25.7 ilustra os gradientes de concentração no interior da partícula, quando a reação química controla a taxa. Visto que o progresso da reação não é afetado pela presença de qualquer camada de cinza, a taxa é proporcional à superfície disponível do núcleo não reagido. Desta forma, baseando-nos na superfície unitária do núcleo não reagido, r_c, a taxa de reação para a estequiometria das Eqs. (1), (2) e (3) é:

$$-\frac{1}{4\pi r_c^2}\frac{dN_A}{dt} = -\frac{b}{4\pi r_c^2}\frac{dN_A}{dt} = bk''C_{Ag} \qquad (19)$$

onde k'' é a constante de taxa de primeira ordem para a reação na superfície. Escrevendo N_B em termos do raio que está contraindo, como dado na Eq. (6), obtemos:

$$-\frac{1}{4\pi r_c^2}\rho_B 4\pi r_c^2 \frac{dr_c}{dt} = -\rho_B \frac{dr_c}{dt} = bk''C_{Ag} \qquad (20)$$

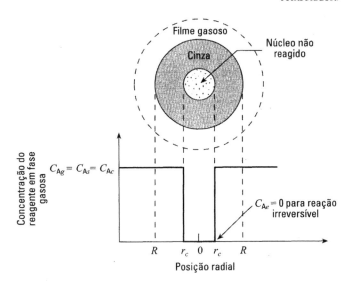

Figura 25.7 — Representação de uma partícula reagindo, quando a reação química (A(g) + bB(s) → produtos) for a resistência controladora

que após integração se torna:

$$-\rho_B \int_R^{r_c} dr_c = bk''C_{Ag} \int_0^t dt$$

ou
$$t = \frac{\rho_B}{bk''C_{Ag}}(R - r_c) \qquad (21)$$

O tempo τ requerido para conversão completa é dado quando $r_c = 0$; ou seja:

$$\boxed{\tau = \frac{\rho_B R}{bk''C_{Ag}}} \qquad (22)$$

A diminuição no raio, ou o aumento na fração de conversão da partícula, em temos de τ, é encontrada pela combinação das Eqs. (21) e (22). Portanto:

$$\boxed{\frac{t}{\tau} = 1 - \frac{r_c}{R} = 1 - (1 - X_B)^{1/3}} \qquad (23)$$

Este resultado é colocado em forma gráfica nas Figs. 25.9 e 25.10, páginas 481 e 482.

25.3 TAXA DE REAÇÃO PARA PARTÍCULAS ESFÉRICAS EM CONTRAÇÃO

Quando nenhuma cinza se forma, como na queima de carbono puro em ar, a partícula reagente se contrai durante a reação para finalmente desaparecer. Este processo está ilustrado na Fig. 25.8. Para uma reação deste tipo, imaginamos as três etapas seguintes, ocorrendo sucessivamente.

Etapa 1. Difusão do reagente A, proveniente do corpo principal de gás, através do filme gasoso em direção à superfície do sólido.

Etapa 2. Reação na superfície entre o reagente A e o sólido.

Etapa 3. Difusão dos produtos de reação provenientes da superfície do sólido através do filme gasoso, de volta ao corpo principal de gás. Note que a camada de cinza está ausente e não contribui para qualquer resistência.

Assim como com partículas de tamanho constante, vamos ver que expressões de taxa resultarão quando uma ou a outra resistência controlar a taxa.

Figura 25.8 — Representação da concentração dos reagentes e dos produtos para a reação A(*g*) + *b*B(*s*) → *r*B(*g*), entre uma partícula sólida se contraindo e um gás

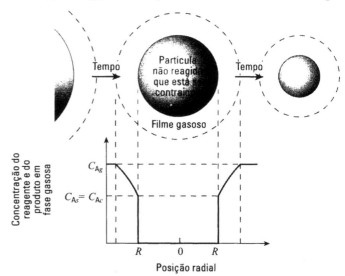

Taxa Controlada Pela Reação Química

Quando a reação controlar a taxa, o comportamento será idêntico àquele das partículas com tamanho constante; por conseguinte, a Fig. 25.7 e a Eq. (21) ou (23) representarão, para partículas únicas, o comportamento de conversão-tempo, tanto com tamanho constante como variável (contraindo).

Taxa Controlada Pela Difusão Através do Filme Gasoso

A resistência no filme existente na superfície de uma partícula é dependente de inúmeros fatores, tais como a velocidade relativa entre a partícula e o fluido, o tamanho da partícula e as propriedades do fluido. Estes fatores têm sido relacionados para vários modos de contato sólido-fluido, tais como leitos recheados, leitos fluidizados e sólidos em queda livre. Como um exemplo, para a transferência de massa entre um componente, com fração molar y, em um fluido e sólidos em queda livre, Froessling (1938) forneceu:

$$\frac{k_g d_p}{\mathcal{D}} = 2 + 0,6(\text{Sc})^{1/3}(\text{Re})^{1/2} = 2 + 0,6\left(\frac{\mu}{\rho\mathcal{D}}\right)^{1/3}\left(\frac{d_p u \rho}{\mu}\right)^{1/2} \tag{24}$$

Durante a reação, uma partícula varia em tamanho; conseqüentemente, k_g também varia. Em geral, k_g cresce para um aumento na velocidade do gás e para partículas menores. Como um exemplo, a Fig. 12 e a Eq. (24) mostram que:

$$k_g \sim \frac{1}{d_p} \quad \text{para } d_p \text{ e } u \text{ pequenos} \tag{25}$$

$$k_g \sim \frac{u^{1/2}}{d_p^{1/2}} \quad \text{para } d_p \text{ e } u \text{ grandes} \tag{26}$$

A Eq. (25) representa as partículas no regime da lei de Stokes. Vamos desenvolver expressões de conversão-tempo para tais partículas.

Regime de Stokes (Partículas Pequenas). No momento em que uma partícula, originalmente de tamanho R_0, se contrair para o tamanho R, podemos escrever:

$$dN_B = \rho_B \, dV = 4\pi\rho_B R^2 \, dR$$

Assim, de forma análoga à Eq. (7), temos:

$$-\frac{1}{S_{ex}}\frac{dN_B}{dt} = \frac{\rho_B 4\pi R^2}{4\pi R^2}\frac{dR}{dt} = -\rho_B\frac{dR}{dt} = bk_g C_{Ag} \tag{27}$$

Uma vez que no regime de Stokes, a Eq. (24) se reduz a

$$k_g = \frac{2\mathcal{D}}{d_p} = \frac{\mathcal{D}}{R} \tag{28}$$

temos, depois de rearranjar e integrar:

$$\int_{R_0}^{R} R \, dR = \frac{bC_{Ag}\mathcal{D}}{\rho_B}\int_0^t dt$$

ou

$$t = \frac{\rho_B R_0^2}{2bC_{Ag}\mathcal{D}}\left[1 - \left(\frac{R}{R_0}\right)^2\right]$$

488 Capítulo 25 — Reações Fluido–Partícula: Cinética

O tempo para o completo desaparecimento de uma partícula é:

$$\boxed{\tau = \frac{\rho_B R_0^2}{2bC_{Ag}\mathscr{D}}}$$

(29)

que combinando, temos:

$$\boxed{\frac{t}{\tau} = 1 - \left(\frac{R}{R_0}\right)^2 = 1 - (1 - X_B)^{2/3}}$$

(30)

Esta relação de tamanho *versus* tempo, para partículas contraindo no regime de Stokes, é mostrada nas Figs. 25.9 e 25.10, páginas 481 e 482. Ela representa bem pequenas partículas sólidas queimando e pequenas gotículas de líquido queimando.

25.4 EXTENSÕES

Partículas de Forma Diferente. As equações de conversão-tempo similares àquelas desenvolvidas anteriormente podem ser obtidas para partículas de várias formas. A Tabela 25.1 resume estas expressões.

Combinação de Resistências. As expressões anteriores de conversão-tempo consideram que uma única resistência controla toda a reação na partícula. No entanto, a importância relativa do filme gasoso, da camada de cinza e das etapas de reação variarão à medida que a conversão da partícula progredir. Por exemplo, para uma partícula de tamanho constante, a resistência no filme gasoso permanece inalterada, a resistência à reação aumenta conforme a superfície do núcleo não reagido diminui, enquanto que a resistência na camada de cinza não existe no começo devido à ausência de cinza. Porém, esta última resistência se torna progressivamente mais e mais importante à medida que a camada de cinza vai se formando. Em geral, pode não ser razoável considerar que apenas uma etapa controle toda a reação.

A consideração da ação simultânea dessas resistências será um processo direto, desde que elas atuem em série e sejam todas lineares na concentração. Desta maneira, combinando as Eqs. (7), (15) e (20) com suas forças-motrizes individuais e eliminando as concentrações intermediárias, podemos mostrar que o tempo para atingir qualquer estágio de conversão é a soma dos tempos necessários se cada resistência atuasse sozinha; ou seja:

$$t_{total} = t_{\text{somente do filme}} + t_{\text{somente da cinza}} + t_{\text{somente da reação}}$$

(32a)

Similarmente, para conversão completa

$$\tau_{total} = \tau_{\text{somente do filme}} + \tau_{\text{somente da cinza}} + \tau_{\text{somente da reação}}$$

(32b)

Em uma abordagem alternativa, as resistências individuais podem ser combinadas diretamente para dar, em qualquer estágio particular de conversão:

$$-\frac{1}{S_{ex}}\frac{dN_B}{dt} = \frac{bC_A}{\dfrac{1}{k_g} + \dfrac{R(R-r_c)}{r_c\mathscr{D}_e} + \dfrac{R^2}{r_c^2 k''}}$$

(33a)

ou

$$-\frac{dr_c}{dt} = \frac{bC_A/\rho_B}{\underbrace{\dfrac{r_c^2}{R^2 k_g}}_{\text{filme}} + \underbrace{\dfrac{(R-r_c)r_c}{R\mathscr{D}_e}}_{\text{cinza}} + \underbrace{\dfrac{1}{k''}}_{\text{reação}}}$$

(33b)

Tabela 25.1 — Expressões de conversão-tempo para várias formas de partículas — Modelo do núcleo não reagido

	Taxa controlada pela difusão no filme	Taxa controlada pela difusão na cinza	Taxa controlada pela reação
Partículas com tamanho constante			
Placa plana $X_B = 1 - \dfrac{1}{L}$ $L =$ metade da espessura	$\dfrac{t}{\tau} = X_B$ $\tau = \dfrac{\rho_B L}{b k_g C_{Ag}}$	$\dfrac{t}{\tau} = X_B^2$ $\tau = \dfrac{\rho_B L^2}{2 b \mathscr{D}_e C_{Ag}}$	$\dfrac{t}{\tau} = X_B$ $\tau = \dfrac{\rho_B L}{b k'' C_{Ag}}$
Cilindro $X_B = 1 - \left(\dfrac{r_c}{R}\right)^2$	$\dfrac{t}{\tau} = X_B$ $\tau = \dfrac{\rho_B R}{2 b k_g C_{Ag}}$	$\dfrac{t}{\tau} = X_B + (1-X_B)\ln(1-X_B)$ $\tau = \dfrac{\rho_B R^2}{4 b \mathscr{D}_e C_{Ag}}$	$\dfrac{t}{\tau} = 1-(1-X_B)^{1/2}$ $\tau = \dfrac{\rho_B R}{b k'' C_{Ag}}$
Esfera $X_B = 1 - \left(\dfrac{r_c}{R}\right)^3$	$\dfrac{t}{\tau} = X_B$ **(11)** $\tau = \dfrac{\rho_B R}{3 b k_g C_{Ag}}$ **(10)**	$\dfrac{t}{\tau} = 1 - 3(1-X_B)^{2/3} + 2(1-X_B)$ **(18)** $\tau = \dfrac{\rho_B R^2}{6 b \mathscr{D}_e C_{Ag}}$ **(17)**	$\dfrac{t}{\tau} = 1-(1-X_B)^{1/3}$ **(23)** $\tau = \dfrac{\rho_B R_0}{b k'' C_{Ag}}$ **(22)**
Esfera em contração			
Partícula pequena Regime de Stokes	$\dfrac{t}{\tau} = 1-(1-X_B)^{2/3}$ **(30)** $\tau = \dfrac{\rho_B R_0^2}{2 b \mathscr{D} C_{Ag}}$ **(29)**	Não aplicável	$\dfrac{t}{\tau} = 1-(1-X_B)^{1/3}$ $\tau = \dfrac{\rho_B R_0}{b k'' C_{Ag}}$
Partícula grande ($u =$ constante)	$\dfrac{t}{\tau} = 1-(1-X_B)^{1/2}$ **(31)** $\tau = (\text{constante})\dfrac{R_0^{3/2}}{C_{Ag}}$	Não aplicável	$\dfrac{t}{\tau} = 1-(1-X_B)^{1/3}$ $\tau = \dfrac{\rho_B R}{b k'' C_{Ag}}$

490 Capítulo 25 — Reações Fluido–Partícula: Cinética

Como pode ser visto, a importância relativa das três resistências individuais varia conforme a conversão progride ou conforme r_c diminui.

Considerando a progressão inteira, da partícula nova até a partícula completamente convertida e com tamanho constante, encontramos, em média, que o papel relativo destas três resistências é dado por:

$$-\frac{1}{S_{ex}}\frac{\overline{dN_A}}{dt} = \overline{k}''C_A = \frac{C_A}{\frac{1}{k_g}+\frac{R}{2\mathcal{D}_e}+\frac{3}{k''}} \tag{34}$$

Para partículas livres de cinza e que contraem durante a reação, somente duas resistências, filme gasoso e reação na superfície, necessitam ser consideradas. Devido ao fato de ambas serem baseadas na superfície exterior variável das partículas, podemos combiná-las para ter em qualquer instante:

$$-\frac{1}{S_{ex}}\frac{dN_A}{dt} = \frac{1}{\frac{1}{k_g}+\frac{1}{k''}}C_A \tag{35}$$

Várias formas destas expressões foram deduzidas por Yagi e Kunii (1955), Shen e Smith (1965) e White e Carberry (1965).

Limitações do Modelo do Núcleo Não Reagido. As suposições deste modelo podem não corresponder precisamente à realidade. Por exemplo, a reação pode ocorrer ao longo da frente difusional em vez de ao longo da interface definida entre a cinza e o sólido novo, dando assim um comportamento intermediário entre os modelos do núcleo não reagido e da reação contínua. Este problema foi considerado por Wen (1968) e Ishida e Wen (1971).

Além disso, para reação rápida, a taxa de liberação de calor pode ser suficientemente rápida para causar gradientes significantes de temperatura no interior das partículas ou entre a partícula e massa global de fluido. Este problema foi tratado em detalhes por Wen e Wang (1970).

Além dessas complicações, Wen (1968) e Ishida *et al.* (1971), com base em estudos de numerosos sistemas, concluíram que o modelo de núcleo não reagido é a melhor representação simples para a maioria dos sistemas reacionais sólido-gás.

Há, contudo, duas grandes classes de exceções a essa conclusão. A primeira vem com a reação lenta de um gás com um sólido muito poroso. Neste caso, a reação pode ocorrer em todo o sólido, situação esta em que o modelo de reação contínua pode ajustar melhor a realidade. Um exemplo disto é o envenenamento lento de uma pastilha de catalisador, situação tratada no Capítulo 21.

A segunda exceção ocorre quando o sólido é convertido pela ação de calor, sem necessitar do contato com o gás. Torrar pão, "aferventar missionários" e "assar cachorrinhos" são exemplos de tais reações, que dão água na boca. Aqui novamente, o modelo de reação contínua é a melhor representação da realidade. Wen (1968) e Kunii e Levenspiel (1991) trataram estas cinéticas.

25.5 DETERMINAÇÃO DA ETAPA CONTROLADORA DA TAXA

A cinética e as etapas controladoras da taxa de uma reação sólido-fluido são deduzidas notando como a conversão progressiva das partículas é influenciada pelo tamanho das partículas e pela temperatura operacional. Esta informação pode ser obtida de várias maneiras, dependendo das facilidades disponíveis e dos materiais em mãos. As observações seguintes são um guia para a experimentação e interpretação de dados experimentais.

Temperatura. A etapa química é geralmente muito mais sensível à temperatura do que as etapas físicas. Logo, experimentos em diferentes temperaturas devem permitir facilmente a distinção entre difusão na cinza ou no filme, por um lado, e reação química, por outro lado, como etapa controladora.

Figura 25.9 — Progresso da reação de uma única partícula esférica com fluido envolvente, medido em termos de tempo, para uma reação completa

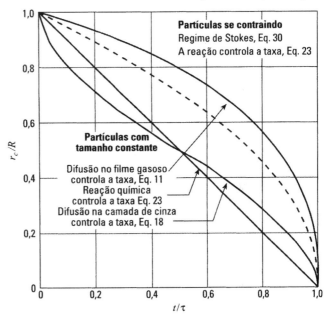

Tempo. As Figs. 25.9 e 25.10 mostram a conversão progressiva de sólidos esféricos, quando a reação química, a difusão no filme e a difusão na cinza, uma de cada vez, controlam a taxa. Os resultados das corridas cinéticas comparados com estas curvas estimadas devem indicar a etapa controladora da taxa. Infelizmente, a diferença entre a difusão na cinza e a reação química como etapas controladoras não é tão grande e pode ser mascarada pela dispersão dos dados experimentais.

Curvas de conversão-tempo, análogas àquelas das Figs. 25.9 e 25.10, podem ser preparadas para outras formas de sólido, usando as equações da Tabela 25.1.

Tamanho da Partícula. As Eqs. (16), (21) e (8) com a Eq. (24) ou (25) mostram que o tempo necessário para atingir a mesma fração de conversão para partículas de diferentes, porém constantes, tamanhos, é dado por:

$t \propto R^{1,5 \text{ a } 2,0}$ para difusão em filme controlando a taxa (o expoente diminui quando o número de Reynolds aumenta) (36)

$t \propto R^{2,0}$ para difusão na cinza controlando a taxa (37)

$t \propto R$ para reação química controlando a taxa (38)

Assim, corridas cinéticas com diferentes tamanhos de partículas podem permitir a distinção entre reações em que as etapas químicas e físicas controlem o processo.

Resistência no Filme versus Resistência na Cinza. Quando cinzas de um sólido duro se formam durante uma reação, a resistência do reagente em fase gasosa através da cinza é geralmente muito maior do que através do filme gasoso que envolve a partícula. Por conseguinte, na presença de uma camada não floculada de cinza, a resistência no filme gasoso pode ser seguramente ignorada. Além disto, a resistência na cinza não é afetada por variações na velocidade do gás.

Previsibilidade da Resistência no Filme. A magnitude da resistência no filme pode ser estimada a partir de correlações adimensionais, tais como a Eq. (24). Deste modo, um valor observado da taxa que seja aproximadamente igual ao seu valor calculado, sugere que a resistência no filme controla a taxa.

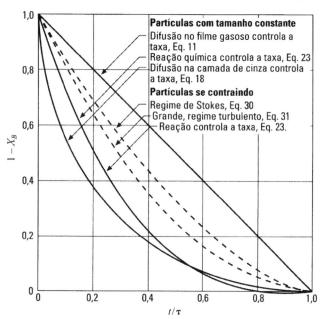

Figura 25.10 — Progresso da reação de uma única partícula esférica com fluido envolvente, medido em termos de tempo, para uma conversão completa

***Resistência Global* versus *Resistência Individual*.** Se um gráfico dos coeficientes individuais de taxa for feito como função de temperatura, conforme mostrado na Fig. 25.11, o coeficiente global, dado pela Eq. (34) ou (35), não poderá ser maior que qualquer dos coeficientes individuais.

Com essas observações, podemos geralmente descobrir qual é o mecanismo controlador, usando um pequeno programa experimental, cuidadosamente planejado.

Vamos ilustrar o jogo entre as resistências, usando a bem estudada reação sólido-gás de partículas de carbono puro com oxigênio:

$$C + O_2 \rightarrow CO_2$$
$$[B(s) + A(g) \rightarrow \text{produtos gasosos}]$$

com equação de taxa:

$$-\frac{1}{S_{ex}}\frac{dN_B}{dt} = -\frac{1}{4\pi R^2}4\pi R^2 \rho_B \frac{dR}{dt} = -\rho_B \frac{dR}{dt} = \bar{k}''C_A \tag{27}$$

Visto que nenhuma cinza é formada durante a reação, temos aqui um caso de cinética de partículas se contraindo, para o qual no máximo duas resistências — a reação na superfície e o filme gasoso — podem desempenhar papel importante. Em termos delas e a partir da Eq. (35), a constante global de taxa em qualquer instante é:

$$\frac{1}{\bar{k}''} = \frac{1}{k''} + \frac{1}{k_g}$$

k_g é dado pela Eq. (24), enquanto k'' é dado pela seguinte expressão de Parker e Hottel (1936):

$$-\frac{1}{S_{ex}}\frac{dN_A}{dt} = 4,32 \times 10^{11} C_{Ag}\sqrt{T}e^{-(184.000)/\mathbf{R}T} = k_s C_{Ag} \tag{39}$$

onde **R** está em J/mol · K, T está em Kelvin e C_{Ag} está em gmol/ℓ. A Fig. 25.12 mostra toda esta informação em uma forma gráfica conveniente, permitindo a determinação de para diferentes valores

Figura 25.11 — Devido à série de relações entre as resistências à reação, a taxa líquida ou observada nunca é maior que aquela para qualquer uma das etapas individuais atuando sozinha

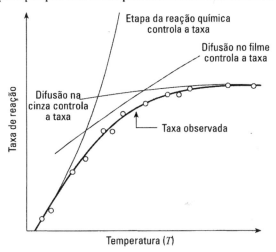

Figura 25.12 — Taxa de combustão de partículas de carbono puro. Esta figura é adaptada de Yagi e Kunii (1955)

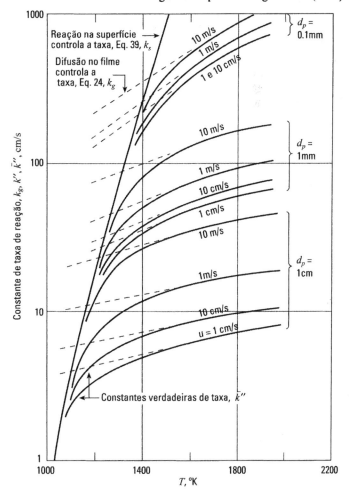

494 Capítulo 25 — Reações Fluido–Partícula: Cinética

das variáveis do sistema. Note que quando a resistência no filme controla a taxa, a reação é muito insensível à temperatura, porém depende do tamanho da partícula e da velocidade relativa entre o sólido e o gás. Isto é mostrado pela família de linhas, quase paralelas e praticamente horizontais.

Quando se extrapola para novas condições operacionais ainda não tentadas, temos de saber quando haverá uma mudança na etapa controladora e quando poderemos esperar que a etapa controladora da taxa não varie. Por exemplo, para partículas com cinza não floculada, uma elevação na temperatura e, em uma menor extensão, um aumento no tamanho da partícula podem causar uma mudança no controle da taxa, de reação para difusão na cinza. Para reações em que a cinza não esteja presente, uma elevação na temperatura causará uma mudança no controle da taxa, de reação para resistência no filme.

Por outro lado, se a difusão na cinza já controla, então uma elevação na temperatura não deve causar uma mudança de controle para reação ou difusão no filme.

REFERÊNCIAS

Froessling, N., *Gerland Beitr. Geophys.*, 52, 170 (1938).

Ishida, M., and Wen, C. Y., *Chem. Eng. Sci.*, **26**, 1031 (1971).

Ishida M., Wen C. Y., and Shirai, T., *Chem Eng. Sci.*, **26**, 1043 (1971).

Kunii, D., and Levenspiel, O., *Fluidization Engineering*, 2nd edition, Butterworth, Boston, MA, 1991.

Levenspiel, O., *Chemical Reactor Omnibook*, OSU Bookstores, Corvallis, OR, 1996.

Parker, A. L., and Hottel, H. C., *Ind. Eng. Chem.*, **28**, 1334 (1936).

Shen, J., and Smith, J. M., *Ind. Eng. Chem. Fund.*, **4**, 293 (1965).

Wen, C. Y., *Ind Eng. Chem.*, **60**, (9), 34 (1968).

Wen, C. Y., and Wang, S. C., *Ind. Eng. Chem.*, **62**, (8), 30 (1970).

White, D. E., and Carberry, J. J., *Can. J. Chem. Eng.*, **43**, 334 (1965).

Yagi, S., and Kunii, D., *5th Symposium (International) on Combustion*, Reinhold, Nova York, 1995, p. 231; *Chem Eng. (Japan)*, **19**, 500 (1955).

Yagi, S., and Kunii, D., *Chem Eng. Sci.*, **16**, 364, 372, 380 (1961).

Yoshida, K., Kunii, D., and Shimuzu, F. J., *Chem. Eng. (Japan)*, **8**, 417 (1975).

PROBLEMAS

25.1 Uma batelada de sólidos, de tamanho uniforme, é tratada por um gás em um ambiente uniforme. Sólido é convertido para dar um produto não floculoso, de acordo com o modelo de núcleo não reagido. A conversão é cerca de 7/8 para um tempo de reação de 1 h, sendo a conversão completa obtida em duas horas. Qual é o mecanismo que controla a taxa?

25.2 Em um lugar sombreado no final da rua Brown, em Lewisburg, Pensilvânia, está um memorial da guerra civil — um general de bronze, um canhão de bronze, cuja legenda insiste em dizer que algum dia ele pode vir a atirar, e uma pilha de balas de canhão, feitas de ferro. No tempo em que este memorial foi erguido, 1868, as balas de canhão tinham 30 polegadas de circunferência. Hoje, devido à ação do tempo, ferrugem e limpeza com escova de aço, as balas têm agora somente 29,75 polegadas de circunferência. Aproximadamente, quando elas desaparecerão completamente.

25.3 Calcule o tempo necessário para queimar completamente partículas de grafite (R_0 = 5 mm, ρ_B = 2,2 g/cm^3, k'' = 20 cm/s), em uma corrente com 8% de oxigênio. Para uma velocidade alta de gás, suponha que a difusão no filme não oferecerá qualquer resistência à transferência e à reação. A temperatura de reação é 900°C.

Problemas **495**

25.4 Partículas esféricas de sulfeto de zinco, de tamanho $R = 1$ mm, são ustuladas em uma corrente com 8% de oxigênio, a 900°C e 1 atm. A estequiometria da reação é:

$$2ZnS + 3O_2 \rightarrow 2ZnO + 2SO_2$$

Supondo que a reação ocorra pelo modelo de núcleo não reagido, calcule o tempo necessário para a conversão completa de uma partícula e calcule também a resistência relativa de difusão na camada de cinza durante esta operação.

Dados   Densidade do sólido: $\rho_B = 4{,}13$ g/cm^3 = 0,0425 mol/cm^3
Constante de taxa de reação: $k'' = 2$ cm/s
Para gases na camada de ZnO: $\mathcal{D}_e = 0{,}08$ cm^2/s

Note que a resistência no filme pode seguramente ser negligenciada, desde que exista um crescimento de uma camada de cinza.

Dobrando o tamanho da partícula, de R para $2R$, o tempo para uma conversão completa triplica. Qual é a contribuição da difusão na cinza em relação à resistência global, para partículas de tamanho

25.5 R?   **25.6** $2R$?

Partículas sólidas esféricas, contendo B, são ustuladas isotermicamente em um forno com gás de composição constante. Sólidos são convertidos a um produto firme e não floculoso, de acordo com SCM, como segue:

$$A(g) + B(s) \rightarrow R(g) + S(s), \quad C_A = 0{,}01 \text{ kmol/m}^3, \quad \rho_B = 20 \text{ kmol/m}^3$$

A partir dos seguintes dados de conversão (por uma análise química) ou dados do tamanho do núcleo (fatiando e medindo), determine o mecanismo controlador da taxa para a transformação do sólido.

25.7

d_p, mm	X_B	t, min
1	1	4
1,5	1	6

25.8

d_p, mm	X_B	t, s
1	0,3	2
1	0,75	5

25.9

d_p, mm	X_B	t, s
1	1	200
1,5	1	450

25.10

d_p, mm	X_B	t, s
2	0,875	1
1	1	1

25.11 Partículas esféricas de UO_3, com tamanhos uniformes, são reduzidas a UO_2 em um ambiente uniforme, tendo-se os seguintes resultados:

t, h	0,180	0,347	0,453	0,567	0,733
X_B	0,45	0,68	0,80	0,95	0,98

Se a reação segue o SCM, encontre o mecanismo controlador e a equação de taxa para representar esta redução.

25.12 Um grande estoque de carvão mineral está queimando. Cada parte de sua superfície está em chamas. Em um período de 24 horas, o tamanho linear da pilha de carvão, quando medido pela sua silhueta contra o horizonte, parece ter diminuído cerca de 5%.

(a) Como a massa que está queimando deve diminuir em tamanho?

(b) Quando o fogo deve parar espontaneamente?

(c) Estabeleça as suposições nas quais sua estimação está baseada.

CAPÍTULO 26
Reatores Fluido–Partícula: Projeto

Três fatores controlam o projeto de um reator sólido-fluido: a cinética de reação de uma única partícula, a distribuição de tamanhos dos sólidos tratados e os modos de escoamento de sólidos e fluido no reator. Quando as cinéticas forem complexas e não bem conhecidas, quando os produtos de reação formarem uma fase fluida de recobrimento, quando a temperatura dentro do sistema variar muito de posição a posição, a análise da situação se tornará difícil e o projeto é fortemente baseado nas experiências ganhas ao longo dos muitos anos de operações, inovações e pequenas mudanças feitas nos reatores existentes. O alto-forno para produzir ferro é, provavelmente, o exemplo industrial mais importante de tal situação.

Embora algumas reações industriais reais nunca possam resultar por meio de uma análise simples, isto não deve nos impedir de estudar sistemas idealizados. Eles representam satisfatoriamente muitos sistemas reais e, além disto, podem ser tomados como ponto de partida para análises mais reais. Aqui, consideraremos somente os sistemas bastante simplificados, em que conhecemos as cinéticas de reação, as características de escoamento e a distribuição de tamanhos de sólidos.

Referindo-nos à Fig. 26.1, iremos discutir brevemente os vários tipos de contato em operações sólido-gás.

Sólidos e Gás em Escoamento Pistonado. Quando sólidos e gás passam através do reator em escoamento pistonado, suas composições variam ao longo do escoamento. Além disto, tais operações são geralmente não isotérmicas.

O contato das fases em escoamento pistonado pode ser acompanhado através de muitas maneiras: pelo escoamento em contracorrente, como nos altos-fornos e nos fornos de cimento [Fig. 26.1 (a)], pelo escoamento cruzado, como nos alimentadores de esteira móvel para fornalhas [Fig. 26.1 (b)], ou pelo escoamento concorrente, como nos secadores de polímeros [Fig. 26.1 (c)].

Sólidos em Escoamento com Mistura Perfeita. O leito fluidizado [Fig. 26.1 (d)] é o melhor exemplo de um reator com escoamento com mistura perfeita de sólidos. O escoamento de gás em tais reatores é difícil de caracterizar e freqüentemente é pior do que o escoamento com mistura perfeita. Devido à alta capacidade calorífica dos sólidos, condições isotérmicas podem freqüentemente ser supostas em tais operações.

Operações em Semibatelada. A coluna de troca iônica da Figura 26.1(e) é um exemplo de tratamento de sólidos em batelada, em que o escoamento de fluido se aproxima muito do ideal (escoamento pistonado). Ao contrário, uma lareira caseira comum, uma outra operação em batelada, tem um escoamento que é difícil de caracterizar.

Operações em Batelada. A reação e a dissolução de uma batelada de sólidos em uma batelada de fluido, tal como o ataque de um ácido a um sólido, é um exemplo comum de operações em batelada.

A análise e o projeto de sistemas sólido-fluido são grandemente simplificados se a composição do fluido puder ser considerada uniforme em todo o reator. Uma vez que esta é uma aproximação razoável quando a fração de conversão dos reagentes em fase fluida não for muito grande, quando o processo de mistura do fluido for considerável ou quando os sólidos vagarem no reator, amostrando todo o fluido como nos leitos fluidizados, essa suposição freqüentemente poderá ser usada sem desviar demais da realidade. Usaremos esta suposição na análise que se segue.

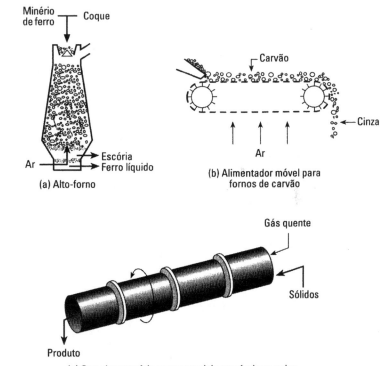

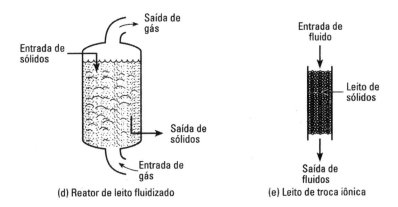

Figura 26.1 — Vários modos de contato em reatores sólido-fluido: (a-c) escoamento pistonado em contracorrente, cruzado e concorrente; (d) escoamento intermediário de gás e escoamento de sólidos com mistura perfeita; (e) operações em semibatelada

Concluiremos então este capítulo com um breve tratamento de reações extremamente rápidas, que são representativas de algumas combustões. Nesse caso, a análise se simplifica consideravelmente, visto que as cinéticas não entram no cenário.

Vamos agora tratar alguns modos de contato freqüentemente encontrados e vamos desenvolver suas equações de desempenho, empregando, em cada caso, as suposições de composição uniforme de gás no interior do reator.

Partículas de um Único Tamanho, Escoamento Pistonado de Sólidos, Composição Uniforme de Gás

O tempo de contato, ou o tempo de reação, necessário para qualquer conversão especificada de sólido é encontrado diretamente das equações da Tabela 25.1.

Mistura de Partículas de Diferentes, Porém Constantes, Tamanhos, Escoamento Pistonado de Sólidos, Composição Uniforme de Gás

Considere uma alimentação de sólidos consistindo em uma mistura de partículas de diferentes tamanhos. A distribuição de tamanhos desta alimentação pode ser representada tanto como uma distribuição contínua ou como uma distribuição discreta. Usaremos a última representação devido à análise de peneira, que é a nossa maneira de medir a distribuição de tamanhos, fornecer medidas discretas.

Faça F ser a quantidade de sólidos a ser tratada na unidade de tempo. Uma vez que a densidade do sólido pode variar durante a reação, F é definido, no caso geral, como a taxa volumétrica de alimentação de sólidos. Quando a variação da densidade do sólido for desprezível, F poderá representar também a taxa mássica de alimentação de sólidos. Além disto, faça $F(R_i)$ ser a quantidade de material (com tamanho cerca de R_i) alimentado no reator. Se R_m for o maior tamanho de partícula na alimentação, teremos, para partículas com tamanho constante:

$$F = \sum_{R_i=0}^{R_m} F(R_i), \quad cm^3/s \text{ ou } g/s$$

A Fig. 26.2 mostra as características gerais de uma distribuição discreta de tamanhos.

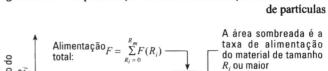

Figura 26.2 — Representação da taxa de alimentação de uma mistura de partículas

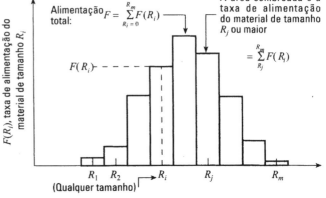

Reatores Fluido–Partícula: Projeto **499**

Para o caso de escoamento pistonado, todos os sólidos permanecem no reator durante um mesmo intervalo de tempo t_p. A partir disto e da cinética para qualquer resistência que controle a taxa, podemos encontrar a conversão $X_B(R_i)$ para qualquer tamanho de partícula R_i. Em seguida, a conversão média $\bar{X}_B$ dos sólidos saindo do reator pode ser determinada através de soma apropriada, de modo a encontrar a contribuição global de todos os tamanhos de partículas para a conversão. Assim:

$$
\begin{pmatrix} \text{valor médio} \\ \text{para fração de B} \\ \text{não convertido} \end{pmatrix} = \sum_{\substack{\text{todos os} \\ \text{tamanhos}}} \begin{pmatrix} \text{fração do reagente B não} \\ \text{convertido em partículas} \\ \text{de tamanho } R_i \end{pmatrix} \begin{pmatrix} \text{fração de} \\ \text{alimentação} \\ \text{de tamanho } R_i \end{pmatrix} \quad (1)
$$

ou em símbolos:

$$
1 - \bar{X}_B = \sum_{R(t_p=\tau)}^{R_m} [1 - X_B(R_i)] \frac{F(R_i)}{F} \quad (2)
$$

sendo $R(t_p = \tau)$ o raio da maior partícula completamente convertida no reator.

A Eq. (2) requer alguma discussão. Primeiro, sabemos que uma partícula menor requer um tempo mais curto para a conversão completa. Por conseguinte, algumas de nossas partículas na alimentação, aquelas menores que $R(t_p = \tau)$, estarão completamente reagidas. Mas, se automaticamente aplicarmos nossas equações de conversão-tempo a essas partículas, poderemos propor valores de X_B maiores que um, o que não tem sentido físico. Portanto, o limite inferior da soma indica que partículas menores que $R(t_p = \tau)$ estão completamente convertidas e não contribuem para a fração não convertida, $1 - \bar{X}_B$.

EXEMPLO 26.1 CONVERSÃO DE UMA MISTURA DE TAMANHOS, EM ESCOAMENTO PISTONADO

Uma alimentação, consistindo em

30% de partículas com raio igual a 50 μm,
40% de partículas com raio igual a 100 μm e
50% de partículas com raio igual a 200 μm,

é continuamente introduzida, como uma fina camada, em uma grelha que se move em contra-corrente ao escoamento do gás reagente. Para as condições planejadas de operação, o tempo requerido para conversão completa é de 5, 10 e 20 minutos, para os três tamanhos de partículas, respectivamente. Encontre a conversão de sólidos na grelha, para um tempo de residência de 8 minutos no reator (ver Fig. E26.1).

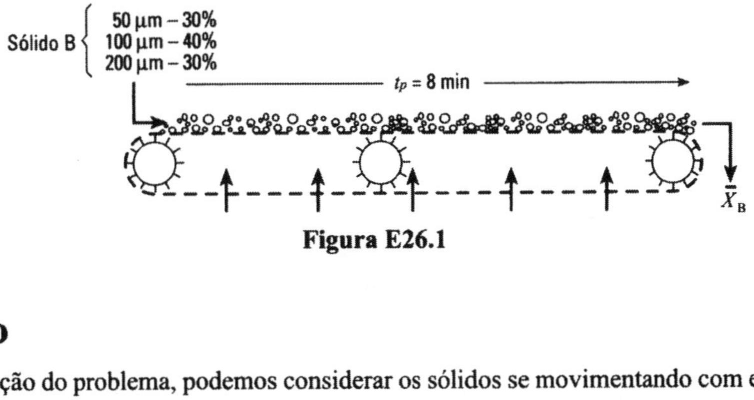

Figura E26.1

SOLUÇÃO

Pela afirmação do problema, podemos considerar os sólidos se movimentando com escoamento pistonado, com $t_p = 8$ min, e o gás com composição uniforme. Conseqüentemente, para uma alimentação misturada, a Eq. (2) é aplicável; ou seja:

500 Capítulo 26 — Reatores Fluido–Partícula: Projeto

$$1 - \overline{X}_{\text{B}} = [1 - X_{\text{B}}(50\mu\text{m})]\frac{F(50\mu\text{m})}{F} + [1 - X_{\text{B}}(100\mu\text{m})]\frac{F(100\mu\text{m})}{F} + \cdots \qquad \textbf{(i)}$$

em que

$$\frac{F(50\mu\text{m})}{F} = 0,30 \quad \text{e} \quad \tau(50^3\text{m}) = 5 \text{ min}$$

$$\frac{F(100\mu\text{m})}{F} = 0,40 \quad \text{e} \quad \tau(100^3\text{m}) = 10 \text{ min}$$

$$\frac{F(200\mu\text{m})}{F} = 0,30 \quad \text{e} \quad \tau(200^3\text{m}) = 20 \text{ min}$$

Para os três tamanhos de partículas

$$R_1 : R_2 : R_3 = \tau_1 : \tau_2 : \tau_3,$$

vemos, a partir da Eq. (25.38), que a reação química controla a taxa e as características de conversão-tempo para cada tamanho são dadas pela Eq. (25.23); ou seja:

$$[1 - X_{\text{B}}(R_i)] = \left(1 - \frac{t_p}{\tau(R_i)}\right)^3$$

Substituindo na Eq. (i), obtemos, para o reagente não convertido:

$$1 - \overline{X}_{\text{B}} = 0 + \underbrace{\left(1 - \frac{8 \text{ min}}{10 \text{ min}}\right)^3 (0,4)}_{\text{para } R = 100 \ \mu\text{m}} + \underbrace{\left(1 - \frac{8}{20}\right)^3 (0,3)}_{\text{para } R = 200 \ \mu\text{m}}$$

$$= 0,0032 + 0,0648 = 0,068$$

Logo, a fração de sólido convertido é igual a 93,2%

Note que o menor tamanho das partículas é completamente convertido e não contribui para a soma da Eq. (i).

Escoamento com Mistura Perfeita de Partículas de um Único Tamanho Constante, Composição Uniforme de Gás

Considere o reator da Fig. 26.1(d), com taxas constantes de escoamento de sólidos e de gás entrando e saindo do reator. Com a suposição de concentração uniforme de gás e de escoamento com mistura perfeita de sólidos, esse modelo representa um reator de leito fluidizado, em que não há elutriação das partículas finas.

A conversão do reagente em uma única partícula depende de seu período de permanência no leito, sendo sua resistência controladora apropriadamente dada pelas Eqs. (25.11), (25.18) ou (25.23). Entretanto, o período de permanência não é o mesmo para todas as partículas no reator; por conseguinte, temos de calcular uma conversão média, $\overline{X}_{\text{B}}$, de material. Sabendo que o sólido se comporta como um macrofluido, isto pode ser feito pelos métodos que conduziram à Eq. 11.13. Desse modo, para os sólidos que deixam o reator:

$$\begin{pmatrix} \text{valor médio para} \\ \text{a fração de B} \\ \text{não convertido} \end{pmatrix} = \sum_{\substack{\text{partículas de} \\ \text{todas as idades}}} \begin{pmatrix} \text{fração de reagente não} \\ \text{convertido para as} \\ \text{partículas que permanecem} \\ \text{no reator por um tempo} \\ \text{entre } t \text{ e } t + dt \end{pmatrix} \begin{pmatrix} \text{fração da corrente} \\ \text{de saída que} \\ \text{permaneceu no} \\ \text{reator por um tempo} \\ \text{entre } t \text{ e } t + dt \end{pmatrix} \qquad \textbf{(3)}$$

ou em símbolos:

$$1 - \overline{X}_B = \int_0^\infty (1 - X_B) \mathbf{E}\, dt, \quad X_B \leq 1$$

ou
$$1 - \overline{X}_B = \int_0^\tau (1 - X_B) \mathbf{E}\, dt \tag{4}$$

onde **E** é a distribuição de idades de saída dos sólidos no reator (ver Capítulo 11).

Para escoamento com mistura perfeita de sólidos, com tempo médio de residência, $\bar{t}$, no reator, ver Fig. 26.3, encontramos, da Fig. 11.14 ou Eq. (14.1), que:

$$\mathbf{E} = \frac{e^{-t/\bar{t}}}{\bar{t}} \tag{5}$$

Assim, para escoamento com mistura perfeita de um único tamanho de sólido, que esteja completamente convertido no tempo τ, obtemos:

$$1 - \overline{X}_B = \int_0^\tau (1 - X_B)_{\substack{\text{partícula} \\ \text{individual}}} \frac{e^{-t/\bar{t}}}{\bar{t}} dt \tag{6}$$

Esta expressão pode ser integrada para as várias resistências controladoras.

Para *a taxa controlada pela resistência no filme*, a Eq. (25.11), com a Eq. (6), fornece:

$$1 - \overline{X}_B = \int_0^\tau \left(1 - \frac{t}{\tau}\right) \frac{e^{-t/\bar{t}}}{\bar{t}} dt \tag{7}$$

que, após integrar por partes, resulta em:

$$\boxed{\overline{X}_B = \frac{\bar{t}}{\tau}(1 - e^{\tau/\bar{t}}) \tag{8a}}$$

ou na forma expandida equivalente, útil para altos valores de $\bar{t}/\tau$ e conversões muito altas

$$1 - \overline{X}_B = \frac{1}{2}\frac{\tau}{\bar{t}} - \frac{1}{3!}\left(\frac{\tau}{\bar{t}}\right)^2 + \frac{1}{4!}\left(\frac{\tau}{\bar{t}}\right)^3 - \cdots \tag{8b}$$

Para *a taxa controlada pela reação química*, a Eq. (25.23), substituída na Eq. (6), fornece:

$$1 - \overline{X}_B = \int_0^\tau \left(1 - \frac{t}{\tau}\right)^3 \frac{e^{-t/\bar{t}}}{\bar{t}} dt \tag{9}$$

Figura 26.3 — Conversão de um tamanho de sólidos, em escoamento com mistura perfeita

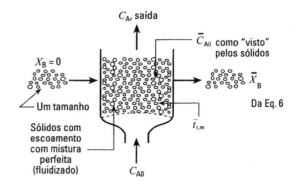

Figura 26.4 — Conversão média *versus* tempo médio de residência em reatores de mistura perfeita, com um único tamanho de sólido

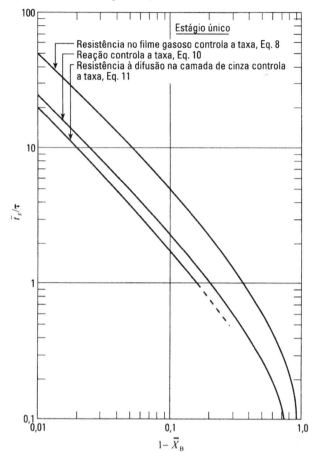

Integrando por partes, usando a fórmula recursiva encontrada em qualquer tabela de integrais, obtemos:

$$\overline{X}_B = 3\frac{\bar{t}}{\tau} - 6\left(\frac{\bar{t}}{\tau}\right)^2 + 6\left(\frac{\bar{t}}{\tau}\right)^3 (1 - e^{\tau/\bar{t}}) \tag{10a}$$

ou na forma expandida equivalente, útil para altos valores de $\bar{t}/\tau$ e conversões muito altas

$$1 - \overline{X}_B = \frac{1}{4}\frac{\tau}{\bar{t}} - \frac{1}{20}\left(\frac{\tau}{\bar{t}}\right)^2 + \frac{1}{120}\left(\frac{\tau}{\bar{t}}\right)^3 - \cdots \tag{10b}$$

Para *a taxa controlada pela resistência à transferência de massa na cinza*, a substituição da Eq. (25.18) na Eq. (6), seguida pela integração, conduz a uma trabalhosa expressão, que após expansão resulta em [ver Yagi e Kunii (1961)]:

$$1 - \overline{X}_B = \frac{1}{5}\frac{\tau}{\bar{t}} - \frac{19}{420}\left(\frac{\tau}{\bar{t}}\right)^2 + \frac{41}{4.620}\left(\frac{\tau}{\bar{t}}\right)^3 - 0,00149\left(\frac{\tau}{\bar{t}}\right)^4 + \cdots \tag{11}$$

As Figs. 26.4 e 26.5 apresentam, em uma forma gráfica conveniente, esses resultados para sólidos em escoamento com mistura perfeita. A Fig. 26.5 mostra claramente que, para alta conversão, o

Figura 26.5 — Comparação de tempos de permanência necessários para efetuar uma dada conversão, para escoamento com mistura perfeita e escoamento pistonado de um único tamanho de sólido

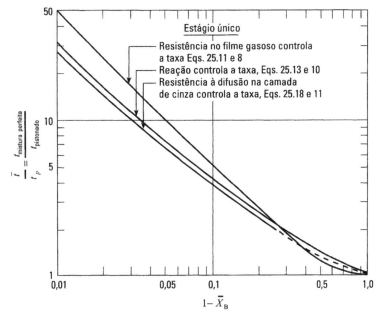

reator de mistura perfeita requer, para os sólidos, um tempo de permanência muito maior do que o reator pistonado.

A extensão para operações multiestágios não é difícil; ver Levenspiel (1996, p. 52.14) ou Kunii e Levenspiel (1991).

EXEMPLO 26.2 CONVERSÃO DE UMA ALIMENTAÇÃO, COM PARTÍCULAS DE UM ÚNICO TAMANHO, EM UM REATOR DE MISTURA PERFEITA

Yagi *et al.* (1951) ustularam partículas de pirita (sulfeto de ferro), dispersas em fibras de asbesto, e encontraram que o tempo para uma conversão completa estava relacionado ao tamanho da partícula:

$$\tau \propto R^{1,5}$$

As partículas permaneceram duras como sólidos e com tamanho constante durante a reação.

Um reator de leito fluidizado foi projetado para converter minério de pirita ao óxido correspondente. A alimentação deve ser uniforme em tamanho, $\tau = 20$ min, tendo um tempo médio de residência de $\bar{t} = 60$ min no reator. Qual a fração do minério original que permanece não convertida?

SOLUÇÃO

Visto que o produto formado durante a reação é uma partícula dura, a resistência à difusão no filme pode ser excluída como etapa controladora. Para a taxa controlada pela reação química, a Eq. (25.38) mostra que:

$$\tau \propto R$$

504 *Capítulo 26 — Reatores Fluido–Partícula: Projeto*

enquanto que para a resistência à difusão na camada de cinza como etapa controladora da taxa, a Eq. (25.37) mostra que:

$$\tau \propto R^2$$

Como a dependência para com o diâmetro, encontrada experimentalmente, está entre os dois valores, é razoável esperar que esses dois mecanismos ofereçam resistência à conversão. Usando sucessivamente a difusão na cinza e a reação química como resistências controladoras, devemos ter então os limites superior e inferior para a conversão esperada.

Os sólidos em um leito fluidizado se aproximam de um escoamento com mistura perfeita; portanto, para a taxa controlada pela reação química, a Eq. (10), com $\tau/\bar{t} = 20$ min/60 min $= {}^1/_3$, fornece:

$$1 - \overline{X}_B = \frac{1}{4}\left(\frac{1}{3}\right) - \frac{1}{20}\left(\frac{1}{3}\right)^2 + \frac{1}{120}\left(\frac{1}{3}\right)^3 - \cdots = 0,078$$

Para a resistência à difusão na cinza como etapa controladora da taxa, a Eq. (11) dá:

$$1 - \overline{X}_B = \frac{1}{5}\left(\frac{1}{3}\right) - \frac{19}{420}\left(\frac{1}{3}\right)^2 + \frac{41}{4.620}\left(\frac{1}{3}\right)^3 - \cdots = 0,062$$

Conseqüentemente, a fração remanescente de sulfeto está entre 6,2% e 7,8%, ou fazendo a média:

$$\underline{\underline{1 - \overline{X}_B \cong 0,07,}} \quad \text{ou} \quad \underline{\underline{7,0\%}}$$

Escoamento com Mistura Perfeita de uma Mistura de Tamanhos de Partículas com Tamanhos Constantes, Composição Uniforme de Gás

Freqüentemente, uma faixa de tamanhos de partículas é usada como alimentação para um reator de mistura perfeita. Para tal alimentação e uma única corrente de saída (nenhuma elutriação de finos), os métodos que conduzem às Eqs. (2) e (6), quando combinados, devem resultar na conversão requerida.

Considere o reator mostrado na Fig. 26.6. Uma vez que a corrente de saída é representativa das condições do leito, as distribuições de tamanhos do leito, assim como a alimentação e as correntes de saída, são todas parecidas; ou seja:

$$\frac{F(R_i)}{F} = \frac{W(R_i)}{W} \tag{12}$$

sendo W a quantidade de material no reator e $W(R_i)$ a quantidade de material de tamanho R_i no reator. Além disto, para esse escoamento, o tempo médio de residência (R_i) de material de qualquer tamanho R_i é igual ao tempo médio de residência do sólido no leito; ou seja:

$$\bar{t} = \bar{t}(R_i) = \frac{W}{F} = \frac{\text{(peso de todos os sólidos no reator)}}{\text{(taxa de alimentação de todos os sólidos para o reator)}} \tag{13}$$

Fazendo $\overline{X}_B(R_i)$ ser a conversão média das partículas de tamanho R_i no leito, temos, da Eq. (6):

$$1 - \overline{X}_B(R_i) = \int_0^{\tau(R_i)} [1 - X_B(R_i)] \frac{e^{-t/\bar{t}}}{\bar{t}} \, dt \tag{14}$$

Entretanto, a alimentação consiste em partículas com diferentes tamanhos; portanto, a média global de B não convertido, em todos esses tamanhos, é:

$$\begin{pmatrix} \text{valor médio} \\ \text{para a fração} \\ \text{de B não} \\ \text{convertido} \end{pmatrix} = \sum_{\substack{\text{todos os} \\ \text{tamanhos}}} \begin{pmatrix} \text{fração não} \\ \text{convertida de} \\ \text{partículas de} \\ \text{tamanho } R_i \end{pmatrix} \begin{pmatrix} \text{fração da corrente de} \\ \text{saída ou de entrada,} \\ \text{consistindo em partículas} \\ \text{de tamanho } R_i \end{pmatrix} \tag{15}$$

Figura 26.6 — Leito fluidizado com uma única corrente de saída, tratando sólidos com uma mistura de tamanhos. Note que as distribuições de tamanhos das correntes em escoamento e do leito são todas iguais

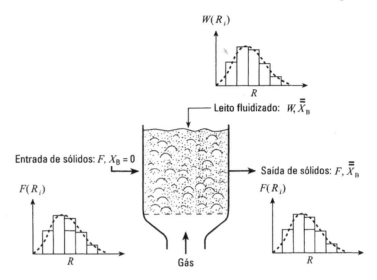

ou em símbolos:

$$1 - \overline{\overline{X}}_B = \sum_{R=0}^{R_m} [1 - X_B(R_i)] \frac{F(R_i)}{F}$$

Combinando as Eqs. (14) e (15) e substituindo o primeiro termo da expressão pelas Eqs. (8), (10) ou (11) para cada tamanho de partícula, obtemos sucessivamente, para *a resistência à difusão no filme como etapa controladora da taxa*:

$$1 - \overline{\overline{X}}_B = \sum^{R_m} \left\{ \frac{1}{2!} \frac{\tau(R_i)}{\bar{t}} - \frac{1}{3!} \left[\frac{\tau(R_i)}{\bar{t}} \right]^2 + \cdots \right\} \frac{F(R_i)}{F} \quad (16)$$

para *a reação química como etapa controladora da taxa*:

$$1 - \overline{\overline{X}}_B = \sum^{R_m} \left\{ \frac{1}{4} \frac{\tau(R_i)}{\bar{t}} - \frac{1}{20} \left[\frac{\tau(R_i)}{\bar{t}} \right]^2 + \cdots \right\} \frac{F(R_i)}{F} \quad (17)$$

para *a resistência à difusão na cinza como etapa controladora da taxa*:

$$1 - \overline{\overline{X}}_B = \sum^{R_m} \left\{ \frac{1}{5} \frac{\tau(R_i)}{\bar{t}} - \frac{19}{420} \left[\frac{\tau(R_i)}{\bar{t}} \right]^2 + \cdots \right\} \frac{F(R_i)}{F} \quad (18)$$

onde $\tau(R_i)$ é o tempo para a reação completa de partículas de tamanho R_i. O exemplo seguinte ilustra o uso dessas expressões.

EXEMPLO 26.3 CONVERSÃO DE UMA MISTURA DE ALIMENTAÇÃO EM UM REATOR DE MISTURA PERFEITA

Uma alimentação, consistindo em

30% de partículas com raio igual a 50 μm,
40% de partículas com raio igual a 100 μm e
30% de partículas com raio igual a 200 μm,

506 *Capítulo 26 — Reatores Fluido–Partícula: Projeto*

deve reagir em um reator de leito fluidizado, com escoamento estacionário, construído a partir de um tubo vertical de 2 m de altura e 20 cm de diâmetro interno. O gás de fluidização é o reagente em fase gasosa. Nas condições planejadas de operação, o tempo requerido para a conversão completa é 5, 10 e 20 min, para os três tamanhos da alimentação, respectivamente. Encontre a conversão de sólidos no reator, para uma taxa de alimentação de 1 kg de sólidos/min, se o leito tiver 10 kg de sólidos.

Informação Adicional:

Os sólidos são partículas duras, com tamanhos e pesos constantes durante a reação.

Um ciclone separador é usado para separar e retornar ao leito quaisquer sólidos que possam ter sido arrastados pelo gás.

A composição da fase gasosa no leito varia pouco.

SOLUÇÃO

Do enunciado do problema, podemos considerar que os sólidos estão em escoamento com mistura perfeita. Para uma mistura de alimentação, a Eq. (15) é aplicável. Visto que a taxa é controlada pela reação química (ver Exemplo 26.1), essa equação se reduz à Eq. (17), onde, do enunciado do problema, temos:

$$F = 1.000 \text{ g / min} \qquad \bar{t} = \frac{W}{F} = \frac{10.000 \text{ g}}{1.000 \text{ g / min}} = 10 \text{ min}$$
$$W = 10.000 \text{ g}$$

$$F(50 \text{ } \mu m) = 300 \text{ g/min} \quad e \quad \tau(50 \text{ } \mu m) = 5 \text{ min}$$
$$F(100 \text{ } \mu m) = 400 \text{ g/min} \quad e \quad \tau(100 \text{ } \mu m) = 10 \text{ min}$$
$$F(200 \text{ } \mu m) = 300 \text{ g/min} \quad e \quad \tau(200 \text{ } \mu m) = 20 \text{ min}$$

Substituindo na Eq. (17), obtemos:

$$1 - \bar{\bar{X}}_B = \left[\frac{1}{4} \frac{5 \text{ min}}{10 \text{ min}} - \frac{1}{20} \left(\frac{5}{10} \right)^2 + \cdots \right] \frac{300 \text{ g / min}}{1.000 \text{ g / min}} +$$
$$\text{para } R = 50 \text{ } \mu m$$

$$+ \left[\frac{1}{4} \left(\frac{10 \text{ min}}{10 \text{ min}} \right) - \frac{1}{20} \left(\frac{10}{10} \right)^2 + \cdots \right] \frac{400}{1.000} +$$
$$\text{para } R = 100 \text{ } \mu m$$

$$+ \left[\frac{1}{4} \left(\frac{20 \text{ min}}{10 \text{ min}} \right) - \frac{1}{20} \left(\frac{20}{10} \right)^2 + \cdots \right] \frac{300}{1.000}$$
$$\text{para } R = 200 \text{ } \mu m$$

$$= \left(\frac{1}{8} - \frac{1}{80} + \cdots \right) \frac{3}{10} + \left(\frac{1}{4} - \frac{1}{20} + \frac{1}{120} - \cdots \right) \frac{4}{10} +$$

$$+ \left(\frac{1}{2} - \frac{1}{5} + \frac{1}{15} - \frac{2}{10} + \cdots \right) \frac{3}{10} =$$

$$= 0,034 + 0,083 + 0,105 = 0.222$$

A conversão média de sólidos é então:

$$\bar{\bar{X}}_B = 77,8\%$$

EXEMPLO 26.4 ENCONTRANDO A CAPACIDADE DE UM LEITO FLUIDIZADO

Em um ambiente com uma fase gasosa, partículas de B são convertidas a produto sólido:

$$A(gás) + B(sólido) \to R(gás) + S(sólido)$$

A reação ocorre de acordo com o modelo do núcleo não reagido, com a taxa controlada pela reação e com um tempo de 1 hora para a conversão completa das partículas.

Um leito fluidizado deve ser projetado para tratar 1 t de sólidos/h, de modo a converter 90%, usando uma taxa estequiométrica de alimentação de A, introduzida a C_{A0}. Encontre o peso de sólidos no reator, se o escoamento do gás for considerado mistura perfeita. Note que o gás no reator não está na concentração C_{A0}. A Fig. E26.4 esquematiza esse problema.

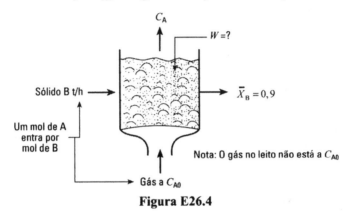

Figura E26.4

SOLUÇÃO

Em um ambiente com C_{A0} e com a taxa controlada pela reação, temos:

$$\tau = \frac{\rho_B R}{k_s C_{A0}} = 1 \text{ h}$$

e em qualquer outro ambiente: $\tau \propto \dfrac{1}{C_{A0}}$.

Para uma alimentação com igualdade estequiométrica, temos $X_A = \bar{X}_B$. Assim, o gás que está saindo tem $0,1\, C_{A0}$. Uma vez que o gás tem escoamento com mistura perfeita, os sólidos "vêem" esse gás de saída; ou seja, $\tau = 10$ h.

Da Eq. (10), vamos encontrar $\tau/\bar{t}$, que fornece $\bar{X}_B = 0,9$. Desta maneira, resolva

$$1 - \bar{X}_B = 0,1 = \frac{1}{4}\left(\frac{\tau}{\bar{t}}\right) - \frac{1}{20}\left(\frac{\tau}{\bar{t}}\right)^2 + \cdots$$

Resolvendo por tentativa e erro, encontramos:

$$\tau/\bar{t} = 0,435, \quad \text{ou} \quad \bar{t} = \frac{W}{F_{B0}} = 23 \text{ h}$$

Logo, o peso necessário do leito é:

$$W = \bar{t} F_{B0} 23(1) = \underline{\underline{23 \text{ t}}}$$

508 Capítulo 26 — Reatores Fluido–Partícula: Projeto

Figura 26.7 — Uma batelada de sólidos em contato com gás; reação instantânea

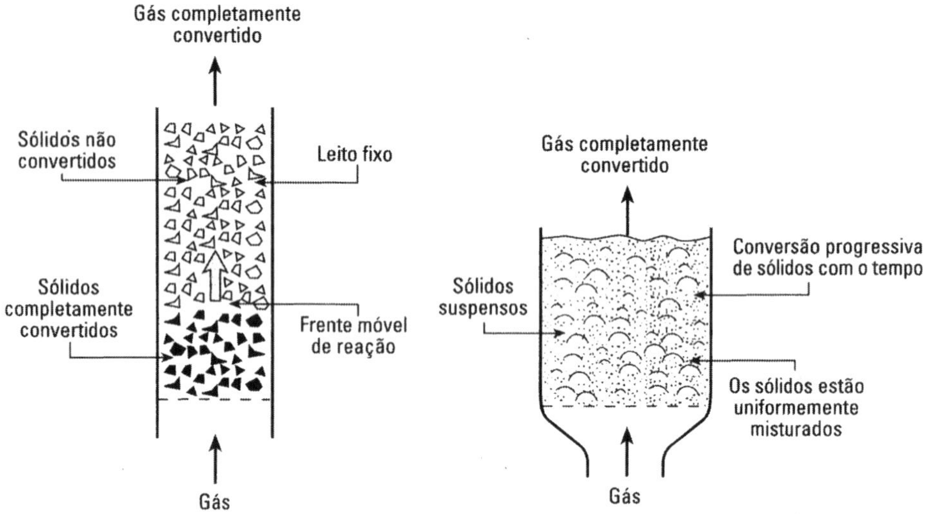

Reação Instantânea

Podemos considerar uma reação como instantânea quando gás e sólido reagem suficientemente rápido, de modo que qualquer elemento de volume do reator contenha um ou outro de dois reagentes, mas não ambos. Esse extremo é atingido em combustão a alta temperatura de sólidos finamente divididos.

Nessa situação, a previsão do desempenho do reator é direta e depende somente da estequiometria da reação. As cinéticas não entram na discussão. Vamos ilustrar esse comportamento com os seguintes modos ideais de contato.

Batelada de Sólidos. A Fig. 26.7 mostra duas situações: uma que representa um leito recheado e a outra representa um leito fluidizado sem desvio (*bypassing*) de gás na forma de grandes bolhas de gás. Em ambos os casos, o gás que deixa o sistema está completamente convertido e permanece nesta forma desde que o reagente sólido esteja ainda presente no leito. Tão logo os reagentes sólidos sejam consumidos (isto ocorre no instante em que for adicionada a quantidade estequiométrica de gás), a conversão de gás cairá a zero.

Escoamento Pistonado de Gás e Sólidos, em Contracorrente. Visto que somente um ou outro reagente pode estar presente em qualquer nível do leito, haverá um plano definido de reação onde os reagentes se encontram. Isto ocorrerá tanto em uma extremidade como na outra do reator, dependendo de qual corrente de alimentação estará em excesso estequiométrico. Supondo que cada 100 mols de sólido se combinem com 100 mols de gás, as Figs. 26.8a e b mostram o que acontece quando alimentamos menos gás do que a quantidade estequiométrica e um pouco mais do que a quantidade estequiométrica.

Podemos querer que a reação ocorra no centro do leito, de modo que ambas as extremidades possam ser usadas como regiões de troca térmica para aquecer os reagentes. Isto pode ser feito usando-se as mesmas taxas de escoamento para os sólidos e para o gás. Contudo, esse sistema é intrinsecamente um sistema instável, requerendo um sistema apropriado de controle. Uma segunda alternativa, mostrada na Fig. 26.8c, introduz um pequeno excesso de gás no fundo do leito, removendo então um pouco mais que esse excesso no ponto onde a reação ocorre.

Os reatores de leitos móveis para a recuperação de óleo de xisto são um exemplo desse tipo de operação. Uma outra operação um pouco análoga é o reator multiestágio em contracorrente, sendo um bom exemplo o calcinador fluidizado com quatro ou cinco estágios. Em todas estas operações, a eficiência de utilização do calor é a preocupação principal.

Figura 26.8 — No escoamento em contracorrente, a localização da zona de reação depende de qual componente esteja em excesso estequiométrico

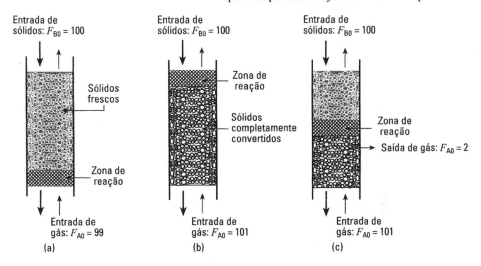

Escoamento Pistonado de Gás e Sólidos, em Concorrente e com Fluxos Cruzados. Em escoamento em concorrente, mostrado na Fig. 26.9a, toda a reação ocorre ao final da alimentação; isto representa um modo ruim de contato, com relação à eficiência de utilização do calor e do preaquecimento dos materiais alimentados.

Para escoamento cruzado, mostrado na Fig. 26.9b, haverá um plano de reação definido nos sólidos, cujo ângulo depende somente da estequiometria e da taxa relativa de alimentação dos reagentes. Na prática, características de transferência de calor podem modificar um pouco o ângulo desse plano.

Escoamento com Mistura Perfeita de Sólidos e Gás. Novamente, na situação ideal, tanto o gás como os sólidos estarão completamente convertidos no reator, dependendo de qual corrente esteja em excesso.

Extensões

Modificações e extensões dos métodos apresentados aqui, por exemplo,
- para partículas com cinéticas mais complicadas,
- para o crescimento e contração de partículas em reatores únicos e em sistemas com circulação de sólidos,
- para composições variáveis de gás em um único reator e de estágio a estágio em operações multiestágios,
- para desvios dos escoamentos pistonado e com mistura perfeita,
- para elutriação de finos provenientes de um reator,

são tratados na literatura — ver Kunii e Levenspiel (1991) e Levenspiel (1996).

Escoamento Arbitrário de Sólidos. Visto que partículas escoam como macrofluidos, sua conversão média é dada pela Eq. (11.13). Assim, com qualquer RTD e com uma composição conhecida do gás, temos:

$$1 - \bar{X}_B = \int_0^\tau (1 - X_B)_{\text{partícula única}} \, \mathbf{E}_{\text{corrente de sólidos}} \, dt \tag{19}$$

onde $1 - X_B$ é dado pela Eq. (25.23), para um controle de taxa feito por SCM/reação, e pela Eq. (25.18), para um controle feito por SCM/difusão na cinza.

510 *Capítulo 26 — Reatores Fluido–Partícula: Projeto*

REFERÊNCIAS

Kunii, D., and Levenspiel, O.,. *Fluidization Engineering*, Second edition, Butterworth, Boston, MA, 1991.

Levenspiel, O., *Chemical Reactor Omnibook*, OSU Booksores, Corvallis, OR 97339, 1996.

Yagi, S., and Kunii, D., *Chem. Eng. Sci.*, **16**, 364, 372, 380 (1961).

_____, Takagi, K., and Shimoyama, S., *J. Chem. Soc. (Japan)*, *Ind. Chem. Sec.*, **54**, 1 (1951).

PROBLEMAS

Uma corrente de partículas, que são 80% convertidas em ambiente gasoso e uniforme (SCM/taxa controlada pela resistência à difusão na cinza), passa através de um reator. Se dobrarmos a capacidade do reator, mas mantivermos o mesmo ambiente gasoso, a mesma taxa de alimentação e o mesmo modo de escoamento de sólidos, qual será a conversão de sólidos? Os sólidos se movem em escoamento do tipo:

26.1 pistonado.   **26.2** com mistura perfeita.

Uma alimentação sólida, consistindo em

20% em peso de partículas com 1 mm ou menos;
30% em peso de partículas com 2 mm;
50% em peso de partículas com 4 mm,

passa através de um reator tubular rotatório, tipo um forno de cimento, onde reage com o gás para dar um produto sólido na forma de partículas duras e não friáveis (SCM/taxa controlada pela reação), $\tau = 4$ h para partículas de 4 mm.

26.3 Encontre o tempo de residência necessário para uma conversão de sólidos de 100%.

26.4 Encontre a conversão média dos sólidos para um tempo de residência de 15 minutos.

26.5 Partículas, com tamanho uniforme, são em média 60% convertidas (modelo de núcleo não reagido com a taxa controlada pela reação), quando escoam através de um único leito fluidizado. Se dobramos a capacidade do reator, mantendo porém a quantidade de sólidos e com o mesmo ambiente gasoso, qual será a conversão de sólidos?

26.6 Sólidos, de tamanho constante, $R = 0,3$ mm, reagem com um gás em um reator fluidizado, escala de laboratório, regime estacionário, resultando em:

$$F_0 = 10 \text{ g/s}, \quad W = 1.000 \text{ g} \quad \text{e} \quad \bar{X}_B = 0,75$$

A conversão é fortemente sensível à temperatura, sugerindo que a etapa de reação química controle a taxa. Projete um reator de leito fluidizado (encontre W), escala comercial, para tratar 4 t/h de alimentação sólida, com partículas de tamanho $R = 0,3$ mm, para uma conversão de 98%.

26.7 Resolva o Exemplo 26.3, com a seguinte modificação: a cinética da reação é controlada pela resistência à difusão difusão na cinza, com $\tau(R = 100 \text{ mm}) = 10$ min.

26.8 Repita o Exemplo 26.4, considerando uma alimentação com o dobro da razão estequiométrica de gás para sólido, mantendo C_{A0}.

26.9 Repita o Exemplo 26.4, considerando agora que o gás flui em escoamento pistonado através do reator.

26.10 Considere o seguinte processo de conversão de pedaços de fibras residuais em um produto útil. Fibras e fluido são alimentados continuamente em um reator de mistura perfeita, onde reagem de acordo com o modelo de núcleo não reagido, com a reação química como a etapa controladora da taxa. Desenvolva a expressão de desempenho para esta operação, como uma função dos parâmetros pertinentes e ignore a elutriação.

Sulfeto de hidrogênio é removido de gás de coqueria por meio da passagem desse gás através de um leito móvel ou através de partículas de óxido férrico. No ambiente de gás de coqueria (considere uniforme), os sólidos são convertidos de Fe_2O_3 a FeS por SCM/taxa controlada pela reação, $\tau = 1$ h. Encontre a fração de conversão de óxido a sulfeto ferroso, se a função RTD de sólidos no reator for aproximada pelas curvas **E** das Figs. P26.11-P26.14.

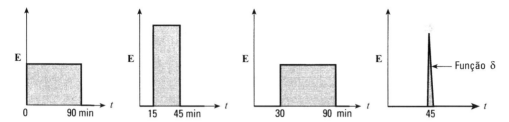

Figuras P26.11 a P26.14

PARTE V
SISTEMAS DE REAÇÕES BIOQUÍMICAS

Capítulo 27 Processo Enzimático   514
Capítulo 28 Fermentação Microbiana — Introdução e Visão Geral   524
Capítulo 29 Fermentação Microbiana — Fator Limitante: Substrato   530
Capítulo 30 Fermentação Microbiana — Fator Limitante: Produto   543

CAPÍTULO 27
Processo Enzimático

O termo "fermentação" pode ser usado em seu significado original e restrito (produzir álcool a partir de açúcar — nada mais) ou pode ser usado com um significado mais ou menos amplo. Geralmente usamos a definição mais ampla e moderna:

> *Do mais simples ao mais complexo, os processos biológicos podem ser classificados como fermentações, processos fisiológicos elementares e ação de entidades vivas.*
>
> *Mais ainda, os processos fermentativos podem ser divididos em dois grandes grupos: aqueles promovidos e catalisados por microrganismos ou micróbios (leveduras, bactérias, algas, fungos, protozoários) e aqueles promovidos pelas enzimas (produtos químicos produzidos por microrganismos). Em geral, fermentações são reações em que uma matéria-prima orgânica é convertida em produto pela ação de microrganismos ou pela ação de enzimas.*

Essa classificação completa é mostrada na Fig. 27.1.

Os processos fermentativos podem ser representados por:

$$\text{(alimentação orgânica, A)} \xrightarrow{\text{enzima E atuando como catalisador}} \text{(produto químico, R)} \qquad (1)$$

As fermentações microbianas podem ser representadas por:

$$\text{(alimentação orgânica, A)} \xrightarrow{\text{microrganismo C que atua como catalisador}} \text{(produto químico, R)} + \text{(mais células, C)} \qquad (2)$$

Figura 27.1 — Classificação de processos biológicos

* N.T. ...

Figura 27.2 — Curvas típicas de taxa-concentração para reações catalisadas por enzimas

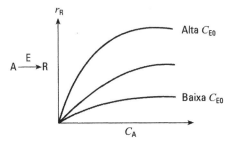

Em alta C_A: A taxa é independente de C_A
Em baixa C_A: Taxa $\propto C_A$; assim a taxa é de primeira ordem com relação à C_A
Em toda C_A: A taxa é proporcional à C_{E0}, a concentração de enzima.

A distinção chave entre os dois tipos de processos fermentativos é que no processo enzimático, o agente catalítico, a enzima, não se reproduz por ele mesmo, mas atua como um composto químico comum, enquanto que no processo de fermentação microbiana, o agente catalítico, a célula ou o microrganismo, reproduz-se por si próprio. É a enzima que catalisa a reação no interior das células, exatamente como no processo enzimático. Contudo, ao se reproduzir, a célula fabrica sua própria enzima.

Introduziremos os processos enzimáticos neste capítulo e estudaremos as fermentações microbianas nos capítulos seguintes.

27.1 CINÉTICA DE MICHAELIS-MENTEN (CINÉTICA M-M)

Em um ambiente favorável, com somente a enzima correta atuando como catalisador, um composto orgânico A irá reagir para produzir R. Observações experimentais mostram o comportamento apresentado na Fig. 27.2.

Uma expressão simples que descreve esse comportamento é:

$$-r_A = r_R = k \frac{C_{E0} C_A}{C_M + C_A} \quad (3)$$

(enzima total: C_{E0}; uma constante, chamada a constante de Michelis: C_M)

Na busca pelo mecanismo mais simples para explicar essas observações e essa forma de taxa, Michaelis e Menten (1913) propuseram o mecanismo de reação elementar em duas etapas.

$$A + E \underset{2}{\overset{1}{\rightleftarrows}} X \overset{3}{\rightarrow} R + E \quad \ldots e \ldots \quad C_{E0} = C_E + C_X \quad (4)$$

(intermediário: X; enzima total: C_{E0}; enzima livre: C_E; enzima ligada ao reagente: C_X)

No Exemplo 2.2, desenvolvemos e explicamos a relação entre o mecanismo anterior, Eq. (4), e a equação de taxa. Vamos olhar algumas das características especiais da equação de Michaelis-Menten.
- quando $C_A = C_M$, metade da enzima está na forma livre e metade está na forma combinada.
- quando $C_A \gg C_M$, a maior parte da enzima está imobilizada como um complexo X.
- quando $C_A \ll C_M$, a maior parte da enzima está na forma livre.

Graficamente, mostramos essa equação na Fig. 27.3.

Vamos ver agora como avaliar as duas constantes de taxa dessa importante equação do processo enzimático.

Figura 27.3 — Características especiais da equação M–M, Eq. (3)

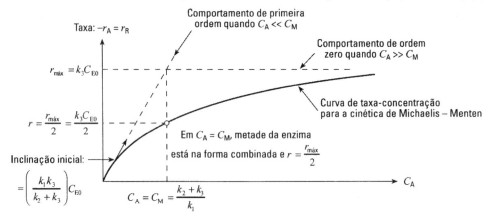

Fermentador em Batelada ou Pistonado

Para esse sistema, a integração da equação M–-M fornece [ver Eq. (3.57) ou ver Michaelis e Menten (1913)]:

$$C_M \ln \frac{C_{A0}}{C_A} + (C_{A0} - C_A) = k_3 C_{E0} t \qquad (5)$$

$\underbrace{\phantom{C_M \ln \frac{C_{A0}}{C_A}}}_{\text{termo de primeira ordem}}$ $\underbrace{\phantom{(C_{A0} - C_A)}}_{\text{termo de ordem zero}}$

Esse comportamento de concentração-tempo é mostrado na Fig. 27.4.

Infelizmente, não podemos fazer um gráfico dessa equação para encontrar diretamente os valores das constantes k_3 e C_M. No entanto, por manipulação encontramos a seguinte forma que pode ser colocada em forma gráfica, Fig. 27.5, de modo a permitir a obtenção das constantes de taxa:

$$\boxed{\frac{C_{A0} - C_A}{\ln \frac{C_{A0}}{C_A}} = -C_M + k_3 C_{E0} \cdot \frac{t}{\ln \frac{C_{A0}}{C_A}}} \qquad (6)$$

Figura 27.4 — Comportamento de concentração-tempo da equação M–M

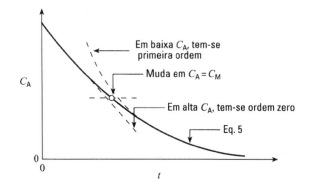

Figura 27.5 — Qualquer um dos gráficos pode ser usado para testar e ajustar a equação M–M [Eq. (6)], a partir dos dados de um reator em batelada

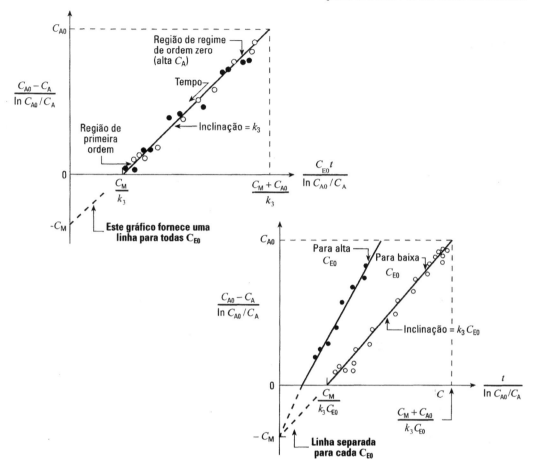

Fermentador de Mistura Perfeita

Substituindo a equação M–M na expressão de desempenho do escoamento com mistura perfeita, temos:

$$\tau = \frac{C_{A0} - C_A}{-r_A} = \frac{(C_{A0} - C_A)(C_M + C_A)}{k_3 C_{E0} C_A} \quad \ldots \text{ou}$$

$$\boxed{k_3 C_{E0} \tau = \frac{(C_{A0} - C_A)(C_M + C_A)}{C_A}} \tag{7}$$

Infelizmente, não podemos elaborar um gráfico dessa equação para obter k_3 e C_M. Entretanto, rearranjando encontramos uma forma de equação que permite uma avaliação direta de k_3 e C_M; ou seja:

$$C_A = -C_M + k_3 \left(\frac{C_{E0} C_A \tau}{C_{A0} - C_A} \right) \tag{8}$$

A Fig. 27.6 apresenta a forma gráfica dessa equação.

Figura 27.6 — Qualquer um dos gráficos pode ser usado para testar e ajustar a equação M–M [Eq. (8)], a partir dos dados de um reator de mistura perfeita

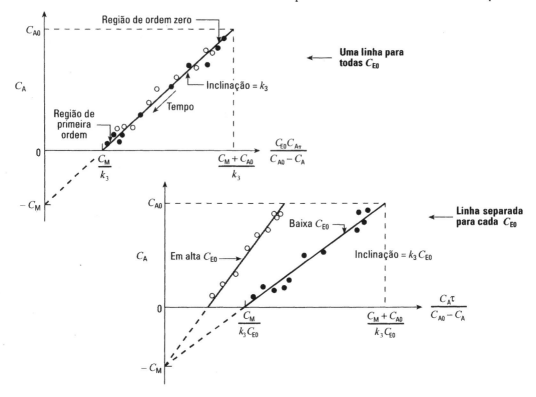

Métodos Alternativos para Avaliar k_3 e C_M

Biologistas e cientistas da vida têm desenvolvido uma tradição de ajustar e extrair as constantes de taxa da equação M–M, utilizando um procedimento multietapa, dado a seguir:

- primeiro meça $C_{A, \text{saída}}$ versus τ para dados obtidos em qualquer um dos três reatores ideais — batelada, pistonado ou de mistura perfeita.
- avalie então $-r_A$ em vários valores de C_A, diretamente dos dados de escoamento com mistura perfeita ($-r_A = (C_{A0} - C_{A, \text{saída}})/\tau$) ou calculando as inclinações para os dados em batelada ou em escoamento pistonado, conforme mostrado no Capítulo 3.
- faça um gráfico de C_A versus $(-r_A)$ usando uma das duas maneiras:

    $(-r_A)$ versus $(-r_A)/C_A$ ... Gráfico de Eadie
    $1/(-r_A)$ versus $1/C_A$ ... Gráfico de Lineweaver

- e a partir desses gráficos, extraia C_M e k.

O método CRE, que conduz à Eq. (6) ou Eq. (8), ajusta os dados medidos de C_A versus τ, a partir de qualquer um dos três tipos de reatores ideais. Ele é um método direto, menos trivial e mais confiável.

27.2 INIBIÇÃO POR UMA SUBSTÂNCIA EXTERNA – INIBIÇÃO COMPETITIVA E NÃO COMPETITIVA

Quando a presença de uma substância B causa uma diminuição na taxa da reação enzima-substrato de A em R, então B é chamado de *inibidor*. Temos vários tipos de ação inibitória, sendo os modelos mais simples chamados de *competitivos* e *não competitivos*. Temos inibição competitiva quando A e

Figura 27.7 — Uma representação simples da ação de dois tipos de inibidores

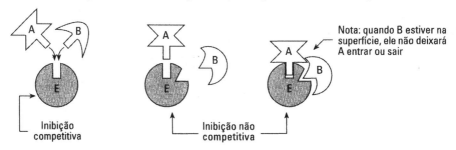

B atacam o mesmo sítio na enzima e temos inibição não competitiva quando B ataca um sítio diferente na enzima, tendo como efeito parar a ação de A. Em imagens simples, esta ação é mostrada na Fig. 27.7.

Significância farmacológica: o estudo de enzimas e inibição é um dos principais métodos de determinação da ação de drogas existentes e no desenvolvimento de novas drogas. Esta abordagem tem mudado toda a direção da pesquisa farmacológica nos últimos anos. O principal impulso hoje é:

- estudar biologicamente a doença e então
- sintetizar um composto químico que bloqueie a ação de uma enzima crucial.

Vamos desenvolver expressões cinéticas para esses dois tipos de inibição.

Cinética de uma Inibição Competitiva

Com A e B competindo pelo mesmo sítio na enzima, temos o seguinte mecanismo:

$$A + E \underset{2}{\overset{1}{\rightleftarrows}} X \overset{3}{\rightarrow} R + E \tag{9}$$

$$B + E \underset{5}{\overset{4}{\rightleftarrows}} Y \tag{10}$$

Note que B ataca somente a enzima livre

Com o procedimento mostrado no Capítulo 2 (ver Exemplo 2.2), chegamos à seguinte equação de taxa:

$$r_B = \frac{k_3 C_{E0} C_A}{C_M + C_A + N C_{B0} C_M} = \frac{k_3 C_{E0} C_A}{C_M (1 + N C_{B0}) + C_A}$$

$$\text{onde} \begin{cases} C_M = \dfrac{k_2 + k_3}{k_1}, \quad \dfrac{\text{mol}}{\text{m}^3} \\ N = \dfrac{k_4}{k_5}, \quad \dfrac{\text{m}^3}{\text{mol}} \end{cases} \tag{11}$$

Comparado aos sistemas sem inibição [Eq. (3)], vemos que tudo que precisamos aqui é trocar C_M por $C_M (1 + N C_{B0})$.

Cinética de uma Inibição Não Competitiva

Nesse caso, A ataca um sítio na enzima e B ataca um sítio diferente, parando desta forma a ação de A. O mecanismo dessa ação é representado por:

$$A + E \underset{2}{\overset{1}{\rightleftarrows}} X \overset{3}{\to} R + E \qquad (12)$$

$$B + E \underset{5}{\overset{4}{\rightleftarrows}} Y \qquad (13)$$

$$B + X \underset{7}{\overset{6}{\rightleftarrows}} Z \qquad (14)$$

Note que B ataca a enzima, independentemente do fato de A estar ou não acoplado à enzima. A taxa global é então:

$$r_R = \frac{k_3 C_{E0} C_A}{C_M + C_A + NC_{B0}C_M + LC_A C_{B0}}$$

$$= \frac{\dfrac{k_3}{(1+LC_{B0})} \cdot C_{E0} C_A}{C_M \left(\dfrac{1+NC_{B0}}{1+LC_{B0}}\right) + C_A} \quad \text{½onde} \quad \begin{cases} C_M = \dfrac{k_2 + k_3}{k_1} \\ N = \dfrac{k_4}{k_5} \\ L = \dfrac{k_6}{k_7} \end{cases} \qquad (15)$$

Comparado às reações enzimáticas sem inibição, vemos que tanto k_3 como C_M são modificados nesse caso. Logo, para inibição não competitiva:

- troque k_3 por $\dfrac{k_3}{1+LC_{B0}}$
- troque C_M por $C_M \left(\dfrac{1+NC_{B0}}{1+LC_{B0}}\right)$

Como Diferenciar uma Inibição Competitiva de uma não Competitiva, a Partir de Experimentos

Com os dados de C versus t obtidos a partir de corridas em batelada, com escoamento pistonado ou com escoamento com mistura perfeita, faça um dos gráficos recomendados para os sistemas sem

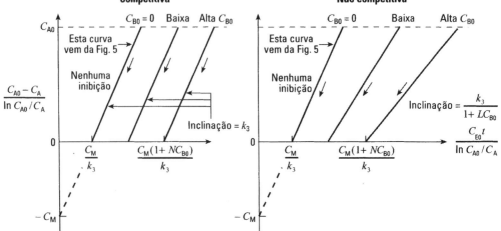

Figura 27.8 — Efeito da inibição nos dados em batelada e com escoamento pistonado

Problemas 521

Figura 27.9 — Efeito da inibição nos dados com escoamento com mistura perfeita

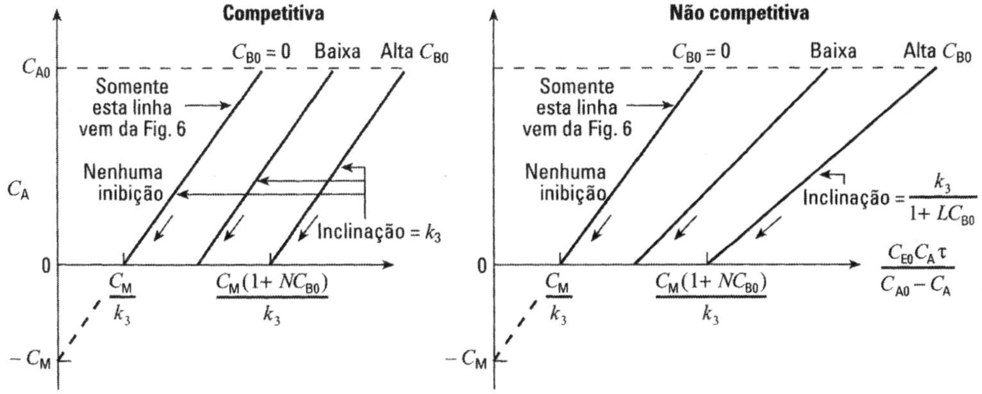

inibição (ver Fig. 27.5 ou Fig. 27.6). Com inibição, esses gráficos são modificados, conforme mostrado nas Figs. 27.8 e 27.9.

Comentários

A equação M–M é a expressão mais simples para representar as reações catalisadas por enzimas. Isto tem sido modificado e ampliado de várias maneiras. Os dois modos de inibição introduzidos aqui são os mais simples que se possa imaginar; outros são mais complexos para representar matematicamente. Assim, sempre tente primeiro os modos simples.

REFERÊNCIAS

Michaelis, L., and Menten, M. L., *Biochem. Z.*, **49**, 333 (1913).

PROBLEMAS

27.1 O substrato A e a enzima E escoam atavés de um reator de mistura perfeita ($V = 6$ ℓ). A partir das concentrações de entrada e de saída e da taxa de escoamento, encontre a equação de taxa para representar a ação de enzima no substrato.

C_{E0}, mol/ℓ	C_{A0}, mol/ℓ	C_A, mol/ℓ	v, ℓ/h
0,02	0,2	0,04	3,0
0,01	0,3	0,15	4,0
0,001	0,69	0,60	1,2

27.2 Na temperatura ambiente, sacarose é hidrolisada pela enzima invertase, como segue:

$$\text{sacarose} \xrightarrow{\text{invertase}} \text{produtos}$$

Começando com sacarose ($C_{A0} = 1$ mol/m^3) e invertase ($C_{E0} = 0,01$ mol/m^3), os seguintes dados foram obtidos em um reator em batelada (as concentrações são calculadas a partir de medidas de rotação ótica):

C_A, mol/m^3	0,68	0,16	0,006
t, h	2	6	10

Encontre a equação de taxa para representar a cinética dessa reação.

522 *Capítulo 27 — Processo Enzimático*

27.3 Em corridas separadas, diferentes concentrações de substrato e enzima são introduzidas em um reator em batelada. A reação então ocorre. Depois de um certo tempo, a reação é arrefecida e o conteúdo do reator é analisado. A partir dos resultados encontrados, encontre a equação de taxa que representa a ação da enzima no substrato.

Corrida	C_{E0}, mol/m^3	C_{A0}, mol/m^3	C_A, mol/m^3	t, h
1	3	400	10	1
2	2	200	5	1
3	1	20	1	1

27.4 O carboidrato A se decompõe na presença da enzima E. Suspeitamos também que o carboidrato B influencia, de algum modo, essa decomposição. Para estudar esse fenômeno, foram medidas várias concentrações de A, B e E das correntes de entrada e de saída de um reator de mistura perfeita ($V = 240$ cm^3).

(a) A partir dos seguintes dados, encontre a equação de taxa para a decomposição.
(b) O que você pode dizer a respeito do papel de B na decomposição?
(c) Você pode sugerir um mecanismo para essa reação?

C_{A0}, mol/m^3	C_A, mol/m^3	C_{B0}, mol/m^3	C_{E0}, mol/m^3	v, cm^3/min
200	50	0	12,5	80
900	300	0	5	24
1.200	800	0	5	48
700	33,3	33,3	33,3	24
200	80	33,3	10	80
900	500	33,3	20	120

27.5 A enzima E catalisa a decomposição do substrato A. Com o objetivo de ver se a substância B atua como inibidor, realizamos duas corridas cinéticas em um reator em batelada: uma com B presente e outra sem B. A partir dos dados registrados e mostrados a seguir,

(a) encontre a equação de taxa que representa a decomposição de A.
(b) Qual é o papel de B na decomposição?
(c) Sugira um mecanismo para a reação.

Corrida 1. $C_{A0} = 600$ mols/m^3, $C_{E0} = 8$ g/m^3, sem a presença de B

C_A	350	160	40	10
t, h	1	2	3	4

Corrida 2. $C_{A0} = 800$ mols/m^3, $C_{E0} = 8$ g/m^3, $C_B = C_{B0} = 100$ mols/m^3

C_A	560	340	180	80	30
t, h	1	2	3	4	5

A celulose pode ser convertida em açúcar por meio do seguinte ataque enzimático:

$$\text{celulose} \xrightarrow{\text{celulase}} \text{açúcar}$$

Celubiose e glicose inibem a quebra da celulose. Para estudar a cinética desta reação, corridas são realizadas em um reator de mistura perfeita, mantido a 50°C, sendo a alimentação constituída de pequenos cavacos de celulose ($C_{A0} = 25$ kg/m^3), enzima ($C_{E0} = 0,01$ kg/m^3, a mesma para todas as corridas) e vários inibidores. Os resultados são:

Corrida	Corrente de saída C_A, kg/m³	Série 1 sem inibidor τ, min	Série 2 com celubiose $C_{B0} = 5$ kg/m³ τ, min	Série 3 com glicose $C_{G0} = 10$ kg/m² τ, min
1	1,5	587	940	1.020
2	4,5	279	387	433
3	9,0	171	213	250
4	21,0	36	40	50

27.6 Encontre a equação de taxa para representar a quebra da celulose pela celulase, na ausência de inibidor.

27.7 Qual é o papel da celubiose na quebra da celulose (encontre o tipo de inibição e a equação de taxa)?

27.8 Qual é o papel da glicose na quebra da celulose (encontre o tipo de inibição e a equação de taxa)?

Os dados de taxa para esses problemas foram modificados a partir de Ghose e Das, *Advances in Biochemical Engineering*, **1**, 66 (1971).

27.9 Dada a forma de taxa de Michaelis-Menten para representar as reações enzima-substrato (ou reação catalisador-reagente)

$$A \xrightarrow{\text{enzima}} R, \quad -r_A = \frac{kC_A C_{E0}}{C_A + (\text{constante})}$$

qual dos seguintes modos de contato, quando operado adequadamente, proporcionará um bom comportamento no reator (perto da mínima capacidade do reator) e qual deles não o fará? O reator recebe duas correntes de alimentação, uma contendo C_{A0} e a outra contendo C_{E0}.

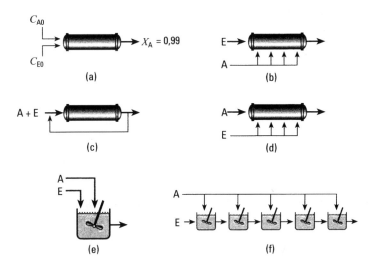

CAPÍTULO 28
Fermentação Microbiana – Introdução e Visão Geral

A fermentação natural é uma situação complexa, com uma mistura de alimentos e células reagindo ativamente. Nessa introdução, vamos considerar somente a mais simples das situações:

- um tipo de microrganismo C atuando. Algumas vezes o chamamos de célula ou micróbio.
- um tipo de alimento necessário A. Esse alimento é chamado de substrato pelos pesquisadores da ciência da vida.

Se o alimento estiver correto, os microrganismos vão comê-lo, multiplicar-se e produzir material residual R durante o processo. Em símbolos:

$$A \xrightarrow{C} C + R$$

Em alguns casos, a presença do produto R inibe a ação das células, não importando quanto alimento esteja disponível. Chamamos esse processo de envenenamento pelo produto. A fabricação de vinho é um exemplo disto.

$$\begin{pmatrix} \text{uvas maceradas, frutas,} \\ \text{cereais, batatas, etc.} \end{pmatrix} \xrightarrow{\text{microrganismos}} \begin{pmatrix} \text{mais} \\ \text{microrganismos} \end{pmatrix} + \text{álcool}$$

À medida que a concentração de álcool aumenta, as células se multiplicam mais lentamente e, em cerca de 12% de álcool, os micróbios param o processo. Álcool é o veneno aqui.

O tratamento de água residual por meio de lodo ativado é um exemplo de uma fermentação que está livre de produto de envenenamento:

$$\begin{pmatrix} \text{material orgânico} \\ \text{residual} \end{pmatrix} \xrightarrow{\text{microrganismos}} \begin{pmatrix} \text{mais} \\ \text{microrganismos} \end{pmatrix} + \begin{pmatrix} \text{quebra dos produtos} \\ CO_2, H_2O, \ldots \end{pmatrix}$$

Às vezes estamos interessados na quebra de A, como no caso do tratamento de água residual. Em outras situações, estamos interessados na produção de células C, como no caso do crescimento de leveduras ou de proteína com uma única célula para alimentos. Em outras ocasiões, queremos o material residual (R) das células, como ocorre na produção de penicilina e outros antibióticos.

Vamos ver o que tipicamente acontece com um único tipo de microrganismo e de alimento.

Figura 28.1 — Crescimento das células em um ambiente uniforme e "amigável"

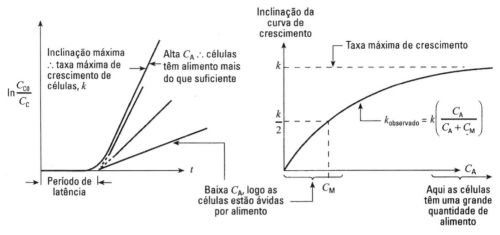

Fermentação em Ambiente Constante: Aspecto Qualitativo

O que acontece quando introduzimos uma batelada de microrganismos em um meio "amigável" de composição constante, contendo alimento com concentração C_A? Primeiro, os microrganismos levam um certo tempo para se adaptar ao seu novo ambiente, crescendo exponencialmente em seguida. Assim, temos o comportamento mostrado na Fig. 28.1. Aproximadamente — o período de latência (time lag) é o resultado do "choque" que as moléculas têm ao se deparar com um novo ambiente.

- a taxa de crescimento das células (depois do período de latência) é dada por Monod, como sendo:

$$r_C = \frac{kC_A C_C}{C_A + C_M}$$

C_M — a concentração de A em que as células se reproduzem a uma taxa igual à metade de seu valor máximo

Fermentador em Batelada: Aspecto Qualitativo

Nesse caso, as células se reproduzem, a composição do substrato varia e o produto, que pode ser tóxico às células, é formado. Tipicamente, vemos:

- um período de indução (período de latência);
- um período de crescimento;
- um período estacionário e
- um período de morte das células.

A seguir, em poucas palavras, comentamos esses regimes.

(a) Latência. Quando as células no recipiente esgotam o seu suprimento de alimento, elas param de se multiplicar, sua atividade enzimática diminui, compostos químicos de baixo peso molecular se difundem para fora das células e as células mudam as suas características. Elas envelhecem. Desta forma, quando elas são introduzidas em um novo ambiente, observa-se um período de latência, visto que as células fabricam novamente os compostos necessários para o seu crescimento e

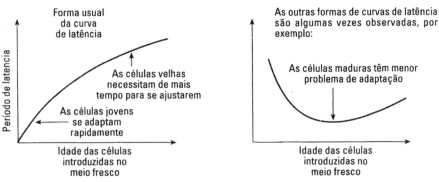

Figura 28.2 — O período de latência depende da idade das células

reprodução. Em geral, qualquer mudança no ambiente resulta em um período de indução enquanto as células se adaptam. A Fig. 28.2 ilustra isto.

(b) Fases de crescimento e estacionária. As células crescem exponencialmente em um ambiente uniforme; em um sistema em batelada, o meio varia, alterando portanto a taxa de crescimento. A eventual queda no crescimento das células é governada tanto pelo

- esgotamento do alimento, como
- pelo acúmulo de materiais tóxicos (tóxicos para a célula).

A Fig. 28.3 sumariza graficamente o exposto.

Figura 28.3 — Em um reator em batelada, a máxima produção de células depende do mecanismo limitante

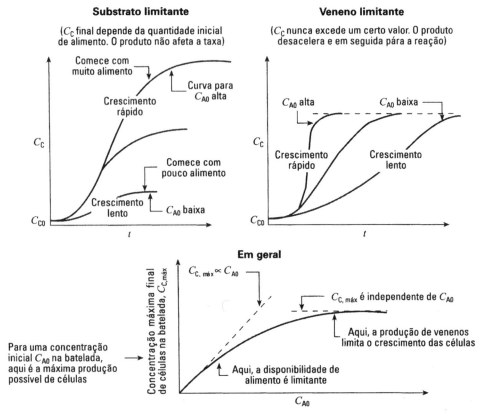

Fermentador de Mistura Perfeita

Aqui, as células estão em um ambiente uniforme. Nenhuma adaptação é necessária e a multiplicação de células ocorre a uma taxa constante, determinada pela composição do fluido no vaso. Isto é freqüentemente representado por uma equação, tipo Monod:

$$-r_C = \frac{kC_A C_C}{C_A + C_M}$$

O valor de k depende de muitos fatores: temperatura, presença de traços de elementos, vitaminas, substâncias tóxicas, intensidade de luz, etc.

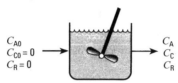

Distribuição de Produtos e Rendimentos Fracionários

Para a equação estequiométrica

$$A \xrightarrow{C} cC + rR$$

vamos usar a seguinte notação taquigráfica, para os rendimentos fracionários instantâneos:

$$\left. \begin{array}{l} (C/A) = \varphi(C/A) = \dfrac{d(C \text{ formado})}{d(A \text{ usado})} \\[4pt] (R/A) = \varphi(R/A) = \dfrac{d(R \text{ formado})}{d(A \text{ usado})} \\[4pt] (R/C) = \varphi(R/C) = \dfrac{d(R \text{ formado})}{d(C \text{ usado})} \end{array} \right\} \quad (1)$$

Então, temos as seguintes relações:

$$\left. \begin{array}{l} (R/A) = (R/C) \cdot (C/A) \\ (A/C) = 1/(C/A) \end{array} \right\} \quad (2)$$

e

$$\left. \begin{array}{l} r_C = (-r_A)(C/A) \\ r_R = (-r_A)(R/A) \\ r_R = (r_C)(R/C) \end{array} \right\} \quad (3)$$

Em geral, a estequiometria pode ser complexa, com os rendimentos fracionários variando com a composição. O tratamento desse caso pode ser difícil. Gostaríamos portanto de simplificar, supondo que todos os valores de φ permaneçam constantes para todas as composições. Essa suposição pode ser razoável para escoamento com mistura perfeita ou para o período de crescimento exponencial em reatores em batelada; caso contrário, a suposição é questionável.

Vamos fazer essa suposição de qualquer modo — todos os valores de φ permanecem constantes. Nesse caso, para qualquer variação, podemos escrever:

528 *Capítulo 28 — Fermentação Microbiana – Introdução e Visão Geral*

$$\left. \begin{aligned} C_C - C_{C0} &= \boxed{C/A}\,(C_{A0} - C_A) & \tfrac{1}{2}\text{ou}\tfrac{1}{2}\ C_C &= C_{C0} + \boxed{C/A}\,(C_{A0} - C_A) \\ C_R - C_{R0} &= \boxed{R/A}\,(C_{A0} - C_A) & \tfrac{1}{2}\text{ou}\tfrac{1}{2}\ C_R &= C_{R0} + \boxed{R/A}\,(C_{A0} - C_A) \\ C_R - C_{R0} &= \boxed{R/C}\,(C_C - C_{C0}) & \tfrac{1}{2}\text{ou}\tfrac{1}{2}\ C_R &= C_{R0} + \boxed{R/C}\,(C_C - C_{C0}) \end{aligned} \right\} \tag{4}$$

Expressões Cinéticas

A taxa de multiplicação de células depende, em geral, da disponibilidade de alimento e da fabricação de rejeitos que interferem na multiplicação das células. A seguir, mostraremos as formas razoáveis mais simples de taxa, que serão utilizadas nos próximos capítulos.

Disponibilidade de Alimento: Para uma expressão quantitativa razoável, faça a analogia com a cinética enzimática.

Para enzimas:

$$\left. \begin{aligned} A + E &\rightleftarrows X \\ X &\to R + E \\ e\ C_{E0} &= C_E + C_X \end{aligned} \right\} \qquad \left. \begin{aligned} &\text{em alta } C_A & \tfrac{1}{2}\ &r_R = kC_{E0} \\ &\text{em baixa } C_A & \tfrac{1}{2}\ &r_R = kC_{E0}C_A / C_M \\ &\text{em toda } C_A & \tfrac{1}{2}\ &r_R = \frac{kC_{E0}C_A}{C_A + C_M} \end{aligned} \right\} \tag{5}$$

equação de Michaelis-Menten — M-M constante

Para microrganismos:

$$\left. \begin{aligned} A + C_{\text{repousando}} &\rightleftarrows C_{\text{grávidos}} \\ C_{\text{grávidos}} &\to 2C_{\text{repousando}} + R \\ e\ C_{\text{total}} &= C_{\text{grávidos}} + C_{\text{repousando}} \end{aligned} \right\} \qquad \left. \begin{aligned} &\text{em alta } C_A & \tfrac{1}{2}\ &r_R = kC_C \\ &\text{em baixa } C_A & \tfrac{1}{2}\ &r_R = kC_C C_A / C_M \\ &\text{em toda } C_A & \tfrac{1}{2}\ &r_R = \frac{kC_C C_A}{C_A + C_M} \end{aligned} \right\} \tag{6}$$

equação de Monod — constante de Monod

Muitas outras formas cinéticas têm sido propostas e têm sido usadas no passado. Entretando, todas elas foram esquecidas, desde que Monod sugeriu sua expressão. A sua simplicidade saiu vitoriosa. Portanto, usaremos esse tipo de expressão para relacionar a taxa de crescimento celular com a concentração de substrato.

Efeito de Rejeitos Nocivos. Quando rejeitos nocivos, R, são produzidos, ocorre uma interferência destes na multiplicação das células. Logo, o valor observado da constante de taxa de Monod, k_{obs}, diminui com o aumento de C_R. Uma forma simples dessa relação é:

$$k_{\text{obs}} = k\left(1 - \frac{C_R}{C_R^*}\right)^n \tag{7}$$

ordem de envenenamento do produto

constante de taxa na ausência de rejeito tóxico

onde C_R^* é aquela concentração de R em que toda a atividade celular pára, caso em que k_{obs} se torna igual a zero. Essa expressão é mostrada na Fig. 28.4.

Expressão Cinética Geral. A expressão mais simples do tipo Monod, que pode considerar ambos os fatores na fermentação microbiana, é:

Fermentação Microbiana – Introdução e Visão Geral **529**

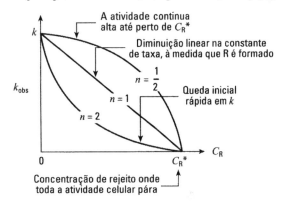

Figura 28.4 — O valor observado de k diminui à medida que o produto venenoso, R, é produzido [ver Eq. (7)]

$$r_C = -r_A \ (C/A) = r_R \ (C/R) = k_{obs} \frac{C_A C_C}{C_A + C_M}$$

equação generalizada de Monod

k_{obs} diminui à medida que C_R aumenta

$$\text{½ onde } k_{obs} = k\left(1 - \frac{C_R}{C_R^*}\right)^n \qquad (8)$$

concentração em que toda a reação pára

Em geral então, a reação e a multiplicação de células diminuirão, tanto devido ao esgotamento de A (escassez), como pela produção de R (poluição ambiental).

Tratamento Planejado do Assunto

Os próximos dois capítulos tratarão, sucessivamente, as expressões de desempenho e as conseqüências de projeto para

- a cinética de Monod, livre de envenenamento. Aqui, apenas a limitação de alimento afeta a taxa de crescimento das células;
- a cinética de envenenamento pelo produto. Nesse caso, alguns produtos formados durante a fermentação diminuem a taxa.

Ao longo desses capítulos, consideraremos também um rendimento fracionário constante e, uma vez que tudo é líquido, teremos eA = 0 e usaremos concentrações em todas as expressões.

De modo mais genérico, um excesso de substrato e de células no meio fermentativo pode também diminuir a taxa de fermentação. Nessas situações, a equação de Monod deve ser modificada de modo adequado [ver Han e Levenspiel, *Biotech. and Bioeng.*, **32**, 430 (1988), para uma discussão e um tratamento geral para todas essas formas de inibição].

CAPÍTULO 29

Fermentação Microbiana – Fator Limitante: Substrato

Se supusermos um rendimento fracionário constante e nenhuma diminuição da taxa como um resultado do envenenamento pelo produto ou de um aumento de uma aglomeração celular no meio fermentativo, então a equação geral de taxa do capítulo anterior, Eq. (28.8), reduz-se à bem conhecida equação de Monod:

$$r_C = (C/A)(-r_A) = \frac{kC_A C_C}{C_A + C_M} \quad \text{onde} \quad C_C - C_{C0} = (C/A)(C_{A0} - C_A) \tag{1}$$

com C_M = constante de Monod

em que C_{A0} e C_{C0} são as composições iniciais ou de alimentação.

Vamos examinar os reatores ideais processando uma alimentação que está reagindo de acordo com essas cinéticas.

29.1 FERMENTADORES EM BATELADA (OU PISTONADOS)

Considere o progresso da reação anterior. No começo, C_{A0} é alta e C_{C0} é baixa; no final, $C_A \to 0$, enquanto C_C é alta. Assim, a taxa de uma corrida é baixa, tanto no começo como no final, sendo porém alta em alguma composição intermediária. Colocando $dr_C/dt = 0$, encontramos que a taxa máxima ocorre em:

$$C_{A,\text{taxa máxima}} = \sqrt{C_M^2 + C_M(C_{A0} + (A/C)C_{C0})} - C_M \tag{2}$$

Isso significa que, com uma alimentação C_{A0} e C_{C0} em qualquer sistema, a chave para um projeto adequado é usar o escoamento com mistura perfeita para alcançar toda $C_{A,\text{taxa máxima}}$ em uma etapa e então usar o escoamento pistonado além desse ponto. Logo, é sempre importante conhecer $C_{A,\text{taxa máxima}}$.

Vamos agora retornar ao nosso reator em batelada (ou pistonado). Aplicando sua equação de desempenho, encontramos:

$$t_b = \tau_p = \int_{C_{C0}}^{C_C} \frac{dC_C}{r_C} = \frac{1}{k}\int_{C_{C0}}^{C_C} \frac{C_A + C_M}{C_C C_A} dC_C$$

$$\underbrace{}_{C_A = \boxed{A/C}(C_C - C_{C0})}$$

$$= \int_{C_A}^{C_{A0}} \frac{dC_A}{\boxed{A/C}\, r_C} = \frac{1}{k}\int_{C_A}^{C_{A0}} \frac{C_A + C_M}{\boxed{A/C}\, C_C C_A} dC_A$$

$$\underbrace{}_{C_{C0} + \boxed{C/A}(C_{A0} - C_A)}$$

A integração fornece:

$$\boxed{kt_b = k\tau_p = \left(\frac{C_M}{C_{A0} + \boxed{A/C}\,C_{C0}} + 1\right)\ln\frac{C_C}{C_{C0}} - \left(\frac{C_M}{C_{A0} + \boxed{A/C}\,C_{C0}}\right)\ln\frac{C_A}{C_{A0}}} \quad (3)$$

$$\ldots \text{ com } \quad C_C - C_{C0} = \boxed{C/A}(C_{A0} - C_A)$$

Se o período de latência estiver envolvido, apenas adicione t_{lag} aos tempos anteriores de modo a encontrar t_{total}. Se desejarmos, poderemos escrever a equação de desempenho em termos de C_R em vez de C_A e C_C. Lembre-se somente que:

$$\boxed{C_R = C_{R0} + \boxed{R/C}(C_C - C_{C0}) = C_{R0} + \boxed{R/A}(C_{A0} - C_A)} \quad (28.4)$$

Os esquemas da Fig. 29.1 mostram as propriedades principais dessa equação de desempenho.

Como Encontrar as Constantes de Monod a Partir de Experimentos em Batelada

Método (a). Rearranje a Eq. (3) para obter:

$$\frac{t_b}{\ln(C_C/C_{C0})} = \frac{M+1}{k} + \frac{M}{k}\frac{\ln(C_{A0}/C_A)}{\ln(C_C/C_{C0})} \quad \text{com} \quad M = \frac{C_M}{C_{A0} + \boxed{A/C}\,C_{C0}} \quad (4)$$

Faça então um gráfico com os dados, conforme mostrado na Fig. 29.2.

Figura 29.1 — Comportamento dos reatores em batelada ou pistonado para a fermentação microbiana, tipo Monod

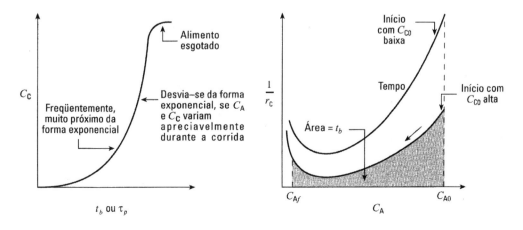

Figura 29.2 — Avaliação das constantes da equação de Monod, a partir de dados obtidos em uma batelada – método (a)

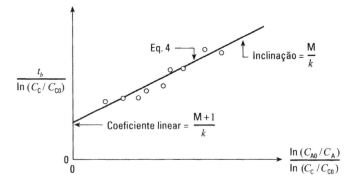

Método (b). Encontre primeiro r_C, através da obtenção de dC_C/dt a partir dos dados; em seguida, rearranje a equação de Monod, obtendo:

$$\frac{C_C}{r_C} = \frac{1}{k} + \frac{C_M}{k}\frac{1}{C_A} \tag{5}$$

Faça então um gráfico, Fig. 29.3, para encontrar k e C_M.

Comentários a Respeito de Operações em Batelada

- O método (a) usa diretamente todos os dados, apresentando-os em um forma gráfica linear. Esse método é provavelmente melhor e mais versátil.
- O método (b) requer a obtenção de derivadas ou inclinações dos dados experimentais, sendo mais tedioso e, provavelmente, menos confiável.
- Para alto valor de C_A, $C_A \gg C_M$, faça $C_M = 0$ na equação de Monod, obtendo $r_C = kC_C$. Nesse caso, a expressão de desempenho, Eq. (3), simplifica-se para:

$$k\tau_p = \ln\frac{C_C}{C_{C0}} \quad \text{uma curva de crescimento exponencial}$$

- Para baixo valor de C_A, $C_A \ll C_M$, a equação de Monod se transforma em uma equação autocatalítica simples. A expressão de desempenho, Eq. (3), reduz-se a:

Figura 29.3 — Avaliação das constantes da equação de Monod, a partir de dados obtidos em uma batelada – método (b)

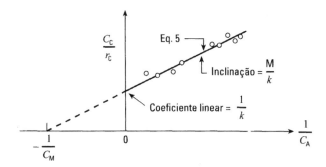

$$k\tau_p = \frac{C_M}{C_{A0} + (A/C)C_{C0}} \ln \frac{C_{A0}C_C}{C_A C_{C0}} \quad \text{½. curva de crescimento em forma de "S"}$$
Ver equação autocatalítica no Cap. 3

- Para valor muito alto de C_C, a equação de Monod livre de veneno simplesmente não se aplicará; mesmo se houver alimento suficiente, as células irão se aglomerar, o crescimento diminuirá e, finalmente, irá parar. Logo, para concentração celular muito alta, temos de trabalhar com a cinética de envenenamento pelo produto.
- é inconveniente tentar avaliar as constantes de taxa da equação de Monod a partir de dados de batelada ou de escoamento pistonado. Dados de escoamento com mistura perfeita são muito mais simples de interpretar, como veremos.

29.2 FERMENTADORES DE MISTURA PERFEITA

Nenhuma Célula na Corrente de Alimentação, $C_{c0} = 0$

Considere a cinética de Monod (nenhum envenenamento pelo produto), os rendimentos fracionários, φ, constantes e nenhuma célula entrando na corrente de alimentação. Desse modo, a equação de desempenho do escoamento com mistura perfeita se torna:

$$\tau_m = \frac{\Delta C_i}{r_i} \quad \text{onde} \quad i = A, C, \text{ou R} \tag{6}$$

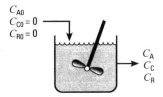

Figura 29a

Substituindo r_i da Eq. (1) na Eq. (6), temos:

Em termos de C_A

$$k\tau_m = \frac{C_M + C_A}{C_A} \quad \text{½ou} \quad C_A = \frac{C_M}{k\tau_m - 1} \quad \text{½ou} \quad k\tau_m > 1 + \frac{C_M}{C_{A0}}$$

Em termos de C_C

$$k\tau_m = \frac{(C/A)(C_{A0} + C_M) - C_C}{(C/A)C_{A0} - C_C} \ldots \text{ou} \quad C_C = (C/A)\left(C_{A0} - \frac{C_M}{k\tau_m - 1}\right) \ldots \text{para } k\tau_m > 1 + \frac{C_M}{C_{A0}} \tag{7}$$

Em termos de C_R

$$k\tau_m = \frac{(R/A)(C_{A0} + C_M) - C_R}{(R/A)C_{A0} - C_R} \ldots \text{ou} \quad C_R = (R/A)\left(C_{A0} - \frac{C_M}{k\tau_m - 1}\right) \ldots \text{para } k\tau_m > 1 + \frac{C_M}{C_{A0}}$$

não há solução possível se $k\tau_m < 1 + \frac{C_M}{C_{A0}}$

Essa intrigante expressão foi desenvolvida por Monod (1949) e, independentemente e praticamente no mesmo período, por Novick e Szilard (1950).

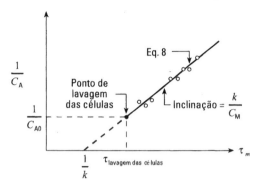

Figura 29.4 — Avaliando as constantes de Monod, a partir dos dados obtidos em um reator de mistura perfeita

Para avaliar as constantes cinéticas a partir de uma série de corridas em escoamento com mistura perfeita, rearranje a Eq. (7) de modo a ter a equação

$$\frac{1}{C_A} = \frac{k}{C_M}\tau_m - \frac{1}{C_M} \tag{8}$$

e o gráfico mostrado na Fig. 29.4.

A partir da equação de desempenho, podemos mostrar que tudo — lavagem das células (*washout*), tempo ótimo de processamento e taxa máxima de produção — depende de C_M e C_{A0}, combinados da seguinte forma:

$$N = \sqrt{1 + \frac{C_{A0}}{C_M}} \tag{9}$$

Assim, operações ótimas de um fermentador de mistura perfeita ocorrem quando

$$\boxed{\frac{C_A}{C_{A0}} = \frac{1}{N+1}, \quad \frac{C_C}{C_{C\,\text{máx possível}}} = \frac{N}{N+1}, \quad k\tau_{\text{ótimo}} = \frac{N}{N-1}} \tag{10}$$

e a lavagem das células (*washout*) ocorre em:

$$\boxed{k\tau_{\text{lavagem das células}} = \frac{N^2}{N^2 - 1}} \tag{11}$$

Tudo isto é mostrado na Fig. 29.5.

Corrente de Alimentação Contém Células, $C_{C0} \neq 0$

Com a alimentação e as células entrando no fermentador, a substituição da expressão de Monod [Eq. (1)] na expressão de desempenho para um reator de mistura perfeita (MFR), Eq. (6), fornece:

$$k\tau_m \frac{(C_{A0} - C_A)(C_A + C_M)}{(A/C) \cdot C_{C0}C_A + C_A(C_{A0} - C_A)} \tag{12}$$

Os Exemplos 29.1d, 29.1e e 29.1f usam essa expressão.

Figura 29.5 — Sumário do comportamento de escoamento com mistura perfeita de reações que seguem a cinética de Monod

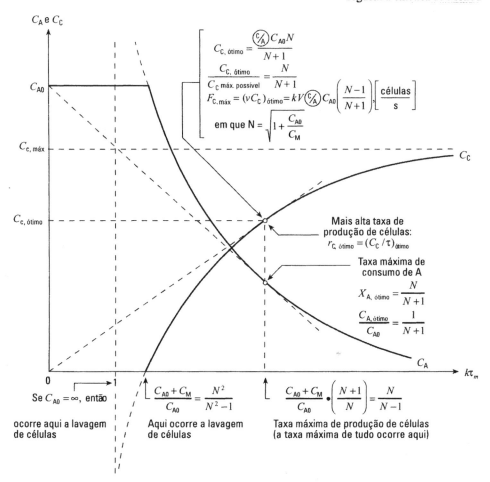

29.3 OPERAÇÃO ÓTIMA DE FERMENTADORES

Com a cinética de Monod livre de veneno e uma dada alimentação, temos uma curva de 1/r *versus* C em forma de U, conforme mostrado na Fig. 29.6.

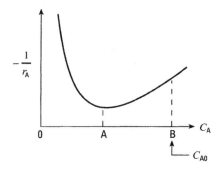

Figura 29.6 — Comportamento da curva de taxa-concentração da cinética de Monod

536 *Capítulo 29 — Fermentação Microbiana – Fator Limitante: Substrato*

Do Capítulo 5, aprendemos que com essa forma de curva de taxa-concentração, devemos operar do seguinte modo:

- Para alcançar qualquer ponto entre A e B, processe parte da alimentação em A usando escoamento com mistura perfeita e misture com o resto da alimentação.

- Para alcançar qualquer ponto entre A e 0, vá diretamente ao ponto A usando escoamento com mistura perfeita, utilizando em seguida escoamento pistonado além do ponto A.

Essas duas regras representam a chave do comportamento ótimo de um reator.

EXEMPLO 29.1 REATORES DE MISTURA PERFEITA USANDO A CINÉTICA DE MONOD

Vamos ilustrar o importante príncipio de otimização dado anteriormente, sugerindo a melhor maneira de operar as várias combinações de reatores de mistura perfeita (MFR) para uma fermentação que segue a cinética de Monod e onde

$$k = 2, \quad C_{A0} = 3, \quad C_M = 1, \quad \boxed{C/A} = 1 \quad \text{e} \quad V_m = 1 \quad \text{para cada reator}$$

Todas as quantidades são expressas em unidades consistentes. Considere, sucessivamente, os seguintes arranjos:

(a) Um único MFR, com uma taxa de alimentação $v = 3$.
(b) Um único MFR, com $v = 1$.
(c) Um único MFR, com $v = 1/3$.
(d) Dois MFR, $v = 3$.
(e) Dois MFR, $v = 1,5$.
(f) Dois MFR, $v = 0,5$.

Não calcule a concentração de saída de A ou C.

SOLUÇÃO

Preliminar. Das regras de otimização para reações em reatores de mistura perfeita [ver Eqs. (9) e (10)], temos:

$$N = \sqrt{1 + \frac{3}{1}} = 2$$

$$\tau_{m. \text{ótimo}} = \frac{N}{(N-1)k} = \frac{2}{(2-1)2} = 1$$

$$\tau_{m, \text{lavagem das células}} = \frac{N^2}{(N^2-1)k}$$

$$= \frac{4}{(4-1)2} = \frac{2}{3}$$

(a) Alta Taxa de Alimentação, Único Reator, $v = 3$. Se toda a alimentação passar através do MFR, o tempo médio de residência, $\tau = V/v = 1/3$, será muito pequeno e as células não ficarão no reator por um tempo suficiente, sendo eliminadas (lavagem das células — *wash out*). Assim, desvie (*bypass*) alguma parte da alimentação e deixe o reator operar no seu ótimo, conforme mostrado na Fig. E29.1*a*.

(b) Valor Intermediário de Taxa de Alimentação, Único MFR, v = 1. Nesse caso, se toda a alimentação passar através do reator, então τ = V/v = 1, que é o ótimo; logo, use esse modo de operação. Ver Fig. E29.1*b*.

(c) Baixa Taxa de Alimentação, Único Reator, v = 1/3. Aqui, τ = V/v = 1/(1/3) = 3, que está longe do ótimo; por conseguinte, passe tudo através do reator, como mostrado na Fig. E29.1*c*.

(d) Alta Taxa de Alimentação, 2 MFR, u = 3. Notando que para cada MFR queremos τ = 1, que é o ótimo, resultando no esquema da Fig. E29.1*d*.

(e) Valor Intermediário de Taxa de Alimentação, 2 MFR, v = 1,5. Nesse caso, o melhor que podemos fazer é manter o primeiro reator nas melhores condições, conforme mostrado na Fig. E29.1*e*.

(f) Baixa Taxa de Alimentação, 2 MFR, v = 0,5. Aqui, a taxa de alimentação é muito baixa para manter cada reator no ótimo; assim, ficamos com o esquema da Fig. E29.1*f*.

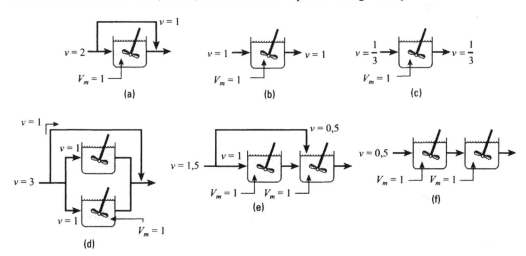

Figura E29.1

EXEMPLO 29.2 REATOR PISTONADO USANDO A CINÉTICA DE MONOD

Vamos estender o Exemplo 29.1 para a situação em que usamos um reator pistonado (PFR), com ou sem reciclo, em substituição aos reatores de mistura perfeita (MFR). Encontre o ótimo nas seguintes situações:

(a) O volume do PFR é $V_p = 3$ e $v = 2$.
(b) $V_p = 2$ e $v = 3$.

SOLUÇÃO

Primeiro, encontre as condições ótimas:

$$N = 2, \quad \tau_{\text{ótimo}} = 1 \quad \text{e} \quad \tau_{\text{lavagem das células}} = \frac{2}{3}$$

(a) *Baixa taxa de alimentação, $\tau = V_p/v = 3/2 = 1,5$.* Aqui, dois arranjos ótimos são mostrados na Fig. E29.2a.

(b) Alta taxa de alimentação, $\tau = V_p/v = 2/3$. Se toda a alimentação escoar através do reator, teremos a lavagem das células (washout). Dessa forma, o ótimo é aquele mostrado na Fig.E29.2b.

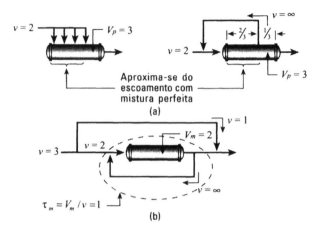

Figura E29.2

EXEMPLO 29.3 GLICOSE PARA A BACTÉRIA *E. coli*

O microrganismo *E. coli* cresce contente e satisfeito em meio de glicose, de acordo com a cinética de Monod, dada a seguir:

$$r_C = \frac{40\, C_A C_C}{C_A + 0,4} \frac{\text{kg de células}}{\text{m}^3 \cdot \text{h}} \quad \text{com} \quad \begin{cases} \widehat{C/A} = 0,1 \\ C_A = \dfrac{\text{kg de glicose}}{\text{m}^3} \end{cases}$$

Que taxa de alimentação de solução de glicose ($C_{A0} = 6$ kg/m³), em um reator de mistura perfeita ($V = 1$ m³), daria a taxa máxima de consumo de glicose e a taxa máxima de produção de células de *E. coli*?

SOLUÇÃO

Para determinar a taxa máxima de consumo de glicose, encontre primeiro N e então use a informação dada na Fig. 29.5.

$$N = \sqrt{1 + \frac{C_{A0}}{C_M}} = \sqrt{1 + \frac{6}{0,4}} = 4$$

$$k\tau_{\text{ótimo}} = \frac{N}{N-1} = \frac{4}{3} = 1,33$$

$$\therefore \tau_{\text{ótimo}} = \frac{1,33}{k} = \frac{1,33}{4} = 0,333 \text{ h}$$

$$v_{\text{ótimo}} = \frac{V_m}{\tau_{\text{ótimo}}} = \frac{1}{0,333} = 3$$

A taxa de alimentação de glicose é:

$$F_{A0} = (vC_{A0})_{\text{ótimo}} = (3)(6) = 18 \frac{\text{kg}}{\text{h}}$$

A taxa máxima de consumo de glicose é:

$$F_{A0}X_{A,\,\text{ótimo}} = 18\left(\frac{N}{N+1}\right) = 18\left(\frac{4}{5}\right) = \underline{\underline{14,4 \frac{\text{kg}}{\text{h}}}}$$

A taxa máxima de produção de *E. coli* é:

$$F_{C\,\text{máx}} = v_{\text{ótimo}}C_{C\,\text{ótimo}} = (3)\left[\textcircled{C / A}\,C_{A0}\left(\frac{N}{N+1}\right)\right]$$

$$= (3)(0,1)(6)\left(\frac{4}{5}\right) = \underline{\underline{1,44 \frac{\text{kg}}{\text{h}}}}$$

Comentários

- A extensão das equações de desempenho desenvolvidas neste capítulo e uma discussão adicional para

  - escoamento pistonado com reciclo do fluido de saída;
  - escoamento com mistura perfeita com uma alimentação que contenha $C_{C0} \neq 0$;
  - separação, concentração e reciclo de células.

  encontradas em Levenspiel (1996), Capítulo 83.

- Os problemas que se seguem são verificações quantitativas dos resultados apresentados nos dois primeiros exemplos.

- Na literatura sobre fermentação contínua, muito esforço é gasto no cálculo do que acontece nesse ou naquele arranjo. A maioria dos esquemas está longe do ótimo, não sendo portanto considerada por nós.

- Quando os valores de j são constantes, tanto para alta conversão como para baixa, temos então de nos preocupar apenas com uma variável independente, pelo fato de a composição variar com o tempo ou com a posição. Assim, podemos usar qualquer concentração, C_A, C_R ou C_C, na expressão de desempenho. Podemos comparar o desempenho de vários tipos de reatores, pistonado, de mistura perfeita, etc., sem dificuldade. Foi isto que fizemos aqui.

  Em geral, no entanto, $\varphi = f(C_A, C_R, C_C)$. Quando φ varia com a composição, então as coisas de tornam mais difíceis e não podemos comparar diretamente os tipos de reatores.

- Em 1939, como parte de sua tese, Jacques Monod propôs a equação que usamos aqui. A tese foi publicada como um livro em 1948 e, mais tarde, foi condensada e traduzida para o inglês em 1949 (ver a referência no final do capítulo).

- Em microbiologia, usam-se os termos:

  - *substrato* para a alimentação;
  - *taxa de diluição* para $1/\tau$. Em engenharia química, chamamos isto de velocidade espacial. Aqui, em vez desses termos, usamos tempo espacial, τ.
  - *quimiostato*, *turbidostato* para reatores de mistura perfeita.

  Devemos ficar cientes da diferença de linguagem.

540 Capítulo 29 — Fermentação Microbiana – Fator Limitante: Substrato

REFERÊNCIAS

Levenspiel, O., *Chemical Reactor Omnibook*, OSU Bookstores, Corvallis, OR (1996).

Monod, J., *Ann. Rev. Microbiology*, **3**, 371 (1949).

_____, *Annales de l'Institut Pasteur*, **79**, 390 (1950, *Recherches sur la Croissance des Cultures Bacteriennes*, Second ed., Herman, Paris, 1958.

Novick, A., and Szilard, L., *Proc. N. A. S.*, Washington, **36**, 708 (1950).

PROBLEMAS

29.1 Uma cultura de *E. coli* cresceu em lactose existente em um reator de mistura perfeita ($V = 1$ litro), usando várias taxas de escoamento de uma alimentação com $C_{A0} = 160$ mg de lactose/ℓ. Os seguintes resultados foram obtidos:

v, ℓ/h	C_A, mg/ℓ	Concentração de células, arbitrária
0,2	4	15,6
0,4	10	15
0,8	40	12
1,0	100	6

Encontre a equação de taxa para representar esse crescimento.

E. coli vive e cresce em manitol, tendo a seguinte cinética:

$$r_C = \frac{1,2\, C_A C_C}{C_A + 2}, \quad C_A = \text{g de manitol} / \text{m}^3, \quad \boxed{C/A} = 0,1 \text{ g de células} / \text{g de manitol}$$

Encontre a concentração das células na saída do reator, quando 1 m³/h de solução de manitol ($C_{A0} = 6$ g/m³) for alimentado diretamente em um reator de mistura perfeita, com volume

29.2 $V_m = 5$ m³.   **29.3** $V_m = 1$ m³.

Você pode fazer melhor e produzir mais células (se afirmativo, encontre C_C), por meio de um desvio (*bypass*) apropriado ou reciclo do fluido proveniente do reator, para o sistema do

29.4 problema 2?   **29.5** problema 3?

29.6 Que curioso! Duas diferentes taxas de escoamento de uma alimentação, com $C_{A0} = 500$ mols/m³, para nosso reator de mistura perfeita, com 1 m³, produzem os mesmos 100 g/h de células de levedura na corrente de saída; isto é:

* com 0,5 m³/h de alimentação, encontramos $C_A = 100$ mols/m³.
* com 1,0 m³/h de alimentação, encontramos $C_A = 300$ mols/m³.

A cinética de Monod com limitação de substrato deve representar bem a formação de levedura. A partir dessas informações, determine:

(a) o rendimento fracionário de levedura;
(b) a equação cinética para a formação de levedura;
(c) a taxa de escoamento para a produção máxima de levedura;
(d) a taxa máxima de produção de levedura.

Uma corrente do reagente A ($C_{A0} = 3$, $C_{R0} = 0$, $C_{C0} = 0$) deve ser decomposta por meio da seguinte fermentação microbiana:

$$A \rightarrow R + C, \quad r_C = \frac{kC_A C_C}{C_A + C_M} \quad \text{com} \quad \begin{cases} k = 2 \\ C_M = 1 \\ \boxed{C/A} = 0,5 \end{cases}$$

Nos problemas seguintes, esquematize o seu arranjo recomendado de reatores com reciclo, desvio (*bypass*), etc., indicando, em cada esquema, as quantidades pertinentes.

Qual é o mais baixo valor de C_A que pode ser obtido em um único reator de mistura perfeita, com capacidade de $V_m = 1$, para uma taxa de alimentação de

29.7 $v = 1/3$?   **29.8** $v = 3$?

Qual é o mais baixo valor de C_A que pode ser obtido com dois reatores de mistura perfeita, adequadamente conectados e cada um tendo uma capacidade de $V = 1$, para uma taxa de alimentação de

29.9 $v = 2$?   **29.10** $v = 1$?

Qual é o mais baixo valor de C_A que pode ser obtido com três reatores de mistura perfeita, sabiamente conectados e cada um tendo uma capacidade de $V_m = 1$, para uma taxa de alimentação de

29.11 $v = 6$?   **29.12** $v = 2$?

Para uma taxa de alimentação $v = 3$, qual será a menor capacidade de um reator pistonado, com um sistema apropriado de tubos (são permitidos desvio (*bypass*), reciclo e/ou válvulas laterais), que fornecerá

29.13 $C_C = 0,5$, válvula lateral permitida.

29.14 $C_C = 1,25$, válvula lateral não permitida.

29.15 $C_C = 1,44$, válvula lateral permitida.

29.16 Encontre o mais baixo valor de C_A que pode ser obtido em um reator pistonado, com $V_p = 4$ (são permitidos desvio (*bypass*), reciclo e/ou válvulas laterais), para uma taxa de alimentação $v = 6$.

29.17 A equação de Monod para representar uma fermentação microbiana é dada a seguir:

$$A \xrightarrow{\text{células, C}} R + C \quad -r_A = \frac{kC_A C_C}{C_A + \text{constante}}$$

Qual dos modos de contato da Fig. P29.17 poderia ser o ótimo e qual nunca poderia ser? Por ótimo, entendemos o volume mínimo de reator, para uma alimentação consistindo em C_{A0}.

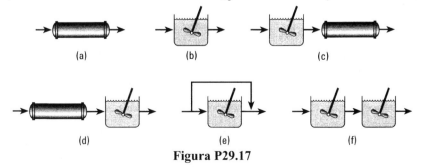

Figura P29.17

29.18 Em sua tese, publicada como livro em 1948, Monod propôs primeiro a celebrada equação que leva o seu nome. Como suporte experimental para essa equação, ele apresentou resultados provenientes de quatro corridas, realizadas em reator em batelada, do crescimento de uma cultura bacteriana pura em uma solução de lactose (ver Monod, 1958, p. 74). Aqui, reportamos os dados de uma de suas corridas.

Número do intervalo de tempo	Δt, h	$\bar{C}_A$	C_C
1	0,54	137	15,5 a 23,0
2	0,36	114	23,0 a 30,0
3	0,33	90	30,0 a 38,8
4	0,35	43	38,8 a 48,5
5	0,37	29	48,5 a 58,3
6	0,38	9	58,3 a 61,3
7	0,37	2	61,3 a 62,5

Ajuste a equação de Monod a esses dados.

29.19 No Exemplo 29.1e, poderíamos ter usado qualquer um dos três esquemas de contato mostrados na Fig. P29.19. Estabelecemos, sem provar, que o esquema de desvio (*bypass*) foi o melhor. Mostre que isto é verdade, calculando $C_{A,\,saída}$ para os três esquemas de contato da Fig. P29.19.

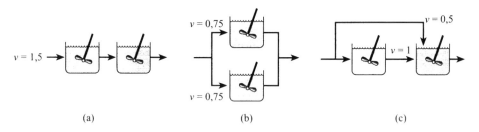

(a) (b) (c)

Figura P29.19

CAPÍTULO 30
Fermentação Microbiana – Fator Limitante: Produto

Com alimento suficiente e ambiente harmonioso, as células se multiplicam livremente. No entanto, não importa quanto alimento esteja disponível, é possível que as células se aglomerem ou então que os produtos de rejeito inibam o seu crescimento. Chamamos isto de *envenenamento pelo produto*. Conseqüentemente, a cinética de Monod sempre é um caso especial de uma forma mais geral de taxa, que inclui o envenenamento pelo produto. Uma equação simples da forma geral de taxa para essa situação é:

$$r_C = \widehat{C/R}\, r_R = \underbrace{k}_{\substack{\text{constante de taxa em um} \\ \text{ambiente livre de veneno}}} \underbrace{\left(1 - \frac{C_R}{C_R^*}\right)^{\overbrace{n}^{\text{ordem de envenenamento do produto}}}}_{\substack{k_{obs}\text{ diminui, à medida que} \\ \text{o produto é formado}}} \frac{C_A C_C}{C_A + C_M} \tag{1}$$

No caso especial de alimento suficiente, ou seja, $C_A \gg C_M$ e $n = 1$, a equação acima se reduz à expressão mais simples referente ao controle devido ao envenenamento pelo produto.

$$\boxed{r_C = \widehat{C/R}\, r_R = k\left(1 - \underbrace{\frac{C_R}{C_R^*}}_{\substack{\text{a reação pára quando } C_R \\ \text{atinge } C_R^*}}\right) C_C} \tag{2}$$

Começaremos com a forma de taxa da Eq. (2), estendendo, em seguida, o tratamento para sistemas onde $n \neq 1$; ou seja, Eq. (1). Vamos também desenvolver tudo em termos de C_R, caso em que a Eq. (2) se torna:

$$r_R = \widehat{R/C}\, r_C = \widehat{R/C}\, k\left(1 - \frac{C_R}{C_R^*}\right) C_C = k\left(1 - \frac{C_R}{C_R^*}\right)(C_R - C_{R0} + \widehat{R/C}\, C_{C0}) \tag{3}$$

A taxa máxima ocorre então onde $\dfrac{dr_R}{dC_R} = 0$. Resolvendo, temos:

$$C_{R,\text{ taxa máxima}} = \frac{1}{2}(C_{R0} + C_R^* - (R/C)\, C_{C0}) \qquad (4)$$

Desse modo, há sempre uma composição onde a taxa é ótima.

30.1 FERMENTADORES EM BATELADA OU PISTONADO PARA n = 1

Figura 30a

De modo a relacionar o tempo à concentração, integramos a expressão de desempenho da Eq. (3):

$$t_p = \tau_b = \int_{C_{R0}}^{C_R} \frac{dC_R}{r_R} \int_{C_{R0}}^{C_R} \frac{dC_R}{k\left(1 - \dfrac{C_R}{C_R^*}\right)(C_R - C_{R0} + (R/C)\, C_{C0})}$$

ou em termos do produto R:

$$\boxed{k\tau_p = k\tau_b = \frac{C_R^*}{C_R - C_{R0} + (R/C)\, C_{C0}} \ln \frac{C_C(C_R^* - C_{R0})}{C_{C0}(C_R^* - C_R)}} \qquad (5)$$

$\overset{C_{C0} + (C/R)(C_R - C_{R0})}{\curvearrowright}$

Graficamente, essa equação de desempenho é mostrada na Fig. 30.1.

Uma vez que a curva de $1/r_R$ versus C_R tem formato em "U", a maneira ótima de operar o reator pistonado é mostrada na Fig. 30.2.

30.2 FERMENTADORES DE MISTURA PERFEITA PARA n = 1

Para alto valor de C_{A0} e no caso de período de latência negligenciável quando as células alimentadas encontram seu novo ambiente, temos:

$$\tau_m = \frac{C_R - C_{R0}}{r_R} = \frac{C_R - C_{R0}}{k\left(1 - \dfrac{C_R}{C_R^*}\right)(C_R - C_{R0} + (R/C)\, C_{C0})} \qquad (9)$$

Figura 30.1 — Representação gráfica da Eq. (5)

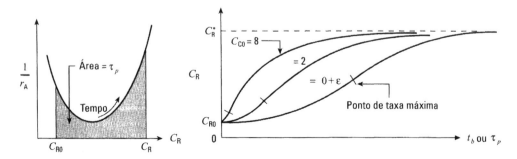

Figura 30.2 — Operação ótima de um fermentador pistonado, para a cinética limitada pelo envenenamento

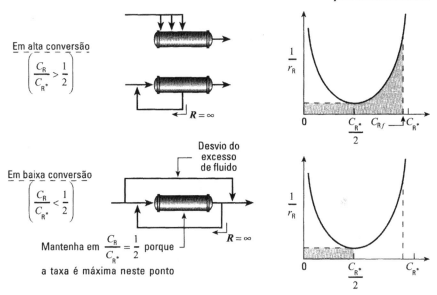

Para o caso especial onde $C_{C0} = 0$ e $C_{R0} = 0$, a expressão geral, Eq. (9), simplifica-se para:

$$k\tau_m = \frac{C_R^*}{C_R^* - C_R} = \frac{1}{1 - \dfrac{C_R}{C_R^*}} \quad \text{para} \quad k\tau_m > 1 \tag{10}$$

Para avaliar as constantes cinéticas a partir dos experimentos com mistura perfeita, rearranje a Eq. (10) de forma a obter a Eq. (11) e faça um gráfico como mostrado na Fig. 30.3.

$$C_R = C_R^* = \frac{C_R}{k} \cdot \frac{1}{\tau_m} \tag{11}$$

As propriedades da Eq. (10) estão expostas na Fig. 30.4.

Figura 30.3 — Avaliação das constantes de taxa da Eq. (2) a partir de dados tirados em um reator de mistura perfeita

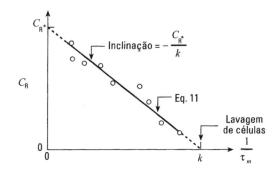

546 Capítulo 30 — Fermentação Microbiana – Fator Limitante: Produto

Figura 30.4 — Propriedades da equação de escoamento com mistura perfeita, para a cinética da Eq. (2)

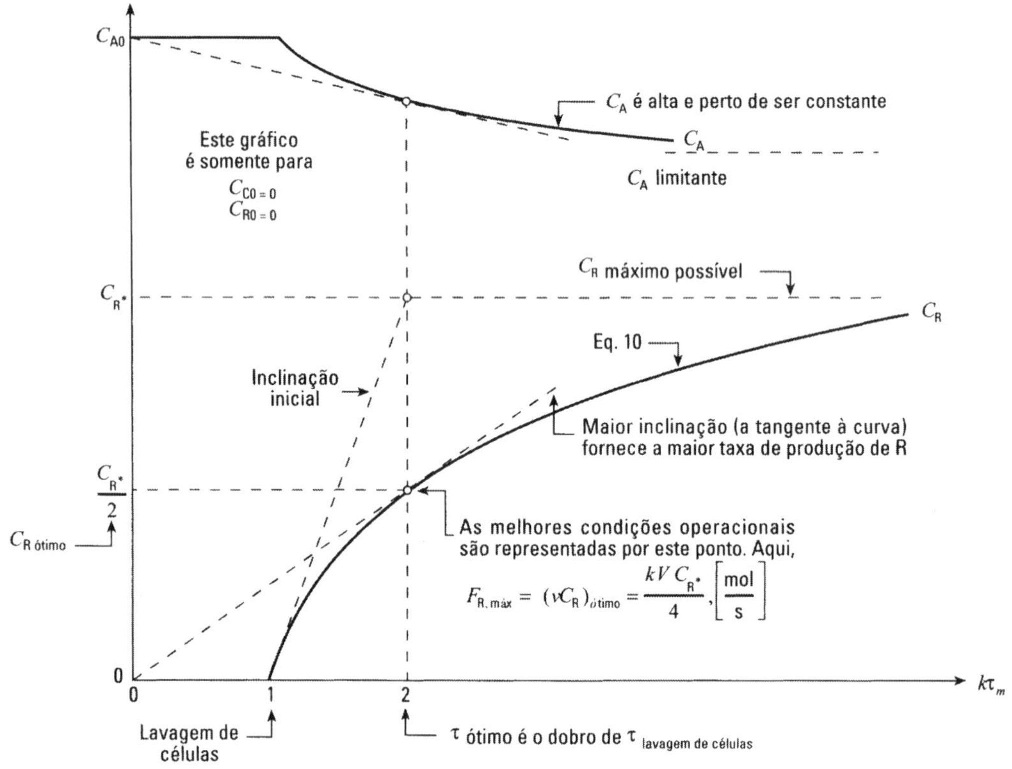

Comentários

Para escoamento com mistura perfeita, com $C_{C0} = 0$, $C_{R0} = 0$ e qualquer valor alto de C_{A0}:

- lavagem de células ocorre em $k\tau_m = 1$ para qualquer alimentação;
- a taxa máxima de produção de células e do produto R é obtida em:

$$k\tau_m = 2 \quad \dots e \dots \quad C_R = C_R^*/2$$

- a taxa máxima de produção de células e do produto é:

$$F_{R.\,máx} = \boxed{R/C}\; F_{C.\,máx} = kVC_R^* / 4$$

- A curva C_C tem a forma similar à curva C_R, sendo proporcional a ela. Portanto, ela cresce de 0 até $\boxed{C/R}\, C_R^*$.

- Operações ótimas para sistemas multiestágios seguem o mesmo padrão dos sistemas sem envenenamento. A regra geral é usar escoamento com mistura perfeita para alcançar a taxa máxima em uma única etapa. Além desse ponto, proceda com escoamento pistonado.

Note que a taxa máxima ocorre em $C_R^*/2$, quando $C_{C0} = 0$ e $C_{R0} = 0$.

Fermentação com n ≠ 1 — Cinética Limitada pelo Envenenamento

Para uma cinética de ordem n de envenenamento pelo produto, a equação de taxa é:

$$-r_R = k\left(1 - \frac{C_R}{C_R^*}\right)^n C_C \tag{12}$$

Figura 30.5 — A diminuição da constante de taxa de reação depende fortemente da ordem de envenenamento, n

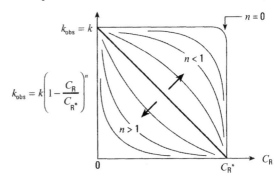

Essas cinéticas estão dispostas na Fig. 30.5. A equação de desempenho para escoamento pistonado é bem complexa. Entretanto, a equação de desempenho para escoamento com mistura perfeita pode ser obtida diretamente. Assim, em geral, para $C_{C0} \neq 0$ e $C_{R0} \neq 0$, temos:

$$k\tau_m = \frac{C_R - C_{R0}}{(C_R - C_{R0} + (R/C) C_{C0})\left(1 - \dfrac{C_R}{C_R^*}\right)^n} \tag{13}$$

e para o caso especial em que $C_{C0} = 0$ e $C_{R0} = 0$:

$$\boxed{k\tau_m = \frac{1}{\left(1 - \dfrac{C_R}{C_R^*}\right)^n}} \quad \text{quando} \quad k\tau_m > 1 \tag{14}$$

As propriedades da Eq. (14), lavagem das células, produção máxima, etc., são mostradas na Fig. 30.6. Para encontrar as constantes cinéticas, C_R^*, k, n, a partir de experimentos, avalie primeiro C_R^* em corrida realizada em batelada, usando um excesso do reagente A e fazendo $t \to \infty$. Rearranje então a equação de desempenho do escoamento com mistura perfeita, obtendo:

$$\log\tau_m = -\log k + n\log\left(\frac{C_R^*}{C_R^* - C_R}\right) \tag{15}$$

e faça um gráfico como mostrado na Fig. 30.7. Isto dará as constantes k e n.

Figura 30.6 — Comportamento de um reator de mistura perfeita para a cinética influenciada pelo envenenamento, Eq. (12)

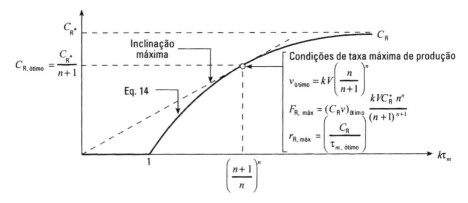

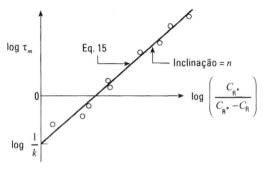

Figura 30.7 — Encontrando a ordem de envenenamento pelo produto e a constante de taxa da Eq. (12) a partir dos dados em um reator de mistura perfeita

Discussão

A similaridade na forma dos gráficos de escoamento com mistura perfeita para as cinéticas limitadas pelo produto e pelo substrato (Monod) (Figs. 29.5 e 30.4) tem levado muitos investigadores a usar a equação simples de Monod para ajustar os sistemas com envenenamento pelo produto. O ajuste será bom, porém não tente usar a equação ajustada em condições diferentes de alimentação. Suas previsões vão estar provavelmente erradas, devido à lógica da extensão estar errada.

Você tem primeiro que determinar qual desses dois fatores está limitando a taxa. Isto é fácil de fazer; deste modo, não há desculpa para usar a expressão errada. Em um caso, o grau final de reação é dependente de C_{A0} e não de C_{R0}. No outro caso, apenas o contrário se mantém. A discussão e os diagramas do Capítulo 28 mostram isto.

Expressões para situações relacionadas àquelas analisadas aqui, tais como escoamento pistonado com reciclo e onde tanto o substrato como o produto afetam a taxa, são desenvolvidas por Levenspiel (1996), Capítulo 84.

EXEMPLO 30.1 COQUETEL FEITO PELAS MOSCAS DE FRUTAS

As moscas de frutas esmagadas (A) fermentam para produzir uma bebida alcoólica aromática (R), tendo uma cinética limitada pelo produto dada por:

$$A \xrightarrow{C} R + C$$

$$r_R = k\left(1 - \frac{C_R}{C_R^*}\right)^n C_C$$

com

$\begin{cases} k = \sqrt{3},\ h^{-1} \\ n = 1 \text{ em uma operação durante a primavera} \\ C_R^* = 0,12 \text{ kg de álcool / kg de solução} \\ \rho = 1.000 \text{ kg / m}^3 \end{cases}$

Qual é a máxima quantidade de álcool que você pode produzir (kg/h) em um reator comercial de mistura perfeita ($V_m = 30$ m³)? Calcule também a concentração de álcool no coquetel e a taxa necessária de alimentação de moscas de frutas frescas, aromáticas e meio geladas.

SOLUÇÃO

A partir dos dados a seguir e da Fig. 30.4, encontramos as condições que resultam no ótimo. Por conseguinte:

$$C_R^* = \left(\frac{0,12 \text{ kg de álcool}}{\text{kg de solução}} \right) \left(\frac{10^3 \text{ kg de solução}}{\text{m}^3 \text{ de solução}} \right) = 120 \text{ kg} / \text{m}^3$$

$$\therefore C_{R,\text{ ótimo}} = \frac{C_R^*}{2} = \left(\frac{120 \text{ kg de álcool}}{\text{m}^3} \right) \frac{1}{2} = 60 \frac{\text{kg de álcool}}{\text{m}^3} = \underline{\underline{6\% \text{ de álcool}}}$$

Novamente, da Fig. 30.4 encontramos:

$$k\tau_{\text{lavagem das células}} = 1 \qquad \therefore \tau_{\text{lavagem das células}} = \frac{1}{\sqrt{3}} \text{ h}$$

e

$$\tau_{\text{ótimo}} = 2\tau_{\text{lavagem das células}} = \frac{2}{\sqrt{3}} \text{ h}$$

Mas tótimo $\tau_{\text{ótimo}} = \dfrac{V}{v_{\text{ótimo}}}$; dessa forma, a taxa ótima de alimentação é:

$$v_{\text{ótimo}} = \frac{V}{\tau_{\text{ótimo}}} = \frac{30\sqrt{3}}{2} = \underline{\underline{25,98 \text{ m}^3/\text{h}}}$$

Novamente a partir da Fig. 30.4, a taxa de produção de álcool é:

$$F_R = v_{\text{ótimo}} \cdot C_{R,\text{ ótimo}} = (25,98)\,(60) = \underline{\underline{1.558 \text{ kg de álcool/h}}}$$

REFERÊNCIAS

Levenspiel, O., *Chemical Reactor Omnibook*, Chapter 84, OSU Bookstores, Corvallis, OR, 1996.

PROBLEMAS

Material R deve ser produzido a partir de uma fermentação microbiana, usando uma corrente de alimentação com $C_{A0} = 10^6$, $C_{R0} = 0$ e $C_{C0} = 0$. Todas as quantidades são dadas em unidades consistentes com o SI.

$$A \xrightarrow{\ C\ } R + C \qquad \text{com} \begin{cases} k = 2 \\ C_M = 50 \\ C_R^* = 12 \\ \boxed{R/A} = 0,1 \\ \boxed{C/A} = 0,01 \end{cases}$$

$$r_C = k\left(1 - \frac{C_R}{C_R^*} \right) \frac{C_A C_C}{C_A + C_M}$$

Em cada um dos seguintes problemas, esquematize o seu arranjo recomendado de reatores, indicando as quantidades pertinentes.

Qual é o valor de C_R obtido em um único reator de mistura perfeita, com capacidade de $V_m = 1$, para uma taxa de alimentação de

30.1 $v = 1$ **30.2** $v = 4$

550 Capítulo 30 — Fermentação Microbiana – Fator Limitante: Produto

Qual é o valor de C_R obtido em dois reatores de mistura perfeita, cada um com volume de $V_m = 1$, para uma taxa de alimentação de

30.3 $v = 1$ **30.4** $v = 3$

Para uma taxa de alimentação $v = 3$, qual é a capacidade necessária de um reator pistonado, tendo um sistema apropriado de tubos, reciclo, desvio (*bypass*) ou qualquer coisa que você queira usar, de modo a ter

30.5 ...$C_R = 6$ **30.6** ...$C_R = 4$ **30.7** ...$C_R = 9$

30.8 A fermentação microbiana de A produz R, como mostrado a seguir:

$$10A + \text{Célula} \rightarrow 18R + 2 \text{ Células}$$

e experimentos em um reator de mistura perfeita com $C_{A0} = 250$ mols/m^3 resultam em:

$$C_R = 24 \text{ mols/m}^3 \quad \text{quando } \tau = 1,5 \text{ h}$$
$$C_R = 30 \text{ mols/m}^3 \quad \text{quando } \tau = 3,0 \text{ h}$$

Além disto, parece haver um valor limitante superior de C_R (36 mols/m^3), para qualquer τ_m, C_A ou C_C.

Dessa informação, determine como maximizar o rendimento fracionário de R ou (R/A), a partir de uma corrente de alimentação de 10 m^3/h com $C_{A0} = 350$ mols/m^3. A separação das células ou do produto e o reciclo não são práticos nesse sistema; assim, considere somente um sistema com escoamento principal. Apresente sua resposta em forma de um esquema mostrando o tipo de reator, o volume do reator, C_R na corrente de saída e o número de mols de R produzido/h.

Na primavera, a fermentação realizada pelas moscas de frutas ocorre com uma cinética com $n = 1$, conforme mostra o Exemplo 30.1. Contudo, no inverno ou verão, talvez por causa da diferença de temperatura, o envenenamento ocorre de forma diferente. Assim, repita o Exemplo 30.1 com uma modificação:

30.9 no inverno, $n = \dfrac{1}{2}$ **30.10** no verão, $n = 2$

Nota: Para dizer como o valor de n afeta o desempenho do reator, compare suas respostas obtidas aqui com a resposta do Exemplo 30.1.

30.11 Livros textos sobre reatores químicos são degradados a glicose, sob a ação de um micróbio devorador de palavras, em uma planta piloto de um fermentador bem agitado ($V_m = 50\ \ell$). Com um grande excesso dessas palavras incompreensíveis, a presença de glicose se torna o fator limitante da taxa. Nós resumimos as observações experimentais da seguinte forma:

$$\text{quando } v = 16 \text{ livros/h} \quad C_R = 54\ \mu\text{mols}/\ell;$$
$$\text{quando } v = 4 \text{ livros/h} \quad C_R = 75\ \mu\text{mols}/\ell;$$
$$\text{quando } v\ \ 0 \quad C_R = 90\ \mu\text{mols}/\ell.$$

Determine a taxa de escoamento de livros que maximiza a produção de glicose por palavra devorada e encontre essa taxa de produção.

30.12 O Professor Micróbio submeteu um trabalho para publicação, em que ele estudou o crescimento de uma nova linhagem de microrganismos, em um fermentador de mistura perfeita ($V_m = 46,4$), usando uma alimentação de substrato puro ($C_{A0} = 150$, $C_{R0} = 0$ e $C_{C0} = 0$). Seus dados originais são:

v	CA
4,64	5
20,0	125
22,0	150 (lavagem de células)

com $(R/A) = 0,5$

Ele declarou, sem dar detalhes, que esses dados representam claramente a cinética de envenenamento pelo produto, com as seguintes constantes de taxa:

$$k = 0,50, \quad C_R^* = 90,6, \quad n = 1,0$$

O revisor do trabalho, Dr. Ferment, afirmou que Micróbio estava bem errado, uma vez que os dados na verdade representam a cinética de Monod tendo o substrato como fator limitante, com:

$$C_M = 20, \quad k = 0,50$$

Porém, ele também não apresentou os detalhes de seus cálculos. O editor não pôde saber quem estava correto (essa não é a sua área); logo, ele enviou o trabalho e a revisão para duWayne Zuelhsdorff. Qual foi a resposta de duWayne? Micróbio estava certo? Ou seria Ferment? Ou ambos? Será que ambos estavam errados?

Apêndice – Miscelânea

A. Lei de Newton

$$F = \frac{ma}{g_c} \qquad \frac{1}{2}\ 1\text{N} = \frac{(1\ \text{kg})(1\ \text{m/s}^2)}{(1\ \text{kg}\cdot\text{m/s}^2\cdot\text{N})}$$

na superfície da Terra, $a = g = 9{,}806\ \text{m/s}^2$

fator de conversão: $g_c = \dfrac{1\ \text{kg}\cdot\text{m}}{\text{s}^2\cdot\text{N}}$

B. Comprimento

10^{10}	10^6	39,37	3,280 83	1	0,000 6214
ânsgtron	micron	polegada (in)	pé (ft)	[metro]	milha

C. Volume

61.023	33.817,6	1.000	264,2	220,2	35,318	6,29	4,80	1
polegada³	onça (oz) fluida	litro	galão americano	galão imperial	pé³	bbl (óleo)	tambor	[m³]

bbl (óleo) — 42 galões americanos
tambor — 55 galões americanos

D. Massa

35,27	2,205	1	0,001 1025	0,001	0,000 9842
onça	libra	[kg]	tonelada curta	tonelada métrica	tonelada longa

onça — avoirdupois
tonelada curta — 2.000 lb
tonelada longa — 2.240 lb

E. Pressão

Pascal: $1 \text{ Pa} = 1\dfrac{N}{m^2} = 1\dfrac{kg}{m \cdot s^2} = 10\dfrac{dina}{cm^2}$

$1 \text{ atm} = 760 \text{ mm Hg} = 14.696\dfrac{lb_f}{pol^2} = 29.92 \text{ pol. de Hg} = 33.93 \text{ pés de } H_2O = 101.325 \text{ Pa}$

$1 \text{ bar} = 10^5 \text{ Pa}$ ...aproximadamente 1 atm; algumas vezes, chamada de *atmosfera técnica*

1 polegada de $H_2O = 248{,}86 \text{ Pa} \cong 250 \text{ Pa}$

F. Trabalho, Energia e Calor

Joule: $1 \text{ J} = 1 \text{ N} \cdot m = 1 \text{ kg} \cdot m^2/s^2$

10^{13}	10^6	737.562	238.846	101.972	9.869	947,8	238,85	0,37251	0,277778
erg	$\boxed{J}$	pé·lb$_f$	cal	kg$_f$·m	ℓ·atm	Btu	kcal	Hp·h	kW·h

— 778 pé·lb$_f$

G. Peso Molecular

Nas unidades do SI:

$$(mw)_{O_2} = 0{,}032\,\dfrac{kg}{mol}$$

$$(mw)_{ar} = 0{,}0189\,\dfrac{kg}{mol}\ldots\text{etc.}$$

H. Ideal

$$pV = n\mathbf{R}T \qquad \tfrac{1}{2}\text{ou}\,\dfrac{p}{\rho} = \dfrac{\mathbf{R}T}{(mw)} \qquad \tfrac{1}{2}\text{ou}\,C_A = \dfrac{n_A}{V} = \dfrac{p_A}{\mathbf{R}T}$$

constante dos gases — kg/m³ — m³/mol

$\mathbf{R} = \boxed{8{,}314\,\dfrac{J}{mol \cdot K}} = 1{,}987\,\dfrac{cal}{mol \cdot K} = 0{,}7302\,\dfrac{ft^3 \cdot atm}{lb\,mol \cdot R}$

$= 0{,}08206\,\dfrac{\ell \cdot atm}{mol \cdot K} = 1{,}987\,\dfrac{Btu}{lb\,mol \cdot R} = 82{,}06 \times 10^{-6}\,\dfrac{m^3 \cdot atm}{mol \cdot K}$

$= \boxed{8{,}314\,\dfrac{Pa \cdot m^3}{mol \cdot K}} = 8.314\,\dfrac{Pa \cdot \ell}{mol \cdot K}$

I. Viscosidade

Poiseuille: $1 \text{ Pl} = \dfrac{kg}{m \cdot s}$

$\boxed{1 \text{ Pl} = 1\,\dfrac{kg}{m \cdot s}} = 10 \text{ poise} = 1.000 \text{ cp} = 0{,}672\,\dfrac{lb_m}{pé \cdot s} = 2.420\,\dfrac{lb_m}{pé \cdot h}$

— 1 g/cm · s   — centipoise

Para água: $\mu_{20°C} = 10^{-3} \text{ Pl}$

Para gases: $\mu \cong 10^{-5} \text{ Pl}$

Para ar: $\mu_{20°C} = 1{,}8 \times 10^{-5} \text{ Pl}$

J. Densidade $\rho = \left[\dfrac{kg}{m^3}\right]$

Para água: $\rho \cong 1.000 \text{ kg/m}^3$

Para gases ideais: $\rho = \dfrac{p(mw)}{RT} \underset{20°C}{\overset{ar}{=}} \dfrac{(101.325)(0,0289)}{(8,314)(293)} = 1,20 \dfrac{kg}{m^3}$

K. Difusividade $\mathscr{D} \text{ e } \mathscr{D}_{ef} = \left[\dfrac{m^2}{s}\right]$

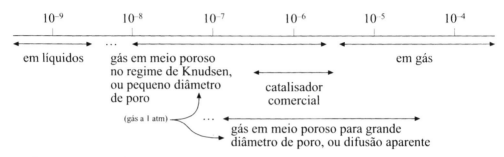

$1\dfrac{m^2}{s} = 3,875 \times 10^4 \dfrac{pé^2}{h}$

$\mathscr{D}$ independente de π ...para líquidos

$\mathscr{D} \propto T^{3/2}, \mathscr{D} \propto \dfrac{1}{\pi}$ ... para difusão aparente de gases

$\mathscr{D} \propto T^{1/2}, \mathscr{D}$ independente de π ... para difusão de gases no regime de Knudsen

Em um tubo de diâmetro d, a difusão de Knudsen ocorre quando $\pi d < 0,01 \text{ Pa} \cdot \text{m}$
Nesta situação,

$$\mathscr{D} = 1,534 d\sqrt{T/(mw)}$$

Dimensões: $\begin{cases} \text{Em gás ou qualquer fluido: } \mathscr{D} = \left[\dfrac{m^2 \text{ de fluido}}{s}\right] \\ \text{Em uma estrutura porosa: } \mathscr{D} = \left[\dfrac{m^2 \text{ de fluido}}{m \text{ de sólido} \cdot s}\right] \end{cases}$

L. Concentração $C_A = \left[\dfrac{mol}{m^3 \text{ de fluido}}\right]$

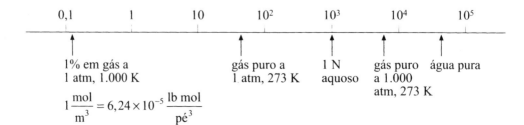

$1\dfrac{mol}{m^3} = 6,24 \times 10^{-5} \dfrac{lb \, mol}{pé^3}$

M — Condutividade térmica k e $k_{ef} = \left[\dfrac{W}{m \cdot k}\right]$

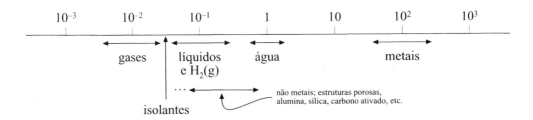

$$1\dfrac{W}{m \cdot K} = 0,239 \dfrac{cal}{m \cdot K \cdot s} = 0,578 \dfrac{Btu}{h \cdot pé \cdot °F}$$

k e k_{ef} são independentes de π

Dimensões: $\begin{cases} \text{Em gás ou líquido: } k = \left[\dfrac{W}{m \text{ de fluido} \cdot K}\right] \\ \text{Em estruturas porosas: } k_{eff} = \left[\dfrac{W}{m \text{ de estrutura} \cdot K}\right] \end{cases}$

N — Coeficiente de Transferência de Calor $h = \left[\dfrac{W}{m^2 \cdot K}\right]$

$$1\dfrac{W}{m^2 \cdot K} = 0,239 \dfrac{cal}{m^2 \cdot K \cdot s} = 0,176 \dfrac{Btu}{h \cdot ft^2 \cdot °F}$$

Do gás para a partícula: $h = 8 \sim 1.200$

Do gás para partículas finas carregadas (sistemas de fluidização rápida, FCC, etc.): $h \cong 1.000 - 1.200$

Do líquido para a partícula: $h = 80 \sim 1.200$

Em leitos recheados: $Nu = \dfrac{h d_p}{k} = 2 + 1,8 (Re_p)^{1/2} (Pr)^{1/3}$ $\begin{cases} \cong 1 \text{ para gases} \\ \cong 10 \text{ para líquidos} \end{cases}$ ... $Re_p > 100$

O — Coeficiente de Transferência de Massa $k_g = \left[\dfrac{m^3 \text{ de gás}}{m^2 \text{ de superfície} \cdot s}\right]$

Do gás para a partícula: $k_g = 0,02 \sim 2$

Do líquido para a partícula: $k_g = 2 \times 10^{-7} \sim 2 \times 10^{-5}$ $\begin{cases} \cong 1 \text{ para gases} \\ \cong 1.000 \text{ para líquidos} \end{cases}$

Em leitos recheados: $Sh = \dfrac{k_g d_p}{\mathcal{D}} = 2 + 1,8 (Re_p)^{1/2} (Sc)^{1/3}$ ... $Re_p > 80$

Para gases: $k_g \propto 1/\pi$

P — **Taxa de Reação** $-r'''_A = \left[\dfrac{\text{mols de A desaparecendo}}{\text{m}^3 \text{ de alguma coisa} \cdot \text{s}} \right]$

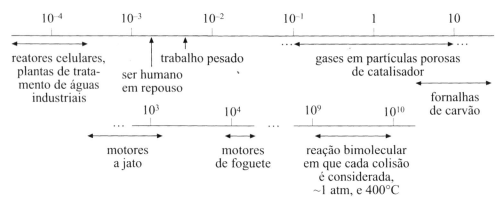

Q — **Grupos adimensionais**

$$\boxed{Sc} = \dfrac{\mu}{\rho \mathcal{D}} = \dfrac{\text{transferência molecular de momento}}{\text{transferência molecular de massa}} \quad \ldots \text{ número de Schmidt}$$

(efeitos viscosos / efeitos de difusão)

$$\cong \dfrac{10^{-5}}{(1)(10^{-5})} = 1 \quad \text{½ para gases}$$

$$\cong \dfrac{10^{-3}}{(10^3)(10^{-9})} = 10^3 \quad \text{½ para líquido}$$

$$\boxed{Pr} = \dfrac{C_p \mu}{k} = \dfrac{\text{transferência molecular de momento}}{\text{transferência molecular de calor}} \quad \ldots \text{ número de Prandtl}$$

(efeitos viscosos / condução de calor)

$\cong 0{,}66 \sim 0{,}75$ para ar, A, CO_2, CH_2, CO, H_2, He, N_2, e outros gases comuns

$\cong 1{,}06$ para vapor

$= 10 \sim 1.000$ para a maioria dos líquidos

$= 0{,}006 \sim 0{,}03$ para a maioria dos metais líquidos

$$\boxed{Re} = \dfrac{du\rho}{\mu} = \dfrac{\text{transferência total de momento}}{\text{transferência molecular de momento}} \quad \ldots \text{ número de Reynolds}$$

(efeitos inerciais / efeitos viscosos)

$$\boxed{Nu} = \dfrac{hd}{k} = \dfrac{\text{transferência total de calor}}{\text{transferência molecular de calor}} \quad \ldots \text{ número de Nusselt}$$

(condução e convecção turbulenta e laminar / somente condução de calor)

$$\boxed{Sh} = \frac{k_g d}{\mathcal{D}} = \frac{\text{transferência total de massa}}{\text{transferência molecular de massa}} \qquad \dots \quad \text{número de Sherwood}$$

$$\boxed{Pe} = \frac{du\rho C_p}{k} = (Re)(Pr) = \frac{\text{transferência total de momento}}{\text{transferência molecular de calor}} \qquad \dots \quad \text{número de Peclet}$$

$$\boxed{Bo} = \frac{ud}{\mathcal{D}} = (Re)(Sc) = \frac{\text{transferência total de momento}}{\text{transferência molecular de massa}} \qquad \dots \quad \text{número de Bodenstein}$$

acréscimo de velocidade do fluido, causado por difusão molecular, diferenças de velocidade, vórtices turbulentos, etc.

$$\boxed{\frac{D}{ud} \text{ e } \frac{D}{uL}} = \frac{\text{movimento devido à dispersão longitudinal}}{\text{movimento devido ao escoamento global}} \qquad \dots \quad \text{grupos de dispersão}$$

Este é um tipo novo de diferente de grupo adimensional, introduzido por pesquisadores em engenharia das reações químicas. Infelizmente, alguém começou a chamar o inverso desse grupo de número de Peclet, o que é errado. Ele não é nem o número de Peclet nem o seu análogo na transferência de massa, que é amplamente conhecido na Europa como número de Bodenstein. A diferença está no uso de **D** no lugar de $\mathcal{D}$; conseqüentemente, esses grupos têm significados completamente diferentes.

Necessitamos um nome para esse grupo. Até que um seja escolhido, vamos usar:

$$\frac{D}{ud} \qquad \dots \quad \text{intensidade da dispersão axial}$$

$$\frac{D}{uL} \qquad \dots \quad \text{número de dispersão do vaso.}$$

Índice de nomes

Abrahamson, A. A., 380, 400
Adams, J., 211
Ananthakrishnan, V., 286, 294
Aris, R., 251, 261, 267, 326, 327, 329, 353
Arrhenius, A., 21, 22, 58, 59, 102, 405

Barduhn, A. J., 294
Beenackers, A. A. C. M., 137, 267
Bergougnou, M. A., 400
Berty, J., 336, 337, 353
Bi, H. T., 397, 398, 400
Binns, D. T., 206
Bischoff, K. B., 260, 262, 264, 265, 267, 329, 332, 333, 353, 365, 377
Bliss, H., 353
Bodenstein, M., 66
Bosworth, R. C. L., 292, 294
Boudart, M., 322, 353
Brahme, P. H., 439
Briggs, G. E., 30
Broucek, R., 338, 353
Butt, J. B., 339, 353
Butt, W. M., 66

Carberry, J. J., 333, 336, 337, 344, 353, 355, 490, 494
Cates, D. L., 167
Catipovic, N., 161, 167
Chandan, B., 172
Chou, C. H., 322, 353
Choudhary, V. R., 434, 438
Cleland, F. A., 292, 294
Corcoran, W. H., 92
Corrigan, T. E., 170, 321, 353
Cresswell, D. L., 353
Curl, R. L., 305, 309

Danckwerts, P. V., 215, 232, 305, 309, 448, 452, 453, 455, 475
Das, K., 523
Davidson, J. F., 386, 387, 389, 400
den Hartog, H. W., 283

Denbigh, K. G., 131, 137, 142, 161, 163, 164, 167, 210, 292, 294
Dirac, 229
Dolbear, A. E., 28
Doraiswamy, L. K., 439, 453
Dubois, *Monsieur*, 140

Einstein, A., 305
Ergun, S., 382, 400

Fabre, H., 28
Fan, L. S., 398, 400
Feller, W., 308, 309
Ferment, 551
Fick, 248
Fillesi, P., 116
Fitzgerald, T. J., 116
Forsythe-Smythe, Archibald, 141
Froessling, N., 340, 353, 487, 494
Froment, G. F., 329, 353, 365, 377
Frost, A. A., 63

Gangiah, K., 206
Geldart, D., 380, 381, 395, 398, 400
Ghose, T. K., 523
Gill, W. N., 294
Gillham, A. J., 475
Gilliland, E. R., 385, 400
Govindarao, V. M. H., 439
Grace, J. R., 383, 400
Green, D. W., 452, 454

Haider, A., 383, 400
Haldane, J. B. S., 30
Han, K., 529
Harrell, J. E., 275, 283
Harrison, D., 386, 400
Hatta, S., 447, 450, 453, 461
Hegedus, L., 422
Hellin, M., 65
Hicks, J. S., 333, 354
Higbie, R., 389, 448, 454
Hoftijzer, P. J., 447, 454, 471, 474
Holmes, D. B., 283
Holmes, S., 97

Horn, F., 366, 368, 377
Hottel, H. C., 492, 494
Hougen, O. A., 321, 322, 353
Hull, D. E., 268
Husain, A., 206
Hutchings, J., 333, 353

Ishida, M., 490, 494

Jackson, R., 199
Jagadeesh, V., 268
Johnson, M. M., 294
Jones, R. W., 108, 122
Jungers, J. C., 27, 65, 152, 167

Kantyka, T. A., 206
Kelly, B., 475
Kent. J. W., 268
Kimura, S., 390, 400
Kitterell, J. R., 424
Knudsen, C. W., 385, 400
Konoki, K. K., 366, 368, 377
Kramers, H., 474
Krishnaswamy, S., 424
Kunii, D., 380, 385, 388, 398, 400, 480, 490, 493, 494, 502, 503, 509, 510
Kunugita, E., 423

Lacey, W. N., 92
Lago, R. M., 322, 353
Laidler, K. J., 27, 63
Laplace, 272, 332
Levenspiel, O., 111, 122, 161, 167, 253, 254, 256, 260, 261, 264, 265, 266, 267, 291, 294, 305, 309, 333, 353, 380, 383, 385, 388, 394, 398, 400, 406, 417, 418, 421, 461, 480, 490, 494, 503, 509, 510, 529, 539, 540, 548, 549
Levien, K. L., 294
Lindemann, F. A., 17, 27
MacMullin, R. B., 160, 167, 272, 276, 283

Magoo, Olhos-de-cobra, 63
Mathis, J. F., 401
McGreavy, C., 333, 353
Menten, M. L., 16, 20, 27, 30, 49,
    64, 515, 516, 521
Michaelis, L., 16, 20, 21, 27, 30, 49,
    64, 515, 516, 521
Monod, J., 525, 527, 528, 529, 530,
    531, 532, 533, 534, 535, 536,
    537, 538, 539, 540, 542
Moore, W. J., 27
Murthy, K. V. R., 439

Nelson, Lord, 140, 141
Ng, D. Y. C., 305, 309
Novick, A., 533, 540

Obando, R., 199
Ogg, R., 29
Ottino, J. M., 309

Parker, A. L., 492, 494
Partridge, B. A., 387, 400
Paul, E. L., 308, 309
Pearson, R. G., 63
Pease, R. N., 92
Perona, J. J., 275, 283
Perry, R. H., 452, 454, 476
Pigford, R. L., 453
Piret, E. L., 206
Polthier, 267
Prater, C. C., 322, 332, 353

Ramachandran, P. A., 434, 438
Ranz, W. E., 340, 353
Reynolds, 269, 270

Rippin, D. W. T., 305, 309
Rowe, P. N., 387, 400

Sato, 438
Satterfield, C. N., 353, 355
Satyanarayana, M., 268
Senior, M. G., 199
Shah, Y. T., 452, 454
Sharma, M. M., 453
Shen, J., 490, 494
Sherwood, T. K., 453
Shimoyama, S., 510
Shimuzu, F. J., 494
Shirai, T., 494
Simpson, 98
Sjenitzer, 269
Smith, J. M., 490, 494
Smith, W. K., 253, 267
Spielman, L. A., 305, 309
Standish, N., 267
Summers, 422
Suzuki, M., 305, 309
Szepe, S., 111, 122, 406, 418, 421
Szilard, L., 533, 540

Takagi, K., 510
Tartarelli, R., 344, 353
Taylor, G. I., 261, 267
Teller, A. J., 443, 454
Thiele, E. W., 325, 326, 327, 329,
    331, 353, 401, 415, 416
Thornton, J. M., 353
Timberlake, Dennis, 422
Trambouze, P. J., 204, 206, 207
Treyball, R. E., 308, 309

van der Laan, E. T., 252, 267
van der Vusse, J. G., 206, 275, 283
van Heerden, C., 189, 190, 192, 199
van Krevelens, D. W., 447, 454,
    471, 474
van Swaaij, W. P. M., 137, 267
Villadsen, J., 338, 354
Villeneuve, Almirante, 140
von Rosenberg, D. U., 258, 267
Vonken, R. M., 275, 283

Wagner-Weisz-Wheeler, 328
Walas, S., 321, 354
Walker, C. A., 254
Wang, S. C., 490, 494
Watson, Dr., 97
Watson, K. M., 322, 332, 353, 401
Weber, M., 272, 276, 283
Wedel, S., 338, 354
Wehner, J. F., 264, 267
Weisz, P. B., 326, 331, 333, 354
Welland, R. C., 206
Weller, S., 322, 354
Wen, C. Y., 490, 494
Westerterp, K. R., 134, 137, 266,
    267, 474
Wheeler, A., 342, 343, 354
White, D. E., 490, 494
Wilhelm, R. H., 264, 267, 292, 294

Yagi, S., 480, 490, 493, 494, 502,
    503, 510
Yoshida, K., 484, 494

Zhu, J. X., 400
Zuelhsdorff, duWayne, 551
Zweitering, Th.N., 302, 309

Índice alfabético

Absorvedores, 443-445
    equações de desempenho, 385-388
Agregação, 215
Antecipação de mistura, 216, 296, 299
    conversão para, 228, 297
Anticongelante, produção, 208

BR, ver Reator em batelada
Batalha de Trafalgar, 140
Bolha de Davidson, 386

CFB, 396-400
    CFB com escoamento descendente, 398
    leito fluidizado rápido, FF, 397
    leito turbulento, TB, 396
    reator com jato de impacto, 400
    regimes de contato, 381
    transporte pneumático, PC, 398
CFB descendente, 398
CSTR, ver Reator de mistura perfeita
Calor de reação, 174
Catalisador
    homogêneo, 42
    sólido, 318
Cinética catalítica
    em um único poro, 323
    partícula porosa, 326
    reação na superfície, 321
    resistência controladora, 339-340
    taxa de reação, 327
Cinética da desativação de catalisadores
    a partir de experimento, 407-411
    distorção pela difusão nos poros, 411
Cinética de Michaelis-Menten, 515

em escoamento com mistura perfeita, 517
em escoamento pistonado, 516
Classificação de Geldart, 381
Classificação de reações, 2
Constante da Lei de Henry, 448, 452, 459
Constante de taxa, k, 61
Curva **E**, 220
    para o modelo de convecção, 288
    para o modelo de dispersão, 249, 251
    para o modelo de tanques-em-série, 273
Curva **F**, 220
    para o modelo de convecção, 290
    para o modelo de dispersão, 254-256
    para o modelo de tanques-em-série, 276

Desativação de catalisadores, 404
    efeitos da difusão nos poros, 411
    equações de taxa, 405
    mecanismo, 404
    ordem de desativação, 406
    plano ótimo de ação nos reatores, 418
    projeto de reatores, 416
    taxa a partir de experimento, 406-411
Desempenho de um fermentador
    operações ótimas, 535
    para escoamento com mistura perfeita, 533, 544
    para escoamento pistonado, 530, 544
Difusão nos poros
    efeito na desativação de catalisadores, 411-414
Dispersão, ver dispersão axial
Dispersão axial
    definição, 246
    em escoamento através de tubos, 261

em leitos recheados, 262
intensidade, 260
modelo, 247
Distribuição de produtos,
    efeito da energia de ativação, 197
    efeito da temperatura, 197
Doenças nos reatores, 241

Efeitos térmicos em reações catalíticas, 331
Energia de ativação
    de reações, 21
    no regime de forte difusão, 330
Equação de desempenho, 2
Equação de desempenho dos reatores, 2
Equação de Laplace, 332
Equação de Monod, 528
Equilíbrio a partir de termodinâmica, 175
    exemplo, 178
Escolha apropriada de reatores, 201-203
Esfericidade de partículas, 383
Exemplo de convolução, 227

Fator de aumento de absorção, 447
Fator efetividade, 325, 331
Fator de expansão, 86
Fermentação, 514
Fermentação microbiana, 514, 524
Fermentador, microbiano, 524
    batelada, 525, 530
    cinética, 528
    distribuição de produtos, 527
    escoamento com mistura perfeita, 527
    equação de Monod, 528
    produto como fator limitante, 543
    rendimento fracionário, 527
    substrato como fator limitante, 530
Fluidização rápida, FF, 397

Índice Alfabético **561**

Função delta de Dirac, 229

Gráfico de Eadie, 518
Gráfico de Lineweaver, 518

Inibição
  competitiva, 518
  não competitiva, 518
Integral de convolução, 225

Lei de Fick, 484
Lei de Henry, 445, 466, 476
Lei de Stokes, 487, 488, 491, 492
Leito Fluidizado Recirculante, ver
  CFB
Leito fluidizado turbulento, TB,
  396
Leitos fluidizados, 380
  BFB, 383
  classificação de Geldart, 381
  diagrama de escoamentos, 384
  modelo K-L, 387-396
  modelos de escoamento, 384-
    387
  regimes de escoamento, 381
  sólidos recirculantes, 396-400
  trifásico, 425
  velocidade mínima, 382
  velocidade terminal, 383

MFR, ver Reator de mistura
  perfeita
Macrofluidos, 297
  equações de conversão, 298
  tabela de reatores, 300
  tempo de vida de um
    elemento, 305
Maximização de retângulos, 109
Média de uma curva de traçador,
  247, 252, 253
  para o modelo de dispersão,
    247, 252, 253
  para o modelo de tanques-em-
    série, 273
Método diferencial de análise, 32
  catalítico, 336
  dados de uma batelada, 52
  exemplo, 53
Método integral de análise, 34
  catalítico, 336
  dados de uma batelada, 31
  exemplo, 49
Mistério de Sherlock Holmes, 97
Mistura de dois fluidos, 306
  efeito na distribuição de
    produtos, 307
Modelo de convecção, 286

curvas **E**, 288
curvas **F**, 290
para cinética geral, 291
para reações com $n = 0, 1, 2$,
  292
para reações em série, 293
quando deve ser usado, 286,
  287
Modelo de dispersão, 246
  para altos valores de **D**/uL,
    251
  para baixos valores de **D**/uL,
    249
  para reatores, 262
  para reatores em que $n = 1$,
    262-265
  para reatores em que $n = 2$,
    265
  para vasos abertos, 253
Modelo de escoamento laminar,
  ver modelo de convecção
Modelo de tanques-em-série, 271
  curva **E**, 273
  curva **F**, 276
  para cinética geral, 277
  para reatores, 277
  para reatores com $n = 1$, 277
  para reatores com $n = 2$, 277
  sistema fechado com
    recirculação, 274
Modelo K-L
  balanço de material, 388
  exemplos, 391
  suposições, 387
  para reações múltiplas, 394
  para reações simples, 389
Modelos, ver Modelos de
  escoamento
Modelos compartimentados, 238-
  239
  diagnosticando doenças nos
    reatores, 241
Modelos de escoamento
  ver compartimentado, 237
  ver convecção, 286
  ver dispersão axial, 246
  ver tanques-em-série, 271
  qual usar, 286, 287
Modelos para reações sólido-
  fluido
  conversão progressiva, 479
  determinação da etapa
    controladora da taxa, 490
  núcleo não reagido, 480
  para partículas contraindo,
    486-488

para partículas de tamanho
  constante, 480-486
tabela das cinéticas, 489
Módulo
  Hatta, 447, 450
  Thiele, 329, 331
  Wagner, 328
Módulo de Thiele, 331
  definição, 325
  generalizado, 329
  para diferentes cinéticas, 329
Módulo de Wagner-Weisz-
  Wheeler, 328, 331

Número de Bodenstein, 286, 557
Número de dispersão, 247, 249
Número de Hatta, 447
  papel em reatores, 450
Número de Peclet, 557
Número de Reynolds, 286
Número de Schmidt, 286

Ordem de envenenamento pelo
  produto, 543
Ordem de desativação, 406
Operações de maximização
  definições, 203-204

PRF, ver Reator pistonado
Partículas
  forma, 383
  tamanho, 383
Plano ótimo de ação nos reatores
  com desativação de
  catalisadores, 418
Problema das Bebidas-Cola, 209
Problema de cloração do benzeno,
  210
Problema de oxidação de xileno,
  207
Problemas
  Batalha de Trafalgar, 140
  cloração de benzeno, 210
  coleta de lixo, 171
  cricrilar dos grilos, 28
  escoamento em altos-fornos,
    267
  estocagem de resíduos
    radiativos, 284
  fazendo notas de dólar, 283
  guerras dos Eslobovianos, 171
  jogo de Florisberto, 64
  jogo de Magoo, 63
  máquina comercial de fazer
    pipoca, 73
  mistério de Sherlock Holmes,
    97

562 *Índice Alfabético*

moagem de pigmento de tinta, 168

Planta de tratamento de água, 7

poluição do rio Ohio, 269

produção de acroleína, 211

produção de anidrido ftálico, 212

problema das Bebidas-Cola, 209

Usina termoelétrica, 7

reações de Trambouze, 207

reações de van der Vusse, 211

reatores FCC, taxa de reação, 8

seixos, 171

velocidade de corrida das formigas, 28

Processo enzimático, 514-523

Produção de acroleína, 211

Projeto de reatores, introdução, 67

Quimiostato, 539

RTD, 214

curvas **F** e **E**, 220, 222

definição da curva **E**, 217

experimento em degrau, 219

experimento em pulso, 218

métodos experimentais, 217

Reações

busca de um mecanismo, 24

elementares, 12

em série, 12

Michaelis-Menten, 16, 20, 21, 27, 30

Modelos cinéticos, 14

molecularidade, 12

mudança no mecanismo, 25

não elementares, 12

paralelas, 12

Reações autocatalíticas, 116

Reações catalíticas

efeitos de difusão no poro, 323, 341

efeitos térmicos durante, 331

em catalisadores reais, 343

equação geral de taxa, 331

equações cinéticas, 321

fatores que influenciam, 320

reações múltiplas, 341

regimes cinéticos, 320

Reações de Denbigh, 161-165

problema, 165

Reações em paralelo, *ver* Reações

paralelas

Reações em série, 142

em escoamento com mistura perfeita, 145

em escoamento laminar, 293

em escoamento pistonado ou em batelada, 145

irreversíveis de primeira ordem, 142

reversível, 151

Reações em série-paralelo

batelada ou escoamento pistonado, 156

exemplo, 159

irreversível, 151

regras gerais, 156

representação gráfica, 158, 159

sistema de Denbigh, 161

Reações G/L/S, 425-434

aplicação, 433

equação de taxa, 425-428

desempenho do reator, 428-432

escolha do reator, 433

exemplos e problemas, 434-440

Reações heterogêneas, definição, 2

Reações homogêneas, definição, 2

Reações paralelas, 126

em escoamento com mistura perfeita, 130

em escoamento pistonado, 130

exemplos, 132, 134, 136

Reações sólido-fluido

modelos, 479-490

Reator catalítico de leito recheado, 362

escoamento com mistura perfeita com estágios, 367

escoamento pistonado com estágios, 365

escolha do tipo de reator, 368

reatores com estágios, 365

reciclo com estágios, 367

Reator com jato de impacto, 400

Reator com reciclo, 112

comparação com escoamento pistonado, 115

reciclo ótimo, 117

Reator contínuo em estado estacionário, 67

Reator contínuo em estado transiente, 67

modelos, 568-582

Reator em batelada, 31

busca por uma equação de taxa, 61

cinética de ordem n, 38

cinética de ordem zero, 38

cinética de primeira ordem, 34

cinética de segunda ordem, 35

cinética de terceira ordem, 37

equação básica de desempenho, 76

método de meia-vida, 39

reações de ordem variável, 47

reações em paralelo, 40

reações em série, 44

reações reversíveis, 45

volume constante, 32

reações homogêneas catalisadas, 42

volume variável, 55-58

Reator de gotejamento, ver Reatores G/L/S

Reator de mistura perfeita, comparação com escoamento pistonado, 101

equação básica de desempenho, 79

Reator pistonado, comparação com o escoamento com mistura perfeita, 101

equação básica de desempenho, 77

Reator semicontínuo, 67

Reatores-absorvedores

diagrama de projeto, 447

escolha do reator, 456-459

equação de taxa, 445-450

equações de desempenho, 461-465

exemplos e problemas, 466-476

Reatores catalíticos

comparação, 339

equações de desempenho, 333-335

experimental, 335-339

Reatores de fase semifluida (de lama), ver Reatores G/L/S

Reatores fluidizados, 389

equação de conversão, 390

exemplo, 391

Reatores ideais, 74-93

tabela das equações de desempenho, 93

Reatores múltiplos, 103

comparação com escoamento pistonado, 106
melhor arranjo, 109
Reatores sólido-fluido, 496
para uma mistura de tamanhos, 498
reação instantânea, 508
escoamento com mistura perfeita de sólidos, 500-505
Reatores trifásicos, ver Reatores G/L/S
Regime de Stokes, ver Lei de –
Relação entre conversão e concentração, 70-71
Rendimento fracionário, 203
em fermentadores, 527
Resfriamento com jato frio, 368

Segregação, 215, 296
Seletividade, definição, 132
Sistemas fluido-fluido, ver reatores-absorvedores
Sistemas gás-sólido, ver Reações sólido-fluido
Sistemas sólido-líquido, ver Reações sólido-fluido

Solubilidade e taxa, 451
Substrato, 539

Tabela de integrais de exponencial, 299
Tamanho efetivo de partícula, 327
Taxa de diluição, 539
Taxa de reação,
constante de taxa, 21
estimação, 26
lei de Arrhenius, 21
ordem de reação, 12
termo dependente da temperatura, 21
variação para com a temperatura, 21
Taxa de reação, definição, 3, 10, 11
quão rápida ou lenta, 4
Temperatura e pressão, 173
constante de equilíbrio, 175
ΔH_r, 174
diagrama de projeto, 183
efeito nas reações, 180
exemplos de reatores, 192-197
operações adiabáticas, 184

operações não adiabáticas, 188
reação simples, 173
reações múltiplas, 197
Tempo de retenção, 90
Tempo espacial, 76
Tipos de reatores, 11
Trafalgar, 140
Transporte pneumático (PC), 398
Turbidostato, 539

Variância de uma curva de traçador
definição, 247
para o modelo de dispersão, 247, 252, 253
para o modelo de tanques-em-série, 273
Vasos abertos, 253
média e variância, 254
Vasos fechados, 252
média e variância, 253
Velocidade espacial, 76
Velocidade de reações, 4
Velocidade mínima de fluidização, 382
Velocidade terminal, 383